Diseño de cubierta: Librería Tipo

Editorial

LIBRERIA TIPO, S.L.
ALONSO CANO, 56
28003 MADRID - ESPAÑA
TEL: +34 (1) 554 70 14
FAX: +34 (1) 554 69 86
C.I.F.: B-80309800

ISBN: 84-605-0394-1
Depósito Legal: M-20315-94

Impresión: DinColor, S.L.
Impreso en España - Printed in Spain

EL ORIGEN DEL COMPORTAMIENTO HUMANO

Manuel Domínguez-Rodrigo

Madrid, 1994

A MI MADRE

- ¡ Ah! ¿Estrellas?
- Eso es. Estrellas.
- ¿Y que haces tú con quinientos millones de estrellas?
- Quinientos un millones seiscientos veintidós mil setecientos treinta y uno. Yo soy serio, soy preciso.
- ¿Y qué haces tú con esas estrellas?
- ¿Qué hago?
- Si.
- Nada. Las poseo.

A. SAINT-EXUPERY; *El principito.*

No hay que pretender filosofar, sino filosofar realmente, pues tampoco necesitamos parecer sanos, sino estar sanos de verdad.

Máxima epicúrea.

INDICE

Capítulo 3. LOS HOMINIDOS PLIOCENICOS Y EL BIPEDISMO COMO INICIO DEL PROCESO DE HOMINIZACION.

Capítulo 4. ESTUDIO DE LA CONDUCTA DE LOS AUSTRALOPITECOS Y LOS PARANTROPOS.

Capítulo 5. LA POLEMICA SOBRE EL SIGNIFICADO DE LOS PRIMEROS YACIMIENTOS ARQUEOLOGICOS.

Capítulo 6. ESTUDIO DEL COMPORTAMIENTO DE LOS PRIMEROS *HOMO.*

Capítulo 7. EL COMPORTAMIENTO Y LA BIOLOGIA DEL DESARROLLO.

PROLOGO

Los humanos hemos dedicado una parte importante de tiempo y de energía a buscar explicaciones a todo lo que vemos porque nuestra capacidad de sorpresa o de interrogación es infinita. De esa multitud de preguntas sin respuesta, la reflexión sobre nuestro propio origen se sitúa, sin duda, en primera línea. La hicimos ya la primera vez que fuimos capaces de convertir una piedra en un cuchillo, un junco en una cesta, un montón de tierra en un recipiente. Vimos que los demás, vivos y móviles como nosotros, no lo hacían. Supimos que algo fuerte, definitivo y rotundo nos separaba de ellos, nos hacía diferentes.

Y nos preguntabamos por qué. La respuesta era tan difícil, estaba tan alta, que creimos en la responsabilidad de los dioses. Con ello conseguimos, durante siglos, gozar de una seguridad sin límites con la contradicción de un pensamiento limitado. A veces, desde lo más profundo, la pregunta saltaba de nuevo al exterior. Y era tan poderosa que había que esconderla antes de que la alcanzaran las llamas de las hogueras.

Muchas veces se quemaron las respuestas. Y tuvimos que esperar décadas. Llegó un tiempo en el que algunos hombres pudieron emplear su esfuerzo en crear palabras porque sus necesidades estaban cubiertas por el trabajo de los demás hombres y mujeres. Lo que muchos habían mirado antes con temor, junto al yunque y tan cerca del fuego, ellos pudieron observarlo tranquilos, escribirlo en los libros, discutirlo con pasión, aunque estuvieran casi de espaldas a la realidad del mundo.

Dijo entonces Darwin que la respuesta era de la naturaleza; que la mano de los dioses ni siquiera nos había rozado, que nuestro orgullo y que nuestra diferencia no tenían base; que ellos, los demás, vivos y móviles, participaban de la misma explicación, eran, como nosotros, milagros del planeta Tierra.

De repente, nuestros armarios tan llenos de respuestas se quedaron vacíos. Nos dedicamos a almacenar preguntas en un tiempo en el que el mundo se volvía del revés, en el que cada instante se descubrían nuevas cosas porque el fuego de la hoguera estaba al otro lado del horizonte. Millones de seres humanos siguieron trabajando para que algunos pocos exploraran la selva, encontraran islas, presenciaran volcanes, enredaran su vida tras eslabones perdidos......

Se construyeron museos y se llenaron de huesos. Teilhard nos explicó entonces que todo había ocurrido poco a poco, que la dimensión tiempo era tan grande que podía devorar todas las preguntas, que en un momento en que todo estaba preparado y los seres dispuestos, un dios había soplado el alma sobre una mujer para que su hija fuera humana; así, los insaciables dioses ocuparon los huecos y mucha gente durmió tranquila de nuevo, con sus armarios repletos.

Discutieron sobre el lugar que ocupaba ese alma que nos hacía humanos y divinos y nos dijeron que en el cerebro. Que esa parte de nuestro cuerpo fue el motor, que su crecimiento fue nuestro crecimiento. Y se lanzaron los hombres privilegiados de nuevo a descubrir el lugar, el momento. Mientras que en el norte un grupo se concentraba en torno a una entelequia de gran cabeza, en el extremo del sur un pionero, descubridor de un ser inaceptable por lo pequeño, refugiaba su desazón en las cuevas. Pero el paso del tiempo y los inventos contribuyeron a cambiar la idea, a hacerla nueva: una cabeza pequeña, un cuerpo recto, primero caminamos derechos; tuvimos las manos libres y, con ello, pudimos modificar objetos; inventamos palabras, comimos carne, dormimos juntos, cuidamos todos a los pequeños. Desarrollamos tal capacidad de aprender y comunicar que nos distanciamos del resto; el globo del mundo se convirtió en nuestro reto. Controlamos el fuego, frente al hielo; construimos casas para defendernos; usamos los regalos de la tierra hasta hartarnos, hurgamos en sus entrañas para movernos. Crecimos para llegar al sol, para encontrar hermanos en el universo. Y al no hallarlos, nos enfrentamos a las viejas preguntas de nuevo. Que quienes somos, por qué nosotros, en qué lugar, en qué momento.

Hoy, esos pocos privilegiados que se dedican a buscar respuestas, han colocado sobre una gran mesa todos los huesos descubiertos durante siglo y medio. Y en otra mesa, más pequeña, han puesto las teorías, los modelos. Han visto entonces que aquéllos se disponen de forma diferente cuando cambia el modo de mirar, y han comprendido que mucho más importante que hallar huesos es abrir nuevas ventanas para verlos. Gould nos dijo así que hay otro ritmo para el tiempo, que los cambios se producen de repente, en pocos miles de años, un suspiro del universo. Y que esos cambios triunfarán sólo en el caso de que lo permitan el medio y las leyes del crecimiento.

Hoy tenemos el lugar -Este de Africa- y tenemos el tiempo. Tenemos también una nueva forma de mirar, otro modelo. Todo junto, teoría, espacio y tiempo, de nada nos sirven si su mensaje se oculta tras la ausencia de conocimiento. Hay que buscar una forma diferente de explicarlo, analizar a fondo la condición del espacio, la dimensión del tiempo, el alcance de la teoría, y añadir después algo nuevo: el comportamiento.

Manuel Domínguez-Rodrigo pertenece al pequeño grupo de pensadores que regalan explicaciones al resto de la gente. Para ello ha tenido que vivir en una isla de libros, en un volcán de ideas, en una selva de datos y en Africa. Se propuso comprender los factores que determinaron la adaptación de los homínidos en el Plioceno, entre seis y dos millones de años. Se remontó ese tiempo para explicarnos primero los caracteres del medio: los recursos disponibles en los paisajes de sabana, la variedad de estos paisajes, las distintas formas de su aprovechamiento; el ambiente, en fin, que ayudó a triunfar a una nueva manera de caminar, de comportarse y de ser.

Pero hay muchas formas diferentes de comportamiento. Sabiéndolo, el autor se inventa una estrategia para su estudio -la sistemática etológica- y con ella nos explica los modos de vivir y de relacionarse de los mamíferos de la sabana, incluyendo los primates. Descubre así que las posibilidades de comportamiento social son limitadas y que hay muchas especies diferentes en la biología y semejantes en la forma de vida. Sus ocho tipos de estrategias de conducta se encuentran limitadas por las propias relaciones sociales y la dispersión de los recursos: en cada categoría ecológica aparece una conducta predominante y hay conductas que no pueden darse en determinados medios. En ese esquema introduce el comportamiento humano: cooperativo y solidario, con relaciones sexuales extensivas y vitalicias, con un nuevo tipo de relaciones subsistenciales, y con una división social del trabajo. A partir de ahí los elementos diferentes se suceden: una vida en grupo determinada por esas relaciones sociales exige un lugar repetitivo para la reunión y la comida, un lugar al que se traslade el alimento obtenido para su consumo repartido. Esa cooperación solidaria se convierte así en el escudo protector que ha permitido a una especie, la nuestra, adaptarse a todo tipo de ecosistemas y llegar a la luna.

Pero antes de que todo esto sucediera, de que ese comportamiento se convirtiera en motor de un triunfo evolutivo, ciertas características somáticas se modificaron de forma drástica. Aparece así el bipedismo, mutación favorecida por la vida en la sabana, que Manuel Domínguez-Rodrigo coloca como el punto inicial del proceso de hominización, concebido como un largo camino. El autor aprovecha este tema para presentar a los protagonistas de su obra, los homínidos, y caracterizarlos en su tiempo y en su filogenia, analizando las consecuencias sociales de caminar erguidos. La revisión de los modelos teóricos para comprender la aparición de este fenómeno nos lleva a la Norteamérica actual, donde surgen, en un contexto muy concreto, explicaciones que relacionan la desaparición del estro y la disponibilidad sexual continua de las mujeres con el triunfo adaptativo del bipedismo. A estas teorías, el autor añade otra: el reforzamiento de las relaciones grupales o "contrato social", surgido como consecuancia de la escasez progresiva de los recursos alimenticios en los espacios abiertos, ante la que todos los miembros del grupo se comprometen en su defensa. Para ella, la posibilidad de blandir palos eficazmente o transportar comida, o la mayor visibilidad, superan el inconveniente de la pérdida de velocidad y les permite un éxito sobre sus congéneres no bípedos. Así, varios millones de años antes de la hominización -en su dimensión puntual-, los homínidos fueron bípedos, transportaron objetos y blandieron palos. Tuvieron que aprender muchas cosas, que enfrentarse a muchas novedades. Su capacidad posibilista se incrementaba, al mismo tiempo que el escenario se preparaba para la aparición del género humano.

Sin embargo, todo esto da paso a la pregunta arqueológica por autonomasia: si estos homínidos ya eran bípedos, ya tenían las manos libres, ya reforzaron sus lazos sociales y ya cogían y agitaban palos, tal vez podrían ser también los responsables del registro arqueológico, esos montones de huesos manipulados y de piedras golpeadas que han sido objeto de excavaciones durante los últimos veinte años y de controversias sobre su significado durante los últimos quince. Manuel Domínguez-Rodrigo las revisa una a una desmenuzando sus razones para concluir que, de acuerdo con sus análisis, estos homínidos están lejos del comportamiento capaz de generar esos registros, cuya aparición coincidirá con la expansión del género humano.

Con este encuadre, el estudio del comportamiento de los primeros grupos humanos, en un ambiente similar al que vio crecer los otros homínidos, anteriores y coetáneos, se convierte en una de las partes más atractivas de la obra, sobre todo cuando el autor nos conduce por el intrincado camino de la lucha entre los datos y las explicaciones para llevarnos a la hipótesis mejor contrastada: el aumento del nivel y de la calidad de la cooperación entre los miembros del grupo y todo lo que de ello surge, son los pilares que dan cuerpo a la hominización, un complejo punto en el espacio y en el tiempo en el que se entrecruzan miles de líneas de las que sólo podemos controlar una mínima parte.

El avance en ese control le conduce por último a presentarnos las bases de la investigación de la Biología del Desarrollo aplicada al estudio del comportamiento homínido/humano. Es evidente que, entre los primates, el humano es el que tarda más tiempo en crecer conservando más sus rasgos juveniles. Esa ralentización puede ser la responsable de que a lo largo de toda la vida, nuestra capacidad para aprender, para sorprendernos y para interrogarnos, apenas disminuya. En los años de la infancia aprendemos a una velocidad y con una complejidad inigualable; pero no podríamos por supuesto hacerlo si la interacción social fuera la misma que la que existe para otros primates. La mujer no educa sola a las crías, no las enseña sola: todo el grupo, toda la sociedad participa en esa labor y es esa una muestra más de la conducta solidaria y cooperativa que nos caracteriza como género.

La ralentización del crecimiento ha de explicarse biológicamente y la Biología del Desarrollo, con sus distintas formas de cambio embriogenético, es sin duda el marco adecuado para ello. El autor aborda así una revisión del pensamiento evolucionista hasta llegar al momento actual, en el que una serie de autores defienden un papel preponderante de la interpretación ontogenética, que mantiene la existencia de una relación entre las leyes del desarrollo y el control de los tipos morfológicos que han aparecido en la evolución. Así, los resultados finales no son infinitos; su reducida gama de debe a la limitación producida por la ontogenia........

Con esta obra impresionante y prometedora, el autor nos ha regalado, como era su propósito, un conjunto de explicaciones, un ramo de certezas: nuestra especie, con su gran periodo de maduración y desarrollo, nunca podría haber aparecido en un sistema social no solidario. La interrelación que existe entre el comportamiento y los rasgos somáticos es compleja y en la historia de la investigación -la historia de las respuestas a las preguntas eternas- la importancia dada a estos últimos ha sido a veces excesiva. Hoy sabemos que los datos, sin teorías que los expliquen y los encuadren, se pierden en el vacío. Sabemos también que esas teorías están elaboradas por personas tan sujetas a las circunstancias como cualquiera. Si Manuel Domínguez-Rodrigo hubiera nacido en el seno de una tribu kikuyu o en una aldea del norte de Thailandia, es muy probable que no hubiera decidido emplear su tiempo en regalarnos respuestas; y si lo hubiera hecho, su libro sería otro, sus conclusiones distintas -y, por supuesto, yo no estaría escribiendo el prólogo-.

Pero aunque él hubiera querido crecer en la sabana, bañarse en las saladas aguas del Natrón y aprender a perseguir a las hienas en la infancia, agradecemos al destino que lo situara aquí, entre nosotros, porque así podemos disfrutar de esa energía que le ha llevado varias veces a Africa del Este, de esa decisión ante la lectura y el aprendizaje de temas que superan en mucho lo normal en una Licenciatura en Letras, de esa clarividencia a la hora de plantear hipótesis y de buscar respuestas...

Han sido muchas las horas que he empleado en discutir con el autor cada avance, cada capítulo de esta obra. En ninguna he dejado de aprender algo, de admirarme de su constancia, de su capacidad e inteligencia. Ahora sólo espero que los lectores -los ávidos de respuestas- encuentren en estas páginas al menos un poco del placer que yo encontré al leerlas.

Madrid, febrero de 1994.

Mª Angeles Querol

AGRADECIMIENTOS.

A lo largo de un trabajo de investigación uno termina debiendo parte del mismo al esfuerzo desinteresado de varias personas que han prestado su ayuda a su normal desarrollo o han influido, en mayor o en menor medida, en el resultado final. En lo que a mi concierne, deseo expresar mi más sincero agradecimiento en primer lugar a todas esas personas anónimas que con su ayuda han facilitado mi labor investigadora en las tres campañas de trabajo de campo (1991-93) realizadas en diversas reservas y parques naturales de Kenia y Tanzania. Del mismo modo deseo agradecer su gentileza a M. Leakey y J.W.K. Harris.

Un agradecimiento especial lo dedico a Mª Angeles Querol, directora de mi tesis doctoral, con quien me une un sentido crítico hacia los anquilosados presupuestos tradicionales de la Arqueología paleolítica, y un talante socrático que mantiene en el debate el verdadero acicate del conocimiento. A ella debo, pues, incontables horas de discusión, que me han sido de gran provecho. Del mismo modo, deseo reconocer la valoración que de mi trabajo realizaron E. Aguirre, M. Fernández-Miranda, F. Bernaldo de Quirós, M. Santonja y G. Ruiz Zapatero.

También me gustaria dar constancia de mi reconocimiento a mi familia y amigos por el apoyo moral que de ellos he recibido a lo largo de estos años. Especial mención merecen Ana Cabrera, Manuel Sastre (a quien debo las fotografías de este libro) y Mª Mar Sastre por la ayuda prestada en la campaña de 1993 en Africa oriental. También agradezco a J.M. Bermúdez de Castro el haber dedicado parte de su tiempo a discutir y mejorar mis conocimientos sobre la Biología del Desarrollo. Del mismo modo, deseo reconocer a mis editores, Alfonso Mateo-Sagasta e Isidoro Lozano, la confianza depositada en esta obra, por su interés en la divulgación de semejantes cuestiones, y la ayuda inestimable prestada para llevarla a buen término.

A todos ellos, gracias sinceras.

Manuel Domínguez-Rodrigo

PRESENTACION.

El trabajo de investigación que presento se propone en primer lugar superar los planteamientos sobre el comportamiento subsistencial de los homínidos del Plioceno, para llegar a conocer las formas de interacción social que regularon dicha conducta. En segundo lugar, plantea también que esas formas de interacción social- explicables dentro de la Biología del desarrollo- sean una de las razones esenciales del proceso de hominización.

Como consecuencia lógica de estos objetivos, al ser nuevos los planteamientos, se requieren nuevas formas de análisis para acercarse a su estudio, por lo cual he utilizado una metodología propia. Por todo ello, la investigación que presento resulta un tanto iconoclasta, y asumo todos los riesgos que semejante asunción conlleva. Iconoclasta porque rechaza que los límites del conocimiento de la evolución humana se situen donde la actual Arqueología plio-pleistocénica los ha dejado, pero también porque propone nuevas formas de análisis y nuevos enfoques teóricos. Sin embargo, esto entraña un gran riesgo. El escepticismo y la renuencia académicos ante nuevas propuestas, la obvia imperfección de todos los planteamientos metodológicos que parten de cero y que sólo su aceptación y desarrollo van refinando, la introducción de nuevos marcos referenciales y la elaboración de interpretaciones que, aunque de mayor o menor poder heurístico, resultan indemostrables, hacen que las críticas que se puedan verter a este estudio sean en principio numerosas.

El factor que me condujo a tratar de investigar las formas de interacción social de los homínidos del Plioceno fue el estudio de los modelos explicativos del registro arqueológico que surge a finales de dicho periodo. En el debate de su significado en términos conductuales se pasó de una fase inicial de presupuestos no comprobados a un cuestionamiento de los mismos, al despliegue de una panoplia de formas de evaluación y, finalmente, a la contrastación de modelos de comportamiento homínido. En definitiva, se concluía que en el estado actual de la investigación sólo estos modelos podían explicar la aparición de los primeros yacimientos arqueológicos. Pero su exégesis se hacía -y aún se sigue haciendo- sólo en términos subsistenciales; es decir, se mantiene que la concentración de restos que conforman los yacimientos arqueológicos plio-pleistocénicos surgieron porque los homínidos autores se habrían comportado de una manera determinada en la obtención de nutrientes de origen animal y en su procesamiento con ayuda de herramientas.

En esta discusión se obviaron las formas de comportamiento social que podrían justificar uno u otro modelo. Al madurar esta reflexión me di cuenta de que los modos de adaptación al entorno están condicionados de manera recíproca por la conducta social de las especies. Dicho de otra manera: todo modelo de comportamiento subsistencial se justifica dentro de un marco de actuación social de un grupo de individuos y por ello ningún modelo subsistencial que no mantenga una coherencia con un modelo social determinado puede ser válido en términos explicativos. De este modo, me planteé la posibilidad de poder inferir las formas de interacción social de los homínidos del Plioceno, a partir del estudio de las variantes sociales que se dan entre las especies actuales, tanto de primates, como de mamíferos de sabana.

El trabajo que aquí presento es, pues, el desarrollo y resultado de dicha labor de investigación y pretende conjuntar los enfoques biológico y ecológico, y también en parte antropológico, para discernir las formas sociales de dichos homínidos, que serían las que a su vez habrían condicionado su normal desenvolvimiento subsistencial. Para ello he elaborado un sistema de análisis conductual al cual he sometido a todas las especies primates y a los principales animales mamíferos del ecosistema de sabana. Esto ha servido para diferenciar por un lado las pautas conductuales de influjo ambiental, y por otro, las normas dictadas desde el imperativo biológico. La aplicación de esta analítica al registro paleoantropológico, tras la obtención de datos físicos y paleoecológicos, ha servido para establecer inferencias sociales de los homínidos, que espero que generen un interés suficiente como para que futuros estudios incrementen su heurística o, por el contrario la modifiquen.

TRADITIO ET RENOVATIO

La concepción del comportamiento y evolución de nuestros antepasados ha reposado tradicionalmente - y aún sigue haciéndolo- sobre los pilares del paradigma al que cualquier científico se adscribe según el momento histórico y el propio devenir de la ciencia. Es un hecho en la actualidad admitido que la Arqueología, como disciplina, alcanza su límite en el discernimiento de las pautas de comportamiento generadoras del registro, cuya interpretación dentro de un marco evolutivo más amplio está sujeta a la aceptación consensuada de una serie de conceptos apriorísticos, que sirven como marco de referencia para la exégesis de dichas pautas de actuación.

Sin embargo, muchos no están dispuestos a reconocer que el paradigma es tan sólo un modelo aceptado para una mayor articulación de los datos, que adquiere su estatus de tal en función del éxito que obtiene en la solución momentáneamente satisfactoria de ejemplos seleccionados e incompletos, confundiendo el hecho de que el apoyo que los datos conceden al mismo no es una prueba de verificación sino tan sólo un incremento de su heurística positiva, no necesariamente ligada a su demostración.

Desde que Darwin presentó en 1856 "El origen de las especies", el estudio de la Hominización dispuso de un paradigma evolutivo de vertiente gradualista que sirvió de trasfondo a la interpretación de la evolución humana - tanto en términos somáticos como conductuales- que, con leves modificaciones se ha conservado hasta la actualidad. Aunque hoy en día resulta sumamente controvertido en el ámbito de la Biología, por existir interpretaciones alternativas de mayor poder explicativo, en el área de la Arqueología sigue estando plenamente vigente. De esta manera nuestra visión del comportamiento general de nuestros antecesores se encuentra sesgada por la aplicación de dicho planteamiento, que lleva implícita la asunción de que a mayor antigüedad corresponde un estadio evolutivo más imperfecto y limitado, en un proceso de desarrollo progresivo y paulatino.

Uno de los fundamentos de los que se ha servido la Arqueología para la defensa de semejante marco de referencia ha sido la consideración de la manufactura de artefactos líticos como indicadores de la progresiva adquisición de habilidades, en una concepción del "útil" como el producto final de un modelo mental intencionado. Este planteamiento, que perduró hasta mediados del presente siglo, consideraba al útil lítico no como una herramienta funcional sino como un fósil guía del intelecto humano. Es lo que Binford (1981) denominó "fase de la reliquia y el monumento", en la que el artefacto era valorado en función de ser capaz de erigirse en exponente de la habilidad mental de su autor, que sería tanto más limitada (imperfecta) cuanto más se retrocediese en el tiempo. Semejante visión era equiparable -y tal vez debida- a la idea victoriana de progreso lineal y acumulativo, que encontró su justificación en el pronunciamiento de estadios evolutivos progresivos intrínsecos a la cultura misma, según el evolucionismo antropológico del último tercio del siglo pasado y comienzos del actual (Morgan, 1877; Tylor, 1865; Sollas,1911). A través de los artefactos era posible , por consiguiente, discernir los estadios evolutivos de la inteligencia humana, insertos en un esquema perfectamente gradual.

De este modo, a partir del prisma ofrecido por dicha consideración teórica, se condicionaron tanto los métodos de excavación -que sólo buscaban el descubrimiento del artefacto y no su contexto- como los sistemas tipológicos surgidos a raiz de tales hallazgos para su clasificación, adoptando como criterios diagnósticos el tamaño y la morfología de los mismos (Leakey, 1951).

A inicios de la segunda mitad de siglo el descubrimiento de nuevos sistemas de datación absoluta cuestionó la validez de varias de las fases culturales establecidas con anterioridad (Breuil, 1912,

1939). Las circunstancias internacionales permitieron además una eclosión de la investigación norteamericana a lo largo del globo -desplazando en muchos lugares a ingleses y franceses-, lo cual, junto con el surgimiento de nuevos planteamientos culturales antropológicos y la aparición de nuevas preocupaciones sociales, condujeron a la adopción de un enfoque centrado en la integridad de los yacimientos, en el que se pasó del estudio de los útiles al análisis de los conjuntos. El objetivo ahora era la investigación no de la evolución de la inteligencia sino de la cultura como sistema adaptativo. Es lo que Binford (1981) denominó "fase del artefacto y del conjunto", en la que el interés primario era el análisis morfológico de los útiles líticos para el establecimiento de criterios porcentuales de "tipos", sometidos a tratamiento estadístico para discernir la representatividad tipológica de los conjuntos, con el fin de explicarla en términos de diferenciación cultural (Bordes, 1961) o, en un momento más tardío, en términos de funcionalidad (Binford, 1973). Esta dicotomía, que fue uno de los puntos de discusión más importantes a lo largo de más de una década, aún sigue atrayendo prosélitos, los cuales mantienen no obstante una actitud menos vehemente que sus antecesores.

La distinción cultural entre conjuntos tiene como base el reconocimiento de una <u>tradición</u> en la manufactura de los artefactos líticos, que se traduce en una diferencia entre los restos materiales de grupos "culturales" distintos. De este modo, cada cultura -según la acepción francesa del término- se identifica con una tradición propia distintiva, que queda determinada por un índice concreto de representatividad tipológica. Sin embargo, un análisis de estas características no tiene en cuenta que opera sobre un registro sesgado por el hecho de que cada yacimiento posee una variedad artefactual cualitativa y cuantitativamente acorde con con las labores allí realizadas, con el tiempo que duró la ocupación y con las alteraciones post-deposicionales que tuvieron lugar con posterioridad. Además, la "tradición" de un grupo está relacionada con el tipo de materia prima empleada, con la diferencia de las habilidades de los miembros del grupo y con la diversidad de los modos de tallar de cada individuo según el momento, lo cual puede advertirse en cualquier tipo de observación etnológica realizada con un mínimo de atención.

Este tipo de investigación pone también de relieve que los pueblos actuales que hacen uso de herramientas líticas emplean útiles distintos para las mismas funciones. Este hecho invalidaría la consistencia de la interpretación funcional de la variabilidad tipológica, lo cual se ve corroborado por los análisis traceológicos realizados sobre algunos conjuntos musterienses, que indican que los mismos "tipos" se emplearon para funciones distintas e incluso que algunos de ellos se utilizaron para más de una actividad (Beyries, 1987; Barton, 1988).Esto demuestra que no es conveniente en sentido estricto hablar de tradición, porque existen muchas formas de tallar dentro de un grupo, ni de funcionalidad específica, puesto que existe un repertorio tipológico variado que puede ser empleado en las mismas funciones.

La toma de conciencia de estas circunstancias hizo que algunos estudiosos se despegasen de la consideración "liticista" de los conjuntos y se acercasen a una concepción holística de los suelos de ocupación , enfocándolos desde un prisma multivariante para inferir modalidades de comportamiento como resultado de adaptación al medio (Isaac, 1976). Era la primera vez que a los artefactos líticos se les relegaba al puesto que debían ocupar, como un elemento más en el estudio de los suelos.

En la actualidad ambos planteamientos, el histórico-cultural y el enfocado al conocimiento del comportamiento, conviven en un tratamiento desigual de los asuntos del pasado (Gamble, 1990), continuando el primero de ellos con la clasificación tipológica como función principal de la labor arqueológica, en un marco de referencia de definiciones ambigüas en el que "*las etiquetas no se debaten puesto que se basan en el principio de autoridad que no se debe cuestionar* " (Estévez, 1991). La propuesta conductual, en cambio, se sirve de los artefactos líticos, en un marco de estudio más amplio, para el análisis de la técnica empleada en cada yacimiento, con la finalidad de la captación del proceso de talla que ha intervenido sobre los mismos. Para ello se viene haciendo uso de sistemas analíticos más operativos y de mayor eficacia, al reducir el número de criterios subjetivos y centrar el estudio del útil en su proceso morfogenético exclusivamente (Isaac, 1968; Roche, 1980; Carbonell et al., 1983). Sin embargo, si bien la aproximación al registro lítico resulta de este modo más certera, no lo son tanto en múltiples ocasiones las inferencias conductuales extraidas de semejantes análisis. Unas veces se aplican interpretaciones de corte histórico-cultural, pretendiendo la diferenciación de tradiciones a nivel regional según el grado de afinidad de las morfologías resultantes, sin tener en cuenta que el material del Pleistoceno inferior y medio desafía por su variedad cualquier tipo de "modelo cultural" (Isaac, 1977). Otras veces se pretende ir más allá del mero aspecto técnico para intentar discernir la variedad de modos de talla de los restos líticos de un yacimiento, con la finalidad de equipararlos con actitudes individuales, en una interpretación manifiestamente exagerada.

Una de las objeciones metodológicas que podrían hacerse a algunos de estos sistemas analíticos es la profusa utilización de criterios estadísticos, muchas veces innecesarios, para dar una impresión de mayor solidez científica. Sin embargo, al margen de semejante aspecto formal, su efectividad se muestra en la puesta en relieve de la técnica empleada en un conjunto analizado, cuyo significado está abierto a múltiples interpretaciones según lo exija el enfoque contextual de cada yacimiento.

Como acabo de expresar, resulta evidente que son múltiples los factores que intervienen en el resultado final de la técnica aplicada en la manufactura de un conjunto lítico. De entre ellos, el más básico es el tipo de materia prima, que condiciona la variabilidad morfológica, y el acceso a sus fuentes de origen, que limita también el tamaño y diversidad de los útiles, estando en proporción con la distancia de transporte de la misma (Toth, 1982). En el mismo proceso de alteración antrópica de la piedra intervienen criterios locales de funcionalidad y hábitos de talla sujetos a la variabilidad lógica de la actitud conductual humana y conservados de modo peculiar tras el abandono de los artefactos en el lugar ocupado y los múltiples avatares de alteración postdeposicional acontecidos desde entonces. A ello cabe añadir, para completar esta sucinta exposición de factores naturales, el margen de celeridad imprimido en la fabricación de los útiles, estando éste en función de la urgencia de su aplicación o de una necesidad menos precipitada. Es decir, el producto final de un proceso de talla dependerá también de las circunstancias del yacimiento, siendo menos elaborado en los lugares en los que es necesaria una estancia breve -mataderos o sitios de ocupación en los que las condiciones físicas no son propicias para la seguridad del grupo- que en los puntos del paisaje donde se puede dilatar el periodo de estançia.

Siendo las formas obtenidas en la fabricación de un conjunto lítico el resultado final de cualquiera de estos factores o de la conjunción de varios de ellos, y de otros de carácter social -exclusión de determinados individuos en la elaboración de artefactos o aparición de especialistas-, el estudio de las mismas resultará útil por la información contextual que puedan aportar de cada yacimiento sobre el proceso causante del estado morfológico de los artefactos que contienen. Sin embargo, su limitación reside en la carencia de fiabilidad de las inferencias extraídas sobre las razones del mismo, ya que como hemos visto pueden deberse a diversos factores, algunos de los cuales para ser detectables precisan de una información que el registro no ha conservado.

Esta circunstancia, no obstante, no ha sido óbice para que en la consideración global de las industrias, aún actualmente y a pesar de la evolución intrínseca de la Arqueología en los planteamientos del registro, sobre todo en la consideración de los artefactos líticos, se continúe utilizando el viejo paradigma gradualista como marco de referencia y se pretenda ver a través del mismo una evolución progresiva de la industria acorde con la evolución humana, que lleva implícita la idea de que existe un condicionamiento biológico en la elaboración de la misma. Los apologistas de esta visión pretenden hacer uso de la técnica del mismo modo que anteriormente se hacía uso del tipo y para ello sostienen que es posible diferenciar estados evolutivos concretos en una concepción de evolución progresiva de la tecnología. Sin embargo, esto no deja de ser sino una visión *eurocentrista* de la evolución tecnológica en la que, efectivamente, cabe apreciar una complejización morfológica de los artefactos según nos aproximamos a contextos más recientes. Mas, ¿Es este fenómeno observable en otras regiones fuera del marco geográfico europeo?

Si se analizan las industrias pertenecientes al Paleolítico superior de Asia -partiendo del concepto cada vez más extendido de que la tecnología anterior al advenimiento del proceso de leptolitización del 35.000 B.P. debe enfocarse como una tecnología "uniforme", rechazando la distinción tradicional entre Paleolítico inferior y medio- resulta evidente que no admiten comparación con las europeas. Algunos podrían argumentar que el hecho de que la flora y la fauna asiáticas fueran diferentes tendría alguna influencia en el carácter tecnológico de la industria, pero incluso si se comparan conjuntos de regiones próximas se observan diferencias importantes, siendo distintas las industrias indonesias de las chinas. El carácter variado de las industrias asiáticas del Paleolítico superior muestra, no obstante, una serie de propiedades comunes, como son un estado de elaboración menos depurado que los conjuntos europeos coetáneos, y una variedad morfológica menos estandarizada. Un ejemplo notable de esta aseveración reside en el carácter de las industrias *Hoabinienses* del Pleistoceno final y comienzos del Holoceno del sureste asiático, en las que los útiles esenciales son los cantos tallados unifacial y bifacialmente (Dinh Trong Hien, 1985). De similar aspecto son las industrias de la fase 1 del Paleolítico superior de Japón, que en la fase 2 se diversificarán, pero sin alcanzar los índices de complejización tecnológica de las industrias occidentales (Elisseff, 1985). En esencia, no existe una ruptura tecnológica con respecto a periodos anteriores como sucede en Europa. Semejante circunstancia puede observarse también en la tecnología del Late stone Age de Africa oriental y meridional, en donde el auténtico cambio surge en el umbral del Holoceno. Y esto no es sólo así, sino que existen otras regiones donde a lo largo del Paleolítico superior -hablando en términos cronológicos- se mantiene una tecnología propia del Paleolítico inferior, como es el caso de Australia y Tasmania (Cosgrove et al., 1990).

Todo ello conduce a la aptitud más prudente de sostener que, salvo excepciones regionales como es el caso de Europa, no existe en realidad una ruptura brusca en la tecnología lítica con el advenimiento del Paleolítico superior. Semejante hecho invalidaría, al menos en parte, el presunto carácter progresivo de la evolución de la industria. Sin embargo, resulta más fácil someter a prueba el criterio que hace de la biología un rasgo condicionante en la manufactura lítica. Son múltiples los argumentos que pueden utilizarse en su detracción. El primero sería el carácter mismo de la aparición de industrias, que en contra de lo que cabría esperar de un proceso gradual, hace irrupción de un modo complejo, disponiéndose desde los primeros momentos de los "tipos" que van a perdurar hasta casi finales del Pleistoceno. Si se observa a continuación la evolución de estas piezas iniciales resulta curioso constatar que a lo largo de todo el Pleistoceno inferior y medio -y parte del superior si no se establece una distinción válida entre el Paleolítico inferior y medio-, el aspecto heterogéneo de estas industrias se mantiene en un estado aparentemente exento de dinámica evolutiva, en claro contraste con el ser humano, cuya evolución cerebral -en términos dimensionales- es gradual y progresiva. Además, si existiese en realidad semejante condicionamiento biológico cabría hacer atribuciones tecnológicas de carácter específico, que harían corresponder nuevas mejoras en la manufactura de herramientas líticas con la aparición de nuevas "especies" de homínidos. Ello habría alcanzado su momento culminante con el surgimiento de *Homo sapiens sapiens.* Sin embargo, se posee evidencia documentada de su existencia en Africa oriental en el límite entre el Pleistoceno medio y superior, siendo la industria de ese momento perfectamente atribuible al E.S.A. (Early Stone Age), lo cual invalida la atribución arriba mencionada (M.D.Leakey, 1976).

Se sabe además que el moderno *Homo* convive en el Próximo Oriente con su congénere neandertal durante más de 40.000 años haciendo uso de una industria "musteriense" (Vandermeersch,1982), y que este último, como muestra el yacimiento de St. Cesaire (Francia), utilizó tambien una industria comunmente denominada "Chatelperronense", típica de la fase inicial del Paleolítico superior europeo y tradicionalmente atribuida a *Homo sapiens sapiens*.

Otro factor que daría más argumento a esta consideración es el hecho de la diferenciación regional que se expresa en términos de mutabilidad tecnológica según el área escogida. Resulta sorprendente observar el grado de complejidad de la técnica en Africa oriental a finales del Pleistoceno inferior, en unos conjuntos cuya tecnología no aparece en Europa hasta el periodo final del Pleistoceno medio (Isaac, 1977; Gowlett, 1982). Obviamente, el uso de una técnica depurada en Africa de modo contemporáneo a una técnica mucho más rudimentaria en Europa no responde a una distinción en la capacidad mental de sus autores sino a criterios adaptativos distintos; circunstancia ésta que puede observarse en sociedades cazadoras-recolectoras actuales, que haciendo uso de la ley del mínimo esfuerzo -en un proceso de rentabilidad energética- siguen elaborando útiles de morfología perfectamente atribuible al Paleolítico inferior, siendo el caso de poblaciones tan diversas como los aborígenes australianos o los Tasaday de la isla de Mindanao (Gowlett, 1987; Jones, 1977; White,1977).

Esto pone de relieve que "*no existe una correlación paralela entre el advenimiento del moderno Homo sapiens y una tecnología lítica particular* " (Foley, 1987). ¿Cómo se explica entonces el carácter tecnológico europeo, que muestra precisamente una eclosión a partir del 35.000 B.P.? Las innovaciones que aparecen en Europa en este momento podrían explicarse también desde un prisma social. Si hubiesen surgido especialistas en la elaboración de artefactos, éstos serían más depurados que los fabricados por todos los miembros del grupo. Es decir, si hubiese existido una especialización en la manufactura habría correspondido una mejora en la tecnología. La intrusión de estos factores sociales en el comportamiento estrictamente funcional de épocas anteriores habría modificado, de manera evidente, el resultado final de los conjuntos líticos. A ello podría añadirse el posible carácter simbólico de algunos "tipos", cuya elaboración excedería el aspecto funcional del resto de los artefactos y cuya función sería más bien la de incrementar la cohesión social en una región, Europa, que experimentó un notable incremento demográfico y una mayor competencia por los recursos (Gamble, 1990).

La consideración de esta sucinta exposición de razonamientos sería por sí sola más que suficiente para rechazar una concepción evolutiva de progresión en lo concerniente a la interpretación de las industrias y aconsejar que su tratamiento debiera efectuarse en un marco conceptual que partiera de la base de que los artefactos líticos no son sino un recurso para operar en el medio, haciéndolo más accesible (Carbonell et al., 1983), esencialmente adaptativo y sujeto a los condicionamientos propios de los factores naturales y sociales de cada región. Sin embargo, si se prescinde de la visión tradicional -por no existir una correlación entre la tecnología observada y la evolución humana en términos genéticos- parecería que se deja al paradigma exento de consistencia material.

El reconocimiento de esta circunstancia ha alentado -aunque de un modo marginal- el empleo de análisis de tipo psicológico para el estudio del desarrollo de habilidades. De este modo, Wynn (1981) utilizó los criterios manejados por Piaget para el estudio de las fases del desarrollo cognitivo de los niños y los aplicó sobre los artefactos líticos, centrándose en el análisis de la geometría de las piezas, en una asunción de que éstas no eran sino "tipos" que respondían a patrones mentales determinados. Partiendo de esta consideración sugirió que la industria "Olduvayense" no demostraba ningún tipo de habilidad mental que no se encontrase presente en los antropoides, pero la industria "Achelense", en cambio, sí constataba que para su manufactura se precisaron "*habilidades tan desarrolladas como las del hombre moderno*" (Wynn, 1981). Este contraste no podía explicarse, como resulta obvio, desde el paradigma tradicional. Sin embargo, al haber asumido que todos los artefactos eran "tipos" estaba incurriendo en un error -que no invalida necesariamente sus inferencias sobre la industria achelense, donde los "tipos" resultan más discernibles- puesto que muchos de ellos (poliedros, esferoides,algunos raspadores, etc...) seguramente no fueron tales sino el producto de la extracción subsidiaria de lascas, con lo que al pretender explicarlos en términos de intencionalidad sesgaba el modelo mental que se estaba analizando. Por otro lado, el proceso de talla requiere la conjunción de criterios de manipulación, concentración y visualización que exceden las habilidades de los antropoides (Gowlett, 1986), al ser necesario planificar y enlazar los diversos pasos de una cadena operativa (Roche,1980). No obstante, Gowlett (1984), que se muestra escéptico en que los artefactos líticos puedan reflejar las verdaderas aptitudes de los homínidos, aboga por una postura en la que lo que debería someterse a análisis no es el "útil" sino el comportamiento que ha dado lugar a su elaboración y que lo hace inteligible, siguiendo la linea de pensamiento de Isaac (1972), que postulaba que el objetivo de estudio no deberían ser los artefactos sino los modelos motores que los generan.

En realidad este tipo de acercamiento al registro dista de ser uniforme, pero ofrece en cambio la oportunidad de tomar en consideración una serie de nuevos planteamientos. En primer lugar se reconoce el surgimiento de cambios sustanciales con la aparición de una nueva tecnología (p. ej: Achelense *versus* Olduvayense), que se mantienen en un estado escasamente dinámico. Es el caso del Achelense, cuya entidad aún precisa de discusión, que se mantiene estable a lo largo de más de un millón de años en diversas regiones del planeta. Muchos sostienen que tal circunstancia se debe a una limitación neuro fisiológica -concepción que parte de una absoluta desconsideración de la verdadera complejidad de dicha tecnología y del margen de habilidades que se precisan para configurarla-, mientras que otros, de un modo más innovador, opinan que se deben a circunstancias sociales y adaptativas.

Sería fundamental preguntarse hasta qué punto una tecnología supone una mejora con respecto a otra y en qué sentido puede observarse un avance técnico. Si se comparan las tecnologías Olduvayense y Achelense se puede observar que la diferencia entre ambas estriba básicamente en la inclusión de nuevos "tipos" en la última (bifaces, hendedores y picos), conservando el sustrato común, y ni siquiera eso si se compara con el Olduvayense Desarrollado A y B, donde los "tipos" son los mismos, estableciéndose la discriminación tan sólo a nivel porcentual de los artefactos (M. D. Leakey, 1971). Muchos de los "tipos" olduvayenses (choppers bifaciales, protobifaces...) son de una complejidad similar a algunos de los bifaces achelenses, cuya manufactura precisa igualmente de una cadena operativa complicada.

Todo ello conduce a la conclusión de que sería más prudente no establecer una diferenciación tan radical entre una industria Olduvayense tosca y una industria achelense más sofisticada, aunque en esta última se advierta una estandarización de las formas.

******

Siendo éste el estado actual de la discusión sobre el estudio lítico del Plio-Pleistoceno, podría decirse que a lo largo de su desarrollo histórico, la Arqueología paleolítica se ha caracterizado por una excesiva consideración de la <u>piedra</u> en detrimento del <u>hueso</u>, como el otro gran componente de los suelos de ocupación. En un principio los restos óseos fueron estudiados desde el punto de vista naturalista, con la finalidad de realizar atribuciones de carácter taxonómico -bajo la asunción de que los suelos en los que aparecían eran en extremo íntegros- para establecer inferencias de tipo económico. También se analizaron desde el punto de vista técnico, buscando en los ellos la impronta antrópica en forma de la transformación del hueso en herramienta. Esta consideración del registro faunístico ha perdurado como corriente académica hasta hace prácticamente unos veinte años, momento en el que la toma de conciencia sobre la problemática de la formación de los yacimientos arqueológicos se generaliza, haciendo necesaria una interpretación más completa de los restos.

No obstante, al margen de las posturas académicas, a lo largo de todo este periodo algunos investigadores adoptaron de un modo marginal una postura distinta. A principios de siglo, el estudio técnico de los restos óseos sufre una eclosión con la incorporación de algunos de estos esquemas de carácter tipológico por parte de ciertos autores (Breuil, 1912; Peyrony, 1933). Este tipo de interés por el análisis técnico se constituye en el precedente inmediato de la investigación que llevará a cabo Dart (1959), el cual aportará dos elementos esenciales al estudio faunístico. Uno, en su intento por desentrañar las implicaciones de los australopitecos en una industria "osteodontoquerática" que nunca existió: el análisis de los tipos de fracturación ósea. El otro, en un intento de acercamiento a la incidencia homínida sobre la paleofauna, el estudio porcentual específico y de representación esquelética presente en los yacimientos. Semejante innovación se constituirá a su vez en el precedente de los estudios tafonómicos que empiezan a realizarse a fines de los sesenta, a raiz del cuestionamiento de la integridad de los yacimientos arqueológicos (Brain,1969a, 1969b, 1976, 1980; Behrensmeyer, 1975, 1976, 1978). El análisis minucioso de las tafocenosis se desarrollará en las dos décadas siguientes (Behrensmeyer, 1980, 1983; Behrensmeyer & Boaz, 1976; Behrensmeyer & Dechant-Boaz, 1980; Hill, 1975, 1980; Binford, 1981). Y a comienzos de los ochenta se incorpora a esta complejidad creciente del estudio de los restos faunísticos el análisis de las diversas alteraciones óseas, tales como las marcas de cortes, de dientes o por efecto abrasivo del sedimento debido a la acción del pisoteo animal (Bunn, 1981, 1983; Binford, 1981; Shipman, 1981, 1983; Behrensmeyer et alii, 1986).

En la consideración global de los suelos de ocupación, el acercamiento arqueológico más completo surge a inicios de los setenta con la aproximación de Isaac y su equipo al estudio de los yacimientos de Koobi-Fora, en los que el material lítico pierde el protagonismo fulgurante de épocas anteriores y se relega su estudio al aspecto morfotecnológico (Toth, 1982), al tiempo que se eleva el análisis óseo al nivel que le corresponde, realizándose una investigación integral que abarca desde la tafonomía (incluyendo toda la analítica mencionada) hasta la paleoecología, pasando por toda una serie de cuestiones intermedias. A partir de este momento, este enfoque se erige en corriente académica y perdura hasta nuestros días.

En el mejor de los casos, actualmente los artefactos líticos y los restos óseos se conjuntan a la hora de establecer un análisis del nivel de ocupación al que pertenecen, pero en términos simplemente de materiales producto de una actividad subsistencial básica como es la alimentación. La mayor parte de la Arqueología paleolítica se limita a estudiar los suelos de ocupación con el objeto de discernir el alcance de la intervención antrópica en la formación de los mismos y, una vez dilucidada, proceder al estudio de técnica empleada en la elaboración de los instrumentos líticos y al análisis de los restos óseos, como el resultado de una actividad dietética que demuestra el grado de incidencia humana sobre la paleofauna.

No obstante, cabe preguntarse si esto es todo lo que la Arqueología es capaz de hacer o si esta limitación viene dada por una conceptualización teórica obsoleta que sirve como marco de referencia al modo de proceder académico. Si se conectan los restos materiales de cultura con las tres esferas de comportamiento (Osgood, 1940; Binford, 1962; Gamble, 1990) -la material, la social y la ideológica- resulta evidente que en lo concerniente al Paleolítico sólo se ha desarrollado, y aún sigue haciéndose, la primera de ellas. Y no sólo es así, sino que semejante actitud se justifica mediante la aseveración de que sólo una aproximación material al registro resulta *científica* , siendo en la práctica imposible entrever la constitución social e ideológica de las sociedades paleolíticas a través de los restos de sus actividades más básicas. Este argumento puede ser válido a la hora de intentar recuperar contextos ideológicos que han desaparecido, pero no es del todo aceptable con respecto al acercamiento a la organización de las sociedades del pasado, ya que las pautas subsistenciales que se pretenden estudiar sólo son inteligibles a partir de la elaboración de modelos teóricos de carácter social, asequibles a través de una serie de pautas de actuación no anárquicas que conforman el comportamiento de dichos grupos.

El temor a profundizar en semejantes planteamientos reside por una parte en el escepticismo de que dicho objetivo sea discernible y por otro lado, en el riesgo de caer fácilmente en la especulación, con lo que semejante postura significa de contraposición a una actitud que pretenda ser *científica* . Este concepto arranca de la segunda mitad de siglo, en la que la Arqueología como disciplina sufrió una transformación estructural y metodológica en un intento por acercarse al redil de las disciplinas empíricas, con el objeto de ser considerada como **ciencia** - en una acepción del término proveniente del fisicalismo y del positivismo lógico- lo cual alcanzó su máxima expresión con la eclosión de la Nueva Arqueología. Desde entonces y hasta ahora los intentos académicos han ido encaminados a enfocar el estudio del Paleolítico desde una consideración orgánica de la **cultura**, como un medio asociativo de carácter adaptativo, concediendo prioridad, por consiguiente, al análisis subsistencial, mucho más tangible al conocimiento empírico. Pero semejante conceptualización de la ciencia no sólo resulta errónea (Popper, 1956, 1974; Lakatos, 1978), por cuanto cabe de reivindicativo en la especulación argumentada como revulsivo y dinamizador del proceder científico, sino por la ingenua aseveración de que la analítica científica empleada en la Arqueología a su nivel más básico está exenta de ella. La diferencia entre lo que los neopositivistas consideran "ciencia" y "especulación" (científica) reside en el grado y no en una rígida oposición entre ambos términos. Un ejemplo bien evidente es, como hemos visto, que el proceder científico en la Arqueología ha variado en función de la transformación y evolución del paradigma al cual uno se encuentra intrínsecamente unido.

Sin embargo, no es imprescindible acudir a argumentaciones epistemológicas para justificar la necesidad de un análisis de los modos de comportamiento social, sino que sin éstos la Arqueología Paleolítica simplemente sería una disciplina abocada al estudio de las acciones mecánicas producida por la necesidad subsistencial más elemental, y por tanto limitada en su contenido.

La asunción implícita o explícita de semejante cuestión ha favorecido en los últimos años la elaboración de modelos de comportamiento con los que poder hacer inteligible la avalancha de datos generada a raiz de la polarización de las diversas disciplinas integradas en la analítica de los suelos de ocupación. Esto es lo que sucedió en la interpretación de los yacimientos arqueológicos plio-pleistocénicos de Africa oriental, en los que tras una revisión metodológica y referencial se aplicó en un principio el modelo de "compartimiento alimenticio" o de "campamento base" (Isaac, 1978), con posterioridad respondido por el modelo de "carroñeo marginal" (Binford, 1981) y el de "escondrijo de piedras" (Potts, 1982), y finalmente redefinido a través del modelo de "forrajeo de lugar central" (Isaac, 1983), en una polémica que, entre otras cosas, sirvió para dirimir diferencias en lo concerniente a la interpretación del paradigma evolutivo; mucho más gradualista en la propuesta binfordiana que en la interpretación de Isaac - capítulo 5- (Domínguez-Rodrigo, en prensa a). Se pasó de una interpretación evolutiva basada en el análisis morfológico de los artefactos de épocas anteriores a una centrada en torno a modelos de comportamiento, en los cuales lo que se discutía era una serie de actitudes humanas frente a unas pautas generales de conducta intermedia entre ésta y la del resto de los primates.

En el fondo, al igual que ocurrió con el estudio de los artefactos líticos, la nueva posición también estaba condicionada por la interpretación que unos y otros hicieron del paradigma evolutivo. Siendo éste un sesgo inevitable, cabe señalar que todos los esfuerzos dedicados en los últimos quince años a elaborar modelos de comportamiento -siempre en una actitud marginal de unos pocos- han sido provechosos en el sentido de que en el caso arriba mencionado se ha logrado un consenso en torno al modo de comportamiento de los primeros autores del registro arqueológico -explicado a través del modelo de "forrajeo de lugar central"- que difícilmente puede ser erróneo, dado el grado de heurística positiva (Lakatos, 1978) adquirido por dicho modelo a lo largo de más de una década de ser sometido a prueba, en un intento continuo de ser falsado.

Sin embargo, los más atrevidos creen haber alcanzado el límite del discurso arqueológico con el estudio y discernimiento de estos modelos, confundiendo en los mismos dos elementos intrínsecamente unidos pero distintos al mismo tiempo: la actividad subsistencial y la dinámica social.

Un **modelo de comportamiento subsistencial** es un marco teórico referencial que intenta explicar el registro en función de una serie de pautas elementales de conducta alimenticia, desde una perspectiva ecológica en la que se insertan los grupos estudiados, a partir de una consideración de carácter trófico. Un **modelo teórico social**, en cambio, pretende ir más allá e intenta discriminar la relación de los individuos que conforman un grupo -o desde una consideración más amplia, la dinámica de interrelación entre grupos distintos- con la finalidad de poder hacer inteligible, a su vez, los modelos de comportamiento subsistencial. Aunque ambos tipos de modelos están estrechamente relacionados, puede hablarse de un modelo de comportamiento sin necesidad de profundizar en el tipo de relación social -aún cuando parta de premisas sociales implícitas en su desarrollo- que lo mantiene, pero no es una posición recíproca, ya que resulta imposible a nivel arqueológico desarrollar modelos sociales sin partir de modelos de comportamiento establecidos. Esto se explica por constituir este tipo de modelos un paso más en el conocimiento general del pasado, los cuales precisan para su elaboración de unos datos de interacción ecológica concretos.

En la confrontación de los modelos anteriormente mencionados sobre el significado de los yacimientos plio-pleistocénicos, lo que se discutía era esencialmente si los homínidos que habían intervenido en su formación lo habían hecho en primer o en último lugar, si habían consumido carne o médula ósea, si habían sido cazadores o carroñeros, si habían compartido o no el alimento obtenido, si habían realizado incursiones en espacios abiertos o no, si se movían de modo ordenado por el paisaje o deambulaban de un modo anárquico por el mismo, etc... Es decir, se trataba de una discusión sobre aspectos básicos de la subsistencia, en la que la cuestión social era prácticamente ignorada o utilizada como un argumento marginal complementario, en ningún caso lo suficientemente desarrollado. Tan sólo el modelo inicial propuesto por Isaac (1978) en los prolegómenos de la controversia cabe ser considerado como un modelo teórico social, ya que el esquema conductual que proponía partía de un modelo social previo, el cual argumentaba la existencia del registro en función de una división sexual de las labores que habría sido el resultado de una alteración de los lazos sociales. Sin embargo, debido a un desarrollo que, aunque tal vez acertado, era escaso, Isaac -tras la discusión de los suelos plio-pleistocénicos que estaba teniendo lugar- se vio forzado a redefinir su propuesta en el modelo de "forrajeo de lugar central", cambiando de este modo su modelo teórico social inicial por un modelo de comportamiento subsistencial menos comprometido (capítulo 5).

No deja de resultar extraño que la Arqueología paleolítica, al contrario de la Arqueología dedicada a periodos más recientes, sea en el mejor de los casos una disciplina abocada al estudio de la subsistencia, mientras que épocas más próximas el objeto de estudio son las sociedades humanas. Podría aducirse el hecho de un registro material distinto para justificar semejante orientación, pero cabría también argumentar la existencia de unos fundamentos metodológicos deficientes, que mantienen nuestra disciplina limitada a unas áreas de estudio correctas y necesarias, pero a todas luces insuficientes.

Por todo ello creo necesaria la elaboración de modelos teóricos sociales que vayan más allá de los modelos simples de comportamiento subsistencial y que sean capaces de aproximarnos a la realidad social, la cual fue la que en primera instancia posibilitó los cambios que en términos evolutivos condujeron a la aparición de la Humanidad. Soy consciente de que en semejante empresa uno pierde la tangibilidad de los datos para introducirse en una dialéctica argumental -que en realidad proviene de los datos mismos- en la que los modelos sociales deben debatirse en una confrontación continua, para que en tanto vayan ganando o perdiendo en heurística se conviertan en marcos referenciales para explicar el comportamiento evolutivo de nuestro género. De no ser así, y mientras sigamos aferrados a un concepto de Ciencia que resulta sumamente mutante en función de la metamorfosis del paradigma, estamos solamente destinados al análisis descriptivo de las acciones humanas más elementales -lo cual de por sí no es poco- pero no al estudio de los hombres y las mujeres que están detrás de ellas. El comportamiento y la sociedad que lo genera deben investigarse de manera conjunta; de lo contrario estamos indefectiblemente negando la posibilidad de ser capaces de interpretar el pasado. En nuestras manos está seguir los pasos al proceso evolutivo de nuestro género de un modo integral o convertirnos en meros contables de datos.

DECLARACION DE PRINCIPIOS.

La elaboración de modelos teóricos de carácter social no debe hacerse mediante el mero ejercicio de la imaginación; antes bien, todo lo contrario. Es necesario hacer acopio de todo un caudal de conocimientos referenciales, basados en el estudio de la diversidad de conductas sociales existentes en la fauna actual e intentar comprender su relación con los procesos de adaptación a los diferentes tipos de medios. En este sentido, el presente trabajo constituye ante todo un esfuerzo de sistematización del comportamiento social en el ámbito primate en general y en los mamíferos del ecosistema de sabana. Luego, con semejante trasfondo referencial intento trasladar dichas observaciones al pasado -proceso inferencial actualista-, para elaborar interpretaciones conductuales de los homínidos plio-pleistocénicos. Sin embargo, este segundo paso está condicionado por el marco teórico en el que intento hacer inteligible mi concepción de comportamiento.

Por ello, esta sección, que puede en aparencia resultar la más intrascendente de cuantas componen el presente trabajo, ya que se podría prescindir de ella, es en realidad de gran importancia por cuanto pretende explicitar en lineas generales el marco teórico que condiciona el desarrollo del mismo y en el cual se inserta. Para ser coherente con esta manifestación, me gustaría subrayar dos hechos que, a pesar de figurar en la parte relevante del consenso académico -estando asumido en el proceso de interpretación- no se les concede la dimensión que merecen, ya que poseen una serie de implicaciones que van más allá de lo que comunmente se piensa. Estos son la relevancia de la teoría, como marco articulador de datos, instigador de los modos de su obtención y exégesis de los procesos causales, y el uso -a veces también abuso- del "actualismo" -extrapolación al pasado de la estructura conceptual "misma causa= mismo efecto", que implica la existencia de la acción inversa "mismo efecto= misma causa"- como interpretación de las dinámicas pretéritas.

El desarrollo de una investigación parte de una hipótesis previa -propuesta teórica desencadenante del proceder analítico-, lo cual refuerza la idea de que el modo operativo científico funciona acorde con las directrices de un racionalismo crítico -bien ejercido desde un prisma de "falsacionismo racional" (Popper, 1956), bien desde un "falsacionismo refinado" (Lakatos, 1978)- en el que el proceso deductivo lleva las riendas del devenir metodológico -contra el inductivismo baconiano mantenido por los principales apologistas del Círculo de Viena-. La importancia que reviste el aspecto teórico es que no sólo promueve el análisis científico, a través de la formulación de hipótesis, y que condiciona el modo de hacerlo, según el cúmulo de consensos mantenidos a nivel académico en un momento histórico concreto (Kuhn,1962), de acuerdo con la idiosincrasia propia de la ciencia, sino que también se convierte en un marco referencial coordinador de los datos a modo de discriminador selectivo basado en una serie de presupuestos. Los datos por sí solos nunca dicen nada. La respuesta que de ellos obtengamos depende del modo en que formulemos las preguntas y de la manera en que los utilicemos para responderlas. En Ciencia -sobre todo en Arqueología, Paleontología y Geología, que son en este caso las disciplinas que nos afectan de un modo más directo- la teoría se articula a través de la acumulación de observaciones de fenómenos causales, que forman un conjunto de referencias que se aplican al pasado cuando se contemplan los mismos efectos (actualismo). Cuando digo "acumulación de observaciones de fenómenos causales" no debe entenderse "acumulación de observaciones repetidas". En este último caso se trataría de un proceso analítico inductivo. La observación de un fenómeno causal, en cambio, se produce por el método de prueba y error; es decir, por la elaboración de una conjetura y su sometimiento a una serie de pruebas de falsación. Se parte de una consideración teórica en la que se busca el análisis empírico de una causa para contemplar su efecto o resultado. Se trata con claridad de un proceso deductivo.

Por eso, dado que la teoría condiciona hasta el menor de los aspectos del proceder científico, y puesto que su poder heurístico depende de la corrección y operatividad de sus postulados "actualistas", estimo necesario profundizar en las implicaciones de éstos y en su toma de conciencia. Para ilustrar este punto voy a servirme de manera somera y a modo de ejemplo, de una de las disciplinas más paradigmáticas a este respecto: la Tafonomía.

La interpretación de las acumulaciones óseas del pasado depende en gran medida del estudio de las acumulaciones óseas del presente. En la actualidad se puede observar -excluyendo en este ejemplo a los agentes físicos, para los cuales el siguiente desarrollo argumental es igual de válido- cómo determinados agentes carnívoros producen amontonamientos de restos faunísticos (causa), que poseen unos rasgos diagnósticos concretos (efectos). La distinción de los diversos tipos de agentes que son capaces de producir distintos tipos de acumulaciones -diferenciación entre causas que generan efectos particulares- posibilita que la detección de una acumulación determinada pueda ser atribuída, dependiendo de sus características, a un agente concreto -inversión del proceso, mediante el cual de la observación del efecto se accede a la causa-. Este simple ejercicio comparativo permite realizar la atribución de los amontonamientos de restos óseos del pasado a agentes, en este caso biológicos, concretos.

Sin embargo, hay que ser cauto en el momento de aplicar semejantes preconcepciones, puesto que con ellas no demostramos nada, sino que elaboramos tan sólo interpretaciones cuyo valor heurístico dependerá de lo acertados que hayamos estado en la aplicación de una u otra diagnosis actual para explicar una acumulación de restos antigua. Con respecto a esta cuestión, podemos encontrarnos con serias trabas: que agentes biológicos extintos -y por lo tanto no observables en la actualidad- hubiesen realizado acumulaciones similares a las de determinado tipo de agente moderno -con lo cual nuestras inferencias serían erróneas sin que fueramos conscientes de ello- o bien que cualquiera de los agentes que hoy no generan un amontonamiento de restos se hubiese visto forzado en el pasado, bajo condiciones ecológicas distintas, a crear cúmulos de huesos como los que hoy realizan otros animales. En ambos casos el índice de verosimilitud de nuestras hipótesis se vería mermado.

Muchos investigadores piensan que la aplicación de criterios actualistas sólo es válida hasta un límite marcado por la tangibilidad de los datos, que en este caso son los huesos. Sin embargo, esta aseveración, que nace de una incomprensión del proceso inferencial, es errónea. Dicho proceso funciona aplicando, como ya he mencionado, una serie de parámetros causalistas observables. Por ello, en la interpretación tafonómica tan tangible resulta la constatación material de un desplazamiento y posterior amontonamiento de restos (efecto), como la constatación de dicho traslado debido a un motivo trófico o biológico determinado (fenómeno). En este caso semejante razón se constituiría en la causa y el traslado de restos en el efecto. También podría considerarse, si se encadenan los tres actos, el motivo trófico o biológico como la causa primigenia, el desplazamiento como efecto 1 y la acumulación como el efecto 2.

El hecho de que algunos estudiosos se muestren reacios a realizar imputaciones que vayan más allá de la atribución de una acumulación a un agente biológico concreto se debe, por un lado, a que el actualismo se ha empleado tradicionalmente desde su aspecto más pernicioso -la extrapolación acrítica de situaciones descriptivas; es decir, el uso de manifestaciones mecánicas de la conducta, sin tener en cuenta ni el contexto ni las razones que promueven semejante actitud- y, por otro lado, a que la Etología, que ha sido la disciplina desde la que se ha nutrido el caudal de conocimientos referenciales de la Tafonomía, también ha sido en esencia descriptiva y no se ha ocupado de buscar las razones ecológicas, que son las verdaderas causas primarias de toda la cadena de efectos tróficos. En este sentido, un estudio etológico orientado de tal manera que concluyese que, dado que no existe la aletoriedad en la conducta de los animales en general,el desplazamiento de presas por parte de los carnívoros, obedece a una razón de presión trófica o biológica determinada (Domínguez-Rodrigo, 1994 a, en prensa b), lo que está realizando es la constatación de dos causas -por consiguiente limitando la gama de posibilidades al mínimo- que producen como primer efecto el desplazamiento de cadáveres y como segundo efecto su acumulación. Si se tiene en cuenta que de un proceso semejante sólo queda constatación del efecto final -que a su vez es el resultado del efecto anterior, que actúa como causa del siguiente y, por consiguiente, del mismo- la observación de una causa selectiva determinada y los efectos que provoca supone un marco referencial tan válido para extrapolar al pasado -pese a la ausencia de evidencia directa- como la atribución de la autoría a las acumulaciones óseas. El proceso inferencial que se sigue en uno y otro caso es el mismo:

1- Identificación y observación de la causa -en el primer caso, la razón ecológica que impulsa dicha conducta y en el segundo el tipo de agente que genera la acumulación-.

2- Efecto que produce dicha causa -en primera instancia el desplazamiento de las presas y en segundo caso la creación de un amontonamiento de restos distintivo-.

En ambos casos, la fuerza interpretativa y el riesgo de error son los mismos. La interacción trófica del pasado pudo añadir elementos ecológicos que distorsionan, por su inexistencia en la actualidad, nuestra visión de las razones del comportamiento de los carnívoros, del mismo modo que dicha situación pudo provocar que bien especies actuales en una situación trófica distinta, bien especies extinguidas -cuyo comportamiento nunca hemos podido observar- hubiesen realizado acumulaciones con unos rasgos distintivos que en la actualidad imputamos a agentes distintos. En ambos casos realizamos interpretaciones basadas en fenómenos que ocurren hoy en día. La acumulación material de restos, como efecto final de un proceso causal, es una evidencia tan directa o indirecta de un tipo determinado de agente -que podemos acertar a interpretar de manera correcta o no- como de un tipo de razón ecológica selectiva -que podemos tratar del mismo modo-.

Precisamente, porque las acumulaciones materiales constituyen el efecto final de un sistema dinámico causal, en el que cada efecto precedente es causa del siguiente, el proceso inferencial que se detiene en el penúltimo efecto o en la última causa resulta, por definición, incompleto. De igual manera que hemos visto en el ejemplo de la Tafonomía aplicado a agentes biológicos no antrópicos, la interpretación de una sección concreta del registro arqueológico que se haga en términos de atribución de autoría a unos agentes -en este caso los homínidos, en primera instancia-, en función de una actitud subsistencial determinada, resulta también incompleta. Las acumulaciones presentes en los yacimientos arqueológicos (efecto final n) se deben a una cadena de efectos en la que el penúltimo, causa directa del que resta, es el transporte de restos líticos y faunísticos por parte de los homínidos a dichos lugares. Este efecto n-1 se debe a un efecto n-2 anterior, que actúa como causa del mismo, y que no es otro que un comportamiento social que posibilita la reacción subsistencial n-1, la cual tiene como efecto final (n) la formación de las acumulaciones. Que en un momento de la línea evolutiva surja una forma de reajuste en los modos de interacción sociales (efecto n-2) que provoque la adopción de una estrategia subsistencial particular (efecto n-1), traducida en la aparición del registro (efecto n), se debe a que algún factor, bien de origen biológico, bien de origen ecológico -que denominaremos de momento causa originaria de toda la cadena de reajustes-, tuvo lugar e impulsó la adopción de nuevas formas estructurales y orgánicas de relación con el medio.

Si se echa un vistazo a la Arqueología plio-pleistocénica y pleistocénica en general, como hemos observado antes, uno se da cuenta de que nos encontramos en una situación similar a la de un callejón ocluído en su mitad por un muro frente el cual aquéllos que iban delante se han detenido, amedrentados de intentar traspasarlo, por falta de imaginación y por temor a parecer en exceso temerarios frente a los que se obstinan en sentenciar que dicha barrera marca el final de la calle. Después de no pocos esfuerzos, hemos llegado a un momento en el que poseemos un registro arqueológico atribuible a los homínidos, como resultado de una conducta de éstos consistente en el aporte sistemático de nutrientes a determinados lugares en los que generan un amontonamiento de restos. Si nuestro límite de interpretación debe situarse en este nivel del proceso inferencial, resulta que la nuestra es una disciplina en estado terminal, incapaz de aportar mayores conocimientos, y cuyo cultivo en adelante sólo tiene sentido en el caso de que queramos convertirnos en paleogastrónomos.

Creo sinceramente que es necesario dar un paso adelante, saltando dicho obstáculo, y seguir remontando la cadena causal de acontecimientos, puesto que todo modelo subsistencial sólo resulta inteligible desde un modelo social que lo posibilita y con el cual se relaciona de modo recíproco. En este sentido, el estudio de las formas orgánicas de conducta social actuales, tanto en nuestro género como en el resto de animales mamíferos, un campo en práctica virgen, surge como una necesidad previa a su intento de interpretación en el pasado, para disponer de un margen referencial a partir del cual nuestros "actualismos" sean válidos desde una consideración heurística. Por ello, al igual que en el ejemplo tafonómico expuesto el actualismo se lleva a cabo mediante el análisis de la causa y de sus efectos y su trasposición al pasado, en el estudio del comportamiento social debe realizarse un análisis amplio basado en los mismos términos. En principio, el objeto de observación es la conducta social y su relación con la conducta subsistencial y de interacción con el medio. Poder discernir si determinados comportamientos sociales están imbricados con actitudes subsistenciales concretas supone el primer paso, ya que de ser así estaríamos en disposición de conocer una a través de la otra y de elaborar, por consiguiente, una diagnosis válida.

A mi juicio, el modo de estudiar el comportamiento debiera seguir ciertas directrices que aquí expongo de manera somera y que desarrollaré en los capítulos correspondientes.

Para poseer un conocimiento referencial del modo en que funciona el comportamiento no basta con la mera observación de acontecimientos separados - con lo cual no sirve el traslado acrítico de situaciones descriptivas-, sino la búsqueda causal de su globalidad. Para ello, hay que elaborar un sistema de clasificación que lo haga operativo a nivel estadístico, con el cual poder obtener una sinopsis de la diversidad conductual existente entre los diferentes grupos de animales (Capítulo 3). Una vez logrado y definido el marco referencial, su aplicación al pasado debe seguir las pautas que guían el proceso inferencial descrito, con la salvedad de que en el caso de los homínidos, por tratarse de especies extintas y por lo tanto sin un claro referencial en la actualidad, deberá aplicarse, según propongo, dicho modelo cuando poseamos datos suficientes de su morfología y hábitos paleoecológicos. Como el comportamiento social no deja restos materiales observables como en el caso de la conducta subsistencial, el modo de obtener dichos datos, según el planteamiento teórico que defiendo, deberá partir de un análisis cladístico de caracteres homólogos compartidos y de un análisis comparativo de rasgos análogos según el modelo adaptativo (Capítulo 5).

Para justificar esta posición, defiendo la idea de que la adaptación dinámica de un organismo al medio debe estudiarse desde un prisma dialéctico, integrador de los aspectos biológico y ambiental. El comportamiento de un organismo responde en principio a su capacitación biológica de reacción y en segunda instancia y de manera interrelacionada a la selección natural ejercida a través de una gama concreta de criterios de adaptación (Capítulo 3). En este sentido, una especie se encuentra de manera continua en equilibrio con el medio mediante unos modos de reacción y organización determinados. La alteración de los criterios selectivos o la incorporación de nuevos rasgos posibilistas a través del genotipo provocan en una especie el cambio de alguna(s) de las pautas básicas de comportamiento, adoptando o incorporando una forma nueva. De esta manera, una conducta que altera alguno de sus parámetros se convierte en una manifestación derivada de una conducta anterior y proviene "filogenéticamente" de aquélla. Para estudiar especies de rasgos idénticos o similares a las hoy existentes, la extrapolación actualista resulta una opción conveniente, ante la ausencia de criterios más fiables. Pero para estudiar especies extintas, la reconstrucción de su conducta deberá realizarse mediante el uso de modelos conceptuales -reconstrucciones teóricas guiadas por premisas causales observables- y no a través de los recurridos modelos referenciales o trasposición acrítica de comportamientos presentes en otras especies -el error de realizar la interpretación desde la observación de un acontecimiento descriptivo (efecto) y no desde su razón de ser (causa)-, ya que las características de éstas, por muy similares que sean con la especie extinta, nunca puede decirse que fueron las mismas (Capítulo 3). Siguiendo esta línea argumental, un modelo conceptual pretende acercarse a un comportamiento tal vez extinto -aunque podría existir en la actualidad- presente en una especie desaparecida. Como dicha conducta debe suponer una manifestación derivada de otra anterior, en la que pueden intervenir factores biológicos (endógenos) y ecológicos (exógenos), para acercarnos a ella es necesario utilizar un tipo de análisis que nos permita por un lado calibrar el alcance de la conducta compartida con la manifestación de la cual deriva, y por otro lado, la extensión de los rasgos incorporados que la hacen diferente (Capítulo 5).

El primer enfoque analítico debe centrarse, por consiguiente, en el estudio de los caracteres troncales que una conducta A y otra C comparten y que tuvieron que ser comunes a un comportamiento B intermedio, que constituye el objeto de nuestra investigación (análisis cladístico). El segundo enfoque analítico deberá ocuparse de los rasgos derivados de dicho comportamiento con respecto a la conducta precedente, teniendo en cuenta que dichos caracteres pueden estar más cercanos a cualquiera de las dos consideraciones: la filogenética o la ecológica (análisis comparativo). Por ello, ambos enfoques deberán incluir en su desarrollo dos formas analíticas, que lejos de excluirse, en un paradigma dialéctico se complementan: el estudio de los caracteres compartidos por las especies más afines de modo genotípico a la especie estudiada (análisis de las homologías) y el estudio de los caracteres compartidos por especies que aunque no sean próximas desde una consideración filogenética sí manifiestan un tipo de adaptación similar a un mismo conjunto de criterios selectivos (análisis de las analogías).

La ventaja que presenta este complejo analítico es que puede ser utilizado por investigadores que poseen paradigmas distintos; un sociobiólogo prestará más atención al análisis de las homologías mientras que un determinista medio-ambiental hará lo propio con las analogías en detrimiento de la otra consideración. Como mi punto de partida es más ecléctico, como etólogo dialéctico intento conciliar ambas posiciones, por lo cual aceptaré como válidos los caracteres que coincidan en ambos tipos de estudios y discutiré las contradiciones en que uno y otro modo analítico puedan incurrir, acudiendo a un estudio de las causas que en la actualidad generan dichas pautas conductuales.

Siguiendo este argumento, la elaboración de mi marco referencial parte de una profundización de los presupuestos etológicos tradicionales, que tiene que ver bastante con una concepción de esta disciplina que difiere ligeramente de la que mantiene una parte importante de la comunidad académica. Aún en la actualidad a la Etología se la considera una sección complementaria de la Zoología, que como tal no pretende sino aportar un conocimiento complementario al estudio de los modos de dinámica orgánica. Yo, en cambio, soy de la opinión de que la Etología puede alcanzar la madurez suficiente como para poder emanciparse y constituirse en disciplina independiente. Para cumplir semejante objetivo deben darse los pasos necesarios que la conviertan de un área de estudio descriptiva a un área de estudio interpretativa de la conducta. De este modo se estaría en disposición de poder analizar las verdaderas causas de la manifestación conductual y sus efectos. Con ese fin aplicaré el sistema de clasificación del comportamiento que he elaborado, como ya me acerqué con anterioridad a otros temas etológicos que merecían ser tratados de manera holística (Domínguez-Rodrigo, en prensa b).

En cuanto al paradigma evolutivo en el que contextualizo la interpretación evolutiva de los homínidos, debo manifestar mi adhesión a la concepción ontogenética de la Evolución, en la que la coherencia de las relaciones genéticas-epigenéticas a través del surgimiento de heterocronías regulan la aparición de innovaciones fenotípicas y conductuales. Por este motivo me declaro detractor de la interpretación tradicional del darvinismo defendido en la teoría sintética de la Evolución, en la que, según el enfoque, el responsable del cambio es un proceso aleatorio de mutación en el genotipo y/o la existencia de una selección natural de criterios muy rígidos (Capítulo 9).

En este sentido, y partiendo de dicha concepción embriogenética, creo que, puesto que el éxito adaptativo de un organismo depende no sólo de su dotación biológica y de la viabilidad funcional de las características de su fenotipo, sino también del comportamiento que mantiene el individuo con el medio y con otros individuos de su especie -lo cual posibilita en realidad que las innovaciones positivas del fenotipo resulten viables desde el aspecto funcional- el estudio de cualquier innovación adaptativa somática deberá hacerse dentro de un marco conceptual que lo explique en términos de comportamiento.

LA ETOARQUEOLOGIA COMO DISCIPLINA REFERENCIAL EN EL ESTUDIO DEL COMPORTAMIENTO.

Diversos autores son partidarios de seguir manteniendo una división artificial entre la Arqueología y la Prehistoria, como disciplinas complementarias pero con distintos cometidos. Mientras que la primera se encarga de la recogida de información -metodología práctica aplicada a la recuperación de datos-, la segunda es responsable de la interpretación de ésta. Sin embargo, semejante distinción no deja de ser un convencionalismo distorsionador. El trabajo de campo no consiste en una serie de técnicas asépticas capaces de extraer toda la información que el registro puede aportar, sino que está profundamente condicionado por el marco teórico-social que lo impulsa. A lo largo de la mitad de su historia, la Arqueología Paleolítica sólo ha excavado artefactos porque tal era el interés teórico que promovía el paradigma de dicho momento. En época más reciente, se pasó a la excavación de niveles y suelos arqueológicos, porque el objeto de estudio fueron y siguen siendo los contextos culturales. La remodelación paradigmática del futuro puede conducir a un cambio de la forma en que se llevan a cabo las labores de campo. En unos y otros casos, desde una visión retrospectiva, siempre el último paradigma pone de relieve los errores del anterior. Esta situación ayuda a sentenciar que la Arqueología, interpretada como el conjunto de métodos y técnicas que se aplican en una excavación, es tan sólo una disciplina capaz de destruir sistemáticamente un yacimiento de tal modo que al menos se recupera una parte importante de la información que contiene.

Pero del mismo modo que las cuestiones teóricas condicionan el desenvolvimiento práctico, es difícil no perder la coherencia interpretativa si no se posee un caudal ingente de conocimientos prácticos. De esta manera, la Prehistoria está condicionada de modo constante por la experimentación y por la elaboración de un marco referencial que proviene de la simbiosis de los planteamientos teóricos y los ejercicios prácticos. Por esta razón, y aunque pudiera admitir la validez de la diferenciación entre la Arqueología y la Prehistoria bajo una argumentación sólida, en adelante utilizaré ambos términos de modo indistinto para referirme al mismo proceso de reconstrucción del pasado, tanto en su aspecto analítico, como interpretativo, salvo cuando lo explicite de otra manera.

Puesto que, como he dicho con anterioridad, todo proceso de interpretación en una ciencia histórica exige la existencia de un marco referencial previo, la Arqueología ha desarrollado en las últimas décadas el suyo a partir de la aparición de diversas subdisciplinas, como son entre otras la Geoarqueología, la Zooarqueología y la Etnoarqueología. La pluridisciplinaridad es, pues, un rasgo inherente a la Prehistoria, al servirse de ciencias tan diversas como son la Geografía, la Geología, la Paleontología, la Física, la Química o la Etnología.

En los últimos años el Instituto de los Orígenes Humanos de la Universidad de Indiana viene realizando una serie de experimentos innovadores. Mientras que N. Toth está estudiando las formas y capacidades de talla lítica de los chimpancés (Mc Grew, 1992), J. Sept (1992) se encuentra investigando los nidos de estos primates en las selvas zaireñas y la reincidencia en la utilización del espacio, con el objeto de poder evaluar la reacción conductual de los homínidos plio-pleistocénicos en términos etológicos. Esta heterogeneidad experimental que implica el estudio del comportamiento de ciertos animales con respecto a diferentes actividades, se define en dicha institución como investigación ***etoarqueológica*** (Sept, 1992; Sahnouni, commun. pers.).

La Etoarqueología sería pues una de las últimas variantes de la Arqueología, aún cuando su práctica se remonte, si nos atenemos al significado estricto del término, a varios años atrás. A mi juicio, la Etoarqueología, tal y como está planteada en la actualidad, posee dos focos abiertos de investigación. El primero de ellos, antiguo, orientado al estudio del comportamiento subsistencial de determinados animales -fundamentalmente carnívoros- para observar la formación de una biocenosis propia o la alteración de una ajena. El segundo, más reciente, dedicado al análisis de las capacidades, posibilidades y modos de generación de un registro material por parte de ciertos primates superiores, que pueda servir como referencia para explicar la aparición del registro arqueológico plio-pleistocénico. Mientras que en el primer tipo se incluirían los estudios sobre los modos de intervención y aprovechamiento de restos que sirven de marco exegético al estudio tafonómico, la segunda modalidad de investigación engloba la experimentación más reciente a la que acabo de aludir.

Sin embargo, como la Etología es una rama de reciente creación y puesto que los aspectos conductuales son tantos y tan diversos, es previsible que a corto plazo el número de frentes de investigación que puede fomentar esta incipiente disciplina sea mayor. De hecho, lo que pretendo a través de este trabajo es desarrollar una tercera forma que se uniría a las dos anteriores. El aspecto etológico que voy a tratar se centra en el aspecto social y, por consiguiente, analizará las formas de interacción social que existen en los mamíferos, con especial atención al orden primate. La finalidad no es otra sino la creación de un marco referencial válido para poder posteriormente elaborar inferencias sobre la conducta social de nuestros antepasados pliocénicos.

Esta labor de investigación estará centrada en torno a la ecología conductual (Foley, 1987), definida como el estudio de las modalidades de comportamiento animal ante los diversos requerimientos selectivos existentes en la variada gama de hábitats que componen un ecosistema determinado. Este tipo de enfoque ha sido utilizado con anterioridad, pero relegando la cuestión social a un segundo plano (Foley, 1987). En el presente trabajo se pretende devolver dicha cuestión a un primer puesto, por lo cual, en adelante, utilizaré el término de "comportamiento" a secas también para referirme a la conducta social, que es el objeto de la investigación aquí desarrollada.

A lo largo de su historia la Etología ha prestado una atención limitada a la conducta social. En el periodo en el que se establecen los fundamentos disciplinares de esta rama, que va a *grosso modo* desde 1850 hasta comienzos del siglo veinte, el objetivo fundamental de discusión era el estudio de las conductas genéticas y adquirida, a través del análisis de los "estados mentales" de los animales. Ambas cuestiones se encontraban intrínsecamente relacionadas y recibían el incentivo por un lado de la Neurología - en especial de la Frenología, que atribuía las cualidades conductuales de los seres a sectores cerebrales concretos- y del despegue de la Teoría Evolutiva que, en su gradualismo progresivo, ponderaba la evolución humana en función de la disminución paulatina de la conducta genética y del aumento del comportamiento adquirido, debido a la aparición de "estados mentales" superiores, cuya expresión material se pensaba que era el grado de encefalización. En esta fase inicial, la cuestión social sólo interesaba en la medida en que determinadas actitudes pudieran demostrar que un comportamiento determinado era genético o adquirido.

Es a partir del periodo siguiente, también denominado clásico, que abarca desde principios de siglo hasta comienzos de la década de los setenta, que la Etología empezará a tomar forma como *corpus disciplinaris* y que surgirán nuevas consideraciones. En principio se crea una metodología de estudio (aparecen los etogramas, como listas de rasgos conductuales) y la experimentación (es la época del análisis de estímulo-respuesta) complementa a la observación. Esta útima característica se debe a que esta fase se centra en el estudio del instinto. Sin embargo, la investigación etológica incorpora en este momento dos novedades básicas: aparecen los estudios comparativos del comportamiento y la observación se realiza en términos contextuales, cobrando el medio una singular relevancia, lo cual puede constatarse en que ambos factores conducen a que el éxito de un rasgo conductual se explique en términos adaptativos y, por ende, de selección natural. En lo que concierne al aspecto social, durante este periodo se estudia la organización social de las especies desde dos consideraciones: la primera, como expresión de la adaptación al medio y la segunda, como manifestación dialéctica de formas innatas/adquiridas.

A fines de los sesenta, este paradigma va a conducir a la aparición de la *psicología comparativa* , defendida a través del enfoque conductivista, en la que el comportamiento de los mamíferos superiores pasa a ser interpretado más como una expresión social que como una exigencia medio-ambiental. A mediados de los setenta, el péndulo vuelve hacia la vertiente genetista y se pretende explicar la conducta "adquirida" como una falsa expresión plástica del genotipo. Es el momento en el que la sociobiología alcanza su punto más álgido. En la actualidad, el debate "comportamiento innato *versus* adquirido" sigue plenamente vigente a través de los deterministas-biológicos (sociobiólogos o internalistas) y ambientales (externalistas)- y los dialécticos (en franca minoría), que pretenden conciliar ambas posturas opuestas. Lo interesante es que en uno y otro caso, los modos de interacción social, lejos de ser objeto de estudio secundario, ocupan un puesto básico en la moderna Etología, habiendo pasado de la fase descriptiva -que pudiera haber representado el periodo clásico (1900-1970)- a la fase interpretativa que representa el periodo moderno a través de sus diversos paradigmas.

DESARROLLO DEL TRABAJO

Partiendo del posicionamiento teórico dialéctico, que he explicitado en la presente introducción y que ampliaré a lo largo del trabajo, dedico el primer capítulo a explicar la ecología del ecosistema de sabana, por ser el medio en el que se desarrolla la evolución humana a lo largo del Plioceno. Para ello, describo la variedad de formas que adoptan los paisajes abiertos en Africa oriental y la variabilidad de la disponibilidad de recursos vegetales y animales según el hábitat y la época del año. Luego estudio la presión ejercida sobre los distintos tipos de recursos, con el fin de detectar la disposición de los mismos en función de las dinámicas tróficas. Partiendo de este conocimiento sobre la ecología actual de la sabana, me ocupo a continuación de la configuración de dicho ecosistema en el Plioceno, la variación de los recursos y el tipo de presión selectiva que existió en ese periodo.

En el capítulo segundo introduzco mi propuesta de estudio del comportamiento social, para lo cual desarrollo un sistema de análisis y clasificación (la sistemática etológica) que aplico por un lado al orden primate y por otro a los mamíferos de sabana. A continuación interpreto la limitada variedad de estructuras conductuales observables desde la disciplina física de la Sinergética o lo que es igual, la formación de órdenes estructurales determinados por la acción de conjunto.

En el tercer capítulo presento a los protagonistas de mi investigación, los homínidos, y los contextualizo en términos cronológicos y filogenéticos, haciendo especial hincapié en la cuestión de la aparición del bipedismo. Esto se debe a que al igual que se explica la aparición de los yacimientos arqueológicos en términos de conducta subsistencial y no social, la mayor parte de las explicaciones de la adopción del bipedismo lo hacen desde su aspecto funcional, sin tener en cuenta que la incorporación de un nuevo rasgo al repertorio biológico y conductual de una especie también debe ser explicado desde una consideración social.

A continuación, en el capítulo cuarto, aplico mi sistema analítico (análisis cladístico y comparativo de analogías y homologías) a los homínidos pertenecientes a los géneros *Australopithecus y Paranthropus,* atribuyendo, por diversas razones que comento en su momento, la formación del registro arqueológico al género *Homo.* Por ello, el capítulo quinto está dedicado a resumir toda la discusión generada en los últimos veinte años sobre la formación de los yacimientos arqueológicos. Se hace una revisión a los procesos principales de intervención y alteración del registro y se concluye con la exposición de los principales modelos de comportamiento subsistencial.

En el sexto capítulo desarrollo dichos modelos subsistenciales y otras cuestiones relacionadas con el comportamiento generador de los yacimientos arqueológicos, aplicando mi análisis conductual y analizando la gama de modelos sociales teóricos de mayor poder explicativo. En este capítulo se discuten cuestiones tan relevantes como son la funcionalidad de los yacimientos (campamento base o no), la paleoecología de los primeros miembros de nuestro género y estrategias de consecución de recursos animales (caza-carroñeo).

Finalmente, en el capítulo séptimo me enfrento a la explicación del comportamiento en sí. Para ello aporto una visión general de la Biología del Desarrollo y su importancia en la comprensión de los principales pasos del proceso de hominización. Desde esta consideración planteo, sólo de forma introductoria, una serie de posibilidades que deberían constituir objeto de futuras investigaciones para ser reforzadas o, por el contrario, ser sustituídas por otras.

Tras el capítulo de conclusiones se encuentra la sección bibliográfica, en la cual he incluído tan sólo la bibliografía citada en el texto. A continuación y como punto final he insertado toda una serie de apéndices, pertenecientes a distintos capítulos del texto, que aportan toda la información empírica que constituye la base del desarrollo de algunos de ellos.

Creo necesario avisar al lector de que, dada la complejidad de la analítica general a la que he tenido que enfrentarme en la elaboración de este trabajo, y en la que la mayoría de métodos y procedimientos son de creación propia, cada vez que se haga referencia en el texto expresamente a una idea o trabajo de otro autor, su nombre aparecerá debidamente citado; cuando no se introduzca cita alguna, significa que el método o procedimiento al que se alude es de propia elaboración.

1. DEFINIENDO EL ESCENARIO EVOLUTIVO

En este capítulo se describen las principales variantes de los ecosistemas de sabana, atendiendo a su disposición vegetal y faunística. se hace especial hincapié en la variación contextual de la presión selectiva de ambos tipos de recursos, para observar el funcionamiento de la dinámica trófica en los distintos hábitats que integran estos paisajes. Asumiendo la premisa actualista y habiendo expuesto los principales parámetros ecológicos de las sabanas, se trata a continuación de los intentos de estudio de estos ecosistemas a lo largo del Plio-Pleistoceno. Mediante el análisis polínico y paleontológico se reconstruyen los principales escenarios paleoecológicos y se describen las variaciones más importantes con respecto a las sabanas actuales, poniendo especial énfasis en las posibles oscilaciones de la presión selectiva entre ambos extremos. El objetivo evidente es conocer los criterios de adaptación elementales del contexto ambiental al cual tuvieron que adaptarse los homínidos.

1.1- LA VARIEDAD FORMAL DE LOS PAISAJES ABIERTOS EN AFRICA ORIENTAL.

Cuando se habla de la **sabana** suele acudir a la mente la imagen de un paisaje compuesto por una sucesión de inmensas planicies cubiertas de hierba, sombreadas aquí y allá por una acacia a modo de sombrilla, y repletas de una fauna antaño numerosa en diversas áreas biogeográficas del planeta y hoy restringida tan sólo a determinados hábitats del continente africano. Esta imagen veraz pero excesivamente simple oculta la variedad de formas que la sabana es capaz de adoptar, en un paisaje mutante en función del índice de humedad y de su ubicación orográfica.

En realidad, al hablar de la peculiar sucesión de ecosistemas y hábitats en Africa Oriental deberíamos hacerlo partiendo de la característica común a todos ellos: son espacios abiertos, en claro contraste con la vegetación exuberante de las selvas intertropicales de una parte importante del resto del continente. La razón de esta discontinuidad se encuentra en el cambio orográfico sufrido por la parte oriental de la placa africana hace varios millones de años, con la aparición del **Rift** y la creación consiguiente de una falla interna que, debido al descenso del índice de humedad y actuando a modo de cuenca de drenaje, configuró un paisaje interior distinto al resto de la franja tropical, condicionado por la interrupción de la circulación de los vientos húmedos provenientes del mar en las elevaciones que surgieron por efecto de la fracturación de la corteza, flanqueando dicha falla. De este modo, bajo el efecto de un sistema irregular de precipitaciones, alternando con periodos prolongados de sequía, el manto arbustivo experimentó una notable regresión que dio lugar a la formación en esa región de Africa de abiertas extensiones herbáceas con escasos árboles y de aparición dispersa, excepto en zonas próximas a ríos y lagos donde surgen de un modo más denso y con una constitución desarrollada para aprovechar al máximo la humedad del suelo.

El ecosistema de sabana se nos presenta, pues, constituido por una proliferación de praderas y espacios abiertos -en los que los vegetales herbáceos adquieren una preponderancia absoluta, desempeñando el componente arbustivo un papel secundario- repletos de gramíneas, leguminosas y otros tipos de plantas que se agostan durante la estación seca. Las gramíneas existentes, que comprenden la mayor parte de las hierbas de sabana, pertenecen a un pequeño número de géneros (*Pennisetum, Imperata, Hyparrhenia...*). Sus largas hojas aprovechan al máximo las precipitaciones y sus rizomas son capaces de resistir la sequía y temperaturas muy elevadas. Por ello están perfectamente adaptadas al clima tropical de estación seca. Los árboles pertenecen en general a especies poco numerosas y distintas de las de la selva densa. Los representantes de la familia de las leguminosas, como la acacia, suelen dominar entre otra serie de tipos. Son plantas xerófilas adaptadas a prolongadas estaciones secas; algunas poseen hojas resistentes, pero la mayor parte las pierden durante la estación seca.

Los suelos de sabana son bastante variados, aunque pueden ser agrupados esencialmente en dos tipos diferenciados: ferruginosos y ferralíticos. Los primeros aparecen en las partes menos húmedas de la sabana y los segundos en las zonas aluviales, donde la humedad es mayor, poseyendo en el horizonte B una costra laterítica. Los suelos ferruginosos son menos profundos que los ferralíticos, su contenido en sílice es mayor, los horizontes inferiores están salpicados de hierro o manganeso y pueden crear a veces auténticas costras ferruginosas. Este tipo de suelo es menos favorable para el desarrollo de arbustos que para el crecimiento de hierba. Por semejante razón suele ocupar el lugar de las áreas más descubiertas.

Siendo la sabana un ecosistema abierto, la disposición de los elementos que la conforman varía, dando lugar a distintas fisonomías que hacen que exista una heterogeneidad de formas de paisaje. La pradera exenta de árboles y arbustos recibe el nombre de **sabana herbácea.** Aquélla que se encuentra salpicada de árboles de tamaño medio, más o menos igualmente repartidos, recibe la denominación de **sabana arbórea,** que en caso de tratarse de arbustos de pequeño tamaño (inferiores a 4 metros de altura), aún cuando pudiera aparecer algún árbol de manera esporadica, se denomina **sabana arbustiva.** En aquellas áreas en las que surgen agrupaciones reducidas de árboles, a modo de pequeños bosques diseminados a lo largo de las zonas descubiertas, reciben el nombre de **sabana-mosaico o sabana de bosquecillos.** Sin embargo, es preciso recordar que los lugares de mayor densidad arbórea son precisamente los puntos o ejes permanentes de humedad como son los los lagos y los ríos, en torno a los cuales la vegetación se hace más exuberante. El área ribereña de los lagos se ve rodeada por el **bosque lacustre**, de diversa morfología según las características orográficas del entorno, con la peculiaridad de tener un mayor tapiz herbáceo que el bosque de selva y un mayor número de especies gramíneas, y que resulta uno de los principales reductos de los árboles frutales en ese ecosistema. A lo largo de los cursos fluviales suelen existir, según la importancia de su caudal, una serie de **bosques de galería** de dimensiones variables, que pueden ser desde escasamente anchos hasta sumamente densos, y cuyo número de especies frutales es notable pero no tan abundante como en los bosques lacustres.

El tipo de paisaje varía gradualmente siguiendo un orden decreciente según el índice de humedad, de modo que las concentraciones vegetales son menos copiosas conforme éste disminuye. De esta manera, de los bosques lacustres y de galería (espacio cerrado) se pasaría a las llanuras (espacio abierto) con o sin una zona de transición, marcada por la aparición de arbustos de un modo más disperso e irregular que en el hábitat boscoso. Estas llanuras serían, conforme decrece el grado de humedad, sabana arbórea o arbustiva, sabana herbácea, y finalmente, con la desaparición de algunas gramíneas y la disminución de tamaño de las restantes, sabana desnuda o **estepa,** que marca la transición al **desierto.** La estepa, al igual que la sabana, también adopta más de una forma. En primer lugar destaca la **estepa arbustiva,** compuesta como su nombre indica de arbustos y una vegetación escasa y espinosa, que reverdece y torna más densa sólo en época de lluvias. Los elementos más característicos son la acacia, el baobab y el matorral espinoso. Bajo éstos la hierba es rala. Las gramíneas ofrecen resistencia al prolongado estiaje eclosionando rápidamente tras unos momentos de lluvia y con más celeridad que en las sabanas herbáceas. Si en éstas las especies animales más abundantes son las hervíboras, en la estepa arbustiva las especies más frecuentes son las ramoneadoras. Cuando el índice de sequía aumenta, el elemento arbustivo se hace cada vez más raro, al igual que las especies gramíneas, y se pasa a un paisaje seco donde el matorral constituye la mayor parte de la comunidad vegetal. Es la **estepa subdesértica** y comprende el último escalafón hasta llegar al desierto.

A grandes rasgos, esta sucesión de hábitats constituyen toda la variedad de paisajes que una distribución de carácter horizontal según la proporción de humedad nos ofrece. Si tuviésemos que establecer baremos de productividad en cada una de las áreas que comprenden cada tipo de hábitat observaríamos que en unas la variedad de productos sería más amplia que en otras y que el espectro de aprovechamiento de cada una de ellas variaría en función del tipo de dieta de las especies que las han incluido en su nicho ecológico. Por semejante motivo resulta de sumo interés realizar un análisis de la dispersión de las distintas especies vegetales, para poder evaluar áreas preferenciales de ocupación y, sobre todo, para poder en un análisis ecológico de estas características acercarnos con mayor precisión a la paleoecología de los homínidos. Mas si pretendemos realizar un estudio de la distribución orgánica en la sabana, con la finalidad de extraer una información válida para elaborar reconstrucciones paleoecológicas, debemos acudir a criterios referenciales válidos y a una analítica detallada que distinga perfectamente el ámbito vegetal del faunístico.

Para ello, como para llevar a cabo cualquier investigación paleoecológica, es preciso partir de un acercamiento *metodológico uniforme* (Gould, 1965) que permita comprender las relaciones subyacentes entre la estructura ecológica y la función operativa de los organismos, analizada a través de su morfología y comportamiento. Dicho planteamiento, siempre dialéctico, debe partir de unas premisas válidas, solamente obtenibles por medio de una teoría de alcance medio (Binford, 1981). Por semejante razón, todo intento de llevar a cabo un análisis paleoecológico deberá partir de un conocimiento de la dinámica de interacción orgánica, adquirible tan sólo por medio de un estudio ecológico y, por consiguiente, de un análisis de las relaciónes actuales en ecosistemas similares.

Desde semejante marco refencial -y teniendo en cuenta el inconveniente inevitable de que la situación ecológica actual no es idéntica a la de antaño, aunque sí muy similar en términos genéricos en lo que concierne al ecosistema de sabana- voy a ocuparme en primer lugar de estructurar sintéticamente la distribución vegetal en los diversos hábitats del Rift, para tratar la distribución faunística una vez sentados los principios básicos de variabilidad del escenario paisajístico. Para emprender dicha labor es preciso analizar la repartición geográfica de los diversos recursos vegetales potencialmente accesibles a los homínidos, a través de las investigaciones realizadas en ese sentido (Peters & O´Brien, 1981: Sept, 1984; Vincent, 1985), y luego proceder al análisis de los distintos ecosistemas y la variación temporal de estos productos, mediante el estudio de diversos Parques Naturales en Africa Oriental. Para ello, parto de la hipótesis de que los homínidos tuvieron una dieta equiparable a la de los modernos antropoides, probablemente muy próxima a la que hoy mantienen *Pan* y *Papio* (Boaz, 1977), que se superpone a la gama de productos vegetales consumidos por los modernos *Homo* en las mismas regiones (Dart, 1964; Clark, 1975). Con el objeto de llevar a cabo semejante cometido complementaré los estudios mencionados con mis observaciones de campo, realizadas en las Reservas Naturales que a continuación enumero:

P. N. de Sibiloi (Kenia)
P. N. de Nakuru (Kenia)
P. N. de Naivasha (Kenia)
P. N. de Masai Mara (Kenia)
P. N. de Amboseli (Kenia)
P. N. de Tsavo (Kenia)
P. N. de Manyara (Tanzania)
P. N. de Serengueti (Tanzania)
P. N. de Ngorongoro (Tanzania)

Teniendo en cuenta que la vegetación depende de un modo estrecho de las variables climáticas y edafológicas, siendo el agua la más importante, si se analiza una distribución basada en los criterios de frecuencia y densidad, cabe observar que el grado de variabilidad depende del carácter regulador de los ejes de humedad. Enumerándolos según su orden de importancia, éstos serían: lagos y ríos perennes de gran caudal, lagos y ríos permanentes de caudal reducido, cursos fluviales estacionales y, finalmente, las charcas de los espacios despejados.

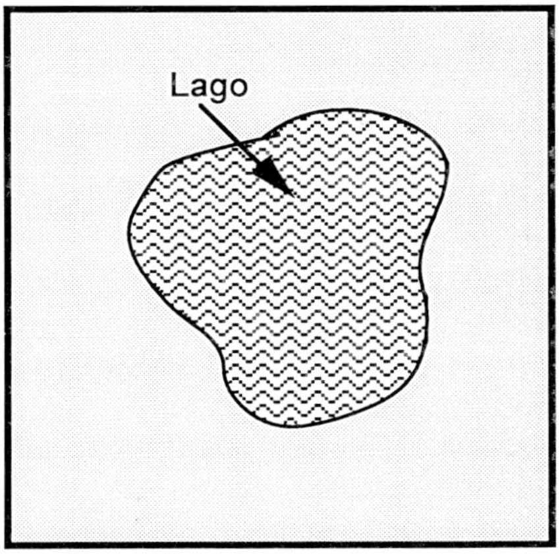

FIG 1. *Lago exento de bosque aluvial.*

Las asociaciones vegetales que aparecen relacionadas con dichos ejes son, como he dicho anteriormente, los bosques lacustres, en comunión con los lagos perennes; los bosques de galería, en relación con los cursos fluviales; la pradera de gramíneas, asociada a la llanura aluvial no proximal -con la aparición esporádica de árboles y vegetación dispersa- y la zona arbustiva y de matojos, ligada a las altas tierras y a las llanuras no aluviales.

Sin embargo, no todas estas asociaciones

poseen las mismas propiedades en lugares distintos , a pesar de la similitud de contextos ambientales. Existen lagos que se encuentran exentos de un bosque lacustre (Figura 1) -por ejemplo, el lago Turkana, en el Parque Natural de Sibiloi (Kenia), debido con toda probabilidad al alto índice de salinidad en sus aguas-, otros poseen un bosque de tipo uniforme a su alrededor (Figura 2) -como es el caso del lago Nakuru (Kenia)- o bien repartido de manera desigual en distintas zonas ribereñas -tal caso, sumamente común, ocurre en lagos como el Naivasha (Kenia) o el Manyara (Tanzania)- con una densidad desigual según las condiciones orográficas (Figura 3).

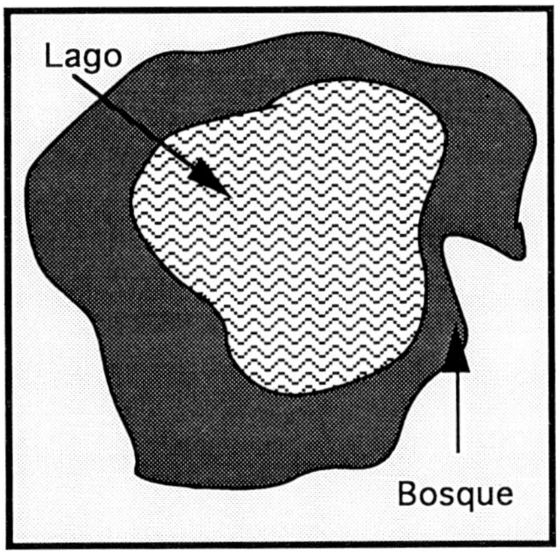

FIG. 2. *Lago rodeado de bosque aluvial.*

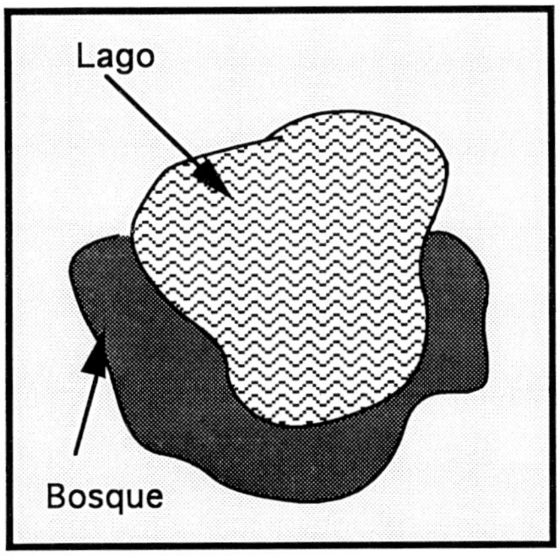

FIG. 3. *Lago con una porción exenta de vegetación cerrada.*

También ocurre que el carácter estacional de un lago no propicie la formación de un bosque lacustre denso -siendo ésta la situación del lago Amboseli (Kenia)- y que los elementos vegetales aparezcan, por consiguiente, más dispersos. En un análisis contextual de la ubicación lacustre cabe observar también una diversidad de paisajes. Existen lugares donde el lago aparece asociado a una sabana herbácea (Figura 4) -como ocurre en Nakuru (Kenia)- y otros, en los que se encuentra inserto dentro de una sabana arbórea (Figura 5). Esta última situación es muy común y puede observarse en el lago Ndutu del Parque Natural del Serengueti (Tanzania), en el lago Manyara (Tanzania) o en el lago Baringo (Kenia), por citar tan sólo algunos. También existen enclaves en los que los lagos aparecen en sabanas-mosaico (Figura 6), donde hay diversas agrupaciones de arbustos, a modo de bosquecillos, que en la mayor parte de las situaciones suelen aparecer también asociados a sabanas arbóreas, como ocurre en el lago Manyara (Tanzania) y en el lago Naivasha (Kenia).

Si la heterogeneidad formal de los lagos de sabana es amplia, también lo es la variedad de formas que adopta el bosque de galería asociado a los cursos fluviales. Si éstos son perennes y de gran caudal, como el río Omo, situado en el sur de Etiopía y tributario del lago Turkana en su parte septentrional, el bosque de galería poseerá una densidad y una amplitud que le hará asemejarse e incluso exceder, aunque en raras ocasiones, a los bosques lacustres de gran entidad (Figura 7). Sin embargo, estas situaciones no son las más comunes, ya que los bosques de galería suelen poseer una anchura variable -más bien estrecha, como ocurre en la mayor parte de los ríos de caudal intermedio-, en la que existe un grado de densidad vegetal relevante, distribuida linealmente en torno a los bancos aluviales (Figura 8). El tipo extremo de bosque de galería aparece asociado a los márgenes de los cursos fluviales estacionales -de los que he tenido oportunidad de observar una gran cantidad tanto en Tanzania como en Kenia (sobre todo, en las regiones del norte)- y que se caracterizan por ser heterogéneos, más estrechos que los bosques normales y, particularmente, menos

FIG. 4. *Lago ocupando una sabana herbácea.*

FIG. 5. *Lago inserto en una sabana arbórea.*

FIG. 6. *Lago asociado a una sabana mosaico.*

uniformes en su continuidad lineal, ya que en algunos tramos se combinan con claros en la vegetación (Figura 9).

Al igual que los lagos, los ríos aparecen en todo tipo de sabanas. Los hay que se constituyen en ejes de humedad en sabanas herbáceas- como el río Mara, en el Parque Natural de Masai Mara (Kenia)- y también los hay que aparecen, con más frecuencia, en las sabanas arbóreas -por ejemplo el río Uaso Nyiro, en el Parque Natural del Monte Kenia o el río Voi, en el Parque Natural de Tsavo (Kenia)- con una variedad formal relevante.

Finalmente, las charcas, como elementos básicos en la articulación de la dinámica trófica de la sabana, aparecen generalmente en los espacios abiertos. Aunque puedan observarse en hábitats de pantano y en zonas próximas al banco fluvial (parte proximal de la llanura aluvial), lo más usual es encontrarlas repartidas a lo largo del suelo aluvial (parte distal y media de dicho tipo de llanura) o en las zonas no aluviales emplazadas más al interior.

En cuanto a la vegetación distribuída en todos estos hábitats ribereños puede advertirse que, estructuralmente, los rasgos son comunes. La distribución de árboles y arbustos varía, aunque tiende a complementarse. En torno a los márgenes de lagos y ríos ambos tipos de vegetación leñosa aparecen de manera abundante; situación que se altera según nos vamos alejando de los mismos, ya que el porcentaje de árboles decrece conforme se distancia uno de los bancos aluviales -en algunos casos drásticamente-, mientras que el de arbustos se mantiene o aumenta según el caso. Si nos fijamos en la riqueza específica de los distintos hábitats, las llanuras aluviales poseen la mayor densidad y variedad de especies, al tiempo que en otras zonas -de modo creciente según el grado de aridez- éstas disminuyen de manera proporcional al índice de humedad.

1.2- DISPONIBILIDAD ECOLOGICA DE LOS PRODUCTOS ALIMENTICIOS VEGETALES.

Si se analiza la distribución de los recursos vegetales potencialmente aprovechables por los homínidos, desde el punto de vista alimenticio, puede advertirse que éstos, en principio, abarcan seis grupos distintos: frutos, semillas, flores, hojas, raices y de un modo más marginal, gomas y resinas (Sept, 1984).

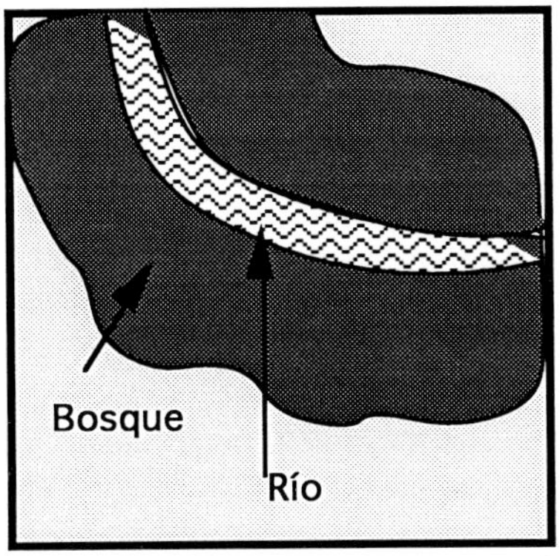

FIG. 7. *Bosque denso en río grande.*

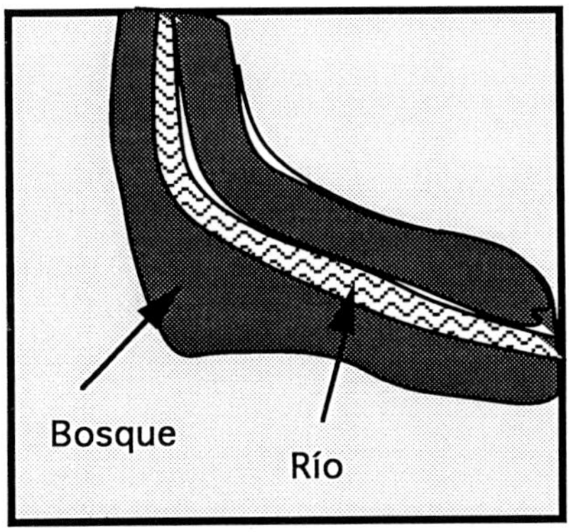

FIG. 8. *Bosque intermedio.*

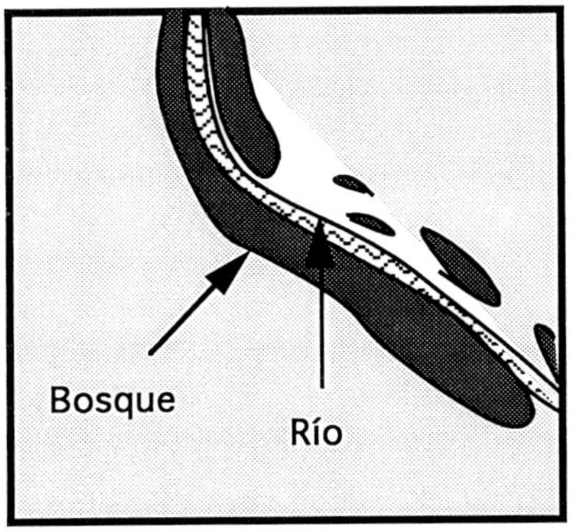

FIG. 9. *Bosque reducido con claros.*

Los frutos varían de manera considerable en su contenido de nutrientes según el estado de maduración y el tipo referido, poseyendo más proteinas los frutos secos con respecto a la fruta fresca, aunque menos fibra. Las semillas y las hojas constituyen también una reserva importante de proteínas e hidratos de carbono, a lo cual cabe añadir el valor nutritivo de las raices, que aportan como complemento dietético agua y componentes minerales secundarios. Las gomas y resinas, consumidas con regularidad por diversas especies de primates, poseen también un alto contenido en hidratos de carbono. Sin embargo, consideradas globalmente unas y otras especies adolecen de una carencia alimenticia para abastecer las necesidades metabólicas de los organismos complejos (Gaulin & Konner, 1977), los cuales tienden a completar sus dietas con una serie de alimentos complementarios, que suplen tales insuficiencias.

Cuando se observa la situación de los recursos vegetales, se advierte que su distribución varía en el tiempo y en el espacio. La variabilidad temporal de una parte importante de estos recursos está ligada al carácter estacional de los mismos, lo cual condiciona tanto su disponibilidad como la calidad de los elementos que los contituyen, y la distribución espacial, que incluso en la selva resulta heterogénea (Leighton & Leighton, 1982), resulta aun más fragmentaria en el ecosistema de sabana, en el que su aparición es más dispersa y menos frecuente. No obstante, en una consideración general, los productos vegetales de baja calidad (hojas, raices...) se encuentran repartidos de un modo más uniforme que los productos de alta calidad (frutos), cuya aparición se encuentra más restringida a determinados hábitats.

Ante semejante situación es presumible que la elección de los diversos alimentos vegetales por parte de los homínidos se hubiese llevado a cabo ateniéndose a criterios similares a los que condicionan la estrategia dietética de la mayor parte de los Primates. Estos básicamente son: la fisiología -el carácter de los productos dietéticos elegidos está condicionado por la capacidad digestiva de los consumidores-, la morfología dentaria -se ha observado que las especies que poseen molares con cúspides prominentes consumen una cantidad ingente de hojas, ya que están dotadas funcionalmente para semejante actividad, mientras que aquéllas que tienen molares con cúspides escasamente desarrolladas, pero con una gran densidad de esmalte, se encuentran mejor preparadas para masticar y procesar productos más duros como son las raíces o las semillas (Kay, 1978; Kay & Haylander, 1978; Jolly, 1970), lo cual puede servir de ayuda a la hora de interpretar la funcionalidad potencial del dentario homínido-, el nicho alimenticio - es decir, la restricción del acceso a toda una serie de productos, cuya variabilidad viene impuesta por el medio-, y el comportamiento de procesamiento selectivo, que lleva a cabo una parte importante de especies primates, alterando el estado de los alimentos (pelando frutos, fracturando cáscaras...) o su medio natural de obtención (utilizando herramientas...), con la finalidad de acceder más fácilmente a determinados recursos o, en su caso, a hacerlos más digeribles.

Al analizar la distribución de los productos alimenticios vegetales en la sabana actual puede observarse que existe un patrón consistente de relación entre el índice de aridez regional, el tamaño de los cursos fluviales y, desde el punto de vista edafológico, el grado de porosidad de los suelos.

En un espléndido estudio de la distribución de la flora en los hábitats ribereños africanos, Sept (1984) llega a las siguientes conclusiones sobre el tipo de relaciones de las que acabo de hacer alusión:

1. A menor grado de humedad (asociada a la disponibilidad de recursos hidraúlicos) corresponde una menor abundancia y diversidad de plantas. Existe, pues, una relación estrecha entre las dimensiones del canal fluvial, el grado de aridez y la productividad del suelo, de lo que se deduce que los márgenes de los ríos son sumamente propensos a ofrecer las condiciones necesarias para la aglomeración de distintas especies vegetales.

2. Las características el suelo condicionan el tipo de vegetación. Los suelos porosos, con textura de grano grueso, y con un índice de humedad relevante son más favorables para el mantenimiento de las plantas leñosas y arbustivas, de lo que se deduce una mayor presencia de árboles en estos ambientes edafológicos. Los suelos más secos, formados por depósitos de grano más fino y con un índice de porosidad más reducido que los anteriores son poco propicios para la aparición de una vegetación arbustiva, constituyéndose en cambio en escenarios acogedores para el florecimiento de las gramíneas.

3. La disponibilidad estacional de los recursos vegetales resulta predecible. La mayor parte de estos productos eclosionan en Abril y Mayo, tras las lluvias, y se hacen escasos desde Agosto en adelante, con la excepción de determinados frutos y semillas que se pueden conservar desde Noviembre a Marzo en hábitats donde la aridez no es extrema. En las áreas que reciben mayor aporte pluvial en Noviembre y Diciembre su productividad es mayor en esos meses, extendiéndose su periodo de carestía de Enero a Marzo.

De una primera observación a estas conclusiones pueden deducirse diversas interpretaciones. En primer lugar, la concordancia entre estos factores nos conduce a aceptar que la mayor abundancia y diversidad de especies vegetales aparece en torno a los ejes de humedad y que se encuentran proporcionalmente condicionadas por sus características. Estas áreas ribereñas, que ocupan las partes proximales de la llanura aluvial (*cutbank y/o overbank*), suelen estar constituídas por suelos porosos y húmedos que facilitan, como se acaba de señalar, la aparición de una vegetación arbórea y arbustiva. La importancia de este tipo de vegetación radica en que alberga la mayor parte de los productos vegetales consumibles, sobre todo los de alta calidad. Los suelos más secos, propios de las secciones distales de las llanuras aluviales, mantienen en contraste especies de gramíneas, con las hojas y las semillas como elementos más relevantes.

Esta situación se difumina ligeramente en las zonas abiertas menos áridas, donde las áreas aluviales proximales de carácter fluvial acaparan el 36% de la diversidad específica -el 66% si englobamos el resto de la llanura -. Esto podría explicarse por existir una mayor regularidad en las lluvias , que haría que estas zonas no fuesen dependientes exclusivamente de los

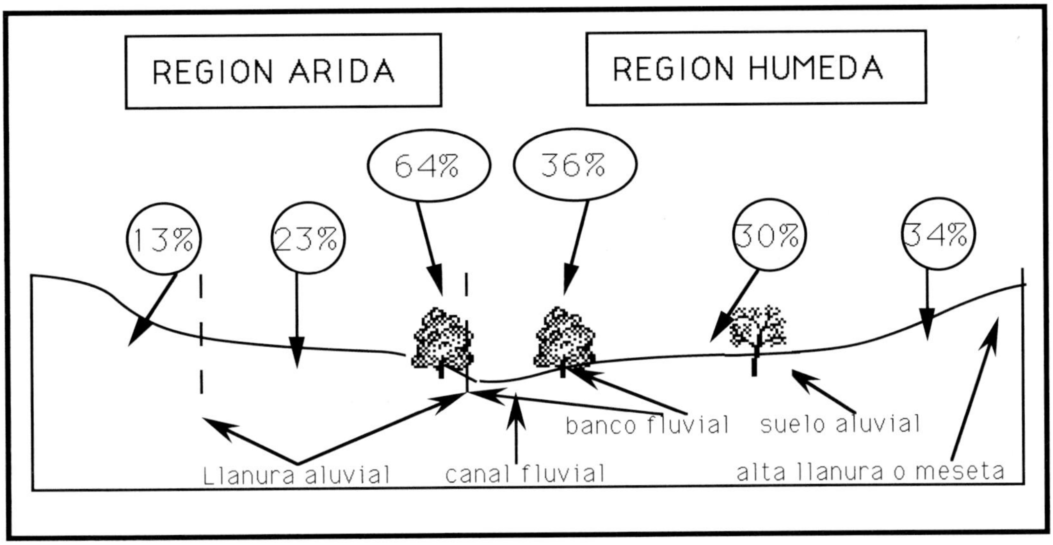

FIG.10. *Distribución porcentual de recursos vegetales según el tipo de hábitat y región.*

ejes de humedad orográficos y poseer, por consiguiente, una menor aridez y una mayor dispersión de las especies vegetales. Por otro lado, un factor que podría estar sesgando estos porcentajes sería que Sept en su estudio no tuvo en cuenta el análisis de la flora en los bosques lacustres -más comunes en las zonas menos áridas-, lo cual resultaría importante porque éstos, comparativamente, muestran una mayor diversidad específica que los bosques de galería, siempre constreñidos a una distribución lineal a lo largo de los márgenes de los ríos.

Sin embargo, las áreas aluviales resultan importantes desde un prisma ecológico no sólo por poseer una mayor densidad y diversidad de plantas sino también por la calidad nutritiva que algunas de éstas ofrecen. Si nos fijamos en los grupos anteriormente mencionados, las frutas frescas y los frutos secos aparecen en un porcentaje próximo al 80% en los bosques aluviales, a lo largo de los canales fluviales; porcentaje que decrece de manera proporcional en zonas más húmedas, donde los árboles se distribuyen de modo más disperso. Resulta curioso observar cómo el tipo de fruta que aparece en estas áreas es variado, destacando el hecho de que albergan la práctica totalidad de frutas de contenido nutritivo alto y medio, estando los frutos de carácter alimenticio bajo menos restringidos a estos hábitats y más dispersos, pudiendo encontrarse fuera de los bosques aluviales.

También en estos lugares surgen en mayor número los tipos de semillas y hojas consumidas de modo preferencial por una cantidad de especies importante. Las semillas abarcan básicamente tres tipos distintos: las que provienen de plantas leguminosas, de plantas leñosas y de gramíneas (herbáceas). La distribución espacial de cada uno de estos grupos difiere en función de la zona escogida. Las semillas leguminosas aparecen en las regiones áridas a lo largo de los márgenes fluviales casi de modo exclusivo, circunstancia similar a las zonas más húmedas, donde también pueden distribuirse en las áreas de transición de los bosques o en el suelo aluvial inmediatamente posterior al banco aluvial que sustenta al bosque de galería o al bosque lacustres. El mismo patrón de dispersión muestran las semillas de plantas leñosas, asociadas al sustrato arbustivo y por consiguiente, a un hábitat cerrado. Esto contrasta con la distribución de las semillas de las especies vegetales gramíneas, cuya aparición es más amplia a nivel espacial, ya que surgen en todos los lugares, pero su índice de variedad y densidad es mayor en torno a los ejes de humedad, donde superan el 50%, mientras que en los lugares más secos -partes distales de la llanura aluvial o en las altas llanuras- se mantienen por debajo del 20%. Igual puede decirse en lo concerniente a las hojas y raíces superficiales comestibles (Figura 11).

periodos de lluvia (Abril-Mayo y Noviembre-Diciembre) abarcan el momento de eclosión de la mayor parte de las plantas; sobre todo el primero de los periodos, que también es conocido como la estación larga de lluvias, contrastando con Noviembre y Diciembre, en que éstas son menos frecuentes y copiosas. Por semejante razón podrían distinguirse dos periodos opuestos: Abril-Septiembre, época de crecimiento y desarrollo de las especies vegetales

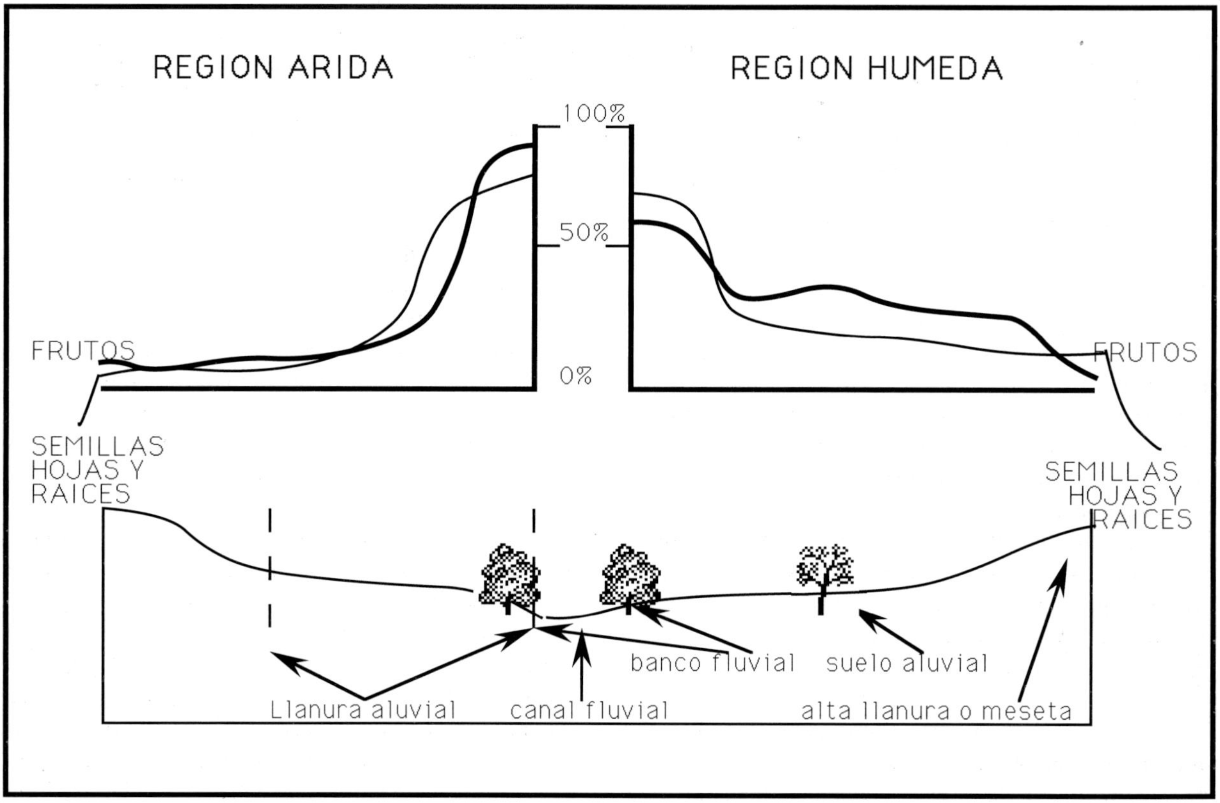

FIG.11. *Distribución de diversos tipos de productos vegetales en las distintas zonas aluviales según la región.*

Una vez observada la distribución cuantitativa y cualitativa de las especies vegetales a grandes rasgos, sería necesario volver a señalar el carácter estacional de la mayor parte de ellas, ligado a la oscilación anual de los índices de humedad regidos por la pluviometría. Consideradas todas las regiones a nivel global, los dos

estacionales, y Octubre-Marzo, época de menor abundancia de recursos vegetales (Sept, 1984).

En una consideración general y teniendo en cuenta todos estos datos, es posible establecer una valoración sobre la idoneidad de las diversas formas que adoptan los espacios abiertos en Africa Oriental. El hábitat que proporciona una cantidad más importante de recursos alimenticios de tipo vegetal, y por consiguiente aquél que podría haber sido ocupado de un modo preferencial, es el **bosque lacustre** asociado a lagos perennes de escaso contenido alcalino en sus aguas. Tras éste el medio más productivo es el **bosque de galería** de los cursos fluviales permanentes, y a continuación el bosque aluvial de los ríos y lagos estacionales. Los medios más favorables para la dispersión de los recursos vegetales son, de entre todas las áreas abiertas, aquéllas que poseen un mayor nivel de humedad, que suelen estar configuradas a modo de sabana arbolada y sabana-mosaico. En este tipo de sabana la existencia de plantas leñosas y arbustivas fuera de los márgenes marcados por los ejes hidraúlicos y la distribución más homogénea de bayas, raices y semillas posibilita el acceso a una serie de nutrientes -aunque siempre en términos reducidos- que facilitan y motivan la deambulación a lo largo de las llanuras aluviales e incluso más allá, en las planicies amesetadas. Esto no sucede en las áreas más áridas -generalmente consistentes en estepa arbustiva y estepa subdesértica- que, debido a una aglomeración espacial de los recursos en zonas preferenciales (bancos aluviales), sólo facilita la adaptación en torno a los bosques de galería y a sus áreas de transición, a no ser que se adopte una estrategia de supervivencia predadora, en la que se incluya carne animal en la dieta y, por consiguiente, resulte conveniente internarse en los espacios aluviales medios y distales.

Sin embargo, existe también un recurso vegetal que habría potenciado la superación de los criterios selectivos imperantes en los medios abiertos no boscosos y que habría posibilitado -si no inducido a- que los homínidos se hubiesen desplazado por las áreas descubiertas. Este tipo de recurso lo constituyen las **plantas de tubérculo**, que comprenden el 20% de la flora del Este de Africa (sin contabilizar las gramíneas). Tanto su alto contenido nutritivo, como su disponibilidad a lo largo de todo el año y su densidad -determinadas especies pueden agruparse de tal manera que pueden encontrarse hasta 20 toneladas de tubérculos por hectárea, en extensiones de hasta 30 hectáreas (Vincent, 1985)- suponen un aliciente lo suficientemente atractivo como para motivar la salida de los espacios cerrados, a pesar del riesgo de predación. Su aparición ecológica, aunque surgen en todo tipo de hábitats, se explica por sus características físicas, que parecen responder a la necesidad de almacenar agua en lugares donde el índice de humedad es escaso. Por consiguiente, su área de dispersión se extiende desde los bosques aluviales a los bosques de montaña, pasando por toda una serie de hábitats intermedios y alcanzando sus máximas cotas en los lugares en los que la humedad no es lo suficientemente alta o la sequía tan sumamente elevada como para no permitir su aparición.

Si nos atenemos a esta sencilla norma, observaremos que su distribución más importante a nivel de hábitat sucede en las sabanas arboladas y a nivel geomorfológico en los suelos aluviales distales y en las planicies elevadas, tanto bajo la forma de llanura herbácea como de llanura arbustiva (Vincent, 1985). De esta manera puede observarse que a pesar de existir en los bosques aluviales, su proporción aumenta conforme nos alejamos de los mismos al interior y hacia zonas más elevadas (Figura 12).

A su alto índice alimenticio y a su grado de densidad elevado puede añadirse la relativa facilidad de obtención y el escaso coste energético que se precisa para su extracción -un grupo de diez individuos puede conseguir hasta 50 Kg. de tubérculos en una hora (Vincent, 1985)- la disponibilidad constante de dicho recurso, ya que no se agotan las áreas, y la falta de necesidad de desplazarse a grandes distancias, puesto que suelen encontrarse en las inmediaciones de los lugares de ocupación. Todo ello favorece su explotación, siempre que se disponga de los medios básicos. En esto reside su principal inconveniente, que sirve al mismo tiempo para explicar la razón de que estos productos no sean explotados por ningún otro primate excepto el ser humano.

Los tubérculos, en claro contraste con el resto de las plantas, no pueden ser explotados directamente como ocurre con las hojas, semillas y frutos, sino que se necesita la aplicación de herramientas (palos) para

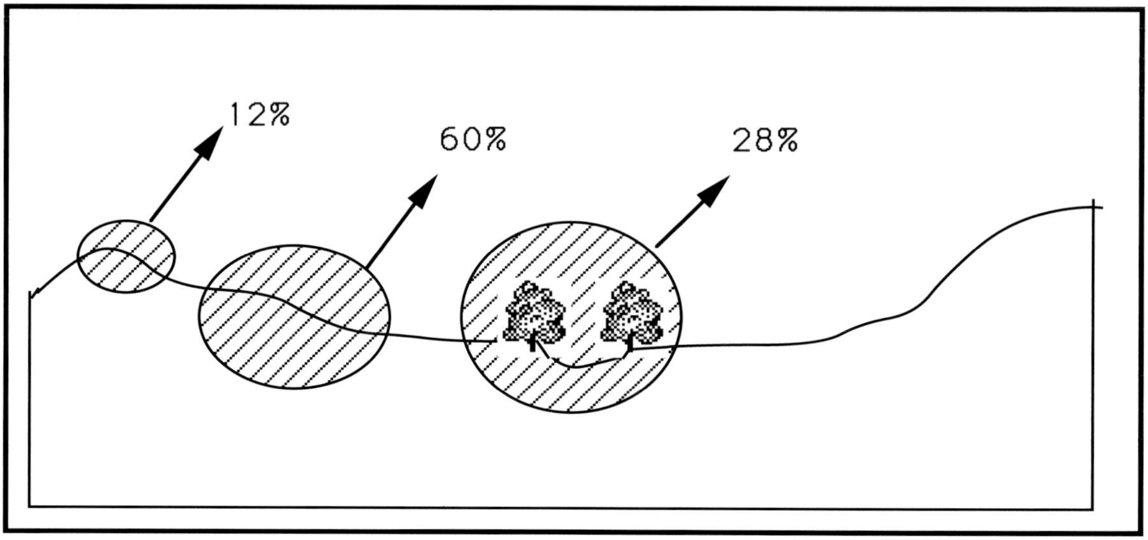

FIG.12. *Aparición de las plantas de tubérculo en distintas zonas del paisaje, expresada cualitativamente.*

poder excavar y sacarlos de la tierra. Los únicos primates, con la excepción de nuestro género, que aprovecha alguno de estos tipos de recursos vegetales sin necesidad de ningún útil son los papiones, que consumen -siempre en lugares despejados- tres especies de tubérculos (*Maerna duchesnii, Maerna edulis y Sansevieria sp.*) a los que tienen acceso por ser éstos los únicos de entre todas las especies con tubérculos subterráneos que sólo se encuentran a menos de 10 cm. de profundidad, siendo lo normal que el resto exceda los 30 cm. y que se precise, por lo tanto, la utilización de herramientas para su extracción (Vincent, 1985).

Por tal motivo, siendo el recurso más provechoso de los espacios abiertos, su explotación sólo resulta factible a partir de la aparición de la habilidad de fabricar las herramientas necesarias en nuestros antepasados.

1.3- DISPONIBILIDAD ECOLOGICA DE LOS PRODUCTOS ALIMENTICIOS ANIMALES.

El ecosistema de sabana está poblado de una cantidad ingente de especies animales, de las que destacan especialmente los mamíferos tanto por su diversidad como por su gama heterogénea de adaptaciones, las cuales confieren al paisaje una dinámica trófica espectacular. La mayor parte de las especies -entre un 98-99%- poseen una dieta herbívora, mientras que el resto son carnívoros (1-2%). Entre las primeras cabe diferenciar una división taxonómica que a grandes rasgos queda establecida por grupos del modo siguiente: los bóvidos -que alcanzan el 70% del global de la fauna mamífera de Africa oriental-, los équidos -que oscilan en torno al 20%-, los suídos -con una frecuencia de 5%-, los jiráfidos -que pueden llegar al 2%- y los proboscídeos, hipopotámidos y rinoceróntidos, que se reparten el 3% restante del grupo de mamíferos herbívoros, dependiendo su variabilidad de factores contextuales y biológicos -capítulo 6- (Potts, 1988). Esta proporción, sobre todo la de los grupos familiares mayoritarios (bóvidos, équidos y suídos), se mantiene independientemente de la variedad formal adoptada por la sabana, bien sea ésta de carácter herbáceo o arbóreo.

La distribución ecológica de estos grupos puede

hacerse igualmente ateniendose a criterios de densidad y diversidad. Según estos últimos la mayor parte de las especies -casi el 80%- aparece en los espacios abiertos, mientras que dicha diversidad específica se vuelve más reducida en los ámbitos forestales ribereños; hecho que concuerda con el grado de densidad -cuyo porcentaje incluso se acrecenta en las áreas descubiertas, donde excede el 80% de la fauna existente-, el cual aumenta progresivamente según nos distanciamos de los bancos aluviales (Figura 13).

hervíboras, su nicho ecológico debe entenderse en función del grado de disponibilidad de las gramíneas, que en los espacios abiertos se constituyen en el grupo vegetal dominante.

Sin embargo, esta situación debe interpretarse cautelosamente, puesto que se está tratando con proporciones oscilantes según las fluctuaciones climáticas. En los periodos más secos, cuando decrece el índice de humedad, las charcas de las praderas

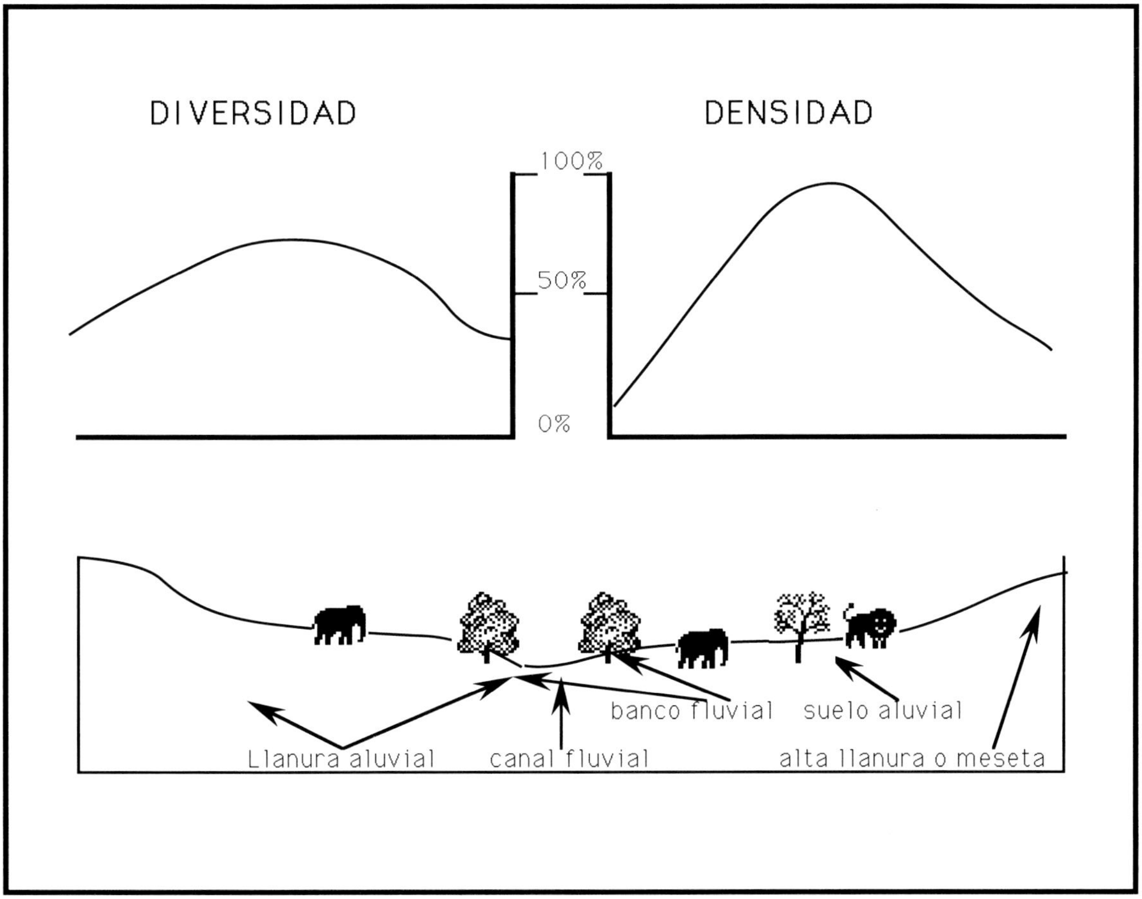

FIG.13. *Distribución de la fauna en diversos hábitats del ecosistema de sabana, según su abundancia.*

Esta circunstancia podría explicarse debido a que siendo casi el 99% de los mamíferos especies desaparecen y los cursos fluviales estacionales se encuentran exentos de caudal, los animales tienden a

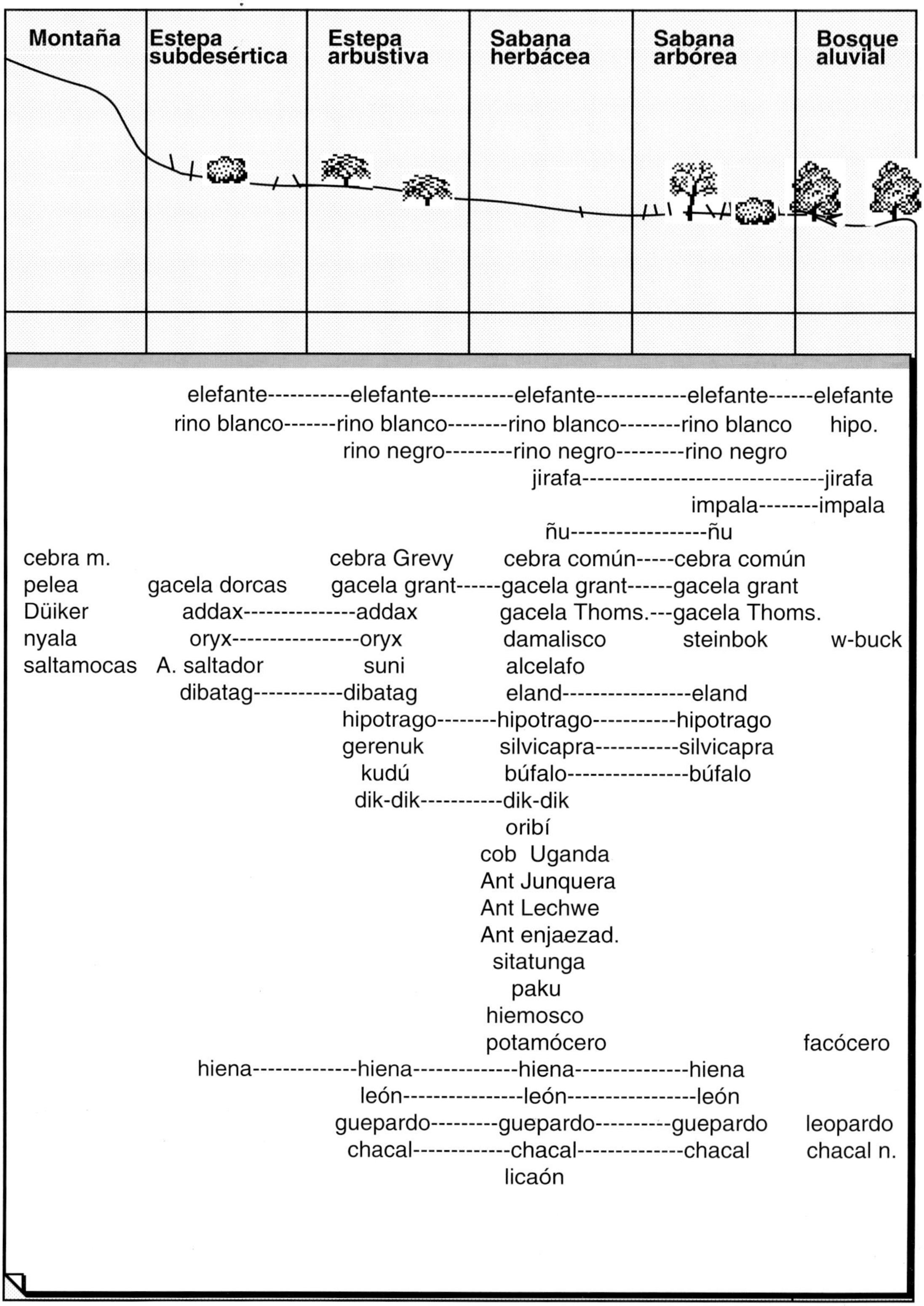

FIG.14. *Distribución específica de la fauna de sabana según el tipo de hábitat.*

frecuentar con mayor asiduidad los lugares donde aun hay agua o donde puede conseguirse -por ejemplo, cavando hoyos en la arena de los lechos secos, bajo la cual todavía existe-, con lo cual resulta previsible que en las épocas de sequía, las zonas ligeramente boscosas alberguen una mayor cantidad y variedad de especies. Esto impulsaría la transformación de estas áreas, que se constituirían en lugares de una existencia de recursos animales más amplia, que si bien resulta beneficioso para aquellas especies que incluyesen carne en su dieta, sería igualmente más arriesgado para éstas al incrementarse el riesgo de predación por parte de otros carnívoros, ya que el movimiento de aquéllos está condicionado por los desplazamientos de la biomasa de herbívoros.

Cuando se habla de disponibilidad de recursos alimenticios animales debe hacerse bajo una doble óptica: aquélla que se refiere a una dinámica activa en la obtención de presas y, por tanto, a una interacción trófica directa (perspectiva predadora), y aquélla que enfoca dicha dinámica de un modo más indirecto, a través de una actividad de aprovechamiento secundario exento de interacción interespecífica (perspectiva carroñera).

Desde el primer tipo de consideración resulta evidente que la mayor disponibilidad de recursos aparece en los espacios abiertos (Figura 14). Pero no todas las áreas descubiertas son igual de proclives a ofrecer una densidad y variedad faunística elevada. Las sabanas herbáceas ostentan el mayor nivel de densidad, ya que no sólo albergan una gran parte de las 41 especies de bóvidos actuales, sino que también poseen una mayor variedad de carnívoros -los licaones, por ejemplo, sólo existen en áreas esteparias generalmente exentas de arbustos-, hechos ambos que las permiten disponer, junto con las sabanas arboladas, de una densidad de individuos mayor que el resto de los hábitats de este ecosistema. A este respecto puede observarse cómo se cumple esta circunstancia si se analizan reservas donde este tipo de hábitat sea predominante, en los cuales la cantidad de animales es más elevada que en áreas más secas -estepa arbustiva y estepa subdesértica-, siendo un claro ejemplo los parques naturales del Serengueti (Tanzania) y Nairobi (Kenia), con respecto a Parques más esteparios como son los de Amboseli (Kenia) o Sibiloi (Kenia) (Foster & Kearney , 1967; Rudnai, 1973; Western, 1973; Houston, 1979).

El número de especies decrece en las estepas- sobre todo en las subdesérticas- al igual que cambia el carácter de las mismas. En las estepas arbustivas, la práctica ausencia de gramíneas es la responsable de que apenas existan especies herbívoras y de que las que ocupan semejante hábitat sean de carácter ramoneador, como la jirafa o el gerenuk. Al existir una densidad menor el riesgo de predación también es más reducido, puesto que la gama de carnívoros en estas zonas no es tan amplia como en el resto de los otros hábitats.

En contraste con los espacios abiertos, las zonas forestales ribereñas muestran un potencial de recursos animales reducido y distribuído de manera heterogénea. El factor que más condiciona la existencia faunística es el grado de densidad forestal de los bancos aluviales, siendo proporcionalmente menor cuanto más cerrada es la agrupación vegetal. De esta manera, bosques aluviales como el del lago Manyara (Tanzania) o el del río Omo (Etiopía) poseen por su densidad una cantidad más restringida de efectivos faunísticos que bosques menos densos, como los del lago Nakuru (Kenia) o los del río Voi del Parque Natural de Tsavo (Kenia). Igualmente, la distribución específice de estos hábitats está ligada a la variedad zonal, siendo más normal- como ocurre en el bosque lacustre del lago Nakuru (Kenia) -que especies como el hipopótamo se encuentre en proximidad al área ribereña o en zonas pantanosas de tipo lacustre -como en el lago Manyara (Tanzania)- y que especies como el impala, la jirafa y el waterbuck proliferen en las zonas donde el manto vegetal no es tan denso, ocupando preferencialmente las áreas de transición a los espacios abiertos.

Tal y como cabe esperar en un hábitat de estas características la presión predadora no es tan elevada como en los espacios despejados, siendo el leopardo y el chacal de dorso negro -de carácter más carroñero- las únicas especies carnívoras que suelen ocupar este área con mayor asiduidad. El hecho que debe destacarse es que la densidad de estos carnívoros es bastante menor que en las sabanas herbáceas o arboladas, debido a que sobre todo en el caso del leopardo existe una proporción con respecto a la fauna disponible. El territorio que abarca su campo de acción suele ser normalmente de unos 25 Km^2; circunstancia que favorece que haya lagos donde sólo aparezcan dos o a lo sumo tres leopardos en todo un bosque lacustre, como es el caso del lago Nakuru en Kenia. Cuando la densidad es mayor, lo normal es encontrarse leopardos en zonas abiertas -aún cuando su territorio preferencial sea más bien cerrado- en las que suelen ocupar, entrando en competencia directa con leones y guepardos, las áreas arbustivas próximas a las charcas.

Así pues, adoptando una dieta predadora, uno dispone de un mayor número de presas en los espacios abiertos, y entre éstos, en los que poseen una entidad de sabana arbórea y/o herbácea preferentemente, disminuyendo el rango de elección y posibilidades en las estepas subdesérticas y en último lugar en los bosques aluviales, como hemos visto.

Esto es importante, ya que si una especie forestal se hiciese predadora estaría obligada a salir a espacios más abiertos puesto que las zonas cerradas no son muy proclives a ofecer recursos energéticos de origen animal abundantes. Claro está, y esto hay que matizarlo convenientemente, que semejante aseveración puede resultar válida si se habla de especies que hagan uso de una estrategia carnívora similar a la de los actuales predadores de sabana. Sin embargo, cabe la posibilidad de que la actividad de predación se limitase a una actividad complementaria e irregular de la dieta normal -con lo cual el rango de especies consumidas entraría perfectamente dentro del margen de especies de un medio cerrado aluvial- o bien a una actividad subsistencial de carácter estacional, a la que se acudiría con más frecuencia en épocas de carestía de productos vegetales. En este caso, mientras que en los grandes bosques lacustres y de galería el acceso a las especies sigue siendo similar a épocas anteriores, en los bosques de galería de zonas más áridas , y asociados a cursos fluviales de menor entidad, la disponibilidad de recursos animales se acrecenta en los periodos de sequía, al buscar la fauna el recurso hidraúlico allí existente cuando el contenido efímero de las charcas y de los cauces estacionales se ha agostado.

Cabría preguntarse por qué esto no acontece en los bosques densos de las zonas húmedas, si no fuera porque en estas áreas se observa que las especies recurren a otro tipo de solución: la migración. Esto sucede actualmente en las grandes migraciones anuales de bóvidos que se trasladan del Serengueti (Tanzania) al Masai Mara (Kenia), en vez de la concentración en lagos adyacentes como el lago Ndutu o el lago Eyasi (Tanzania). En las zonas donde la humedad no decrece tan drásticamente en el periodo de sequía, la fauna se mantiene estable a lo largo del año. Esto es lo que sucede en el Parque Nacional del Ngorongoro (Tanzania), en el que el índice de humedad se mantiene lo suficientemente elevado a lo largo de todo el año como para permitir que la fauna no fluctue ni en densidad ni espacialmente. De este modo, mientras los bóvidos de la vecina reserva del Serengueti realizan un largo movimiento migratorio anual -y con ellos se desplaza también la fauna carnívora- los bóvidos del Ngorongoro no se ven sometidos a semejante necesidad.

Así pues, la variabilidad y densidad faunística del ecosistema de sabana depende del tipo de hábitat -abierto *versus* cerrado- y de la humedad oscilante a lo largo del año -zonas húmedas *versus* zonas secas- que condiciona la disponibilidad de recursos para aquellas especies que adoptan una estrategia predadora.

Sin embargo, existe otra forma de tener acceso a productos animales sin necesidad de convertirse en predador, mediante un modo de interacción con la biomasa animal de carácter indirecto. Se trata, como apunté anteriormente, de la estrategia subsistencial del carroñeo.

A primera vista podría argumentarse que dado que la mayor parte de recursos faunísticos se reparten en los diversos hábitats de las áreas abiertas, sería de esperar una mayor existencia de carcasas dispuestas para ser carroñeadas en dichos espacios. En un estudio actual sobre la aparición y distribución de individuos muertos de modo natural o por efecto de una acción predadora (Blumenschine, 1986) llevado a cabo durante once meses, resultó que de 268 carcasas de herbívoros localizadas -en diversos tipos de hábitats, en zonas como Seronera, Naabi-Ndutu y Banagi- sólo un 11,9% aparecían en suelos aluviales proximales asociadas a la existencia de una vegetación cerrada ribereña, en las zonas de transición o márgenes del bosque lacustre (Ndutu); lugares donde el porcentaje de fauna en el global de las partes que integran un bosque aluvial es más frecuente. El resto de las carcasas, un 88,1%, se distribuía heterogéneamente a lo largo de las sabanas arbustivas y herbáceas. Sin embargo, abundancia y variabilidad no son dos factores que por sí solos determinen el grado de accesibilidad a productos animales no obtenidos a través de una acción predadora.

En realidad, aunque proporcionalmente la mayoría de las muertes de animales tienen lugar por orden de importancia en sabanas arbóreas y herbáceas y en menor medida en zonas esteparias, la disponibilidad cuantitativa no es un indicador parejo del grado de accesibilidad, ya que en semejante circunstancia se entrelazan una serie de factores biológicos y ecológicos que hacen que la misma dependa de estos elementos. Uno de ellos es la proporción de carnívoros, que debe ser considerada tanto a nivel de hábitat como de ecosistema. En cuanto al primero de ellos, hemos visto como los carnívoros son más abundantes, tanto en diversidad como en variedad, en las sabanas herbáceas y arbustivas. Esto los hace coincidir con una mayor variedad y densidad de especies herbívoras, lo cual condiciona el grado de disponibilidad y riesgo de acceder a una carcasa en estos hábitats. A pesar de ser más elevado el índice de mortalidad, la competencia inter e intraespecífica es más acentuada, con lo que las posibilidades de tener acceso primario a un cuerpo animal disminuyen. Esta consideración puede hacerse extensible al marco general del paisaje. El ecosistema que contiene un mayor número de predadores con respecto a otro ve disminuir tanto las posibilidades prácticas de aprovechamiento secundario como la prolongación en el tiempo de éstas.

Esto puede observarse en dos reservas naturales próximas como es el caso del Parque Natural del Ngorongoro y el Parque Natural del Serengueti. En el primero de ellos existe una abundancia de carnívoros - sobre todo leones y hienas- que debido a su elevada proporción con respecto a los ungulados (1:40) propician la existencia de escasas oportunidades de carroñeo (Estes & Estes, 1979). Un hecho significativo es la práctica ausencia de buitres, que no encuentran recursos -oportunidades de carroñeo- que les permitan residir en dicho lugar.

En el Serengueti, en cambio, la proporción actual de carnívoros frente a ungulados es de 1:166 (Frame, 1986). Esto se explicaría no sólo por existir una mayor cantidad de herbívoros sino también porque éstos se encuentran sujetos a un régimen de migración que debido a su movilidad exige el trasvase continuo y paralelo de los contingentes carnívoros; circunstancia que no acontece en el Ngorongoro, donde las especies no se trasladan de modo estacional.

Claro está que la mayor existencia de recursos carroñeables en los espacios abiertos, y contrastado el número más elevado de ejemplares disponibles en estos lugares con una presencia más numerosa y activa de predadores, supondría un reto para los homínidos si se pretendiese que éstos mantuvieron un acceso temprano a los cuerpos inertes de los herbívoros. La desventaja que éstos habrían encontrado, al margen de su menor capacitación para localizar esta serie de recursos que el resto de los carnívoros, sería que su presumible lugar de residencia en zonas más cerradas les habría mantenido más alejados de las áreas de mayor disposición de carcasas, en donde moran también el resto de carnívoros y por ello más favorecidos para procesarlas de manera primaria. Pero existe también la opción de que el acceso a los cuerpos se hubiese realizado de modo secundario, con lo que el producto obtenible sería distinto.

En su estudio sobre la *ecología de las oportunidades de carroñeo* Blumenschine (1986) elabora un análisis de los parámetros de disposición de las carcasas, basándose en las partes aprovechadas y en el lapso temporal transcurrido desde su deposición hasta su total procesamiento. Para ello establece una serie de secuencias numerales que indican el grado de aprovechamiento de cada una de las piezas que conforman la estructura corporal. Aplicando este baremo discriminador a las carcasas explotadas por carnívoros distintos concluye que cada especie efectúa un procesamiento diferente, lo cual posibilita que el margen de operatividad secundaria sobre unos restos animales dependa en gran medida del tipo de carnívoro que haya tenido acceso primario al cuerpo y del tiempo transcurrido desde entonces.

En dicho análisis llega a discernir -en un estudio realizado sobre edades y tamaños corporales - que la conservación y aprovechamiento de las piezas depende no sólo del tipo de carnívoro sino también del tamaño de la presa, ya que en la muestra analizada tanto las carcasas de presas jóvenes como de las de tamaño pequeño -por ejemplo, la gacela- estaban prácticamente subrepresentadas a pesar de su abundancia (más de 250.000 gacelas registradas en el Serengueti). Ello se debe a que son consumidas muy rápidamente y en su procesamiento no suele intervenir más de uno o dos agentes. Por semejante razón, las carcasas observadas normalmente en la sabana no representan el verdadero índice de mortalidad sino tan sólo el de su resistencia al aprovechamiento terminal.

Sobre la variabilidad del grado de aprovechamiento según el tipo de carnívoro, Blumenschine distingue entre aquéllos que consumen principalmente la carne y los que consumen carne y médula ósea de modo indistinto.Como miembros del primer grupo, los leones procesan de modo desigual las carcasas según su tamaño. En los animales pequeños dejan sin consumir la mayor parte de la médula ósea y el interior de los cráneos. De las especies de tamaño medio aprovechan casi todo salvo la médula, el interior craneal y restos nimios de carne pertenecientes a la cabeza y a la parte distal de las extermidades. En las especies grandes, sobre todo en jirafas y elefantes, pueden dejar además la carne del tercio anterior del cuerpo.

De manera similar, predadores próximos en sus rasgos anatómicos como son el leopardo y el guepardo, ejercen una acción parecida a la del león sobre los distintos tipos de recursos. En las carcasas de tamaño pequeño desaprovechan sólo el contenido intracraneal y la médula ósea. En las presas de dimensiones medias dejan disponible el tuétano y la carne de la cabeza -excepto en el caso del guepardo, de costumbres solitarias, que cuando coincide con más individuos (periodo de cría o machos en sociedad) suelen consumir también la carne de la cabeza de estas especies; hecho habitual en el procesamiento de carcasas menores. Esta circunstancia tuve la oportunidad de comprobarla en el Serengueti, tras la observación de los modos de consumo de esta especie carnívora -y desaprovechan igualmente los escasos restos cárnicos de las partes distales de las extremidades-. Sobre carcasas mayores su intervención resulta más difícil de evaluar, puesto que no entran en la gama de presas por ellos consumidas -generalmente menores de 150 Kg.- y tampoco efectúan sobre las mismas un aprovechamiento primario de tipo estático, ya que de entre las distintas especies de predadores tanto el guepardo como el leopardo son las menos carroñeras.

Las hienas, como representantes más evidentes del segundo grupo anteriormente establecido, varían en su estrategia de aprovechamiento, dependiendo éste no tanto del tamaño de la presa sino del número de miembros que conforman el grupo. Normalmente suelen consumir la práctica totalidad de los animales pequeños y de tamaño medio sin dejar nada aprovechable *a posteriori* , ni siquiera la médula. Esta circunstancia cambia con las especies de tamaño grande, en las que desatienden una parte importante de carne y tuétano (Figura 15).

De esta manera y salvo en los animales de grandes dimensiones, una acción de procesamiento secundario solamente proporciona -siempre que el primer agente no hubiese sido hiénido- la médula ósea y el contenido intracraneal junto con los restos marginales de carne en la cabeza y en la parte inferior de las extremidades.

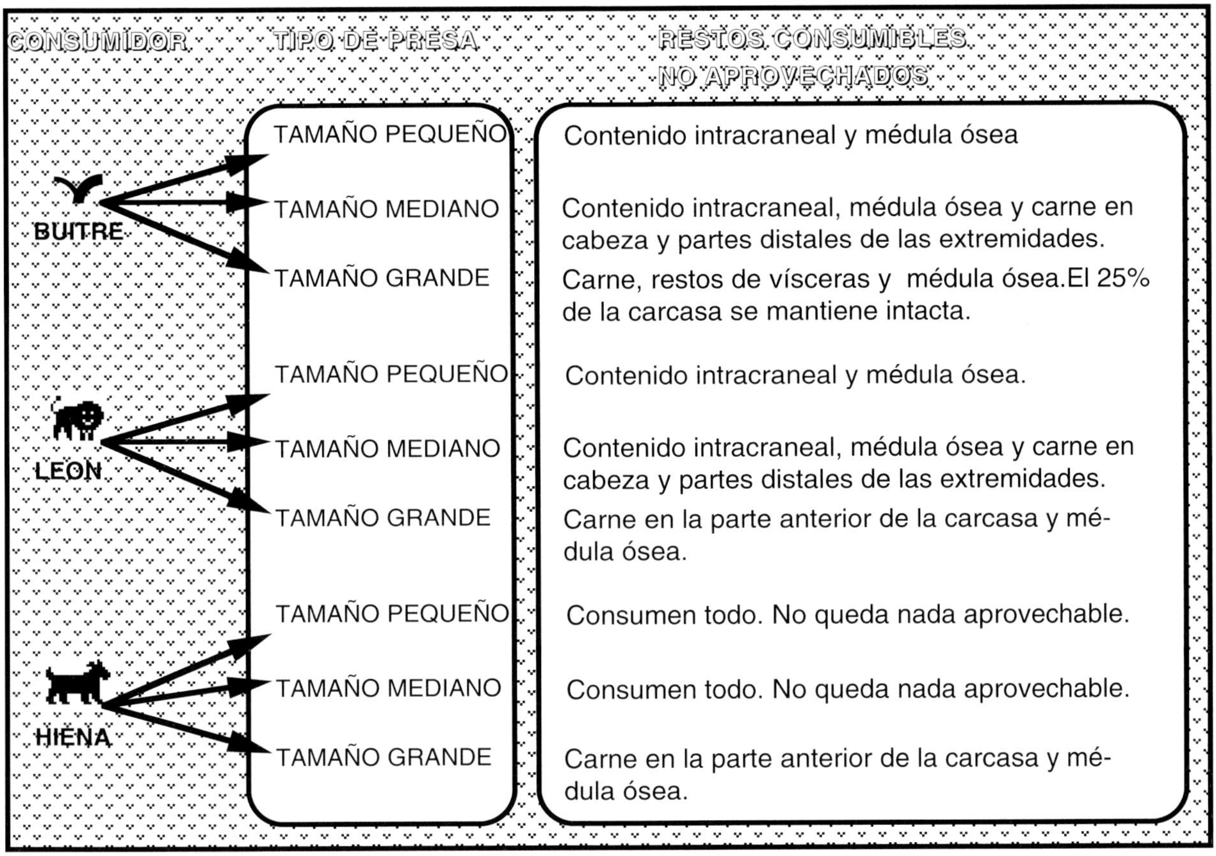

Fig.15. *Aprovechamiento diferencial según el tamaño de la presa de los tres carnívoros más comunes.*

Sin embargo, en el proceso de aprovechamiento de los recursos de una carcasa resulta vital, como factor determinante, el lapso temporal que transcurre desde que un animal muere hasta que se tiene acceso a su cuerpo; bien sea para constituirse en agente primario, bien secundario o incluso de tercer orden. En su estudio Blumenschine señala que raramente encontró *una carcasa sin la pista seguida a un carnívoro que ya estaba al acecho* , lo cual coincide con mis observaciones en las que todas las carcasas localizadas se encontraban bien en proceso de ser consumidas o con especies carnívoras -principalmente hienas y chacales- merodeando por los alrededores con el inminente acceso a las mismas.

Normalmente la mayor parte de las carcasas se agotan en menos de un día (Blumenschine, 1986), siendo lo normal que su duración sea proporcional a sus dimensiones. Las carcasas pequeñas duran poco más de una hora -yo mismo observé en el Serengueti como un guepardo consumió una gacela Thompson en poco menos de veinte minutos, tras lo cual dejó tan sólo los huesos y el contenido endocraneal, en el momento en que unos chacales, que aguardaron todo el tiempo junto con un grupo de buitres, siguieron con el proceso de aprovechamiento-, las carcasas de tamaño medio pueden llegar a durar hasta 20 horas si antes no lo impiden las hienas que, aunque pueden consumir cebras y ñus adultos en unas pocas horas, son capaces si su número es suficiente de procesar por entero este tipo de carcasas en una sola hora.

Los animales grandes, en cambio, pueden perdurar hasta tres días, teniendo en cuenta que su contenido medular es lo que más tarda en desaparecer, siendo muy común que ni siquiera se consuma.

Por ello, dada la celeridad en el aprovechamiento de la mayor parte de los recursos animales, una especie que pretenda incluir carne o tuétano en su dieta deberá competir con toda una gama de carnívoros para tener acceso primario o secundario a dichos recursos, ya que si accede a los mismos en un tercer lugar puede ser que éstos no resulten consumibles, puesto que las hienas si intervienen secundariamente suelen procesar todo lo que queda disponible tras una primera fase de aprovechamiento. De este modo si se pretende obtener una cantidad relevante de carne se deberá tener acceso primario a la carcasa -siempre exceptuando los animales de grandes dimensiones, a todas luces insignificantes por el reducido número de carcasas que ofrecen- y si lo que se pretende es obtener el tuétano óseo deberá anticiparse a la intervención de las hienas, que procesan dicho recurso con mayor eficacia.

Uno de los elementos que intervienen con mayor incidencia en la disponibilidad de recursos aprovechables a través de un comportamiento oportunista es precisamente la variabilidad estacional de éstos. La abundancia o carencia de carcasas depende estrechamente del índice de mortalidad de la biomasa animal, el cual fluctúa en función de la abundancia de los recursos vegetales. Ya que éstos se agostan en el periodo de sequía no es de extrañar que casi la mitad de las muertes de los herbívoros sucedan en dicho momento, con mayor frecuencia entre Agosto y Octubre, pudiendo la muerte por predación representar solamente el 30% del total de dicho índice (Houston,1979). Por consiguiente, mientras que en las fases húmedas la disponibilidad de carcasas resulta escasa, en las fases de sequía éstas se hacen más abundantes, excepto en zonas como el Parque Natural del Serengueti donde la existencia de un ciclo migratorio se constituye en el principal factor regulador del índice de mortalidad. No obstante, aunque la mayor existencia de recursos incrementa la posibilidad de éxito, la celeridad con que se efectúa el procesamiento y el grado de acceso a las carcasas no se altera, puesto que en especies como las hienas estos momentos son los que favorecen una mayor densidad de los grupos, lo cual facilita una intervención más eficaz sobre los restos de animales.

Sin embargo, existe un medio -volviendo al condicionante impuesto por el tipo de hábitat- en donde esta afirmación deja de ser tan concluyente. Se trata de las carcasas que se encuentran en las zonas ribereñas de bosque aluvial. En estos lugares, donde es poco común el avistamiento de hienas (Blumenschine, 1986; Domínguez-Rodrigo, 1994 a), los cuerpos depositados perduran hasta cuatro veces más que los que se depositan en espacios más abiertos. En las sabanas arbustivas las carcasas -refiriéndose a las de tamaño medio por ser las más numerosas- no duran más de 10 horas y en las sabanas herbáceas 18. Resulta significativo, pues, que según nos aproximamos a las áreas donde la vegetación se torna más densa éstas sean aprovechables durante más tiempo, lo cual puede observarse en las zonas de transición de los bosques lacustres y de galería -sobre todo en estos últimos- en donde las carcasas pueden llegar a conservarse hasta 33 horas. Este lapso temporal se dilata hasta algo más de dos días en las zonas boscosas aluviales más densas (Blumenschine, 1986).

El motivo de esta mayor duración de las carcasas en las áreas de vegetación cerrada se explica porque el número de agentes que intervienen en su procesamiento es menor y el grado de celeridad de aprovechamiento es más reducido, lo cual propicia una mayor oportunidad de carroñeo en estos lugares. En su estudio Blumenschine observó que en el 50% de las carcasas localizadas en las llanuras abiertas y en las sabanas arbustivas las hienas ejercieron de consumidores primarios en el momento de su detección; porcentaje que decrece en las carcasas presentes en los bosques aluviales donde se documentó la presencia de éstas siempre por debajo del 10% de las ocasiones. Esta escasa tendencia por parte de las hienas a frecuentar hábitats de vegetación densa resulta consistente con las características adaptativas de esta especie, mucho más adecuada a espacios abiertos. En éstos las hienas se encontraban en la mayor parte de los lugares de matanza de leones a la espera de carroñear los despojos dejados por éstos, en un porcentaje próximo al 50% de los casos en las llanuras abiertas y sabanas arbóreas, pero no se documentó la presencia de hienas en el momento de localización de carcasas en los bosques aluviales. En la mayor parte de las ocasiones aparecieron bastante más tarde que en los paisajes despejados. Pero la oportunidad de aprovechamiento secundario se ve favorecida no sólo por este hecho sino también por la circunstancia de que las hienas que invaden este tipo de hábitat lo hacen en números reducidos -generalmente no más de cinco- y su acción sobre las carcasas no es tan terminal como en el resto de los hábitats, siendo común que no aprovechen la médula de una cantidad importante de huesos al igual que el contenido endocraneal.

Sin embargo, esto no significa necesariamente que exista una mayor cantidad de recursos animales aprovechables en estos hábitats, puesto que el que se observen actos de predación llevados a cabo por leones en estos lugares se explica por el fenómeno estacional al que anteriormente hice alusión. Los bosques de galería y lacustres suelen ser lugares donde la aparición de carcasas es un fenómeno excepcional, que puede volverse más frecuente en los periodos finales de la época seca cuando un contingente importante de especies herbívoras acuden a estas áreas por ser las únicas que ejercen de fuente de agua y humedad permanente. Con dichas especies también acuden algunos carnívoros, como son el león y en menor medida la hiena, que son las causantes de más del 80% de los animales muertos que aparecen en los periodos estacionales en estas áreas. Dos afirmaciones deberán realizarse a este respecto. La primera de ellas es sobre las razones de las posibilidades de aprovechamiento que parecen conferir a estos lugares una mayor accesibilidad a recursos animales y que se debe a que las carcasas duran más y son peor aprovechadas por las hienas. Este hecho tiene una explicación: los leones suelen mantenerse próximos a las zonas de consumo -lo cual no ocurre en las llanuras harbáceas o arboladas- con lo que las hienas no disponen del margen de tranquilidad necesario para procesar las carcasas de un modo más completo. No obstante, éstas se conservan más y mejor en estos lugares.

La segunda afirmación es que este hecho ocurre en los bosques aluviales menores -generalmente bosques de galería de cursos fluviales medios- ya que en los bosques más frondosos, como los del lago Manyara (Tanzania) o los del río Omo (Etiopía) no se observa un mayor incremento de los recursos animales a nivel estacional.

Precisamente el carácter estacional -sólo unas semanas al año- de esta disponibilidad de carcasas y la aparición esporádica de las mismas a lo largo del resto del año son factores concluyentes a la hora de evaluar correctamente la relevancia de una mayor accesibilidad a la carroña en los bosques aluviales. Esta resultaría suficiente para aquellas especies que la consumiesen estacionalmente como complemento nutritivo, pero sería a todas luces insuficiente por su escasez para aquellas especies que necesitasen consumirla de un modo más regular y continuo, para lo cual se verían forzadas a salir a los espacios abiertos y afrontar el cambio adaptativo que ello supone.

Puede concluirse que el carroñeo supone una estrategia alimenticia por sí sola insuficiente, que no colma las necesidades nutritivas básicas dada su dificultad y aleatoriedad, y que obliga a los carnívoros que la ejercen a mantenerla como una actividad subsistencial complementaria -de gran rentabilidad dada la inversión energética empleada-, incluso en especies bien dotadas biológicamente para llevarla a cabo como son las hienas, cuyos recursos alimenticios son obtenidos en índices próximos al 70% mediante una actividad de predación.

1.4- LA PRESION SOBRE LOS RECURSOS VEGETALES Y ANIMALES.

Habiendo observado someramente la variedad morfológica y la distribución ecológica de los recursos vegetales y animales en los ecosistemas abiertos de Africa Oriental, estamos en disposición de enfocar el estudio de las modalidades subsistenciales desde un prisma general de adaptación, según los criterios selectivos que se incorporen, para poder evaluar la variedad de estrategias aceptadas y potencialmente desarrollables en dichos medios. Estas modalidades están estrechamente ligadas al tipo de dieta que se adopte. Por consiguiente, todo intento de análisis deberá partir de un correcto estudio de la diversidad dietética existente en los distintos hábitats, ateniéndose tanto a la disponibilidad de recursos vegetales como animales.

Si se elabora un cuadro genérico de ambos tipos de recursos con nueve elementos básicos como son la hierba, las hojas, las semillas, los frutos, las raices y tubérculos como productos vegetales, y los insectos, la carne, las vísceras y la médula ósea como productos animales, resulta una serie de combinaciones que favorecen la adaptación a diversos hábitats (Figura 16).

Empezando por los recursos vegetales, por ser la fauna en su mayoría de carácter herbívoro, destaca la hierba como elemento exclusivo de dieta, adoptado por una gran parte de mamíferos; lo cual entra en conformidad con la orografía de llanuras de gramíneas que caracterizan los paisajes descubiertos de Africa Oriental. Un ejemplo bien claro lo constituyen los bóvidos, que de las 41 especies reconocidas en el ecosistema de sabana sólo 5 son de carácter filófago, siendo el resto fitófagos radicales, con la excepción de una docena de especies que incluyen en su dieta hojas y retoños como elementos complementarios. Si en los análisis faunísticos de densidad y variedad de las sabanas africanas reconocíamos que casi el 90% de los mamíferos eran bóvidos (70%) y équidos (20%) (Capítulo 1.3) y que ambos en una proporción próxima al 80% -dejando un margen cercano al 10% de especies que también son filófagas- poseen una dieta herbívora, resulta fácil observar que la competencia inter e intraespecífica sólo puede verse disminuida a causa de la abundancia de este tipo de recurso, lo cual incluso en un área tan extensa como el Serengueti no parece fácil (Houston, 1979). De ello se desprende que los criterios selectivos imperantes a través de este tipo de dieta son unos de los más exigentes -y por lo tanto menos favorables- en el actual ecosistema de sabana.

Si en el caso de la hierba como componente alimenticio exclusivo, su abundancia se veía contrarrestada por la variedad y densidad de las especies que compiten por ella, en el caso de las hojas como elementos mayoritarios de dieta su restricción adaptativa, mucho más flexible que el anterior, se debe no al número de especies, por lo general reducido -jirafas y algunos antilopinos como el dik-dik o el gerenuk-, sino al carácter de dispersión de este recurso, asociado a los bosques aluviales y a sabanas y estepas arbustivas. La presión selectiva sobre este producto es más fuerte en las zonas descubiertas -sabanas y estepas arbustivas- debido a que la mayor parte de antilopinos filófagos ocupan dichos hábitats, al igual que la gama de bóvidos que se sirven de las hojas como complemento alimenticio. Por el contrario, la presión sobre este elemento en las áreas de vegetación cerrada del tipo de bosque aluvial es mucho menor -por consiguiente, más favorable-, ya que sólo algunas especies de bóvidos, como el antílope de selva en los estratos inferiores y primates como el cercopiteco verde en los estratos superiores, son consumidores habituales. La mayor abundancia y menor cantidad de competidores favorecerían la existencia de especies filófagas en estos bosques.

En cuanto a las semillas, utilizadas como único componente alimenticio resultaría poco efectivo para los organismos complejos, que necesitan una mayor cantidad de alimento de la que este recurso por sí solo puede proporcionar. Aun así es el elemento básico de las dietas de varias especies de aves y micromamíferos, como corresponde a sus dimensiones más reducidas. Animales como el facócero e incluso primates de sabana como el cercopiteco verde, el mono patas y el papión también se sirven de las semillas para complementar sus respectivas dietas. La presión selectiva sobre su aprovechamiento se mantiene en apariencia equilibrada, aunque ligeramente más favorable en los bosque aluviales por su mayor

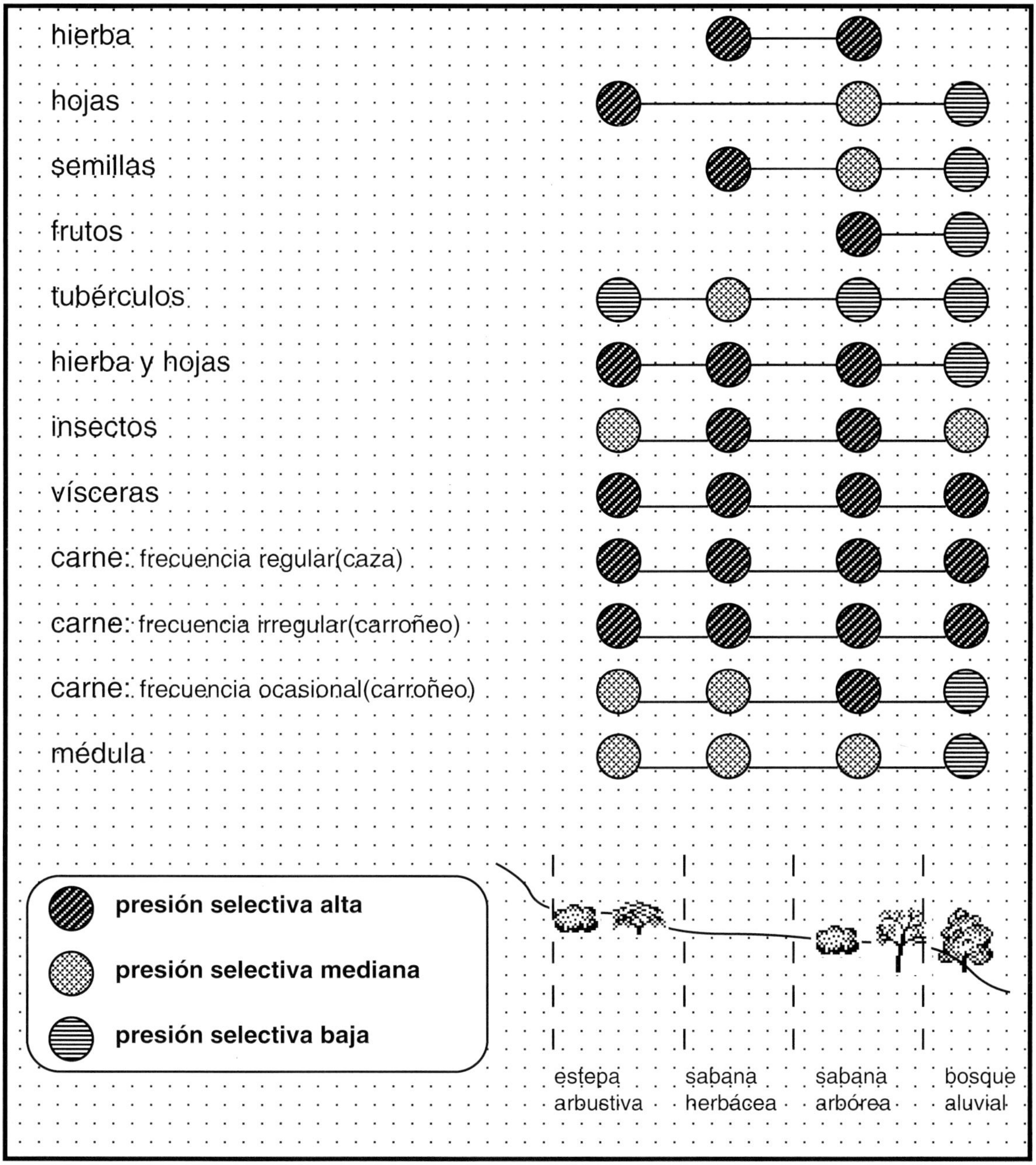

FIG.16. *Variabilidad selectiva de los pricipales productos de consumo según el tipo de hábitat.*

densidad y variedad (Capítulo 1.2), ya que el número de especies animales que son consumidores habituales de este producto se encuentra compensado: papiones en las áreas abiertas, cercopitecos en las áreas cerradas y roedores, aves y facóceros en ambos tipos de zonas.

Los frutos, productos vegetales de carácter estacional, aparecen en su mayoría -más del 80%- en los bosques y en las zonas de vegetación cerrada, como ya hemos visto. Sin embargo, el ecosistema de sabana resulta poco proclive a ofrecer oportunidades de que exista una dieta basada exclusivamente en este tipo de recurso, puesto que a su eclosión estacional debe añadirse el hecho de su restricción a hábitats ribereños y además, según el carácter de éstos, de modo más o menos disperso. A ello se suma la existencia de diversos animales que consumen habitualmente este tipo de producto como son las aves, las jirafas, los elefantes y sobre todo los primates de sabana (papión, cercopiteco verde, mono patas y chimpancé). Por semejante razón son productos sobre los que existe una alta presión selectiva.

Todo lo contrario ocurre con los tubérculos subterráneos, que no sólo resultan un recurso abundante y alimenticio, ampliamente repartido por los distintos hábitats -especialmente los más abiertos- sino que son los productos vegetales menos aprovechados por su inaccesibilidad al encontrarse en el subsuelo (Vincent, 1985). Al existir tanta abundancia de recursos y escasos competidores (Capítulo 1.2), la presión selectiva es más bien reducida, solamente condicionada por la barrera física que supone acceder a ellos.

En cuanto a los insectos, existen especies como el Proteles que basan en ello su alimentación de modo exclusivo, aunque la mayor parte de los consumidores -aves, reptiles y micromamíferos- los incorporan a su dieta con el objeto de enriquecerla. Su valor alimenticio ocasiona que especies de primates como el papión y el chimpancé los consuman también de modo complementario. Su mayor abundancia ocurre en las zonas de vegetación cerrada, en las que además gozan de un riesgo de predación más reducido.

Sobre los productos animales consumibles, un sistema de evaluación selectiva somero resulta un poco más complicado. Este depende básicamente de dos factores: el tipo de elemento(s) buscado(s) y la estrategia adoptada para su obtención. Si se pretende conseguir un acceso temprano a las vísceras resulta evidente que sólo mediante una acción predadora puede lograrse tal fin. Si lo que se intenta es conseguir carne con regularidad y abundancia también dicha estrategia es la más indicada. En ambos casos la presión selectiva es ligeramente elevada, puesto que existe una auténtica gama de predadores perfectamente capacitados para capturar todo tipo de presas, como son los félidos y cánidos menores -caracal, serval y otoción-, las aves rapaces -águila, azor, buho, cernícalo, ratonero, elaino- y determinados reptiles -cobra- para capturar roedores y animales de pequeñas dimensiones, y los grandes félidos -león, leopardo, guepardo-, cánidos - licaones, chacales- y hiénidos -hiena- para operar sobre la biomasa de grandes herbívoros.

También cabe la posibilidad de que la ingesta de carne pudiera ser ocasional, con lo que una estrategia de carroñeo resultase válida. Sin embargo, la presión selectiva sigue siendo igualmente elevada, esta vez no sólo por el número de competidores, como en el caso anterior, sino también por la menor disponibilidad de recursos cárnicos carroñeables (Capítulo 1.3), a no ser las carcasas que se encuentran en los bosques aluviales donde es posible tener un acceso temprano, pero que dada su frecuencia son más bien un recurso esporádico.

Más factible, teóricamente, es el carroñeo de la médula ósea, ya que ésta sólo es aprovechada en su totalidad por las hienas. Una dieta basada en este recurso, no obstante, no deja de ser insuficiente por su escasa disponibilidad, con lo que cobra un valor positivo sólo si se utiliza de modo complementario.

En esencia, la sabana actual ofrece una mayor oportunidad de recursos en las áreas aluviales que en el resto de los hábitats debido a que el mayor índice de humedad existente en las secciones proximales de las mismas favorece la presencia más amplia de productos vegetales consumibles en los bosques lacustres y de galería. En estos se encuentra la mayor proporción de hojas, frutos y semillas y el menor número de consumidores, con lo cual las oportunidades de aprovechamiento son más amplias que en otras áreas.

Dado que cada tipo de recurso tomado como

elemento único de dieta posee varios tipos de consumidores, debido a que la especialización alimenticia es como hemos visto un rasgo generalizado de las adaptaciones a este ecosistema, existe una selección favorable hacia el *omnivorismo* , que proporciona las ventajas de ser una alimentación más completa desde el punto de vista nutritivo, más oportunista al no experimentar las inclemencias de los periodos de carestía de un modo tan duro como los animales de dieta especializada -y por lo tanto más flexible e independiente- y más adaptativa, ya que cuanto mayor es el espectro de productos consumibles, más reducida es la restricción territorial y de hábitat. Esto puede observarse en las especies de dietas mixtas. El facócero, consumidor habitual de hierba, semillas, raices e insectos no tiene necesidad de desplazarse estacionalmente y se encuentra tanto en medios abiertos como cerrados. Igualmente le ocurre al elefante, con una alimentación basada en hierbas, hojas y frutos.

Sin embargo, las dietas mixtas son un tipo de recurso escasamente utilizado, siendo las más comunes las que consisten en hierba y hojas -que puede encontrarse en la décima parte de los bóvidos-, hierba, raices y semillas -suídos-, y hierba, hojas y frutos -proboscídeos y jiráfidos-, todas ellas con la hierba como componente mayoritario y los demás elementos como complementarios. Actualmente, la existencia de dietas mixtas -sobre todo las que excluyesen de entre sus componentes al producto vegetal herbáceo- resultarían por estas razones favorecidas por la selección natural. Estas podrían ser para organismos complejos (es decir, macrofauna) bien de carácter vegetal, bien de tipo animal o una combinación de ambos. Cuanto mayor sea la cantidad de recursos que puedan incorporase a la dieta mayor será el éxito adaptativo, el cual será también proporcional a la calidad nutritiva de los mismos.

La razón por la cual las dietas mixtas extensas son algo poco usual entre las especies que pueblan los ecosistemas abiertos de Africa Oriental puede residir en el hecho de que para tener acceso a una gama heterogénea de productos es preciso estar dotado físicamente para poder conseguirlos y digerirlos. Particularmente en lo que concierne la primera cuestión, esta capacitación debe ser tanto somática -*ergo* fenotípica- para poder obtener productos que se encuentren lo mismo en las ramas de los árboles que enterrados en el suelo, como conductual, para poder diseñar una estrategia de supervivencia que mediante el uso de la dotación física resulte fructífera en la consecución de los recursos.

Otra de las razones que impulsa a las dietas especializadas es el carácter mismo del medio, ya que siendo éste de tipo abierto y cubierto esencialmente de gramíneas, la variedad específica queda relegada a las zonas de vegetación cerrada, en su mayoría bosques aluviales, en las cuales es posible obtener una dieta más variada dada la diversificación de recursos vegetales.

La conjunción de ambos factores -dotación física y conductual y tipo de nicho ecológico- es probablemente la responsable de que la mayor parte de las especies con dieta mixta no herbácea y extensa sean precisamanete primates como los babuinos, cercopitecos de sabana, monos patas y chimpancés. Todos ellos poseen una alimentación compuesta por hojas, frutos, insectos, lagartos y otros pequeños invertebrados, y en el caso de chimpancés y papiones también incluyen mamíferos de tamaño pequeño y medio. Según algunos autores, esta coincidencia dietética incrementaría la competencia por los recursos, sobre todo en momentos de escasez. Clutton-Brock & Harvey (1977) documentaron que la dieta de los chimpancés y papiones era muy similar - frutos, semillas y gomas arbóreas- aunque existe una diferencia importante, como es el mayor consumo de carne y raices subterráneas por parte de los papiones. Igualmente los Theropitecos poseen una mayor inclinación hacia las hojas, con lo que la competitividad con respecto al resto de sus congéneres se ve disminuida. En un análisis comparativo Peters y O´Brien (1981) observaron que la mayor presión sobre los recursos por efecto de los distintos tipos de primates sucede en las hojas, semillas y frutos en las épocas secas, momento en el que son más escasos. La clave de la relajación de dicha presión está en los productos secundarios que diferencian la dieta de unas especies de las de otras. Este tipo de análisis, llevado a cabo con mayor profundidad más adelante, resulta imprescindible para poder evaluar la presión ambiental a la que se vieron sometidos los homínidos.

1.5- LA VARIACION DE LAS CONDICIONES ECOLOGICAS EN LA SABANA PLIOCENICA.

A comienzos del Plioceno los paisajes de Africa Oriental experimentan una auténtica proliferación de praderas y espacios abiertos que traen consigo la eclosión de toda una diversidad de especies adaptadas a los nuevos ecosistemas. Continuando con el desarrollo iniciado a raiz de la expansión miocénica de las llanuras herbáceas los bóvidos aumentaron enormemente en número y variedad, constituyéndose en poco tiempo en el tipo de fauna dominante. La mayor parte de los géneros actuales se remontan a esa época, aun cuando la diversidad específica se vea actualmente algo más reducida. El grupo de los tragelafinos, comprendiendo especies tan variadas como el eland, el bongo, el nyala, el sitatunga y el kudú se encontraba bien representado en la fauna plio-pleistocénica, al igual que el grupo de los alcelafinos compuesto por ñus, alcélafos, damaliscos e impalas. Dentro de este último grupo existieron en el Plio-Pleistoceno tres géneros adicionales actualmente extintos, *Parmularius, Rabaticerus y Megalotragus,* que comprendían especies de antílopes de grandes dimensiones, sobre todo los dos últimos géneros ya que el *Parmularius* alcanzaba el tamaño de los actuales damaliscos. El *Rabaticerus,* situado entre el *Damaliscus* y el *Alcelaphus,* mostraba una mezcla intermedia de características provenientes de ambos géneros y el *Megalotragus* era particularmente llamativo no tanto por su tamaño como por su cornamenta, cuyas dimensiones alcanzaban casi los dos metros de longitud.

El grupo de los hipotragos, compuesto por especies como el addax, oryx y el mismo hipotrago, también está representado en la fauna plio-pleistocénica de Africa Oriental y Meridional, salvo que aparece en un mayor porcentaje específico que en la actualidad. Esto no ocurre con el grupo de los reduncinos y peleinos, cuyos representantes pliocénicos son similares en variedad a los que pueden observarse en la moderna sabana. Los antilopinos, representados a través de los géneros *Antidorcas y Gazella,* poseían una variedad y morfología muy parecida a la que puede verse actualmente sin que se advierta a nivel de registro una mayor diversidad específica. Casi lo mismo se observa en el grupo de los bovinos, donde tan solo un género, el *Pelorovis,* de gran tamaño, se extinguió en el Pleistoceno inferior.

Tras los bóvidos los restos más numerosos encontrados en las diversas áreas arqueológicas y paleontológicas de Africa son los pertenecientes a los équidos, cuya diversidad era también similar a la actual. En el Plioceno el representante genérico de este grupo era el *Hipparion,* de aparición tardía en el Mioceno y que en el periodo siguiente se diversifica en tres especies -*H. steytleri, H. albertense, H. lybicum*- , aunque esta distinción taxonómica resulta aun problemática. A fines del Plioceno surge el género *Equus,* diferenciado en cuatro especies como en la actualidad, todas ellas de mayor tamaño que *Hipparion* cuyas dimensiones eran inferiores al moderno *Equus burchelli.*

Con respecto a los suídos actualmente se reconocen tres géneros- *Potamochoeros, Phacachoeros, Hylochoeros*- que ya existían en el Plio-Pleistoceno además de dos géneros más, el *Metridiochoeros* y el *Nyanzachoeros,* de mayor tamaño que sus congéneres evolutivos pero ya desaparecidos. Este experimentó una diversificación notable, al igual que la familia *Giraffidae,* que incorporó el *Sivatherium,* un género con varias especies -*S. cingulatum, S. maurusium, S. olduvaiense, S. hendeyi*- , hoy todas ellas extinguidas.

Con respecto a los proboscídeos se piensa que los elefántidos surgen a inicios del Plioceno a partir del *Stegotetrabelodon.* De este aparece una división en tres linajes representados por los géneros *Loxodonta, Elephas y Mammuthus.* Con estos tres géneros convive el *Deinotherium,* un proboscídeo miocénico, cuyos escasos restos pueden estar demostrando su densidad reducida en el conjunto de la fauna plio-pleistocénica (Harris, 1983). Igualmente poco documentada es la presencia del género *Mammuthus,* representado tan solo por unos restos encontrados en Hadar (Etiopía). Fósiles pertenecientes a *Loxodonta y Elephas,* en cambio, han aparecido con abundancia en diversos yacimientos paleontológicos de Africa Oriental. En el caso de los *Loxodonta* se han llegado a diferenciar tres especies sucesivas y con respecto a *Elephas* dos, en las que se han establecido cinco subespecies en linea evolutiva ascendente. Hace 4,5 millones de años aparece el *Primelephas* , que dará lugar en torno a los 4 m. a. al *Elephas ekorensis* que probablemente es el antecesor de *Elephas recki,* el cual aparece hace unos 3 m. a.. Contemporáneo con *Elephas ekorensis* es el *Loxodonta adaurora* que dará lugar a dos especies, *Loxodonta exoptata y Loxodonta kararae,* que convivirán con *Elephas recki.*

Los rinocerôntidos se mantienen comparables en diversidad a la actualidad, con una especie representante del rinoceronte blanco y otra del rinoceronte negro, hecho que no ocurre con los hipopotámidos, ligeramente más diversificados, con dos géneros reconocidos y varias especies entre las cuales destaca una de tipo pigmeo.

Sin embargo, uno de los grupos de mayor relevancia para el estudio de lo que nos ocupa, constituido por los carnívoros, demuestra una diversidad bastante más amplia que la actual, con lo cual la dinámica trófica era presumiblemente mucho más activa y la competencia interespecífica más elevada. A comienzos del Plioceno asistimos a una irradiación específica que va a conducir a que en este periodo convivan hasta seis géneros de félidos *-Homotherium, Megantereon, Dinofelis, Panthera, Acynonix y Felis-* de los que hoy sólo se conservan tres *-Panthera, Acynonix y Felis* (este último con representantes específicos menores)- cuatro géneros de hiénidos *-Hyaenictis, Euryboas, Hyaena y Crocuta-* de los que sólo perduran los dos últimos, y cuatro géneros de cánidos que aún se mantienen en los ecosistemas abiertos africanos.

Si se elaborase una interpretación sobre el tipo de distribución faunística a partir de la representación cuantitativa de los restos observaríamos que, pese al sesgo introducido por la conservación diferencial, ésta coincide plenamente con la densidad específica de la sabana actual. Los bóvidos comprenden la mayor parte de los restos fósiles descubiertos, seguidos a distancia y por este orden de équidos, suídos, jiráfidos y el grupo heterogéneo formado por proboscídeos, hipopotámidos y rinoceróntidos, y en última instancia por las especies carnívoras. Sin embargo, que cada uno de los grupos corresponda al orden de abundancia que puede encontrarse hoy en día en las sabanas africanas no es sino un indicativo tan sólo de que el paisaje del Plioceno era de carácter abierto, tal y como corresponde no sólo a este tipo de densidad proporcional sino también a las características somáticas de la mayor parte de las especies comprendidas dentro del espectro analizado.

Ante semejante situación cabe preguntarse si los ecosistemas abiertos han sido desde el Plioceno paisajes de morfología estática, como pudiera desprenderse de un análisis faunístico tan somero, o si por el contrario han experimentado algún tipo de metamorfosis a lo largo del tiempo. A este respecto un estudio menos superficial de la fauna resulta más esclarecedor. Si nos fijamos con atención en la evolución diacrónica de las distintas especies y observamos al mismo tiempo su variabilidad de modo sincrónico podemos obtener, simplemente a través de un estudio de estas características, datos que nos permitan observar el espectro de mutación de los espacios abiertos africanos desde el Plioceno hasta la actualidad. Basándome en dichos criterios creo que pueden distinguirse dos grandes fases en la configuración morfológica de dichos paisajes. La primera se extendería desde comienzos del Plioceno hasta hace unos 3 m. a. y la segunda desde esa fecha en adelante. Entre ambos periodos podría establecerse un estadio transicional que duraría 1 m. a. (de 3 m.a. a 2 m.a.), y que marcaría un momento intermedio de cambios florísticos y faunísticos que tendrían como consecuencia una reestructuración de la dinámica física y orgánica del ecosistema de sabana.

Empezando por el tipo de fauna más abundante, los bóvidos, aparece un marcado contraste entre las especies existentes a lo largo del Plioceno y las que surgen en una dinámica ecológica distinta a fines de dicho periodo. En la primera fase existe una escasa representación de alcelafinos y antilopinos, de adaptación a medios diversos pero siempre asociados a unas condiciones de humedad escasas, y una mayor proporción de reduncinos y tragelafinos, adaptados a entornos más húmedos. Un ejemplo claro lo constituye la presencia masiva de restos de *Apyceros* (impala) en el Plioceno inferior y medio, llegando hasta la cuarta parte de los restos de bóvidos recuperados, y su descenso brusco a finales del Plioceno, donde se asiste también a una variación en las proporciones de los diversos grupos y a la aparición de los antecesores de la biomasa herbívora del moderno ecosistema de sabana. Los reduncinos y los tragelafinos descienden en número y en cambio los antilopinos, alcelafinos y bóvidos de hábitats más abiertos se hacen predominantes en el conjunto de la fauna (Vrba, 1974, 1975, 1976, 1980; Gentry, 1985).

Con respecto al grupo de los équidos, a lo largo del Plioceno se asiste al florecimiento del género *Hipparion,* de pequeñas dimensiones y adaptado probablemente a una dieta de gramíneas y de hojas a tenor de su morfología dentaria, lo cual le impulsaría a estar en contacto con áreas de vegetación arbustiva, bien fueran éstas de carácter denso o de aparición dispersa. A finales del Plioceno se advierte un cambio brusco: el *Hipparion* desaparece y surge el género *Equus,* caracterizado por una menor robustez en los metápodos lo cual resulta indicativo de una mejora en la monodactilia, producto a su vez de una mejor adecuación a los espacios abiertos cuyos criterios selectivos exigieron probablemente una mejor adecuación de la locomoción en semejantes medios (Harris, 1983). Dichos cambios van acompañados por otro rasgo que va a caracterizar a una gran parte de la fauna de este momento: una mayor hiposodoncia reflejada en la complejidad creciente de los pliegues del esmalte dentario. Esta característica se explica por una adaptación a dietas con un gran contenido en fibra y sílice, debido a una alimentación de gramíneas más xerofíticas propias de un ambiente más seco y que estaría en conjunción con un mayor despliegue de las praderas y áreas abiertas, lo cual habría favorecido al mismo tiempo la mejora mecánica que habría supuesto la alteración somática de las extremidades (Eisenmann, 1985).

Estos cambios se observan también en los proboscídeos. Durante el Plioceno los géneros *Loxodonta -L. adaurora y L. axoptata- , Deinotherium -D. bozasi- y Elephas -E. ekorensis,* que es reemplazado por *E. brumpti-* conviven sin estrés debido a una adaptación diferencial que permite que el *Deinotherium* ocupe las áreas de vegetación más densas, el *Loxodonta* las zonas húmedas y las áreas más despejadas, y el *Elephas* las praderas más abiertas. En esta fase sus denticiones son braquiodontas, indicando, pues, un predominio de las hojas sobre la hierba en la dieta y, por consiguiente, la adaptación a un medio no exento de una cantidad importante de componente arbustivo. A partir de 3 m.a. y hasta hace 2 m.a. se asiste a un cambio importante marcado por la mayor cantidad de restos encontrados de *Elephas* en comparación con los otros dos géneros, lo cual indica una mayor proliferación de los espacios abiertos, hecho que confirma la extinción del género *Loxodonta* poco después -entre 2 m.a. y 1,5 m.a.- y la aparición de una forma más hiposodonta de *Elephas-* el *E. recki-* mejor adaptado a una dieta esencialmente gramínea de tipo xerofítico. El *Deinotherium* apenas aparece en el registro y debido a su permanencia en los bosques aluviales y montanos perdurará hasta hace 1 m.a. (Harris, 1983; Beden, 1985).

Con respecto a los rinoceróntidos se observa algo similar. Durante el Plioceno los restos de *Diceros bicornis* - rinoceronte negro- de dentición braquiodonta son más abundantes que los del *Ceratotherium praecox,* más adecuados a una dieta de carácter herbáceo. La situación cambia cuando hace 2,5 m.a. irrumpe en la escena evolutiva de este grupo el *Ceratotherium simun* - rinoceronte blanco-, adaptado a una dieta gramínea xerofítica y ocupando un hábitat más abierto que el rinoceronte negro. Los restos de éste a partir de este momento se hacen más escasos, predominando los pertenecientes al rinoceonte blanco como claro indicio de un incremento de las praderas y de un predominio de un clima más seco (Guerin, 1985). Lo mismo ocurre entre los hipopotámidos, representados en el Plioceno por dos géneros distintos: el *Hexaprotodon* y el *Hippopotamus.* El primero de ellos, caracterizado por una dieta donde las hojas son un elemento importante, predomina en cantidad de restos sobre el segundo hasta que hace 3 m.a. el *Hippopotamus,* de dieta gramínea, le arrebata dicho protagonismo lo cual le hace ir declinando hasta extinguirse hace 1,5 m.a. (Gèze, 1985). Esta indicación de un cambio en las condiciones del medio debido a una alteración de orden climático también se advierte en el grupo de los suídos, que se diversifican hace 3 m.a. al tiempo que desplazan al género *Nyanzachoeros,* apareciendo los géneros *Potamochoeros, Hylochoeros y Phacochoeros* de hábitos menos húmedos y que a su vez poco antes de 2 m.a. irradian en una diversidad de especies mucho más adaptadas a los hábitats abiertos (Cooke, 1985).

El desarrollo de dentaduras hiposodontas, las extinciones de especies y géneros adaptados a medios con determinado índice de humedad y su sustitución por especies de adaptación a condiciones más xerofíticas, y los cambios morfológicos sufridos por algunas especies para readaptarse a los nuevos criterios selectivos que aparecen entre hace 3 m.a. y 2 m.a. apuntan a una reestructuración del ecosistema de sabana en esa fecha, debido a una alteración de las condiciones climáticas en las que se advierte un descenso del nivel de humedad y un incremento consiguiente de las temperaturas. Esa variación a nivel general es un claro ejemplo de la evolución encadenada de la comunidad faunística ante una presión selectiva homogénea (Foley, 1984). Sin embargo, cabe igualmente esperar que en respuesta a dicha presión los análisis sobre restos vegetales y polínico demostrasen que semejante alteración tuvo lugar en la flora africana plio-pleistocénica. A este respecto los análisis palinológicos han puesto de relieve que la transformación del medio insinuada por la fauna es probablemente cierta. En las muestras obtenidas en contextos geológicos atribuibles a la primera fase del Plioceno (Laetoli, Hadar, y la sección inferior de Omo), el porcentaje elevado de pólenes arbóreos de carácter húmedo *-Olea, Juniperus, Euclea, Podocarpus, Ekebergia...-* y de pólenes arbóreos de taxones sudaneses más secos *-Acacia, Commiphora...-* es bastante relevante frente a la mayor densidad de pólenes no arbóreos, cuya diversidad es mayor que en épocas más tardías. A partir de estas frecuencias polínicas y la relación proporcional entre los diversos taxones se puede pensar que estos resultados están indicando una vegetación de carácter abierto, con un sustrato herbáceo importante y con una presencia notable de zonas arbustivas más cerradas -marcada entre otros por la existencia de *Juniperus y Euclea-,* dentro de un marco más húmedo que el actual. Esto vendría a corroborarlo el carácter de pólenes arbóreos, que aparecen proporcionalmente sin predominio de los árboles típicos de sabana sobre los de tipo montano, aunque en términos globales de representatividad estos últimos sean ligeramente más numerosos. Igualmente, la mayor existencia de pólenes arbóreos de sabana que en las muestras recogidas en dicho ecosistema actualmente indica unas condiciones climáticas más favorables para la proliferación de estas especies. En definitiva, lo observado a través de dichos análisis desde el punto de vista taxonómico no es una variedad de especies distintas con respecto a las actuales, sino un cambio de las proporciones en que éstas aparecen representadas, con una presencia de pólenes arbóreos más elevada que en la actualidad y la existencia de taxones montanos cuya aparición en la moderna sabana es sumamente reducida, dando lugar a morfologías de paisaje ligeramente distintas. Según estos datos palinológicos cabría decir que en esta primera fase los paisajes abiertos serían más parecidos a los que existen actualmente en la zonas de mediana altitud (1200-1800 m.), de carácter más húmedo, que a los que aparecen en las llanuras aluviales, de menor altitud, donde el microclima es bastante más seco (Bonnefille, 1976, 1980; Bonnefille & Vincens, 1985; Vincens, 1982).

Por consiguiente, el paisaje abierto del Plioceno africano habría experimentado una evolución en su primera fase dentro de un contexto de mayor humedad que en la actualidad, por lo cual es probable un mayor predominio de las sabanas sobre las estepas, y dentro de las primeras las formas menos comunes hoy en día por falta de condiciones adecuadas de humedad habrían sido tal vez las más abundantes. De esta manera, en semejantes condiciones los paisajes abiertos habrían adoptado la morfología de las sabanas arbóreas y arbustivas, de las sabanas-mosaico y, en menor medida, de las sabanas herbáceas, en las cuales el componente arbóreo habría poseído seguramente una mayor entidad, influyendo dicha circunstancia en la dispersión de determinados productos y, por consiguiente, en su variabilidad con respecto a su situación actual en la moderna sabana.

Un ejemplo de esta situación podría constituirlo el entorno ambiental de la región de Hadar durante el Plioceno medio. Según los análisis polínicos, relizados de manera que se puede reconstruir tanto el medio local como el medio regional en un radio de 10 km. alrededor del área principal de la selección de muestras, la zona está caracterizada por un tipo de vegetación densa en torno al eje de humedad lacustre, un área intermedia de predominio herbáceo y una zona periférica de bosques. En esa época la afinidad montana de la mayor parte de los taxones obtenidos y la práctica inexistencia de especies subdesérticas -que son los que predominan en la actualidad en la misma región bajo condiciones más áridas- indican que la vegetación de ese periodo se caracterizaría por zonas densas de tipo cerrado, en proximidad las unas con las otras y separadas por amplias áreas descubiertas donde florecieron diversos tipos de gramíneas y en las cuales pudieron encontrarse diseminados irregularmente diversos árboles y arbustos (Bonnefille & Vincens, 1985).

A estas condiciones favorables para el desarrollo de las variantes de sabana más ricas les suceden a lo largo de Plioceno superior una serie de cambios climáticos influídos por un descenso del grado de humedad, que traen como consecuencia un repliegue de las formas más exuberantes de sabana y un incremento de los ecosistemas de estepa. Los análisis polínicos realizados en contextos geológicos plio-pleistocénicos -Gadeb, Koobi Fora, Olduvai y la sección media de Omo- demuestran dicho cambio a través de un descenso de la proporción de polen arbóreo frente a un incremento del polen de gramíneas y, dentro del primer tipo, un predominio de los taxones sudaneses de sabana sobre los taxones montanos que experimentan un brusco descenso. Regiones como Koobi Fora sufren dicha transformación, yendo más allá y pasando del estado de sabana al de estepa arbustiva (Vincens, 1982).

Esta fase de aridez, que comienza hace unos 3 m.a. y que se va desrrollando paulatinamente, alcanza a nivel general su periodo de mayor incidencia en torno a los 2,4 m.a.. En ese momento observamos cómo las condiciones del paisaje son distintas, habiendo cedido espacio las sabanas-mosaico y las sabanas arbóreas a las sabanas herbáceas y arbustivas y a las estepas, que adquieren a partir de entonces una mayor preponderancia, tal y como ocurre actualmente (Bonnefille & Riollet, 1980; Bonnefille & Vincens, 1985).

Estas inferencias realizadas a través de los análisis de variabilidad faunística y polínica son sostenidas también por los análisis paleoceanográficos que indican una fase de aumento de las temperaturas a comienzos del Plioceno y otra a finales del mismo (Margolis en Willis, 1990).

1.6- OBSERVACIONES SOBRE ALGUNOS DE LOS CAMBIOS MAS RELEVANTES DE LA PRESION SELECTIVA EN EL PLIO-PLEISTOCENO.

Los diferentes tipos de presión selectiva ejercida sobre los diversos recursos disponibles en el ecosistema de sabana pliocénica, según las condiciones que hemos observado, se habrían manifestado de una manera distinta a la actual, en función de la variación de los criterios ecológicos que mantienen cuantitativa y cualitativamente dichos recursos. En el marco ambiental de las sabanas de la primera fase pliocénica, la proliferación de productos vegetales con hojas habría redundado en una mayor existencia de dietas mixtas de carácter folívoro y fitófago al mismo tiempo. Esto es lo que demuestra la fauna dominante de este periodo a través de géneros y grupos como *Hipparion* (équidos), *Deinotherium y Loxodonta* (proboscídeos), *Diceros* (rinocerótidos), *Hexaprotodon* (hipopotámidos), *Nyanzachoeros* (suídos), y reduncinos y tragelafinos (bóvidos) (sección anterior). Igualmente estas características habrían afectado, aunque no demasiado, las proporciones y áreas de dispersión de los principales recursos alimenticios vegetales. Los frutos no se encontrarían en su mayor parte restringidos a las zonas cerradas como ocurre en la actualidad sino que se hallarían más repartidos en las diversas agrupaciones arbustivas que pudieran salpicar las áreas abiertas de gramíneas, sobre todo en las sabanas de tipo mosaico donde este incremento de lugares con recursos frutales habría servido de motivación a las especies frugívoras, cuyo nicho ecológico presumiblemente habría sido más amplio, para aumentar sus territorios de deambulación. En general, al igual que los frutos, el resto de los recursos vegetales -hojas, semillas, etc...- también se encontraría menos concentrado que en las sabanas de tipo más seco, lo cual no quiere decir que los lugares de mayor densidad no fuesen los mismos, sino que éstos en términos globales alcanzarían cotas menos elevadas, dado el efecto de la dispersión. Por consiguiente, la presión selectiva sobre los distintos recursos, sobre todo los que actualmente resultan minoritarios, podría parecer menor dada su mayor abundancia a no ser que ésta se viese contrarrestada por un número más elevado de especies consumidoras habituales de los mismos, como así parece ser.

A fines del Plioceno la situación cambia debido a un descenso de las condiciones de humedad, los paisajes se reconfiguran y las gramíneas pasan en términos cuantitativos a constituirse en casi el 90% de la flora de las sabanas. Como consecuencia las especies se readaptan o se extinguen y nos encontramos con una dinámica orgánica muy próxima a la actual, en la que las dietas especializadas en hierba predominan abrumadoramente sobre el global de las dietas mixtas y la diversidad de recursos experimenta un retroceso que los dispone de manera más concentrada, tal y como ocurre actualmente. Esto provoca que las especies de dieta mixta o especializada en cualquiera de los productos minoritarios ocupe un nicho ecológico más reducido que en épocas anteriores.

Sin embargo, desde el aspecto faunístico, en estos momentos se aprecia una mayor diversidad de especies herbívoras, dada la eclosión de las praderas, que tiene su repercusión en la disponibilidad de recursos alimenticios de origen animal. A este respecto cabe añadir que semejante incremento acontece paralelamente a una mayor diversificación de los carnívoros. Como mencioné en el capítulo anterior, en el Plio-Pleistoceno conviven siete grandes félidos -León *(Panthera leo),* leopardo *(Panthera pardus),* guepardo *(Acynonix juvatus),* una especie de leopardo grácil de forma intermedia entre éste y el guepardo *(Felis crassidens),* el *Dinofelis,* el *Megantereon* y el *Homotherium-* cuatro géneros y seis especies de hiénidos -*Hyaenictis forfex, Euryboas silberbergi, Euryboas nitidula, Hyaena hyaena, Hyaena brunnea y Crocuta crocuta-* tres géneros de cánidos -*Vulpes, Canis y Lycaon-* que imprimieron al encadenamiento trófico una dinámica muy activa, actualmente mucho más relajada.

Sabiendo que la elección de presas depende de la capacidad de predación del carnívoro que se trate y que ésta se encuentra condicionada por las características físicas y gregarias del mismo (Kruuk & Turner, 1967; Guthrie, 1968; Schaller, 1972, Domínguez-Rodrigo, en prensa b), resulta discernible el espectro taxonómico y el grado de incidencia sobre el mismo que cada carnívoro, según sus características, pudo haber llevado a cabo (Figura 17). Si establecemos una división de la biomasa herbívora en función de su peso en tres categorías -pequeña (hasta 50 kg.), mediana (de 50 a 150 kg.) y grande (de 150 en adelante)- la preferencia cinegética de cada tipo de carnívoro quedaría establecida como sigue. Si nos ocupamos de los grandes félidos, la especie menos robusta es el guepardo *(Acynonix juvatus),* de aspecto grácil y con una estructura social escasamente gregaria. La mayor parte de sus presas -por encima del 80%- son de tipo pequeño; lo necesario para abastecer sus necesidades y para realizar un desplazamiento periférico de la carcasa con el fin de evitar el acoso de los carroñeros. En el extremo opuesto se encuentra el león *(Panthera leo),* de aspecto biológico más fuerte y

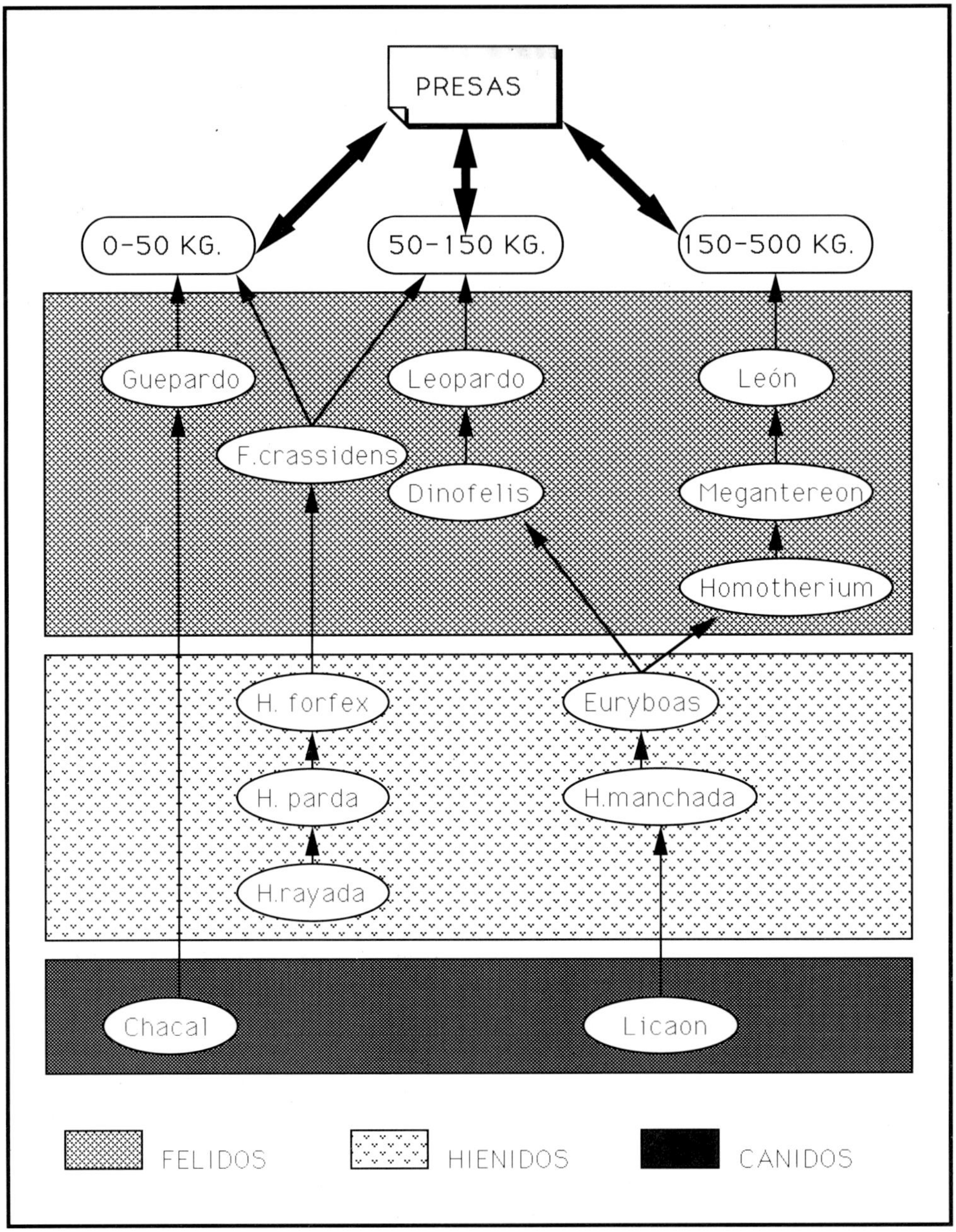

FIGURA 17. *Preferencias cinegéticas de los principales carnívoros plio-pleistocénicos.*

con una organización social más compleja. Dada su mayor necesidad de abastecimiento y mayor capacidad de predación, las presas de este félido suelen ser de tamaño grande, incluso por encima de los 250 kg.

Entre ambos carnívoros se encuentra el leopardo *(Panthera pardus),* cuyas características físicas y conductuales limitan su capacidad cinegética en términos generales a especies medianas de menos de

125 kg.

Observando esta polarización en cada una de las categorías propuestas, podrían realizarse atribuciones preferenciales con respecto a los carnívoros extintos. El *Megantereon* y el *Homotherium,* caracterizados por unas dimensiones mayores que las del león y por una mandíbula con un desarrollo acentuado de los incisivos superiores, se habrían especializado probablemente, sobre todo el *Megantereon* (Ewer, 1973), en la captura de piezas de grandes dimensiones. El leopardo grácil *(Felis crassidens),* en cambio, al ocupar una situación intermedia entre el guepardo y el leopardo, debido a su dotación biológica sería un cazador de presas medianas, posiblemente con un peso inferior a los 100 kg. (Brain, 1981). El *Dinofelis,* de proporciones similares a las del leopardo aunque un tanto más robusto y con unos incisivos superiores prominentes, pero no tan desarrollados como en el caso del *Megantereon* o del *Homotherium,* se habría especializado también en la aprehensión de especies de tamaño intermedio.

La situación entre los hiénidos también habría sido heterogénea. Mientras que la hiena parda *(Hyaena brunnea)* y la hiena rayada *(Hyaena hyaena)* se habrían ocupado de especies pequeñas y medianas, como lo hacen actualmente, la hiena manchada *(Crocuta crocuta)* habría ampliado su opción de predación gracias a su organización social a especies de tamaño grande, circunstancia que probablemente habría sido similar entre la *Hyaenictis forfex* - cuyas características biológicas eran muy próximas a las de de la hiena parda y en consecuencia cabe esperar que su conducta cinegética también lo fuera- y la *Euryboas,* también llamada la hiena cazadora, puesto que su dentición típicamente carnívora no estaba dotada para el procesamiento de hueso, con lo cual posiblemente fue la menos carroñera de las distintas especies de hiénidos centrándose en la captura de especies medianas y grandes.

La proliferación y convivencia sincrónica en el Plio-Pleistoceno de casi el doble de grandes carnívoros que en la actualidad responde, al margen de una mayor disponibilidad de recursos, a una actividad trófica más activa en la que la existencia de siete grandes félidos - frente a tres actualmente en el mismo tipo de ecosistema- habría propiciado, teniendo en cuenta su aprovechamiento casi exclusivamente carnívoro, la disposición de una gran cantidad de elementos óseos y medulares que habría posibilitado a su vez la convivencia de cuatro géneros de hiénidos y seis especies distintas, cantidad que dobla también la proporción actual de hiénidos en la moderna sabana. De esta manera es previsible que la dinámica trófica fuese más competitiva que en la actualidad y que las oportunidades de aprovechamiento secundario sobre recursos muy solicitados hubiesen sido más reducidas de lo que son hoy en el mismo tipo de ecosistema. De esta observación se deduce que la presión selectiva sobre los diversos recursos cárnicos en esta época era bastante más elevada y, en consecuencia, aquellas especies que pretendían acceder primariamente a las carcasas para aprovechar los productos más proclives a desaparecer antes como son la carne o las vísceras deberían hacerlo a través de una acción de predación y no de carroñeo. Esto explicaría que especies de hienas como las comprendidas dentro del género *Euryboas* fuesen esencialmente cazadoras y que otras como es el caso de la hiena manchada hubieran sido más activas desde el punto de vista cinegético de lo que son actualmente (Ewer, 1973).

Sin embargo, el hecho que más nos interesa desde el punto de vista de la alteración de determinadas dinámicas ecológicas, no es tanto la variación diferencial de los recursos vegetales según la fase evolutiva de los paisajes abiertos, ni el incremento de la presión selectiva sobre los recursos de origen animal, sino el aumento de la competitividad entre las especies de primates de dietas mixtas y mucho más próximas biológicamente a los homínidos. Este incremento de la competencia tendría su razón de ser básicamente en la convivencia de un número más elevado de especies que en la actualidad. Esta afirmación puede realizarse desde la observación de este hecho en la moderna sabana , en donde se ve que la competencia interespecífica de primates es menor que en épocas pretéritas, ya que hoy coexisten solamente papiones *(P. anubis, P. cynocephalus, P. hamadryas, P. papio, P. ursinus),* monos patas

(Erythrocebus patas) y cercopitecos verdes *(Cercopithecus aethiops)* también denominados de cara negra, en el mismo ambiente. En el Plio-Pleistoceno, en cambio, convivieron más géneros y especies. Además de los papiones ***(Papio)*** existieron otras especies de un género afín, el ***Parapapio,*** de mayor variabilidad somática habiéndose distinguido tres especies en función de la proporción de las mismas *(P. jonesi, P. broomi, P. whitei,* de menor a mayor). Las diferencias básicas con respecto al género *Papio* radican en una construcción distinta de la parte delantera del cráneo.

También existió otro género, el ***Dinopithecus,*** caracterizado por ser el mayor primate cinocéfalo de cuantos hubo al tener una dimensiones que hacían alcanzar a algunos machos los 50 kg. de peso, y caracterizado por un dimorfismo sexual muy marcado. Muy próximo a él se encontraba el ***Gorgopithecus,*** género de características similares pero menos robusto, ocupando una posición intermedia entre Dinopithecus y Papio. Más cercano a éste se encontraba el ***Theropithecus,*** de rasgos menos marcados y con una reconstrucción dentaria diferente, producto de una dieta especializada en productos vegetales de pradera.

Con respecto a los cercopitecos los representantes plio-pleistocénicos de este género eran de mayores dimensiones que los actuales. El *Cercopithecus williamsi* era la especie más común de todos ellos en el ecosistema de sabana. Igualmente existían una especie de colobino y otra de mono Mangabey, que actualmente se encuentran relacionadas con un medio selvático de vegetación húmeda y densa. En definitiva puede establecerse una división entre las especies más acostumbradas a un hábitat cerrado como podían haber sido estas últimas -Mangabey, colobo y cercopiteco- y las especies cuyo nicho ecológico se habría desarrollado en áreas más abiertas, como es el caso de los cinco géneros de cinocéfalos mencionados. En ambas circunstancias, al existir una mayor proporción genérica y específica, puede inferirse una mayor competencia por los recursos, lo cual tiene su importancia ya que estos taxones convivieron en el espacio y el tiempo con diversas especies de homínidos, los cuales se habrían visto profundamente influídos por el grado de incidencia que aquéllos realizaran sobre el medio.

Este hecho, de por sí relevante, no resulta tan llamativo como el encontrarse en un mismo periodo una diversidad tan amplia de primates, incluyendo a los mismos homínidos, habituados a una vida terrestre en zonas abiertas. Esto tuvo que aportar unas consecuencias conductuales importantes, que estuvieron probablemente en estrecha relación con este tipo de adaptación , en un proceso evolutivo en el que el comportamiento tuvo que jugar un papel primordial.

Se puede concluir afirmando que en el Plio-Pleistoceno las condiciones ecológicas eran ligeramente distintas a las actuales, existiendo una mayor presión selectiva por una gran parte de los recursos tanto animales como vegetales, incluso entre aquellas especies como son los primates de sabana, adaptados a una dieta de carácter mixto, que irían posibilitando su éxito adaptativo según se fuese incrementando su capacidad de acceder a una mayor variedad y cantidad de recursos. Y en esto tuvo que ser fundamental no sólo la aparición evolutiva de dicha capacitación biológica sino también la *evolución* de los patrones básicos de conducta.

2. UNA APROXIMACION CIENTIFICA AL ESTUDIO DEL COMPORTAMIENTO SOCIAL. ESTABLECIMIENTO DE MODELOS Y NORMAS REFERENCIALES.

El objetivo de este capítulo es el estudio de la conducta social de la fauna moderna. Para ello se presenta un sistema analítico que hace operativa la investigación del comportamiento y se aplica a continuación al orden de los primates y a los grandes mamíferos de sabana. Tras la exposición de los resultados, se interpretan éstos en función de las variables adaptativas que restringen su variedad formal. Con todo ello se dispone de un marco referencial apropiado para estudiar dicho comportamiento entre los homínidos.

2.1.DISQUISICIONES Y POSICIONES EN TORNO A LA CONDUCTA.

Siendo el medio ambiente el escenario y los animales los personajes que interpretan el drama de la vida, el **comportamiento** se nos presenta, desde una consideración ecológica, como el intercesor entre la comunidad zoológica y el medio sobre el que ésta opera. También puede ser definido como el conjunto de pautas de conducta que organizan la relación entre los individuos que conforman un grupo, y el modo de actuación de éste, en su globalidad, con respecto al medio en el que habita, existiendo una finalidad de carácter adaptativo que le convierte en una de las claves esenciales del proceso evolutivo, al estar constantemente sometido a la variación de los criterios selectivos y, por tanto, a los selectores directos del cambio.

La evolución orgánica ha dado lugar a organismos adaptables, aptos para vivir bajo condiciones muy diversas, siendo la tendencia predominante la producción de un gran número de especies diferentes, limitadas por su propia constitución a vivir entre límites relativamente próximos dentro del margen de variación posible de las condiciones del medio. De esta manera se establece una perfecta correspondencia entre las características de las especies y las propiedades del ambiente. Pero para que una especie pueda adaptarse a un medio determinado, es decir, para que pueda superar los criterios selectivos que éste le impone, es preciso que la relación entre ésta y aquél sea de carácter compatible. El índice de afinidad en este tipo de relación viene dado por el grado de operatividad de la conducta de la especie o por su capacidad de hacer viable la subsistencia ateniéndose a las imposiciones del medio.

Al ser el comportamiento un elemento vital en la Evolución , en un principio cabe ser entendido de dos maneras distintas y complementarias: como un elemento inherente a la misma naturaleza orgánica de la especie (**comportamiento genético**) y como una serie de hábitos obtenidos a través de la experiencia (**comportamiento adquirido**). De este modo existe un auténtico espectro de conductas que abarcan desde aquellas especies que poseen una actitud en esencia genética, hasta aquellas otras cuya capacidad de reacción es fundamentalmente adquirida. Entre unas y otras existe una variada gama de conductas, cuya clave se establece a partir del balance proporcional entre el grado de *innatismo* y el grado de *adquisición* del comportamiento de las diversas especies. La conducta genética constituye una pauta de actuación, programada de modo endógeno, que configura la relación entre el organismo y su medio desde una óptica muy poco dinamizadora, puesto que funciona mientras las condiciones selectivas que lo favorecieron se mantengan estables. En el caso de que algún tipo de alteración trastocase dichas condiciones y surgiera un nuevo tipo de de presión por parte de la selección natural a la que el organismo se encuentra irremisiblemente confrontado, el escaso margen de variabilidad operativa que supone una conducta innata haría que el individuo (y con él, la especie a la que pertenece) se desajustara de su relación con el medio y se viera con bastante probabilidad rechazado por el mismo. Un comportamiento adquirido, en cambio, se muestra mucho más posibilista al poseer un mayor grado de plasticidad, debido a que constituye esencialmente una conducta aprendida a través del contacto social. Además incorpora la ventaja de dotar al individuo de una mayor capacidad de reacción frente a las adversidades externas, al no quedar éste restringido a un margen de acción pautado por una conducta mecánica. Desde este punto de vista, una especie se encontraría en mejores condiciones de afrontar cualquier tipo de presión selectiva cuanto mayor fuese su proporción de comportamiento adquirido con respecto a su conducta innata.

Pero esto es un privilegio evolutivo del que gozan escasas especies, ya que la mayor parte -de entre el global de todas- se encuentran sometidas a un modo de actuación que, en proporción, es prácticamente genético. Una conducta adquirida más amplia no sólo resulta excepcional, sino que da la impresión de ser un logro evolutivo reciente, siendo tanto menor probablemente el número de especies que la poseyeron cuanto más atrás retrocedemos en el tiempo. Si pudiésemos esbozar una progresión evolutiva del comportamiento observaríamos que tras la aparición de los primeros vertebrados, de los peces, anfibios y reptiles, las primeras manifestaciones biológicas de una capacidad de aprendizaje y, por consiguiente, de la posibilidad de introducir elementos innovados en la conducta, surgen con la irrupción en el campo evolutivo de los mamíferos. Estos, dotados de un cerebro distinto, con un nuevo elemento en su constitución como es la materia gris, se encuentran capacitados para ser más operativos en el proceso de recepción y emisión de información. Esta circunstancia se observa mejor en los mamíferos placentarios, cuya parte olfativa es menos voluminosa que la de los mamíferos inferiores, dando lugar a un incremento de las partes encargadas de la vista y del oído, de capital importancia para obtener una información del medio ambiente lo más amplia posible. El cerebro es ahora más complejo, almacena más información y produce un mayor número de respuestas. Sin embargo, el cerebro de los mamíferos es uno de los elementos sujetos a un ritmo evolutivo de cambio constante; hecho que puede observarse desde los primeros mamíferos a los actuales. Esta progresión hacia la complejidad se hace más evidente aún en la escala evolutiva de los primates, en los cuales cabe advertir un incremento en el tamaño y organización del cerebro según se hace más compleja, a su vez, la progresión evolutiva, yendo semejante rasgo parejo con una ampliación del posibilismo conductual. De hecho, partiendo de los prosimios y pasando por simios y antropoides (cuya aparición en la evolución del orden es más reciente), semejante rasgo alcanza su máxima expresión con el género humano, cuyo cerebro es más complejo y cuya conducta es la más posibilista de cuantas conocemos.

Sin embargo, al margen de la excepcionalidad de nuestro género en este sentido, cabría esperar, como he comentado con anterioridad, que a mayor índice de posibilismo debiera corresponder un mayor éxito evolutivo, ya que la capacidad de readaptación ante situaciones adversas es más plástica. Si esto fuera así de sencillo, el chimpancé -especie con un alto índice de comportamiento adquirido- debería estar más alejado del riesgo de extinción que la mariposa -de comportamiento genético- por su mayor capacidad operativa, lo cual en realidad no es así. Esto se explica porque en el juego dramático de la Evolución una especie cuenta no sólo con una conducta, con la cual se relaciona e integra en el medio, sino también con otro elemento igual de importante, como es la **estrategia reproductora**, que resulta a su vez parte integrante de la misma. En esencia, ésta consiste en la postura adoptada con respecto a la cantidad de energía invertida en la reproducción y en la extensión de la progenie obtenida. Si la estrategia alcanza un éxito absoluto - es decir, que todos los miembros que forman parte de la descendencia logran sobrevivir-, la energía habrá sido abundante y concentrada, mientras que si la estrategia exige que dicha energía sea repartida en una diversidad de probabilidades, la progenie será mucho más amplia y dispersa -con menor cantidad de energía por unidad- y con un porcentaje elevado de individuos que no logran la supervivencia. Resumiendo de otro modo, un animal puede servirse para asegurar su continuidad de un gran número de descendientes, invirtiendo poca energía en cada uno de ellos, o bien un número reducido, aplicando una mayor cantidad de energía por embrión. De un modo o de otro, ésta se encuentra equilibrada. La diferencia estriba en que la primera modalidad exige una dispersión y la segunda una concentración de la energía en sí. Estas dos estrategias tan opuestas reciben la denominación de **estrategia r** y **estrategia K** respectivamente, y son sumamente importantes para comprender el proceso de evolución de los homínidos en el pasado (Lovejoy, 1981).

Esto explica el mayor éxito evolutivo de la mariposa con respecto al chimpancé, el cual invierte su energía en una progenie reducida pero de segura supervivencia. La mariposa, en cambio, difunde su esfuerzo en muchos descendientes, asegurando la subsistencia, en términos probabilísticos, a tan sólo una fracción del global de los mismos. No obstante, aún así, la descendencia de la mariposa es más abundante, con lo cual la progresión generacional ve cumplido su objetivo y supera en criterios de éxito al chimpancé, mucho más limitado en cuanto a contingentes biológicos se refiere. Sin embargo, resulta notoria la relación que mantienen ambas estrategias con los tipos de conducta. Las especies de comportamiento genético adoptan, por lo general, una estrategia reproductora "r" y aquéllas cuyo comportamiento adquirido resulta relevante adoptan una estrategia reproductora tendente al tipo "K". Desde una consideración evolutiva, la estrategia "K" parecería más reciente que la de tipo "r" en las pautas de reproducción de las especies, al igual que ocurre con el tipo de conducta que las acompaña. Ello podría deberse a que el **tipo de convivencia** que mantienen los progenitores con sus crías es distinto según la estrategia adoptada. En el caso de la mariposa, la descendencia es autosuficiente tras su nacimiento, lo cual no ocurre con el chimpancé, cuyas crías nacen en un mayor estado de indefensión y precisan por tanto de atenciones paternas. Por semejante razón y debido a la cantidad de energía invertida, un chimpancé sólo se encarga de una cría por alumbramiento.

De cuanto se ha dicho podría establecerse la siguiente afirmación: el comportamiento adquirido va ligado a una estrategia reproductora de tipo "K", que a su vez condiciona la clase y el periodo de relación paternal para con sus descendientes, lo cual influye al mismo tiempo -en un circuito de realimentación - de manera directa sobre la calidad y el grado de adquisición de la conducta que va a conformar la parte no genética del comportamiento. Esta incrementará el índice de la capacidad operativa del individuo hasta los límites impuestos por la necesidad de desarrollo de dicha habilidad y, sobre todo, por el carácter del **condicionamiento biológico** intrínseco al nivel de evolución de cada especie. Es decir, aunque la conducta adquirida de un individuo le pudiera capacitar teóricamente para reajustar su comportamiento ante cualquier adversidad medio-ambiental, esto será posible solamente si el grado de readaptación no exige una capacidad operativa que exceda el margen de posibilismo adquirido a través del proceso evolutivo a nivel estrictamente biológico. La capacidad operativa conductual evoluciona paralelamente al cerebro, aún cuando en el desarrollo absoluto de sus posibilidades influyan factores tan decisivos como son la sociedad y los imperativos del medio. Una exigencia readaptativa que exceda el margen de operatividad logrado a través de la evolución cerebral de una especie conduce irremisiblemente al rechazo selectivo, a pesar de su conducta posibilista.

De este modo el estudio de la Evolución debería enfocarse desde un prisma **internalista**, en el que se considerase a la relación genética-epigenética como la responsable de las alteraciones del genotipo - y, en consecuencia, del fenotipo-, que luego serán seleccionadas por el medio. El comportamiento quedaría de este modo condicionado por el grado de desarrollo evolutivo del cerebro, que sería el que establece el límite de la capacidad de reacción. Sin embargo, cuando defiendo una postura internalista lo hago desde una interpretación abierta que en ningún momento debe ser confundida con ninguna de las variantes del determinismo biológico. Este, que pretende explicar las desigualdades somáticas y conductuales a partir de una teoría reduccionista de la Naturaleza, interpreta cada una de las formas de comportamiento como mamifestaciones pautadas desde el genotipo, lo cual en principio constituye una negación a la posibilidad de incorporar rasgos adquiridos a través de la experiencia. La sociobiología, como representante más exponencial de esta corriente, aporta una explicación mecanicista de la vida en la que el proceso de causalidad va de los genes a los individuos y de éstos a la sociedad (Bunge, 1981; Crick, 1982; Eysenck, 1971; Wilson, 1975, 1979). Semejante posición, racista y sexista por cuanto concibe de determinista sobre la inteligencia y otros factores de la conducta, no resiste un análisis crítico. Cualquier experimento realizado con un mínimo de rigor sobre especies de estrategia K, y de carácter comparado, rechaza los principios sobre los que ésta se apoya (Chorover, 1979). Como alternativa radicalmente opuesta a la sociobiología -pero que comparte con la misma una filosofía reduccionista de idéntico cariz- existe el determinismo medio-ambiental, que concibe al comportamiento como el resultado de la presión ejercida por diversas variables ecológicas que son las que rigen su transformación (Leiss, 1974). Esta visión, proveniente de una interpretación darvinista tradicional de la conducta, propugna que el motor rector de la misma es la selección natural que constriñe el margen de operatividad de los individuos. Sin embargo, de puro simplista, este tipo de paradigma adolece de una carencia explicativa en el momento de afrontar distintas especies que ante los mismos criterios selectivos ofrecen respuestas divergentes e, inversamente, especies adaptadas de modos diversos con pautas de conductas homogéneas.

Por otro lado, también como respuesta a una visión "genetista" de la conducta existe otra corriente explicativa aplicada a la interpretación del comportamiento humano, consistente en negar el papel de la biología en el mismo y explicar éste a través de la construcción social, en una concepción también determinista, si bien de cariz opuesto (Donzelot,1979; Foucault,1979; Szasz,1981). Aunque semejante corriente es mucho más acertada que la anterior para explicar la conducta humana (dado su gran poder de adquisición), manifiesta una carencia interpretativa con respecto a la parte biológica de la misma y, sobre todo, en la explicación evolutiva del comportamiento a nivel general. Por ello, la interpretación más correcta -y que es la que voy a defender en adelante - es aquélla capaz de abarcar de un modo integral las relaciones entre la parte biológica y la parte social que conforman la dinámica básica de todo modo de reacción ante el medio (Lewontin, Rose y Kamin, 1987).

Esta concepción **dialéctica** entra en contradición con la interpretación reduccionista, que pretende derivar las propiedades de los conjuntos de las propiedades intrínsecas de los elementos que los forman, concibiendo la existencia de dichas propiedades en dichos elementos con anterioridad a su integración en las estructuras sociales. La interpretación dialéctica, en cambio, no separa las propiedades de los elementos de las de los conjuntos que forman al asociarse, ya que se codeterminan mutuamente. Como muy bien afirman Lewontin et alii (1987) con respecto a nuestro género: *Las propiedades de los seres humanos individuales no se dan aisladamente, sino que surgen como consecuencia de la vida social, aunque la naturaleza de esa vida social sea a su vez consecuencia del hecho de que somos seres humanos y no, por ejemplo, plantas.* El prisma dialéctico explica, de este modo, los conjuntos como la unión de distintas partes cuyas propiedades son particulares, pero cuya interacción en la generación de conjuntos crea complejidades que dan lugar a productos cualitativamente diferentes de las partes que los componen.

Otra de las particularidades de un marco teórico "integracionista" reside en la inexistencia de la dicotomía genotipo (internalismo radical) *versus* medio-ambiente (externalismo) como regulador de la conducta, con un carácter tan excluyente como el resto de las interpretaciones, sino que lo hace aportando un deseo de comprensión dialéctica en el sentido de que ambos elementos interactúan de forma dinámica en la configuración del comportamiento. Un modo de actuación resulta operativo en la medida en que biológicamente esté desarrollado (visión internalista); sin embargo, su flexibilidad -sujeta a una constricción de carácter genético- se encuentra limitada en el aspecto formal por el margen de variabilidad permitido por el medio (visión externalista), en la que ambos factores actúan conjuntamente para ofrecer soluciones aceptables por el entorno (visión dialéctica). Esta idea rechaza la interpretación pseudo-holista que pretende diferenciar dentro de la evolución biológica una vertiente genética de una cultural, con un funcionamiento distinto, estando el elemento genético sometido al proceso de selección natural y quedando el factor cultural exento de ella (Bonner, 1980). Igualmente ofrece la oportunidad de permitir *a priori* la distinción entre las variables que entran a formar parte de la capacidad de reacción, pudiendo algunas estar más relacionadas con categorías ecológicas y otras con factores biológicos intrínsecos al carácter orgánico.

Volviendo al análisis del comportamiento, en una consideración general, la estrategia reproductora tal vez sea más decisiva que el resto de factores que integran la conducta a la hora de alcanzar un mayor éxito adaptativo, ya que en la inversión de energía resultan relevantes la teoría de probabilidades y la ley del mínimo esfuerzo. No obstante, cuando se analizan especies muy próximas, cuya estrategia apenas difiere, el comportamiento se constituye en el factor más importante. Imaginemos una especie X y otra Y de estrategia K4 y K5 respectivamente. Si pudiésemos evaluar en términos porcentuales la capacidad de comportamiento adquirido con respecto al genético y X poseyera un 40% a favor del primer tipo de conducta, mientras que Y alcanzase el 70%, resultaría que ante una adversidad ambiental y un reajuste de la presión selectiva Y tendría más posibilidades de readaptarse que X, ya que su margen de operatividad es más amplio y puesto que sus estrategias reproductivas apenas difieren.

Si antes señalé que el tipo de comportamiento, la estrategia reproductora y el tipo de relación de los progenitores para con sus descendientes estaban íntimamente emparentados, existe un cuarto elemento que forma parte de esta interconexión: el carácter de las relaciones sociales. La mayor parte de las sociedades animales se estructuran en núcleos -unidades familiares- o en grupos, que a su vez pueden ser simples asociaciones subsistenciales de núcleos o, como ocurre en la mayor parte de las ocasiones, unidades reproductivas configuradas por la unión de varios individuos de ambos sexos en una estructura jerárquica y territorial. El mayor grado de **socialización**, y por consiguiente de mayor dinamismo en el intercambio de información, ocurre en las sociedades de grupo, en las que también pueden observarse rasgos cooperativos encaminados a la participación de diversos miembros en una acción determinada con una finalidad concreta. Esto se observa en una gran parte de primates. Dicho tipo de sociedades poseen además un rasgo común: el grado de comportamiento adquirido que tienen depende del alcance evolutivo de su cerebro -véase la limitación operativa del papión con respecto al chimpancé- y del alcance de la **cooperación** entre los miembros que lo conforman -obsérvese la actitud de los chimpancés de sabana frente a los que habitan un medio selvático-. El grado de cooperación de los individuos que constituyen un grupo depende además de dos elementos: el tipo de relación social y el periodo de aprendizaje. El medio social más adecuado para la transmisión de información es un medio cooperativo. Por consiguiente, en una sociedad donde se relajan las jerarquías o los machos cooperan con las hembras en el cuidado de la prole, se predispone a ésta a desarrollarse en un ambiente en el cual la dinámica de interacción es más compleja y favorable para la incorporación de elementos de comportamiento adquirido. Esto se vería favorecido por el periodo de aprendizaje del que gozan las crías. Por ello el comportamiento adquirido se encuentra tan estrechamente relacionado con la estrategia reproductora K.

El tipo de análisis que nos interesa para el estudio del comportamiento de nuestro género es el de la evolución de los cuatro elementos referidos en el ámbito primate. Debido a que forman parte de un circuito retroalimenticio que condiciona la manera en que un organismo se desenvuelve ante el medio, resultan muy importantes para poder estudiar correctamente el comportamiento y el tipo de sociedad de cada especie e incluso poder acercarse a un marco general de la conducta. Puesto que el comportamiento parte de unos condicionamientos biológicos y debido a que sus diversas manifestaciones se encuentran determinadas por una serie de factores ecológicos concretos, estimo necesaria una aproximación a su estudio evolutivo desde un prisma enfocado a obtener una *sistemática filogenética* , ya que una conducta determinada es el resultado de la modificación de una conducta anterior y por tal motivo deriva en términos *filogenéticos* de la misma.

Sin embargo, para estudiar el comportamiento de los homínidos extintos que nos precedieron es preciso no sólo aplicar modelos intermedios entre lo observable en el género humano y el resto del ámbito primate, con criterios conductuales de carácter filogenético, sino también hacerlo atendiendo a que semejantes modelos -que intentan discernir actitudes inexistentes debido al momento evolutivo histórico en que éstas surgieron y posteriormente se extinguieron-representan comportamientos que no son observables en la actualidad y por consiguiente no están sujetos a comprobación empírica, con lo cual su interpretación también dependerá del tipo de paradigma evolutivo del que se parta. No obstante, esto no debe resultar un inconveniente puesto que al ser la conducta una expresión dialéctica entre el organismo y el medio, debe regirse por una serie de patrones perfectamente extrapolables al pasado en circunstancias similares.

Recientemente han aparecido críticas a la utilización de estos **modelos conceptuales** que pretenden hacer uso de la ecología conductual y de la teoría evolucionista para la elaboración de hipótesis sobre el comportamiento homínido (Stanford & Allen, 1991). Básicamente dichas críticas se centran con razón en la circunstancia de que esgrimiendo modelos conceptuales, algunos investigadores han hecho uso de propuestas deterministas y sociobiológicas para crear hipótesis causalistas. Como veremos más adelante, este puede ser el lado más controvertido de este tipo de interpretaciones. A pesar de ello, los modelos conceptuales representan una mejora sobre los viejos **modelos referenciales** como es la aproximación a un tema tan complejo desde un punto de vista holístico. Los modelos referenciales, que suponen un intento de interpretación a partir de la observación de comportamientos particulares, han estado siempre sujetos a variación según las modas académicas. En la década de los sesenta se pensó que la conducta de los papiones, dada su adaptación a un sistema abierto, era la más indicada para tener referencia del modo en que los homínidos pudieron haberse adaptado al ecosistema de sabana (De Vore & Washburn, 1963; Washburn & Lancaster, 1968). A partir de la década de los setenta la investigación de la biología molecular puso de relieve la gran proximidad genética entre nuestro género y los grandes antropoídes africanos -especialmente los pánidos- con lo cual se pasó del papión al chimpancé como modelo referencial (Mc Grew, 1981). Sin embargo, manteniendo la misma especie, los cambios paradigmáticos de la primatología han conducido a alteraciones conceptuales sobre la relación de los elementos que coordinan las asociaciones primates, con lo cual el enfoque adoptado para su estudio y asociación ha ido variando a lo largo del tiempo (Tooby & De Vore, 1987).

No obstante, al margen de semejantes tendencias académicas, los modelos referenciales suponen una limitación importante en el proceso de elaboración de interpretaciones completas, puesto que son modelos sesgados que se establecen a partir de las semejanzas observadas en determinadas especies, sin contextualizarlas ecológicamente de un modo adecuado, ignorando las diferencias y sobre todo sin poder hacer inteligibles las innovaciones conductuales propias de nuestro género por falta de un marco comparativo en las especies tomadas como referencia.

Sobre estas carencias los modelos conceptuales representan un paso adelante por tratarse de modelos teóricos compuestos de una serie de variables entre las que se establece una relación sistémica. La elaboración de los mismos responde a la conjunción de diversos modelos referenciales, realizada no de modo descriptivo sino de manera explicativa en la que el objetivo es hacer accesible la comprensión de la conducta desde un punto de vista adaptativo global. Para ello se aplica un marco interpretativo evolutivo y ecológico y no se discrimina en el estudio ni el sexo ni la edad de los diversos individuos, con lo cual las interpretaciones que se realizan no deben estar sesgadas por semejantes prejuicios -tal y como pudiera ocurrir en trabajos referenciales del tipo " Man the hunter" o "Woman the gatherer"-, haciendose un análisis de la conducta bajo la premisa de que las especies en el pasado se vieron sujetas a las mismas leyes o procesos evolutivos y ecológicos que en la actualidad. El modo de concebir dichas *leyes* precisamente, a través del paradigma evolutivo del que se parta, condiciona el tipo de modelo conceptual que se elabore. Cuanto más *genetista* sea la concepción de la conducta, más mecanicista será el modelo propuesto, tomando como referencia un marco explicativo derivado del determinismo biológico (Tooby & De Vore, 1987). Este hecho, merecedor de la crítica por parte de varios autores como he mencionado con anterioridad por renovar la visión neodarvinista del comportamiento mediante una interpretación sociobiológica, ha ido ganando adeptos paulatinamente por ser poco comprometido desde el punto de vista teórico. En esencia se trata de la aplicación de una serie de postulados causalistas que *permiten* tener acceso a un conocimiento que de otra manera sería inabordable. Esta concepción de que sólo mediante la aplicación del paradigma reduccionista puede hacerse inteligible el pasado radica en una falta de connsideración hacia otras vías alternativas mucho más abiertas y que permiten una aproximación menos determinista, con lo cual se gana en verosimilitud al ser el reduccionismo un referente teórico que no permite contextualizar debidamente modelos conductuales intermedios ya desaparecidos, por no existir en la actualidad más que marcos referenciales extremos al respecto. Un modelo conceptual debería de este modo ser considerado desde un prisma dialéctico que permitiese la aparición y uso de un conjunto de variables evolutivas y ecológicas integradas dentro de un marco conceptual no determinista -a presupuestos similares resultan soluciones idénticas (una misma causa genera un mismo efecto)- sino convergente -a problemas idénticos se producen resultados similares dentro de un abanico limitado de posibilidades (una misma causa puede generar más de un efecto)-.

En el presente trabajo se hará uso, pues, de modelos conceptuales dialécticos, en los que se tendrán en cuenta las características físicas de los individuos (Paleontología), sus testimonios conductuales de subsistencia (Arqueología), las características físicas del medio y el grado de selección de determinadas pautas de comportamiento en distintos tipos de hábitats, el margen de variabilidad conductual en los distintos niveles de la evolución de las especies mamíferas y un paradigma evolutivo, como antes señalé, también dialéctico. Lo interesante será ver, como haremos más adelante, hasta qué extremo modelos teóricos distintos pueden llegar a conclusiones conductuales muy próximas o en qué grado éstas divergen debido precisamente a un punto de partida tan opuesto.

2.2- LA SISTEMATICA ETOLOGICA COMO MEDIO DE ANALISIS Y CLASIFICACION DEL COMPORTAMIENTO.

Adoptando una postura externalista, diversos autores han intentado realizar comparaciones de los diversos comportamientos sociales exhibidos por distintas especies primates según un conjunto de categorías ecológicas, para intentar observar hasta qué punto las actitudes conductuales se alteraban en función del cambio de alguna de las variables que integraban dicho conjunto (Denham, 1971; Eisenberg et alii, 1972; Gartlan & Crook, 1966; Jolly, 1972). Los resultados no fueron muy esclarecedores y tanto éstos como el marco teórico sobre el que se asentaban fueron criticados por una serie de investigadores (Clutton-Brock, 1974; Altmann, 1974), cuyos resultados pusieron de relieve que el comportamiento social variaba entre especies incluidas dentro de una misma categoría ecológica. Esto entraba en contradicción con la asunción externalista de que las diferencias interespecíficas en la organización social eran solamente debidas a la variación de los factores ecológicos. La visión causalista y determinista entre dichas variables y la conducta resultaba errónea, ya que especies distintas habían adoptado varias estrategias diferentes ante situaciones ecológicas similares (Clutton-Brock, 1974; Struhsaker, 1969).

Sin embargo, la observación de que diversas especies poseían patrones de adaptación al medio similares -selección de alimentos, modelos de actividad, comportamiento territorial, y organización social- estando separadas genéricamente e incluso a nivel de Familia, impulsó de manera definitiva, a comienzos de los ochenta, el desarrollo de análisis comparativos en la etología de primates, que hasta entonces había sido prácticamente descriptiva (Clutton-Brock, 1974, 1977; Struhsaker, 1969; Hladik & Hladik, 1972). Algunos estudios (Clutton-Brock & Harvey, 1977) profundizaron en análisis comparativos minuciosos para elaborar una diagnosis de las pautas generales de conducta subsistencial, pero mantuvieron el estudio de la organización social relegado a un discreto segundo plano.

Para dar mayor protagonismo a dicho elemento del comportamiento y estudiar su relación con la estrategia sexual y la estrategia reproductora, voy a enfocar en el presente trabajo el analisis de la conducta -desde un prisma dialéctico, como antes propuse, en el que la biología limita las formas de comportamiento, que en el caso de las especies con una estrategia reproductora de tipo K son plásticas y que el medio se encarga de diversificar- partiendo de una definición y clasificación de los tipos de comportamiento social que existen en los primates. La finalidad siguiente sería analizar la relación entre los diversos tipos de conducta social, para poder ser enfocados desde una consideración evolutiva. Y finalmente se analizaría la relación de estos comportamientos con el conjunto de variables y categorías ecológicas a las cuales se adaptan y que en las modalidades menores pueden llegar a resultar condicionantes.

Tradicionalmente la Etología general ha sido considerada como una disciplina secundaria dedicada al estudio del comportamiento desde un aspecto descriptivo -en el que lo que se observaba y constataba eran los diversos modos de actuación de una especie respecto a los ámbitos subsistencial y reproductor- sin otorgarle el cariz científico indiscutible que ostentan otras ramas de la disciplina biológica, por no poseer un corpus analítico centrado ni en el planteamiento de hipótesis previas -la elaboración de este tipo de hipótesis y su sometimiento al proceso de falsación es un hecho reciente y marginal en este tipo de estudio- ni en la obtención de datos mesurables de un modo tan tangible como los sometidos a un proceso matemático. Las condiciones de observación, el periodo de duración de la misma, la dificultad del estudio sincrónico de los individuos que forman un grupo y otra serie de factores metodológicos ayudaron a convertir a la Etología en una vertiente estrictamente observacional del estudio zoológico, que lo complementaba en tanto en cuanto aportaba un marco explicativo referencial para interpretar la diversidad funcional analizada somáticamente. El modo inductivo de acumulación de datos obtenidos a través de las observaciones reiteradas servía también, en el mejor de los casos, para comprobar de qué manera un organismo se encontraba relacionado con el medio y, en consecuencia, cómo se había adaptado al mismo. Sin embargo, en este tipo de observación se concedía - y aún sigue haciéndose en la Etología moderna- mayor importancia a la conducta subsistencial, siendo el comportamiento social estudiado desigualmente en la mayor parte de las especies.

Para conseguir un mayor estatus de *cientificidad,* la investigación del comportamiento debiera aspirar a dos objetivos básicos: intentar responder no sólo a cómo se adaptan los organismos al medio sino también por qué se adaptan de un modo y no de otro - lo cual supone pasar del análisis de lo particular a lo general, haciendo uso de la Etología comparada y de la Ecología conductual- y elaborar un sistema adecuado de estudio del comportamiento en su globalidad o al menos en sus aspectos más relevantes. Para esta última meta es preciso enfocar la conducta no desde la parcialidad, como hace la Etología descriptiva tradicional, concediendo prioridad a determinados aspectos, sino entendiéndola como un sistema complejo que consta de distintas secciones engranadas con la finalidad de lograr la superación de los criterios selectivos. Las principales esferas del comportamiento animal son, pues, el modo en que un organismo adaptado hace uso del medio (comportamiento subsistencial), la manera en que se relaciona con otros de su especie (comportamiento social) y el tipo de estrategia sexual y reproductora adoptada para dar continuidad al genotipo (comportamiento reproductor). Todo estudio de la conducta debería, por consiguiente, tener en cuenta la interrelación de los elementos de esta triple división. Si el objetivo es la explicación de la convergencia o divergencia de los modos de adaptación -sin olvidar que la conducta está sometida constantemente al igual que el fenotipo a la selección natural- ante determinados criterios ecológicos, la Etología comparada debería disponer de una sistematización del comportamiento que permitiese llevar a cabo tal comparación sin el lastre que supone cotejar descripciones literarias. Es decir, actualmente para describir un comportamiento, tanto desde el punto de vista subsistencial como desde los aspectos social y reproductor, es preciso acudir a un inventario literario descriptivo de modos de actuación que resulta poco operativo. Para dinamizar dicho proceso sería necesario disponer de un sistema de clasificación que posibilitase la definición y comparación de las distintas formas de conducta de una manera más efectiva. Con semejante propósito he elaborado la **sistemática etológica**, orientada principalmente al estudio de especies con estrategias reproductoras de tipo K o próximas a dicha estrategia, comprendiendo en el mencionado grupo a las aves, algunos reptiles y sobre todo -lo cual constituye mi objetivo- a los mamíferos. La sistemática etológica pretende ser un sistema de definición y clasificación del comportamiento, que con la sencillez de una fórmula escueta permita colmar las exigencias de cualquiera de los procedimientos que integran la Etología comparada. Teniendo en cuenta que el correcto desarrollo de ésta es fundamental para la comprensión de los modos orgánicos de relación ecológica, de ahí la relevancia de un sistema comparativo ágil como el que propongo.

Para la clasificación del comportamiento he optado, en principio, por utilizar una serie de variables principales, escasamente desarrolladas en los estudios etológicos, y tener como referencia un conjunto de variables secundarias con las cuales poder relacionarlas. Estas variables principales las he elegido, en coherencia con mi discurso anterior, por encontrar una manifiesta relación entre la organización social, la estrategia de reproducción y el grado evolutivo alcanzado por la especie. Puesto que lo que pretendo es el estudio de la organización social y su conexión con los demás factores que integran el comportamiento, la primera variable que he definido ha sido el **tipo de relación** que mantiene un individuo con los otros de su misma especie. Para ello he establecido tres opciones que he pasado a denominar alfa, beta y gamma respectivamente. La opción alfa (a) define la carencia de una relación social regular o constante entre los distintos individuos de una especie; es decir, muestra una conducta en la que cada organismo mantiene una actitud de independencia o aislamiento con respecto a los demás, siendo nula o circunstancial la aparición de agrupamientos y relaciones entre ellos. Esta denominación es aplicable incluso a aquellas especies que propician la congregación de individuos en momentos determinados, como puede ser en el periodo de procreación (machos-hembras), en el periodo de reproducción (hembras-crías), y en el caso de algunas especies, en el periodo de hibernación o en las etapas circadianas de descanso nocturno, mientras que durante el resto del tiempo mantengan una actitud subsistencial solitaria e independiente.

A partir de este nivel basal de conducta social se pasa a la que he denominado opción beta (b), consistente en la formación de núcleos familiares compuestos por un macho, una hembra y la progenie. Esta opción se encuentra íntimamente relacionada con un tipo de estrategia sexual de carácter monogámico, ya que he excluido de esta opción las familias de régimen sexual poligámico, puesto que éstas pueden llegar a ser tan numerosas -como, por ejemplo, el impala, que organizado en núcleos poligámicos de un macho y varias hembras conforman agrupaciones que pueden acercarse al centenar de individuos- que caben por sí solas ser definidas como un grupo.

De ésta se pasa a la opción gamma (g), que determina la agrupación de diversos individuos en estructuras sociales, bien haciéndolo aisladamente , a modo de unidades independientes, bien llevándolo a cabo a través de la aglomeración de núcleos familiares. Así pues, estas tres opciones definen el tipo de relación que mantienen los organismos a nivel intraespecífico.

Una vez que se conoce esto, la segunda variable definida es el análisis del **tipo de interacción social** o del modo de organización y coordinación social de las relaciones grupales. Para ello he establecido las siguientes opciones que he definido numéricamente:

-Interacción nula ....OPCION 0
-Familia nuclear de tipo poligámico con un macho al frente............................OPCION 1
- Sociedad descoordinada formada por:
* Núcleos familiares poligámicos......OPCION 2
* Núcleos familiares monogámicos....OPCION 3
- Sociedad coordinada y semi-cooperativa de tipo:

* Jerárquico:

Jerarquía ejercida por un individuo...OPCION 4

Jerarquía ejercida por una oligarquía.OPCION 5

* No jerárquico ....OPCION 6

- Sociedad cooperativa y solidaria de tipo:

* Jerárquico:

Jerarquía ejercida por un individuo.OPCION 7

. Jerarquía ejercida por una oligarquía...OPCION 8

* No jerárquico...................................OPCION 9

La formación de una sociedad implica la agrupación de distintos individuos de ambos sexos estrucutrados bajo múltiples formas. Si se parte de un concepto de complejidad que se torna creciente en virtud del grado de interrelación entre los miembros de un grupo, el nivel más sencillo de sociedad es aquél en el cual ésta es prácticamente formal, manteniendo los individuos que la conforman una absoluta independencia sin que exista entre ellos otra relación que la reproductiva y el intercambio de información en circunstancias de riesgo. Teniendo en cuenta que una formación social va siendo más compleja cuanto mayor es el contacto, el intercambio de información y la interdependencia de sus miembros, de una sociedad no regulada -ningún sistema de reglas coordinan la vida en común cuando cada unidad mantiene su independencia- se pasa a una sociedad regulada- las unidades se someten a unas reglas sociales para que la convivencia sea posible- en la que los individuos recortan su libertad en pro de un sistema social que resulta adaptativo por favorecer los criterios selectivos la acción de conjunto. Lo normal es que este tipo de sociedades muestren un grado variable de cooperación que puede ir de la defensa comunitaria tan sólo a la obtención cooperativa de recursos alimenticios.

El paso final hacia una organización más compleja es la formación de sociedades cooperativas, en las que sus unidades han restringido su margen de independencia al mínimo -en comparación con los otros tipos de agrupaciones sociales- para constituir un conjunto orgánico cuyo funcionamiento correcto depende de la cooperación de sus unidades, entre las cuales existen unas reglas de conducta más complejas y variadas que las anteriores y cuyas acciones son no sólo gregarias sino también encaminadas por semejante razón al mantenimiento de los miembros que integran el grupo.

Desde esta consideración, la segunda variable se encuentra estructurada de acuerdo con un orden creciente de complejidad. La primera opción, la interacción nula (0), define un tipo de coordinación social prácticamente inexistente, como es el caso de las especies adscritas a la opción alfa de la primera variable, o reducida a la relación macho-hembra en una organización de tipo familiar monogámico, en la que ambos miembros mantienen un contacto de carácter en esencia reproductivo y subsistencial. Las opciones 2 y 3 comprenden dos modos distintos de organización en el seno de una **sociedad descoordinada**, la cual se define como la agrupación de núcleos menores de tipo familiar en un sistema de regulación autónomo, en el que cada núcleo mantiene una independencia organizativa con respecto al resto de las unidades que integran el conjunto. Estas unidades pueden consistir en núcleos familiares poligámicos (2) -como es el caso de un gran número de especies hervíboras, que forman agrupaciones inconexas de machos territoriales con un harén compuesto por varias hembras- o núcleos familiares monogámicos(3) -tal y como aparecen en un número importante de aves, que forman comunidades donde cada macho y cada hembra determinan aisladamente la dinámica social de dicho conjunto-. Una y otra son formas similares de adaptación que tienen como nexo común el mantenimiento de un modo de relación que básicamente es de tipo beta, aunque expresado en una multiplicidad de elementos que parecen agruparse como recurso adaptativo ante un medio que otorga ventaja a la acción de conjunto, debido tal vez a una mejora en la conducta defensiva.

Un paso adelante en la progresión evolutiva de este tipo de organización lo constituye aquél que fomenta una relación más compleja, que regula el comportamiento de las partes de tal modo que éstas, sin semejante sistema de articulación, son incapaces de mantener una identidad como tales fuera del conjunto. Esto sucede en las **sociedades coordinadas y semicooperativas**, en las que los individuos que las forman se encuentran sometidos a una estructura social que les mantiene interrelacionados y que, además, favorece la aparición de conductas cooperativas o semicooperativas, entendiendo por tales la participación de los diversos miembros de un grupo en la consecución de un objetivo, el cual puede ser de tipo alimenticio (la obtención de una presa) o de carácter defensivo (ofrecer un sistema de organización disuasorio ante determinados predadores). El tipo de organización de estas sociedades puede ser de carácter jerárquico (4, 5) o no (6). En el primer caso dicha jerarquía cabe ser concebida de dos maneras: bien siendo ejercida por un solo individuo (4), bien por un número indeterminado de ellos que detentan la supremacía sobre el resto (5). Ambas modalidades dependen de la estrategia defensiva desarrollada y del nicho ecológico adoptado.

A partir de este tipo de organización pueden surgir las **sociedades cooperativas y solidarias**, de mayor complejidad, cuyo carácter distintivo es que la cualidad de cooperación se ha convertido en un rasgo generalizado de la conducta, e incluyendose ahora la característica de ser además solidaria, entendiéndose por tal término que la cooperación tiene como finalidad no sólo la obtención de un objetivo, sino que la consecución del mismo se encuentra condicionado por una intención previa de llevar a cabo el compartimiento del resultado obtenido mediante dicha acción. Este modo de coordinación social puede, como en el caso anterior, ser llevado a cabo a través de un sistema jerárquico (7, 8) o no jerárquico (9).

En lo concerniente a la tercera variable utilizada para esta clasificación general del comportamiento, la **estrategia sexual**, he optado por una cuádruple división, según ésta sea de tipo monogámico (A, B) o poligámico (C, D). En el caso de la monogamia cabe distinguir una <u>monogamia temporal</u> (A), definida como una estrategia asociada al carácter estacional o cíclico del periodo de reproducción, en el que los núcleos reproductivos (machos-hembras) mantienen una estabilidad que puede durar desde los prolegómenos de la cópula hasta la consumación de ésta -como ocurre en la mayor parte de los insectos- o extenderse más allá, desde la fase inicial de la gestación y desarrollo de la progenie -como en el caso de algunos simios inferiores- hasta su crecimiento completo -tal y como puede observarse en muchas especies de aves-. Como contrapartida a esta limitación temporal existe la <u>monogamia extensa</u> (B), en la que el macho y la hembra establecen una unión de por vida no sujeta a ninguno de los ritmos estacionales o reproductivos anteriormente citados. El otro tipo de estrategia también puede ser dividida en dos opciones similares. La <u>poligamia temporal</u> (C) viene marcada por la conducta del macho, cuando su asociación con distintas hembras tiene un carácter temporal limitado, con independencia de su duración; mientras que la <u>poligamia extensa</u> (D) -que no vitalicia, por durar no toda la vida del macho sino el lapso abarcado por su periodo de hegemonía- indica una duración larga y duradera.

Para esta clasificación de la conducta he utilizado dos variables más que he incluído dentro de lo que he denominado **modalidad reproductiva** y que tiene que ver, precisamente, con el número de crías engendradas y su periodo de crecimiento puesto que, como indiqué en el apartado anterior, el grado de comportamiento adquirido va ligado de modo estrecho a la estrategia reproductora y al tipo de organización social. La primera de las dos variables dentro de esta modalidad es el **índice de la estrategia K**, puesto que vamos a tratar con especies cuyo alcance reproductivo está incluído dentro de esta estrategia. Este índice lo he definido numéricamente en dos partes. La primera de ellas indica el <u>número de crías</u> obtenidas por parto y la segunda la <u>periodicidad</u> de la concepción de las hembras (expresado en años), que nos indica el espaciamiento entre alumbramientos sucesivos. Si dividiésemos el primer número entre el segundo obtendríamos una cifra que nos indicaría el grado de extensión de la estrategia K, el cual sería tanto mayor cuanto más reducido fuese el cociente obtenido.

La segunda variable consiste en la duración del <u>periodo de desarrollo</u> de las crías, que he dividido alfabéticamente en las siguientes opciones:

A - Menos de dos años.
B - Entre dos y tres años.
C - Entre tres y cuatro años.
D - Entre cuatro y cinco años.
E - Entre cinco y seis años.
F - Entre seis y siete años.
G - Entre siete y ocho años.
H - Entre ocho y nueve años.
I - Entre nueve y diez años.
J - Entre diez y doce años.
K - Entre doce y catorce años.
L - Entre catorce y dieciseis años.
M - Entre dieciseis y dieciocho años.
N - Entre dieciocho y veinte años.
O - Entre veinte y veintidos años.
P - Entre veintidos y veinticuatro años.

De esta manera y a modo de resumen, en un cuadro sinóptico de las variables que he definido, un comportamiento podría ser clasificado de la manera que se muestra en la figura 18. Por ejemplo, un comportamiento γ 3 A - M(2-1) C nos estaría indicando que la especie analizada posee una organización social en grupo (γ), regida por un tipo de sociedad descoordinada; es decir, sin estructuración entre sus partes nucleares, consistente en familias monógamas (3), de carácter extenso (A), cuya modalidad reproductiva es de dos crías por año y con un periodo de desarrollo de la progenie que oscila entre tres y cuatro años.

Si se pudiera elaborar una *filogenia* evolutiva de las diversas manifestaciones del comportamiento

T.R.S.	T.I.S.	T.E.S.	índice K	T.D.
α	0	A	M (x-y)	A
β	1	B		B
γ	2	C		C
	3	D		D
	4			E
	5			F
	6			G
	7			H
	8			I
	9			J
				K
				L
				M
				N
				O
				P

T.R.S.- Tipo de relación social.
T.I.S.- Tipo de interacción social.
T.E.S.- Tipo de estrategia sexual.
T.D.- Tiempo de desarrollo.

FIG. 18. *Sinopsis de la sistemática etológica.*

-prescindiendo momentáneamente de las variables de la modalidad reproductiva-, ateniéndose a un criterio de complejidad progresiva de las relaciones intraespecíficas, el cuadro evolutivo comenzaría por el nivel más simple, la ausencia de relación constante entre los individuos (α). De ésta se pasaría a una opción en la que los organismos formasen agrupaciones nucleares (β) y, a partir de aquí, a la formación de grupos (γ), tal y como puede observarse en la figura 19.

poligámicos (γ 2 C, γ 2 D). Esta opción, en sus dos formas, sería el sustrato sobre el que aparecen las sociedades coordinadas y semicooperativas, que si son jerárquicas pueden dividirse en las que mantienen un solo macho al frente del grupo (γ 4 C) o una oligarquía (γ 5 C). Se podría objetar la no inclusión en este caso de modelos jerárquicos de estrategia sexual poligámica extensa, a no ser que un análisis minucioso del funcionamiento de este tipo de agrupamientos pusiera de relieve que en un sistema

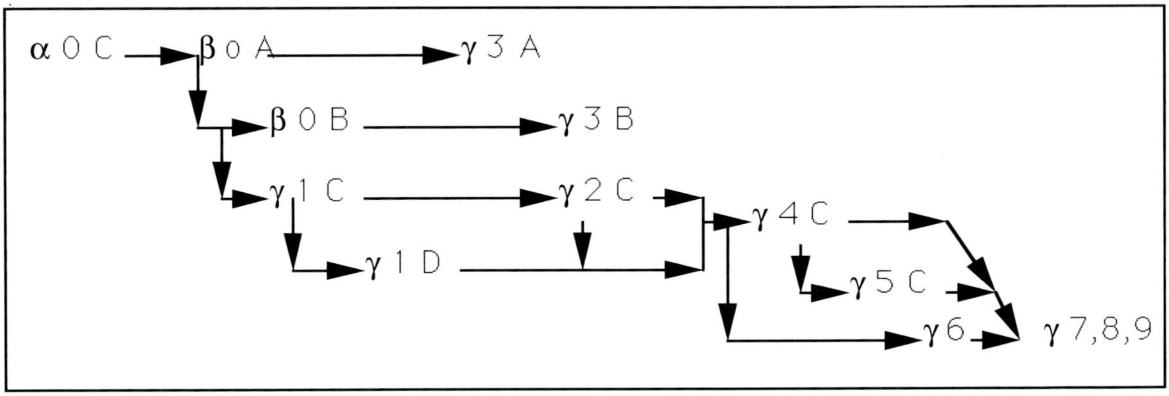

FIG. 19. *Diagrama mostrando la relación en términos de complejidad de los distintos comportamientos.*

En dicho diagrama puede verse la progresión de un comportamiento individual (α 0 C) a uno nuclear de tipo familiar y de carácter monogámico temporal (β 0 A), a partir del cual se conciben tres opciones: la primera de ellas sería la alteración de la estrategia sexual y su transformación de breve a vitalicia (β 0 B) -como ocurre de los Calitrícidos (β 0 A) a los Hilobátidos (β 0 B)-, la segunda sería el paso de un núcleo monogámico a uno poligámico temporal (γ 1 C) y la tercera , la más compleja, la formación de grupos descoordinados compuestos por núcleos monogámicos temporales (γ 3 A). De la segunda de las opciones citadas se puede optar por dos posibilidades más: la alteración de la estrategia sexual, que pasaría de temporal a extensa (γ 1 D) -siempre que se entienda por tal término todo el lapso temporal que dura el dominio del macho jerárca- y la formación de agrupaciones desarticuladas, compuestas por núcleos

jerárquico de estas características, las alianzas poligámicas no perduran hasta tal extremo.

De este tipo de organización se pasa finalmente a las sociedades cooperativas y solidarias, distintivamente humanas, en las que la presencia de un regulador jerárquico en cualquiera de sus formas no es parangonable al tipo de jerarquía presente en las sociedades coordinadas o descoordinadas anteriormente mencionadas.

Para poder probar la validez de semejante esquema de *filogenia* conductual, resultaría sumamente útil poder cotejarlo dentro de un marco biológico de progresión evolutiva, con lo cual podrían observarse las relaciones entre los distintos tipos de comportamiento. Con esa intención debe aplicarse en la *praxis* semejante conceptualización teórica.

2.3- LA APLICACION DE LA SISTEMATICA ETOLOGICA AL ORDEN DE LOS PRIMATES.

Habiendo establecido los criterios básicos de definición y clasificación de la conducta, y con el objetivo marcado de investigar sus pautas, tal y como antes mencioné, el procedimiento siguiente consiste en someter el orden primate a dicho análisis. Para ello, he elaborado una lista, siguiendo la selección de Clutton-Brock & Harvey (1977), que incluye la mayor parte de las especies, basándose en la información recogida de diversos estudios de campo.

En un principio dicha clasificación debería mostrarnos la existencia de tendencias de comportamiento en distintos niveles evolutivos, aunque no de un modo rígido, ya que es posible la aparición de más de un tipo de comportamiento dentro de un mismo nivel, lo que se explicaría en función de un conjunto de variables secundarias cuyo estudio desarrollaré a posteriori y que tienen mucho que ver con el tipo de adaptación de la especie al medio. Sin embargo, esta clasificación inicial es suficiente para establecer categorías organizativas, que posteriormente deberán ampliarse con otra serie de factores, los cuales están sumamente relacionados con las variables de la Tabla 1 (Apéndice A).

Dicha tabla está concebida con un criterio de *progresión evolutiva* , en la que los Prosimios constituyen el eslabón más primitivo al representar de modo más estrecho el tipo básico arcaico de primate del que todas las demás formas se han desarrollado en direcciones divergentes. Somáticamente resultan muy coincidentes con los rasgos que ya poseían los primeros primates del Paleoceno, con lo cual existe una justificación en considerarlos como "fósiles vivientes". En la historia evolutiva de los Primates el ritmo de cambio fue muy desigual, ya que han llegado grupos enteros hasta la actualidad que conservan la mayor parte de sus caracteres originales, mientras que otras formas han ido adquiriendo características más avanzadas. Por esta razón, los diferentes tipos de Primates representan claramente fases a lo largo de su historia evolutiva, lo cual justifica la aseveración de que las conclusiones que se extraigan de su estudio resultan potencialmente extrapolables a periodos pasados y a especies extintas.

En la clasificación que he realizado (Tabla 1: Apéndice A), de una primera aproximación a los datos se desprende que de todas las combinaciones posibles el orden primate, con la cantidad ingente de especies que lo constituye, sólo reproduce en esencia seis formas de comportamiento social: α 0 C, β 0 A, β 0 B, γ 3 A, γ 4 C, γ 5 C. Porcentualmente, en la muestra analizada el tipo de relación social α alcanza el 13% del total, el comportamiento β llega hasta el 20% y el 67% restante lo ocupan conductas de tipo γ, todas ellas de carácter jerárquico, salvo la exhibida por las seis especies de Lemúridos con una actitud gregaria *(Lemur catta, Lemur fulvus, Lemur macaco, Lemur rubriventer, y Lemur variegatus),* que por ser de tipo γ 3 A pertenece a sociedades no articuladas (Figura 20). En un análisis más detallado, el 98% de las conductas α 0 C se encuentran en especies de prosimios, repartidas del modo siguiente:

Lemúridos (de 11 especies) = 36% (4 especies)
Indridos (de 4 especies) = 0%
Daubentónidos (de 1 especie) = 100% (1 especie)
Lorísidos (de 9 especies) = 100% (9 especies)

La organización social de tipo β aparece diferenciada de dos maneras según el carácter de la estrategia sexual: A y B. La primera de ellas se extiende hasta el 65% de las conductas β y la segunda alcanza el 35%. Su repartición se establece como sigue:

β 0 A

Társidos (de 3 especies)= 100% (3 especies)
Lemúridos (de 11 especies)= 18% (2 especies)
Indridos (de 4 especies) = 50% (2 especies)
Calitrícidos (de 4 especies) = 100% (4 especies)
Cébidos (de 15 especies) = 13% (2 especies)

β 0 B

Hilobátidos (de 7 especies) = 100% (7 especies)

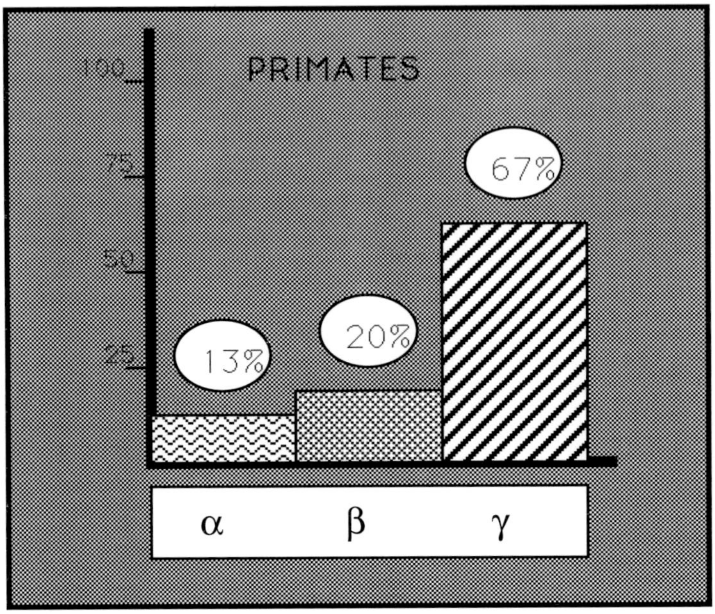

FIG. 20. *Porcentajes de las tres formas de relación social en primates.*

Por su parte, la organización de tipo γ aparece básicamente de tres maneras, aún cuando quepa distinguir el comportamiento del *Erythrocebus pattas,* que con una conducta de tipo γ 1 D constituye la excepción. La primera, γ 3 A, definiendo un comportamiento de sociedad no coordinada y las dos restantes de sociedad articulada de carácter jerárquico. Una de ellas manifiesta un dominio ejercido por un macho (γ 4 C) y la otra una jerarquía mantenida por una oligarquía (γ 5 C). Su repartición entre las distintas especies se establece del modo siguiente:

γ 3 A

Lemúridos (de 11 especies) = 45% (5 especies)

Indridos (de 4 especies) = 50% (2 especies)

γ 4 C

Cébidos (de 15 especies) = 87% (13 especies)

Cercopitécidos (de 31 especies) = 80% (25 especies)

Colóbidos (de 15 especies) = 100% (15 especies)

Póngidos (de 3 especies) = 66% (2 especies)

γ 5 C

Cercopitécidos (de 31 especies) = 19% (6 especies)

En una consideración global puede observarse, conforme a lo mencionado anteriormente, cómo los diversos tipos de comportamiento se reparten de modo desigual entre los distintos grupos evolutivos (Figura 21).

En los **prosimios** incluídos en la tabla 1 (apéndice A) la mayor parte de las especie muestran una conducta social de tipo independiente (α 0 C = 48%), mientras que algunas exhiben un comportamiento de agrupamientos desarticulados (γ 3 A = 26%) y otras, en igual medida, de núcleos familiares aislados (β 0 A = 26%). En los **simios**, en cambio, puede advertirse una alteración de la fórmula conductual, que tiene más que ver con la progresión evolutiva que con las constricciones ecológicas impuestas por la adaptación al medio. En los simios del Nuevo Mundo (Platirrinos), siguiendo dicho criterio de progresión, los Calitrícidos muestran un comportamiento social familiar (β 0 A = 100%) y los Cébidos, que mantienen este tipo de relación de un modo marginal (13%), profundizan en la complejidad

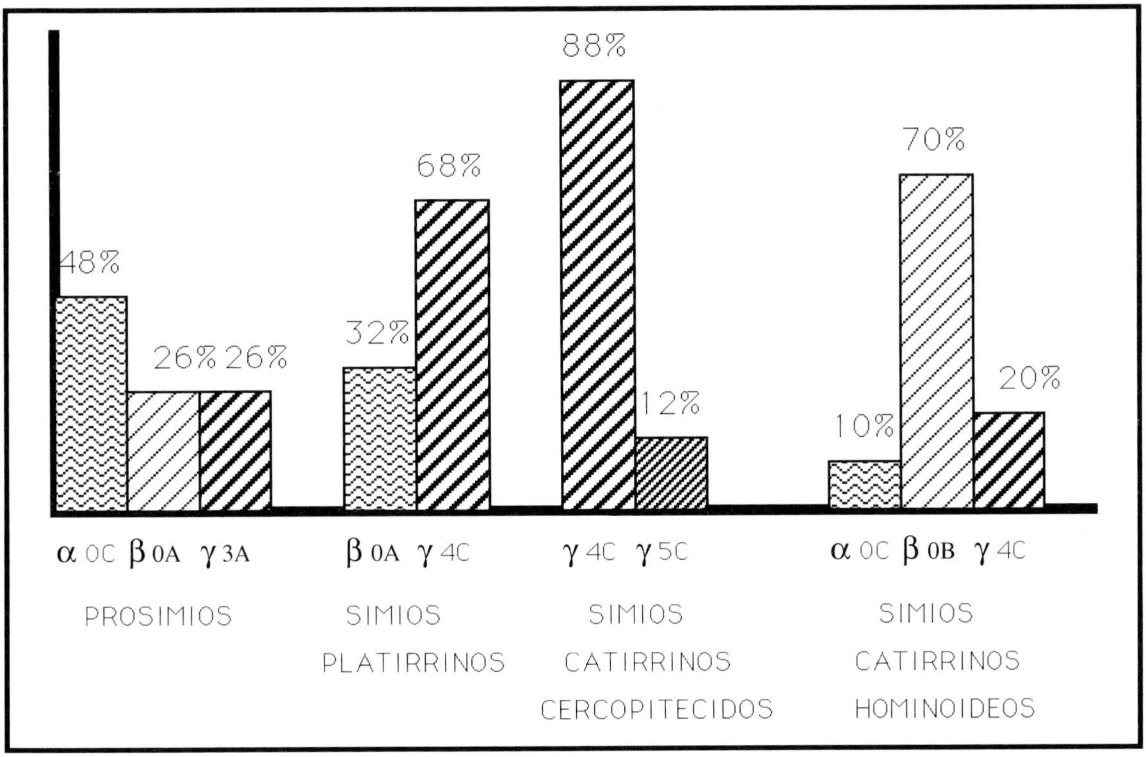

FIG. 21. *Repartición estadística de los diversos tipos de conducta presentes en el ámbito primate.*

de las relaciones y manifiestan una conducta social mayoritariamente de tipo coordinado y jerárquico (γ 4 C = 87%), que también se constituye en la más extendida dentro de los simios inferiores del Viejo Mundo (Catirrinos) -Cercopitecos y Colobos- en donde aparecen reflejadas sus dos modalidades (γ 4 C = 88% y γ 5 C =12%). En los monos superiores se observa, en cambio, una polarización limitada del comportamiento social en función de la división genérica, en la que los Hilobátidos manifiestan una conducta familiar de estrategia sexual monogámica de carácter vitalicio (β 0 B), en contraste con los Póngidos, en los que las sociedades coordinadas y jerarquizadas con macho dominante (γ 4 C) son lo normal, con la excepción de los orangutanes, que mantienen una organización subsistencial independiente, agrupándose sólo en el periodo de reproducción.

Existe un aspecto, sin embargo, que la sistemática etológica no puede recoger. Se trata del matiz del comportamiento en el que especies conductualmente afines difieren. Mientras que los comportamientos α 0 C, β 0 A y β 0 B suelen manifestarse homogéneamente, las conductas de tipo γ resultan más heterogéneas desde el punto de vista formal, sobre todo aquéllas cuyo tipo de interacción social es de carácter coordenado. El ejemplo más paradigmático al respecto lo constituye la conducta γ 4 C, que no aparece expresada del mismo modo en todas aquellas especies que la cultivan. Las diferencias formales se establecen en dos aspectos: el modo estructural de la organización social y y el grado de demarcación de la jerarquía. Con respecto al primer punto, el comportamiento γ 4 C puede encontrarse en dos tipos muy similares de organización social; aquélla en la que existe un macho jerarca reproductor en régimen de harén, en el que las hembras y progenie se encuentran sometidos y aquélla en la que el macho jerarca controla una estructura formada por machos y hembras adultos. Este modo de organización -observable, por ejemplo, en el chimpancé- se estructura en torno a un eje de coordinación en el que varios machos adultos, generalmente emparentados, se encuentran subordinados a uno de ellos que hace valer sus derechos de jefe sin que el grupo funcione como una unidad de reproducción aislada. Esta última circunstancia sí se observa en el primer tipo de organización aludida -manifiesta en el gorila, entre otros- en la que la jerarquía entre machos queda establecida de padre -macho jerarca- a progenie, durante el lapso temporal que duran las relaciones entre ellos, detentando el primero el poder y el derecho a las hembras, con lo que el grupo queda estructurado a modo de célula reproductora individual. Este carácter normativo diferencia una conducta γ 4 C de este tipo de un comportamiento γ 1 D en el que la progenie suele convivir escasamente con su grupo reproductor -generalmente menos de dos años- y sin entrar en contradicción con las lineas jerárquicas impuestas por el macho reproductor, con lo cual la existencia de reglas conductuales como las aludidas se hacen innecesarias.

Del mismo modo, las diferencias formales se deben al modo de interacción de los individuos pertenecientes a una sociedad concreta. De esta manera las relaciones entre machos y hembras insertos en grupos de conductas γ 4 C o γ 5 C no son todos iguales y dependen de las características intrínsecas de la especie. Por ejemplo, en el caso de los papiones hamadrias las reacciones sociales principales y los vínculos grupales más intensos se establecen entre las hembras y el macho jerarca, mientras que en sociedades como la del gelada las relaciones sociales entre machos y hembras son más infrecuentes, apareciendo en contraposición un vínculo más fuerte entre las hembras. Este hecho no hace sino reforzar la aseveración de que tras el aspecto formal existe una variedad de manifestaciones de una conducta determinada.

Con respecto al grado de demarcación de la jerarquía se observa también una diferencia notable en el modo en que ésta aparece en grupos adaptados de manera distinta. Mientras que en los cercopitécidos terrestres y póngidos las jerarquías están bien marcadas y resultan perfectamente visibles, en una gran parte de platirrinos, colobinos y cercopitécidos arbóreos éstas se encuentran más difuminadas, dando la impresión de ser inexistentes. En realidad, las relaciones de subordinación en estos grupos muestran una situación más relajada, permitiéndose en algunos de ellos la equidad en el acceso reproductor y manifestándose la jerarquía tan sólo cuando es necesario encarar a un agresor o marcar las rutas de deambulación para la obtención de alimentos.

La descripción conductual anterior supone una interpretación diacrónica, de carácter evolutivo progresivo, del comportamiento social en el mundo primate. Desde una posición explicativa dialéctica, un análisis como éste sería meramente descriptivo si no se intentara hacer inteligible a través de una consideración de tipo biológico, ya que hablar de cambios de comportamiento ateniéndose a un criterio de progresión evolutiva conlleva, por simple observación, a relacionar el hecho de que ciertas conductas, que sólo se manifiestan en determinados grupos de adaptación ambiental diversificada, son debidas a una capacidad operativa solamente adquirible mediante un proceso de alteración orgánica. Por ello resultaría interesante poder observar la existencia de algún tipo de rasgo somático que fuera indicativo de dicho cambio o que, por lo menos, estuviese ligado a cualquiera de las pautas generales de conducta. Con semejante objetivo, dentro de un criterio ecológico más amplio, Clutton- Brock & Harvey (1977) establecieron por primera vez de un modo completo un análisis de los diversos tipos de variables conductuales de subsistencia existentes en la mayor parte de las especies primates. Dicha información la he recogido en la Tabla 2, expuesta al final en el Apéndice A.

Las conclusiones a las que llegaron ambos autores a través de este análisis son las siguientes:

1°- El peso corporal específico difiere entre

categorías ecológicas distintas, ya que las especies **pequeñas** son **nocturnas** y las más **grandes** son **diurnas**. Entre estas últimas las dimensiones varían y son dependientes también del carácter del nicho ecológica adoptado. Las especies **arbóreas** son más pequeñas que las **terrestres** y entre éstas, las que poseen una dieta **folívora** son más pesadas que las que tienen una dieta frugívora (Figura 22).

conformar grupos de magnitud diversa. Además, aunque no existe una diferencia relevante entre los grupos arbóreos y los terrestres, el tamaño del grupo y el tamaño corporal individual se encuentran relacionados, siendo ligeramente más numerosos los individuos de las especies frugívoras que los de especies de dieta folívora (Figura 23).

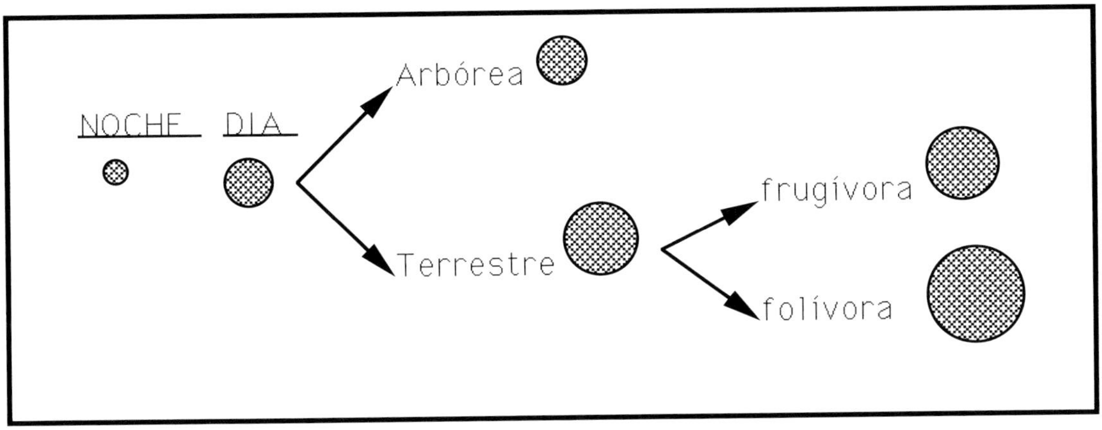

FIG. 22. *Variabilidad dimensional comparativa en los primates, según la categoría ecológica.*

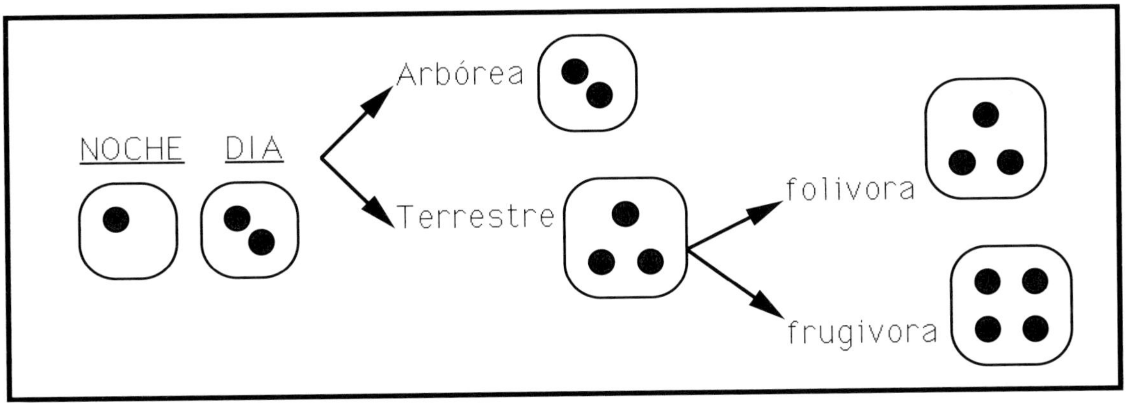

FIG. 23.*Cuadro comparativo de la variación en el tamaño grupal según el modo de adaptación.*

2º- El tamaño de los grupos sociales determina y está también estrechamente ligado a su categoría ecológica. Las especies nocturnas suelen ser solitarias y, en menor medida, formar núcleos familiares reducidos. Las especies diurnas, en cambio, suelen

3º- La mayor parte de las especies son poligámicas, existiendo tan sólo una fracción reducida de especies monógamas, que alcanza el 13%. Entre este porcentaje existe un tipo de monogamia asociado al periodo reproductor -como ocurre en los Indridos, Calitrícidos y Cébidos que han adoptado dicha estrategia- y otro tipo de monogamia de carácter vitalicio, siendo éste el caso de los Hilobátidos.

4º- El dimorfismo sexual existe de un modo más marcado en las especies diurnas que en aquéllas que mantienen una actividad nocturna. Además, entre las primeras cabe observar una diferencia mayor de dicha característica -traducida en variaciones somáticas dimensionales entre ambos sexos- en las especies terrestres con respecto a las arbóreas (Figura 24).

comportamiento primate, las variables ecológicas necesarias, que son las que en definitiva se encargan de moldear -que no determinar- las pautas generales de la conducta (Tabla 3 del Apéndice A).

De dicha tabla de variables ecológicas lo que a primera vista resalta es que las especies nocturnas poseen un rango reducido de territorialidad, mucho mayor en las especies diurnas y entre éstas, más amplio aún en las terrestres que en las arbóreas. Por consiguiente, las variables ecológicas no funcionan de modo independiente con respecto a las variables

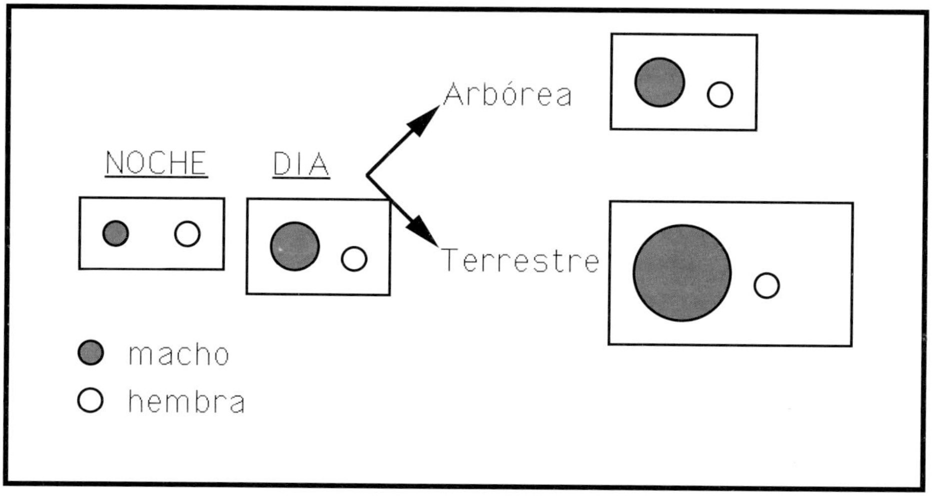

FIG. 24. *Variación en el dimorfismo sexual primate según el tipo de adaptación.*

En términos globales existen, pues, unas diferencias biológicas claramente imbricadas con las adaptaciones al medio -que no deben ser confundidas como un resultado reflejo de las mismas- que nos indican que al igual que aparecen pautas generales de comportamiento social relacionadas con grupos evolutivos determinados, también existen caracteres biológicos relacionados con distintos tipos de adaptación y con varios modos de actuación, los cuales tienen repercusión en el tamaño y, probablemente, también en la organización interna del grupo. No obstante, antes de intentar ver cómo el elemento conductual y el somático -o estrictamente biológico- se relacionan, es necesario introducir, en este intento de interpretación integral del

biológicas y conductuales, sino que los tres espectros actúan de manera interrelacionada (Figura 25).

A *grosso modo* cabe distinguir, siguiendo un criterio ecológico para establecer un cuadro comparativo, entre las especies de actividad nocturna y las de actividad diurna; entre las que son arbóreas y las que son terrestres; y entre las que ocupan un hábitat cerrado y uno abierto. A cada una de ellas aplicaré cinco criterios definitorios : el tamaño corporal, el tamaño del grupo, el grado de dimorfismo sexual, la amplitud del territorio ocupado y el tipo de comportamiento social. El tamaño corporal quedará definido con tres conceptos: pequeño (aplicado por lo general a especies menores de 1K.), grande (especies de un peso superior aproximado de 10 K.) e intermedio (cuando oscila entre ambos términos). El tamaño del grupo se distinguirá de acuerdo con los criterios más básicos: individuo solitario, núcleo familiar y grupo. En este último se establecerá la ulterior división de grupo normal y grupo mayor, cuando se esté empleando en términos comparativos.

compuestas por no más de tres o cuatro miembros. Por consiguiente, los comportamientos que aparecen en este tipo de especies son α 0 C y β 0 A respectivamente. El dimorfismo sexual entre los distintos individuos es reducido o nulo (1:1) y la amplitud de sus territorios muy restringida.

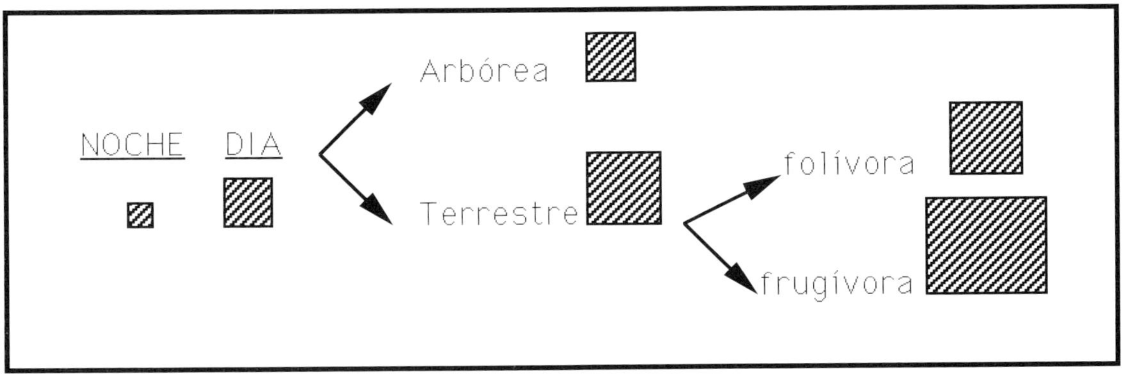

FIG. 25. *Cuadro comparativo de la territorialidad primate de acuerdo con cada categoría ecológica.*

Para hablar de dimorfismo sexual emplearemos criterios similares al tamaño corporal. Estos serán dimorfismo sexual reducido (aplicado a aquellas especies cuyo índice es inferior a 1.20) dimorfismo sexual grande (cuando el índice es superior a 1.40) y dimorfismo sexual intermedio (cuando el índice se mantiene entre ambos baremos). En lo concerniente a la amplitud territorial he utilizado los mismos criterios -reducido, intermedio y grande- aplicados a áreas territoriales inferiores a 100 m., entre 100 m. y 1 Km., y superiores a 1 Km. respectivamente (siempre de un modo aproximado).

Como puede observarse en las tres tablas mencionadas (Apéndice A), cuando se aplican dichos conceptos en un análisis de tipo integral, lo primero que llama la atención es la correlación entre variables y la diferenciación ecológica que aparece entre las especies nocturnas y las diurnas. Las primeras mantienen unas dimensiones reducidas, con un tamaño corporal pequeño y un grupo social definido por individuos solitarios o pequeñas unidades familiares

Las especies diurnas, en cambio, poseen un tamaño corporal mediano -mayor que el de las especies nocturnas-, la organización social es de tipo gregaria, el dimorfismo sexual se encuentra más marcado, los territorios son más amplios y la diversidad conductual es mayor, ya que aparecen comportamientos β 0 A, β 0 B, γ 3 A, γ 4 C y γ 5 C. Un ejemplo de este contraste lo constituyen los Prosimios con respecto a los Simios. Mientras que los primeros son en su mayoría especies nocturnas de organización social simple, los segundos, diurnos, poseen un comportamiento social más complejo. Esto es así incluso en el seno mismo del suborden de los Prosimios, en donde las especies nocturnas -Lorísidos, Daubentónidos, algunos Lemúridos *(Hapalemur griseus, Lepilemur mustelinus Microcebus murinus)* y algunos Indridos *(Indri indri, Avahi laniger)*- que poseen un tipo de conducta α 0 C o β 0 A, muestran las características arriba señaladas. Las pocas especies diurnas de este grupo *(Lemur catta, Lemur fulvus, Lemur macaco, Lemur rubriventer, Lemur variegatus, Propithecus diadema, Propithecus verreauxi),* en cambio, poseen dimensiones mayores y muestran un comportamiento de tipo γ 3 A, como corresponde a su estado adaptativo.

Siguiendo con dicha diferenciación, en las especies diurnas se puede distinguir aquéllas de hábitos arbóreos y aquéllas más terrestres con un tipo de adaptación que difiere del anterior. En las arbóreas, los individuos poseen unas dimensiones corporales medianas, un dimorfismo sexual intermedio y un rango territorial de las mismas características. Las especies terrestres, en contraste, tienen un tamaño mayor, un dimorfismo sexual más acentuado y un área territorial que depende del tipo de dieta adoptado, siendo mayor en las especies frugívoras que en las folívoras. El margen conductual en las especies arbóreas abarca los comportamientos β 0 A, β 0 B, γ 3 A, γ 4 C, y en las especies terrestres se limita a γ 4 C y γ 5 C. Dentro del grupo arbóreo entrarían a formar parte todos los Simios del Nuevo Mundo (Calitrícidos y Cébidos) y una parte importante de monos del Viejo Mundo (Colobinos, Hilobátidos y Cercopitecos). Los Póngidos, los macacos y los papiones y otros Cercopitécidos aislados *(Erythrocebus patas, Cercopithecus aethiops, Cercocebus galeritus)* formarían parte del grupo de especies adaptadas a un modo de vida terrestre. Unos y otros cumplen las características recién mencionadas. Sin embargo, resulta curioso que dentro de este último grupo la divergencia se establece tan sólo a nivel del tipo de interacción social, en función del modelo de hábitat ocupado, siendo más común que las especies asociadas a espacios cerrados posean un comportamiento γ 4 C y aquéllas adaptadas a un medio más abierto manifiesten una conducta social γ 5 C. Tal es el caso genérico de los papiones con respecto a otros Cercopitécidos próximos a ellos como son los macacos.

Al ser todo esto una constatación de que las pautas generales de adaptación -tanto somáticas (*ergo* biológicas) como conductuales- están estrechamente relacionadas con las distintas variables ecológicas (Figura 26), cabe formular dos preguntas. Una de ellas tiene que ver con la interpretación y el significado de semejantes patrones de adaptación y la otra con el(los) catalizador(es) de la conducta. ¿Es el comportamiento una respuesta refleja a los imperativos ecológicos constituidos en presión selectiva o una respuesta dialéctica en la que la biología y la ecología actúan de modo conjunto? Para intentar acercarnos a la respuesta de la primera cuestión sería conveniente analizar -en la medida en que esto sea posible, ya que resulta ponderable- la variación de los criterios selectivos en función de la adaptación ecológica.

Si elegimos el primer factor de los reseñados con anterioridad, el peso corporal, se puede observar su variabilidad de acuerdo con la categoría ecológica referida. Las especies diurnas son mayores, como hemos visto, que las nocturnas y entre las primeras, las terrestres son más grandes que las arbóreas. Ello podría explicarse porque existe una presión selectiva favorable para las especies de dimensiones reducidas en la ocupación de las partes más endebles de la capa arbórea y por otorgarlas la capacidad de una mayor movilidad y, por consiguiente, mayor facilidad para esconderse de los predadores que pudieran acecharlas (Charles- Dominique,1971). Esto explicaría también que cuanto más elevado es el grado de terrestrialidad de una especie, mayores son sus dimensiones, ya que fuera de los árboles existe una selección positiva hacia el aumento de tamaño corporal, debido a que el suelo no presenta una constricción física en la movilidad de los individuos, como supone el ramaje de los árboles, el alimento se encuentra más disperso y se hace necesario un recorrido diario más extenso para abastecerse -lo cual coincide con la observación de que las especies terrestres poseen una amplitud de territorio superior a las arbóreas- y existe además un mayor riesgo de predación afrontable de un modo más eficiente con un tamaño corporal grande capaz de ser lo suficientemente disuasorio o de permitir la huída con mayor efectividad (Clutton- Brock & Harvey, 1977).

El tamaño de los grupos, a nivel global, también es algo mayor en las especies terrestres que en las arbóreas, aunque la diferencia generalmente es nimia. El que los Primates se organicen en casi un 70% en grupos podría explicarse por existir una

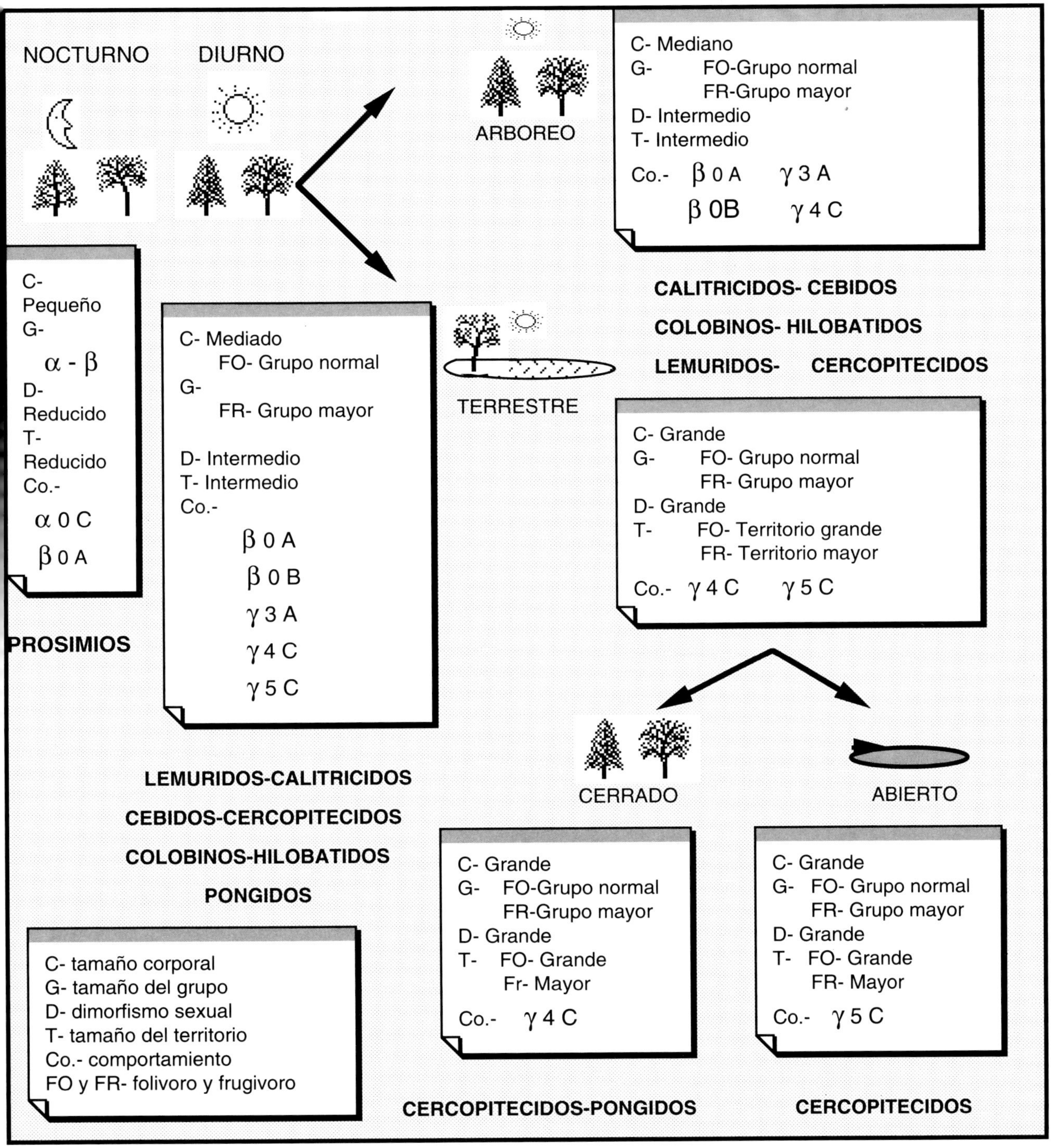

FIG. 26.*Cuadro general de distribución de formas de conducta de los primates en términos ecológicos.*

selección favorable a un tipo de relación social gregaria debido a que resulta más efectiva como sistema de defensa contra los predadores (Hamilton, 1971), como sistema de control territorial y explotación subsistencial del mismo (Clutton-Brock, 1974), y como grupo reproductor facilita el contacto y acceso a los miembros del sexo contrario (Brown, 1975: Wrangham, 1975).

En lo concerniente a la estrategia sexual, la monogamia, que aparece en casi un 15% de los Primates, surgiría en donde la progenie es más amplia -como en el caso de los Calitrícidos, donde suelen nacer dos crías por parto- (Trivers, 1972), resultando necesaria la asistencia del macho -como entre Callicebus y Symphalangus- bien por el transporte de las crías o por la necesidad de defender el territorio (Brown, 1975), o bien donde el territorio ofrece recursos menos abundantes y, por consiguiente, la competencia interespecífica es más fuerte (Clutton-Brock & Harvey, 1977).

Sin embargo, cuando se habla de la variación de todos estos elementos en función de una selección positiva, puede parecer que esta es la que en realidad los determina. Si esto fuese así, sería de esperar que ante presiones ecológicas idénticas, especies distintas adoptasen soluciones similares, lo cual no ocurre, ya que ante las mismas situaciones ecológicas las diversas especies han desarrollado modos de adaptación distintos (Hladik & Hladik, 1972; Clutton-Brock, 1974). Por ejemplo, los Calitrícidos ocupan los mismos estratos arbóreos que muchos Cébidos y sus tamaños corporales difieren al igual que el tamaño de los grupos y su comportamiento social; mientras que los primeros tienen una conducta β 0 A, los segundos muestran una del tipo γ 4 C. Igualmente en lo concerniente al tamaño de los grupos cabe observar situaciones en las que la dispersión de alimento provoca en unas especies la disminución de sus efectivos *(Gorilla gorilla)* y en otras la congregación de más individuos que en época de abundancia de recursos *(Theropithecus gelada, Ateles belzebuth, Cercopithecus mitis, y Pan troglodytes).* Por ello, cuando se habla de selección positiva debería hecerse en términos de flexibilidad ante determinadas exigencias ambientales y no como una imposición intransigente.

Hasta el presente los marcos interpretativos se han planteado dicotomías como la siguiente: ¿Es el tamaño corporal dentro de una especie el resultado del tipo de dieta o, inversamente, es el tipo de dieta el resultado del tamaño corporal? O lo que es lo mismo: ¿Son las características de una especie el resultado de su adaptación al medio o es, precisamente, la adaptación al mismo el producto final de dichas características?

Semejantes preguntas conducen irremisiblemente a concepciones reduccionistas porque parten de presupuestos de formulación erróneos. Unos son atribuibles a deterministas medio-ambientales y otros a deterministas biológicos de carácter genético. Desde una posición dialéctica resulta evidente que ambas posiciones se encuentran sesgadas por intentar explicar una dinámica compleja tan sólo desde la parcialidad de algunos de sus componentes. En el proceso evolutivo de cambio y adaptación se hace evidente que las alteraciones endógenas de los organismos conducen a innovaciones en el fenotipo -y en las capacidades operativas- que se adecúan al medio externo, en función de la elección o adaptación a una gama reducida de condicionamientos de entre la pluralidad de criterios selectivos imperantes en el escenario medio-ambiental. Por eso, en respuesta a la pregunta anterior, las características de una especie "seleccionada" sería el resultado de la viabilidad del genotipo a través de un fenotipo que no entra en contradición con un número de variables ecológicas selectivas lo suficientemente importante como para no permitirle la supervivencia. Estas variables resultan relevantes por favorecer a las especies que mejor se adecúan a ellas, de lo cual se deduce que los organismos mantienen un diálogo constante con el medio -que en múltiples ocasiones permite una flexibilidad de respuestas adaptativas- y que incluso inciden directamente en su transformación, interviniendo por consiguiente en la alteración de los criterios de selección, a los cuales se encuentran constantemente enfrentados. Esta interrelación tan estrecha conduce a explicar la aparición de determinados rasgos somáticos y pautas generales de organización relacionadas con categorías ecológicas como el resultado de tendencias evolutivas similares en las que la Biología -en la coherencia de la alteración heterocrónica- ofrece soluciones viables a un medio receptivo que las incorpora atendiendo a sus condicionantes más elementales.

2.4- LA APLICACION DE LA SISTEMATICA ETOLOGICA A LOS GRANDES MAMIFEROS AFRICANOS.

La diversidad morfológica de los espacios abiertos africanos ha propiciado la adaptación de una amplia gama de especies que deben enfrentarse de un modo o de otro a las constricciones medio-ambientales de un escenario descubierto. Ante semejante variedad de sabanas y estepas y dentro de la diferenciación de cada uno de los distintos hábitats que componen un solo ecosistema, cabría esperar *a priori* que la diversidad conductual observada, por la ingente cantidad de especies mamíferas que en ellos subsiten, fuese igualmente variada. La aplicación de la sistemática etológica nos ofrece, en cambio, un panorama absolutamente distinto (Tabla 1del Apéndice B). En realidad, al igual que la práctica totalidad de primates limitaban su dinámica ecológica y orgánica a media docena de pautas de conducta, las diversas especies mamíferas no primates adaptadas a la sabana y a la estepa muestran del mismo modo una limitación en las formas de comportamiento. Las conductas que ofrecen a nivel genérico son cinco: α 0 A, β 0 A, γ 1 D, γ 2 C y γ 4 C. En la Tabla 1 del segundo apéndice se recoge la mayor parte de las especies más relevantes que habitan estos medios y se muestra la atribución particular de las distintas manifestaciones conductuales. Entre éstas, las que son definidas como tipo α representan tan sólo el 20% del global, las de tipo β poseen un índice aun más bajo -el 11%- y los comportamientos γ se muestran abrumadoramente predominantes, llegando a alcanzar el 69%. De esta apreciación general se desprende la observación de que los espacios abiertos africanos favorecen la conducta gregaria. Sin embargo, una repartición porcentual tan generalizada no ofrece información relevante para el análisis de los modos de adaptación, que es el objetivo planteado inicialmente. Por ello es necesario observar el índice de manifestación de cada uno de estos comportamientos en los hábitats principales de los ecosistemas abiertos y relacionarlos con las características intrínsecas de las especies en las que aparecen (Figura 27).

Centrándonos en principio en los herbívoros -animales cuya estrategia trófica de supervivencia es de carácter defensivo- y dentro de éstos en los bóvidos, por constituir el tipo de fauna más abundante (Capítulo 1.3), se advierte que la mayor parte de ellos -el 59%- poseen una conducta de tipo γ 2 C, seguida ordinalmente según su alcance cuantitativo por los comportamientos γ 4 C (14%), β 0 A (10%), α 0 C (10%), y γ 1 D (7%). Los équidos, representados por las tres especies de cebras existentes, manifiestan una conducta de tipo γ 2 C con un índice absoluto de 100%. Circunstancia similar a la de los elefántidos e hipopotámidos, pero que difiere de la observada en rinocerótidos, que poseen una conducta única de tipo α 0 C. Los jiráfidos muestran también un comportamiento γ 2 C en el 50% de las ocasiones, dependiendo del género y especie, y una conducta α 0 C en el resto. Atención especial merecen las especies carnívoras por su variedad. Los grandes félidos poseen una dinámica orgánica de tipo α 0 C en el 66% de las especies comprendidas dentro de dicha categoría y γ 5 C en el 34 % restante. Los cánidos son aun más variados -γ 5 C (34%), β 0 A (33%) y α 0 C (33%)- y los hiénidos manifiestan un comportamiento γ 5 C (34%) o β 0 A (66%), dependiendo también del género y de la especie.

De esta aparente ininteligibilidad de los índices de representación se puede extraer una mayor racionalidad si nos acercamos a cada uno de los grandes conjuntos faunísticos y a sus tipos de conducta desde un punto de vista ecológico. En esta primera aproximación se excluirá a las especies de animales carnívoros por estar condicionados en su comportamiento más por las características intrínsecas de su condición biológica y la categoría ecológica que les corresponde, que por los condicionantes de las

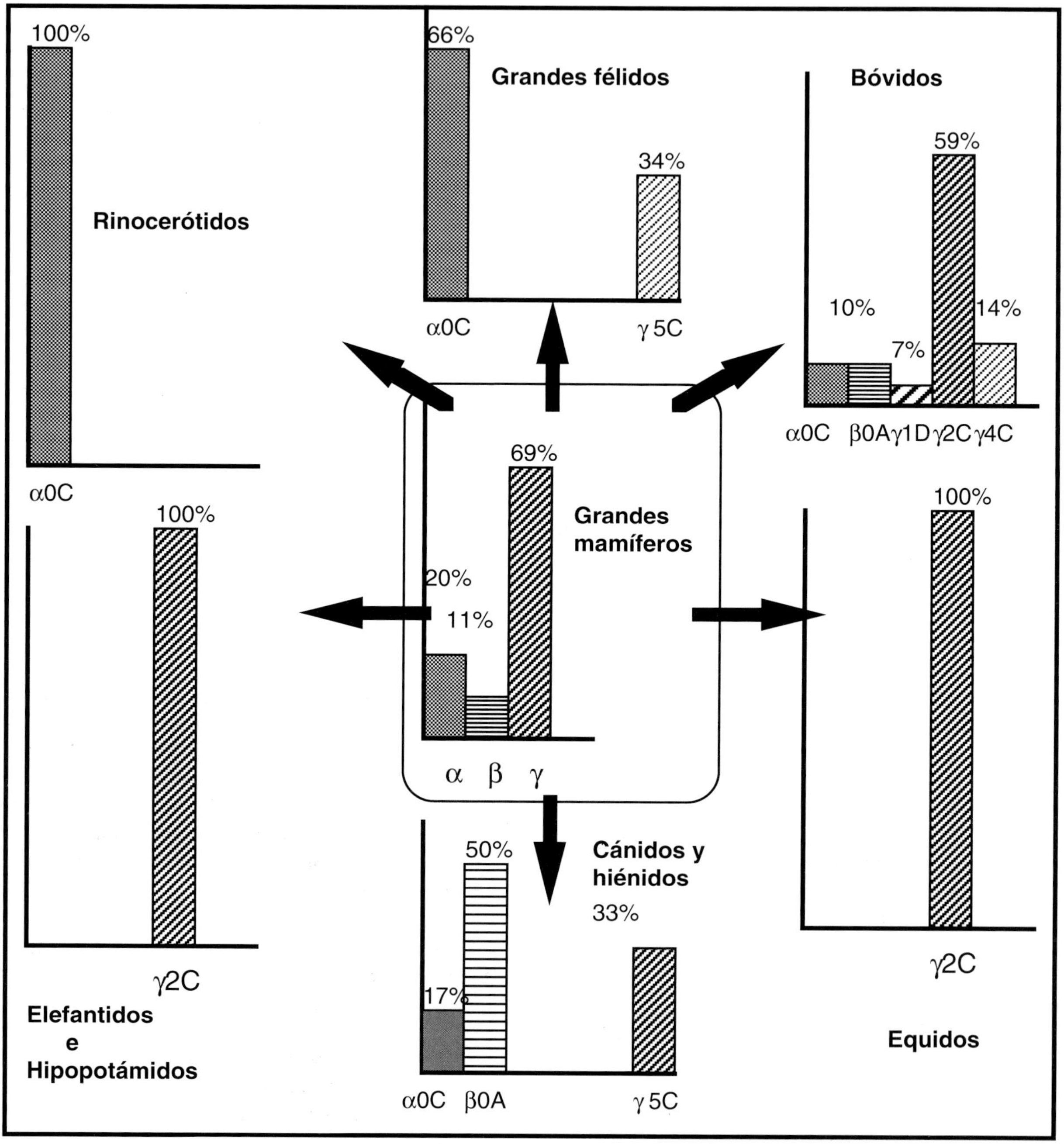

FIG. 27*Repartición porcentual de las conductas en los principales grupos de grandes mamíferos africanos.*

peculiaridades físicas del medio. De esta manera, las especies de bóvidos, que poseen un comportamiento γ 2 C -y que alcanzan como hemos indicado el 59%- son animales que ocupan un medio abierto, habitando preferentemente las praderas y llanuras aluviales. Otro tanto sucede en las especies bóvidas de conducta γ 4 C y γ 1 D con un porcentaje de representación menor -21%-. El 20% restante de la fauna bóvida repartida en especies de comportamiento α 0 C y β 0 A ocupa, en cambio, hábitats de vegetación más densa. Este contraste se observa también en otros grupos faunísticos. Los équidos, adaptados básicamente a hábitats abiertos presentan una conducta γ 2 C, que también se da en entre los elefántidos a pesar de la diversidad de hábitats que incluyen en su nicho ecológico. Los jiráfidos de un modo de reacción γ 2 C aparecen igualmente en ambientes abiertos -la jirafa- siendo los de comportamiento α 0 C -el okapi- de hábitat cerrado y de ecosistema con escaso desarrollo de las zonas despejadas. La excepción a la regla la constituyen el facócero, adaptado a un medio abierto y con una conducta α 0 C -al igual que el rinoceronte-, que en algunos grupos torna β 0 A, y el hipopótamo, que a pesar de residir en zonas pantanosas -aunque éstas sean de vegetación muy densa- posee una dinámica orgánica de tipo γ 2 C.

En realidad, si nos fijamos con atención en los espacios abiertos, según la variedad específica mostrada en la Tabla 1 del Apéndice 2, las especies herbívoras manifiestan las siguientes formas de conducta por orden de importancia:

γ 2 C - 75 % (23 especies de 31)
γ 4 C - 13 % (4 especies de 31)
γ 1 D - 6 % (2 especies de 31)
β 0 A - 3 % (1 especie de 31)
α 0 C - 3 % (1 especie de 31)

En claro contraste en los espacios cerrados los tipos de comportamiento son distintos:

α 0 C - 63% (5 especies de 8)
β 0 A - 25 % (2 especies de 8)
γ 2 C - 12 % (1 especie de 8)

Esto nos indica en el caso de los herbívoros que en las zonas despejadas de vegetación abierta existe una selección positiva de las sociedades gregarias estructuradas de manera γ 2 C -sociedades de grupos descoordinados regidos por un régimen reproductor poligámico de carácter temporal- y γ 4 C -sociedades coordinadas de tipo jerárquico, con un macho dominante al frente y de estrategia sexual poligámica- que posibilitan la adaptación de la mayor parte de las especies (el 88%) que residen en semejantes hábitats. Vamos a ver, sin embargo, por qué esto resulta ser así y el modo de estructuración social ha adoptado este tipo de fauna. El comportamiento γ 2 C que muestran los herbívoros en su mayor parte consiste en que dentro de la aparente distribución homogénea del grupo y su espacio existen pequeñas parcelas de terreno controladas cada una por un macho en las que reside un harén de hembras con su progenie y en las que no puede entrar otro macho adulto. De esta manera los rebaños están formados por pequeñas unidades reproductoras independientes de régimen poligámico que son sumamente inestables y móviles, ya que dependen de la capacidad de defensa de los machos sobre su pequeño territorio y de la movilidad de la manada. En estas agrupaciones, por tanto, existen los núcleos sociales principales compuestos por machos y hembras -más hembras que machos dado el carácter de la estrategia sexual adoptada- y los núcleos sociales secundarios, consistentes en agrupaciones de machos que no han podido lograr derrotar a otros y hacerse con una parcela de terreno. Este tipo de conducta γ 2 C se manifiesta en los équidos y en la mayor parte de los bóvidos, de los que los ñus son el más claro exponente.

Sin embargo, existe una forma alternativa de comportamiento que se da en animales como el elefante, el kudú o el búfalo, consistente en una menor concentración de la manada y una dispersión zonal ligeramente mayor que en el caso anterior. En esta ocasión los machos reproductores se sitúan en un área periférica y actúan sobre sus territorios como receptores de hembras -que son junto con los machos jóvenes las que forman el grueso de la agrupación- a las que atraen mediante diversas estrategias. Las fuerzas de relación y reproducción actúan, pues, inversamente al caso anterior -en el que iban de fuera hacia adentro- y toman una dirección desde el eje a la periferia, siempre controlando las fuerzas de dispersión para que se mantengan lo suficientemente débiles como para no provocar la disgregación.

Si se piensa en la razón del éxito de esta conducta en los herbívoros, hemos de hacerlo desde la óptica de que son animales que adoptan una estrategia trófica defensiva y, por consiguiente, la mejor manera de hacer frente a los riesgos de predación consiste en la convivencia grupal, la cual asegura una mayor capacidad de detección del peligro y una menor posibilidad por individuo de ser capturado, dado el número elevado de componentes del grupo. Esta circunstancia es básica para entender el tipo de comportamiento γ 2 C ya que sólo aparece en sociedades muy numerosas - y esto es requisito y condicionante al mismo tiempo, puesto que en una agrupación de tantos individuos resulta más difícil ejercer cualquier tipo de coordinación- y en las que, debido a los móviles de agrupación mencionados, tampoco se hace necesaria una mayor complejidad de las relaciones ya que a nivel reproductivo existe una fórmula eficiente de unidades autónomas. Tal es el éxito de este tipo de comportamiento que distintas especies convergen reiteradamente en el mismo. El caso más llamativo tal vez sea el del avestruz, un ave que para adaptarse a una vida terrestre en zona de sabana ha tenido que estructurarse conductualmente en forma de γ 2 C. Igualmente sorprendente resultan las asociaciones interespecíficas para detectar con mayor facilidad un predador. Entre éstas destacan las de animales que poseen muy desarrollado el sentido de la vista -como la jirafa y el avestruz- con especies cuyos sentidos más útiles son el olfato y el oído -como la mayor parte de bóvidos y équidos- para poder realizar una mejor estrategia defensiva. Con este objetivo la primera modalidad de conducta γ 2 C es la más empleada, siendo el segundo tipo, el que manifiesta una ligera dispersión de las fuerzas de relación a la periferia, solamente utilizado por especies de mayores dimensiones -elefantes, búfalos y otros grandes bóvidos- con un riesgo de predación más reducido.

Sin embargo, cuando el contingente de individuos que conforman un grupo es menos amplio se observa una mayor coordinación social, al permitirlo la cantidad de miembros, y al hacerse preciso por no existir un número suficiente de unidades reproductivas que puedan garantizar la continuidad de la especie. En este caso surgen las conductas γ 4 C -en animales como el kudú, el hipotrago y el eland, también de grandes dimensiones- que facilitan la adaptación en semejantes condiciones. También existe otra solución alternativa -y mucho menos frecuente- que es la adoptada por especies de antílopes como el impala y el hipotrago negro, consistente en un comportamiento de tipo γ 1 D, en el que el macho se encarga de una copiosa familia -en el caso del impala mucho más extensa- formada por varias hembras con su progenie. Esta conducta también resuelve el problema de la reproducción, al tiempo que facilita una estrategia trófica defensiva, pero se muestra curiosamente en especies que se encuentran adaptadas a hábitats no del todo despejados, como las áreas de transición entre los bosques ribereños y las llanuras aluviales o las sabanas-mosaico o arbóreas donde existe un componente arbustivo relevante. Por esta razón, además de su escasa aparición, no puede decirse que la conducta γ 1 D sea muy habitual en los espacios abiertos. Otros comportamientos marginales -como el α 0 C o el β 0 A- aparecen también escasamente representados en estos hábitats y se entienden dentro de la particularidad de cada especie. El comportamiento β 0 A, manifiesto en animales como el dik-dik -ramoneador- y el oribí, está más relacionado con las áreas arbustivas en las que aparecen estas especies que con las zonas herbáceas despejadas. La conducta α 0 C en este tipo de medio la posee tan sólo el rinoceronte -que debido a su dotación biológica no precisa de la agrupación social para su supervivencia- y el facócero, en el que a veces puede ser también de tipo β 0 A.

Si se observan los hábitats cerrados, donde la vegetación es abundante, los herbívoros adoptan una actitud distinta. En estos medios la conducta gregaria supone un inconveniente ante la defensa, ya que sería más fácil la captura de una presa por parte de un carnívoro en un lugar cerrado donde existiese una aglomeración de individuos. El tipo de hábitat supone

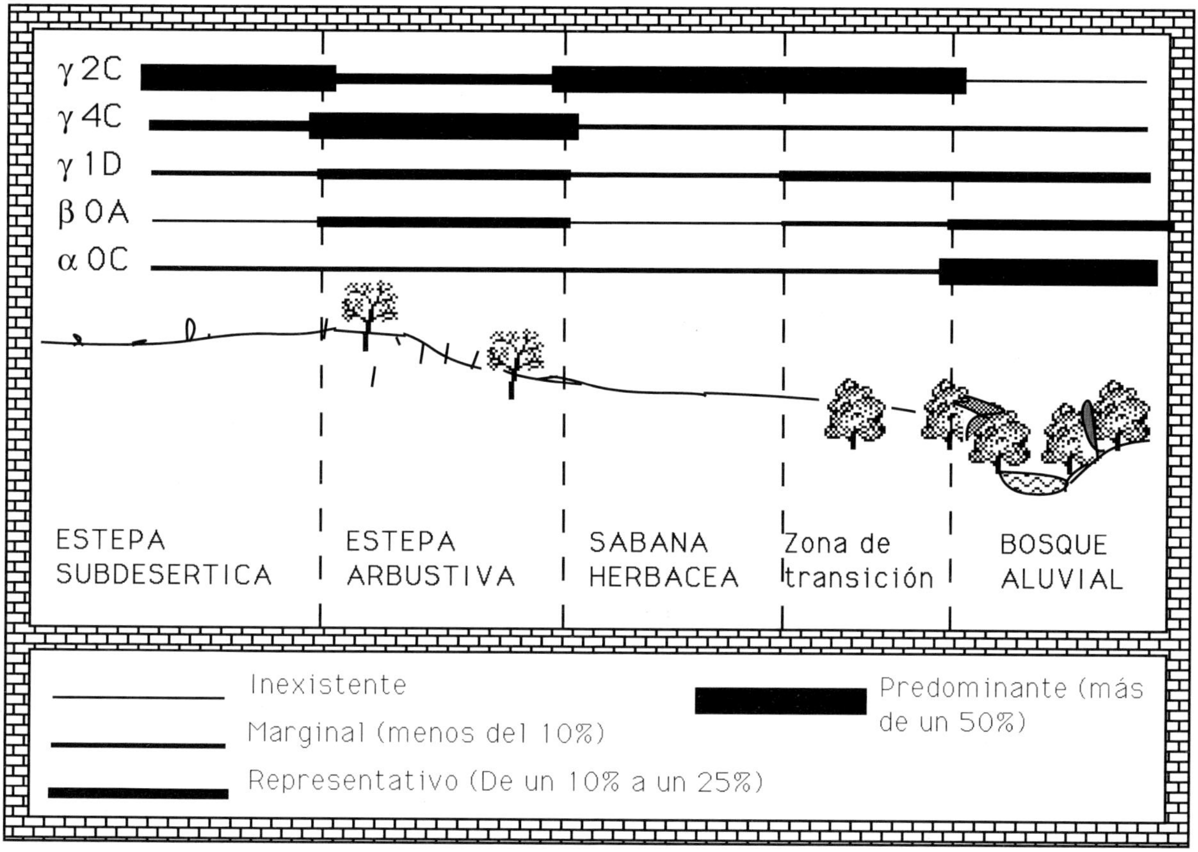

FIG. 28. *Predominio de comportamientos en los mamíferos africanos según los hábitats ocupados.*

además un inconveniente para la carrera como sistema defensivo de huída. Por esa razón en este ambiente los criterios selectivos favorecen las conductas α 0 C, que son mayoritarias, en las que un individuo mantiene una relación social escasa, manifestándose tan sólo en la fase de concepción en la que emplea una estrategia poligámica temporal, y en menor medida la β 0 A -familias nucleares monogámicas durante un breve periodo de tiempo-, que se ven facilitadas por ser las zonas cubiertas un lugar donde la dinámica trófica se encuentra más relajada y en las que ante el menor riesgo de predación es más fácil la huída con una conducta como las señaladas. Animales como el bongo, el diuker o la redunca son claros exponentes de esta estrategia. No obstante, también en los medios cerrados existen excepciones. Un ejemplo bien claro lo constituye el hipopótamo, que asociado siempre a las zonas de humedad, preferentemente pantanosas, posee un comportamiento γ 2 C con indiferencia de su lugar de existencia, bien sea en las llanuras aluviales bien en la sección más húmeda de los bosques lacustres o de galería. El modo de estructuración social se aproxima más al de los elefántidos y algunos grandes bóvidos, siendo de tipo disperso en el que las hembras y su descendencia ocupan la parte central del grupo y los machos territoriales se disponen de modo periférico, algo retirados del mismo. El mantenimiento de una conducta de tipo abierto en un medio cerrado tiene que ver más con el cambio evolutivo experimentado por el hipopótamo que con las restricciones ambientales. Este, cuyos antepasados evolucionaron en las llanuras, regresó a los espacios de vegetación abundante desarrollando sus dimensiones corporales y evitando de esta manera ser presa habitual de los carnívoros. Por ello la coservación de una conducta γ 2 C en un hábitat cerrado ha sido viable.

El predominio de los comportamientos gregarios en los espacios abiertos y de los individuales o nucleares en los espacios cerrados, según se desprende de la información proporcionada por la sistemática etológica, constituye una base de reflexión muy útil para intentar advertir la variabilidad de escenarios propicios para el desarrollo de cada uno de los tipos de conducta en el conjunto de formas que adoptan los ecosistemas abiertos africanos (Tabla 2 del Apéndice 2). En el mosaico de hábitats actualmente observables en las sabanas y estepas se puede contemplar cómo en las llanuras herbáceas la práctica totalidad de bóvidos mantienen una conducta γ 2 C, mientras que la mayor parte de especies con un comportamiento γ 4 C se encuentran adaptadas a un ecosistema de estepa arbustiva, en donde también aparece representada -aunque en menor medida- la conducta γ 2 C, que se hace más manifiesta en la estepa subdesértica donde también es predominante. Además en este último tipo de ecosistema existen dinámicas γ 1 D que no se observan en la sabana herbácea pero que sí se hacen más relevantes en los hábitats de vegetación densa en las que el comportamiento α 0 C, marginal en el resto de hábitats -siempre dentro de la gama de herbívoros analizada- se hace mayoritario (Figura 28).

A partir de esta consideración puede observarse que distintos tipos de ecosistemas mantienen una gama de modos de actuación diferente. En las zonas aluviales ribereñas de carácter boscoso la conducta predominante -es decir, aquélla superior al 50 %- de los animales herbívoros es la de tipo α 0 C, seguida a gran distancia por las conductas representativas β o A y γ 1 D -con un índice que oscila entre el 10 y el 25 %- y finalmente por el comportamiento marginal de tipo γ 4 C de algún bóvido que como los hipotragos acostumbran a estar constituídos por grupos reducidos. Si se estudian junto con estas formaciones riparias las zonas de transición que suelen existir entre éstas y las llanuras aluviales abiertas, en las que aparecen con frecuencia conductas de tipo γ 1 D, γ 4 C y sobre todo γ 2 C, tendríamos entonces un marco referencial para poder evaluar correctamente el abanico de comportamientos que pueden darse en un medio que combine con regularidad las áreas abiertas, cerradas e intermedias ateniéndose a una menor rigidez que en la actualidad. En este caso los ecosistemas variados, como pueden ser las sabanas-mosaico, las sabanas arbóreas y arbustivas y determinados tipos de estepa arbustiva, se muestran como perfectos cumplidores de semejantes requisitos y puede afirmarse que son los tipos de ecosistemas en los que aparece una mayor variedad -en términos cualitativos y cuantitativos- de conductas. Por el contrario, los ecosistemas más uniformes, como las sabanas herbáceas, las estepas subdesérticas y algunas estepas arbustivas experimentan una oscilación cualitativa algo menor pero cuantitativamente importante, ya que muchas de las formas de comportamiento se convierten en marginales.

Si dejamos de lado a los herbívoros y nos fijamos en aquellas especies cuya estrategia de supervivencia es de carácter ofensivo, los carnívoros, podemos observar que las conductas que poseen son radicalmente distintas de las que se contemplan en los primeros. En el grupo de los grandes félidos sólo uno, el león, presenta una conducta gregaria (γ 5 C) consistente en el mantenimiento de una sociedad coordinada de tipo jerárquico al frente de la cual se encuentra una oligarquía formada por dos o más leones machos . El resto de félidos mantienen una conducta solitaria (α 0 C) indistintamente del tipo de hábitat.; circunstancia que comparten con los félidos menores como son el serval y el lince. Dentro de esta conducta α el guepardo constituye una excepción, ya que siendo un animal básicamente solitario en el que las agrupaciones están formadas por la hembra y su progenie suelen llegar a constituirse a veces pequeñas asociaciones de dos o tres machos.

La situación observada en los cánidos es muy similar a la de los grandes félidos. Los licaones son la única especie con un comportamiento comunal -del mismo tipo que el león (γ 5 C)- mientras que el

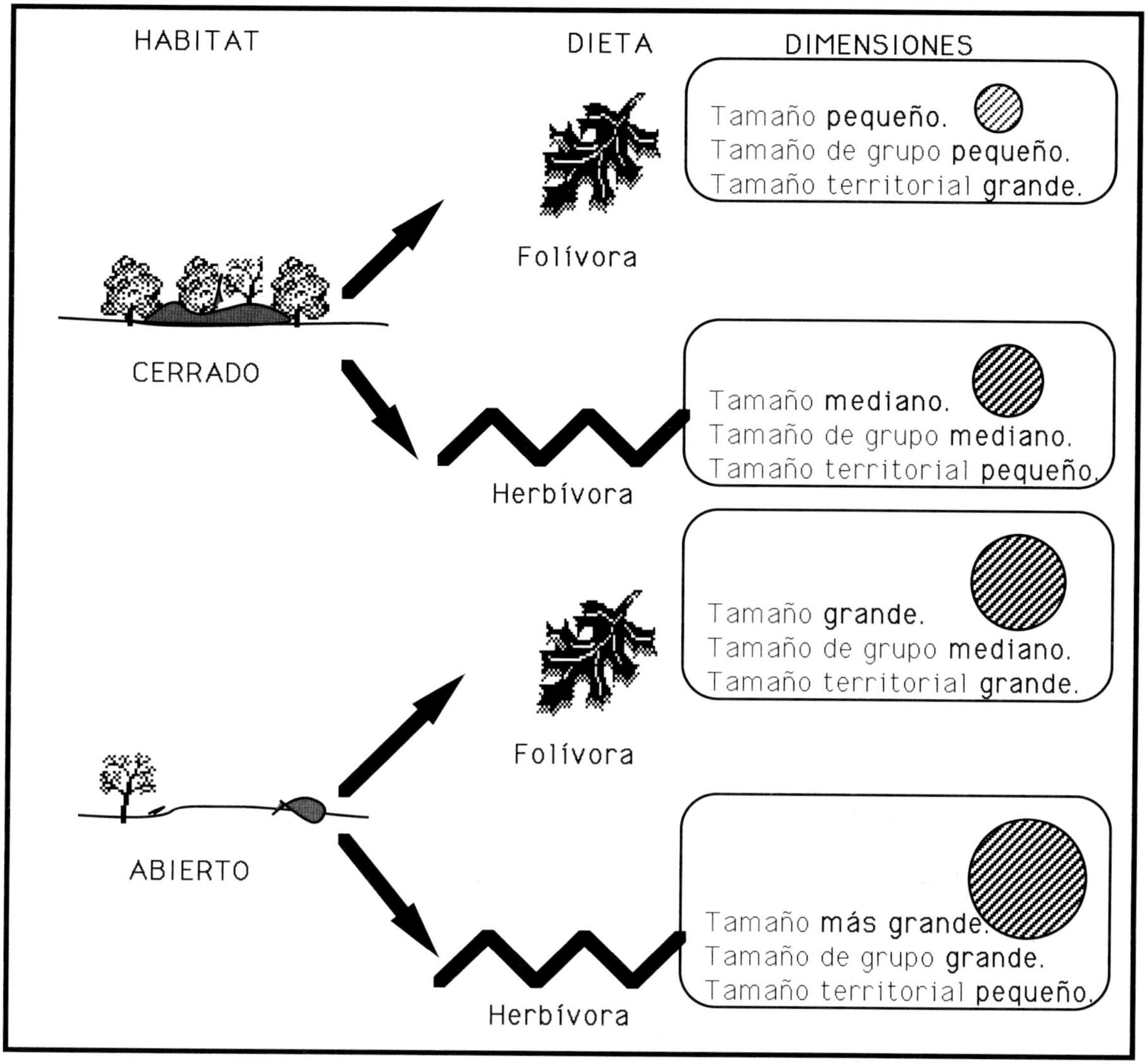

FIG. 29. *Variación dimensional de los herbívoros y sus áreas en virtud de las categorías ecológicas.*

resto muestran conductas individuales, que en el caso del chacal de lomo negro, asociado a hábitats arbustivos, es de tipo α 0 C y en el chacal dorado, de hábitat más abierto, es de tipo β 0 A. Especies de menor tamaño como el otoción, generalmente adaptado a lugares de vegetación arbustiva, posee también un comportamiento α 0 C.

En el caso de los hiénidos la pauta observada es muy similar. Sólo una especie, la hiena manchada, muestra una conducta de tipo γ 5 C, al ser las dos restantes, la hiena parda y la hiena rayada, menos gregarias, teniendo habitualmente una estructura social en forma de β 0 A.

Aunque podrían esgrimirse criterios ecológicos para explicar estos comportamientos, ya que mientras que en las zonas cerradas sólo aparecen manifestaciones conductuales del tipo α o β, en las áreas más abiertas el comportamiento α sólo aparece en el leopardo y en menor medida en el guepardo, siendo el resto de conductas de tipo β y γ, estos modos de reacción resultan más inteligibles a través del carácter de la estrategia de supervivencia. Al ser todas estas especies carnívoros dotados para la predación acontece que los comportamientos α y β aparecen en especies cuyo espectro cinegético lo constituyen animales de tamaño pequeño, mientras que los comportamientos γ -curiosamente todos ellos del mismo cariz- ocurren en las especies cuya gama predatoria suele centrarse en animales de mayor tamaño.

En el caso de los carnívoros la aparición de conductas individuales suele estar facilitada por ser animales sobre los que no existe un riesgo de predación tan fuerte como el que pesa sobre los animales herbívoros. Igualmente su capacidad biológica facilita su abastecimiento individualmente, y sobre todo, porque semejante conducta reduce al mínimo el riesgo de detección por parte de potenciales presas. Sin embargo, al hablar de especies dotadas para la caza, las observaciones realizadas sobre ellas no son trasladables a otros animales en los que la caza constituye un aspecto menor de su conducta subsistencial. El ejemplo más claro es el de los papiones que, como primates cuya dieta en su mayor parte es vegetariana, adoptan un comportamiento γ 5 C -sorprendentemente similar al de los leones, licaones y hienas manchadas- mediante el cual pueden también aprovisionarse de carne. No obstante, esta conducta en los papiones, que les permite mantener una actitud ofensiva, no se emplea con la misma finalidad que en los carnívoros mencionados sino con el objeto de ser una perfecta estrategia defensiva que les capacita para deambular por los hábitats abiertos.

Con respecto a la aplicación de las variables biológicas y somáticas a las distintas categorías ecológicas (Figura 29) también se advierte cierta relación entre ambos elementos comparativos como ocurría en su utilización en el orden primate (Clutton-Brock & Harvey, 1977) -Apéndice 2: Tabla 2-. Por ejemplo, las asociaciones realizadas entre el peso y dimensiones corporales y el tipo de dieta son parangonables a las observadas entre los primates -en los cuales aquéllos que son frugívoros (de mayor calidad dietética) son corporalmente más pequeños que los folívoros- ya que los antílopes de dieta folívora (más nutritiva que la basada exclusivamente en gramíneas) son más pequeños que las especies herbívoras (Jarman, 1974). Incluso, dependiendo del hábitat, en algunos animales también se observa un cambio dimensional entre especies afines y, más aún, a nivel interespecífico (Apéndice 2: Tabla 2). Es el caso de los jiráfidos, en los que la jirafa, adaptada a un ecosistema abierto, es mayor que el okapi, residente habitual de los bosques densos. Otro tanto ocurre entre los proboscídeos, en la que el elefante de sabana *(Loxodonta africana africana)* es más grande que el elefante selvático *(Loxodonta africana cyclotis).* Esta categorización ecológica resulta perfectamente válida también en el grupo de los bóvidos en los que se advierte que los residentes en hábitats cerrados son menores que los que ocupan nichos ecológicos en zonas abiertas.

Del mismo modo puede correlacionarse en un amplio grupo de mamíferos el peso corporal, el tamaño de los grupos y el tipo de alimentación, siendo más pequeñas las comunidades de animales de dieta folívora que las especies fitófagas, porque no existe en el primer caso una distribución de recursos tan homogénea como la aparición uniforme de gramíneas en las llanuras aluviales. Por consiguiente, la ampliación de los grupos se ve limitada por la dispersión del alimento y por la competencia inter e intraespecífica por el mismo (Crook, 1972). Esto se observa con claridad en bóvidos (Estes, 1974; Jarman, 1974) y cérvidos (Clutton-Brock & Harvey, 1977). Esta circunstancia explica que una gran parte de especies filófagas sobrevivan en grupos reducidos, estructurados en sociedades coordinadas de tipo jerárquico (γ 4 C), asociados a hábitats donde el componente arbustivo es relevante (véase *supra*).

Igualmente, en aquellas especies donde se manifiesta la territorialidad grupal, las poblaciones residentes en áreas en las que la disponibilidad de rescursos es reducida tienden a poseer territorios más grandes que aquéllas en las que el alimento es más abundante -a este respecto puede equipararse la oposición frugívoros-folívoros entre primates con la situación folívoros-herbívoros entre bóvidos- (Yoshiba, 1968; Schoener, 1968; Clutton-Brock & Harvey, 1977).

Por consiguiente, y manteniendo la coherencia con el discurso anterior, se puede observar cómo en general existe una perfecta adecuación entre las condiciones ecológicas de una especie y sus características biológicas, lo cual supone que pueden establecerse criterios de adaptación según ambos factores, perfectamente trasladables a nivel genérico dentro del ámbito evolutivo mamífero.

Una vez más esto sirve para advertir que la evolución no es un proceso anárquico en el que dada la alteración del genotipo cualquier solución resulta válida siempre que no entre en contradicción con su viabilidad funcional. Esencialmente, al igual que los procesos heterocrónicos parecen limitarse a un esquema cerrado de modificación (Alberch, 1980, 1982a, 1982b) las formas conductuales también se encuentran limitadas a un espectro reducido de pautas de comportamiento, sólo dentro de las cuales opera la diversidad- también reducida- de acuerdo con cada especie.

2.5- LA SINERGETICA COMO EXEGESIS DEL COMPORTAMIENTO: RELACIONES ESTRUCTURALES Y PROPUESTAS FILOGENETICAS.

A lo largo de las dos últimas secciones del presente capítulo hemos tenido la oportunidad de comprobar la existencia de un abanico limitado de posibilidades conductuales en las que convergen reiteradamente una auténtica diversidad de especies a pesar de su heterogeneidad biológica. Hemos observado también cómo la adopción de una u otra modalidad de comportamiento se encuentra en estrecha relación con una serie de características físicas y de categorías ecológicas, tal y como mantiene una visión dialéctica del proceso evolutivo. Si éste se guíase por normas similares a las que propugnan los preceptos reduccionistas del determinismo, sería lógico esperar una miríada de conductas, dada la diversidad de especies existente, ya que el resultado dinámico final de un grupo de individuos dependería de la suma de las propiedades de cada uno de ellos. Sin embargo, y siguiendo las premisas dialécticas, el todo es más que la suma de sus partes. Es decir, en la conjunción de diversos organismos afines a nivel específico existen cursos generales y de orden superior que conducen a la formación de nuevas estructuras, condicionadas más por el propio carácter inherente a la estructuración que por las propiedades de los individuos que las componen. De esta manera el comportamiento no responde tanto a las características de los miembros de una sociedad como al proceso de ordenamiento de éstos dentro de una formación dinámica.

Por estas razones, la disciplina más indicada para el análisis de las pautas conductuales no es la Etología -tradicionalmente más descriptiva que interpretativa-, sino la **Sinergética** -de cariz más explicativo-. La Sinergética -que etimológicamente significa el estudio de la acción de conjunto- tiene su origen en la Física, en la que mantiene que del caos nacen estructuras ordenadas a condición de que reciban un suministro permanente de energía. Del campo de la Física se extendió a áreas tan diversas como la Biología, la Economía y la Sociología. Sus principios generales están basados en la concepción de que *no resulta acertado estudiar las partes integrantes de una asociación por separado sino su acción de conjunto, es decir, no analizar diversas reglas elementales sino las normas generales que rigen la formación de estructuras* (Haken, 1981). Estas existen gracias a un principio de autoorganización perfectamente regulado, que condiciona las relaciones orgánicas y que subordina a los individuos a una dinámica estructural concreta que depende al mismo tiempo del modo en que éstos se adaptan a la misma.

Creo sinceramente que en la aplicación de la Sinergética al estudio del comportamiento reside la clave esencial de su comprensión. Esta disciplina, que constituye la base filosófica sobre la que reposan entre otras la concepción evolutiva ontogénica o lo que es igual la visión de la Evolución a través de la Biología del desarrollo -la relación genética-epigenética no es sino el sometimiento de las características celulares individuales y de la información que contienen al proceso de crecimiento de la embriogénesis-, mantiene que el comportamiento colectivo de individuos aislados, que actúan como unidades sometidas a la asociación grupal, es el que determina su destino a través de dos conceptos, la competencia y la cooperación, que aunque puedan parecer opuestos resultan complementarios. Los individuos que se integran a un grupo deben someterse a su estructura y realizan acciones cooperativas y competitivas a nivel inter e intraespecífico.

Una prueba de la subordinación a la regulación estructural lo constituye en sí la limitación de las formas de comportamiento. Resulta verdaderamente sorprendente que después de aplicar la sistemática etológica a más de cien especies primates y a medio centenar de mamíferos africanos sólo se hayan observado ocho manifestaciones distintas de conductas; hecho que refuerza la aplicación de la sistemática etológica a cualquier tipo de mamífero -excepto el género humano- y que incluiré aquí solamente de manera referencial. A modo de resumen, estos ocho comportamientos, por orden de complejidad creciente -siempre que se entienda por dichos términos una mayor relación y un flujo más amplio de información entre las unidades sociales, que adquieren un engranaje más complicado cuando se establece una interacción jerárquica en la que unos individuos se erigen en emisores de dicha posición y otros en receptores tras su acatamiento- son los siguientes:

1. Estrategia de supervivencia en solitario, en la que no existe una organización social definida ya que el tipo de interacción orgánica se restringe al periodo reproductor, en el que los contactos entre sexos opuestos se realizan a través de una disposición sexual de carácter poligámico temporal (α 0 C).

2. Estructuración social a modo de familia nuclear en la que el macho y la hembra reproductores conviven con su progenie en una estrategia sexual monogámica temporal, que dura tan solo el periodo de desarrollo de las crías o bien una parte del mismo (β 0 A).

3. Configuración social en forma de parejas monogámicas vitalicias en donde el macho y la hembra extienden su asociación más allá del lapso temporal que dura el desarrollo de la descendencia y conviven juntos de por vida (β 0 B).

4. Organización social a modo de núcleo reproductor independiente, estructurado en forma de familia poligámica compuesta por un harén de hembras con su progenie y al frente de la cual se encuentra un macho reproductor que ejerce un tipo de jerarquía sobre el grupo de carácter extenso (γ 1 D).

5. Formación de agrupaciones de individuos de ambos sexos, organizados en forma de unidades reproductoras independientes, con una estrategia sexual monogámica temporal, en forma de sociedades descoordinadas en las que no existe una relación de interdependencia entre las partes constituyentes (γ 3 A).

6. Formación de asociaciones grupales compuestas de unidades reproductoras independientes cuya estrategia sexual es de carácter poligámico temporal, dentro de sociedades descoordinadas en las que, como tales, no existe una interrelación de dependencia en las unidades que las forman (γ 2 C).

7. Organizaciones sociales coordinadas y semicooperativas, en las que existe una fuerte interacción entre los miembros que las forman -sin que aparezcan unidades reproductoras autónomas-, los cuales se encuentran sometidos a un sistema jerárquico cuyo poder detenta un solo individuo (γ 4 C).

8. Organizaciones sociales coordinadas y semicooperativas, como en el caso anterior, en las que la interrrelación entre individuos se encuentra estructurada en forma de jerarquía ejercida por una oligarquía que forman dos o más individuos (γ 5 C).

A continuación vamos a observar por qué las formas de comportamiento se encuentran sinergéticamente limitadas a una variedad determinada de configuraciones. El comportamiento α sólo admite una forma (α 0 C) debido a que un tipo de relación social individual con un modo de interacción nulo sólo propicia la aparición de relaciones en el periodo de reproducción, en el que macho y hembra establecen una estrategia que no puede ser monogámica en ninguna de sus dos categorías porque de esta manera sería una conducta β, sino poligámica temporal ya que la poligamia extensa sólo ocurre en el seno de familias poligámicas, lo cual constituye un tipo de relación en grupo según la sistemática etológica. Un comportamiento individual, por consiguiente, no facilita mayor relación que la estacional entre sexos opuestos y la periódica entre progenitora y progenie. Una forma afín a ésta la constituye la conducta β 0 A, ya que en este caso las relaciones sociales, reducidas a su carácter nuclear, ocurren periódicamente -concepción y desarrollo de la descendencia-, tras lo cual los miembros de dicha agrupación se separan: la progenie se independiza y los individuos reproductores, una vez finalizado el objeto de su asociación, rompen sus lazos y vuelven a un estado en el que su conducta es en esencia solitaria. Desde este punto de vista la imbricación de semejantes dinámicas de relación puede hacer pensar que ambas no son sino expresiones distintas de un modo de actuación que fundamentalmente es el mismo, en el que lo único que se altera es el periodo de crianza en el cual la hembra recibe la ayuda temporal del macho. Por ello no es de extrañar que en la mayor parte de las ocasiones ambos comportamientos aparezcan en especies que comparten las mismas categorías ecológicas. Estas conductas resultan predominantes en los animales cuya estrategia trófica de supervivencia es de carácter ofensivo, como es el caso de la mayor parte de los carnívoros -grandes y pequeños- y de las especies de estrategia trófica de tipo defensivo -herbívoros, folívoros u omnívoros- que ocupan hábitats cerrados, siendo mucho más relevante en las especies filófagas que en las fitófagas y en el caso de los primates ocurre en especies que reunen además de estas características la de ser arbóreos.

Esta norma, aplicable a la fauna de los ecosistemas de sabana y estepa, se ve algo alterada en el ecosistema de selva o bosque ecuatorial, en el que la densidad de vegetación es tal que los animales filófagos y fitófagos comparten dichas estrategias por igual. En las sabanas y estepas, en cambio, se constituye en norma con escasas excepciones, explicables desde el punto de vista adaptativo. La existencia de conductas α en las áreas abiertas en el caso de determinados animales como el rinoceronte y el facócero responden, en el primer caso, a que el desarrollo biológico ha dotado al animal de un medio de defensa que le exime del riesgo de predación, con lo cual le resulta más efectivo en términos energéticos atenerse a un modo de convivencia en soledad. En el segundo caso, el facócero constituye un ejemplo de relación clara entre las conductas α 0 C y β 0 A (Capítulo 2.4) al ser una especie en la que pueden observarse ambas estrategias. Su empleo en zonas descubiertas responde a que al ser un animal más lento que la mayor parte de los bóvidos, su asociación en grupo facilitaría las acciones cinegéticas de los animales carnívoros. Por lo cual su aparición en cantidades menores resulta más efectiva al verse además apoyada por una estrategia de reproducción que proporciona una camada abundante -la más numerosa de entre los mamíferos grandes no carnívoros- para asegurar en términos probabilísticos la supervivencia de una parte de la misma, y por un proceso de desarrollo de las crías rápido, lo que facilita el cumplimiento de dicha finalidad.

También en hábitats cerrados -de tipo muy denso- aparece la conducta marginal β 0 B, solamente en especies de primates, las pertenecientes a los géneros *Hylobates y Symphalangus* - más conocidos comúnmente como gibones y siamangos-, en las que se debe a su especialización dietética de carácter frigívoro -entre el 60-70% de su alimentación se constituye de frutas- y dentro de ésta, por su predilección de determinados tipos de frutos. Dada la dispersión de estos recursos, resulta más operativa la escisión en unidades sociales menores y la no formación de agrupaciones que serían escasamente viables. Si nos guiamos por este tipo de adaptación, resulta válido concluir que esta modalidad de conducta aparece en especies de hábitat cerrado con especializaciones ecológicas muy rígidas.

A partir de una dinámica α 0 C o β 0 A puede surgir la siguiente variante de comportamiento, que es la agrupación familiar poligámica, en la que la forma teórica de estrategia sexual poligámica temporal (γ 1 C) -que implicaría una direccionalidad de las relaciones de las hembras hacia el macho- no se da entre los mamíferos, sino la otra modalidad alternativa de estrategia sexual poligámica extensa (γ 1 D)- que constituye la formación de unidades reproductoras independientes pero más numerosas que las de carácter monogámico. No es por ello de extrañar que se encuentren asociadas a medios ligeramente más amplios que los anteriores, pues aun siendo éstos de tipo cerrado, también surgen en zonas menos densas como los hábitats transicionales o donde el componente arbustivo aparece más disperso. En los primates se manifiesta excepcionalmente en el *Erythrocebus patas,* especie terrestre que suele encontrarse en hábitats semi-abiertos.

Si estableciésemos una división, estas cuatro modalidades conductuales conformarían el espectro de **comportamientos primarios**, atribuyendo a semejantes términos el sentido de irreductibles-divididos en unidades autónomas de tipo individual, monogámico y poligámico. El aumento de la complejidad vendría dado por la formación de los **comportamientos secundarios**, entendidos como la inserción de cualquiera de los tipos de dinámicas primarias en una asociación gregaria. Es decir, es la transformación de unidades -como interacción de uno o más individuos- a grupos de unidades, que pueden configurarse como tales si se mantiene una independencia entre las mismas o como unidades mayores en las que aparece una interrelación de los individuos, si éstos son dependientes entre sí.

En el primer caso, de una conducta primaria β 0 A se pasaría a un comportamiento secundario γ 3 A, compuesto de unidades monogámicas temporales entre las que no existe una coordinación social. Esta modalidad conductual, presente entre los primates en algunos lemúridos e índridos de hábitos arbóreos, no aparece en los mamíferos herbívoros de la sabana y estepa. Sólo una especie, el caribú, excepcionalmente ha adoptado esta conducta en el ecositema de tundra de la región holártica. No obstante, aunque marginal, es una manifestación presente en el ámbito mamífero; cosa que no ocurre con el comportamiento β 3 B -que surgiría por la integración a una estructura gregaria de unidades β 0 B- que a pesar de de ser inexistente entre las diversas especies mamíferas sí aparece en varias especies de aves. La aparición de dos tipos de sociedades grupales de carácter monogámico se debe a la inexistencia de rivalidad entre los machos con pareja, hecho que condiciona que las agrupaciones de unidades γ 1 C y γ 1 D generen la misma forma de comportamiento, la γ 2 C -asociada a los espacios abiertos en especies de dieta esencialmente herbívora-, precisamente porque las continuas pugnas entre los machos provocan que la duración del mantenimiento de las jerarquías particulares sea por lo general breve o en caso de mayor duración con harenes distintos. Esta circunstancia hace francamente difícil poder hablar de estrategias sexuales de tipo poligámico extenso, por lo que resulta más acertado otorgar el carácter temporal a las mismas, que es el que en realidad les corresponde.

Como hemos observado con anterioridad ambas conductas gregarias requieren en la mayor parte de las ocasiones, salvo en el caso de lemúridos e índridos, el concurso de una gran cantidad de individuos, que en el supuesto de no darse determinan que la organización grupal posea otras características. Cuando las agrupaciones de individuos por su escasez no se lleva a cabo mediante la adición de múltiples unidades primarias a una estructura organizativa secundaria, sino que se realiza por medio de la conjunción de un número reducido de éstas surge un fenómeno de regulación endógeno de la asociación que genera una gran unidad a partir de varias menores, coordinada mediante un sistema jerárquico de interacción entre sus componentes. Se profundiza en la complejidad de las relaciones y aparecen las sociedades coordinadas y semi cooperativas. Su formación -por igual en sus dos versiones (γ 4 C y γ 5 C)- requiere la agrupación de unidades conductuales primarias que pueden ser bien de tipo α 0 C o γ 1 D. En el primer caso se trataría de la formación de sociedades con una convergencia de individuos en un área, entre los que se establecen relaciones de dominio y subordinación, y en el segundo sería la ampliación del periodo de convivencia de la progenie tras llegar al estado de adultos y la incorporación de nuevos miembros, con lo que se haría precisa una manifestación jerárquica del macho reproductor principal. Una y otra posibilidad ocurrirían en animales de hábitats preferentemente cerrados que por cualquier tipo de reajuste selectivo debieran adaptarse a frecuentar con mayor asiduidad las áreas semiabiertas y tuvieran que adoptar una organización gregaria para hacer frente a los criterios de selección que controlan semejantes medios. Por ello la conducta γ 4 C en el caso de las especies herbívoras y folívoras suele darse en hábitats semiabiertos. En el caso de los primates, sin embargo, aparece en las especies terrestres y arbóreas asociadas a medios de vegetación cerrada y de dieta folívora y frugívora. En estas especies tienen más que ver los criterios de competición y territorialidad, dado el tipo de hábitat, que los de organización ante escenarios ambientales despejados, en los cuales emplean la conducta γ 5 C, que comparten con las especies de estrategia de supervivencia ofensiva cuyo espectro cinegético está centrado principalmente en especies de gran tamaño.

Sin embargo, cuando se habla de toda esta serie de estructuraciones conductuales normalmente uno se refiere a pautas de actuación que suelen mantenerse invariables, y aún cuando resulta ser así en la mayor parte de los mamíferos -sobre todo los de ecosistemas abiertos- también existe una forma alternativa de manifestación consistente en la expresión periódica de más de un tipo de comportamiento. Esto se debe a modos de adaptación que provocan la dispersión y agregación alternantes, con un fenómeno de elasticidad en las relaciones causante del cambio de estructuración social. Las combinaciones más comunes suelen ser el paso de sociedades γ 2 C a γ 4 C -conducta que se observa en el ciervo y en la cabra montés, que en el periodo de reproducción residen en grupos descoordinados de tipo poligámico y que fuera del mismo habitan en grupos más reducidos de hembras con sus crías por un lado y de machos por otro, en los que existe una organización social regulada por una jerarquía ejercida por un solo individuo-, la transformación de sociedades γ 1 D a γ 2 C -ilustrada en el comportamiento del buey almizclero, normalmente estructurado en forma de núcleos

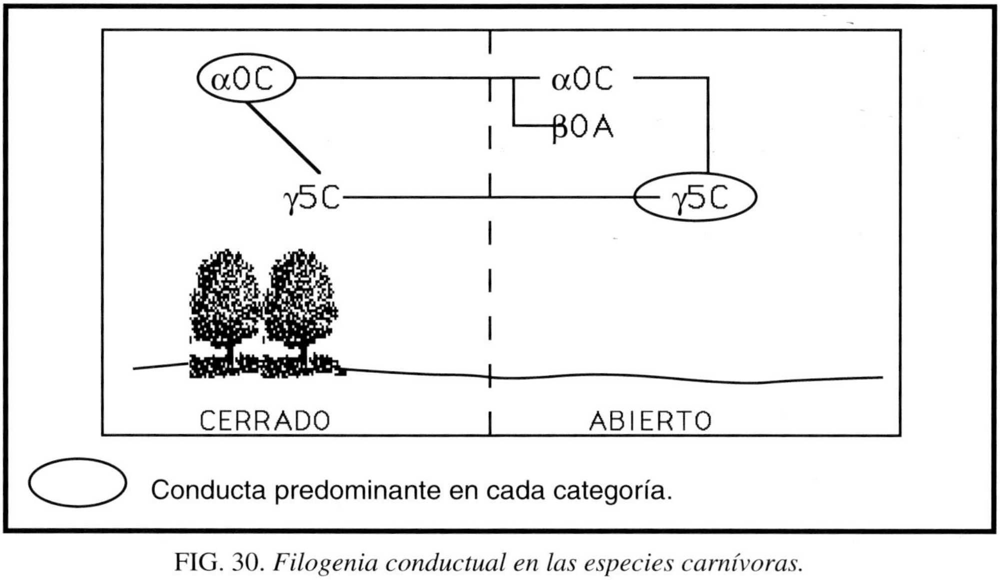

FIG. 30. *Filogenia conductual en las especies carnívoras.*

poligámicos de harén con macho al frente, que en la época invernal y tras un proceso de migración se agrupa con otros congéneres formando asociaciones descoordinadas de unidades poligámicas independientes -y la alteración de conductas primarias α 0 C a conductas secundarias γ 2 C -como sucede en el caso del alce, que suele vivir aisladamente salvo en periodo invernal en el que tiende con suma frecuencia a congregarse en grupos relativamente amplios formados por unidades poligámicas independientes, que se defienden colectivamente-. Como puede observarse en todos los casos se trata de formas diversas de digregación de organización γ 2 C, que tienen una relación directa con las condiciones ecológicas de los ecosistemas en los que se desenvuelven estas especies.

características biológicas de las diversas especies. Por ello atendiendo a la estrategia de supervivencia se podría establecer la división de animales de táctica conductual y dotación biológica ofensiva (carnívoros), y animales de estrategia y dotación defensiva (no carnívoros). Entre éstos últimos -refiriendose a la macrofauna- cabría establecer una ulterior división: por un lado están los primates, con una capacidad física que les permite ser arbóreos y terrestres y con un margen de respuesta más flexible, como veremos más adelante, y por otro lado se encuentra el resto de mamíferos no pertenecientes a ninguna de las dos categorías anteriores, cuyo núcleo mayoritario lo constituyen los ungulados artiodáctilos y perisodáctilos. Esta triple división aunque pudiera parecer artificial distribuye homogéneamente en

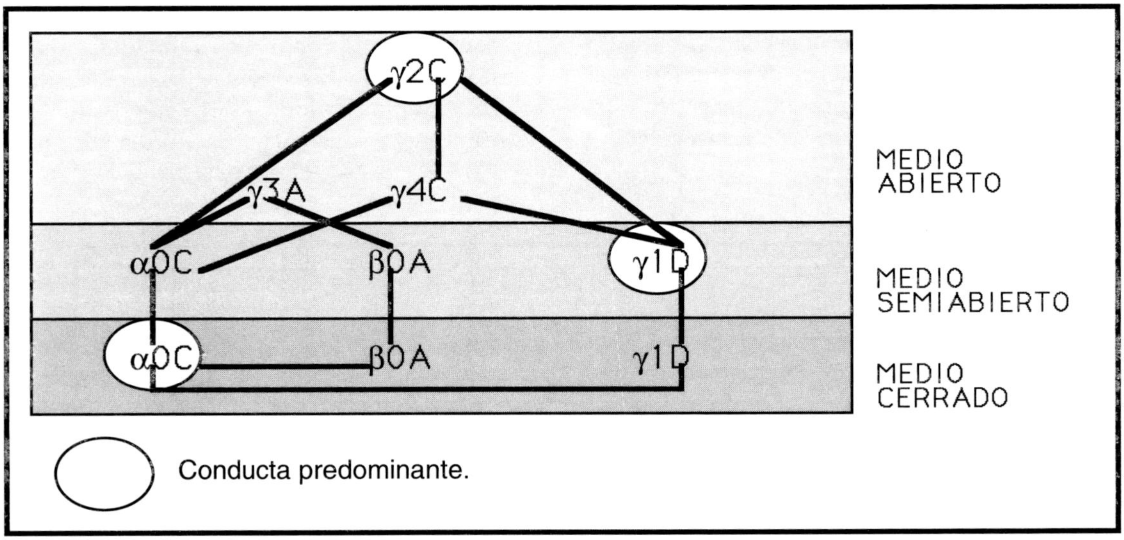

FIG. 31. *Filogenia conductual en los ungulados.*

De lo dicho hasta aquí cabe advertir de qué manera se articulan estructuralmente en términos sinergéticos los principales comportamientos mamíferos -siempre con la excepción del género humano-. Si estableciésemos una *filogenia conductual* a partir de dichos principios estructurales, ésta dependería no sólo de las categorías ecológicas, tal y como hasta aqui he mostrado, sino también de las términos de comportamiento a todos los mamíferos que engloba.

Al establecer dicha filogenia conductual, el grupo menos dinámico lo forman los carnívoros, que en los medios cerrados manifiestan una conducta en solitario y de modo más marginal una organización gregaria de tipo coordinado y jerárquico y que en los espacios abiertos a partir de las anteriores puede incorporarse la modalidad de núcleos familiares de monogamia temporal (Figura 30).

La mayor diversidad filogenética se observa en el tercer grupo (Figura 31). Dentro de éste en los hábitats cerrados o de vegetación densa se manifiestan de modo predominante unidades primarias de comportamiento. La forma α 0 C, que sirve de base a la β 0 A y γ 1 D, genera en los espacios abiertos dos tipos conductuales secundarios que mantiene en común con la modalidad γ 1 D: el γ 2 C y el γ 4 C; este último más común en las zonas de transición o de elemento arbustivo abundante. Con la forma β 0 A comparte el tipo grupal γ 3 A, que se manifiesta muy marginalmente en alguna especie holártica como ya reseñé con anterioridad.

temporales (β 0 A) que se bifurcan en dos tipos de manifestaciones marginales -las unidades monogámicas vitalicias (β 0 B), de una rígida especialización ecológica, y las sociedades descoordinadas de unidades monogámicas temporales (γ 3 A)- y a sociedaes coordinadas de jerarquía ejercida por un individuo (γ 4 C) que son las conductas mayoritarias en este tipo de contexto. En un medio igualmente cerrado, pero de adaptación terrestre, las conductas que se mantienen son la α 0 C, de modo marginal, y la γ 4 C de manera mayoritaria. La primera da lugar en los hábitats abiertos a un comportamiento aun más marginal si cabe, el γ 1 D - solamente ejecutado por el mono patas, cuya conducta más usual es la de tipo γ 4 C- y la segunda modalidad sufre una transformación en los mismos tipos de hábitats en su aspecto jerárquico, que pasa a

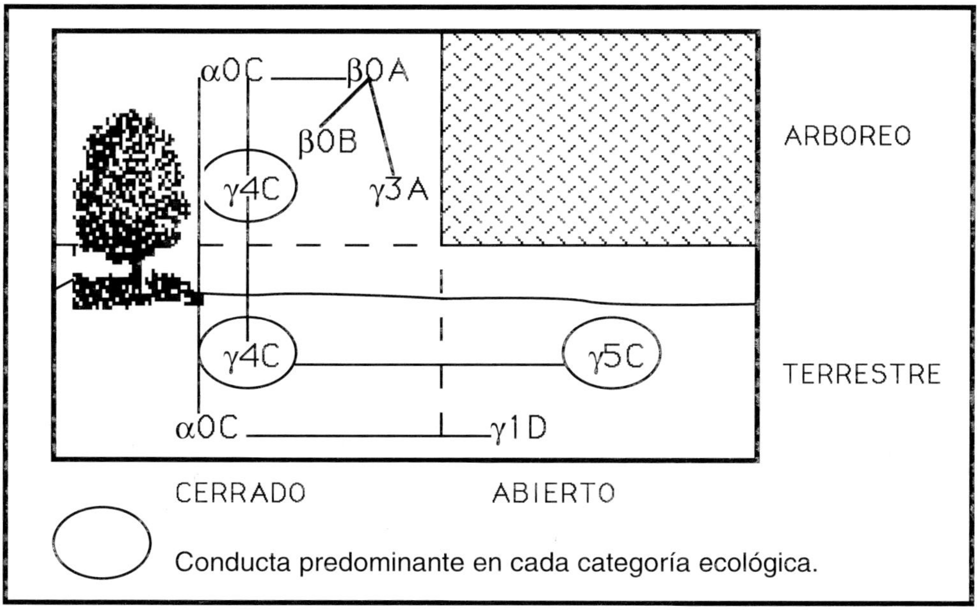

FIG. 32. *Filogenia conductual en los primates.*

En el caso de los primates la filogenia propuesta se establece también a partir de la unidad primaria α 0 C. En un medio cerrado de adaptación arbórea ésta da lugar a la formación de unidades monogámicas

ser ejercido por una oligarquía (γ 5 C) (Figura 32).

En una observación genérica del funcionamiento

estructural de las diversas relaciones que condiciona la sinergética se advierte que las conductas predominantes de las áreas abiertas son las de tipo γ 2 C en los ungulados, la de tipo γ 5 C en los primates y podría decirse que la de tipo α 0 C en los carnívoros si nos atenemos a un criterio de éxito basado en un concepto de diversidad específica. Sin embargo, este criterio puede distorsionar sobremanera la realidad, ya que en el caso de los carnívoros, aunque dicha conducta es adoptada por una cantidad notable de especies, resulta mucho menos frecuente de lo que parece debido a que las especies cuyo comportamiento es de tipo γ 5 C son mucho más numerosas que las que poseen otro tipo de conducta. De este modo, si nos atenemos a un criterio cuantitativo también en los carnívoros de hábitats abiertos la conducta predominante sería de carácter gregario. En claro contraste los espacios más cerrados propician la disgregación de los grupos o la desintegración de las asociaciones ingentes en unidades menores. Es como si sobre ambos medios actuasen dos fuerzas de interacción opuestas.

Una de las conclusiones de relevancia para el estudio que posteriormente veremos aplicado a los homínidos, y que se puede obtener a través del uso de la sistemática etológica, es que en el caso de los primates, un rasgo físico como es la existencia de dimorfismo sexual acentuado indica un modo de interacción social coordinado o descoordinado, de carácter poligámico -en el que se da una pugna entre machos por el acceso a las hembras- y asociado a una actitud subsistencial individualista -a pesar de residir en grupos-. Además, la forma de regulación de dicho modo de relación -jerarquía de un solo individuo o de varios- depende de la presión trófica del medio, imponiendo los hábitats abiertos la necesidad de repartir la jerarquía entre varios individuos, para facilitar el afrontar los riesgos de predación.

Todo esto, junto con las diversas modalidades articuladas a través de las estructuras filogenéticas, debe tenerse en cuenta debido a su utilidad en el modo de entender la manera en que la variación de los criterios selectivos o de las innovaciones positivas del fenotipo pueden hacer derivar unas modalidades conductuales a otras, en un proceso de metamorfosis que resulta perfectamente inteligible mediante el uso de los mencionados esquemas filogenéticos. El desarrollo y aplicación de la sistemática etológica a otras áreas zoológicas y a otros campos evolutivos en simbiosis con una concepción sinergética de la conducta puede proporcionar en el futuro sorprendentes resultados en la sistematización del comportamiento y en el estudio de su dinámica.

2.6- LA PARTICULARIDAD DE LA CONDUCTA HUMANA.

La configuración social de nuestra especie ha experimentado una evolución de una complejidad tal que se ha traducido en la aparición de una variedad de formas adaptadas de acuerdo con un criterio histórico y económico, intrínseco al proceso evolutivo del género humano. En la actualidad existen sociedades simples y sociedades complejas, sistemas de interacción social igualitarios y sistemas jerarquizantes, sociedades subsistenciales y sociedades de consumo, etc... Sin embargo, toda esta pluralidad de manifestaciones sociales no constituye sino la eclosión que surge de un bloque mucho más monolítico y homogéneo. A lo largo de incontables milenios el ser humano ha vivido formando agrupaciones cooperativas insertas en un sistema económico y subsistencial no productor, ha interactuado con el medio de una manera regulada a través de la caza de animales y de la recolección de productos vegetales, y no ha necesitado de más excedentes que aquéllos con los que saciar las necesidades más básicas. Es decir, a lo largo de mucho tiempo el género humano ha actuado en perfecta armonía con el medio en el que residía. Sólo en momentos muy recientes -a comienzos del Holoceno- algunos grupos humanos comienzan a hacerse sedentarios y a ejercer una presión mayor sobre el medio al hacer uso de una economía productora. Esta en unos pocos milenios facilita el aumento de la producción, el incremento demográfico y la aparición de sistemas de interacción sociales distintos, en los que se establecen jerarquías funcionalmente diferentes que marcan el comienzo de las desigualdades. A partir de entonces las sociedades evolucionan de un modo progresivamente más complejo, hasta que en la revolución industrial la diversificación social del trabajo experimenta un mayor empuje que conduce a las modernas sociedades desarrolladas.

En la actualidad este tipo de sociedades convive con otras formas que no han tenido la oportunidad o la necesidad de evolucionar hasta tal extremo. Estas asociaciones, mucho más simples, representan de una manera mejor -aunque tampoco de un modo perfectamente equiparable, puesto que desde el aspecto geográfico han quedado restringidas a áreas marginales- el tipo de organización humana que ha existido durante una buena parte del Pleistoceno. Hoy en día sólo persiste un reducido número de grupos étnicos que no practican ninguna forma de producción de alimentos y que, por tanto, sobreviven aún con un sistema de caza y recolección.

A la variedad de los sistemas sociales humanos -limitados formalmente a la gama estructural permitida por la sinergética- cabe otorgarles el carácter de distintivos, por cuanto comparten una dinámica común: un tipo de sociedad cooperativa y solidaria. Si bien existen sociedades entre diversas especies de mamíferos que puedan ser consideradas como cooperativas, en las que aparecen determinados rasgos de colaboración y altruismo, estas manifestaciones son elementos minoritarios del global de la conducta, en ningún momento parangonables al acto de cooperación continua que estructura el modo de actuación humano. No obstante, a esta circunstancia se le añade el hecho de que la conducta humana además es solidaria, es decir, orientada no sólo a la cooperación en la obtención de un objetivo -tras lo cual finaliza el acto de colaboración en la mayor parte de las sociedades semi-cooperativas aludidas- sino a la distribución energética obtenida a través del mismo, con la finalidad de que las distintas unidades que integran la estructura se encuentren en un estado de interdependencia tal que las carencias de unas sean suplidas mediante una interacción de reciprocidad con otras. Esta característica, única en el ámbito mamífero, se encuentra también en determinadas sociedades de insectos, como las hormigas o las abejas por ejemplo. Sin embargo, existe una diferencia fundamental entre ambas manifestaciones. Mientras que la de los citados insectos es una conducta adquirida a través del genotipo, la humana es una pauta de actuación adquirida por medio de la cultura. Esta circunstancia sirve de manera definitiva como criterio de demarcación con suficiente solidez como para aislar el comportamiento humano del resto de especies y calificarlo de distintivamente solidario, aun cuando comparta formalmente dicha cualidad con determinados insectos a los cuales debe aplicarse el término con una acepción diferente.

El cambio de una sociedad coordinada semi-cooperativa a una sociedad cooperativa y solidaria trae como consecuencia una mayor dependencia de las unidades entre sí y con ello una disminución del margen de libertad individual, en pro de un aumento de la cohesión grupal. Esta pérdida de libertad es tanto más notable cuanto más complicado es el engranaje estructural de la organización social. En los grupos de economía subsistencial, en los que las necesidades son atendidas con una inversión de trabajo reducida, los individuos disfrutan de más libertad que en aquellas sociedades donde los individuos se encuentran sometidos a un sistema de producción orientado a la generación de excedentes y al atesoramiento de riquezas.

Esto se observa también en la organización estructural en la que aparecen insertas las distintas unidades. Los medios de regulación interna de las relaciones entre los individuos se llevan a cabo a través de sistemas no jerárquicos (γ 9), como en el caso de la mayor parte de las sociedades no productoras -aún cuando en ellos puedan existir figuras encargadas de la coordinación de las relaciones sociales (jefes) que en ningún momento establecen una relación de subordinación sobre el resto de los individuos- y mediante sistemas jerárquicos, como suele ocurrir en las sociedades productoras, en las que una sección del grupo establece una relación de subordinación con el resto de la sociedad -pudiendo eximirse al mismo tiempo de las labores de subsistencia- la cual, a su vez, puede encontrarse jerarquizada en diversos grados. Al frente de esta jerarquía cabe la opción de que se mantenga un solo individuo (γ 7) o bien una oligarquía (γ 8).

Sin embargo, sea cual fuere el tipo de sistema regulador adoptado, las sociedades humanas se componen de unidades reproductoras formadas por la asociación de un macho y una o varias hembras, según el régimen reproductor, con una estrategia sexual monogámica o poligámica pero de carácter extenso -conforme a la sistemática etológica sería bien de tipo B o D- en el que existe un compromiso entre las partes integrantes de dicha asociación de mutua ayuda. El aspecto más distintivo de este tipo de unidad es la participación conjunta en la obtención y compartimiento del alimento y el compromiso mutuo de la crianza de los hijos. Además, a la cooperación vitalicia entre los miembros de las unidades reproductoras se le añade la peculiaridad del compromiso también de cooperación de dichas unidades entre sí, que pasan a hacerse interdependientes.

De la unicidad y excepcionalidad de esta conducta dan prueba el resto de los modos de interacción sociales. En los comportamientos primarios las asociaciones se forman sólo con la finalidad de hacer viable el proceso de reproducción. No existe entre los miembros de las mismas ningún tipo de cooperación salvo en el caso de la modalidad β 0 A, en la que el macho puede ayudar temporalmente en la crianza. En las conductas gregarias no coordinadas sucede lo mismo; las unidades reproductoras asociadas temporalmente con el fin de dar salida a la progenie se mantienen independientes las unas de las otras y tampoco cooperan en ningún momento. En el caso de las sociedades coordinadas sí aparecen los primeros rasgos de una cooperación marcada - de ahí el calificativo de semi-cooperativas que también recibe este tipo de asociaciones- pero tan solo, por lo general, en el comportamiento de defensa del grupo. Mientras que las sociedades descoordinadas emplean una estrategia de huída anárquica y disgregación de las unidades que las integran ante una situación de peligro, las sociedades coordinadas cooperan en la defensa del grupo y del territorio cuando ello es posible -es decir, cuando no se da una situación de desventaja notable como podría ser el encuentro de un gran predador con una presa pequeña- y en el caso de aquellas especies que incluyen la carne en su dieta, en el proceso de captura de una presa. Sin embargo, más allá de estos rasgos, en estas sociedades no existe ningún tipo de cooperación a nivel interno -donde las jerarquías están bien marcadas y el comportamiento subsistencial es individual- cada uno come lo que consigue, excepto en el caso de las presas animales donde después de cooperar colectivamente en su captura cada uno come lo que le dejan o lo que consigue arrebatar a otros.

El paso siguiente en la complejización de las relaciones surgiría si se incrementase la cooperación a otros aspectos de la subsistencia tan básicos como la obtención colectiva del alimento y su compartimiento. Es decir, eliminar las tensiones en las relaciones que supone el abastecimiento individual de alimento y la desventaja que pueden tener unos individuos -por ejemplo, hembras con crías- frente a otros. Se trataría , pues, de cooperar más y, venciendo la reacción natural de autosupervivencia, volverse solidarios (Durkheim, 1893). Pero para que una sociedad gregaria se transforme en solidaria es preciso que sus components menores, las unidades reproductoras, también lo sean. Y para que esto surja es necesario a su vez que las relaciones entre machos y hembras en lugar de ser sólo reproductivas se transformen en subsistenciales, con lo que se altera la estrategia sexual empleada que pierde su carácter temporal, tal y como ocurre en realidad.

Las sociedades humanas cumplen este requisito en una variedad de formas. Existen grupos poligámicos, grupos monogámicos e incluso grupos mixtos en los que aparecen unidades monogámicas combinadas con unidades poligámicas, estas últimas generalmente relacionadas con jefes tribales o con agrupaciones que permiten ambas posibilidades. También poseen la cualidad de ser muy elásticas y adoptar diversas formas según las características del entorno, pudiendo descomponerse periódicamente en unidades menores en un proceso cíclico de dispersión y congregación de las unidades.

La creación de sociedades cooperativas y

solidarias, en la actualidad sólo existentes en el género humano, plantea además de las condiciones reseñadas una más. Se trata de que el mantenimiento de una agrupación de estas características sólo es posible si existe una división social del trabajo. En otras palabras, dada la cooperación en la subsistencia sería contraproducente que todo el grupo social interviniese en las mismas actividades porque se generaría un excedente de mano de obra y una prolongación del esfuerzo invertido en las labores al tener que atenderse globalmente otra serie de actividades, lo cual no sería operativo. Resulta mucho más ventajoso en términos energéticos que exista por consiguiente un reparto del trabajo, con lo que se ahorra en tiempo y en esfuerzo.

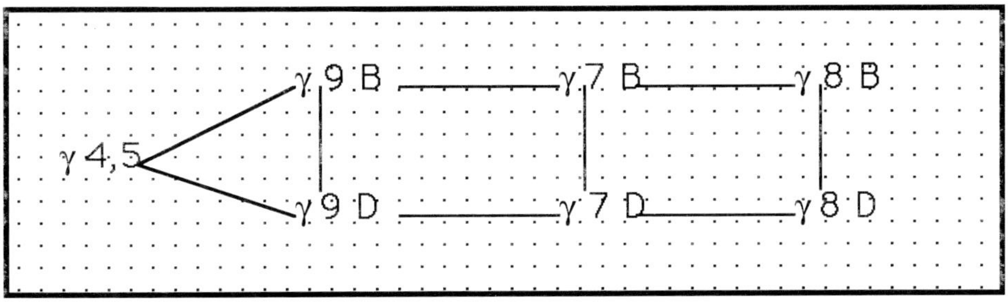

FIG. 33. *Filogenia conductual de la especie humana.*

En definitiva, la transformación en una sociedad **cooperativa y solidaria** -con interdependencia de los miembros que la forman-, el establecimiento de estrategias sexuales entre ambos sexos de carácter **extensivo y vitalicio**, el cambio de las relaciones endógenas de las unidades reproductoras, que además de reproductivas se hacen **subsistenciales** y el empleo de una **división social del trabajo** son los rasgos distintivos que identifican el comportamiento humano. No obstante, como antes señalé, la formación de una sociedad solidaria surge a partir de la implantación de dicha cualidad en las unidades que la componen; y para ello, como acabo de mencionar, es preciso que la formación de unidades estables se expliquen por una relación sexual que yendo más allá del aspecto reproductor sea también de carácter subsistencial. Este hecho tiene gran trascendencia en tanto en cuanto supone una alteración de las pautas básicas de conducta subsistencial, que se expresa en la totalidad de los animales como la satisfacción inmediata del instinto, que en el aspecto alimentario se traduce en la ingesta de los productos de consumo en el lugar y momento de su obtención. Como la solidaridad implica compartir, un acto subsistencial solidario significa el compartimiento del alimento, para lo cual han sido necesarias dos acciones elementales: la **posposición de su consumo** y su **traslado**. Esto supone una innovación humana absoluta con respecto al resto del ámbito primate y que, curiosamente -por imperativos estructurales-, aparece en las sociedades *solidarias* de insectos, que también posponen y trasladan su alimento.

Continuando con el aspecto alimentario, la dieta humana se caracteriza por ser omnívora, existiendo sociedades que, desde una dieta estrictamente vegetariana a otras que son esencialmente carnívoras, abarcan una amplia gama de dietas intermedias. Sin embargo, un hecho básico caracteriza la conducta subsistencial humana: la introducción regular y relativamente abundante del **componente cárnico**. Esta circunstancia, cuando se realiza sobre presas de tamaño relevante genera una serie de restos que, debido al acto de su **transporte reiterado al mismo lugar**, causan un registro detectable y definible de modo arqueológico.

Si tuviésemos que definir filogenéticamente las conductas solidarias, partiendo de sociedades coordinadas y semi-cooperativas, lo haríamos derivando de éstas las formas solidarias no jerárquicas y jerárquicas correlativamente (Figura 33). En este caso no se aplican criterios ecológicos porque las conductas solidarias, que surgen como estructuras destinadas a superar las constricciones medio-ambientales, no se ven sometidas del mismo modo que el resto de comportamientos a los imperativos físicos del medio. La prueba más evidente de ello lo constituye que la organización solidaria y con ella nuestra especie se ha adaptado a todo tipo de hábitats y ecosistemas del planeta, siendo un modo de reacción sumamente positivo y llevándonos como especie al éxito evolutivo.

3. LOS HOMINIDOS PLIOCENICOS Y EL BIPEDISMO COMO INICIO DEL PROCESO DE HOMINIZACION.

A continuación se presentan los géneros de homínidos existentes a lo largo del periodo que nos ocupa. Tras una sucinta exposición de los principales rasgos diagnósticos de cada uno de ellos y una somera discusión de sus relaciones filogenéticas -sin intención de extenderme en ninguna de las polémicas generadas en el seno de ambas cuestiones paleontológicas-, me ocupo directamente del principal rasgo adaptativo que todos ellos comparten y que resulta exclusivo de la familia de los homínidos: la incorporación del bipedismo como sistema locomotor regular. Mi intención es explicar esta innovación no desde un punto de vista de los cambios anatómicos que produce en el fenotipo, sino desde una consideración conductual. El bipedismo superó los criterios de la selección natural no sólo porque pudiera aportar ventajas funcionales, sino debido a que ocurrió en el seno de una especie cuyo comportamiento así lo permitió.

3.1- DIFERENCIACION DE LOS TIPOS DE HOMINIDOS EN EL PLIOCENO.

En las postrimerías del siglo XIX la Antropología y el evolucionismo académico postulaban, basándose en las características físicas, que la similitud entre los seres humanos y los antropomorfos se debía a una escisión pretérita de un tronco común. Desde entonces y hasta hace algo menos de dos décadas, la comunidad académica estableció un modelo filogenético de evolución basado en la concepción de que la separación entre los homínidos y los antropomorfos africanos se produjo en un momento tan temprano como hace casi 15 m.a.. Esta etapa, que puede considerarse "premolecular" por anteceder al empleo de los estudios moleculares en el discernimiento de la mencionada escisión, tuvo como gran soporte material el tratamiento otorgado a los restos fósiles atribuidos al género *Ramapithecus*. En un principio, cuando Simons y Pilbeam propusieron en 1963 su calidad de antecesor homínido, los restos existentes eran escasos y fragmentarios -dos secciones de un maxilar superior- lo cual no impidió observar rasgos "humanoides" en la morfología de los dientes y en una hipotética reconstrucción parabólica del arco dentario. A lo largo de la década siguiente, y sin disponer de ningún resto postcraneal atribuible con seguridad a este género - ¡sorprendentemente !- su simple estatus de homínido - y la ecuación de a menor prognatismo y una reducción de los dientes anteriores, mayor uso de las manos, lo que equivale a una tendencia a la bipedia (Simons & Pilbeam, 1965)- provocó que se le concibiese como un animal bípedo, cazador, fabricante de herramientas y de vida social compleja. En definitiva, esta concepción se mantuvo a partir del análisis de la morfología dental y mandibular.

Sin embargo, la reconstrucción posterior de la mandíbula del *Kenyapithecus* -denominación que Leakey otorgó al ramapitecido encontrado en Kenia- demostró que la dentadura era casi recta en vez de curvada como la del hombre moderno, con lo que la hipotética forma parabólica del arco dentario del *Ramapithecus* dejó de mantenerse (Andrews & Walker, 1973). A partir de entonces, sucesivos descubrimientos y nuevas valoraciones pusieron en entredicho las premisas sobre las que se asentaba el estatus de homínido concedido al ramapiteco. En 1976 se descubrió en Potwar (Paquistán) una mandíbula de ramapitécido entera y su morfología venía a corroborar la observación de Andrews & Walker sobre la forma recta de la arcada dentaria. Esto lo demostraría de un modo definitivo el hallazgo en 1980 en Turquía y en 1982 en Paquistán de restos de la cara del *Sivapithecus*, que mostraban su estrecha similitud con el gran primate asiático moderno, el orangután. Puesto que siempre se había relacionado la proximidad evolutiva, a tenor de la aparición de rasgos comunes, entre ambos géneros -ramapitecos y sivapitecos- establecer una semejanza morfológica tan próxima al orangután significaba que *Ramapithecus* se habría encaminado también por dicho sendero. Esto suponía negar la condición de homínido observada en él con anterioridad y admitir que ninguno de los rasgos que se habían manejado tradicionalmente en la diagnosis elaborada para su estudio había sido determinante (de Bonis, 1981).

Al relegar al ramapiteco a un antecesor de la linea póngida primitiva, el registro fósil se mostró exento de restos que pudieran atribuirse a presuntos homínidos. Ante esta situación la comunidad debía reconocer que aún no se habían encontrado - improbable- o que no se disponía de restos atribuibles a homínidos en un periodo tan antiguo porque éstos no habrían existido hasta un momento más tardío. Esta última posibilidad fue la que puso de relieve la fase "molecular" de los estudios evolutivos. En 1962 Goodman comparó las secuencias de aminoácidos de la albúmina de los simios superiores, incluyendo al ser humano, y observó el profundo parentesco que presentaban el chimpancé, el gorila y el hombre por un lado, y el gibón y el orangután por otro. Algo más tarde, en 1967, Sarich & Wilson iniciaron un estudio que no sólo apoyaba las conclusiones del de Goodman, sino que venía a ampliarlo, fundamentándose en las propiedades inmunológicas para medir las diferencias de estructura de una misma proteina en las tres especies -chimpancé, gorila y hombre- con la finalidad de poder situar en el tiempo al ancestro común. Este tipo de análisis, fundamentado en la existencia de un reloj molecular en el proceso de alteración de las cadenas proteicas, se basa en que si se toman pares de especies con fechas divergentes a partir de un mismo antepasado, puede observarse que el número de diferencias en los aminoácidos está relacionado con el tiempo transcurrido desde la escisión de dicho ancestro. Estos relojes moleculares permiten a priori averiguar los tiempos de divergencia sin la necesidad de poseer una documentación fósil. Pues bien, la medición realizada entre las diferencias que muestran los aminoácidos humanos y los de los grandes simios africanos concluyó con un resultado sorprendente: a pesar de nuestras diferencias morfológicas, somos virtualmente idénticos. La divergencia media entre humanos y póngidos es del 0.8%, lo que corresponde según el reloj molecular tan solo a 5 m.a. desde la escisión a partir de un ancestro común.

Más reciente aún, en la década de los ochenta, Sibley & Ahlquist (1984), analizando la secuencia de nucleótidos de segmentos de ADN -mejor indicador de las diferencias genéticas que el análisis de los aminoácidos de las proteinas-, en un proceso analítico que recibe la denominación de "hibridación de ADN", concluyeron que el modelo de separación evolutiva de los antropomorfos correspondió al gibón en primer lugar, seguido del orangután, el gorila se habría separado a continuación, siendo el último punto de divergencia el marcado por la división de chimpancés y homínidos a partir de un antecesor común. En este sentido, el estudio de la hibridación de ADN venía a corroborar los análisis comparativos de la diferenciación de aminoácidos de las proteinas. Tan solo se distanció de éstos en lo concerniente a la fecha concedida a la divergencia entre homínidos y pánidos, que la situaron entre 7 m.a. y 8 m.a..

Conjuntando ambas opciones extremas -5 m.a. y 8 m.a.- el consenso mayoritario alude a 6 m.a. como la fecha más indicada, que curiosamente coincide con el final del Mioceno, con un cambio climático y con la eclosión de los paisajes abiertos de las praderas pliocénicas, que constituyeron el surgimiento de una panoplia de presiones selectivas que provocaron nuevos modos de adaptación. No resultaría temerario - antes bien, todo lo contrario- pensar que una cualidad tan intrínseca a la definición de homínido como es la aparición del bipedismo podría muy bien haber surgido en ese momento, para hacer frente a dichos criterios selectivos. Esto podría recibir mayor argumentación del hecho de que los restos más antiguos de homínidos que se han descubierto -los pertenecientes a *Australopithecus afarensis* - ya muestran su condición de bípedos.

Actualmente existe, pese a las discrepancias en torno a su especificidad, un consenso académico sobre las formas y tipos de homínidos que surgen en el Plioceno. Estos se agrupan en torno a tres géneros: *Australopithecus, Paranthropus* - aunque aprovecho para decir que haré uso en este trabajo de dicho término no por convicción de su carácter genérico (los rasgos mandibulares y craneales que se aducen son explicables a nivel intragenérico), sino porque tal es el estado consensuado en estos momentos, desde un punto de vista académico (Domínguez-Rodrigo, 1992)- y *Homo*. La especie más antigua incluida dentro del primer género es el *Australopithecus afarensis* . A dicha especie pertenecen los restos fósiles encontrados en Laetoli (Tanzania), Hadar (Etiopía), Koobi Fora (Kenia) y Omo (Etiopía), con una antiguedad comprendida entre los 3.7 m.a. y 3 m.a.. El morfotipo de *Australopithecus afarensis* posee en términos básicos los siguientes rasgos diagnósticos. A nivel mandibular, la arcada dentaria mantiene una forma de U como la de un antropide, con la salvedad de que el último molar se adentra hacia la zona lingual dando un aspecto ligeramente curvado, se mantiene el diastema entre los caninos e incisivos -y a veces entre los incisivos y los premolares- en la mandíbula, como ocurre en los antropoides -aunque es más reducido-, el canino se muestra intermedio desde el aspecto morfológico entre el de un chimpancé y el de los homínidos posteriores y el primer premolar mandibular posee un metacono prominente, a diferencia de los antropoides en los que apenas existe y del género humano en el que alcanza casi las dimensiones del protocónido. En el aspecto craneal se caracteriza por una bóveda con una capacidad que oscila entre los 380 y los 450 cc. y una fosa glenoidea ancha y poco profunda. En lo concerniente al esqueleto poscraneal *Australopithecus afarensis* se muestra bípedo -con toda la transformación anatómica que semejante cambio de locomoción requiere- pero con una serie de rasgos morfológicos, como son la forma de la escápula, de los huesos de las manos y de los pies y la orientación de la tibia, que están más próximos a los antropoides que a los humanos (Aiello & Dean, 1990).

El aspecto que presentaba esta especie era el de un primate erecto con unas extremidades inferiores relativamente cortas y unas extremidades superiores, en comparación, bastante más largas. Sus dimensiones corporales oscilarían entre 1.10 m. y 1.50 m., de acuerdo con el estudio de las proporciones del fémur y con el análisis de las huellas fósiles de Laetoli (Leakey & Hay, 1978).

Algunos investigadores pretenden que tras el morfotipo que define a *Australopithecus afarensis* se esconden en realidad dos especies. El fundamento de una aseveración semejante reside no en la distinción en los restos fósiles de rasgos novedosos sino en términos básicos de variaciones dimensionales y algunas alteraciones somáticas propias de la reestructuración proporcional, que muy bien pueden ser diferencias alométricas, explicadas mediante un proceso de dimorfismo sexual (Johanson & White, 1979). Un hecho que apoyaría esta opción sería el yacimiento paleontológico AL 333 en Hadar (Etiopía), en donde se encontraron en un mismo nivel de limo restos fósiles pertenecientes a 13 individuos. Entre éstos unos son de tamaño grande y otros de dimensiones más reducidas. Su aparición en el lugar donde fueron descubiertos en una cantidad tan ingente resulta enigmática. Si su incorporación al registro tuvo lugar de modo catastrófico, lo cual implicaría una deposición sincrónica, resulta obvio pensar que los restos pertenecen a la misma especie, ya que sería contradictorio pensar que dos especies convivieron de un modo tan próximo como para ser sepultadas por un mismo evento. La otra posibilidad es que la deposición de dichos homínidos hubiera tenido lugar de modo diacrónico, con lo cual - desechando la hipótesis de lugar de muerte natural, ya que ni el tipo de restos ni el número de individuos cumplen las condiciones de semejante circunstancia (Behrensmeyer, 1983)- lo más lógico es pensar que su acumulación se debió a un agente carnívoro, circunstancia que justificaría la falta de elementos poscraneales, estando sólo representados por piezas de las manos y de los pies. Sin embargo, a esta hipótesis se le puede objetar el hecho de que no existen marcas de carnívoros en los mismos, que provienen tan solo de un nivel estratigráfico de escasa potencia y que en caso de ser cierto se trataría -lo cual resulta a todas luces improbable, desde el punto de vista trófico- de un predador especializado sólo en la captura de homínidos, puesto que no existen otros restos de macrofauna en dicho contexto. Por otra parte no existiría una diferencia dimensional relevante entre ambos sexos, circunstancia que un análisis comparativo con los antropoides, con los homínidos posteriores y con las huellas de Laetoli contradice.

Por consiguiente, en este trabajo defenderé, siguiendo el consenso académico actual, a los restos de homínidos del Plioceno medio -entre 3 y 4 m.a.- como pertenecientes a un solo morfotipo: *Australopithecus afarensis.*

La segunda especie de este género, el *Australopithecus africanus,* definido a través de los restos fósiles encontrados en los yacimientos sudafricanos de Taung, Makapansgat y Sterkfontein, datados entre 3 m.a. y 2.5 m.a., posee una serie de rasgos diagnósticos ligeramente distintos de *Australopithecus afarensis.* En el aspecto dental y mandibular, la arcada dentaria presenta una forma más parabólica y abierta -en la que el eje molar se muestra menos recto- y aparece un proceso de molarización más acusado que en su antecesor, el diastema entre los caninos e incisivos desaparece y éstos disminuyen de tamaño. En el aspecto craneal, la fosa glenoidea sigue siendo superficial como en *Australopithecus afarensis,* pero presenta algunas protuberancias, en una bóveda craneal que oscila en torno a los 400 cc. y 500 cc (Aiello & Dean, 1990).

En lo referente al esqueleto poscraneal, *Australopithecus africanus* mantiene las mismas características que *Australopithecus afarensis* en la escápula y el húmero, con unas proporciones de las extremidades superiores mayores que en las extremidades inferiores. Tan sólo la pelvis se muestra algo distinta -si es válida la comparación de sólo dos ejemplares: AL 288-1 (*A. afarensis*) y Sts 14 (*A. africanus*)- aportando como novedad que la superficie articular del acetabulum es más circular y próxima en estructura a la humana que a la antropoide, en contra de lo que ocurre en el *Australopithecus afarensis.* La longitud acetábulo-púbica de la pelvis del australopiteco africano muestra la misma anchura que la pelvis del australopiteco afarense, con respecto a las dimensiones pélvicas globales. Sin embargo, el canal pélvico difiere en la forma, siendo menos elíptico que en su antecesor y más redondeado; característica próxima a la pelvis humana (Aiello & Dean, 1990).

El aspecto de *A. africanus* sería muy similar al de *A. afarensis* , con unas proporciones intermembrales parecidas, unas dimensiones dentro de un mismo margen de variación -1.10 m. y 1.50 m.- y unos hábitos de locomoción idénticos. Podría pensarse, como hace Tobias (1980), que las diferencias somáticas observables en los restos de australopitecos de Hadar y Laetoli no son suficientes para establecer una diferenciación a nivel específico y que los restos de Africa del Este son sólo una expresión antigua de los australopitecos africanos meridionales. Esta posibilidad, aún cuando pudiera ser cierta, no se tendrá en cuenta en este trabajo, pues en el caso de ser cierta, dada la gran similitud entre ambos conjuntos de fósiles, las inferencias conductuales no resultan distorsionadas, como veremos más adelante.

Con respecto al género *Paranthropus* -en el que también he de manifestar que pese a la diferenciación específica múltiple que realizan varios autores no existen, a mi juicio, criterios somáticos que no puedan explicarse a nivel subespecífico- su estudio se basa en los restos fósiles encontrados en Omo (Etiopía), Koobi Fora (Kenia), Nachukui (Kenia), Olduvai (Tanzania), Peninj (Tanzania), Kromdraai (Sudáfrica) y Swartkrans (Sudáfrica). El rasgo diagnóstico más distintivo es una mandíbula parabólica robusta, más redondeada que en los australopitecos, en la que el proceso de molarización alcanza su mayor expresión, existiendo una ampliación de las dimensiones de la dentición posterior en detrimento de la dentición anterior, mucho más reducida. La anchura entre los cóndilos mandibulares se incrementa, como resultado de un cráneo de mayores dimensiones que aparece reestructurado morfológicamente, con un arco zigomático más marcado, cresta sagital en algunos ejemplares y fosa glenoidea más profunda que en los australopitecos. El esqueleto poscraneal muestra diferencias genéricas a nivel dimensional y morfológicas en algunos caracteres de la pelvis. Por ejemplo, la lámina ilíaca es más ancha que en los *Australopithecus* y en consecuencia posee una mayor proyección por encima de la superficie auricular (Aiello & Dean, 1990).

Su aspecto más robusto mostraría un tamaño variable, en un espectro de medidas que se extienden de 1.10 m. a 1.50 m., con una proporción intermembral similar a las de los australopitecos; es decir, extremidades inferiores cortas y extremidades superiores más largas. Su mayor robustez le conferiría un peso medio mayor -el de *Australopithecus* oscila entre 30 y 40 kg.- situado en torno a los 40 o 50 kg (Jungers, 1988).

El tercer género mencionado, *Homo,* representado en el Plioceno por una especie (*Homo habilis*) -aunque algunos autores insisten en la presencia de más de una (Stringer, 1984; Wood, 1992)- se define diagnósticamente en los restos fósiles encontrados en Olduvai (Tanzania), Koobi Fora y Chemeron (Kenia), y Swartkrans (Sudáfrica) a través de los siguientes rasgos. En el aspecto mandibular y dental, la estructura de la mandíbula manifiesta una forma más grácil que en los otros homínidos, la distancia entre los cóndilos mandibulares es relativamente más amplia y la arcada dental, además de adoptar una forma parabólica, se reduce en longitud en su sección anterior y aumenta la anchura en la sección posterior entre ambos premolares. El primer premolar

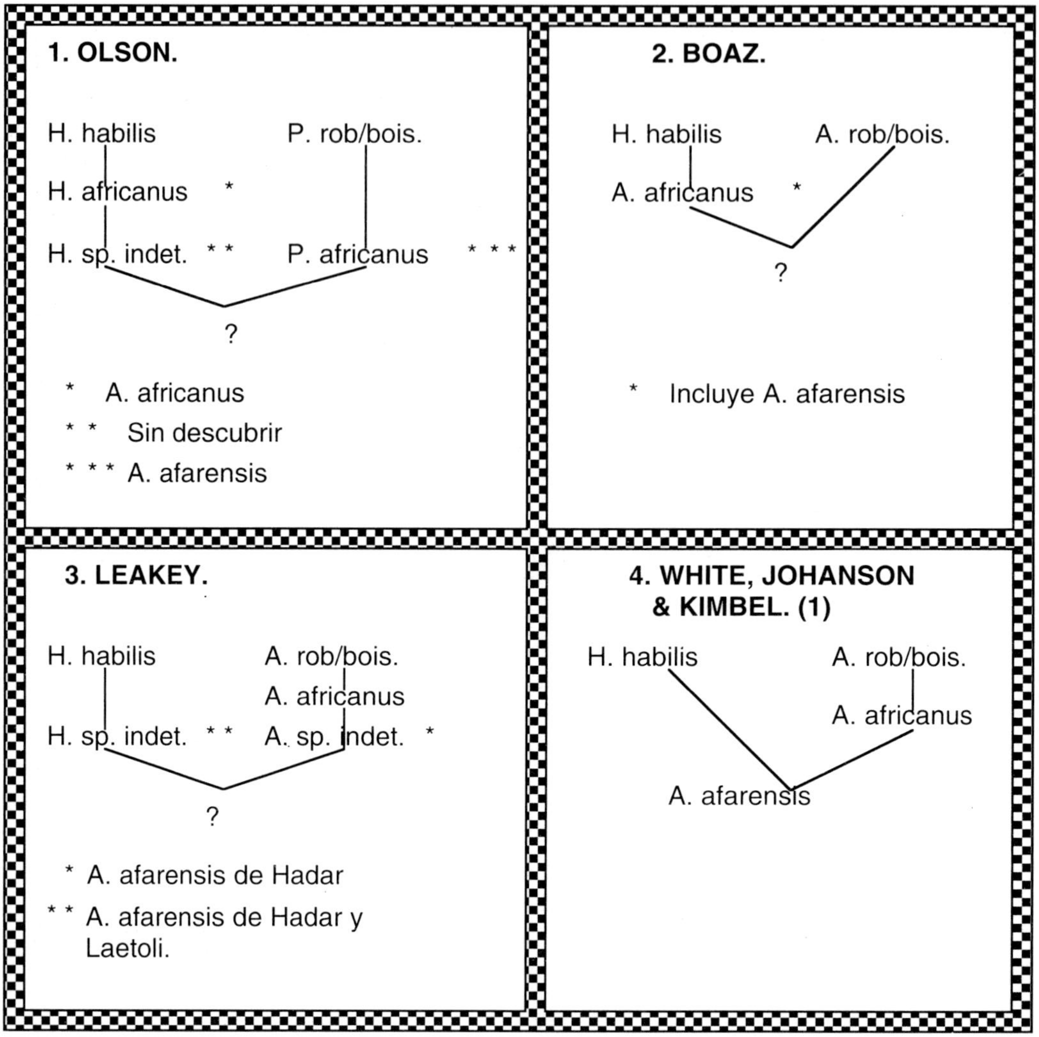

FIG. 34. *Algun as de las propuestas filogenéticas de los homínidos.*

inferior posee la corona más estrecha y los molares inferiores presentan el diámetro bucolingual más reducido de todos los homínidos pliocénicos. En su aspecto global, la dentición de *Homo* es más pequeña que la de *Paranthropus* y la de *A. africanus* , asemejándose en proporciones en una parte del dentario a la de *A. afarensis.* En lo concerniente a su capacidad craneal *H. habilis* mantenía una cifra que oscilaba entre los 600 y los 800 cc., en un cráneo cuya morfología neurocraneal se ve alterada por el incremento de dichas proporciones, y que mostraba un prognatismo bastante más reducido que *Australopithecus y Paranthropus* y una prominencia zigomática también menor. En el esqueleto poscraneal se observan algunos cambios del mismo modo importantes. En la pelvis, la morfología del ilium y del isquium es bastante más próxima a la de nuestra especie en la actualidad que a la de los australopitecos. Tanto la proporción ilíaca como la longitud del isquium y su estructura, el tamaño del acetabulum y la posición del área articular sacroilíaca son rasgos idénticos a la morfología de la moderna pelvis humana. El aspecto que presentaría *H. habilis* sería más humano que el de los otros homínidos, al poseer tal vez una dimensión corporal ligeramente mayor y al ser el índice intermembral distinto (Aiello & Dean, 1990).

conjunto de caracteres ofrece la posibilidad de establecer una diferenciación entre aquéllos que son heredados -y, por consiguiente, más antiguos -y los que son innovados -*ergo,* más modernos-. Este tipo de acercamiento permite elaborar filogenias a partir de cladogramas de una manera más fidedigna.

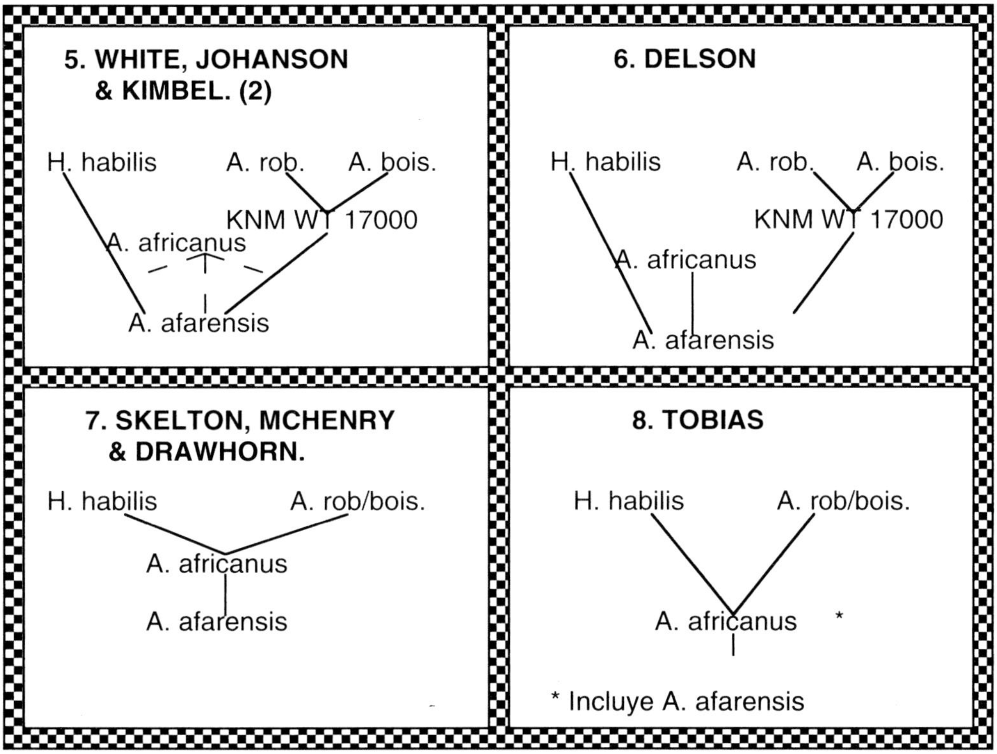

FIG. 35. *Otras delas principales reconstrucciones filogenéticas aludidas en el texto.*

Una vez observadas estas características vamos a ver cómo se relacionan las distintas especies contenidas en dichos géneros, dentro de un marco de filiación genética. Tradicionalmente las relaciones filogenéticas entre homínidos se han establecido ateniéndose a rasgos fenotípicos y a criterios cronológicos. En la actualidad se dispone del análisis cladístico -formulado por Hennig en 1966- que puede definirse como un conjunto de criterios utilizados para seleccionar los rasgos apropiados en los fósiles y utilizarlos de un modo correcto para establecer relaciones evolutivas de descendencia. Los únicos caracteres útiles para reconstruir relaciones filogenéticas son aquéllos que son compartidos y derivados. Desde esta consideración, la elección de un

Si nos fijamos en las figuras 34 y 35, que engloban los principales árboles filogenéticos propuestos, el primero de ellos (Olson, 1981) establece una relación evolutiva en la que coloca a *A. afarensis* -denominado *P. africanus* - como antecesor de los parántropos robustos posteriores, y a una especie de *Homo* , aún por determinar, como antecesor de *A. africanus* --al que el autor incluye dentro del género *Homo*-, que a su vez es antepasado de *H. habilis.* Este análisis filogenético se basa en su mayor parte en el estudio de determinados rasgos craneales. Sin embargo, éstos están sujetos a alteraciones en el proceso de desarrollo y existe una variabilidad importante de los mismos a nivel intraespecífico. Podría objetarse a este análisis la escasa consideración de la mayor parte de los rasgos somáticos, estableciendo una filogenia a partir de una gama reducida sobre la que pueden existir sesgos (Skelton, McHenry & Drawhorn, 1986).

Boaz (1983) propone un árbol evolutivo distinto. Englobando a *A. afarensis* dentro del morfotipo de *A. africanus,* dispone a ambos como antecesores de *H. habilis* y a las formas robustas las sitúa al margen, en una linea evolutiva cuyo punto de escisión estaría marcado a comienzos del Plioceno. La objeción a esta filogenia reside en que se centra exclusivamente en los rasgos derivados no compartidos, olvidando la cantidad de caracteres que los parántropos tienen en común con *A. africanus y H. habilis,* que dada su importancia, indica con bastante probabilidad que dicha escisión es mucho más reciente y que su relación filogenética debe ser más próxima.

En la misma linea de divergencia temprana del género *Homo* se sitúa la filogenia propuesta por Leakey (1981), al establecer una línea evolutiva que arrancaría de una división temprana de *Homo sp.* -representado por una parte de los restos de australopiteco afarense de Hadar y Laetoli-, que conduciría directamente a *H. habilis* y en la rama de los australopitecos de *A. afarensis a A. africanus,* antecesor a su vez de *A. robustus/boisei.* Dicha asunción reposa en que la variabilidad dimensional observada en *A. afarensis* -que como aludí con anterioridad es perfectamente explicable en términos de variación alométrica- indica la presencia de más de una especie. Tampoco se toma en cuenta la cantidad importante de rasgos en común que mantienen *H. habilis* y los parántropos robustos, que indicaría que *Homo* no pudo anteceder a *A. africanus.* Por otra parte, desde el punto de vista de la evidencia fósil, no existe ninguna indicación de que *Homo* sea anterior a los australopitecos.

La propuesta de White, Johanson & Kimbel de 1981 -previa al descubrimiento del KNM-WT 17.000- situaba a *A. afarensis* como antecesor de *H. habilis y A. africanus* -cuyos descendientes eran las formas robustas- incurriendo también en el error de excluir la cantidad de rasgos que *A. africanus, P. robustus/boisei y H. habilis* comparten. Cuando éstos se incluyen resulta que los caracteres comunes entre *A. africanus y Paranthropus* se limitan al proceso de molarización y a los rasgos dentales. También se basa en las semejanzas entre *H. habilis y A. afarensis,* sin tener en cuenta las que existen entre *H. habilis y A. africanus.* Tras el descubrimiento de los restos de parántropos de cronologías próximas a los 2.5 m.a., Johanson et al. (1988) tuvieron que reajustar su esquema, desplazando a *A. africanus* de la línea antecesora de las formas robustas y colocando en su lugar al hipodigma representado por el KNM-WT 17.000. El problema con su nueva propuesta reside en que no se definen con claridad en torno a la ubicación filogenética de *A. africanus.* Este puede ser el antecesor directo de *Homo* o constituir una rama colateral extinta que no dio lugar a descendencia evolutiva de ningún tipo. En caso de ser ésta la opción, su esquema filogenético sería el mismo de Delson, que sitúa a *A. africanus* en un punto de escisión coetáneo en términos evolutivos del de *Homo y Paranthropus.*

Estas razones y la formulación de un análisis comparativo de tipo filogenético basado en 69 caracteres, condujo a Skelton, McHenry & Drawhorn (1986) a elaborar una propuesta en la que *A. afarensis* es el antecesor de *A. africanus,* que marcará el punto de escisión entre las formas robustas y el género *Homo.* Esta filogenia, tal vez más acorde con las diferencias observadas entre las distintas especies, es muy similar a la que mantiene Tobias (1980), con la salvedad de que éste no establece diferenciación específica entre *A. afarensis y A. africanus.*

Como puede observarse, la mayor parte de las propuestas mantienen concepciones filogenéticas muy similares, en las que partiendo de *A. afarensis* existe una dirección evolutiva marcada por los *Paranthropus* y otra definida por el género *Homo,* existiendo las divergencias entre una y otra opción en el lugar que le corresponde a *A. africanus,* bien como eslabón intermedio entre ambos géneros y *A. afarensis*

(Tobias, 1980; Skelton, McHenry & Drawhorn, 1986), bien como antecesor de *H. habilis* (Boaz, 1983) o bien como una rama evolutiva marginal extinta (Delson, 1978).

Sin embargo, estas dificultades no suponen un obstáculo insalvable para el estudio de los modos conductuales que voy a tratar más adelante. Para evitar adoptar una u otra filogenia, mi posición será la de centrarme por orden cronológico en los siguientes episodios y homínidos:

Episodio A: De 4 a 3 m.a.. Estudio de *A. afarensis*.
Episodio B: De 3 a 2.5 m.a.. Estudio de *A. africanus*.
Episodio C: De 2.5 m.a. en adelante. Estudio de *Paranthropus* y *Homo*.

Sin embargo, antes de pasar a desarrollar dicho estudio considero necesario llamar la atención sobre el análisis conductual de uno de los elementos esenciales de la evolución humana y que marca el primer hito con el surgimiento de los homínidos: la aparición del bipedismo. La razón de semejante alusión no es otra sino la necesidad de enfocar a través de los modos adaptativos de comportamiento el éxito evolutivo de un rasgo que siempre ha sido tratado desde su funcionalidad, y que en realidad constituye el primer carácter propiamente humano, con respecto al resto del ámbito primate. Es un rasgo, cuya incorporación supone una compleja reestructuración esquelética, que sienta las bases del sendero evolutivo que condujo a nuestra especie. Sin embargo, su aparición en un momento tan temprano, cuando la sabana se encontraba en plena eclosión, tuvo que suponer una adquisición evolutiva ventajosa, por permitir a los incipientes homínidos ser aceptados por un ecosistema en principio hostil a los primates superiores y diversificarse en términos específicos, con el paso del tiempo. Puesto que parece ser el primer rasgo incontrovertido que separa a los homínidos de los antropoides, y entronca directamente con la aparición de los primeros, considero oportuno dedicar el resto del capítulo a exponer las diversas interpretaciones que de él se han hecho y contextualizarlo dentro de un proceso adaptativo que pudo tener mucho que ver con determinadas manifestaciones conductuales.

3.2- LA LOCOMOCION BIPEDA: ELEMENTO ESENCIAL EN EL PROCESO DE HOMINIZACION.

El bipedismo constituye el único rasgo diagnóstico no controvertido que separa el linaje de los homínidos del de los póngidos e hilobátidos. Como muy bien indica Stephen Jay Gould (1983), que lo califica como nuestro *mayor paso evolutivo,* la verdadera sorpresa en este aspecto de la evolución es la postura erguida; es un acontecimiento difícil y un cambio complicado de la anatomía. No es un logro fácil. Requiere una compleja reconstrucción de todo el cuerpo, pero en especial del pie, de la pelvis y de las piernas, que deben fortalecerse y agrandarse. Requiere también que el corazón, los pulmones y las demás vísceras estén suspendidas en el interior del tórax y del abdomen. Mas esto último ya lo habían logrado los primates. Efectivamente, los ágiles prosimios, provistos de miembros posteriores largos y musculosos, saltan de un árbol a otro y pasan mucho tiempo agarrados verticalmente a los troncos. Los hilobátidos se desplazan por debajo de las ramas, colgados de sus brazos largos y braquiando. Cuando se mueven por el suelo caminan de vez en cuando en posición vertical, con lo que dicha tendencia a la verticalidad ha dejado una huella evidente en la anatomía del grupo. De esta manera puede entenderse que las modificaciones del cráneo y de la columna vertebral se hayan ajustado a los imperativos de la postura erguida, de modo que los otros primates ya tenían la base física que pasarían a heredar los homínidos arcaicos.

A pesar y a partir de esa base, la transformación exigida por el bipedismo es amplia. Tal y como subrayó Rayner (1986), si se comparan las medidas relativas del brazo y de la pierna de los primates por medio del índice de intermiembros -equivalente al cociente entre la medida del brazo y la medida de la pierna por una constante, generalmente la centena- se observa una clara progresión desde la proporción de los prosimios a la de los simios. Sin embargo, el ser humano es una excepción. De acuerdo con el índice de intermiembros, el ser humano, físicamente, está más cerca de los prosimios que de sus parientes primates más cercanos. La razón de ello es la bipedestación, que exige piernas largas y próximas -con el consiguiente trastorno obstétrico- y un pie adaptado como soporte del peso y fuerza corporal. También la pelvis debe sufrir una prominente alteración; se hace más estrecha y posee una musculatura propia, los glúteos, que actúan para hacerla girar de la mejor manera, de modo que la marcha a dos piernas sea correcta.

Estos cambios físicos importantes han sido objeto de estudio desde hace mucho tiempo por parte de la comunidad paleoantropológica que, pese a sus esfuerzos, siempre ha tratado esta cuestión de un modo parcial. Actualmente se reconoce que la aparición del bipedismo supuso uno de los pasos más importantes de la evolución humana y, sin embargo, el tratamiento de su estudio sigue siendo deficiente en lo concerniente a la situación de sus orígenes y a su éxito evolutivo. El motivo de semejante circunstancia reside en la notable falta de desarrollo de las premisas esgrimidas a lo largo de décadas para su exégesis y en la más que aparente confusión por parte de algunos autores de los criterios manejados para la elaboración de modelos explicativos, que en su mayor parte adolecen en la actualidad de cierta obsolescencia. El modo correcto de acercarse al estudio del bipedismo debería partir del reconocimiento de la existencia de dos áreas complementarias de investigación -la somática, en términos físicos, y la adaptativa, en términos selectivos-, perfectamente independientes la una de la otra, a pesar de su evidente relación. La aparición de la postura erguida supone lógicamente una alteración del fenotipo, que se traduce en una reestructuracón somática cuya explicación debe buscarse dentro del campo de la Biología evolutiva. No obstante, una cuestión esencial es la interpretación de su origen en términos fenotípicos y otra distinta -pero igual de relevante- es el intento de desentrañar la sutil red de factores selectivos que hicieron de la bipedestación un rasgo evolutivo ventajoso. Es precisamente en esta línea de investigación en la que deben orientarse los esfuerzos a la hora de elaborar modelos teóricos de interpretación que sean capaces de evaluar el tipo de selección al que se vio sometido tan innovador sistema de locomoción.

La confusión de ambos enfoques, una concepción mecanicista del proceso de hominización y la adhesión lógica al paradigma darvinista ortodoxo-con la consiguiente acepción gradualista- condujo a algunos paleoantropólogos británicos y americanos de la década de los treinta a interpretar el bipedismo como el resultado de un proceso paulatino y progresivo que habría impulsado a ciertos primates del Mioceno a ir abandonando poco a poco la postura cuadrúpeda e ir adoptando una pose bípeda cada vez más perfecta (Smith, 1920; Morton, 1922; Gregory, 1916-49). Algunos pensaron incluso que la braquiación de los hilobátidos era un precedente claro, ya que predispone anatómicamente para la adopción de un sistema de locomoción bípedo (Keith, 1922; Gregory, 1916-49). A partir de la década de los cincuenta -y aunque esta última aseveración se puso en tela de juicio- la visión sobre el origen del bipedismo seguía siendo gradualista. Se intentaron hallar modelos intermedios y se acudió a la postura locomotriz del chimpancé y del gorila (Washburn, 1950). Se puso de relieve la frecuencia con la que los simios superiores se erguían, siendo bípedos esporádicos (Strauss, 1962), dando lugar a la aparición de la hipótesis de la "locomoción sobre nudillos" como perfecto paso intermedio entre un modo de locomoción cuadrúpedo y otro bípedo (Tuttle, 1967).

Junto con esta concepción gradualista iba emparejada una visión evolutiva de carácter reduccionista que hacía derivar los procesos más relevantes de la evolución de los homínidos los unos de los otros. De esta manera se postuló -y durante mucho tiempo tal tesis echó raíces entre los miembros de la comunidad paleoantropológica- que las tres características físicas distintivas del ser humano -el bipedismo, el desarrollo macroencefálico y la utilización de herramientas líticas- se encontraban interrelacionadas y tenían un origen común. Mientras que unos pensaban que la encefalización desencadenó un cambio de locomoción que impulsó a la aparición de la tecnología, otros -la mayor parte- se inclinaban por la opción de que la encefalización precedió a la tecnología, la cual en la necesidad de su transporte originó la aparición de la postura erguida. De este modo un protohomínido, que empezaba a prestar atención a las ventajas que se podrían extraer de fabricar y disponer de herramientas, habría alcanzado un grado de desarrollo cerebral notable, que se realimentaba del impulso de trabajar con material lítico, y que luego transportaría de un lugar a otro. Esa necesidad de transporte podría considerarse como un incentivo que le impulsaría a adoptar una postura erguida, debido a la necesidad de disponer de las extremidades superiores libres, que de este modo se librarían de la función locomotriz. Finalmente, otros investigadores, en una concepción más darviniana, se mostraban más partidarios de que el bipedismo surgió como consecuencia de la terrestrialidad y fue el impulsor reflejo del crecimiento encefálico y éste, a su vez, de la aparición de la tecnología.

No resulta extraño, por consiguiente, que mientras que se concedía preponderancia al estudio biológico del bipedismo se relegase a un segundo plano la discusión de las presiones selectivas que habían propiciado su adaptación. A este respecto la posición adoptada -y aún plenamente utilizada- fue la de intentar explicar la aparición de la postura erguida desde el punto de vista de su funcionalidad; es decir, si la bipedestación había superado las restricciones de la selección natural habría sido porque tendría una utilidad funcional que otorgaba ventaja a quien dispusiera de ella. De esta manera existía el acuerdo bastante extendido de que la liberación de las extremidades superiores podría haber resultado ventajosa si se hubiesen empleado éstas en *modificar el medio* o en labores de transporte. A esta interpretación tan genérica le sucedieron hipótesis más explícitas que argumentaban a favor del transporte como causa de una mejora en la adquisición de alimentos, que sería la que a la postre habría conferido a semejante innovación la calidad de rasgo evolutivo ventajoso (Hewes, 1961; Napier, 1964). Esta interpretación, que ha sido revitalizada recientemente, se apoya en la hipótesis de la caza como incentivo principal para el transporte (Hewes, 1961; Lancaster, 1978; Fisher, 1982; Rose, 1984).

El descubrimiento de Lucy en 1974 en la región de Hadar (Etiopía), una hembra de Australopithecus afarensis datada en 3,2 m.a. con una capacidad craneal similar a la de un chimpancé y con un esqueleto postcraneal que demuestra que caminaba perfectamente erguida, y el descubrimiento fortuito algo más tarde de las famosas huellas de Laetoli, pertenecientes a las improntas que dejaron unos homínidos hace casi 4 m.a. y que mostraban su perfecta bipedia, se constituyeron en los elementos más relevantes para hacer tambalear la visión tradicional. En primer lugar, el bipedismo que observamos a través del registro fósil dejado por aquellos homínidos y el análisis de su anatomía ponen de relieve que la postura erguida, hace 4 m.a., se encontraba en un estado de perfección que contrasta con la visión gradualista que pretende la existencia de diversas fases transicionales hasta llegar a la misma y que dada la antigüedad de los restos se suponía en un estado incipiente y por consiguiente imperfecto. Hace 6 m.a. como mucho -si el reloj molecular funciona adecuadamente- se produjo la escisión de los pánidos y homínidos a partir de un antecesor que presumiblemente era cuadrúpedo. Tan solo 2 m.a. después los homínidos existentes mostraban un bipedismo prácticamente similar al que exhibe nuestra especie en la actualidad. Según esto, todo parece indicar que es muy probable que el origen de los homínidos y la génesis de la bipedestación estén estrechamente relacionados. De ser así habría que observar este sistema de locomoción no desde una consideración evolutiva tradicional -gradualismo filético- sino desde una visión evolutiva episódica -equilibrio puntuado- de carácter ontogenético; circunstancia que apoya el análisis de los posibles modelos teóricos intermedios, que entran en contradición con la situación del centro de gravedad, el cual debe ocupar una posición estable- bien cuadrúpeda o bípeda, pero en ningún caso una postura intermedia- para poder ejercer como centro rector de los efectos gravitatorios de un modo correcto (Basmajian, 1979). Un bipedismo que aparezca como una necesidad verdadera no puede ser un sistema de locomoción imperfecto ni siquiera en su comienzo. Es decir, la vieja y arraigada noción de la probable existencia de una postura semierecta en la que el animal se sostiene sólo por los pies es una imposibilidad mecánica, ya que cualquier ser bípedo debe estar completamente erecto para mantener el centro de gravedad de su cuerpo directamente encima de los pies que lo soportan (Carlsöö, 1972; Basmajian, 1979). Por tal motivo los primates sólo pueden adoptar tal actitud durante un tiempo limitado. Así pues, todo indica que de una cuadrupedestación similar a la de los póngidos se alcanzó un bipedismo que no requirió de imperfectas fases metamórficas.

Los descubrimientos de Hadar y Laetoli sirvieron además para detractar la interpretación reduccionista de los factores intervinientes en el proceso de hominización, al demostrar en primer lugar que el bipedismo había antecedido -y con un margen temporal sumamente amplio- a los primeros indicios de encefalización y a la aparición del utillaje lítico y que, por consiguiente, tampoco podían relacionarse causalmente dichos procesos puesto que en el *Australopithecus afarensis,* en el que la bipedestación estaba firmemente implantada, el volúmen endocraneal era como el de un póngido y los primeros indicios de aumento de tamaño no aparecen hasta más de 1 m.a. después, cuando la postura erguida podría contar con una existencia próxima -si se hace remontar su origen a la fecha de divergencia biomolecular- a los 4 m.a.

De esto se deduce que el bipedismo surge y se mantiene como una estrategia adaptativa independiente del resto de procesos que intervienen en la evolución de los homínidos, aun cuando constituya la base, que no la causa, de los mismos. Esta aseveración, que constituye un avance aportado por la investigación en los últimos años de gran magnitud, sirve para contextualizar mejor evolutivamente este sistema de locomoción, definir el marco referencial, y conocer las características físicas de los homínidos más antiguos que hacían uso de él, pero en realidad poco nos indica de las razones por las que supuso un triunfo adaptativo.

El problema a este respecto radica en que el éxito del bipedismo siempre se había explicado desde un punto de vista funcional, sin tener en cuenta que una funcionalidad sólo resulta inteligible dentro de un marco conductual concreto y éste, a su vez, depende del comportamiento social que lo propicia. Por consiguiente, todo intento de comprensión de este sistema de locomoción debe partir de un modelo explicativo de carácter social, dentro del cual pueda ponerse de relieve su teórica utilidad. En otras palabras, si el bipedismo hubiese surgido en el seno de un grupo social inserto conductualmente dentro de un hábitat donde un cambio de locomoción resulta innecesario podría haber pasado por ser un carácter negativo o neutro. Si se conjetura sobre su posible utilidad en los hábitats abiertos y se hace sólo desde su funcionalidad, seguiremos elaborando una interpretación desde una consideración incompleta puesto que el empleo de un sistema de locomoción de este tipo en tales hábitats sólo es posible si el comportamiento de los homínidos -generado a través de la organización social- así lo hubiese permitido. Por todo ello, los modelos explicativos que se elaboren deben considerar el aspecto social, el subsistencial y el funcional, en cuyo caso se estará interpretando desde la corrección que supone este tipo de modelos íntegros.

A la explicación tradicional de la superación de los criterios selectivos por medio de la capacitación para el transporte se le podría plantear el interrogante sobre el móvil de dicho traslado, para lo cual se haría necesaria una interpretación conductual. Debido a esta razón, en la década pasada hemos observado la implantación académica de una serie de modelos que sí tienen en cuenta el aspecto social de la conducta y que además consisten en una renovación y sofisticación de las propuestas anteriores, a las cuales se ha dotado de un armazón hipotético-deductivo más fuerte. Todos ellos -dos de los cuales, que veremos a continuación, son los más relevantes- tienen en común el intento de conjuntar los factores reproductivos y funcionales dentro de un esquema explicativo de tipo social que, sin embargo, se lleva a cabo en el análisis de las unidades básicas que integran los grupos: las asociaciones macho-hembra.

El primero de ellos, defendido por H. Fisher, parte de la idea de que el bipedismo fue un proceso de adquisición gradual, logrado en las áreas abiertas, que condujo tras su adopción a una reestructuración de las relaciones sexuales de los homínidos. El segundo modelo, propuesto por O. Lovejoy, mantiene todo lo contrario; es decir, un reajuste de las relaciones sexuales de los protohomínidos sería el que habría conducido a la incorporación del bipedismo. Ambos modelos, que parten de una concepción funcional del bipedismo tradicional, se engloban dentro de la línea interpretativa de los setenta, en la que los homínidos estaban considerados dentro de un marco conductual muy "humano". En último lugar, presento un tercer modelo, de elaboración propia, en el que, partiendo de un marco conceptual más reciente, intento explicar la aparición de la bipedestación en términos etológicos. Para ello, abandono el enfoque "nuclear" de Lovejoy y Fisher, excesivamente centrado en los cambios familiares, y adopto un enfoque "social", en el que intento explicar la adopción del nuevo sistema de locomoción a partir de las manifestaciones conductuales del grupo, como entidad compleja e interactiva.

3.3-EL CONTRATO SEXUAL.

La hipótesis del "contrato sexual" pretende poner de relieve, según su autora Helen Fisher (1982), que los cambios ocurridos en la sexualidad femenina fueron tan importantes para la evolución humana como la aparición del bipedismo, afirmación que comparte con la hipótesis de la "atracción epigámica" de Lovejoy que veremos posteriormente. Mientras que la práctica totalidad de mamíferos mantienen relaciones sexuales episódicas, reguladas por los periodos de estro que emite regularmente el reloj biológico reproductor, la especie humana está continuamente dispuesta a mantener este tipo de relación. Para Fisher (1982) la explicación reside en los cambios que condujeron a la aparición de los homínidos. El surgimiento del bipedismo trajo consigo una modificación de la pelvis que, según ella, habría reducido el canal obstétrico, con lo que los partos se habrían vuelto más difíciles. De entre las hembras algunas alumbrarían a sus crías de modo prematuro. Estas crías tendrían cabezas más pequeñas que traspasarían mejor el canal de nacimiento facilitando el parto y con ello la supervivencia de estas hembras. Sin embargo, al nacer la criatura de modo precoz habría precisado de muchos meses de cuidados, lo cual añadido a que las hembras tendrían menor movilidad que los machos -ya que por ser individuos bípedos no podrían transportar la cría a la espalda sino que tendrían que llevarla en regazo, lo que mantendría sus manos ocupadas- habría hecho preciso que alguien ayudara a la hembra y a su cría ahora que no podrían arreglárselas por si mismas. Es en este preciso momento cuando surge un pacto con los machos. Se trata del contrato sexual.

Según las premisas sobre las que se apoya esta hipótesis, las hembras, cuya actividad sexual estaría restringida a los periodos cíclicos de ovulación, podrían haber propiciado la aparición de dicho trato si algunas de ellas hubieran podido alargar su ciclo de estro y/o volver a entrar en celo poco después de un parto. Esta situación las predispondría para recibir las atenciones de un cortejo de solícitos pretendientes, existiendo en dicho proceso una selección a favor de los individuos con tendencia a vincularse, surgiendo en dicho proceso familias nucleares. De esta manera, la sexualidad habría sido la causante de la cooperación a través de un altruismo recíproco -sexo a cambio de alimento y atenciones- que habría favorecido a su vez un aumento de la fertilidad de los homínidos. El aspecto sexual se convierte de este modo en el motor generador de la vida social humana.

Sin embargo, si bien la hipótesis del "contrato sexual" sigue la pauta del incentivo femenino que veremos a continuación más desarrollada en la hipótesis de la "atracción epigámica", es decir, ve la unión macho-hembra estable con recompensa sexual y sistema de convivencia cooperativo como el principio de la evolución propiamente humana, difiere de la tesis de Lovejoy notablemente en cuanto al surgimiento del bipedismo se refiere. Si en el caso de Lovejoy el "contrato sexual" es la causa generadora de la postura erguida, en la hipótesis de Fisher ésta es el matrimonio que surge tras un largo noviazgo de andar de forma erecta; es decir, el "contrato sexual" aparece como la culminación de un proceso que inició el mismo bipedismo. Por consiguiente, esta hipótesis, en contra de lo que muchos creen, no es un modelo explicativo de la bipedestación.

No obstante Fisher, aunque de manera poco desarrollada, sí aporta una explicación de la aparición de la postura erguida en los siguientes términos. La deambulación por los espacios abiertos generaría la adopción de una serie de medidas necesarias para la adaptación en los mismos. Una de ellas es la cooperación en la caza de presas y su transporte colectivo a través de las áreas despejadas. Sin embargo, al haber grandes claros y encontrándose la mayor parte del arbolado disperso, el riesgo de enfrentamiento con grandes predadores constituiría una amenaza constante. Para contrarrestar semejante situación, si el protohomínido hubiese aprendido previamente a lanzar piedras y blandir palos con gestos amenazadores, el animal atacante podría ser instado a no perseverar en sus intenciones. De lo cual se desprende que otra de las medidas empleadas habría sido el transporte de palos o piedras para defenderse en un medio tan hostil.

Los protohomínidos que habían aprendido a sobrevivir en las llanuras arboladas se veían ahora en la necesidad de adentrarse en las peligrosas sabanas, que se encontraban en equilibrio ecológico, y tuvieron entonces la obligación de cooperar y utilizar el ingenio para buscarse un nicho ecológico propio. La caza se generalizó paulatinamente y el uso de piedras y palos incorporó una ventaja a tan ardua lucha. No obstante, como el banquete de la presa no podía realizarse ahora en el mismo lugar y tranquilamente, ya que otros carnívoros acechaban de manera continua -por lo que no podían pasar inadvertidos-, los protohomínidos descubrieron por necesidad que debían llevar el alimento a su lugar de refugio.

De todo ello se desprende que el transporte fue la idea más revolucionaria ya que al ser necesario los protohomínidos tendrían que caminar sobre dos patas convirtiendose así en homínidos. Al principio sólo darían algunos pasos, pero con el transcurrir del tiempo los trayectos serían más largos, alcanzando finalmente la perfección en la locomoción bípeda.

El "contrato sexual" es en realidad una hipótesis de escaso valor heurístico. Como modelo se enfrenta a problemas similares a los de las interpretaciones tradicionales. Es un planteamiento reduccionista de carácter causal -el bipedismo impulsa el cambio en el proceso de alumbramiento y en las relaciones sexuales-que se apoya en una concepción gradualista de la transformación del medio de locomoción. Supone además una revitalización, bajo el prisma innovador de una reorganización socio-reproductora, de las ideas tradicionales del transporte como fundamento de su aparición. Para detractar esa visión mecanicista que plantea es preciso observar las conclusiones que se desprenden de los estudios realizados sobre los fósiles de homínidos que mantienen relación directa con estos cambios. El análisis de los restos fósiles de pelvis pertenecientes a *Australopithecus afarensis* (AL 288-1 de Hadar, Etiopía) y a *Australopithecus africanus* (Sts 14 de Sterkfontein, Sudáfrica) muestran, por medio de la lámina ilíaca ancha y corta, de la espina ilíaca desarrollada, de la morfología y posición del sacrum y de su estructura en general, su perfecta adecuación a un modo de locomoción bípedo. Sin embargo, las reconstrucciones realizadas sobre estos restos demostraron la existencia en *Australopithecus afarensis* de un canal pélvico asombrosamente ancho en el diámetro transversal y una anchura pélvica en general mayor que la de cualquier primate, incluyendo al ser humano (Berge et al., 1984; Tague & Lovejoy, 1986). Al ser el canal obstétrico ovalado transversalmente, Tague y Lovejoy (1986) sugirieron que si las dimensiones de la cabeza del feto de *Australopithecus afarensis* hubiesen sido similares a las de un neonato de chimpancé, éstas se habrían aproximado al tamaño del canal pélvico siendo el parto más complicado que en los simios superiores modernos. Leutenegger (1987) demostró, en cambio, que para una hembra del tamaño de Lucy era improbable que las dimensiones del neonato fuesen como las de un chimpancé, con lo cual el parto habría sido menos complicado de lo que Tague y Lovejoy proponían. El análisis de la pelvis en *Austalopithecus africanus* otorgaría mayor crédito a esta aseveración, aunque el canal pélvico difiere ligeramente del de *Australopithecus africanus* en la forma. Basándose en las dimensiones de dicho canal y suponiendo incluso que la cabeza del feto de *Australopithecus africanus* tuviese el mismo tamaño que el de un chimpancé se concluye que el parto habría sido rápido y fácil (Leutenegger, 1972: Aiello & Dean, 1990). En consecuencia, no parece ser que la reestructuración morfológica acontecida en la pelvis tras la adopción de la bipedestación haya provocado una alteración relevante en el proceso de alumbramiento y que éste se viese trastocado antes de la aparición de *Homo* (Arsuaga, 1986).

Por otra parte, la concepción gradualista de la aparición del bipedismo que mantiene Fisher - en un proceso de adaptación que según su autora habría supuesto el empleo conjunto en el Mioceno de dos estrategias de locomoción tan opuestas como son la postura erguida y la cuadrupedestación (Fisher, 1982)- a través de una propuesta de incorporación paulatina del nuevo sistema mediante diversas fases evolutivas resulta erróneo por no adecuarse a lo observable ni el registro fósil ni en la elaboración de modelos teóricos intermedios, como hice alusión en la sección anterior. Igualmente, el transporte colectivo de presas a los lugares de refugio y el reparto solidario de su contenido cárnico entre los miembros del grupo es una hipótesis que como veremos más adelante sólo puede defenderse con la aparición del registro arqueológico (Domínguez-Rodrigo, en prensa a); hecho que sucede mucho más tarde con respecto al surgimiento del bipedismo. De ser así, el móvil del transporte por sí sólo pierde solidez argumental y la propuesta se tambalea desde el aspecto funcional otorgado a la postura erguida, ya que la carne es el producto alimentario más susceptible de ser desplazado.

Por otra parte, según la hipótesis de Fisher, el bipedismo surgió en el seno de especies ya habituadas a la deambulación por las praderas y otros espacios abiertos, como necesidad de sistematizar semejante conducta mediante la mejora proporcionada por el cambio de locomoción. Sin embargo, a esta opinión se le puede objetar que la sabana abierta no es un medio adecuado para un primate superior que camine a cuatro patas, ya que sería incapaz de afrontar los riesgos de predación. Por consiguiente, sería más lógico pensar que el bipedismo surgió en medios de cierta densidad vegetacional a partir de los cuales se difundió a los espacios abiertos, gracias a que posibilitaba una serie de ventajas adaptativas.

A pesar de todas estas objeciones, si bien la hipótesis de Fisher no parece explicar adecuadamente el triunfo de la posición erguida en los homínidos, sí sirve para poner de relieve que las alteraciones de las relaciones sexuales fueron uno de los procesos esenciales de la evolución humana. No debemos olvidar que las unidades reproductoras de nuestra especie, indistintamente de la estrategia adoptada - monogamia o poligamia- poseen la característica de ser asociaciones vitalicias o extensas. Si argumentaba con anterioridad que este factor constituye la base de la sociedad humana, es lógico pensar que la sexualidad tiene mucho que ver con dicha conducta, por lo cual esta apreciación debe constituir un incentivo suficiente para el estudio conjunto de ambos elementos.

3.4- EL ETERNO FEMENINO O LA HIPOTESIS DE LA ATRACCION EPIGAMICA.

Efectivamente, el sexo tiene mucho que ver con el comportamiento humano. De hecho, Lovejoy (1981) hace de él el eje central de su teoría. Observemos al ser humano y enseguida advertiremos que, entre las muchas peculiaridades y signos distintivos que posee, es la única especie que puede jactarse de estar continuamente sexuada, en contraste con el resto del mundo animal que posee tan solo un breve y discontinuo periodo de actividad sexual. Ello puede definirse en que el ser humano es capaz de aparearse en cualquier momento, al margen del contexto temporal. Como muy bien indicó Huxley, *intentemos imaginar una sociedad humana en la que los sexos se atrayeran sólo estacionalmente* y resultará obvio que con una sexualidad discontinua nuestro género no habría alcanzado la primacía que ostenta sobre el resto de las especies.

Consideremos que todo animal desarrolla instintivamente un organigrama biológico de supervivencia que le impulsa a procrear y a procurar que los efectivos de la especie no mengüen. La clave de ese sistema biológico reside en el mundo celular, y más concretamente en el gen. Lo importante, según Lovejoy, es aportar una seguridad a ese gen ya que es el único medio de generar un nuevo individuo. Así pues, los genes que cada individuo preserva son las semillas que posee para propagar la especie y, por consiguiente, para crear nuevos seres. A partir de esto puede afirmarse que un organismo es una fábrica de individuos en potencia. Pues bien, para propagar la especie necesita adoptar unas técnicas que le permitan disponer de tiempo, y para ello precisa de una alimentación de carácter autosuficiente. Pero para alimentarse le es necesario moverse de un lugar a otro en busca de sustento y, de modo recíproco, para moverse necesita utilizar del propio sistema de almacenaje que posee la energía que previamente había conseguido por medio de la ingesta de nutrientes. El circuito de alimentación es más simple de lo que pudiera parecer. Con el fin de poder moverse precisa de un determinado sistema de locomoción que había adquirido a lo largo de la evolución de su propia especie, y esa locomoción no puede entenderse si no se conoce la estrategia sexual del animal, ya que ambas, según Lovejoy, se encuentran irremisiblemente interaccionadas.

Así pues, el tándem inicial de estrategia sexual-locomoción se complementa con un nuevo elemento que es la energía. ¿Cuál es la relación existente entre ambos factores? La energía que se obtiene mediante el consumo de alimentos se utiliza de manera doble: parte de ella se invierte en la reserva de la que se sirve la locomoción y la otra parte se emplea para la estrategia sexual, que a su vez está mediatizada de manera recíproca por la locomoción. Si la estrategia sexual de un animal alcanza un alto índice de éxito, la energía utilizada habrá sido abundante y concentrada, mientras que si la estrategia exige mucha energía en una diversidad de probabilidades, ésta será dispersa, lo cual tampoco impide alcanzar el éxito si se consigue el objetivo reproductor. Resumiéndolo de otro modo, un animal puede servirse para asegurar su supervivencia de un gran número de huevos, invirtiendo poca energía en cada uno de ellos, o bien un número reducido, aplicando en ellos una mayor cantidad de energía por unidad. Esta se encuentra equilibrada. La diferencia estriba en que la primera modalidad exige una dispersión y la segunda una concentración de la energía en sí. Estas dos estrategias tan opuestas reciben la denominación de estrategia "r" y estrategia "k" respectivemante (Lovejoy, 1981; Lovejoy en Johanson & Edey, 1981).

Retomando la interpretación de Lovejoy: *Un ejemplo de estrategia "r" sería el de una ostra, que puede producir hasta 500 millones de huevos al año. Un ejemplo de estrategia "k" son los grandes antropoides que producen sólo un hijo cada cuatro o cinco años. Entre estos extremos existe una confusa mezcla de r y k entre animales que han intentado todas las combinaciones posibles. Pero tanto r como k dan resultado mientras no sean llevadas al límite.* Efectivamente así es. Resulta que si cultivamos la "r" hasta el extremo límite ocurre que la especie no sólo se degrada sino que incluso puede incurrir en una extinción gradual. La forma en que ello puede ocurrir es evidente. Si en una estrategia de tendencia hacia la "r" la energía se reparte de manera más o menos uniformemente dispersa en un montón de múltiples futuros seres, una ulterior subdivisión de huevos implicaría que esa energía, que por otra parte es límitada, tenga que repartirse de un modo más disperso, correspondiendo a cada huevo una cantidad de energía menor. De esta manera la probabilidad particular de cada huevo de poder desarrollarse disminuye peligrosamente, ya que a menor energía menor resistencia contra las adversidades de un medio hostil. Es decir, si un huevo depende de una cantidad mínima de energía para lograr el éxito biológico es obvio que las dificultades con las que tropieza son varias y que algunas pueden terminar con él. Pues bien, si a esa cantidad exigua se le resta aún potencial, la probabilidad particular de cada huevo de llegar a la madurez y de llevar a cabo su función reproductora con éxito disminuye hasta el punto de rayar el límite de improbabilidad. Por consiguiente, las oportunidades de desarrollo se encuentran en profunda relación con la cantidad de energía de que se dispone.

También se corre el mismo peligro si la estrategia extrema es la "k". El problema, si la "k" se limita, consiste en el enrarecimiento progresivo de la especie que se acrecenta hasta topar con el peligro de extinción. Es decir, si los antropoides cultivan esta estrategia corren el peligro de menguar su número cuanto más se acerquen a ella, ya que los riesgos de enfermedades y de predación son frecuentes. Esto influirá más en una comunidad restringida que en una copiosa, como resulta evidente.

Entonces ¿Por qué unas especies adoptan una estrategia y no la otra? Si antes afirmábamos que la ostra es una especie paradigmática de la estrategia "r" y que expulsaba al medio externo una cantidad desbordante de huevos, se debe a que su locomoción - de ahí la relación entre locomoción y estrategia- es nula y por lo tanto no puede moverse, lo que le impide cuidar su progenie y depositarla en lugar seguro. Se limita únicamente a arrojar los huevos al exterior. De este modo el azar interviene para que sólo una parte de la *camada* ovípara alcance la madurez. Si redujera el número tan grande de huevos y expulsara una cantidad menor, pero con una mayor cantidad de energía por ejemplar, podría estar también poniendo en peligro a la futura descendencia, ya que a mayor energía por huevo, mayor es la probabilidad de supervivencia, pero con la condición de que el medio ambiente sea adecuado, y el biotopo en el que se desarrolla la ostra es más bien hostil. La clave reside, pues, en lanzar un buen número de huevos al exterior con un índice energético básico para garantizar, en términos de probabilidades, que al menos parte de ellos consigan reproducirse.

Mas existe por término general otra peculiaridad que consiste en que cuanto mayor es el volúmen cerebral de una especie , mayor es la tendencia hacia la "k". Se podría afirmar que durante muchos miles de años la estrategia "r", a pesar de ser un medio derrochador y un sistema poco evolucionado, fue el único modo de lograr la supervivencia. Posteriormente, cuando los animales evolucionaron y tras complicadas adaptaciones lograron hacerse con un cerebro y una anatomía más complejos, empezó un arranque reproductor cuyo empuje tomó la dirección hacia una estrategia evolutiva superior: la "k". Fue un gran paso puesto que cuanto más se avanzaba hacia la "k" mayores eran los cuidados que los padres dispensaban a sus hijos.

Resulta, pues, evidente que existe una gran relación entre locomoción, cerebro, cuidados paternos y estrategia "k". Esta relación puede observarse en los mismos primates. Los monos, cuadrúpedos, son inferiores en el registro evolutivo a los antropoides y tienen la ventaja reproductora de practicar una estrategia "k", pero sin acercarse a los extremos peligrosos, lo cual les hace capaces de engendrar hijos cada dos años. Los gorilas, como ejemplo de antropoide, se acercan más a la "k" y tienen por término medio un hijo cada cinco años. Y como antes señalé aproximarse a la "k" es peligroso. Ahora bien, cuanto más se acerque a la "k" mayor puede ser su volumen cerebral y por lo tanto mayor será la inteligencia que posea. Esto implica el que a mayor capacidad cerebral mayor será la caja craneana del futuro neonato. Tal peculiaridad precisa de una inmensa cantidad de oxígeno y en especial de mucha energía que le es conferida a través de la placenta materna. Esto se explica por la compleja anatomía que un bebé necesita adquirir en el útero de la madre, ya que fuera de él le resultaría imposible. Pero si la capacidad energética de un animal que practica la estrategia "r" es limitada, también lo es la de un animal que se inclina por la "k". Por ello, si un bebé placentario precisa una gran cantidad de energía , el resultado más evidente- debido al esfuerzo materno- es una disminución en el número de hijos. A partir de aquí vuelve a surgir un nuevo circuito de alimentación: a mayor cerebro, mayor inteligencia y mayor capacidad de aprendizaje.

Sin embargo, el nuevo individuo necesita unos conocimientos que sólo los cuidados paternos pueden otorgarle. Gracias a esa progresiva capacidad de aprender todo aquello que pueda instruirle, el comportamiento instintivo se transforma en un comportamiento que responde a un aprendizaje colectivo. Así surge algo muy importante y es que la vida familiar se hace necesaria, pero sólo si se desarrolla dentro de un contexto social. Es decir, la cría recibe instrucción inconsciente por parte de sus progenitores, pero a su vez ejerce y amplía tal sistema didáctico con el juego con otros individuos de su especie de la misma edad, integrado, pues, en un grupo social. Por consiguiente, cuanto más se acerca un grupo a la estrategia "k" es más versátil y, en consecuencia, más social, pues el tipo de enseñanza de estos animales implica una vida en convivencia como producto de una niñez prolongada.

Al margen de esto, existe una circunstancia importante. Se trata de la progresiva disminución que sufren las especies que se aproximan a la "k" en términos de progenie. Ya hemos reparado que cuesta mucho más trabajo sacar adelante una cría de una especie con mucha "k" que no otra de menos "k" o de "r". Así pues, si la inteligencia requiere un complejo sistema plagado de dificultades, resultará obvio que tales obstáculos seguirán siendo progresivamente difíciles cuanto más inteligente sea la especie. Según este esquema parece evidente que la inteligencia -entendida por el alcance de la capacidad operativa y de los sistemas recíprocos de emisión y procesamiento de información-posee un límite permitido por la Evolución que no puede traspasar si no quiere desaparecer. Siguiendo a Lovejoy, supongamos tres especies que denominaremos A,N,Z. A representa una especie de estrategia "r", Z representa una especie de estrategia"k", y N es una especie intermedia entre "r" y "k". Desde A hasta Z existe una miríada de variedades que oscilan entre una y otra estrategia. De acuerdo con el esquema establecido, A sería de inteligencia nimia y reducida, N tendría una inteligencia mayor y Z sería de una gran inteligencia. El número de descendencia de A sería copioso, el de N abundante -sin alcanzar las cifras de A- y el de Z sería reducido. Es obvio que si una especie Z -como un gorila, que produce una cría cada cuatro o cinco años-intenta por medio de la adaptación evolutiva adquirir mayor inteligencia, correrá el peligro de ampliar ese estadio cronológico y perder la oportunidad de dar continuidad a la especie y extinguirse. Recordemos que coincidiendo con el final del Mioceno fueron varias las especies de primates que se extinguieron y entre ellas podría suponerse que fueron mayoría las más inteligentes, ya que con un menor número de descendientes el brusco declive climático no ocasionó ninguna oportunidad de reajuste. Considerado desde este punto de vista, la existencia del género humano es sorprendente puesto que los homínidos evolucionaron probablemente a partir de un antropomorfo inteligente y de reducida descendencia, como corresponde a una especie "k". Ahora bien, lo que tenemos que averiguar es cómo pudo ocurrir semejante proceso.

Para ello retornemos a la hipótesis de la "atracción epigámica". Si a mayor inteligencia más riesgo de errar en la continuidad, el único medio es conservar la inteligencia pero intentar alejarse de la "k"incrementando el número de hijos. ¿Cómo pudo llevarse a cabo tal hazaña? Para Lovejoy sólo existe una respuesta: *Adoptando el bipedismo como medio de locomoción. Si a fines del Mioceno una sarta de antropoides llegaron a extinguirse, se debe a que no pudieron adaptarse al retroceso de la selva tropical provocado por el brusco descenso de las temperaturas y por depender demasiado de la "k" como estrategia reproductora.* Como indiqué más arriba, ambos factores aportan la explicación más convincente de una extinción tan relevante. Ante las bajas condiciones de vida, un bajo índice de natalidad es el mayor peligro para una especie. No obstante, repasemos sucintamente la equivalencia entre "k" y baja natalidad. La "k" provoca un recién nacido que precisa de cuidados paternos y por consiguiente de una niñez prolongada. Pero estos cuidados suele impartirlos generalmente la madre y más en el mundo de los primates, donde la atención materna es la única que recibe el pequeño por regla general. Por lo tanto, es preciso tener en cuenta que la hembra tiene ahora la necesidad de procurarse alimento y cuidar de la cría a la vez, durante un periodo de tiempo impreciso, que puede variar de unos meses hasta algunos años. De esta manera el consumo de energía se acrecenta y obliga a la hembra a incrementar su trabajo, al igual que su necesidad alimenticia. Como consecuencia del aumento energético la hembra no puede permitirse volver a quedar fecundada por ningún macho otra vez y para ello recurre a la supresión del estro, con el fin de pasar desapercibida entre la comunidad masculina. Así vemos cómo el distanciamiento entre una cría y otra se acrecenta cuanto más inteligente resulta la especie; por lo menos dentro del ámbito primate. Con ello puede advertirse que a más inteligencia mayor riesgo de extinción. ¿Cuál sería entonces la solución ideal para que un animal inteligente pudiera desarrollar a nivel evolutivo esa capacidad operativa a la vez que se alejara de la "k" extrema y con ello evitara el riesgo de desaparición? Evidentemente sólo hay una respuesta: poder criar más hijos. Pero si la hembra tiene que procurar alimento para ella misma y para su cría, eso ya exige de por sí una gran actividad y, en consecuencia, una gran inversión energética. Por ello, aumentar el número de crías parece imprudente, ya que la hembra tendría que incrementar el condensador energético y llevar a cabo una incesante labor. Mas la clave, vuelve a decir Lovejoy, reside en que la hembra pudiera dividir su energía en dos, tres o más crías. De esta manera sería preciso que la hembra pasara a estabilizar sus lugares episódicos de residencia, lo cual aportaría a su vez unos conocimientos concretos del paleohábitat y un esquema mental con el cual el animal pudiese operar. Pero si la hembra accede a tal situación se encontraría con un gran desequilibrio; por un lado y debido al incremento energético tiene una mayor necesidad de alimento, y por otro posee menor movilidad como causa de la fijación temporal de su lugar de residencia. Luego ¿Cómo hará para cuidar a sus crías y procurarse su sustento a la vez? Sólo hay una respuesta posible y ésta reside en la hembra misma. Sería ella quien debiera conseguir que alguien le trajera la comida. Y ese alguien es el macho.

Para poder proseguir debemos observar con brevedad el mundo sexual de los primates. Las hembras durante periodos cíclicos producen una serie de ovulaciones temporales que deben ser fecundadas por el bien de la especie, y para ello el reloj biológico interno produce el estro. El estro provoca esa atracción que ejerce involuntariamente la hembra sobre el resto de los machos , consistente en un fuerte olor y una serie de tumefacciones excitantes que les predisponen a la cópula. El estro se produce a la par que la ovulación y su función consiste meramente en la llamada de atención al macho. Es, pues, una atracción instintiva. De este modo el único vínculo que se establece entre el macho y la hembra es la deposición de genes masculinos en el interior de ésta. Teniendo en cuenta que los primates conviven por término general en una estructura social para que un macho, como padre, entrara a formar parte de la crianza de su hijo sería necesario que la sociedad de la que forma parte fuera cooperativa. Sin embargo, eso entre los animales de vida arbórea es sumamente difícil, ya que en las agrupaciones de antropomorfos cada individuo se ocupa de su propia alimentación y en vez de cooperación existe una imposición fuertemente jerárquica, que además se hace notable cuando empieza la época del sexo. En el momento en que la hembra se pone en estro empieza la competencia masculina por copular con ella.

Teniendo en cuenta que la única atracción que ejerce la hembra primate sobre cualquier macho de su especie reside en la tumefacción excitante del estro, ¿Cómo, entonces, podría la hembra atraer la atención de un solo macho y de manera permanente? Evidentemente, suprimiendo el estro y procurándose un medio de atracción más individualista. Según Lovejoy, esto podría lograrlo atrayendo a un solo macho, es decir, procurando que éste no se sintiera impulsado a copular con ella por la excitación del estro sino atraido por otros medios. En términos más simples, enamorándolo. La recompensa sería que la hembra incrementaría paulatinamente su receptividad sexual hasta ser continua. De este modo conseguiría la atención constante del macho y podría así criar un número mayor de hijos. El proceso de captación se produciría de acuerdo con Lovejoy del siguiente modo: *Si sólo se excitan ante una hembra la mitad de los machos el potencial de pelea queda reducido de golpe a la mitad. Esto puede lograrse haciendo los símbolos sexuales más individualistas. Si nos concentramos cada vez más en la individualización de las respuestas sexuales, al cabo del tiempo la hembra sólo será atractiva para un solo macho.*

Se puede resumir de la siguiente manera: la hembra abandona el estro y se sirve de signos más independientes como los rasgos más permanenetes de su cuerpo -piel, senos, caderas, nalgas, etc...-. Con ello, la atracción puede llevarse a cabo en cualquier época y momento. Estamos hablando, pues, de un comportamiento humano por excelencia. El macho, integrado ahora en un núcleo familiar, cumple con las obligaciones de padre y esposo y se encarga de la búsqueda de alimento para toda la familia. De este modo necesita las dos extremidades superiores para llevar toda la comida y como resultado anda de manera erguida.

Sin embargo, la reducción gradual del estro hasta alcanzar un sistema individualista parece poco probable. Sabemos que el estro es lo que incita al macho a copular con la hembra. Constituye un sistema que pone en movimiento unas tumefacciones olorosas con el fin de excitar al macho ya que lo que urge es que éste deposite su semen cuanto antes dentro de la hembra. Por consiguiente, cualquier macho es aceptable; el reclamo es general. Ahora, lo que parece poco lógico -al tiempo que escasamente válido desde el punto de vista argumental- es que una especie con tendencia a la "k" extrema disminuya de algún modo su atracción hacia la comunidad de machos, puesto que con ello se reducirían las probabilidades de quedar preñada la hembra y con ello se llegaría a una situación de enrarecimiento progresivo. Si sólo se excitan ante una hembra la mitad de los machos, el porcentaje de probabilidades que posee ésta de ser fecundada se reduce a la mitad, lo cual no constituye una garantía para que una especie "k" límite de natalidad sobreviva.

Por otra parte, la posible sustitución del estro por signos estéticos no resulta argumentalmente sólida ya que no existe la atracción por rasgos epigámicos en el mundo primate, con la excepción del ser humano (Weismann, 1986). Esta es una cualidad esencialmente ligada a la capacidad de abstracción observada en nuestra especie, que responde a la complejización del funcionamiento neurofisiológico y a una mayor habilidad en el procesamiento de información, ya que en la atracción epigámica la imaginación juega un papel esencial. Además, la suposición de que la atracción epigámica es un sistema de acoplamiento discriminatorio que provoca el desinterés de determinados individuos a favor de otros dista de ser cierta, ya que si se observa su efecto en nuestra especie se diría que alienta e incluso fomenta el interés sexual indiscriminado.

En el orden primate la mayor parte de las sociedades son de tipo poligámico y los machos no se ocupan lo más mínimo por las crías. No obstante, en la familia de los hilobátidos la estrategia sexual empleada es una monogamia vitalicia y las atenciones paternas son ligeramente distintas. Vamos a observar por qué la monogamia constituye entre los primates -contra lo que defiende Lovejoy en su teoría- una manera de afrontar un modo de adaptación que requiere un endurecimiento de la estrategia "k", un ahorro de la inversión energética y una manera de disminuir la competencia por los recursos.

El gibón es un primate monógamo muy curioso puesto que anatómicamente es el más dotado para adoptar la bipedestación como medio de locomoción; tan sólo los brazos son algo largos debido a la braquiación. Desde el punto de vista social es interesante observar que este hilobátido -de estructura similar a los antropomorfos que dieron origen a los antepasados de los homínidos- al igual que los siamangos, es monógamo y con estrecho vínculo territorial. Cabría preguntarse por qué no viven en grupos sociales más grandes como en el caso de la mayoría de los monos. La respuesta estriba en la especialización que presentan como consumidores de frutos. Los hilobátidos poseen un cerebro más grande que el de los monos, por lo que su inteligencia más viva les permite una mayor especialización en localizar de modo eficiente los frutos pulposos. Estos antropomorfos menores, si se alimentaran de las hojas de los árboles, correrían el riesgo de entrar en competencia con otros primates. Es un problema de número y especialización. Así que tienden más hacia los frutos. Los gibones y siamangos, cuyo núcleo está constituído por cuatro individuos, hacen diariamente un recorrido largo en busca de alimentos. Los territorios pertenecientes a los grupos familiares de los siamangos se superponen a menudo a los territorios de los gibones. No obstante, no se reduce ahí la competencia ya que en el mismo hábitat viven también diferentes especies de monos, macacos, y colobos, aunque, a decir verdad, la competencia real se limita a los gibones y siamangos que poseen prácticamente la misma dieta alimenticia. Existe, a pesar de ello, un factor que atenúa tal competencia y que consiste en que al encontrar los gibones un árbol con frutos maduros dan cuenta de una buena ración y cuando llegan a él los siamangos -ya que su horario es más tardío- se encuentran con una despensa descargada. Sin embargo,y como me detendré a explicar someramente, la diferencia estriba en el gasto energético de unos y otros.

Parece ser que el recorrido diario de un siamango no sobrepasa el kilómetro y que para alimentarse se detiene como máximo en ocho puntos diferentes al día. Los gibones, en cambio, suelen recorrer regularmente el doble de trayecto, y para alimentarse hacen un mínimo de seis paradas por jornada. En un periodo medio de cinco días, una familia de siamangos obtiene el 50% del alimento de las frutas que puedan contener tres árboles, mientras que una familia de gibones, en el mismo periodo de tiempo, deben acceder por lo menos a diez árboles.

Cabe preguntarse sobre la posibilidad de la coexistencia de un hábitat tan compartido. Los hilobátidos, que son antropomorfos menores, poseen un cerebro mayor que el de los monos, por lo que disponen de una inteligencia superior que les permite una mayor especialización en lo tocante a localizar de forma eficiente los frutos pulposos. Esto explica por qué en biotopos donde conviven varias especies de monos no hay una competencia tan fuerte, ya que éstos dirigen sus preferencias alimenticias hacia las hojas. Sólo los hilobátidos dirigen su atención exclusivamente hacia los frutos. Pero el tipo de vida especializado que poseen estos antropomorfos se debe a que realizan acciones imposibles para los simios y, por consiguiente, deben establecer un conocimiento de una fuente de alimento y una protección sobre la misma a fin de evitar la competencia existente entre los mismos hilobátidos.

Los gibones y siamangos, que se encuentran en grupos reducidos cuyo núcleo lo constituyen cuatro individuos, se ven obligados a hacer todos los días un recorrido mucho más largo ya que la obtención de sus alimentos requiere una mayor distribución energética. En resumidas cuentas, cada boca más crea problemas que se traducen en desplazamientos, gastos de energía, y mayores esfuerzos para hacerse con una cantidad suficiente de alimento. He aquí por qué los antropomorfos menores, siamangos y gibones, forman el grupo reproductivo más pequeño posible la pareja, y defienden con extremo vigor el espacio que necesitan para su supervivencia. De este modo se constituyen las parejas monogámicas estables. Luego a menor número de individuos, menor riesgo de competencia territorial. Esto se logra alejándose de una integración social y adoptando como modo de convivencia el núcleo más reducido posible: la pareja.

En resumen, el gasto energético producido por la convivencia familiar es tan grande que lo que conviene es un control del número de hijos, puesto que a más bocas mayores problemas alimenticios y por supuesto una mayor pérdida energética. En el mundo de los primates, la mayoría están integrados en sociedades jerarquizadas, lo que implica la carencia de vínculos familiares paternos. La formación de lazos matrimoniales permanentes, como ocurre en el caso de los hilobátidos, responde a una necesidad de supervivencia cuyo objetivo es el alumbramiento de una progenie muy limitada. En su caso, a una mayor inteligencia corresponde una mayor capacidad de localización de frutos pulposos, lo que indica una especialización de carácter alimenticio.

Por consiguiente, en el mundo de los primates -según el caso de los hilobátidos- la formación de parejas tiene un carácter exclusivo de supervivencia y el objetivo impuesto es reducir la competencia por un alimento mucho más escaso que las hojas de las que se alimentan los monos. Ello responde a una necesidad de mantener la "k" extrema y no de incrementar el número de descendientes tal y como algunos pretenden afirmar. La pareja es estable porque el núcleo familiar debe ser lo más reducido posible. La clave estaría en que la ecuación enterior (mayor inteligencia = especialización alimenticia) no fuera aplicable a todos los primates -como realmente ocurre; es decir, que algunos incrementaran su nivel operativo pero que conservaran los mismos hábitos alimenticios: hojas, frutos y algunos insectos. Supongamos por un momento que es así. La única manera de formar núcleos matrimoniales estables reside en la convivencia conjunta vitalicia. Ahora bien, ¿por qué se haría necesaria tal sociedad si no hay competencia tan fuerte como para impulsar la adopción de tal sistema, estando su hábitat repleto de este tipo de alimento? El único remedio de alejarse de la "k" extrema es poder cuidar de más crías, pero ello obligaría a la hembra a atraer al macho no por necesidades de supervivencia ya que la despensa alimenticia es grande, sino por razones más permanentes. Recordemos que la única atracción que siente el macho por la hembra es estrictamente instintiva, cuando el estro que produce la ovulación genera reacciones biológicas reflejas en el macho que le obligan a acoplarse y copular con la hembra. Ahora bien, pretender, como afirma Lovejoy, que la hembra sustituiría el estro por un sistema de atracción físico o estético me parece poco probable. En el mundo primate la atracción sólo se lleva a cabo por meticulosas reacciones químicas y su sustitución por otras de carácter epigámico parece inviable. No hay probabilidad de que un animal que, aunque inteligente, sólo posee soluciones y aplica remedios para problemas de primera necesidad llegue a alcanzar la complejidad consciente que supone la atracción por la belleza o por signos corporales complejos.

Entonces, ¿Cómo atrajo la hembra al macho? El mismo Lovejoy se expresa al respecto en términos un tanto ambigüos: *No digo cuál fue el primer factor. Lo ignoro. Dudo que alguien llegue a saberlo. De algún modo tuvo que suceder porque estamos aquí y somos el resultado.*

De todas formas, y cediendo paso a lo improbable, imaginemos que pudiera haber sucedido. Ahora el macho y la hembra aparecen unidos en monogamia permanente y debido a ello la familia aumenta el número de hijos y surge, en consecuencia, un alejamiento de la "k" extrema. Es preciso que el macho se ocupe de buscar el sustento familiar y para ello invierta parte de su energía. En el momento en que el macho debe cargar con el alimento que debe llevar a la hembra tiene que incorporarse para disponer de una mayor capacidad de transporte. A esta acción atribuye Lovejoy la aparición del bipedismo.

Hemos supuesto anteriormente que el único modo de formar parejas estables y alejarse de la "k" límite era incrementar el número de hijos, lo que suponía que los hábitos alimenticios no se alteraran y que las hojas fueran al componente principal de la dieta. Pues bien, en un biotopo natural este tipo de alimento se encuentra por doquier, de modo que el esfuerzo que requiere su recolección es nimio en comparación con la recogida de frutos que llevan a cabo los hilobátidos. Lo más lógico es que el macho no adopte la bipedestación sino que continue con su cuadrupedestación como medio de locomoción, ya que a efectos prácticos el no incorporarse verticalmente le resulta más ventajoso desde cualquier punto de vista.

Una ulterior implicación del modelo de Lovejoy es que el aumento de los cuidados parentales habría producido un alargamiento del periodo infantil, lo cual habría permitido el desarrollo de las capacidades operativas de las crías. Semejante hecho redundaría en un mejor disposición en el cuidado de la futura descendencia. Este circuito de retroalimentación causaría finalmente dos procesos que se encuentran interrelacionados: la expansión cerebral y la aparición de la cultura. No obstante, el estudio de los patrones de erupción dentaria de los *Australopithecus africanus* -de aparición más tardía que los primeros homínidos bípedos- demuestra que eran los mismos que los de los chimpancés (Bromage & Dean, 1985), lo que apunta a un periodo de crecimiento y desarrollo similar entre ambos. En realidad, como antes indiqué, los primeros indicios de prolongación de la infancia no aparecen hasta el surgimiento de *Homo* (Bermúdez de Castro & Domínguez-Rodrigo, 1992).

Todo esto parece conducir a la conclusión de que el bipedismo, pese a su trascendencia evolutiva debido a la reestructuración profunda que provocó en el esqueleto postcraneal, no supuso mayor alteración que la de un cambio de locomoción, que fue a su vez la base -que no la causa- sobre la que muy posteriormente sucedieron otra serie de transformaciones cuyo resultado condujo a la aparición de nuestro género.

3.5- EL "CONTRATO SOCIAL" O EL REFORZAMIENTO DE LAS RELACIONES GRUPALES.

Como hemos visto, todas las interpretaciones sobre el bipedismo -salvo la de Lovejoy- adolecen de una carencia interpretativa en el aspecto social; es decir, plantean las posibles ventajas que pudieron obtener los individuos frente al medio, pero se inhiben a la hora de evaluar la consecuencia que semejantes ventajas -de un modo recíproco- supusieron dentro del seno social del grupo de incipientes homínidos que las adoptaron. A este respecto se suele otorgar a éstos una actitud bien absolutamente "antropoide" bien asombrosamente "humana" (Lovejoy, 1981). Lo cierto es que habiendo sido ésta probablemente comprensible en términos completamente etológicos, cabe la posibilidad de que con el bipedismo surgieran nuevos factores organizativos dentro del grupo que obligasen a una redefinición de los lazos sociales. Esto se habría traducido en la aparición de un nuevo tipo de comportamiento, que dentro del ámbito etológico marcase una forma transicional entre las lineas de actuación de los simios superiores y el comportamiento más *humano* que parece desprenderse de los yacimientos arqueológicos plio-pleistocénicos con la aparición de nuestro género. De ahí la importancia de la elaboración de un modelo interpretativo social, ya que éste podría explicar no sólo la aparición del bipedismo, sino también la pauta general del comportamiento de los australopitecinos.

Para que semejante modelo sea coherente debe partir del establecimiento del verdadero alcance de las ventajas que la bipedestación otorgó a los primeros homínidos. A este respecto las interpretaciones también han sido limitadas al conceder prioridad a uno u otro factor, siendo más probable que el nuevo sistema de locomoción otorgase varias ventajas al mismo tiempo. Esta necesidad de hacer inteligible el éxito del bipedismo desde diversos enfoques parece estar poniéndose de relieve recientemente (Day, 1986), aceptando que dicha innovación habría supuesto mejoras en la adquisición alimenticia, en la reproducción y en el enfrentamiento con los predadores de sabana.

Partiendo desde esta perspectiva y afrontando la dificultad que supone, voy a intentar exponer una interpretación coherente con todo lo que acabo de apuntar, en la que intentaré esbozar un modelo teórico social que actuando recíprocamente con las nuevas ventajas funcionales dé cuenta, en un marco hipotético-deductivo, de la razón de la aparición del bipedismo. Para ello no me será necesario acudir a nuevas posibilidades funcionales sino a una correcta conjunción de las ya existentes dentro de dicho marco social. El modo en que he de proceder no será el de un análisis exhaustivo de los rasgos de la conducta, como más adelante realizaré sobre los diversos tipos de homínidos, sino simplemente la elaboración de un modelo basado en la etología comparativa y que será una aproximación poco profunda, como anticipo de la discusión sobre los comportamientos homínidos, que recibirá de éstos un apoyo argumental más extenso.

A comienzos del Mioceno la actividad tectónica deformó la parte oriental de Africa y dio lugar a extensas elevaciones con depresiones internas, dentro de una inmensa falla geológica de dinámica variable y de extensión progresiva conocida como el Gran Rift. Hace 16 m.a. la placa africana quedó ensamblada a la euroasiática y varias especies pasaron de un continente a otro. Esto coincidió con un descenso global de las temperaturas y con un cambio climático en Africa Oriental provocado por el modelado del relieve. Los vientos alisios, que con anterioridad succionaba el suelo caliente africano, procedentes del Océano Indico, se topaban ahora con las montañas del extremo oriental de la falla y descargaban allí su humedad en forma de precipitaciones litorales, con lo que alcanzaban el interior de la falla mucho menos húmedos. Igualmente los vientos húmedos procedentes del Atlántico descargaban parte de su humedad en la cordillera occidental del Rift, y alcanzaban su interior en condiciones más suaves. Como consecuencia de ello, el terreno se secó progresivamente en un proceso de desaparición paulatina de la vegetación tropical y de surgimiento de nuevos sistemas de llanutras abiertas con abundante estrato herbáceo; los bosques quedaron relegados a porciones cada vez más exiguas, de aparición irregular en un ecosistema de sabana. Esta regresión de la foresta tropical, suplantada por un mosaico de bosques y zonas abiertas, provocó que los efectivos de primates comenzasen a disminuir ante el avance progresivo de nuevos hábitats inhóspitos.

Este proceso culmina hace unos 6 m.a., a fines del Mioceno, con un brusco descenso del clima mundial y con una reestructuración de la falla del Rift, debida a una reactivación de la dinámica tectónica que aumentó su longitud y aceleró aún más la extensión de las praderas. Fue entonces cuando el último ancestro común dio lugar por un lado a los antecesores de los chimpancés y por otro a los homínidos, quedando relegados los primeros a la parte externa del oeste de la cordillera que cierra la franja occidental de la falla, donde aún existen vastas extensiones de vegetación tropical, y los segundos al territorio oriental marcado por el interior del Rift, de paisaje abierto.

Esta reducción de las áreas forestales repercutió directamente sobre la fauna y, de modo muy especial, sobre la variedad de taxones primates. Estos, acostumbrados a hábitats boscosos, al disminuir semejante medio se vieron enfrentados a una nueva serie de presiones selectivas, traducidas en forma de una restricción de los recursos alimenticios y en un aumento de la competencia por los mismos. El nuevo ecosistema, causante de esta situación, desplegó alternativamente otra serie de recursos que favorecieron a las especies herbívoras, en detrimento de las especies primates folívoras y frugívoras, que seguían apegadas a un aprovechamiento selectivo del medio arbóreo. La única solución para hacer frente a semejante presión residía en un aprovechamiento de todo tipo de recursos o lo que es igual, en un incremento de la variedad de elementos constituyentes de la dieta. En semejantes circunstancias, las especies **omnívoras** habrían gozado de superioridad sobre las que poseyeran una dieta más especializada, ya que la sabana favorece las **dietas eclécticas** (Capítulo 1.4). Todos los primates requieren una alimentación basada en productos vegetales de calidad que no suelen existir en las llanuras herbáceas. Por tal razón, la disminución de estos recursos en un medio arbóreo sólo se suple con la incorporación de nuevos productos, no necesariamente de igual calidad, pero efectivos al servir de apoyo complementario de la dieta. Una prueba de esta aseveración reside en el carácter variado de la alimentación del reducido grupo de primates que perviven aún en los bosques de sabana; incluso de aquéllos cuyos parientes habitan en las forestas tropicales como es el caso de los chimpancés.

Resulta curioso observar cómo éstos, según su hábitat sea la selva o el bosque de sabana, poseen pautas de comportamiento distintas en función de la disponibilidad de recursos alimenticios. Los chimpancés de selva suelen ser animales de dieta próxima a la especialización, frugívora esencialmente -en porcentajes superiores al 70%-, y no prestan atención más que a un reducido espectro de productos alimenticios (Hladik, 1977). Por ejemplo, en la selva de Budongo (Uganda) los chimpancés poseen una dieta constituida en un 80% de determinados tipos de frutas (Reynolds & Reynolds, 1965); hecho confirmado en otras selvas ecuatoriales (Goustard, 1971; Kortlandt, 1983). Los chimpancés de sabana, como los estudiados en el Parque Natural de Gombe, en torno al lago Tanganika (Tanzania), son mucho más eclécticos en sus dietas. (Goodall, 1968). Como los recursos frutales son más escasos y estacionales poseen una alimentación omnívora compuesta por hojas, bayas, algunos frutos, insectos y carne (Wrangham, 1977). Esta diferencia en la riqueza alimenticia que contiene cada tipo de hábitat se traduce en una adopción distinta de la dieta de sus moradores, que tiene como conclusión que los residentes en el bosque de sabana son más proclives a convertirse en **omnívoros** por la mayor indisponibilidad de recursos adecuados.

Lo importante es que el carácter de la dieta, que podría parecer nimio con respecto a las pautas de actuación, es en realidad determinante del comportamiento subsistencial de los chimpancés. Tanto es así, que mientras que los chimpancés de la selva de Budongo pasan de doce a diecisiete horas diarias en los árboles, sin bajar a tierra, trasladándose constantemente de un comedero a otro, los chimpancés de Gombe pasan la mayor parte del tiempo en el suelo. Esto redunda en las actividades sociales del grupo, que son más complejas entre estos últimos y que refuerzan la cohesión del mismo, ya que en ciertos momentos se requiere mayor cooperación social. El hecho de que los chimpancés de sabana se nutran de diversas fuentes obliga incluso a la fabricación de "herramientas" para determinadas actividades, como la extracción de termitas y la consecución del agua depositada en el interior de los receptáculos huecos naturales de algunos árboles (Goodall, 1968). En conclusión, no sería erróneo afirmar que la menor disponibilidad de recursos alimenticios en los bosques de sabana incentiva la aparición de dietas eclécticas, que a su vez impulsan un reorganización de la dinámica del comportamiento social, el cual tiende a volverse más complejo al existir un proceso de mayor intercambio-emisión de información.

Hace 6 m.a. el recrudecimiento de las condiciones climáticas y ambientales tuvo como consecuencia que las condiciones de los bosques de sabana empeorasen (Capítulo 1.5), obligando a los primates que los habitaban -y que lograron readaptarse- a abandonar, probablemente, las dietas especializadas y hacerse omnívoros. Esto coincidió con la aparición de los homínidos. ¿Qué relación existe entre ambas circunstancias? Posiblemente la presión sobre los recursos alimenticios, dada su depauperación, otorgara ventajas selectivas a aquellas especies que pudieron ampliar su nicho ecológico fuera del área boscosa a las zonas abiertas o a otras zonas arbustivas distribuidas a modo de mosaico en las llanuras de gramíneas. No sería de extrañar que así hubiese sido puesto que ello explicaría que junto con los homínidos hubiesen surgido al mismo tiempo los papiones, que son entre los primates los más adaptados a las llanuras abiertas. Por consiguiente, los homínidos no habrían sido los únicos en adentrarse en un nicho que hasta entonces habría resultado hostil a los primates. Mas ¿qué ventajas habría reportado la incursión en tales zonas abiertas? Aunque la diversidad de formas de pasisaje en la sabana resulta heterogénea, pueden definirse algunos modelos de área despejada aún observables en la sabana actual, que pudieron coexistir con toda seguridad (Capítulos 1.1 y 1.5) -a tenor de los datos polínicos- en el Plio-Pleistoceno, planteando una problemática adaptativa a los homínidos que fue resuelta del mismo modo.

Uno de los tipos de zonas abiertas intermedias lo constituye la sabana arbustiva, generalmente vista como un área transicional entre la llanura herbácea y la estepa arbustiva, aunque su aparición depende más bien de la altitud y de la orografía del paisaje inmediato. Se caracteriza por una profusión de espacios abiertos con gramíneas en los que existen de forma dispersa árboles y matorrales, con mayor presencia de estos últimos. Es frecuente encontrar este tipo de hábitat asociado a llanuras aluviales húmedas, cuyos extremos distales son proclives a albergar bosques lacustres o de galería. Una segunda forma de paisaje es el ecosistema de tipo "mosaico", consistente en una variedad de agrupaciones arbustivas de carácter esporádico en las llanuras abiertas, con zonas de mayor densidad de vegetación, alternantes con otras de mayor abundancia herbácea. Finalmente, una última zona la constituye la sabana herbácea, que ocupa la mayor parte de las llanuras del Rift, constituidas por todo un despliegue de praderas de gramíneas con aparición esporádica de plantas leñosas.

En estas tres zonas aparecen, al margen del grado de variación de la vegetación arbórea, arbustiva y herbácea, áreas abiertas -mayoritarias- marcadas por las llanuras descubiertas y áreas cerradas, definidas por la existencia de bosques de proporciones variables. Entre unas y otras hay con frecuencia una zona de transición, caracterizada por una disminución de la vegetación arbustiva y un incremento del espaciamiento entre la misma, que la configura de modo disperso. Este lugar, a pesar de ser más pobre en recursos, se convierte en la parte periférica del área forestal, comunmente exenta de presencia primate.

Todas estas zonas, que -salvo la última- no son llanuras abiertas en sentido estricto aunque están próximas a serlo, poseen los mismos elementos comunes: amplia dispersión de la vegetación arbustiva y una gran existencia de espacios descubiertos poblados por gramíneas. Los recursos alimenticios existentes en estas áreas no son excepcionales, ya que los primates sólo habrían encontrado insectos, raíces, semillas y hojas y frutos en los árboles dispersos. Es decir, algunos de los recursos ya existentes en las áreas forestales. La novedad es que para su obtención se habría hecho preciso abandonar el cerrado medio boscoso y aventurarse en campo abierto. Los homínidos pudieron haber sacado ventaja a otros primates si hubiesen sido capaces de acceder a toda esa serie de recursos dispersos anárquicamente en los espacios abiertos, abandonando los bosques lacustres y de galería. Por consiguiente, ante el incremento de la presión selectiva surgida a raíz de la disminución de los bosques, aquellas especies que fueron capaces de aventurarse fuera de éstos a las zonas de transición o a las llanuras se encontraron en disposición de vencer los nuevos criterios selectivos. Esto fue, probablemente, lo que hicieron tanto los papiones como los homínidos, que encontraron en cualquiera de las áreas mencionadas una serie de productos como los existentes en las zonas forestales pero a los que ellos solos -de entre los primates- tuvieron acceso.

Sin embargo, por simple que parezca salir a la llanura abierta, semejante hecho encierra un conjunto de dificultades importantes. Tal vez entre ellas la más relevante sea el aumento del riesgo de encontrarse con cualquiera de los grandes predadores cuyo nicho ecológico aparece en semejante hábitat. Esta situación, observable en el paisaje de sabana actual, era aún más grave en el Plioceno ya que a los antecesores de los predadores actuales hay que añadir la presencia de otros predadores, hoy extintos, que aumentaba el peligro de enfrentamiento al adentrarse en tal medio (Capítulo 1.5). Simplemente por esta circunstancia, los homínidos tuvieron que ser capaces de elaborar una táctica de comportamiento que fuera capaz de hacer frente a dicha situación, bien sabiendo establecer un horario de actividades compatible con el de otros predadores para evitar su encuentro, bien reorganizándose de tal modo que fueran capaces de hacer frente a los mismos en caso de no poder evitarlos.

La estructuración conductual observada en los mamíferos que ocupan medios despejados, desde una consideración sinergética, se limita en términos genéricos, como hemos visto anteriormente (Capítulo 2), a dos formas de comportamiento en las especies fitófagas: sociedades descoordinadas de régimen poligámico temporal y sociedades coordinadas de jerarquía ejercida por un macho. Aunque la primera forma era predominante sobre la segunda, la aparición de ésta se explica a través de criterios cuantitativos. Cuanto menor es el grupo subsistencial, mayor es la coordinación entre sus miembros. Sin embargo, en uno y otro caso estamos refiriéndonos a especies dotadas biológicamente para una huída efectiva y que residen permanentemente en las llanuras abiertas. Estas conductas no aparecían entre los primates adaptados a este tipo de medios (Capítulo 2.3) por las siguientes razones: son merodeadores de dichas llanuras -que no residentes permanentes- y no están dotados en términos biológicos para la carrera, lo que no les hace ser muy efectivos en una huída rápida similar a la que practican los animales herbívoros. Esto obviamente repercute en el tipo de organización social interna, que debe estructurarse de otra manera.

Al no disponer de la capacidad biológica de los herbívoros, los primates sólo pueden adoptar teóricamente una estrategia defensiva basada o bien en la capacidad de huída breve, de ocultación y mimetismo de la especie o bien en una postura de claro enfrentamiento al agresor. El primer caso sólo ocurre de modo excepcional en el *Erythrocebus patas* -conocido comunmente como mono patas y que suele residir en los espacios intermedios como son las zonas de transición a las llanuras descubiertas- que organizado a veces en familias poligámicas de un macho reproductor jerarca (Apéndice A: Tabla 1), emplea una estrategia ante un predador en la que el macho se encarga de distraer a éste llamando su atención, mientras que el resto de hembras e individuos jóvenes huyen y se esconden en la maleza o trepan a los árboles. Una vez que el macho logra deshecerse del predador, éste no es capaz de acechar a los demás que están escondidos o a salvo. Dicha estrategia es posible porque esta especie se encuentra dotada biológicamente para llevarla a cabo y porque el hábitat en el que residen así lo permite. En el aspecto biológico, el mono patas es un animal de dimensiones reducidas -de 4 a 10 kg. de peso- con un desarrollo de las patas -de ahí su nombre- que le permite ser rápido en las carreras cortas y cuya adaptación se lleva a cabo en hábitats arbustivos y/o donde el componente gramíneo es relevante.

Sin embargo, debido a su menor dotación en la carrera y a sus mayores dimensiones -que no les permiten ocultarse- el resto de cercopitécidos que hacen frente a los riesgos de los espacios abiertos adoptan una posición defensiva comunitaria dentro de un marco social coordinado y semi-cooperativo de carácter jerárquico-oligárquico (Capítulo 2.3). Este tipo de organización puede estructurarse a su vez de dos maneras. En la primera de ellas los machos dominantes se mantienen cohesionados a nivel grupal sin que exista ningún tipo de dispersión, ni siquiera en el momento de la reproducción, en el que el grupo se mantiene como una sola unidad reproductora. La segunda modalidad consta de un tipo de organización formada por un proceso cíclico de congregación-disgregación en el que los machos jerarcas poseen un harén particular, siendo el grupo el resultado de la unión de varias de estas unidades reproductoras particulares en forma de bandas en las que los individuos dominantes mantienen subordinados a los otros machos.

La primera modalidad, que indica una mayor cohesión social, se observa en los hábitats de carácter aluvial en los que la presión trófica es mayor, mientras que la segunda posibilidad ocurre en las altas zonas montañosas donde la presión trófica es más relajada. Esta circunstancia resulta determinante en la aparición de ambas estructuras conductuales, puesto que ante un mayor riesgo de predación la selección natural favorece los comportamientos más coordenados como constituye la mayor cohesión de los papiones cinocéfalos en las sabanas. Ante una disminución de dicho criterio la cohesión no resulta tan imprescindible, por lo que la tendencia natural al individualismo provoca que los grupos se mantengan divididos en unidades menores, que forman núcleos, clanes y bandas sucesivamente. No es casualidad que esta forma de conducta aparezca sólo en primates como el papión hamadrias y el gelada, adaptados a este tipo de hábitat.

En el caso de los homínidos, la respuesta más plausible ante la adecuación a la sabana probablemente fuera una reorganización de las relaciones sociales del grupo, de modo que los individuos del mismo se sintiesen más cohesionados, en un modelo de comportamiento que podría explicarse en términos de un **reforzamiento social.** Es un hecho perfectamente observable que los grupos de primates superiores, como los chimpancés, son mucho más sociables entre ellos cuando las condiciones del medio imponen severas restricciones a la hora de conseguir alimento. Los chimpancés de selva disponen de tantos productos que su carácter arbóreo les predisponen en el momento de relacionarse entre ellos mismos. Su comportamiento se limita al traslado comunitario de un comedero a otro, en un sistema de relación jerárquico normal. Los chimpancés de bosque de sabana, en cambio, mantienen un mayor contacto, dado que su actitud es esencialmente terrestre y son más cooperativos. La mayor limitación de recursos les obliga a incluir en su dieta un producto tan importante como la carne, y es, precisamente, la obtención de ésta lo que acentúa la cooperación en estos grupos, ya que su consecución se lleva a cabo en forma de una actividad predadora comunitaria. En ésta es posible observar distintas estrategias. Los chimpancés pueden cazar pequeñas gacelas, facóceros, kudús, potamóceros, e incluso primates (Goodall, 1968). En este último caso si la víctima está en un árbol pueden repartirse la labor, yendo alguno tras ella mientras que los demás aguardan a los pies de distintos árboles para evitar que la presa descienda y huya. En algunos casos se han llegado incluso a raptar niños pequeños de poblados humanos. Esta caza cooperativa y llevada a cabo tan solo por los machos no existe entre los chimpancés de selva, quienes temen y rechazan cualquier animal muerto (Kortlandt, 1965). Por consiguiente, esa tendencia al omnivorismo observada en los chimpancés de sabana predispone a éstos a incluir carne en sus dietas, cuya obtención precisa de una cooperación que repercute en la organización social del grupo que se ve reforzado.

Este reforzamiento social también incide en la

convivencia con las crías a quienes se les enseña además de todo esto la elaboración de herramientas -varas extraídas de palos y ramas- para la obtención de termitas (Goodall, 1968). Por todo ello no resulta descabellado pensar que los primeros homínidos poseyeron en principio una organización similar: tendencia a una dieta omnívora, con inclusión ocasional de productos cárnicos en la misma, y una cohesión social de la intensidad que demuestran los chimpancés de sabana. Sin embargo, hay algo que les diferencia de sus congéneres evolutivos: los homínidos, como los papiones, salieron a los espacios abiertos. Semejante hecho supone abandonar la relativa seguridad del bosque y enfrentarse a los riesgos de las llanuras, en donde existen diversos tipos de predadores.

Me inclino a pensar que antes de salir a las praderas los homínidos alteraron su comportamiento social, siguiendo la pauta ya definida por los chimpancés de sabana -con los que se encuentran filogenéticamente emparentados- ampliando aún más el reforzamiento de los lazos entre los individuos del grupo. Es decir, si ante la reducción de los recursos alimenticios los chimpancés reaccionan incrementando su sociabilidad, en el momento que éstos se hacen más difíciles de obtener por la dispersión de los mismos en las áreas abiertas y el riesgo de encuentro con los predadores, la organización social debe reestructurarse haciendose más cohesionada -como también ocurre en los papiones- para que el principal beneficiario de la nueva situación sea el grupo y no el individuo. Se trata en definitiva de un incremento de la socialización. Esto pudo llevarse a cabo de dos maneras: aumentando la **cooperación** de los individuos y/o distribuyendo la responsabilidad defensiva. La cooperación habría sido efectiva por facilitar el aprovechamiento colectivo de los resursos, puesto que dado el carácter disperso de éstos una competencia intragrupal habría supuesto un derroche energético del que todos saldrían perjudicados -lo cual redundaría a su vez en los individuos que hubiesen realizado una acaparación de los mismos-. De esto se deduce que un mayor intercambio de información entre los miembros del grupo para tener acceso a los recursos colectivamente habría sido uno de los principales rasgos cooperativos.

En lo concerniente al aspecto defensivo, las sociedades de tipo jerárquico individual plantean el inconveniente de que la responsabilidad de enfrentarse al enemigo recae básicamente -como ocurre entre gorilas, chimpancés y cercopitécidos afines- en el jerarca. Esto supone que la defensa sea débil y descoordinada; es decir, no existe una acción de conjunto simultánea y eficaz. No resulta por ello extraño que las tácticas defensivas de las sociedades semicooperativas de jerarquía ejercida por un solo macho tengan el objeto de amedrentar al enemigo, que en caso de ser un predador suelen rehuir no presentando combate. Cuando excepcionalmente esto ocurre, suele ser de una manera en la que los individuos actúan descoordinadamente. Una forma más efectiva sería la participación conjunta y regulada de verios miembros en la defensa del grupo -lo cual implicaría una relajación de la jerarquía o la aparición de una oligarquía jerárquica- con lo que se está en disposición de hacer frente al predador de un modo más eficaz. De hecho, esta es la organización más efectiva para merodear por los espacios abiertos tal y como demuestra que la práctica totalidad de especies primates posean una conducta social coordinada y semi-cooperativa de carácter jerárquico con una oligarquía al frente, como es el caso de los papiones (Capítulo 2.3).

De este modo, el modelo aquí propuesto postula que los homínidos se atrevieron a adentrarse en las áreas descubiertas porque fueron capaces de hacer frente a los riesgos que éstas ofrecían. Para ello tuvieron que volverse más **agresivos**. Los chimpancés de los zoológicos reaccionan defensivamente arrojando objetos cuando se presumen delante de un enemigo y sin disponer de un lugar donde ocultarse. Este comportamiento hizo pensar a Kortlandt que una actitud de esta magnitud debería tener su contrapartida en los chimpancés en libertad, que deberían defenderse igualmente en los espacios abiertos donde la fronda no permitiera ocultarse. Para comprobar esta presunta reacción agresiva contra posibles atacantes se realizaron diversos experimentos. Se dispuso de un leopardo disecado, accionado mecánicamente, delante de los distintos tipos de pánidos. Los chimpancés de selva mostraron una reacción lenta que luego prorrumpió en forma de chillidos y arrancando ramas y matojos, haciendo alardes amedrantadores. Entre carga y carga se produjeron descansos. Al cabo de media hora el grupo abandonó el lugar sin haber tocado siquiera al falso leopardo. La reacción de los chimpancés de sabana fue, en cambio, más violenta. Al poco de avistar al leopardo se armaron de palos y se dirigieron a él directamente golpeándolo de manera contundente. Entre ambas conductas existe una diferencia notable. Mientras que la actitud de los chimpancés de selva constituye una simple amenaza para amedrentar al adversario, la reacción de los chimpancés de sabana resulta en sí mismo un ataque que puede ocasionar la muerte del predador, como en realidad sucedió con el falso leopardo que terminó destrozado. En uno y otro caso se procede a la defensa comunitaria. Sin embargo, mientras que en los primeros supone una actitud meramente defensiva, en los segundos se trata de una postura ofensiva bien clara.

Si esto ocurre en un medio, el bosque de sabana, donde el peligro de los predadores es mucho menor que en las zonas abiertas, resulta lógico pensar que los homínidos habrían reaccionado de un modo por lo menos tan agresivo, sino más pronunciado, con la inclusión de dichas áreas en su nicho ecológico. Esta afirmación se ve ulteriormente apoyada por el hecho de que los papiones, los primates más adaptados a las llanuras descubiertas, han logrado tener éxito gracias al desarrollo interno de un sistema de **defensa comunitaria**, basado en una actitud ofensiva muy agresiva. Los denominados "conquistadores de la tierra firme" se sirven de una estrategia que les ha permitido desarrollar una agresividad superior a la del predador al organizarse en una disciplinada horda de combate. Para ello, manteniendo los rasgos jerárquicos de una oligarquía, los machos dominantes someten al resto del grupo a una disciplina de la que todos son beneficiarios. Cuando avanzan por zonas donde escasea el arbolado, los papiones se organizan en formaciones estructuradas de manera que las hembras y las crías ocupen el centro. A los lados se encuentran los machos dominantes, mientras que tanto en la vanguardia como en la retaguardia están los machos de rango inferior, que son los encargados de dar la alarma ante la presencia de un predador. Cuando esto ocurre los machos jerarcas irrumpen en la vanguardia y se encargan de enfrentarse al enemigo, mientras que el resto de la tropa busca refugio. Tan efectiva es esta defensa que un leopardo rara vez se enfrentará a una horda alertada por temor a ser destrozado, como ocurre una gran parte de las veces en que esto último acontece.

Los papiones han logrado, pues, una forma de adaptarse a las llanuras desarrollando una defensa comunitaria de carácter ofensivo. Esto, que parece ser una característica común entre los primates superiores de sabana, tuvo que ser también un rasgo compartido por los primeros homínidos. Sin embargo, los papiones pudieron llevarlo a cabo gracias a una dotación biológica en la que se incluye la disposición de una dentadura impresionante con grandes colmillos, factor del cual los primeros homínidos se encontraron exentos. Por tal motivo es previsible que su reacción técnica en tales circunstancias hubiera sido más similar a la de los chimpancés; se habrían servido de palos y piedras. Pero dado que el medio abierto favorece conductas de tipo jerárquico-oligárquico (Capítulo 2.3) lo más probable es que los homínidos presentasen una curiosa mezcla de rasgos similares a los de los chimpancés y a los de los papiones al mismo tiempo. En otras palabras, puesto que estos medios propician la distribución de las labores defensivas, es muy probable que se adoptase una organización social formalmente similar a la de los papiones y una estrategia técnica -dada la carencia de una dotación biológica como la de aquéllos- del tipo de la de los chimpancés: haciendo uso de elementos extrasomáticos de adaptación. Esta propuesta conceptual resuelve los problemas que pudieran derivarse de unos planteamientos estrictamente referenciales (De Vore & Tooby, 1987).

El *reforzamiento social* surgido como consecuencia de la escasez progresiva de recursos alimenticios habría tenido como resultado el compromiso de todos los miembros del grupo en la defensa del mismo. En este caso, como he mencionado antes, la unión habría hecho la fuerza. Los homínidos, de este modo, habrían podido hacer frente a los peligros de los espacios abiertos, teniendo acceso a los productos alimenticios de dichas zonas y ganándole el pulso a la presión selectiva. El grueso del grupo se habría desplazado a través de las zonas de transición, de las sabanas y estepas arbustivas y de los paisajes en forma de "mosaico", consumiendo los productos obtenidos en una diversidad de comederos, como hacen sus parientes evolutivos antropoides. No obstante, el supuesto comportamiento oligárquico de los homínidos, aunque pudiera haber sido formalmente similar al de los papiones, no debe equipararse en términos absolutos con el mismo. El sistema oligárquico de los papiones mantiene unas relaciones de jerarquía-subordinación más acentuadas que en los sistemas coordinados de jerarquía individual de los chimpancés. Semejante circunstancia entra en contradicción con un supuesto incremento de la cooperación que exigiría que las relaciones sociales fuesen menos tensas. De esta manera una oligarquía dentro de un marco social cooperativo sólo sería posible en el seno de un grupo en el que hubiese una distribución de poder que facilitase no solo la defensa sino también un intercambio más activo de información entre los diversos miembros, circunstancia que sólo posibilita una relación de los lazos sociales de subordinación.

En el momento en que estos primates logran acentuar su agresividad hacia cualquier enemigo, en el seno de una comunidad encargada de la defensa colectiva, pueden permitirse la aventura de la conquista de los espacios abiertos. Sin embargo, esa conquista pudo llevarse a cabo gracias al surgimiento del bipedismo. Igual que éste sin un modelo social apropiado no puede explicarse en términos de éxito evolutivo, lo mismo sucede cuando un modelo de comportamiento adecuado para semejante empresa carece de un marco referencial de carácter biológico que explique su potencial expansivo.

¿De qué modo resultó útil la aparición del bipedismo en semejantes circunstancias? Tradicionalmente el error de las hipótesis aducidas para explicar el aparente éxito de la bipedestación reside en la atención prestada a una opción funcional determinada. Cada vez resulta más evidente que las causas pudieron ser varias (Day, 1986). Dado que el bipedismo plantea el inconveniente de perder velocidad en la carrera no siendo posible la huída ante un predador, mucho más veloz, en principio cabe apuntar que una postura erecta en un grupo primate que ha desarrollado una actitud agresiva hacia un medio que le es hostil, le permite disponer de unas manos libres para blandir palos y ramas (Kortlandt, 1980), y lo que resulta igual de importante, le capacita para transportarlas (Darwin, 1871; Lancaster, 1978).

En la actualidad puede observarse que las inserciones de los músculos escapulares difieren entre los seres humanos y los simios superiores. La sección occipital y cervical del trapecio en el gorila y chimpancé es más amplia que en el ser humano y no llega hasta la vértebra torácica como en nuestra especie. El romboide y el latissimus dorsi muestran igualmente unas proporciones e inserciones que varían ligeramente en los antropoides con respecto a nosotros. El análisis de la musculatura del hombro en los primates pone de relieve que los músculos de elevación de los brazos son mayores en el género humano que los músculos de propulsión , mientras que en los simios superiores ocurre lo contrario. Esta diferencia refleja la adaptación a la locomoción cuadrúpeda por parte de estos últimos y la menor versatilidad de sus brazos por no utilizarse en funciones de otro tipo (Ashton & Oxnard, 1963). Sin embargo la bipedestación, que propició semejante readecuación muscular, tiene su importancia como postura no por facilitar sólo el transporte y uso de palos, sino por permitir disponer de una posición estable en la que las extremidades superiores pueden librarse de la función locomotriz y ejercer una acción de **manipulación hábil**. Es decir, mientras que los chimpancés hacen uso de palos y ramas para defenderse de un modo sumamente torpe y aparatoso, porque la posición en que se encuentran no facilita la libre torsión de los brazos, el bipedismo permite que dichos movimientos sean coordinados con mayor perfección. La importancia de este hecho radica en que los palos se convertirían ahora en armas mucho más eficaces al poder ser mejor utilizadas.

Desde una perspectiva defensiva, el bipedismo pudo entonces conferir a los homínidos la ventaja de poder **llevar palos** y **utilizarlos eficazmente**. A ello debió ayudar igualmente que tan singular medio de locomoción permitiese una **mayor visibilidad** del entorno; factor esencial en la detección precoz de los predadores enemigos, sobre todo en los medios abiertos en los que la capa herbácea priva de la visión a un ser cuadrúpedo. En las sabanas herbáceas, arbustivas y de mosaico, donde el componente gramíneo es sumamente relevante -formas predominantes en los ecosistemas abiertos africanos del Plioceno (Capítulo 1.5)- la cuadrupedestación, sistema de locomoción apropiado para la carrera, supone una pérdida de visión del entorno que se agrava en las especies de dimensiones pequeñas. Por tal motivo una gran parte de los antilopinos cuyo hábitats son áreas de gramíneas prominentes -como los damaliscos y alcelafinos- poseen la particularidad anatómica de poseer unas extremidades superiores más largas que las inferiores, de modo que el eje espinal pierde su horizontalidad con respecto al plano gravitacional, con lo que se gana en una disposición más elevada de la cabeza que permite una mayor visibilidad. Por consiguiente en los primates la bipedestación habría otorgado esta ventaja. Si a ello se le añade la **capacidad de amedrantamiento** que el porte erguido ejerce sobre algunos predadores dispondremos de un cuadro de las ventajas principales que los homínidos gozaron en el aspecto defensivo.

De modo secundario el bipedismo pudo haber sido útil en el transporte esporádico de algunos alimentos de lugares sumamente expuestos a otros más resguardados. El caso es que dotó a los homínidos de la capacidad suficiente como para poder ejercer una defensa activa frente a los peligros de las llanuras y esta parece ser la ventaja más importante. El estrechamiento teórico de los lazos del grupo (Darwin, 1871), cuya defensa habría sido responsabilidad compartida por todos, habría aumentado el espíritu de cooperación, no sólo a la hora de defenderse de cualquier peligro sino también en el momento de obtención de alguna pieza con contenido cárnico, en el que el *gorroneo tolerado* (Isaac, 1978) observado entre algunos primates en tales circunstancias se habría mantenido.

En esencia se trata de un comportamiento perfectamente encuadrado dentro del ámbito etológico, que habría diferido del actual de los antropomorfos en que las relaciones sociales se habrían hecho más intensas, sin verse alterada drásticamente la organización interna del grupo por ello, sin que se precisara la formación de parejas estables, como algunos autores pretenden (Lovejoy, 1981). Cabe especular en tal caso con la posibilidad de que la sociedad se articulase en torno a un eje de relación sexual de carácter poligámico, en la que un macho dispusiera de acceso a varias hembras de modo exclusivo o de manera comunal, como parece más probable. De ser así no debiera extrañarnos que en la constitución somática de los primeros homínidos observásemos un pronunciado dimorfismo sexual, como así parece ser en los *Australopithecus afarensis* (Johanson & White, 1979), ya que esta característica es propia de sociedades primates de estructura social poligámica. Entre los restos pertenecientes a *Australopithecus afarensis* procedentes de Hadar (Etiopía) pueden observarse en efecto variaciones de tamaño que van del metro escaso de altura de "Lucy" hasta individuos que alcanzan las dimensiones de los Australopitecos robustos (Johanson & Edey, 1981; Aiello, 1981; Jungers, 1982). Esta variación de tamaño sólo puede explicarse por coexistir dos especies o por tratarse de una sola especie en la que los machos son mayores que las hembras. De ser este el caso como parece, estaríamos hablando de una especie de carácter poligámico, lo cual apoya el modelo de comportamiento que estoy proponiendo.

Siguiendo la linea de razonamiento podría pensarse que los homínidos habrían mantenido el carácter poligámico de sus parientes evolutivos más próximos, pero relajando la rigidez de la jerarquía que impera en las relaciones entre éstos, siendo los machos más transigentes a la hora de tener acceso a las hembras. Esta mayor cohesión social habría repercutido en la educación de las crías que no sólo habrían gozado de mayores cuidados, dado el riesgo al que el grupo estaba continuamente expuesto, por parte de la madre -en ese sentido se sigue la linea de comportamiento antropoide- sino que habrían entrado muy pronto en la dinámica social educativa, aprendiendo en el contacto constante con los machos y las hembras las pautas sociales de comportamiento y la preparación de palos y ramas para ser utilizados. Al igual que los chimpancés fabrican útiles para obtener termitas, los primeros homínidos se habrían servido de palos como armas para afrontar a los predadores, seleccionándolos y modificándolos probablemente con criterios de utilidad. En ese sentido las crías habrían aprendido de los adultos esos criterios y los habrían empleado. De ser así se trataría de un claro precedente de la elaboración de herramientas más complejas y de carácter lítico en momentos más tardíos del registro paleoantropológico.

Por otra parte, la locomoción bípeda no es un acto reflejo de tipo innato como sucede en la locomoción del resto de los animales, sino que es una conducta adquirida (Devine, 1985). Una prueba de esta aseveración es el hecho de que los niños ciegos de nacimiento nunca intentan caminar de pie a no ser que se les enseñe (Inman et al., 1981). Por consiguiente, es evidente que las crías de nuestros antepasados homínidos también tendrían que aprender de sus mayores la forma de locomoción, lo cual se habría visto facilitado si el núcleo social hubiera sido cooperativo a este repecto.

En esencia, los primeros homínidos no habrían sido sino unos primates que gracias a su recién adquirida bipedia pudieron disfrutar de unas ventajas anatómicas que les permitieron, junto con un reforzamiento de las actitudes sociales, enfrentarse a los medios abiertos y tener éxito sobre sus congéneres. Exito que se vería incrementado en el futuro de la evolución de la nueva familia primate con la aparición, en momentos más tardíos, de un nuevo tipo de comportamiento, mucho más posibilista, acorde con los cambios somáticos experimentados por ciertos homínidos que se encuentran en el origen de nuestro género.

4. ESTUDIO DE LA CONDUCTA DE LOS AUSTRALOPITECOS Y LOS PARANTROPOS.

En este capítulo se elabora, basándose en los criterios establecidos por la sistemática etológica, un análisis del comportamiento de los primeros homínidos, fundamentado en las evidencias fósiles y en las deducciones paleoecológicas de su estudio. Se enfoca dicha aproximación desde una perspectiva doble (la ecológica y la filogenética), y se aplica a modo de ejemplo en el hipotético entecesor de homínidos y pánidos y, a continuación, a los australopitecos y parántropos. Las conclusiones obtenidas colocan a estos homínidos en una posición próxima a la de otros primates con los que compartieron un similar patrón adaptativo.

4.1- METODO DE APROXIMACION AL ESTUDIO CONDUCTUAL Y APLICACION SOMERA AL ANALISIS DEL COMPORTAMIENTO DEL ANCESTRO COMUN.

La aplicación de la sistemática etológica revela la limitación de las formas estructurales del comportamiento mamífero (Capítulo 2). Desde esta consideración, la conducta parece responder a la simbiosis de una serie de factores biológicos y ecológicos que, ordenados según las normas sinergéticas de la acción de conjunto, la determinan formalmente. De esta manera, el comportamiento, lejos de ser una manifestación anárquica o bien regulada de manera exclusiva desde su aspecto endógeno (determinismo biológico) o exógeno (determinismo ambiental), aparece como un modo orgánico de relación dialéctica entre los individuos de una comunidad y el medio que habitan, en la que las normas que lo condicionan resultan de la conjunción de las restricciones impuestas por la biología del organismo, las características físicas del medio y, más importante, la limitación formal de los procesos de estructuración. No es por ello extraño encontrar, como hace Sakka (en Coppens, 1985), una relación entre la forma, la función y el medio ambiente. Cada especie puede ser definida como un conjunto morfo-funcional -en la que no existe función sin estructura ni estructura sin función- en clara relación con el medio, que actúa como contenedor y selector de dicho conjunto.

Basándose en estos principios se dispone, pues, de un soporte referencial lo bastante sólido como para elaborar modelos conceptuales que no sufran de la ambigüedad de algunas propuestas conceptuales, basadas en premisas sociobiológicas, ni de las carencias de los modelos referenciales, cuya argumentación se establece a partir de comparaciones descriptivas. En este sentido, el tratamiento del comportamiento debe hacerse a partir del control de determinadas variables biológicas, ecológicas y estructurales, que nos permiten estudiar conductas extintas desde el análisis de los restos fósiles y la condición paleoecológica de los organismos a los que pertenecieron.

Cuando se estudian paleoconductas suele hacerse mediante dos consideraciones que tradicionalmente se han juzgado opuestas. La primera de ellas es el empleo de rasgos **homólogos** o lo que es igual, el uso de caracteres comunes con los ancestros filogenéticos. La segunda es la utilización de rasgos **análogos**, entendidos como caracteres que surgen a modo de respuestas convergentes ante el mismo tipo de presión ambiental y en los que las consideraciones filogenéticas no son tenidas en cuenta (Strum & Mitchell, 1987). En el planteamiento que defiendo ambas propuestas, lejos de ser excluyentes, resultan perfectamente complementarias, como veremos más adelante.

El tratamiento de las homologías y las analogías puede a su vez realizarse mediante un enfoque cladístico (Wrangham, 1987) o desde un enfoque comparativo. En el primer caso el procedimiento empleado es la inferencia de rasgos de una conducta a partir del compartimiento de dichos rasgos en un espectro de especies filogenética o ecológicamente próximas, según se analicen caracteres homólogos o análogos. Por lo que respecta al comportamiento de los homínidos, esto requiere la comparación conductual de formas de actuación humanas también presentes en otras especies primates. Sin embargo, debido a que toda conducta está constituída por un remanente de modos de actuación anteriores -que aquí denominaremos **caracteres troncales**- más una cantidad variable de pautas de actuación innovadas -a las que también llamaremos **caracteres incorporados**-, un análisis cladístico, lo único que pone de relieve es la pervivencia de caracteres troncales en una secuencia filogenética del comportamiento, dejando al margen los rasgos incorporados, que son los que en verdad resultan relevantes en la explicación de los modos de reacción. El inconveniente que éstos plantean para ser sometidos a un estudio cladístico reside en que al no ser rasgos compartidos, la atribución de una u otra opción en un punto de inflexión intermedio es difícil de realizar al no existir criterios adicionales de comparación. Para remediar semejante circunstancia existe una solución complementaria como es el enfoque comparativo, centrado en el análisis de los rasgos incorporados, en el que se conjuntan los criterios ecológicos y biológicos para realizar atribuciones conductuales que no reposan en una mera comparación de los caracteres -como sucede en el análisis cladístico- sino en las características físicas y ecológicas que los hacen posibles.

También haremos aquí uso de ambos enfoques para intentar acercarnos al comportamiento de los homínidos. Sin embargo, el análisis comparativo lo realizaré a partir de la relación existente entre los diversos elementos que son objeto de dicho tipo de estudio. Estos son el comportamiento tal y como se entiende en la sistemática etológica -es decir, tipo de relación social, tipo de interacción social y estrategia sexual- el dimorfismo sexual, el tamaño del grupo y las dimensiones del territorio. El análisis comparativo permite el estudio de caracteres incorporados a partir del conocimiento de algunas de las variables -biológicas y ecológicas- recién mencionadas. Por ejemplo, la existencia de un dimorfismo sexual acentuado se encuentra ligada por lo general a una estrategia sexual poligámica, la cual, a su vez, en el ámbito de los primates, aparece sólo en el seno de sociedades coordinadas semi-cooperativas (Apéndice A: Tabla 1), e igual puede decirse del proceso inverso. Otro ejemplo es la relación existente entre los caracteres ecológicos que determinan el tamaño de los grupos y las dimensiones de los territorios, que resultan accesibles a partir de la distinción de los hábitos dietéticos y de la ubicación ecológica de las especies analizadas (Figura 26. Capítulo 2.3). De esta manera, la relación entre las variables permite acercarse al conocimiento del conjunto mediante la constatación de uno de los rasgos determinados.

Si aplicamos, pues, de manera conjunta el enfoque cladístico -centrado en los caracteres troncales- y el enfoque comparativo -centrado en los caracteres incorporados- y en cada uno de ellos distinguimos dos opciones; una filogenética -encargada de analizar los rasgos homólogos- y otra ecológica -utilizada en el estudio de los rasgos análogos-, dispondremos de cuatro visores distintos para aproximarnos a la conducta de nuestros antepasados a través del intento por resolver las contradicciones o convergencias que aparezcan mediante la aplicación de estas consideraciones.

Vamos a observar cómo funcionan, antes de pasar al estudio del comportamiento de los homínidos, en una hipotética aproximación a la conducta del antecesor común de los homínidos y los antropoides, en una escisión cuyo momento lo situamos, como mencioné anteriormente, en torno a los 6 m.a. No obstante, al no disponer de restos fósiles pertenecientes al mismo, ni de información dietética o ecológica, las conclusiones a las que se pueda llegar no poseerán el peso argumental de las alcanzadas en el estudio de los homínidos, sobre los que se poseen más datos.

ANALISIS CLADISTICO.

Caracteres troncales- Las relaciones sociales entre los individuos que configuran un grupo pueden ser abiertas o cerradas. En el primer caso los individuos que lo componen, indistintamente del tipo de sexo, fluyen de un grupo a otro haciendo que el tipo de sociedad fluctúe cuantitativa y cualitativamente sin atenerse a estructuras fijas. Esta situación suele ser común en la mayor parte de las sociedades descoordinadas, en las que las unidades reproductoras, bien asociadas a una estrategia sexual temporal, extensa o vitalicia, mantienen su independencia con respecto al resto del grupo. Si las relaciones de una sociedad son de tipo cerrado, existe entonces una estructuración permeable que determina que mientras que la mayor parte de los miembros de una comunidad permanecen de manera constante dentro de la misma, una pequeña fracción -constituida por un solo sexo- se separa de ésta tras su desarrollo, para unirse a otros grupos en los cuales se reproducen. Este tipo de red social suele aparecer en la mayor parte de las sociedades coordinadas semi-cooperativas, en las que las unidades reproductoras no son independientes.

En un análisis conductual cladístico, partiendo de la base de que el antecesor de los homínidos y pánidos ocupó preferencialmente un medio de vegetación cerrada, los rasgos homólogos y análogos son coincidentes, al no existir una diferencia relevante entre el enfoque filogenético y el ecológico (Apéndice C: Tabla 1). Esto se debe a que al ser los descendientes pánidos de dicho ancestro común especies adaptadas a un medio de vegetación boscosa y que dicha linea filogenética está adaptada a semejante hábitat, con la salvedad más tardía de los homínidos de medios despejados, en este caso ecología y filogenia se muestran convergentes. De esta manera, en lo que concierne a la **red social** del hipotético antepasado común, esta sería de carácter **cerrado**, puesto que tanto los simios superiores más próximos como el ser humano - tomado como resultado final- comparten dicha característica. Con el término "cerrado" nos referimos a una agrupación estable que mantiene una parte mayoritaria de sus miembros dentro de la misma -aún cuando algunos individuos la abandonen al llegar a la madurez-, en contraposición con "abierto", referido a grupos sin identidad y cuyos miembros oscilan continuamente de una comunidad a otra.

Incluso, si se continúa en la misma línea de razonamiento, podría pensarse que la **parte permeable** de las agrupaciones habría estado constituida por las **hembras**, ya que en términos filogenéticos esto es lo que sucede entre el gorila, el chimpancé común, el chimpancé pigmeo y en la mayor parte de las etnias humanas. Esta aseveración recibiría el apoyo del análisis ecológico, puesto que una gran parte de los cercopitécidos adaptados a medios boscosos están estructurados de esa manera. En este caso, pues, determinadas hembras fluctúan de su grupo de origen a un grupo receptor, en el que llevarán a cabo su actividad reproductora. Por esa misma razón podría pensarse que los machos formarían asociaciones en su comunidad de origen, que les permitiría reproducirse en el mismo, tal y como ocurre en los grandes hominoideos -gorila, chimpancé común, chimpancé pigmeo (análisis filogenético)- y en los simios de adaptación a medios cerrados - análisis ecológico-.

En este tipo de sociedades la **relación intraespecífica** de unos grupos con otros sería más bien **hostil**, como lo demuestra el hecho de que así sea no sólo entre los simios filogenéticamente más próximos al ancestro común, sino que también entre todos los primates estructurados en sociedades coordinadas semi-cooperativas. Esta circunstancia podría contrastar con la **agresividad interespecífica** exhibida por estas especies- observada a través del análisis comparativo-, ya que por hábitos dietéticos y adaptativos suele mantenerse más bien **relajada**. Desde la Etología se observa una tendencia hacia un mayor aumento de la agresividad cuanto menos boscoso es el medio al que se adaptan los primates. En este caso un análisis cladístico no resulta válido por no constituir este factor un carácter troncal de la conducta, al ser el género humano bastante violento, en contraste con los simios superiores.

ANALISIS COMPARATIVO.

Caracteres incorporados- Continuando con los datos expuestos en la tabla 1 del apéndice 3, los antropoides y el ser humano difieren en una serie de rasgos que no pueden ser estudiados desde un análisis cladístico de caracteres comunes. Por esta razón es preciso enfocar su tratamiento desde un análisis comparativo. A falta de restos fósiles de dicho antecesor común, uno de los elementos que aparece en los homínidos más antiguos, como veremos más adelante, y que también existe en diversos grados en los simios superiores, es el dimorfismo sexual, haciendo que las proporciones de los machos sean mayores que las de las hembras. Mientras que en el chimpancé común y en el gorila esto resulta más que evidente, en el chimpancé pigmeo esta circunstancia alcanza su mínima expresión. Debido a que el grado de dimorfismo atribuido a los fósiles de homínidos más antiguos es mayor que que el de los bonobos -como también se denominan los chimpancés pigmeos- y alcanza un margen de variación perfectamente equiparable al de los antropoides y otros primates dimórficos, parece ser que el antecesor común podría haber obtenido un índice de dimorfismo sexual similar, a partir del cual surgirían dos tendencias evolutivas. La primera sería un mantenimiento de la linea dimórfica a través del linaje del chimpancé común y de los homínidos y la segunda un decrecimiento de dicho rasgo en la linea evolutiva seguida por el chimpancé pigmeo. Esto último resulta comprensible si tenemos en cuenta que los bonobos son en esencia arbóreos y que la variabilidad dimensional con respecto al sexo se vuelve mas prominente en las especies terrestres (Capítulo 2.3). Curiosamente, a partir de la primera opción surgiría en uno de los géneros a que dio lugar (Homo) una disminución y desaparición de este factor, siendo esta circunstancia un carácter convergente en los dos linajes aludidos.

Si aceptamos la presencia de este rasgo en el antecesor común -como así parece haber sido- deberemos aceptar de igual manera la existencia de una **estructuración social basada en un tipo de organización coordinada y semi-cooperativa**, ya que el dimorfismo sexual es un indicador evidente de una estrategia sexual poligámica, en la que existe una tensión entre los machos por el acceso a las hembras reproductoras. Al ir semejante característica pareja con este tipo de agrupación, en el ámbito primate sería lógico suponer que la relación social de dicho ancestro hubiera sido también del mismo tipo y que además se hubiese manifestado en forma de **jerarquía ejercida por un solo individuo**. Esta última afirmación se vería apoyada desde el punto de vista filogenético por ser el tipo de estructuración social que coordina la relación de los antropoides más próximos al ser humano, y desde la consideración ecológica, por ser el modo de relación que aparece en la mayor parte de los simios adaptados a medios de vegetación boscosa (Apéndice A: Tabla 1).

Si bien el dimorfismo sexual y un tipo de sociedad de estas características, tal y como apuntan la consideración homóloga y análoga de los caracteres, parecen ser rasgos organizativos en el ancestro común, existen otros elementos que pueden aportar más información en este sentido al tiempo que otorgan mayor validez a dichas argumentaciones. Uno de ellos podría ser que una sociedad jerarquizada de este modo y diferenciada sexualmente manifiesta, según se desprende de las observaciones etológicas actuales, una relación intraespecífica hostil. Resulta curioso que éste sea uno de los caracteres troncales atribuibles al antepasado común a través del análisis cladístico de rasgos comunes, como hemos visto con anterioridad. Del mismo modo podría atribuirsele un grado de agresividad interespecífica bajo o intermedio, dependiendo del tipo de medio cerrado que hubiese habitado. Esta circunstancia depende del alcance de la presión trófica existente en los distintos hábitats y que en los bosques de sabana es más fuerte que en los bosques de selva. Esta diferencia es la causa de que el grado de agresividad de la conducta del chimpancé pigmeo- habitante de medios selváticos de vegetación densa- sea baja y que la de un chimpancé de sabana sea más elevada en comparación.

En lo concerniente al **tamaño del grupo y a las dimensiones del territorio** todo lo que pueda apuntarse parece en suma especulativo puesto que al no disponer de elementos de juicio incontestables sobre el carácter de la dieta no estamos en posición de aportar interpretaciones válidas. No obstante, si la dieta hubiese sido esencialmente folívora, el tamaño de los grupos habría sido variable con un margen territorial restringido, como ocurre en el caso del gorila, por ejemplo. Si la dieta hubiera sido más bien frugívora, tanto el tamaño de los grupos como, sobre todo, el de sus territorios, habría sido mayor en comparación, tal y como se observa en los primates terrestres actuales (Figura 26. Capítulo 2.3).

Después de esta aproximación conceptual resulta curioso observar cómo en el intento por discernir la conducta del antecesor común de homínidos y pánidos se llega a conclusiones muy similares a las que los estudios referenciales basados en el chimpancé común han proporcionado. Si se ampliase el análisis cladístico a la estructura somática también obtendríamos que los rasgos físicos del ancestro común debieron estar muy próximos a los del actual chimpancé común: cuadrúpedo sobre nudillos, morfología corporal y craneal similar, proporción intermembral parecida... No debiera resultar extraño, pues, que si los rasgos físicos le asemejan en extremo a este póngido, también su conducta hubiese sido casi igual. Sin embargo, que un modelo referencial como el del chimpancé sea adecuado para explicar el comportamiento del ancestro común, no quiere decir que sea del mismo modo adaptable al marco interpretativo de la conducta de los homínidos, debido a que presentan innovaciones tanto biológicas como adaptativas que difieren de aquéllos. Tal vez por ello, propuestas referenciales como las sostenidas por Tanner (1981) o McGrew (1981) para explicar el comportamiento de los homínidos no resulten acertadas. Tampoco parece muy probable la hipótesis de Sussman (1987) que mantiene que el antecesor común estaría más cercano al chimpancé pigmeo que al chimpancé común. El punto de apoyo más sólido de esta inferencia se basa en las proporciones corporales, que parecen indicar una mayor similitud entre los bonobos y los primeros homínidos (Zihlman, 1979: Johnson, 1981). Sin embargo, esta aseveración descuida otra serie de elementos como son un mayor dimorfismo sexual en los homínidos que en los chimpancés pigmeos, lo cual apunta a una mayor hostilidad intergrupal y una mayor terrestrialidad de aquéllos. Lo más probable es que a nivel dimensional el antecesor común se hubiese situado entre ambas especies de chimpancés, aunque estuviese más próximo, desde una consideración conductual, a la especie de mayor tamaño.

4.2- LA APLICACION DEL SISTEMA INFERENCIAL, BASADO EN LOS ENFOQUES COMPARATIVO Y CLADISTICO DE LA CONDUCTA, PARA EL ESTUDIO DEL COMPORTAMIENTO DEL GENERO *AUSTRALOPITHECUS.*

Estudio paleoecológico-. Antes de aproximarnos a la conducta de los miembros integrantes del género *Australopithecus* es preciso realizar un análisis paleoecológico de los mismos, con el fin de disponer de una serie de datos de gran relevancia para la comprensión de los modos de adaptación de las especies atribuidas a este género. Dicho estudio lo estableceré a partir del análisis de los rasgos biológicos presentes en los restos fósiles conservados -dotación física y características somáticas- y del estudio de los criterios selectivos del medio. Este último aspecto lo trataré desde un enfoque múltiple, teniendo en consideración (1) el análisis de las condiciones de los diversos tipos de hábitats, (2) el estudio de la disposición de recursos en cada hábitat y de la presión trófica, para observar la ocupación preferencial de cada uno de ellos, (3) el análisis de las acumulaciones de restos de homínidos en cuevas, atribuidos a la acción de agentes carnívoros, ya que en semejante acción intervienen elementos clave como son el nicho ecológico de los predadores y el tipo de presión trófica, (4) los lugares de deposición donde aparecen los fósiles de homínidos -teniendo en cuenta el sesgo tafonómico-, (5) el estudio de la dieta a través del punto 2 y un análisis de la morfología de la dentición y del desgaste del esmalte, y (6) diversa información contextual que puede aportar más elementos de juicio a la hora de observar los modos de adaptación.

En el caso del *A. afarensis* dos son las observaciones biológicas más relevantes para establecer preferencias paleoecológicas. La primera de ellas es un esqueleto postcraneal adaptado a un sistema de locomoción bípedo. Al surgir esta función locomotriz pareja a la eclosión de las praderas pliocénicas en Africa Oriental y puesto que su éxito evolutivo tiene que ver con la deambulación en las mismas, ganando en amplitud del campo de visión y capacidad de utilización de las extremidades superiores -como indico en la propuesta social de la interpretación de tan singular modo de locomoción (Capítulo 3.4)-, podría señalarse que es un rasgo que permitió merodear en hábitats abiertos. La segunda característica biológica aludida es la proporción intermembral que en el caso de esta especie alcanza un índice húmero-femoral del 85% (Johanson & Taieb, 1976) que se encuentra a medio camino entre los índices del género humano y de los grandes simios. El húmero es similar en proporción al húmero humano, pero el fémur, en cambio, es más pequeño, estando más próximo al del chimpancé pigmeo (Jungers & Stern, 1983). Esta diferencia intermembral junto con las observaciones de la estructura de los huesos pertenecientes a la mano (Aiello & Dean, 1990) apuntan a una utilización asidua de los árboles y a una capacitación física de trepar por los mismos. Por semejante razón esta característica biológica apunta a una adaptación a los lugares donde el componente arbóreo fue relevante y en los cuales la vegetación no fue de carácter despejado. Más adelante observaremos cómo estas características, lejos de resultar excluyentes, se complementan de un modo adecuado. El alcance de las proporciones de *A. afarensis* -de 30 a 50 kg. de peso- y su condición de bípedo sí permiten ubicarlo en términos ecológicos entre las especies diurnas y terrestres, al margen del uso habitual que pudiesen haber hecho de los árboles (Capítulo 2.3).

Si nos situamos en la sabana pliocénica de hace 4 m.a. las condiciones climáticas, a tenor del análisis palinológico y faunístico, eran más húmedas que en la actualidad, existiendo en consecuencia una mayor proliferación de las sabanas herbáceas, arbustivas y de las sabanas-mosaico, en las que el componente boscoso habría sido más representativo que en la actualidad (Capítulo 1.5). Incluso podría especularse con la posibilidad, argumentada a través de los datos polínicos y faunísticos, de que los bosques, de proporciones variables, hubieran ocupado además de las zonas proximales de las llanuras aluviales en torno a los ejes principales de humedad- lagos y ríos-, como ocurre en los modernos ecosistemas abiertos africanos, zonas más internas de dichas llanuras, y que hubieran proliferado en algunas de las zonas orográficas intermedias del Rift (Bonnefille & Vincens, 1985). Esto habría propiciado una mayor profusión y dispersión de las áreas boscosas, que habría favorecido a su vez la dispersión de las especies faunísticas asociadas a dicho medio. Semejante circunstancia podría haber impulsado la adaptabilidad de especies de nicho ecológico de medios de vegetación densa, que habrían dispuesto de una mayor área de habitabilidad en los ecosistemas abiertos.

Desde esta consideración es más que probable que las especies de dieta no herbívora encontrasen en dichos medios arbustivos una mayor disponibilidad de recursos alimenticios, ya que en ellos es donde existe la mayor parte de los frutos, bayas, hojas, raices y semillas (Capítulo 1.2). Sin embargo, una de las características de los bosques de sabana es no sólo la estacionalidad de los recursos sino también su grado de dispersión, existiendo una menor densidad por unidad de terreno. Esta circunstancia favorece que las especies asociadas a este tipo de hábitat efectúen un mayor recorrido y que se sientan impulsadas a pasar de una zona de vegetación densa a otra, en busca de alimentos, lo cual es raramente observable en los ecosistemas de bosque tropical. Con esta actitud se fomenta del mismo modo la tendencia a adquirir una dieta de carácter omnívoro.

Para acercarnos al estudio de la dieta de *A. afarensis* y observar hasta que punto se ajusta con estos criterios es preciso contemplar los resultados obtenidos a través del análisis del desgaste del esmalte y de la morfología dentaria. En este sentido los trabajos de Puech et al. (1984) y de Johanson & Ryan (1989) -basándose en el análisis del desgaste de la dentición anterior de este homínido (en especial el complejo canino-premolar) y en la comparación con el desgaste sufrido por el gorila, el chimpancé, el papión y un grupo humano (esquimal)- distinguieron varios tipos de alteraciones en el esmalte, como resultado de la abrasión alimentaria : estrías, pulido, diminutas fosas, escamaciones...Las facetas de desgaste de las superficies molares se mostraron prácticamente simétricas en los restos de Hadar y Laetoli, dando mayor peso argumental a la categorización monoespecífica de ambos conjuntos (Puech et al., 1984). Al igual que sucede en el gorila, el desgaste de los incisivos de *A. afarensis* se caracteriza por amplias áreas de pulido, escasez de microfosas y estrías orientadas de modo vestíbulo-lingual. Este hecho sugiere, tal y como ocurre en el gorila, que este homínido procesaba plantas que contenían partículas silíceas microscópicas. La presencia además de agrupaciones de microfosas -a pesar de su escasez- y de escamaciones en la cara vestibular de los incisivos implica que, al igual que sucede en el género *Papio* - en el que estas características están presentes- productos de mayor dureza como semillas, rizomas y raices también eran un recurso alimenticio habitual. De esta manera el microdesgaste de los incisivos de *A. afarensis* sugiere una variedad de productos consumidos, que deberían reflejar una heterogeneidad de acciones en el acceso a diversos tipos de hábitats (Johanson & Ryan, 1989). Estos últimos rasgos, observados en los incisivos, también se advierten en los caninos, de filos pulidos y cubiertos de microfosas y escamaciones que, lejos de indicar una función de desgarre como en los póngidos, refleja una acción mandibular orientada a la trituración y fracturación de recursos alimenticios duros (Puech et al., 1984). Si a este hecho se añade la circunstancia de que un consumo moderado de frutas no deja una impronta relevante en el esmalte, como ocurre en el caso del chimpancé de sabana (Teaford & Walker, 1984), pero que su inclusión en la dieta resulta obvio, tanto por su disponibilidad ecológica como por el balance proporcional de la dentición anterior-posterior de *A. afarensis* (Walker, 1979; Milton, 1981), concluiremos que este homínido ya se encontraba inserto en la linea generalizada de poseer una dieta omnívora -es más que probable que al igual que el chimpancé y en similar o menor medida que los papiones consumiera carne de manera esporádica- que estaría determinada por la disponibilidad estacional de recursos y por la accesibilidad a distintos tipos de hábitats.

En consecuencia, el grupo de elementos blandos de la dieta- algunas hojas, bayas y frutas- y una proporción relevante de los elementos duros -raices, semillas y rizomas- estarían apuntando a una preferencia adaptativa en las áreas boscosas, que son las que en el primer caso albergan la mayor parte de estos productos, y las que en segunda instancia poseen una mayor diversidad (Capítulo 1.2). Esta idea se vería reforzada por poseer una característica anatómica -la proporción intermembral- que hace a esta especie homínida moradora habitual de las áreas arboladas y por ser éstas más abundantes que en la actualidad, a tenor de los datos climáticos inferidos de los análisis polínicos (Bonnefille & Vincens, 1985) y faunísticos (Vrba, 1985). De esta manera, el principal hábitat ocupado por *A. afarensis* sería el bosque aluvial lacustre y de galería. Esta aseveración recibe el apoyo de que la práctica totalidad de restos fósiles pertenecientes a este taxón se han encontrado en paleoambientes deposicionales ligados a la proximidad de lagos o cursos fluviales. Aún cuando pudiera existir un sesgo tafonómico -transporte hidráulico y deposición preferencial- en su localización, la verdad es que ésta se muestra acorde con la adecuabilidad de semejantes medios a las características adaptativas de estos homínidos. Un factor a tener en cuenta, además de la mayor disponibilidad de recursos, es que semejantes hábitats manifiestan una presión trófica más relajada que las zonas más despejadas, debido a una presencia menor y bastante más reducida en términos cuantitativos y cualitativos de animales carnívoros (Capítulo 1.3 y 1.5).

Sin embargo, resulta improbable que *A. afarensis* fuese un morador de modo exclusivo de los bosques densos, porque de ser así se habría difundido a los bosques cerrados de las laderas de ambas cordilleras rifeñas e incluso más allá, a los bosques tropicales, pero sólo se han encontrado restos en las zonas más internas de la falla, en regímenes de vegetación aluvial. Al ser la característica básica de los bosques aluviales una mayor dispersión y estacionalidad de los recursos, se hace necesario acceder a varios hábitats para ampliar el contenido de la dieta. Un factor suplementario a esta situación es el grado de competencia interespecífica, que obliga también a abandonar, aunque sea de modo marginal, las áreas boscosas.

Esto es lo que ocurre en los bosques aluviales de sabana. En la actualidad en estos hábitats conviven de manera desigual algunas especies de primates. Estas son el cercopiteco de cara negra -*Cercopithecus aethiopss*-, también llamado tota, el mono patas -*Erythrocebus patas* -, el papión -diversificado en más de una especie- y el gelada -*Theropithecus gelada* - que ocupa junto con el papión hamadrias las altas zonas descubiertas de las montañas etíopes. Todos ellos comparten una característica común: son omnívoros. Sólo uno, el tota, se mantiene la mayor parte del año dentro de los límites del área arbolada; el resto se encuentra con asiduidad en los espacios abiertos. La razón de ello es que sus escasas proporciones (2.5 kg.) le exigen una ingesta alimenticia bastante más reducida que la de sus congéneres evolutivos. Aún así, debido a la competencia por los recursos y a la estacionalidad de los mismos, resulta frecuente observar a los tota en zonas descubiertas en los últimos meses de las épocas de sequía. Esta situación ocurre de un modo más habitual en los monos patas, que alternan los hábitats abiertos y los de vegetación más abundante según la época del año, aunque se establecen con preferencia en las zonas de transición o en las sabanas y estepas arbustivas, en las que los rasgos vegetacionales se encuentran más dispersos.

En el extremo opuesto del margen de adaptación se encuentran los papiones y geladas, que residen en las llanuras y en las altas mesetas descubiertas, y que son entre los primates los únicos que ingieren con regularidad una cantidad importante de hierba (Dunbar,

1977). Esta situación habría sido más acuciante en el Plioceno, en el que el número de especies primates conviviendo en el mismo ecosistema era mayor (Capítulo 1.6). En las áreas boscosas existían una especie de carcopiteco, una de colobino y otra de mono Mangabey, hoy desaparecidas. En medios más abiertos convivieron, además de los representantes pliocénicos de los géneros *Papio y Theropithecus* - éstos con una representación específica más amplia que en la actualidad- el *Parapapio, el Dinopithecus y el Gorgopithecus,* lo cual confería una mayor dinámica competitiva en el aprovechamiento de los recursos. Esta situación habría creado una pugna por los mismos, que habría causado la necesidad de salir fuera del límite marcado por el área boscosa o arbolada. Los papiones y geladas salieron a las llanuras abiertas porque supieron extraer de éstas recursos suficientes para enriquecer su dieta y crear un nicho ecológico nuevo.

Sin embargo, esto no parece ser trasladable de modo acrítico a *A. afarensis* , puesto que si los datos del microdesgaste dental son fidedignos, la alimentación de este homínido -a pesar de ser omnívora e incluir productos que se encuentran en medios distintos- parece mostrar una inclinación hacia las áreas donde existían hojas, bayas, frutos, semillas y raices, y que en general suelen encontrarse con abundancia en los bosques aluviales o en las sabanas-mosaico y en las de tipo arbóreo (Capítulo 1.2). De estos productos en las praderas aparecen tan solo semillas y, en menor medida, raices y rizomas. Si *A. afarensis* salió a las áreas abiertas -como así indica que todos los primates de sabana lo hagan, por necesidades alimenticias, por sus dimensiones, que no les permiten una limitación cuantitativa de la dieta como en el caso del tota- lo hizo porque encontró otros productos aprovechables: no sólo los que albergan las praderas herbáceas sino los que contenían las agrupaciones arbustivas existentes en las llanuras aluviales y en las zonas amesetadas, en forma de pequeños bosques (sabana-mosaico) -como parece ser el caso de Hadar, según la reconstrucción paleoambiental realizada a través del análisis palinológico (Bonnefille & Vincens, 1985)- o en zonas de mayor dispersión de vegetación, como ocurre en determinadas áreas de las sabanas arbóreas y de las estepas arbustivas. En ellas habría encontrado los mismos productos de los bosques aluviales y una situación ecológica de menor competitividad. Acceder a las mismas habría resultado ventajoso. Si lo hizo de modo estacional, como el cercopiteco verde, o de modo asiduo, como el resto de primates mencionados - lo cual parece más probable, dada su dotación biológica y sus mayores necesidades alimenticias- es difícil de saber. No obstante, es muy probable que *A. afarensis* , de hábitos boscosos, hubiera sido un merodeador usual de las áreas de transición, al igual que el mono patas, y en mayor medida un habitante esporádico de las áreas distales aluviales y de las altas llanuras, en las que los pequeños bosques y la existencia de una vegetación arbustiva dispersa habría supuesto un aliciente suficiente. La preferencia por uno u otro tipo de hábitat habría sido prácticamente estacional y dependería de la variabilidad de recursos. De esta manera *A. afarensis* se habría situado, desde el punto de vista adaptativo, en una situación intermedia entre el tota y el mono patas por un lado y el papión y el gelada por otro.

Sin embargo, hay que advertir que este homínido no constituye en el aspecto adaptativo una "excepción", en el sentido de que accedió a un medio que otros primates también habitaron -genéricamente *Papio, Theropithecus, Dinopithecus, Gorgopithecus y Parapapio* -. No obstante, su triunfo evolutivo estuvo ligado de una manera profunda al desenvolvimiento en tal medio, aunque fuese de modo marginal, ya que los restos fósiles de primates pliocénicos más abundantes son precisamente, por orden de importancia, los pertenecientes a teropitecos, papiones y homínidos; los más habituados a un paisaje abierto.

La excepcionalidad de *A. afarensis* reside en que su adaptación al mismo se llevó a cabo mediante un sistema de locomoción bípedo, el cual a su vez es un indicador del desenvolvimiento en zonas despejadas o semi-descubiertas (Capítulo 3.4). Una prueba adicional la constituyen las famosas pisadas de Laetoli, que consisten en las huellas fósiles de una diversidad de animales, entre las que sobresalen las de un rastro marcado por los homínidos. La toba volcánica en la que se encuentran ha sido datada en 3.6 m.a.. Tanto por esa antiguedad, como por la variabilidad dimensional de las pisadas, que coinciden con el margen de variación somática de los restos atribuibles a *A. afarensis* (Leakey & Hay, 1979), éstas han sido interpretadas como pertenecientes a dicha especie. Sin embargo, las pisadas de homínidos han llamado la atención en detrimento de las miles de huellas de otros animales, que hacen del mencionado tufo un auténtico testimonio de las condiciones ecológicas del área en cuestión. En primer lugar, cabe destacar que la simple formación del tufo denota unas condiciones del lugar lo suficientemente abiertas como para haber permitido la deposición uniforme de la ceniza. En una situación de mayor densidad de vegetación, ésta habría impedido una sedimentación volcánica como la que denota la citada toba. Si bien puede, entonces, afirmarse que el lugar en el que aparecen las huellas fue un área de vegetación abierta, resultaría útil poder situarlo en términos ecológicos para poder observar con mayor claridad las condiciones ambientales en las que los homínidos cuya impronta quedó grabada en la ceniza se desenvolvieron. A este respecto, un análisis de los tipos de huellas resulta revelador. Aunque la mayor parte de las mismas pertenecen a especies que migran o inciden diferencialmente en una diversidad de hábitats según la época del año, un sector reducido de las huellas pertenecen a un número determinado de especies de adaptaciones ecológicas más rigurosas. Estas se refieren por un lado a ciertas especies de primates y por otro a un espectro concreto de herbívoros. Con respecto a los primeros, entre las huellas de cercopitécidos de grandes dimensiones - probablemente pertenecientes a *Papio* o a géneros afines (ver supra)- existen unas de tamaño reducido atribuibles a cercopitecos más pequeños. Entre los restos óseos fósiles se han extraído del mismo lugar fragmentos postcraneales atribuidos a una especie de colobino. Ambas consideraciones señalan a un área abierta en proximidad a un reducto del paisaje de vegetación más cerrada, ya que en la actual sabana estos primates se encuentran en estrecha relación con los bosques aluviales. A esta conclusión puede otorgarle mayor argumentación el hecho de que entre los équidos, el registro material más abundante y la mayor parte de las huellas -un rastro de los cuales se encuentra próximo al marcado por las pisadas de los homínidos- pertenezcan al acaballo de tres dedos, *Hipparion,* de hábitos adaptativos menos abiertos que el género afín *Equus* (Capítulo 1.5).

De igual modo, la presencia de restos fósiles y de huellas pertenecientes al género *Deinotherium* (proboscídeo) y entre los jiráfidos a los géneros *Giraffa* -con dos especies- y *Sivatherium,* apuntan a un medio con una cantidad importante de vegetación arbustiva, que debido a la presencia del deinoterio también cabría interpretarse como una zona próxima a un bosque, medio habitual de este proboscídeo (Capítulo 1.5). La existencia abrumadora de restos y de huellas de dik-dik, asociado en la actualidad a medios abiertos de vegetación arbustiva, también apoyaría esta suposición (Leakey & Hay, 1979). De esta manera, el rastro dejado por los homínidos demuestra que éstos anduvieron por el paisaje abierto, que en el caso del área concreta donde dejaron su impronta podría haber sido con toda probabilidad una zona de transición situada en la periferia de un área boscosa o una región de sabana arbórea, donde la vegetación se encontraría bastante diseminada.

En conclusión, podría decirse que *A. afarensis* habría sido una especie de adaptación preferencial a los bosques aluviales, que habría frecuentado también, en menor medida, las zonas de vegetación abierta; suposición que resulta del mismo modo atribuible al *A. africanus,* al igual que todo el análisis paleoecológico que acabo de exponer de manera somera. En el caso de *A. africanus* podrían añadirse dos cuestiones. En primer lugar, desde el punto de vista biológica, esta especie de homínido experimentó un incremento del volumen de la dentición posterior, dentro de un proceso de molarización que alcanzará su mayor expresión con la aparición más tarde de los parántropos. Esto puede deberse a un ligero endurecimiento de las condiciones del medio -en este periodo es cuando empiezan a manifestarse- que habrían tenido como consecuencia un ligero empobrecimiento de la dieta. Por otro lado, desde el punto de vista adaptativo, las únicas acumulaciones de australopitecos africanos existentes -en las cuevas sudafricanas (Makapangsgat y Sterkfontein)- permiten disponer de una información ecológica complementaria. Dichas cuevas están situadas en promontorios ubicados en secciones medias o distales de las llanuras aluviales, en las que con gran probabilidad existió una zona de vegetación abundante (Vrba, 1985). El carácter boscoso de esta zona podría venir dado por el tipo de carnívoro(s) del (de los) que fueron presas. Parece ser, por el carácter global de la fauna, que los predadores de estos homínidos y causantes de su acumulación en los complejos cársticos pudieron ser el leopardo o el dinofelis. Estos animales han sido tradicionalmente asociados a hábitats de componente arbustivo importante. Sin embargo, el hecho de que también pudieran haber residido en las praderas, como lo hace en la actualidad el leopardo, resulta un impedimento que resta validez interpretativa e esta consideración.

En definitiva, las especies homínidas integradas en el género *Australopithecus* parecen haberse adaptado a una diversidad de medios, entre los que destacan los de carácter abierto, aún cuando su preferencia la hubieran establecido en torno a los bosques aluviales de cierta densidad, en los que no sólo encontraban una mayor disponibilidad de recursos, sino también una presión trófica menor. Esto nos conduce a pensar que, aunque eran de hábitos boscosos, su capacidad de merodear en zonas despejadas debe entenderse a través de un desarrollo conductual paralelo al biológico, que así lo hubiese permitido.

ANALISIS CLADISTICO.

Caracteres troncales- De acuerdo con el análisis cladístico, aplicado a los caracteres compartidos del comportamiento, los australopitecos habrían tenido una **red social cerrada**, ya que en este aspecto coinciden los enfoques filogenético y ecológico (Apéndice C: Tabla 2 y 3). Tanto nuestros parientes más próximos, como los simios que habitan en un medio abierto o cerrado, de modo indistinto, coinciden en poseer una entidad grupal, cuyo grado de cohesión exige que la mayor parte de los miembros permanezcan en el grupo y que una sección determinada -generalmente constituída por individuos de un solo sexo- emigren. Este aspecto resulta más problemático, al diferir el aspecto ecológico del filogenético. Desde esta última consideración, los primates más cercanos a nosotros en el aspecto genético residen en el seno de comunidades cuya parte estable la constituyen los machos, siendo las hembras las que emigran de su grupo natal a otro grupo reproductor. No obstante, este hecho, que resulta predominante entre los primates que conviven en medios cerrados, es opuesto al que se da entre los cercopitecos adaptados a medios abiertos. En éstos la parte estable la forman las hembras y son los machos los que se encargan de insertarse, tras su desarrollo, en otros grupos reproductores.

Este sistema organizativo tal vez tenga menos que ver con los efectos del genotipo en la conducta que con el orden de estructuración social; es decir, los antropoides más próximos a nosotros comparten este rasgo porque residen en el mismo tipo de hábitat: el bosque tropical. Si alguno de ellos ocupase otro tipo de hábitat, podría observarse si esta circunstancia se mantiene o se altera, con lo que se podría entonces realizar una interpretación ecológica. Sin embargo, el hecho de que un macho o una hembra cambien de grupo no resulta, pese a su apariencia, un comportamiento aleatorio, sino que se encuentra en estrecha relación con la estructuración de las relaciones internas del mismo. En una sociedad como la de los chimpancés -de tipo coordinado semi-cooperativo-, en la que existe una organización jerárquica dirigida por un macho, si la presión de dicha jerarquía -como es el caso- no es muy elevada, puede surgir un estamento formado por machos adultos que se encargan en conjunto de estructurar la red social y coordinar la defensa del grupo. En este caso el sexo "móvil" resulta ser femenino. Sin embargo, si la presión jerárquica es tan fuerte que no permite la formación de este estamento secundario o bien lo limita cuantitativamente, los que están obligados a desplazarse de grupo son los machos. Esta circunstancia ocurre con independencia del medio y del tipo de jerarquía. En los gorilas, de orden jerárquico marcado por un macho reproductor, la presión de subordinación excluye la formación de este estamento, con lo que este grupo se constituye en uno de los pocos de los que residen en un medio boscoso que establecen un flujo de machos. En similar situación se encuentran los driles y mandriles, que a pesar de habitar las áreas boscosas densas, la presión jerárquica de sus machos provoca la estabilidad de las hembras y que éstas conciban dentro de su grupo natal. En el otro extremo adaptativo, los papiones, de medio abierto, adoptan igualmente la misma postura, ya que a pesar de mantener un tipo de jerarquía de carácter oligárquico, su presión y los lazos de subordinación son tan fuertes que los machos adultos están obligados a mantenerse en agrupaciones separadas -que se denominan harenes de solteros-, a entrar en conflicto con los machos dominantes o a emigrar buscando un grupo reproductor en el que puedan ser aceptados.

Como resulta imposible conocer el alcance de la presión jerárquica entre los australopitecos no podemos llegar a saber quienes eran los que emigraban del grupo. Sin embargo, si el tipo de jerarquía era más relajada -como mantendré más adelante- que en los primates de hábitat abierto, la formación de este segundo orden jerárquico habría sido posible, con lo cual una parte de las hembras habrían tenido que buscar grupo reproductor. Esta inferencia recibiría el apoyo de que el género humano, indistintamente del tipo de medio en que resida -abierto o cerrado- y poseyendo una organización solidaria -que resulta la modalidad de estructuración más opuesta a una presión jerárquica- suele poseer ese sector móvil del grupo constituído por hembras (Wrangham, 1987).

En lo concerniente al carácter de **la relación intraespecífica** o al tipo de relación mantenida entre los distintos grupos, una vez más el enfoque filogenético y el ecológico coinciden: ésta habría sido **hostil**. Esto resulta normal en comunidades cuya red social es cerrada, ya que suelen estar asociados a un territorio que intentan por todos los medios defender de intromisiones ajenas.

ANALISIS COMPARATIVO.

Caracteres incorporados.- Desde el punto de vista del análisis comparativo, aplicado a los caracteres innovados de la conducta -que son los que resultan más interesantes, ya que marcan precisamente la diferencia orgánica de los homínidos con el resto de los primates-, en lo concerniente a la **agresividad interespecífica** existen dos interpretaciones opuestas. Mediante un enfoque filogenético sucede que los grandes simios exhiben un grado de hostilidad bajo o intermedio, según el contexto. Desde una consideración ecológica se observa que los primates residentes en medios boscosos mantienen ese tipo de agresividad, mientras que aquéllos que se desenvuelven en medios abiertos son mucho más agresivos. Esta conducta resta validez a la interpretación filogenética- nuestros parientes más próximos se desenvuelven en el mismo tipo de medio-, ya que está mucho más relacionada con las condiciones ecológicas del lugar que se habita. En los bosques tropicales, donde la presión trófica de agentes carnívoros es bastante reducida, los primates manifiestan una agresividad en términos comparativos más reducida, ya que el riesgo es menor. Tanto es así, que muchas veces resulta muy difícil distinguir los rasgos jerárquicos en el seno de los grupos, sobre todo aquéllos formados por especies arbóreas, en donde esta circunstancia es más notable. En los bosques montanos no tropicales o en los de carácter lacustre denso -como el del lago Tanganika (Tanzania), por ejemplo- en donde moran primates, la situación es bastante distinta, puesto que las mismas especies que habitan también los bosques tropicales experimentan en estos medios una alteración relevante de las pautas conductuales. Un ejemplo claro aparece en los chimpancés y en los mandriles de sabana -que en realidad residen en determinadas áreas boscosas de gran densidad en dicho ecosistema, por lo general relacionadas con una situación orográfica de cierta altitud- que son más agresivos que sus parientes tropicales. La razón se encuentra no sólo en un incremento de la presión trófica de los predadores, sino también en un aumento de la presión trófica por la competencia para lograr acceso a los recursos alimenticios, que en estos hábitats son más escasos y se encuentran más dispersos (Hladik, 1977; Wrangham, 1977). Esta actitud se traduce en una mayor hostilidad interespecífica -que resulta obvia al incluirse carne en la dieta y al obtenerla mediante un acto de predación- un talante más agresivo del grupo en su defensa (Capítulo 3.4), y una mayor agresividad entre distintas comunidades, que llega incluso a alejarse de la acción de amedrentamiento con efecto disuasorio que llevan a cabo las especies selváticas, para adoptar una postura de clara captura y matanza de los individuos agredidos (Goodall, 1979).

Continuando con esta tendencia de aumento de

la agresividad según el incremento de la presión trófica en su doble vertiente -riesgo de predación y competencia por los recursos-, la máxima expresión se alcanza con los primates adaptados a las llanuras abiertas. Estos, que han desarrollado una estrategia de defensa muy efectiva a través de una acción conjunta de enfrentamiento al enemigo, son los más predadores de todos los primates, y sus relaciones están marcadas por una presión jerárquica donde los lazos de dominio y subordinación se encuentran muy acentuados. Esto resulta normal, ya que en dicho medio la presión trófica es muy elevada. Por un lado el número y variedad de carnívoros es bastante mayor que en otro tipo de hábitats y, por otra parte, los recursos alimenticios son más escasos y se encuentran bastante más dispersos que en las áreas en las que la vegetación arbustiva es más notoria.

Desde este punto de vista y siguiendo el lógico criterio ecológico, los australopitecos debieron haber experimentado un aumento de la agresividad por haber deambulado por las zonas abiertas, pese a haber sido en esencia habituales de las áreas arbustivas. Si lo hicieron, tal y como se desprende del análisis paleoecológico, tuvieron que recurrir a una estrategia conductual que así lo hubiese permitido, la cual habría exigido un incremento de la capacidad de hostilidad. Esto explicaría la conducta de estos homínidos no sólo desde un punto de vista adaptativo sino también desde una consideración evolutiva, ya que el resultado final, el género humano, se caracteriza por ser sumamente agresivo, con independencia del tipo de hábitat en el que resida.

Este aumento de la hostilidad, que no sería sino de la defensa propia del grupo y que situaría a los homínidos en estrecha conexión con los primates de hábitats abiertos, también podría expresarse a través de una diferencia dimensional entre los sexos integrantes de una comunidad. Este **dimorfismo sexual**, que también se observa en los restos fósiles de los australopitecos (Johanson & White, 1979; Jungers & Stern, 1983; Jungers, 1988; White et al., 1993) es un indicador fiable de una estrategia sexual de régimen poligámico. A este respecto coinciden los enfoques filogenético y ecológico -indistintamente del tipo de hábitat- que ponen de relieve la existencia de un dimorfismo sexual ligado a una estrategia sexual como la mencionada y de carácter temporal. La existencia de un dimorfismo y, por ende, de una estrategia de esas características se encuentra muy ligada en el caso de los primates a una sociedad de tipo coordinado y semi-cooperativo (Capítulo 2.3). Lo que resta por ver es qué tipo de ordenamiento interno es el más apropiado para el modelo de comportamiento de los australopitecos.

Cuando observamos con anterioridad (Capítulo 2.3) que la mayor parte de los simios de medio boscoso tenían una organización coordinada mediante la jerarquía de un solo individuo, también pudimos advertir cómo la práctica totalidad de los primates residentes en áreas abiertas mantenían una jerarquía a través de un sistema oligarquico compuesto por machos. En ambas opciones, como en las restantes -de aparición más marginal- aludí a los rigores estructurales de la Sinergética para explicar la limitación de formas organizativas. Pero no expliqué de modo completo la razón de que ambas formas estuviesen intrínsecamente ligadas a condiciones ecológicas opuestas. Si, como acabo de decir, el incremento de la agresividad en el seno de un grupo se ve favorecido e instigado por un proceso de agravamiento de la presión trófica, el aumento de ésta provoca, a su vez, la necesidad de una reorganización de los lazos sociales, para coordinar de manera más efectiva dicha agresividad, polarizándola en un modo de defensa del grupo más exitoso. Dicho de otra manera, en un medio abierto el espectro de deambulación se incrementa con la dispersión más extensa de los recursos alimenticios. No es por ello raro que los papiones sean entre los primates los que realizan un recorrido diario más amplio (Clutton-Brock & Harvey, 1977; Dunbar, 1977). Si tenemos en cuenta que semejante tipo de hábitat se convierte en lugar preferencial de la mayor parte de los grandes predadores, el grupo primate debe presentar una cohesión de tal manera que pueda hacer frente al riesgo cinegético. Para ello, adoptando una estrategia idéntica a la de los carnívoros de presas grandes, deben repartir el peso de la jerarquía entre varios individuos, que sean capaces de modo colectivo de defenderse frente a la amenaza de un agresor. Esto es lo que ocurre en los papiones y geladas. Se trata, en definitiva, de adoptar una estrategia defensiva-ofensiva mediante la acción de conjunto.

El favorecimiento selectivo de esta modalidad estructural explicaría que la otra forma alternativa, la jerarquía de un macho, sólo ocurra en medio abierto en las especies organizadas en grupos reducidos y con capacidad física de huir ante un predador mediante la carrera (herbívoros). Los primates de las llanuras no son capaces de desarrollar una velocidad mayor que la de un gran predador, por lo cual su estrategia consiste en intentar huir haciendo frente. Si se mantuviese una jerarquía individual, el jerarca debería enfrentarse al enemigo. Sin embargo, su menor dotación biológica le sitúa en inferioridad de condiciones; así que con el fin de solucionar esta situación los cercopitécidos han adoptado una estrategia común: involucrar a varios machos en la defensa, de un modo coordinado. Y para ello han tenido que distribuirse el poder en una oligarquía. Este modo de estructuración, favorecido sinergéticamente, resulta trasladable sin ningún problema a los australopitecos, que tuvieron que adentrarse también en medios abiertos, aunque no hubiera sido con la frecuencia de los monos de las llanuras y con mayor razón dada su capacidad biológica para la carrera, al haber adoptado un sistema de locomoción bípedo. Esto los situaría dentro del ámbito primate, en un sistema de organización coordinada y semi-cooperativo de tipo jerárquico-oligárquico, con una estrategia sexual poligámica temporal, como indicaría el dimorfismo sexual que se infiere de la variabilidad dimensional de los restos fósiles atribuibles a este género, dentro de una linea de adaptación originada a inicios del Plioceno y que probablemente se difundió también en géneros afines como *Parapapio, Dinopithecus, Gorgopithecus y Theropithecus.*

En lo concerniente al tamaño de los grupos y de sus territorios puede señalarse que, al igual que sucede en el resto de primates (capítulo 2.3), existen unas lineas ecológicas determinantes que con toda probabilidad influyeron en éstos (Figura 26. Capítulo 2). Si se observan los simios de bosque, la mayor parte de ellos residen en grupos inferiores a los 25 individuos, mientras que los de medio abierto poseen grupos más amplios, que suelen oscilar de 30 a 50 individuos. El caso más extremo lo representa el gelada, que puede alcanzar el centenar de miembros. En este sentido resulta probable que los australopitecos hubieran formado -siguiendo la misma tendencia adaptativa- grupos formados por una cantidad de individuos oscilante entre 20 y 40 individuos y que incluso hubiese dependido de la época del año, pudiendo haber existido, como ocurre en la mayor parte de los primates, congregaciones y disgregaciones de miembros (Boaz, 1985). Una prueba de que podrían alcanzar densidades de cierta relevancia lo constituiría el hallazgo de restos fósiles pertenecientes a 13 individuos de *A. afarensis* (AL 333) en Hadar (Etiopía), en el caso de que se hubiesen acumulado sincrónicamente por efecto de un evento catastrófico.

De igual manera, el tamaño de los territorios grupales se encontraría en función del tamaño de la comunidad y del grado de dispersión de los recursos, como ocurre en los primates de selva -con una amplitud territorial máxima de 15 km^2 - y en los de zona descubierta -con un rango territorial que puede ir de 15 a 70 km^2 -. Es previsible que los australopitecos hubiesen tenido un territorio amplio, de difícil precisión y que hubiese variado estacionalmente e incluso dependiendo del área en la que hubieran residido, como ocurre entre los chimpancés y papiones.

Así, pues, estos homínidos se habrían organizado en grupos cerrados regidos por una jerarquía oligárquica (γ 5 C) -una alternativa a este modo de coordinación podría ser la exención de un sistema jerárquico, como veremos en la siguiente sección-, con una estrategia poligámica temporal, reflejada en términos somáticos a través de una variación dimensional dimórfica. Del mismo modo habrían desarrollado su agresividad inter e intraespecífica. Si este conjunto de inferencias resulta válido, se estaría justificando al mismo tiempo un comportamiento que es el propuesto para explicar el éxito del bipedismo en términos evolutivos (Capítulo 3.4). En realidad, esta reconstrucción etológica no solo se encuentra más fundamentada que otras reconstrucciones hipotéticas meramente descriptivas (Tanner, 1987), sino que además viene a situar a estos homínidos en su justa dimensión: no como una excepcionalidad conductual con respecto al resto de los primates, sino como una especie más, equiparable al resto de los simios que eclosionaron a inicios del Plioceno y que tuvieron que adaptarse a un ecosistema abierto. La principal notoriedad habría sido que para ello habría recurrido a una estrategia locomotriz bípeda, que habría permitido la incorporación de una serie de rasgos ventajosos dentro de un marco estructural compartido por otras especies de similar adaptación.

Sin embargo, cuando propongo una conducta γ 5 C para el género *Australopithecus* , no lo hago pensando de manera referencial en el comportamiento γ 5 C presente en los cercopitécidos de sistemas ambientales descubiertos. En éstos puede observarse una gran demarcación en el seno de sus grupos entre las distintas jerarquías, que impide que los actos cooperativos vayan más allá de la defensa del grupo y de la caza de presas pequeñas. En los antropides, más complejos desde el punto de vista evolutivo -según una consideración biológica-, se observa un proceso contrario. Existe una tendencia fuerte a la cooperación entre los individuos de un mismo grupo, que se traduce en la colaboración no solo en las labores defensivas y cinegéticas, sino también en una mayor transmisión de información -útil en la manipulación de elementos extrasomáticos- y una mayor distensión de las relaciones, que provoca que los distintos individuos interactúen de un modo más dinámico que en los sistemas sociales donde las relaciones de jerarquía y subordinación son muy rígidas.

Es cierto que los homínidos deben ser comprendidos desde la unicidad de su comportamiento (Tooby & De Vore, 1987) y tal vez esta cualidad resida en que a una estructuración conductual de tipo γ 5 C se la considere no desde una perspectiva observable en los cercopitécidos que la poseen sino a través de la inserción en la misma de los modos de cooperación observables en los póngidos - perfectamente coherentes con un sistema jerárquico-, lo cual estaría justificado no sólo porque así debería corresponder, de acuerdo con el modelo propuesto para el antecesor común de los homínidos y los antropoides más próximos a nosotros (Capítulo 4.1), sino también porque de este modo resultaría más comprensible la aparición de las primeras conductas solidarias con el surgimiento del primer registro arqueológico en fechas más tardías.

4.3- LA APLICACION DEL SISTEMA INFERENCIAL, BASADO EN LOS ENFOQUES COMPARATIVO Y CLADISTICO, PARA EL ESTUDIO DEL COMPORTAMIENTO DEL GENERO *PARANTHROPUS*.

Análisis paleoecológico- Los restos más antiguos de parántropos se remontan a 2.5 m.a. y provienen de diversas localidades fosilíferas de Omo, Koobi Fora y West Turkana. Su aparición en esa fecha coincide con un cambio global de las condiciones climáticas del planeta, reflejado en el retroceso de las capas de hielo polares, cuyo inicio se sitúa en 2.8 m.a. y su culminación en torno a los 2.4 m.a. (Prentice & Denton, 1988). Particularmente importante fue esta alteración climática en la franja oriental del continente africano, en la que los últimos episodios de la actividad tectónica del Rift tenían lugar en esa misma fecha, surgiendo las últimas elevaciones y la configuración definitiva de la falla interna (Baker et al. 1982). Esto supuso que a nivel regional apareciesen barreras orográficas y alteraciones microclimáticas que afectaron la distribución biótica de gran manera (Denys et ali., 1986). Estos cambios dirigidos a unas condicones generales de mayor aridez se pueden observar en Africa Oriental, mediante el estudio de los micromamíferos (Wesselman, 1985), de las columnas polínicas (Bonnefille, 1976, 1980), y los cambios sufridos por los bóvidos (Vrba, 1985) (Capítulo 1.5). En este momento aparecen nuevas especies de los géneros *Gazella, Antilope, Antidorcas, Oryx, Megalotragus y Pelorovis,* que indican una auténtica eclosión de las praderas gramíneas (Vrba, 1988). En Africa del Sur la fauna es del mismo modo testigo de este cambio (Vrba, 1985), observándose una transformación ambiental de gran magnitud en torno a los 2.5 m.a. en el paso del miembro 4 de Sterkfontein al miembro 1 de Swartkrans, con un predominio de los representantes genéricos de antilopinos y alcelafinos, de hábitat abierto y seco.

A nivel general, en estos momentos se configura el paisaje de sabana, tal y como aparece en la actualidad, reduciéndose las áreas boscosas a las zonas que orográficamente proporcionaran un mínimo de condiciones de humedad y en torno a los ejes de agua, como son los lagos y ríos. De esta manera, los bosques se restringen a las secciones proximales de las llanuras aluviales, desapare una gran parte de las áreas de vegetación cerrada del interior y de las zonas amesetadas y dan lugar a paisajes de vegetación xerofítica. El probable predominio de los ecosistemas de sabana herbácea, sabana arbórea, sabana-mosaico y estepa arbustiva del Plioceno inferior y medio da paso a un despliegue de sistemas abiertos más secos, constituídos por sabanas y estepas de gramíneas y en menor medida arbustivas, desplegándose en diversas regiones las estepas subdesérticas. Es muy probable que la densidad de las áreas boscosas también se redujese y que, en consecuencia, la presión por los recursos se hubiese incrementado (Capítulo 1.5 y 1.6).

Como respuesta a este cambio de los criterios selectivos, los homínidos vieron favorecidas, desde el punto de vista evolutivo, dos soluciones adaptativas: por un lado aparece el género *Homo,* con un sistema de adaptación cultural que discutiremos de modo más extenso más adelante, y por otro aparece una forma robusta de australopitécido, el *Paranthropus* , con unas características de adaptación que veremos a continuación.

Las dimensiones de los parántropos, algo mayores que las de los australopitecos (Jungers, 1988), son un rasgo que permite situarlos en el grupo de primates terrestres y diurnos (Capítulo 2.3). La característica somática fundamental que presentan como innovación frente a sus antecesores es una remodelación de la dentición, disminuyendo el tamaño del área posterior - caninos e incisivos- y aumentando el área de expansión de la dentición anterior, en un proceso de molarización que tiene un significado dietético importante (Robinson, 1954). El incremento de las muelas supone una alimentación que hace de los frutos un elemento minoritario de la dieta (Milton, 1981). Este hecho, junto con la reducción de los caninos e incisivos, constituye un cambio funcional que otorga más relevancia a la acción mandibular de trituración, que no de corte o rasgado (Grine, 1984). Por otro lado, el tamaño reducido de los incisivos apunta funcionalmente a una reducción del tamaño de los objetos ingeridos, tal y como ocurre en los antropoides actuales (Hylander, 1975). Todo esto conduce a la conclusión de que la dieta de los parántropos habría sido de peor calidad que la de los australopitecos, ya que podrían haber ingerido productos más duros cuyo procesamiento habría exigido la disposición de un mecanismo dental apropiado. En este sentido, si se observa el área oclusal postcanina de *Paranthropus* se puede ver como equivale 4 o 5 veces a la del moderno ser humano, lo cual indica que habría generado 4 o 5 veces más fuerza en el acto de masticación para mantener una presión oclusal equivalente (Walker, 1981).

Un análisis comparativo del microdesgaste del esmalte demuestra que mientras que el esmalte de *Australopithecus* se encuentra alterado en su mayor parte por microestrías (71%), en *Paranthropus* el elemento de alteración más significativo son las escamaciones (50%), lo cual en comparación con los primates actuales equivale a que *Australopithecus* poseía una dieta constituída en su mayor parte por frutos y hojas, mientras que *Paranthropus* tuvo que incluir en la misma una gran cantidad de elementos de difícil procesamiento y de peor calidad (Kay & Grine, 1988). Esto habría causado que los homínidos pertenecientes a este género hubiesen profundizado en su condición de omnívoros y se hubiesen convertido, como señala Peters (1981), en super-omnívoros.

Sin embargo, esta circunstancia no quiere decir que los parántropos consumiesen exclusivamente alimentos duros de baja calidad dietética -como raices, semillas, cortezas y rizomas-, sino que tuvieron que consumirlas con mayor asiduidad -y con toda probabilidad con una incidencia variable en función de la estación- ante una situación ambiental de mayor dispersión de los recursos- los bosques se redujeron y con ellos la cantidad ingente de alimentos existentes (Capítulo 1.5 y 1.6)- y un incremento, en consecuencia, de la competencia por los mismos.

Podría decirse que este es un rasgo indicativo de que estos homínidos tuvieron que habituarse, de igual modo, a frecuentar con mayor regularidad las zonas despejadas que sus antecesores evolutivos -lo cual no demuestra por sí solo que dejasen de mostrar preferencia por las zonas boscosas- y aprovechar los recursos dispersos en las áreas abiertas.

Basándose en la disposición ecológica de la fauna herbívora analizada por Vrba (1980), Shipman & Harris (1988) realizaron un estudio de las localidades donde se han encontrado fósiles de *Paranthropus* para efectuar atribuciones paleoecológicas, en función de la disponibilidad de unos tipos de fauna sobre otros. Tomando a los antilopinos y alcelafinos como indicadores de hábitats abiertos y áridos, a los tragelafinos y epicerotinos como indicadores de hábitats cerrados y secos y a los reduncinos y bovinos como marcadores de hábitats cerrados y húmedos, sometieron las diversas zonas paleontológicas a dicho análisis. El resultado fue esclarecedor. De los 25 yacimientos con restos fósiles de parántropos en Africa Oriental, 18 aparecen asociados directamente a localidades compuestas en términos paleoecológicos por un tipo de vegetación cerrada y húmeda -Olduvai (1), Omo (1), Koobi Fora (14), Nachukui (2)- seis yacimientos se encuentran relacionados con medio cerrados y secos -Omo (3), Koobi Fora (1) y Nachukui (1)- y tan solo uno aparece en un ambiente abierto y árido -Olduvai (1)-. Estos resultados contrastan ligeramente con la ubicación paleoecológica de los restos de parántropos existentes en Sudáfrica, en concreto en Swartkrans, que aparece en una zona más despejada. Sin embargo, este hecho tal vez no resulte determinante por dos razones. En primer lugar, Swartkrans se encontraba en proximidad a un curso fluvial (Vrba, 1988), lo cual indica que estaba cerca de un eje de humedad que habría favorecido la existencia de una zona de vegetación cerrada. En segundo lugar, hay que tener en cuenta que los restos de las cuevas de Africa meridional, en contraste con los restos de los yacimientos de Africa oriental, son acumulaciones derivadas de origen biológico, que se han generado por efecto del desplazamiento de agentes carnívoros de los restos que en ellas aparecen, fuera de sus lugares habituales de residencia. Por esta razón, no son muy fiables para establecer inferencias paeloecológicas sobre habitabilidad preferencial de los homínidos.

En consecuencia, parece ser que los parántropos prefirieron las áreas cerradas a las abiertas y las húmedas -de mayor densidad vegetacional- a las cerradas. La preferencia por zonas arbóreas recibiría mayor argumentación por parte de un análisis de las proporciones intermembrales que, al igual que ocurría en los australopitecos, muestran una desproporción de las extremidades superiores con respecto a las inferiores -a favor de las primeras- que indican que dichos homínidos seguían manteniendo hábitos arbóreos (Jungers, 1988).

Este tipo de adaptación no debe sorprendernos, ya que los bosques mantienen una presión trófica más relajada que las áreas abiertas, como hemos señalado con anterioridad, y no sólo los recursos alimenticios son más abundantes, sino que también la presión de otros competidores es más reducida. Por ello no es de extrañar que el bosque sea un hábitat preferencial y que a este respecto *Paranthropus* diferiera de *Australopithecus* tan sólo en que las condiciones en el mismo habían empeorado y se habría hecho necesaria una mayor asiduidad en la deambulación por las áreas abiertas, para incorporar los recursos de éstas a la dieta.

De esta manera, los parántropos habrían continuado con la tendencia a frecuentar las zonas despejadas, iniciada con la aparición de los homínidos, desarrollando una permanencia más prolongada en las mismas que los antecesores australopitecinos, y adoptando una estrategia de subsistencia tal vez demasiado rígida y que provocó -junto con la expansión del nicho ecológico de *Homo*- su extinción hace algo más de 1 m.a.

ANALISIS CLADISTICO

Caracteres troncales de la conducta- El análisis cladístico (apéndice C: Tablas 2 y 3), basado en los enfoques ecológico y filogenético, pone de relieve, como sucedía entre los australopitecos, la existencia de una **red social cerrada**. Esto resulta normal en el seno de una sociedad coordinada y semi-cooperativa, que precisa de una configuración grupal estable. Como en este tipo de comunidades existe una tendencia territorial, es razonable que las relaciones intraespecíficas sean de carácter **hostil** -rasgo convergente ecológica y filogenéticamente-. Con respecto a qué sexo ocuparía el sector móvil de la comunidad -el que cambia del grupo natal a otro grupo reproductor-, mientras que desde el criterio filogenético serían las hembras, desde una consideración ecológica habrían sido los machos -tal y como ocurre en los medios abiertos- aunque cualquiera de las opciones es sobremanera especulativa.

ANALISIS COMPARATIVO.

Caracteres incorporados de la conducta- El análisis comparativo, también basado en un doble enfoque- filogenético y ecológico- demuestra que el grado de **agresividad interespecífica** habría sido **elevado** por dos razones: la necesidad de afrontar los riesgos de los espacios abiertos y una probable acción predatoria más intensa que sus antecesores australopitécidos, debido a una mayor carestía alimenticia, producto de una depauperación ambiental.

En lo concerniente a los rasgos somáticos, se advierte en los parántropos un fuerte dimorfismo sexual (Green, 1988; Jungers, 1988; Aiello & Dean, 1990) (Capítulo 3.1) indicativo de una estrategia sexual poligámica temporal, tal y como corresponde a una sociedad coordinada semi-cooperativa cuya red social es cerrada. De este modo el dimorfismo es una constatación indirecta de la existencia de una regulación interna estructurada de manera jerárquica y, de modo recíproco, resulta a su vez una expresión física de la misma. Al ser los parántropos un grupo más adaptado a las áreas abiertas que los australopitecos, la manera de organización debería haber sido, con mayor razón, una oligarquía jerárquica, tal y como ocurre en los primates que ocupan dicho tipo de hábitat. Por consiguiente, desde el aspecto estructural tanto *Australopithecus* como *Paranthropus* habrían mantenido un comportamiento de tipo γ 5 C.

Con respecto al tamaño del grupo es bastante probable que sus dimensiones fueran de carácter intermedio, ya que si bien en términos ecológicos pudieron haber sido más amplias que las de los primates de bosque, desde el punto de vista dietético habrían sido más reducidas- en consonancia con las especies folívoras frente a las frugívoras (Capítulo 2.3 y 2.4)- que las de los australopitecos, dada la variación sobre la incidencia en los recursos alimenticios. Del mismo modo, las dimensiones de los territorios habrían sido de tipo mediano, ya que al ocupar áreas abiertas y cerradas, éstos habrían sido mayores que los primates de bosque, pero más reducidos que los de los australopitecos, dado que los parántropos procesaron un mayor número de elementos de peor calidad nutritiva que se encuentran diseminados de manera más regular en el paisaje. Esta variación se observa del mismo modo en las especies de dieta frugívora y las de alimenatción folívora (Clutton-Brock & Harvey, 1977).

Al haber surgido en un escenario ambiental de criterios selectivos rígidos los parántropos continuaron con el modo de estructuración de sus antecesores. Una conducta derivada proviene de la modificación de una conducta previa, que en el caso de estos homínidos no debió ser una alteración drástica, puesto que lo único que parecen llevar a cabo es la adaptación a una situación ambiental más difícil, siguiendo la misma linea conductual. No obstante, ante la adecuación a una menor disponibilidad de recursos, estos homínidos debieron de haber reaccionado incrementando su capacidad biológica de procesamiento de otros elementos alimenticios y provocando el acceso inmediato a éstos que sus áreas territoriales disminuyesen -a menor distanciamiento de los productos consumidos (y, en consecuencia, menor especialización alimenticia), corresponde un territorio más reducido- y por la misma causa, que los grupos se disgregaran en unidades menores. Estas se habrían mantenido en niveles similares o ligeramente superiores a los grupos de primates de selva -por debajo de 25 individuos-, pero habrían sido ostensiblemente más reducidos que los grupos de australopitecos, de dieta frugívora-folívora más especializada y que, por semejante razón habrían propiciado la congregación de más individuos, como corresponde a una especie de estas características (Capítulo 2.3).

Cuando se habla de la extinción de *Paranthropus,* los diversos especialistas acuden en términos básicos a dos razones : (1) un empeoramiento de las condiciones climáticas y ambientales ocurrido en un periodo entre 1.2 m.a. y 0.7 m.a. y (2) una incapacidad ecológica de superar la competencia ejercida por *Homo* , que terminó por cercenar su nicho adaptativo (Klein, 1988). Sin embargo, pocos han reparado en que la razón podría haber sido -de manera exclusiva o suplementada por cualquiera de las dos razones aludidas- un compromiso evolutivo consistente en una adaptación que conllevó una reducción del tamaño de los grupos, que podría haber supuesto una seria limitación al progreso demográfico ante una situación de crisis medio-ambiental.

Cuando en la sección anterior aludí a la necesidad de concebir la conducta de los homínidos desde su unicidad, lo hice defendiendo una conducta γ 5 C -en este caso compartida por *Australopithecus y Paranthropus*- de cariz distinto al comportamiento γ 5 C que mantienen los cercopitécidos de hábitat abierto. Para ello manifesté que uno de los factores que habría caracterizado a los homínidos, en la coherencia del argumento ecológico y filogenético, habría sido el incremento de la cooperación de modo paralelo al aumento de la cohesión grupal. Pero este hecho no sucede en los papiones y geladas, que han basado dicha cohesión en una demarcación más sólida de los criterios de relación de mando y subordinación. Estos resultan una seria cortapisa para la incorporación de pautas conductuales que fomenten la cooperación entre los miembros de un grupo, para lo cual opté por definir el comportamiento de los homínidos como una estructura γ 5 C de dinámica interna más próxima a los póngidos -por criterio filogenético- que a los cercopitecos. El objeto de esta reconstrucción conceptual era un acercamiento más fácil a la hora de comprender la conducta de los homínidos, que termina con la aparición de una forma de comportamiento solidaria. Resulta difícil comprender la aparición de ésta sin una fase previa de incremento de las pautas de cooperación -o al menos un mantenimiento de las relaciones sociales lo suficientemente flexible para que así lo permitiera- por lo que acudí a semejante interpretación.

Hay dos elementos más que me otorgan un mayor peso argumental en dicho proceso inferencial: la limitación de una única forma estructural en los primates de ciertas dimensiones y características en los hábitats abiertos (γ 5 C), y la existencia de un dimorfismo sexual indicativo de una presión sexual interna por acceder a la reproducción dentro de una estrategia sexual concreta (poligámica). Sin embargo, existe una forma alternativa de interpretar el conjunto de caracteres comunes en que convergen los enfoques ecológico y filogenético, aplicados a los análisis cladístico y comparativo. Se trata de concebir la posibilidad de que el mantenimiento del dimorfismo sexual en el seno de estos géneros no se debiera a la pugna entre los machos durante el periodo reproductor, sino al imperativo de que fuesen más grandes por la necesidad de hacer frente a los riesgos de predación que existen en un medio tan hostil como es la sabana. Con ello no quiere decirse que se abandonara una estrategia sexual poligámica, sino que incluso manteniéndola, los machos habrían logrado de este modo disminuir la tensión de las relaciones entre ellos, con lo cual se favorecería una distensión propicia para el desarrollo la cooperación interna. Esto supondría el abandono de una regulación endógena de carácter jerárquico y la formación de núcleos organizados de modo coordinado y semi-cooperativo, con una regulación de tipo no jerárquico (γ 6 C).

Los grupos de primates más cooperativos comparten precisamente la relajación de las pugnas entre machos en el acceso a la cópula con las hembras. Es el caso de los chimpancés pigmeos. Al desaparecer dicha presión estos primates muestran rasgos de cooperación como son una mayor cohesión grupal, una interacción individual más dinámica a través del "grooming" y de otros actos sociales, un intercambio de comunicación más fluído en la localización de lugares con abundancia de alimento e incluso el compartimiento inintencionado y esporádico de determinados productos (Sussman, 1987). Siguiendo esta línea argumental, si esta situación se hubiese dado entre los homínidos, éstos habrían formado agrupaciones de comportamiento γ 6 C, caracterizados por la existencia de una red social cerrada y hostil a nivel intergrupal -análisis cladístico- con un índice de agresividad interespecífico elevado, manifestado somáticamente a través del dimorfismo sexual, y una organización coordinada y semi-cooperativa -análisis comparativo-, en cuyo seno habría desaparecido la tensión impuesta por las relaciones jerárquicas y se habría incrementado la cooperación interna, de tal manera que el desarrollo de una conducta posibilista se hubiese enriquecido y ampliado. Esta circunstancia haría más comprensible que en cierto género de homínidos, hace unos 2.5 m.a., apareciesen las primeras manifestaciones de una conducta solidaria.

Sin embargo, la aceptación de este hecho elude la comprobación empírica, ya que la conducta γ 6 C es una forma estructural inexistente en la actualidad. Esto puede deberse a una imposibilidad sinergética -con lo cual *Australopithecus y Paranthropus* habrían exhibido un comportamiento γ 5 C- o bien a un modo de organización único que existió, en un momento histórico concreto de la Evolución, en el seno de unas especies cuyas características también fueron excepcionales y que requirieron formas de organización marginales que no se han perpetuado en el estado evolutivo actual de las especies. De esta manera, el éxito de esos órdenes organizativos marginales radicaría en haberse constituído en formas transitorias hacia conductas de mayor complejidad, como son las de corte cooperativo y solidario, con lo que el comportamiento γ 6 C habría constituído un perfecto eslabón intermedio.

El éxito de la sistemática etológica y de su aplicación al registro paleontológico reside en que si bien no puede determinar el tipo de conducta de una especie determinada de manera concreta, sí puede limitar el número de formas posibles, al tener éstas que resultar coincidentes en los rasgos troncales e incorporados que se someten a los análisis cladístico y comparativo, a través de los dos enfoques: el ecológico y el filogenético. En este sentido resulta que sólo dos modelos, de acuerdo con los requerimientos de dicha sistemática, son apropiados para explicar el comportamiento de los australopitecos y los parántropos -el tipo γ 5 C y la modalidad γ 6 C- y que éstos se encuentran tan próximos que difieren tan solo en la existencia de un orden jerárquico-oligárquico interno o en una ausencia de jerarquía. Ambas opciones sitúan a estos homínidos en una dimensión etológica bien compartida por los primates adaptados a hábitats despejados (γ 5 C), bien intermedia entre la conducta genérica de los primates superiores y la del ser humano (γ 6 C), pero alejada de todos modos del comportamiento que caracteriza a este último, en contra de lo que algunas interpretaciones referenciales recientes mantienen (Lovejoy, 1981; Tanner, 1987).

5. LA POLEMICA SOBRE EL SIGNIFICADO DE LOS PRIMEROS YACIMIENTOS ARQUEOLOGICOS.

Con el surgimiento de los primeros yacimientos arqueológicos, hace unos 2,5 millones de años, en conjunción con el género Homo, aparece una nueva modalidad de comportamiento que resulta innovadora con respecto a las pautas de conducta de los otros homínidos y del resto de primates. En este capítulo se examina toda la discusión sobre los procesos de formación del registro arqueológico, como paso previo a la interpretación de su significado en términos conductuales, y se expone la línea de consenso actual, en torno a la cual se mantienen determinadas reconstrucciones del comportamiento subsistencial de los primeros miembros de nuestro género.

5.1- DE LA IMPLANTACION DE UN PARADIGMA A LOS PROLEGOMENOS DE UNA CONTROVERSIA.

Darwin propuso en 1871 el primer modelo interpretativo de comportamiento diferencial con respecto a las pautas de actuación primate, colocando el inicio de la evolución humana en el momento en que nuestros antepasados descendieron de los árboles y adoptaron una dieta carnívora, en contraste con la alimentación esencialmente frugívora de los antropomorfos. En semejante aseveración quedaba ímplicita la afirmación de una actividad predadora, que abandonaba el carácter más que marginal de algunos primates y pasaba a integrarse en una nueva forma de comportamiento como una actitud regular. De este modo se habían sentado las bases para el establecimiento de un paradigma que iba a impregnar por completo la mentalidad científica a lo largo de más de un siglo: la caza había sido el catalizador que instigó el proceso de hominización.

En la década de los veinte, algunos de los miembros de la escuela clásica británica y americana de paleoantropología física, tales como Henry Fairfield Osborn, Arthur Keith, William King Gregory y Elliot Smith, se erigieron también en defensores de dicha tesis darwiniana, conjuntando además la transformación biológica y cultural a la hora de explicar la génesis humana, en un proceso reduccionista con criterios de causalidad. La caza como paradigma se fue reafirmando paulatinamente, sin que nadie encontrase razón alguna para ponerlo en cuestión. Y de hecho, en teoría, parecía funcionar. A pesar de ello, fue preciso intentar confrontarlo con una aproximación más detallada al registro arqueológico en la que se analizasen los restos óseos de manera minuciosa, extrayendo datos porcentuales sobre las diversas partes del esqueleto, números de individuos y especies presentes en el registro, para poder evaluar con mayor precisión el uso antrópico de los mismos. Uno de los primeros en llevar a cabo semejante empresa fue Raymond Dart, al examinar los restos óseos encontrados en las cuevas de Suráfrica. Dart, que en 1925 había descubierto los restos de un *Australopithecus africanus,* había visto como la comunidad académica rechazó la clasificación de homínido que había otorgado al fósil. Convencido de su proposición, y necesitando demostrar el carácter no antropoide de sus hallazgos, propuso, a fines de la década de los cuarenta, la interpretación predatoria para explicar el comportamiento de aquellos homínidos. Según ésta, los australopitecos se acercaban al ser humano, ya que comían carne regularmente y eran sanguinarios cazadores (Dart,1959). Los huesos descubiertos en las cuevas de Transvaal eran los restos de su dieta. Dart hizo también responsables a estos homínidos de la industria "osteodontoquerática" que creyó ver en los mencionados restos (Dart,1957), la cual consistía, teóricamente, en cuernos y mandíbulas que, en realidad, nunca fueron utilizados. Lo que ocurre es que Dart esperaba encontrar restos de industria lítica asociados a los huesos extraidos de las cuevas y, al no ser así, supuso que los huesos mismos habían servido de herramientas tras haber sido descarnados, puesto que un homínido presuntamente sanguinario y que practicaba la caza con asiduidad, necesitaría ir armado.

Estas ideas fueron recogidas por un periodista, R. Ardrey (1961, 1976), que se dedicó a divulgarlas a través de sus obras "Génesis africana" y "La evolución del hombre: la hipótesis del cazador". En ellos Ardrey ensalzó la cualidad sanguinaria de los homínidos hasta otorgarle tintes de virtuosismo como instigadora del proceso de transformación de antropoide a humano. Sin embargo, en la década de los setenta, Brain demostró, por medio de una paciente y larga labor de investigación tafonómica, que los depósitos de las cuevas se habían formado por derrumbe de los sucesivos techos, y que los huesos provenían de actividades de animales carnívoros y carroñeros. Incluso la presencia de restos de homínidos en dichos depósitos podría explicarse por haber servido también de presas. Probablemente fueron cazados por leopardos.

Semejante hecho hizo pasar al australopiteco de cazador a cazado, pero con ello sólo se refutó el paradigma de la caza por lo que se refiere al género *Australopitecus,* no siendo así con *Homo.* Si se consultan las obras de las últimas décadas resulta notorio que la caza se ha interpretado como un componente indiscutible del quehacer cotidiano de este último. Incluso M. Leakey la mantuvo como actividad regular de los más antiguos homínidos con registro arqueológico, siendo por supuesto responsable de su formación. Su clasificación de yacimientos, de acuerdo con su estado de conservación y aparición, está basada en un esquema que lleva implícita la idea de una actividad predadora. La definición de "living floor" (suelo de hábitat) asumía que su formación se debía al aporte cárnico realizado por los homínidos por medio de una estrategia cazadora. Igualmente, los "kill sites" (mataderos) debían su razón de ser al carácter predador de aquellos (M. Leakey, 1971).

En la conciencia de todos existía el acuerdo tácito de que los yacimientos de Africa oriental, siendo los más antiguos, eran los que demostraban que la caza se remontaba casi a los mismos orígenes humanos. Sin embargo, nadie en realidad se había atrevido a desbrozar las múltiples implicaciones que la asunción acrítica de semejante paradigma suponía. Nadie se había molestado en intentar cotejar la compatibilidad del dogma con la realidad de los datos. En definitiva, nadie se había planteado la cantidad de información que podría extraerse de los yacimientos, y la posibilidad de que ésta nos condujera a la aceptación del paradigma o a su posible falsación. Era empezar el viaje al revés.

La primera persona que acometió semejante labor de replanteamiento fue Glynn Isaac quien, formado en Cape Town (Suráfrica) y Cambridge (Reino Unido) comenzó a trabajar en Africa oriental a comienzo de los sesenta en la región de Peninj y en Olorgesailie. En 1961 tras los descubrimientos de Olduvai, M. Leakey, deslumbrada por el descubrimiento del"olduvayense", se trasladó al lugar y dejó el yacimiento "achelense" de Olorgesailie en manos de Isaac, quien lo dirigió hasta 1968, fecha en que presentó su tesis doctoral sobre la industria lítica del mismo. A partir de entonces, a raiz del descubrimiento de Koobi Fora, R. Leakey logra que Isaac se incorpore al equipo y se encargue de la dirección del proyecto arqueológico de la región. Esta cooperación duró hasta 1984, fecha en la que Isaac vuelve su interés hacia la región de Peninj, en vísperas de su fallecimiento, acaecido en 1985 tras una breve enfermedad. La formación de Isaac en campos tan diversos como la zoología, la geología y la arqueología, le capacitaron para realizar estudios sobre diversos aspectos de la evolución humana y su contexto, en los que aplicó criterios innovadores. Fue uno de los primeros en considerar el registro arqueológico como un conjunto de elementos contextualizados, abandonando el concepto "liticista" imperante en la época y estudiando los yacimientos como verdaderos suelos de ocupación, en los que se expresaban las formas de adaptación al medio y los modos de comportamiento de los homínidos.

Tal vez tuvo que ver en este enfoque, ligeramente distinto al que aplicó en Olorgesailie a principios de los sesenta, los influjos de la escuela paleoeconómica de Higgs en Cambridge, en el tiempo que estuvo allí, que por aquel entonces se encontraba en su fase incipiente de desarrollo, y algo más tarde, los criterios de la Nueva Arqueología. Hay que decir a su favor que nunca se afilió a un concepto sistémico de la cultura de corte reduccionista y que sus influencias de esta etapa las recibe a través de la escuela británica (David Clarke) y no de la americana, reconociendo como mentor a Charles McBurney.

En lo concerniente a la aplicación de estos criterios, a través de una metodología renovada, Isaac decidió establecer niveles de información potencialmente extraíbles del registro, para lo cual, a fines de la década de los sesenta, en un alarde de pragmatismo, cuestionó la facilidad con que se admitían las elaboraciones teóricas, sin haber previsto las posibilidades que los yacimientos ofrecían para su sustento. Con tal fin elaboró un método de estudio que permitiera extraer de cada yacimiento el máximo de información posible, apoyándose en cuatro factores:

1- El estudio de la técnica y funcionalidad de los artefactos.
2- El análisis de los restos óseos como parte de una dieta.
3- La configuración espacial de los restos en cada yacimiento.
4- La relación de los yacimientos entre sí y con la ecología regional.

1. Mediante el estudio de la técnica de los artefactos podría averiguarse algo sobre las habilidades de sus fabricantes. Sin embargo, Isaac mostró mayor interés en el estudio de la posible funcionalidad de los útiles, ya que éstos no fueron sino herramientas para operar en un medio, y su utilización indicaría el aprovechamiento que del mismo habrían hecho los homínidos. Una de las cosas que le llamó más la atención fue el hecho de que los primeros conjuntos líticos conocidos constaban ya de un equipo instrumental variado. Es decir, parecía como si su aparición, más que deberse a un resultado gradual, fuera el efecto de su irrupción brusca en los sistemas de actuación. Por ello, vio el surgimiento de los útiles líticos como un salto en los esquemas de comportamiento anteriores (Isaac, 1983).

2. A través de los análisis de los restos óseos podría inferirse el carácter de la dieta de los homínidos y calcularse el aporte cárnico a la misma, con lo que semejante hecho influyera en la interpretación del modo en que aquellos la consiguieron.

3. Un punto importante, englobando tanto los restos óseos como los líticos, era su análisis dentro de un esquema de configuración espacial en el mismo yacimiento, para obtener una información sobre las diversas actividades que allí se llevaron a cabo.

4. Y si se extendía este análisis espacial a una región, podría contextualizarse el yacimiento en un medio concreto y podría especularse, en vista de los hallazgos, sobre la utilización del territorio por parte de los homínidos.

Una vez que Isaac comprobó la cantidad de información que podía extraerse de un yacimiento, quiso establecer unos rasgos distintivos que sirvieran para diferenciar el comportamiento humano del comportamiento del resto de los primates. Y éstos fueron:

1- La existencia de lenguaje hablado.
2- Actividades rituales o religiosas.
3- Lugar de residencia o campamento base.
4- Consecución colectiva del alimento y traslado del mismos al lugar de residencia para compartirlo.
5- Uso de artefactos para procesar el alimento.
6- Lazos de apareamiento de larga duración con responsabilidad económica.
7- Mayor consumo de carne que en los otros primates.

El registro arqueológico no ofrece datos directos relativos a los rasgos 1, 2 y 6, por lo que su inferencia se tenía que llevar a cabo de modo indirecto. La investigación, por consiguiente, se concentró en principio en los factores 3, 4, 5 y 7, que son los arqueológicamente detectables, estando, además, interrelacionados. Sin embargo, todos ellos giraban en torno al hecho del compartimiento alimenticio, que irrumpió en el panorama de consideraciones sobre la génesis humana como el factor decisivo de la aparición de nuestro género, relegando la importancia de la caza a un segundo plano, como "posible" subproducto del primero. Pero ¿podía considerarse el compartimiento alimenticio como un rasgo exclusivamente humano?

Uno de los elementos que caracterizan a la práctica totalidad de los primates en cualquiera de sus acciones, es la realización de actos inmediatos guiados por una única intencionalidad momentánea. Consiste en resolver la necesidad del continuo "ahora" que manifiesta la concepción atemporal de la inconsciencia, motivada en su mayor parte por reacciones instintivas, que responden en gran parte a procesos genéticos y a gestos adquiridos en una amplia variedad de especies que por su proximidad a una estrategia reproductiva del tipo "K" les hace receptivas a un sistema abierto de aprendizaje. Todo ésto se manifiesta de forma clara en el proceso mismo de adquisición de alimentos. Los primates, compuestos en su mayor parte por especies con una organización social jerárquica, resuelven su instinto más básico, la necesidad alimenticia, de la forma más simple posible: la búsqueda del alimento y la ingestión inmediata del mismo en el momento de ser encontrado. Este hecho, por su sencillez y efectividad, es el único existente en todas las especies primates. Y tan básica se hace su adopción que todo el entramado social y las relaciones sexuales existentes entre ellos se articulan de un modo o de otro para solventar, con esta sencilla fórmula, la necesidad de alimentarse.

Un ejemplo evidente lo constituye el sistema más generalizado de grupo social formado por varios individuos de ambos sexos, estructurados en un marco jerárquico, que se trasladan de un lugar a otro, en manada, dentro de un territorio comunitario. El consumo alimenticio lo llevan a cabo según se van desplazando y con el único interés de saciarse cada cual por su cuenta. Tan sólo se muestran pendientes del resto del grupo para evitar que el grueso del mismo se desplace más rápidamente, y puedan perderse. Esta estrategia se adopta en especies que tienen un consumo alimenticio variado y, por lo tanto, no especializado. Por tal motivo, algunos podrían aducir para explicar semejante comportamiento que la abundancia de recursos haría innecesario cualquier intento de compartir el alimento con el resto del grupo. Sin embargo, si ésto fuera así, observaríamos patrones más "humanos" en grupos más especializados en la adquisición de nutrientes. Y no es así. Dentro del grupo de los hilobátidos existen las especies siamangos y gibones que se han especializado en una dieta frugívora. Esta especialización, que puede estar relacionada con su inteligencia, ha sido la causante de que los grupos sociales se hayan visto reducidos al mínimo, la unidad familiar, y que hayan entrado en competencia con otras especies que viven en el mismo hábitat y que poseen la misma especialización. Lo lógico sería suponer que, ante un contingente alimenticio limitado, un sistema de cooperación fuera el más operativo a la hora de procurarse el sustento. No obstante, unas especies y otras siguen empleando la misma fórmula: llegan a los árboles frutales, toman la fruta y la ingieren en el momento. No existe, ni siquiera dentro del grupo familiar, ninguna intención de compartir.

La competencia entre especies que poseen estrategias alimenticias similares se resuelve mediante un aprovechamiento desigual de las frutas y con el acceso a ellas a distintas horas del día. Por ejemplo, entre gibones y siamangos, que consumen los mismos frutos, y cuyas familias constan del mismo número de individuos, se observa un horario de actividad diferente. Los gibones son los primeros en despertarse por la mañana y, normalmente, cuando llegan los siamangos, han dado cuenta de una buena ración. Sin embargo, entre ambas especies, la diferencia fundamental estriba en el gasto energético que emplean para procurarse alimento. Según los estudios de Mackinnon los siamangos sólo recorren 1 km/día para alimentarse y se detienen, como máximo, en ocho puntos distintos. Los gibones, en cambio, recorren un trayecto de 2 km/día y se detienen en ocho puntos distintos como mínimo. Es decir, que mientras que una familia de siamangos se abastece diariamente de las frutas de seis árboles, los gibones sólo lo consiguen con doce.

Tanto los gibones como los siamangos, por ser dos grupos que se han decantado por una especialización alimenticia, han establecido una relación sexual monogámica con una sociedad mucho más relajada, desde el punto de vista jerárquico, que la mayoría de las especies primates con estrategia alimenticia variada. De este modo, podemos observar sociedades primates distintas, con relaciones sexuales diferentes, pero con un modo de adquirir alimentos y consumirlos que es, en esencia, el mismo. Con ésto se concluye que las sociedades primates no comparten y que a veces, incluso, se disputan el alimento. Tan solo, cuando ocasionalmente se consigue una pieza animal y se incluye, por consiguiente, algo de carne en la dieta, existe lo que G. Isaac denomina "gorroneo tolerado" en el que los individuos, sin compartir la misma pieza, permiten que unos y otros se acerquen para obtener algo de carne. En esencia, las poblaciones primates se articulan en sociedades en las que son los individuos los que se encargan de abastecerse por sí mismos y sin tener ninguna contemplación con el resto de los miembros del grupo en el que se encuentran insertos. Por ello, el compartimiento de alimento puede considerarse un rasgo esencialmente humano, mucho más si forma parte de una actitud regular.

En cuanto al consumo de carne, ¿es algo que realmente nos hace diferentes del resto de los primates? Comparaciones realizadas entre los antropoides y los bosquimanos africanos han puesto de relieve que entre las dos estrategias de abastecimiento cárnico existe una similitud. Sin embargo, la diferencia entre ambas no está en la clase sino en el grado. Es decir, los primates consumen carne ocasionalmente y en menor medida que nuestro género. Igualmente, el espectro de especies potenciales para consumir entre los primates, es mucho más reducida entre los humanos, ya que los primeros sólo pueden abarcar especies que pueden desgarrar con sus uñas y colmillos. El ser humano en cambio, puede extender su consumo cárnico a grandes mamíferos, puesto que mediante el uso de útiles líticos cortantes, tiene acceso a la carne protegida por espesas y duras pieles. Por consiguiente, posee un índice de consumo de carne mayor que sus primos evolutivos y proveniente de una gama de especies más amplia.

La aceptación de ambas ideas, un gran consumo cárnico y el compartimiento alimenticio, sugiere un cambio de comportamiento que implica el establecimiento de unos puntos de referencia centrales, a modo de base de operaciones que, G. Isaac denominó "campamento base", y que serían el sitio al que se aportaría el alimento y se compartiría, a la vez que serviría como eje del establecimiento de todas las actividades que coordinan un sistema social (Isaac, 1978).

Con estos fundamentos teóricos, G. Isaac se encontraba en disposición de enfrentarse a los yacimientos e intentar comprender cómo éstos podían adaptarse a su modelo "humano", o en su defecto, en qué punto del espectro que separa el comportamiento primate del nuestro, podían situarse. De este modo, revisando los yacimientos africanos, que él conocía perfectamente, se encontró con que uno de los tipos de yacimiento que aparecía con frecuencia era aquel en el que se encontraba una gran cantidad de restos óseos pertenecientes a diversas especies, asociados a un utillaje lítico diverso (yacimiento de tipo "C"). Para Isaac, la concentración de tantos restos en un espacio reducido significaba que su aparición allí se debía a los efectos de la acción antrópica, responsable también en primera instancia de su tratamiento en el lugar. Isaac encontró las pruebas que, según él, reforzaban el carácter "humano"de los homínidos responsables de la deposición arqueológica. En primer lugar, los útiles líticos se habían empleado para el descarnamiento de los animales. Estos pertenecían además a especies cuyo procesamiento precisaba del uso de instrumental. En segundo lugar, la existencia de piezas anatómicas pertenecientes a especies distintas concentradas en aquellos sitios suponían el hecho de que los homínidos las habían traído de fuera, con lo que ello significaba en el reparto alimenticio. Luego, concluyó Isaac, los homínidos de hace dos millones de años mostraban un consumo importante de carne, procedente de una panoplia de especies, que aportaban a un punto central para ser compartida por la comunidad, constituyéndose este "campamento base" en eje articulador de las actividades de dichos homínidos.

Para Isaac, la conducta de éstos resultaba esclarecedora a la luz de los datos, pero si bien el consumo cárnico quedaba establecido,¿cúal era el medio de obtención de la carne? A este respecto, el pensamiento de Isaac, en el momento en el que planteó su modelo de "campamento base", era que la caza había sido el sistema más utilizado en el provisión cárnica, pero no el único, con lo que, a pesar de lo novedoso de su nuevo planteamiento, el paradigma, si bien en segundo plano, seguía firme. Y debido a que su enraizamiento en la comunidad académica tomaba un carácter secular, iba a ser muy difícil sentar las bases de una polémica. Polémica que L. Binford se encargaría de iniciar en el umbral de los ochenta, porque el modelo de comportamiento homínido presentado por Isaac le parecía excesivamente humano. De hecho, este esquema de conducta es idéntico al que poseen los pueblos cazadores-recolectores actuales, con lo que, si al principio nuestra forma de actuar era como la de ahora, durante los últimos dos millones de años no se había producido ningún tipo de avance importante en la evolución humana. Y no es que Binford rechazara los rasgos distintivos apuntados por Isaac, sino que defendía la idea de que éstos no podían verse en los yacimientos porque nunca se había cuestionado la integridad de los mismos, es decir, siempre se había pensado que la asociación de los útiles con los huesos era una asociación directa cuyo único responsable era el ser humano y nunca se había concebido la existencia de otros agentes posibles. Y precisamente éstos, según Binford, habían sido los verdaderos causantes del registro arqueológico.

5.2- "HUESOS" Y ANALISIS FACTORIALES: LA POLEMICA ESTA SERVIDA

En 1981, L. Binford publicó el libro "Bones: ancient men, modern myths" (Huesos: hombres antiguos, mitos modernos) que iba a servir de revulsivo para el inicio de una controversia que, al margen del resultado, aportaría como factor positivo la eclosión de una dinámica de discusión, desencadenante a su vez de una revisión de los esquemas preconcebidos y de una renovación metodológica y analítica en el estudio de los suelos de habitación paleolíticos, sobre todo los de Africa oriental. En él criticaba la indisponibilidad de métodos arqueológicos que fueran capaces de evaluar la fiabilidad de los yacimientos en el momento en que se pretendían probar modelos hipotéticos de comportamiento a través de los mismos [1]. Tradicionalmente, la simple asociación de herramientas líticas con huesos de animales se había interpretado como una asociación primaria cuyo responsable era el ser humano. Sin embargo, Binford otorgaba a los suelos de habitación paleolíticos lo que él llamaba muy poca INTEGRIDAD y escasa RESOLUCION, entendiendo por ambos términos que la formación de los mismos se debía a causas diversas, entre las que la acción antrópica no era sino una más y a veces ni siquiera la más importante. Según él, la acumulación de los restos se realizó a lo largo de un márgen temporal excesivamente dilatado, superponiéndose diversas actividades de un modo que hacía su interpretación extremadamente confusa.

A partir de semejante opinión, atacó el modelo de comportamiento propuesto por G. Isaac para los primeros homínidos porque vió en él una "proyección al pasado de modelos etnográficos actuales" (Binford, 1981, p. 250) y porque, según él, la evolución cultural del ser humano debía entenderse desde un enfoque evolucionista, que en el fondo, no era sino la aplicación del paradigma darwinista en su vertiente gradualista, empleado para explicar la evolución biológica. No obstante, su crítica inicial en ningún momento invalidó los postulados del planteamiento de Isaac; más bien presentaba un modelo alternativo. Por todo ello, el grueso de la discusión se centró en la imposibilidad de verificar el esquema desarrollado por Isaac, debido a que los argumentos de éste reposaban en la asunción de que "la integridad de los yacimientos era tan grande que demostraban *per se* que los homínidos fueron los responsables de la formación absoluta de los mismos" (Binford, 1981,p. 251). En ningún momento se había planteado la posibidad de la intervención de un agente no homínido en la formación de los depósitos [2].

A partir de las premisas anteriores, Binford creyó necesario el desarrollo de nuevas formas de interpretar los datos, para lo cual edificó la "teoría de alcance medio", consistente en descubrir los mecanismos que relacionan las distintas actividades de una sociedad con los restos materiales que producen, y cómo éstos se depositan, conservan y son descubiertos con posterioridad. Para ello analizó restos faunísticos actuales provenientes de poblados esquimales, de indios navajo, y de madrigueras y mataderos de lobos. A partir de sus observaciones elaboró una serie de esquemas y tablas que mostraban el índice de utilidad cárnica de cada una de las partes anatómicas y porcentajes sobre los conjuntos óseos que aparecen en las madrigueras y mataderos de animales carnívoros. Con todos esos resultados creyó poseer los datos suficientes para respaldar su teoría, y apuntó que sólo mediante la aplicación de éstos se podrían discernir los rasgos distintivos de una deposición homínida o animal. Con la teoría de alcance medio había demostrado "que existe una diferencia básica en la forma en que los huesos resultan modificados y dañados por efecto del consumo animal versus la acción humana sobre los mismos para la extracción de la médula"[3]. Por consiguiente, la única manera pretendidamente "aséptica" de acercarse a los yacimientos de Africa oriental para averiguar el comportamiento homínido debería ser una aproximación a través del nuevo prisma ofrecido por dicha teoría. Según este nuevo enfoque, si en verdad los homínidos cazaban y vivían en campamentos", sería lógico esperar que transportasen a los sitios de hogar partes de alta utilidad y que sus conjuntos óseos fuesen similares a los conjuntos análogos producidos por los predadores en mataderos y por pueblos cazadores actuales en sus lugares de residencia"[4]. Si, por el contrario, "hubiesen residido en campamentos pero el método de obtención de alimento hubiera sido mediante carroñeo sobre los mataderos de otros predadores, sería de esperar que hubiesen transportado tan sólo partes de baja utilidad, como las que trasladan otros predadores carroñeros competidores"[5]. Pero si los homínidos no hubiesen cazado ni residido en campamentos base y, por consiguiente, hubieran sido carroñeros en desplazamiento contínuo "sería de esperar que los conjuntos faunísticos por ellos producidos se parecerán a los de otras especies predadoras carroñeras, sólo que existirían patrones distintivos de ruptura ósea"[6] que se equipararían más bien a los propiamente humanos.

Armado con tales argumentos decidió acometer la labor de revisar los yacimientos de los dos primeros lechos de Olduvai, aplicando el nuevo esquema sobre los materiales faunísticos extraídos de los mismos. Para ello se sirvió tan sólo de la publicación de M. Leakey sobre dichos yacimientos (Olduvai Gorge, vol. 3, 1971), con las carencias que ésta contenía, y se centró en los sitios clasificados como lugares de habitación y mataderos, puesto que eran aquellos cuya integridad era presumiblemente más amplia. Los criterios utilizados para el análisis de los sitios fueron los modelos de fractura ósea y los niveles de destrucción aplicados al conjunto. Teniendo ésto en cuenta, comparó 24 conjuntos de otros tantos yacimientos de la garganta de Olduvai, con 4 casos o modelos teóricos elaborados a partir de sus observaciones de campo. Cada uno de estos modelos teóricos quedaba definido por un porcentaje realizado sobre 17 tipos de hueso que eran procesados por un análisis estadístico multivariante, denominado ANALISIS FACTORIAL, y en el que no se hacía distinción alguna entre las especies animales. Este análisis factorial se apoyaba en un doble espectro. Por un lado el análisis de tipo "R" que establecía los cuatro modelos teóricos: factor de supervivencia del material en madriguera y mataderos (modo 1), presencia ósea residual en matadero (modo 2), conjuntos formados a partir del transporte de los restos de los mataderos (a la periferia o a madrigueras) (modo 3) e indicador del tamaño y edad de la presa (a partir de datos extraidos de madrigueras y mataderos) (modo 4).

La otra coordenada quedaba establecida a partir de lo que Binford denominó análisis de tipo "Q", centrado en los cinco posibles factores que acomodaban otros tantos posibles resultados: dispersión, con gran alteración de restos óseos, en torno a los mataderos o madrigueras (factor 1), madrigueras (factor 2), restos de mataderos afectados de forma diversa (factor 4), restos de mataderos alterados con una mayor presencia de individuos menores (factor 5) y lugares con huesos de escasa utilidad cárnica que parecían partes seleccionadas de un matadero donde ya se había consumido la carne (factor 3) y a los que Binford denominó "conjuntos de carroñeo secundario".

En primer lugar, Binford, que sólo trabajó con la tabla faunística ofrecida por M. Leakey (1971) a modo de muestra preliminar de los análisis óseos, que por entonces se empezaban a realizar sobre los materiales de Olduvai, tuvo que hacerla operativa transformando los datos sobre el número de restos de húmeros recogidos, en número mínimo de individuos, sin hacer distinción alguna entre especies e ignorando, por consiguiente, la conservación diferencial entre taxones. Ello puede explicarse si se tiene en cuenta que en "Olduvai Gorge", vol. 3, M. Leakey sumariza todas las partes de grandes mamíferos que aparecen, pero no habla de su preservación en taxones individuales. Tampoco aparecen buenos datos sobre las extremidades, y ésto es básico para el cálculo de los valores sobre número mínimo de individuos (N.M.I).

Binford observó después el estado de la fauna a través de dicha tabla, deduciendo una conservación deficiente de la epífisis de los huesos de articulación de las extremidades. Basándose en la conservación de las partes distal y proximal de los húmeros y tibias, dedujo el grado de destrucción de los conjuntos y los sometió al análisis factorial. Previamente, al elaborar los modelos teóricos, había observado que el ser humano aprovecha prioritariamente las extremidades, al igual que los predadores (Hill,1975), y que la explotación de las partes de una carcasa[7] es muy similar entre los hiénidos y los humanos. Sin embargo, encontró unas diferencias, en apariencia nimias, pero significativas: los conjuntos formados por transporte animal presentan una representación de la epífisis proximal del húmero (especialmente) y de la tibia (en menor medida) muy deficiente, y los restos de pelvis son más abundantes que los de costillas, en claro contraste con los conjuntos de orígen antrópico, en los que las epífisis de húmero y tibia están mejor representadas y las costillas son más numerosas que los restos de pelvis (ésto no tiene por qué ser del todo cierto, ya que algunas poblaciones humanas actuales seccionan las extremidades inferiores, incluyendo la pelvis). La causa de que las epífisis proximales del húmero y de la tibia estén poco representadas en los conjuntos formados por animales, se debe a que éstos siempre consumen la mayor parte de la carne en el lugar donde han conseguido la pieza, y en su procesamiento [8], suelen romper la parte superior de las extremidades, transportando ocasionalmente el resto, con menor contenido cárnico y cuando así acontece, a la periferia de los mataderos o a las madrigueras. Binford observó un contraste notable entre los mataderos, donde existía un predominio de vértebras y costillas, y las madrigueras, donde los restos óseos representados eran dientes y metacarpos, metatarsos, falanges, astrágalos, radio-cúbitos, fémures, tibias y húmeros (es decir, parte del cráneo y las extremidades). Por ello contrapuso "madriguera *versus* matadero" como señal de transporte de ésta a aquella. Los restos de ambos sitios eran absolutamente distintos, pero ¿cómo saber cuándo el agente principal había sido humano o animal, si ambos obedecían a un modelo muy similar? La respuesta estaba en la existencia o ausencia de las epífisis proximales de la tibia y del húmero y en el porcentaje de elementos axiales, mayor en las acumulaciones antrópicas. Si el modelo de transporte humano hubiera sido muy diferente a la acción de los hiénidos, la disparidad en la identificación anatómica habría sido concluyente. Pero cuando ambos modelos se acercan tanto, los múltiples avatares tafonómicos hacen de la conservación de estas partes algo azaroso, cuya interpretación puede inclinarse a uno u otro lado (Brain,1976).

Sin embargo, Binford había prestado atención también al grado de destrucción de los restos óseos, y observó el estado fragmentario de gran parte de ellos. Creyó ver en semejante proceso, no la fractura intencionada en busca de la médula, sino el resultado final de la destruccion de diáfisis rotas en forma de canal (rasgo que según él es exclusivo de especies cánidas y hiénidas), ya que algunos huesos conservaban esta forma, por parte de los predadores no humanos.

A todo ello se unió una sentencia que hacía de los restos líticos algo de lo cual podía prescindirse para interpretar los yacimientos, puesto que "el grueso de la fauna no tiene necesariamente relación con las herramientas con las que aparece asociada en los depósitos" (Binford, 1981, p. 1). De este modo, habiendo elaborado sus modelos teóricos, procedió a los análisis factoriales de los restos extraidos de

Olduvai. Los yacimientos quedaron clasificados en cada uno de los cinco factores propuestos por el análisis de modo "Q".

La metamorfosis con respecto a la diagnosis de M. Leakey era evidente: todos los yacimientos, salvo tres, eran interpretados ahora como mataderos y madrigueras en los que los agentes responsables de la deposición de los restos óseos eran animales predadores. Los sitios englobados en el Factor 1 eran agrupaciones faunísticas compuestas de restos de baja utilidad cárnica, obtenidas en torno a mataderos. Los sitios del Factor 2 eran madrigueras. Los de los Factores 4 y 5 eran también mataderos por excelencia. Tan solo el Factor 3 mostraba un modelo discordante no perteneciente a un comportamiento humano o animal conocido. Se trataba de restos óseos pequeños y escasos cuya integridad y resolución podría ser considerable, con un componente significativo de partes del esqueleto axial y varios elementos apendiculares, las mismas que suelen permanecer esparcidas en los mataderos y cuyo aprovechamiento se lleva a cabo en un momento en que la carne ha desaparecido de la carcasa. Eran, pues, muestra palpable de un conjunto de baja o escasa utilidad alimenticia, extrayéndose de los huesos tan sólo la médula. Este modelo nunca había sido identificado entre ningún tipo de predador o carroñero, por lo que sería muy probable que sus autores hubieran sido un grupo de homínidos. Esta circunstancia se vería reforzada por el hecho de encontrarse, en los yacimientos catalogados dentro de este factor, un número importante de artefactos líticos sobre núcleo (?) cuya única utilidad posible habría sido la fractura de huesos en busca de la médula.

Binford había mostrado que los suelos de habitación parecían no ser tales y que su deposición pudo deberse a factores naturales en los que la intervención antrópica fue mínima. Esta sólo aparecía reflejada con cierta claridad en yacimientos englobados en el Factor 3 del análisis de modo "Q", que mostraban un comportamiento homínido muy diferente de cuantos se habían concebido hasta el momento. Los antiguos homínidos no sólo no consumían carne, sino que tampoco tenían acceso primario a la carcasa, con lo que su acción sobre la misma tenía lugar cuando otros predadores-carroñeros ya la habían procesado y desarticulado. Lo que a aquellos les quedaba eran algunos huesos cuya única utilidad residía en el aprovechamiento de la médula que contenían. Para tener acceso a ella se sirvieron de artefactos líticos sobre núcleo con la finalidad de romper el hueso y reducirlo a estado fragmentario. De este modo, los homínidos NO TRANSPORTABAN el alimento ni tampoco lo compartían, dado su carácter misérrimo, con lo que el aprovechamiento de "carroñeo secundario" que realizaban sobre los huesos de las carcasas descompuestas se habría llevado a cabo, con toda probabilidad, por todo el grueso del grupo homínido o bien por parte del mismo, que no había realizado aporte alimenticio alguno a la parte restante. Con todo ello se había cuestionado el paradigma de la caza, que había hecho de nuestros antepasados unos sanguinarios predadores, sustituyéndolo por un comportamiento absolutamente explicable en términos etológicos y más acorde con el estadio evolutivo que debiera corresponderles, de acuerdo con los postulados de Binford, y se había dejado sin argumentos al modelo de "consenso" de Isaac, el cual sólo debería aplicarse a momentos mucho más recientes de la evolución humana. El cambio de concepción había sido radical: los homínidos habían pasado de ser cazadores coperativos a los más marginales de los carroñeros. Con ello la controversia no había hecho sino empezar.

5.3- EL JUICIO TAFONOMICO

A lo largo de la década de los setenta, un reducido número de investigadores inició una serie de estudios de carácter tafonómico, con la intención de desvelar los diversos procesos que habían sido responsables de la creación del registro arqueológico en Africa oriental. Bastante antes de la aparición de "Bones" y de los planteamientos de Binford, algunos estudiosos habían puesto en tela de juicio la facilidad con que se asumían ciertas hipótesis, basándose en inferencias directas de los contextos arqueológicos, cuyas asociaciones líticas y óseas se pretendían relacionar de modo directo y primario. Algunos llegaron a cuestionar la validez de algunas interpretaciones sostenidas hasta la fecha. Por todo ello se inició un análisis detallado de los diversos procesos tafonómicos que habían operado e intervenido en la formación de cada uno de los sitios. La Tafonomía, por entonces una ciencia en evolución, desarrollaría sus métodos gracias a los análisis llevados a cabo en Africa, que sentarían las bases de la aplicación de sus resultados fuera del continente.

Potts, que iniciaría el examen de los yacimientos desde la perspectiva de la tafonomía y el comportamiento homínido, se planteaba por qué un conjunto de útiles líticos y de huesos asociados debía significar indefectiblemente un campamento base. Consideró prioritario investigar sobre los agentes formadores de dicha asociación y ver hasta qué extremo ésta reflejaba una actividad homínida. Partiendo de semejante planteamiento, concluyó que un análisis de dichas características debería estructurarse en cuatro niveles complementarios: estudio tafonómico del lugar, análisis del tipo de actividad que refleja, comparación entre yacimientos para observar su posible homogeneidad, e investigación de las implicaciones que los análisis anteriores tenían con respecto a la evolución humana.

Estos planteamientos eran aceptados y compartidos por la mayoría de los investigadores que estudiaban los procesos tafonómicos. Sin embargo, estos últimos, dada su magnitud, se estructuraron a su vez en niveles de análisis que abarcaron, desde los estudios de concentraciones óseas naturales en la sabana actual, hasta los análisis de frecuencia taxonómica en la misma.

Para empezar, era necesario contar con resultados sobre la presencia de restos óseos en el paisaje actual de Africa oriental, partiendo de una perspectiva de dispersión y acumulación de carácter natural (es decir, no antrópico). Behrensmeyer y Boaz (1976) Behrensmeyer y Dechant-Boaz (1980), Hill (1975) y Shipman (1975) se encargaron del estudio de la distribución de huesos en la actual sabana y sus conclusiones fueron muy interesantes. Observaron que, a su muerte, los animales presentan su esqueleto sin desmembrar, iniciándose su dispersión posteriormente, por efecto, de diversos agentes, tales como la actividad de carnívoros, carroñeros, o por motivo de agentes físicos como el viento y el agua. Hill (1979, 1980) estudió la desarticulación del esqueleto de mamíferos en varias reservas naturales y observó que era muy rápida. La dispersión de los huesos acontecía en períodos de tiempo relativamente cortos, como algunas semanas. Debido a tal motivo, las ocasiones propicias para la aparición de un conjunto óseo suelen ser más bien esporádicas. Se observó también que no existía diferencia notable entre la conservación de los huesos de los grandes mamíferos y los de especies más pequeñas, no existiendo al respecto una conservación diferencial en proporción al tamaño de los individuos (Behrensmeyer, 1980; Hill, 1975; Hill & Behensmeyer, 1984). La dispersión de los huesos se iniciaba prácticamente tras el comienzo del proceso mismo de desarticulación del esqueleto (Hill, 1975). Con todo ello se concluía que el grado de concentración ósea, bajo condiciones normales, en el paisaje de sabana (en cada uno de los hábitats), era muy bajo. En claro contraste, los yacimientos de Olduvai mostraban una concentración mucho mayor. Behrensmeyer (1983) calculó la densidad ósea en seis hábitats distintos de la cuenca de Amboseli (cuyas características tectónicas y orográficas son similares a las que antaño poseyó Olduvai) en un área de 8'75 km y en la comparación que establecieron posteriormente, los yacimientos de Olduvai mostraban una densidad que oscilaba entre 51 y 3.788 veces el porcentaje más elevado observado en la cuenca de Amboseli (Behrensmeyer & Dechant-Boaz, 1980; Potts, 1988).

Los análisis realizados demostraron igualmente que la mezcla de huesos pertenecientes a diversos individuos era algo muy poco común (Hill, 1975; Behrensmeyer, 1983; Hill & Behrensmeyer, 1984). En todo el territorio estudiado de Amboseli se encontró un porcentaje medio de 1 individuo por cada

1.500 m. y un máximo de 3. En cambio, el número mínimo de individuos localizados por yacimiento de Olduvai oscila entre 34 y 36 y aparecen en un área mucho más pequeña que las prospectadas en Amboseli (Behrensmeyer, 1983). Además, la mezcla espacial de los huesos en los yacimientos es bastante alta (Leakey, 1971). Todo ésto apunta a la hipótesis de que los conjuntos óseos de los sitios de Olduvai se deban a agentes que transportaron los huesos de las carcasas hasta el lugar donde fueron concentrados, puesto que en procesos naturales la mezcla de huesos de distintos animales apenas ocurre, incluso después de que predadores y carroñeros hayan operado sobre las carcasas.

Un tercer punto de análisis fue la observación de la diversidad taxonómica y ecológica en los paisajes naturales. Kruuk (1972) y Behrensmeyer (1980) observaron que los restos óseos que se encuentran en una localidad determinada, y cuya deposición se debe a la muerte natural del animal, suelen permanecer dentro del área de su propio nicho ecológico. Incluso, una posible dispersión por efectos naturales no esparce por lo general los huesos fuera del nicho en cuestión. Ello indica que en cada hábitat existe una distribución ósea acorde con las especies que residieron en él. En Olduvai, en cambio, la diversidad taxonómica es sorprendente, al igual que su densidad. La especie más frecuente en cada uno de los yacimientos está representada por un número mínimo de individuos que oscila entre seis y treinta y dos. Teniendo en cuenta que la diversidad ecológica de animales representados en áreas próximas a mataderos tiende a ser muy baja, los yacimientos de Olduvai vuelven a indicar que la acumulación de huesos en ellos existente se debe a agentes que transportaron los restos óseos desde su lugar de deposición, tras la muerte de los individuos a los que pertenecieron.

En cuanto a los patrones de dispersión, se observó que las vértebras y otras partes axiales del esqueleto permanecen por lo general cerca del lugar de muerte del animal, mientras que las extremidades son más proclives a ser transportadas (Hill, 1975, 1978, 1981). Este nuevo factor indica que los yacimientos de Olduvai nunca fueron lugar de muerte natural, ya que en éstos la representación de partes axiales del esqueleto es reducida. Semejante circunstancia, en conjunción con las anteriores, demuestra que en Olduvai no aparece ningún rasgo típico de los lugares de muerte natural de animales, ni de los conjuntos óseos propios de la dispersión por efectos naturales a lo largo del tiempo. Por consiguiente, las agrupaciones óseas exhumadas en los yacimientos fueron transportadas a los sitios en que fueron descubiertas.

Teniendo ésto en cuenta, la segunda fase de los análisis tafonómicos se centró en averiguar qué tipo de agentes fueron responsables de su transporte. Se empezó especulando con la posibilidad de que, al menos en parte, éste hubiera sido efectuado por el agua. Los análisis litológicos y sedimentológicos muestran que todos los yacimientos del Lecho I de Olduvai fueron enterrados por sedimentos fluvio/lacustres. La naturaleza misma de los sedimentos, limos y arcillas, es prueba palpable de su carácter hidraúlico (Hay, 1976). Tanto el estudio paleogeográfico y sedimentológico, como la observación de la orientación de los huesos y los pequeños restos líticos, demostraron que la deposición hidraúlica sufrida por cada uno de los sitios ocurrió en situaciones de muy baja energía, de modo que los yacimientos implicados, en su mayoría, apenas sufrieron alteración alguna. Huesos que por sus características deberían haber sido arrastrados por la corriente, se encontraban presentes, lo que refuerza la idea sobre el carácter escasamente energético de la misma. Tan sólo la microfauna, o al menos parte de ella, pudo haber sido depositada en el conjunto por efecto hidraúlico.

Una vez que se rechazaron los agentes físicos como potenciales agentes de transporte, se acudió a los agentes biológicos, en especial a la fauna carnívora y carroñera. Se observó que, en los restos de Olduvai, apenas aparecen señales de puercoespines, y se descartó a los grandes predadores como responsables de los mismos, ya que muchos de éstos, como los leopardos, trasladan sus presas enteras bajo los árboles, con lo que el número de elementos axiales en los despojos es muy elevado, cosa que no ocurre en los yacimientos. Finalmente, el análisis se centró en el estudio de los predadores menores y de carroñeros tales como las hienas, cuyo patrón de aumulación ósea es más similar al humano.

Kruuk (1972) y Hill (1975) pusieron de relieve que la representación anatómica presente en las madrigueras de hiénidos correspondía a las extremidades de las presas cazadas o de los individuos carroñeados. Binford (1988) coincidiría con ello pero subrayaría con especial énfasis la baja presencia de las epífisis proximales de los húmeros y tibias. Armado con tal rasgo distintivo examinó los yacimientos de Olduvai y, apoyado por los patrones de ruptura ósea que en ellos aparecían, concluyó que, en caso de transporte, el agente causante de parte de ellos no había sido otro que una especie ligeramente predadora y sobre todo carroñera como era la hiena.

Sin embargo, Potts puso de relieve las bases poco sólidas en las que se había apoyado el análisis factorial de Binford. En primer lugar, en el análisis de tipo R había elaborado modelos en los que no existía diferenciación alguna entre especies, con lo que no se tuvo en consideración la conservación diferencial según taxón. Ello supone un sesgo importante sobre la representatividad, rasgo esencial de la diagnosis establecida por Binford para la elaboración del análisis factorial. En segundo lugar, Binford había asumido que la representación de epífisis proximales de los huesos superiores de las extremidades en los yacimientos era nimia, con lo que el modelo encajaba perfectamente con el que presentan las madrigueras de las hienas. Sin embargo, los análisis de Binford no se adecuaban a las verdaderas frecuencias de las partes del esqueleto representadas en Olduvai. Se observó que los yacimientos contenían un número de elementos óseos con extremos proximales mayor y una cantidad de elementos apendiculares más amplio de lo que Binford pretendía (Bunn & Kroll, 1986). Tanto es así que en todos los sitios aparece una proporción excesivamente elevada de huesos con gran contenido en carne y el número de segmentos proximales excede, en algunos casos, al de extremos distales. De acuerdo con ésto, el modelo se adecúa mejor con un aprovechamiento antrópico que con uno cánido o hiénido.

Otro factor que Binford no tuvo en cuenta fue la composición taxonómica de las madrigueras. Aunque inicialmente ésta parezca similar a la de los yacimientos de Olduvai,en realidad presenta una diferencia significativa como es la carencia de restos de fauna grande, del tipo de los proboscídeos o hipopotámidos. En los yacimientos, en cambio, la presencia de éstos es regular.

Además, Binford estableció un segundo rasgo distintivo en su análisis, que fue el patrón de ruptura ósea. De este modo interpretó las "largas astillas de hueso" presentes en la tabla faunística de Leakey (1971), como "cilindros acanalados", propios del desbastamiento que los cánidos llevan a cabo sobre los huesos con médula. Y en verdad no se trata de tales, sino tan solo de fragmentos que en nada tienen que ver con dichas piezas. En realidad, el número de cilindros acanalados es bastante menor que el propuesto por Binford, con lo que la tan "manifiesta"actividad carnívora inferida a partir de tales astillas no puede mantenerse. Además, Potts (1988) constató que el estado fragmentario de la mayoría de los huesos presentes en los yacimientos hace prácticamente imposible la tarea de dilucidar los patrones de ruptura predominantes en cada uno de ellos.

Así, los dos factores que habían servido de base para el análisis factorial de Binford, la representación anatómica y los patrones de fractura ósea, parecían inservibles a la luz de los resultados ofrecidos por los diversos análisis tafonómicos. La representación anatómica en los conjuntos óseos formados por hiénidos y por humanos es muy parecida. La diferencia en el número de las epífisis proximales de las partes altas de las extremidades en la fauna representada, es un criterio que no puede ni debe aplicarse a los sitios de Olduvai, ya que es una afirmación débil que no tiene en cuenta la posible existencia de una conservación diferencial; puesto que si los homínidos hubiesen desaprovechado los huesos para extraer de ellos tan solo carne, los carroñeros que reaprovechasen semejante desperdicio se centrarían en el procesamiento de los huesos grandes, y en especial en sus extremos proximales. El estado del conjunto, después de haber sido reaprovechado por los carroñeros, mostraría rasgos similares a los que se encuentran en sus madrigueras, con lo que, si se aplicase un análisis factorial, nunca podría pensarse que hubiese existido una presencia homínida en el lugar. En definitiva, siguiendo las afirmaciones de Potts (1988), Binford "sólo imputa a los homínidos aquello que no puede atribuir a los carnívoros. Puesto que éstos acceden a los animales principalmente cazando y prefieren los huesos que contienen una mayor proporción de carne, un enfoque residual basado en un modelo de actividad carnívora prohibe a priori la posibilidad de que los homínidos, también cazando de un modo frecuente u ocasional hubiesen tenido acceso a estos huesos" [9]. Las similaridades entre los conjuntos óseos de homínidos y de madrigueras no es un buen criterio.

Además, si nos fiásemos de la representación anatómica, los yacimientos se encontrarían más próximos a un modelo humano de conducta, hecho que puso de manifiesto la revisión de la fauna, el descubrimiento del verdadero número de extremos proximales presentes en la misma y la presencia de restos carnívoros en una proporción regular.

Así mismo, los patrones de ruptura apuntados por Binford no eran válidos, tras malinterpretar los datos faunísticos de Leakey al respecto, porque el estado fragmentario de los restos hace que la identificación de la mayor parte de los patrones de ruptura sea imposible. Además, aunque pudieran discernirse, y éstos indicasen a agentes hiénidos como responsables, ¿cómo se puede negar que éstos hubieran realizado el procesamiento de los huesos tras haber sido descartados los mismos por los homínidos?

En realidad, hasta este momento, los estudios tafonómicos habían puesto de relieve las carencias y debilidades del análisis factorial, con lo que rechazaba la rotundidad de las conclusiones que de él se desprendían. Pero eso no quiere decir que demostrara, en cambio, que el único agente formador de la acumulación de huesos en los yacimientos hubieran sido los homínidos.

Binford argumentó que una prueba tangible que demostrara la evidencia del carácter hiénido de la acumulación y procesamiento de los huesos sería la presencia de marcas de dientes en los mismos. Igualmente la aparición de marcas de corte justificaría, a priori, la idea del aprovechamiento cárnico humano de dichos huesos. El análisis de estas marcas se llevó a cabo (Potts y Shipman,1981) y tuvo como resultado ciertas observaciones de interés. Tanto marcas de cortes como huellas de dientes aparecen en los huesos de Olduvai en una representación proporcionalmente similar, con lo que los hiénidos fueron indudablemente un agente tafonómico en Olduvai. ¿Significa ésto que los carnívoros fueron los principales agentes formadores de los yacimientos? Semejante hecho refrendaría las presunciones de Binford, pero en verdad nada lo demuestra ya que la fractura ósea no puede imputarse a ningún agente en concreto (Shipman), siendo las marcas de dientes proporcionales a las marcas de corte. Ambas aparecen en una fracción mínima de huesos que en ningún caso supera el 15%. Por lo cual éstas sólo nos indican que fueron básicamente dos los agentes que intervinieron en el proceso tafonómico de los yacimientos de Olduvai, los homínidos y algunos carnívoros (hienas probablemente), pero en ningún momento establecen prioridad alguna "per se" de cualquiera de los agentes en cuestión. No obstante, los estudios de Blumenchine (1988) sobre representación de marcas de dientes y aparición diferencial en las distintas secciones óseas, demuestra que tanto el índice, como las partes en las que aparecen en los restos arqueológicos coinciden con la configuración que las hienas dejan cuando acceden a una acumulación ósea antrópica de manera secundaria.

Por otra parte, la evidencia de las marcas de corte hacía improbable que las asociaciones espaciales entre huesos y piedras fueran accidentales. Con ello se reivindicó el uso del instrumental lítico sobre gran parte de los restos con los que aparece asociado. Y es que en esta controversia, el utillaje lítico había jugado hasta entonces un papel pasivo que iba a dinamizarse a partir de los estudios que sobre el mismo se estaban realizando al este del lago Turkana.

5.4- LA GUERRA DE LAS INTERPRETACIONES

Mientras los análisis tafonómicos proseguían, una nueva generación de "africanistas" se había erigido en protagonista de la polémica en torno al estudio de los yacimientos del Rift. Entre ellos destacaba H. Bunn, que, junto con E. Kroll, fueron los paladines del modelo de comportamiento planteado por G. Isaac. Para ellos, el aprovechamiento cárnico era indiscutible a la luz de los numerosos huesos potencialmente ricos en dicho producto y con huellas de cortes en los lugares donde se esperarían si el objetivo de las mismas hubiera sido el desprendimiento de la carne en cuestión. A comienzos de los ochenta, G.Isaac (1983) presentó un nuevo modelo de comportamiento, el "forrajeo de lugar central" que no era sino una revisión y puesta a punto de los datos de su antiguo esquema de "campamento base". En él admitía que el reconocimiento de campamentos como los que ofrecen los actuales cazadores- recolectores había sido un gesto prematuro y que era más probable que éstos no hubieran sido iguales. De hecho, lo que proponía el nuevo modelo era un comportamiento de forrajeo alimenticio ambulante, en el que la carne era un componente básico. Su consumo se efectuaría en lugares previamente seleccionados, con lo que se llevaría a cabo un transporte y un compartimiento del alimento en esos sitios. En realidad, el nuevo modelo era la salvaguardia de la esencia de los postulados básicos de su modelo anterior, sin alterar en nada los planteamientos de carácter social que éste había propugnado.

Los análisis de huellas de corte y de representación anatómica llevados a cabo por Bunn y Kroll (1986) les llevaron a asumir que la formación de los yacimientos fue obra de los homínidos, que aportaron cantidades de carne lo suficientemente grandes como para ser repartidas, con lo que el modelo de compartimiento alimenticio planteado por Isaac seguía manteniéndose. Tan sólo el medio de obtención de dichos recursos era puesto en cuestión sin que se alteraran, por semejante hecho, los esquemas del "modelo de forrajeo de lugar central". Frente a ello, Bunn (1981) declaraba que "el modo de adquisición de la carne, bien por medio de la caza, bien por efecto del carroñeo, o ambas actividades a la vez, sigue siendo incierta y requiere ulterior investigación"[10].

La puesta en cuestión del paradigma de la caza no suponía ya ningún revuelo en los esquemas tradicionales; ni siquiera parecía esencial, ya que su importancia se había relegado a un segundo plano. Lo crucial, el meollo de la polémica que había estallado, iba a centrarse sobre el aprovechamiento de las carcasas animales por parte de los homínidos y no sobre el modo de obtención de las mismas. Lo importante era probar o refutar que los homínidos eran grandes consumidores de carne, lo que les obligaría a compartir el alimento, o simples consumidores de médula ósea. En definitiva, se trataba de probar qué modelo era el correcto: el del homínido omnívoro cooperante y generoso que planteaba Isaac, o el de carroñero marginal presentado por Binford.

Binford había afirmado siempre que la presencia de útiles líticos en los yacimientos en discusión no indicaba necesariamente una asociación directa entre ambos, ya que podía ser accidental. Sin embargo, tanto los análisis traceológicos llevados a cabo en los huesos de Koobi Fora (Bunn, 1981), como los realizados en Olduvai (Potts & Shipman, 1981), demostraban que la aparición en ellos de huellas de corte era resultado de la existencia de una asociación funcional entre artefactos y huesos, en vez de una asociación accidental postdeposicional (Binford 1981). Así, la importancia de la actividad homínida en la formación de los yacimientos volvía a cobrar relevancia, más de la que le hubiera correspondido en caso de tratarse de un carroñero marginal. Bunn y

Kroll pensaban que semejante circunstancia probaba la existencia de un lugar base.

Potts también era de la opinión de que lo único que los datos indicaban es que los homínidos habían transportado carne hasta unos puntos de referencia en los que la procesaban y la consumían. Y ello no significaba que dicho lugar fuese un campamento base, entre otras cosas porque los restos esparcidos sobre el mismo habrían sido una fuente constante de atracción para otros carnívoros y carroñeros, que habrían constituido una molestia para el desarrollo de las actividades propias de tal sitio. Por ese motivo, los yacimientos no habían sido sino unos puntos de consumo cárnico en los que, previamente y en un territorio supuestamente perteneciente al grupo, los homínidos habrían hecho acopio de grandes cantidades de nódulos de piedra que irían desbastando cuando llevasen allí partes de las carcasas conseguidas para procesarlas. Tras su consumo, los homínidos abandonarían los sitios y realizarían sus actividades en otros lugares. Estos puntos de referencia, por consiguiente, más que tratarse de campamentos base, serían los inmediatos precedentes de los mismos.

Pese a las discrepancias existentes entre ellos, todos habían asumido las conclusiones desprendidas de los análisis tafonómicos, de modo que eran conscientes de la intervención tanto de agentes homínidos como de agentes carnívoros en la formación de los yacimientos. Sin embargo, todos habían concedido mayor importancia a la acción homínida.

Bunn y Kroll (1986) otorgaron prioridad a los homínidos en la acumulación ósea porque las huellas de corte, indicadores de consumo cárnico, aparecían con mayor frecuencia en los huesos largos, portadores de grandes cantidades de carne. La asociación entre útiles y fauna consumida quedaba suficientemente demostrada de este modo. Si los homínidos hubiesen tenido acceso a los huesos tras los carnívoros, no encontrarían nada aprovechable en los mismos, con lo que las marcas de corte no aparecerían. Por tanto, las marcas de dientes existentes en algunos de los huesos se deben a su procesamiento terminal por los carnívoros tras el abandono de éstos por los homínidos.

Potts, que era de la misma opinión, añadía a esta última afirmación el hecho de que algunos huesos en estado fragmentario podían remontarse en el sitio. Esto demostraba que los carnívoros los habían fracturado en el propio yacimiento, en contra de lo que cabría esperar si se tratara de una madriguera, ya que eran huesos que los carnívoros mismos procesaban en su mayor parte antes de transportarlos a sus refugios. La presencia de éstos en los yacimientos sólo podía responder a un transporte humano y a un posterior aprovechamiento por parte de los hiénidos carroñeros.

De todo ello se desprendía la asunción de que los yacimientos surgieron por el transporte homínido de partes de carcasas obtenidas bien por medio de caza o de carroñeo primario, y por el aprovechamiento en última instancia de los restos óseos por parte de los carnívoros; todo esto encajaba perfectamente con las observaciones tafonómicas.

Pero Binford no estaba dispuesto a admitirlo y desde su propia perspectiva presentó armas y se dispuso a vender cara la piel. En 1985 presentó un artículo que respondía a las conclusiones ofrecidas por la "nueva generación de africanistas", como a él le gustaba llamarla, tras la presentación de éstas en el 4º Congreso Internacional de Zooarqueología celebrado en Londres en 1982. En él ignoró las carencias del análisis factorial puestas de relieve por los estudios tafonómicos y, en vez de intentar argumentar su validez, adoptó directamente una estrategia ofensiva atacando algunas de las afirmaciones realizadas por sus adversarios, con el fin de invalidar sus conclusiones. De este modo,criticó el modelo propuesto por Potts, que si bien era original, según él adolecía de ser una utilización de un modelo etnológico actual para la interpretación del pasado que, además, no resulta pertinente, por otorgar a los homínidos una capacidad de división espacial propia de los cazadores-recolectores actuales. Por otra parte, el traslado de material lítico a sitios determinados, previamente a su uso, implica una planificación del futuro de la que el mundo animal está exento, ya que en este último lo importante es la realización del acto inmediato. Binford, en su juicio apriorístico, opinaba que semejante comportamiento no pudo surgir entre los homínidos porque éstos " no serían muy hábiles" y sus capacidades estarían más en conjunción con las del resto de los primates.

Por otro lado criticó el hecho, que imputaba a Potts, de considerar que los homínidos y los carnívoros competían por las carcasas para obtener de ellas productos distintos. Es decir, que la explotación de las mismas no se llevaría a cabo en términos de la potencial subsistencia de sus partes sino en la disponibilidad de los huesos considerados. En realidad Potts había establecido un análisis de gradación ordinal de acceso a las carcasas según los productos obtenidos de las mismas, basándose en la observación de que las partes que desaparecen antes son las extremidades delanteras (Hill, 1975; Kruuk, 1972; Hill y Behrensmeyer,1984). Resulta obvio que sus poseedores serían aquellos que hubieran tenido un acceso primario a la carcasa. Potts (1983), sirviéndose de esta observación, estableció un análisis que se articulaba en torno a la frecuencia en que aparecen las extremidades delanteras con respecto a las traseras en la fauna de los yacimientos. Su intención, por consiguiente, no era demostrar que los homínidos y carnívoros obtenían productos distintos de las carcasas, sino que el grado temporal de acceso a las mismas era el que condicionaría la consecución de unas partes anatómicas o de otras.

Binford estableció que el análisis basado en estos términos no mostraba un resultado que indicara que los homínidos tenían acceso primario a los animales muertos. Potts (1983), en cambio, demostró que los porcentajes de ambos tipos de extremidades en los yacimientos estudiados eran en determinados casos parejos, con lo que en el conjunto de las especies implicadas no predominaba ningún tipo de extremidad a no ser en los bóvidos de tamaño medio, cuya proporción de extremidades delanteras era mayor en todos los sitios. En el resto de las especies el porcentaje de extremidades inferiores era ligeramente más elevado que el índice de elementos de las extremidades delanteras. Pero esto podía deberse no a un "timing" de acceso a la carcasa determinado, sino a un proceso tafonómico de alteración, ya que estas partes son las primeras en desaparecer por efecto de su aprovechamiento secundario. Esto demostraba un aprovechamiento intenso de las carcasas, ya que desde el momento en que el porcentaje de extremidades delanteras es similar o levemente inferior al de las extremidades traseras, existe un indicador fiable que demuestra el acceso temprano, casi inmediato a la muerte del animal, que los homínidos tendrían a las carcasas. Esta circunstancia ni siquiera es tenida en cuenta en las réplicas de Binford. Por eso no es de extrañar que, a la afirmación de Potts de que los yacimientos de Olduvai fueron acumulaciones llevadas a cabo por los homínidos, Binford (1985) replicase lacónicamente que "ya está bién demostrado que no es así" sin ofrecer, sorprendentemente, ningún tipo de argumento que respaldase su pretendida invalidación.

Los análisis de Bunn (1981) sobre las huellas de cortes en los huesos del yacimiento FLK 22 Zinj habían demostrado su importancia en número sobre los extremos de los grandes huesos (con gran contenido cárnico) y en las zonas de articulación. Binford afirmó que semejante circunstancia contradecía los resultados de Shipman (1984) en otros yacimientos de Olduvai, en los que los huesos con mayor porcentaje de huellas de corte eran los que se encuentran más desprovistos de carne. Aunque ésto fuera así, no se habría invalidado la tesis del consumo cárnico, ya que por sus características, los huesos de la parte inferior de las extremidades requieren un mayor trabajo en su desmembramiento o en la extracción de la piel. Tampoco refuta ésto la aparición de marcas de corte en huesos de las partes superiores de las extremidades, que no responden a otra explicación que al aprovechamiento cárnico. Sin embargo, semejante aseveración por parte de Binford traduce una mala lectura de los datos obtenidos por Shipman, ya que en los resultados ofrecidos por sus estudios iniciales, puede observarse una proporción equitativa de huellas de cortes entre las partes óseas ricas en carne y las más desprovistas de ella; si cabe, algo mayor en las primeras. Además, semejante observación reposaba sobre una técnica de análisis no muy apropiada, ya que la muestra elegida por Shipman para su estudio provenía de diversos niveles arqueológicos en los que no se habían tenido en cuenta los múltiples procesos tafonómicos que podían haber influido en la presencia y ausencia de huesos pertenecientes a las secciones superiores de las extremidades.

Luego citó las evidencias de huellas de corte efectuadas sobre marcas de dientes en algunos de los huesos estudiados por Potts y Shipman (sólo 8 en total) que indicaban un tratamiento primario del mismo por parte de un carnívoro. Esto permite plantear el hecho de que el carroñeo secundario también pudo ser una actividad practicada por los homínidos. Sin embargo, Binford introducía un sesgo importante en la información al no mencionar también la existencia de huesos, y en mayor proporción, en los que las marcas de dientes se superponen a las huellas de corte realizadas previamente, lo que indica que el aprovechamiento primario de esos huesos fue realizado por los homínidos (Potts & Shipman, 1981).

En definitiva, Binford se mantenía en una actitud obstinada de rechazo frente a de las conclusiones que de sus estudios habían extraido todos aquellos que habían realizado análisis tafonómicos sobre los yacimientos. Debido al consenso general existente entre éstos sobre los agentes responsables de los mismos, Binford denominó "argumento estándar de rechazo" al empleado por ellos para explicar la presencia de marcas de dientes en los huesos, que implicaban la presencia de carnívoros en los sitios. Este argumento planteaba la posibilidad de que los carnívoros llegaran a los yacimientos cuando éstos habían sido abandonados por los homínidos, con lo cual su ocupación y posterior aprovechamiento de los restos habría tenido lugar en un momento secundario.

Para Binford esta aseveración surgía como resultado de seguir considerando a los yacimientos como altamente "íntegros", afirmación que no deja de ser curiosa por cuanto todos los que llegaron a semejantes conclusiones no lo hicieron sino cuestionando la integridad de los mismos y sometiéndolos a un riguroso estudio tafonómico. El propio Binford alentaba desde su artículo estos estudios, pero parecía ignorar sus resultados cuando aseguraba en el mismo que el transporte hidraúlico tuvo que jugar un papel importante en la acumulación de huesos. Esto último, como ya expliqué antes, quedó invalidado tras la observación de que la deposición acuática tuvo lugar en condiciones de baja energía, sin alterar apenas el contenido de los yacimientos y con un aporte limitado sólo a restos de microfauna. En realidad, parecía como si Binford, en una acusación que nunca fue recíproca, no cuestionase tampoco la "integridad"del análisis factorial y de sus propios planteamientos, cuyas debilidades ya habían sido puestas de relieve.

Su crítica a Shipman fue, en cambio, más acertada, al abandonar los planteamientos generales y centrarse en aspectos más particulares. A ello le ayudó el hecho de que Shipman incurriera en algunas contradicciones en su papel de voz disidente del grupo de seguidores de Isaac. En primer lugar aseveraba que la asociación de los huesos con los artefactos era innegable y que ello indicaba una actividad homínida importante sobre la formación de los conjuntos. Negó sin embargo que fuera el resultado de un transporte intencionado con la finalidad de compartir el alimento, ya que el aprovechamiento de los huesos, inferido por las marcas de corte que ella misma investigó, no tuvo como objeto exclusivo su aprovechamiento cárnico sino también la extracción de tendones, situados en las superficies de articulación. Por otra parte, afirmaba que el utillaje lítico también se empleó en las partes centrales de las diáfisis. Binford advirtió en estas afirmaciones una contradicción innegable: si los patrones de ruptura en algunos huesos la inclinaban a juzgar que el manejo de la actividad lítica se centró en la parte central de las diáfisis ¿cómo se justifica que las marcas de corte aparezcan también en los extremos de los huesos? Binford añadió además que el esquema indicado por Shipman, que suponía que el consumo cárnico por parte de los carnívoros se habría llevado a cabo sin la desarticulación de buena parte de las carcasas, cosa bastante improbable. Su modelo presuponía que el único interés de los homínidos en las carcasas habría sido la extracción de la piel y de los tendones. Dicha inferencia la extrajo del hecho de que casi la mitad de las marcas de corte que observó, aparecían en huesos de escaso contenido cárnico, debido al sistema analítico poco acertado que antes mencioné.

Binford criticó a Shipman su ambigüedad con respecto al carácter de los yacimientos, ya que de sus afirmaciones uno sólo puede deducir que se trataba de mataderos o lugares de muerte natural, circunstancia ésta que, según Bunn y Kroll (1986), en ningún momento se corresponde con el porcentaje de representación anatómica en los yacimientos. Además, si los homínidos sólo carroñeaban piel y tendones ¿puede uno imaginarse un modelo de vida basado en este tipo de carroñeo? Semejante hecho significaría que los homínidos habrían sido forrajeadores vegetarianos y frugívoros casi exclusivamente. Bunn recriminó en un principio a Shipman el haber elaborado una crítica y un modelo a partir del análisis inicial de tan sólo 19 huesos con marcas de corte, con unos resultados que, además, entraban en contradicción con los estudios efectuados sobre cientos de huesos en Koobi Fora y Olduvai (Bunn, 1981).

Hasta el momento, Binford se había limitado a criticar los postulados generales planteados por sus adversarios, pero no había cuestionado en profundidad los datos en los que éstos se apoyaban y eso era algo esencial para poder invalidarlos. Sus críticas tautológicas no fueron todo lo acertadas que hubiera sido de desear. Por ello se dispuso a atacar de un modo más analítico, para lo cual contaba con un arma que ya había empleado con anterioridad, y que ahora iba a utilizar a fin de dar mayor argumentación a sus críticas.

5.5- EL ANALISIS FACTORIAL CONTRAATACA

En 1986 Bunn y Kroll publicaron sus conclusiones sobre los análisis traceológicos que habían realizado sobre cientos de huesos con huellas de cortes, pertenecientes a diversos individuos de distintas especies representados en varios yacimientos de Olduvai y Koobi Fora. Particularmente ilustrativo fue el análisis llevado a cabo en la fauna del yacimiento FLK Zinj, en la que el número de especies bóvidas era predominante. Tras el estudio de orientación y distribución de las piezas líticas y óseas, Kroll observó que el agua no había sido un agente relevante en el proceso tafonómico del sitio. Además, R. Hay (1976) demostró que antes de la deposición sedimentaria por efecto acuático, el yacimiento había sido cubierto por una capa de ceniza. Sin embargo, el grueso de sus conclusiones había sido elaborado uniendo los datos traceológicos con los datos de representación anatómica presente en los restos del mismo. En lo concerniente a la traceología, Bunn y Kroll demostraron que las partes con mayor cúmulo de marcas de cortes y en un porcentaje mayor, eran las secciones superiores de las extremidades, húmero y fémur, acaparando entre ambas casi las tres cuartas partes de las marcas identificadas. Fueron incluso capaces de discernir las diversas posiciones en que aparecían, siendo muy frecuentes las marcas situadas en la base de la epífisis, perpendiculares al eje de las diáfisis, claras indicadoras del descarnamiento de los huesos, como se corrobora experimentalmente entre las poblaciones actuales (Binford, 1981).

Por si semejantes datos no fueran suficientes, Bunn y Kroll realizaron un nuevo estudio de la fauna del yacimiento y establecieron unas nuevas frecuencias de porcentajes óseos encaminadas, por un lado, a desacreditar los porcentajes de representación anatómica que Binford manejaba y que habían sido la base de su análisis factorial, y por otro, a demostrar que había existido un transporte de carcasas o de partes de las mismas con la finalidad de extraer la carne. En lo que respecta al primer punto, indicaron la poca fiabilidad de las interpretaciones que Binford había establecido con anterioridad, puesto que en la nueva investigación había quedado de manifiesto que los índices de metápodos, costillas y vértebras sostenidos por Binford eran excesivos, mostrando una sobrerrepresentación de dichas partes con respecto a las restantes. Este error partía del hecho de haber considerado que el tamaño del animal no importaba, cuando en realidad resulta definitivo para permitir su traslado entero, o bien, obligar a su desmembramiento. Este factor podía explicar que el mayor índice de partes axiales presentes en el yacimiento perteneciesen en realidad a animales de tamaño medio y pequeño cuyas carcasas pudieron ser transportadas enteras al lugar en cuestión.

Otro punto erróneo en los análisis de Binford, residía en el hecho de haber establecido unos porcentajes de representación de húmeros y tibias basados tan solo en el número de las epífisis, tanto proximales como distales, identificadas. Se sabe que los carnívoros carroñeros muestran predilección por esas partes, cuyo aprovechamiento es mayor debido a la existencia de un tejido cartilaginoso apropiado para tal fin, y que, obviamente, su reaprovechamiento final habría establecido un sesgo sobre la "integridad" del yacimiento cuya acumulación se cuestionaba. Bunn demostró que el número de epífisis existentes, antes de su procesamiento por los carnívoros, había sido notablemente más elevado. Para ello identificó como tibias, fémures y húmeros una buena cantidad de huesos fragmentados pero reconocibles, y estableció así unos índices bastante mayores que los planteados con anterioridad.

Teniendo en cuenta que los valores basados en las epífisis de los huesos de las extremidades distorsionan la realidad, y descubriendo que el número de estos huesos había sido más elevado, Bunn y Kroll establecieron unas nuevas frecuencias, cuyos resultados indicaban una mayor presencia de huesos ricos en contenido cárnico con respecto a metápodos y falanges. Incluso esta frecuencia es más alta en los restos pertenecientes a individuos cuyo tamaño obligaba al desmembramiento de la carcasa. Con todo ello, concluían que los homínidos habían sido los artífices innegables de la formación del yacimento,al que habían transportado restos de animales para procesarlos y obtener de ellos la carne, principalmente.

A partir de semejante análisis se iba a asistir a un período que bien podría denominarse "fase FLK Zinj" porque la polémica que iba a llenar a la revista "Current Anthropology" de estadísticas en los dos años siguientes (1987 y 1988), se centraría en las interpretaciones elaboradas sobre los datos de este yacimiento. La discusión había tomado un cariz distinto, pues se había pasado de los ataques y críticas a los planteamientos generales, a una puesta en cuestión de los mismos a través del análisis particular de los datos en que se basaban y, obviamente, el FLK Zinj se mostraba como un perfecto crisol en el que podían introducirse las diversas interpretaciones, alentadas por las perspectivas de las que partían cada una de las hipótesis en liza.

Binford, que no podía asistir impasible a las declaraciones de Bunn y Kroll, asumiría como ya era tradicional la posición más crítica. Reconocería que, en el momento inicial de la discusión, "había presentado los resultados como una aproximación" [11] y que no le"sorprendía que sus aproximaciones hubieran resultado erróneas porque en su momento sólo las tablas de Leakey eran la única información disponible" [12]. Respecto a los nuevos porcentajes de representación anatómica apuntados por Bunn y Kroll, había quedado demostrado que sus "interpretaciones habían sobreestimado las partes axiales del esqueleto" [13]. Pero en lo referente a las huellas de corte, Binford seguía opinando que no contradecían sus postulados. Lo mismo opinaba sobre el porcentaje de marcas de dientes en los huesos que, según él, no pudieron ser posteriores a la deposición de los mismos en el yacimiento, ya que, si así fuera, la distribución espacial no se habría reducido a un área tan pequeña. Los carnívoros habrían trasladado los huesos a un lugar más protegido. Sin embargo, no parecía darse cuenta de que el yacimiento, en su posición original en el paleopaisaje, ofrecía probablemente el resguardo natural de una zona boscosa.

Respecto a las huellas de corte, se basó en los análisis de Shipman (1981) para contradecir los resultados de Bunn, sin tener en cuenta que, frente a las decenas de huesos con marcas analizados por éste, la muestra de Shipman no contaba en principio con más de 19, que luego amplió a 76 en una selección acrítica de restos óseos provenientes de diversos yacimientos del Lecho I de Olduvai (Shipman, 1986). Además, en estudios posteriores, esta paleontóloga interpretó la presencia de marcas de corte en las secciones inferiores de las extremidades, de un modo ligeramente distinto: "si se extraía la carne y la piel de los huesos, las marcas de extracción de la piel serán más frecuentes que las marcas de descarnamiento en un porcentaje de 75% vs. 25% respectivamente, porque la piel se encuentra separada de los elementos distales de las extremidades por muy poca carne" (Shipman, 1986) [14]. Esto necesariamente dificulta su manejo y precisa de un número mayor de cortes que las secciones superiores, más carnosas, además de facilitar su impresión en los huesos tratados.

A pesar de ello, Shipman, que ahora se inclinaba a pensar que la carne pudo ser un componente esporádico de la dieta, (marcas de dientes superpuestas a marcas de corte previas en huesos con contenido cárnico en los que la manipulación de la piel no afecta en nada al estado de los mismos) siguió pensando que los homínidos habrían sido carroñeros esenciales de productos secundarios, en una actitud etológica que en ningún momento requirió un compartimiento alimenticio. Sin embargo, semejante interpretación choca de lleno con los resultados tafonómicos que ponen de relieve el carácter dinámico de la formación de los yacimientos. Si a los homínidos, a pesar de comer carne de vez en cuando, lo que les interesaba principalmente eran los tendones y la piel, ¿por qué transportaban los huesos? ¿por qué dejaron marcas de corte en huesos de alto contenido cárnico? ¿por qué aparecen huellas de cortes en huesos en los que la extracción de la piel no requiere ningún tratamiento cortante?

Por otra parte, Bunn & Kroll (1986) recriminaron a Binford su adhesión a los resultados de Shipman, cuando él mismo había declarado con anterioridad que se mostraba "escéptico en la afirmación de Shipman sobre la carencia de ambigüedad en las identificaciones al emplear sus métodos. Tras examinar muchos huesos provenientes de un contexto geológico en el que la presencia humana está inequívocamente ausente ¡aparecen sin embargo marcas que poseen todas las características que ella describe!" (Binford, 1985) [15]. Sin embargo, tras aceptar su presencia, Binford las incluyó como parte normal del comportamiento homínido en el procesamiento de los huesos ya que "no reflejan grandes cantidades de carne, como sugieren Bunn y Kroll, sino una dificultad extrema en aprovechar las partes ya desecadas que habían sido consumidas anteriormente por los carnívoros, dejando poca carne disponible a los homínidos" [16]. Además, su porcentaje no era tan elevado como para indicar un consumo cárnico. Bunn objetó a esta afirmación la carencia de base empírica, puesto que sus propias observaciones sustentaban los resultados de otros investigadores que habían puesto de relieve que el porcentaje de huellas de cortes en los huesos procesados por poblaciones modernas era siempre inferior al 20% del conjunto, y en yacimientos arqueológicos holocénicos inferior incluso al 10% (entre 2% y 5%) (Gifford, Isaac & Nelson, 1980; Crader, 1984; Marshall, 1986). Además, las marcas de dientes sobre hueso aparecen en un porcentaje mucho menor de lo que sería de esperar si se tratase de una madriguera o un matadero (Blumenschine, 1988).

Además, establecer conductas subsistenciales a raiz del porcentaje de las marcas de corte de un conjunto óseo y del lugar en el que éstas aparecen resulta tremendamente arriesgado. La etnoarqueolgía ha puesto de relieve que dichas huellas son por lo general escasas, ocurren con mayor frecuencia en huesos de bajo contenido cárnico y varían tanto en su índice como en el lugar de aparición, pudiendo el mismo tipo de actividad producir unas veces marcas sobre los huesos sobre los que se opera y otras no (Crader, 1983).

En 1988 Binford publicaba un artículo que no era sino una réplica detallada de las conclusiones publicadas por Bunn y Kroll en 1986. En él daba minuciosa cuenta de los análisis de estos investigadores, y tras retractarse de algunos de los errores que había reconocido en 1986, afirmó que en la elaboración de los nuevos porcentajes de representación anatómica, por parte de Bunn y Kroll no se habían utilizado los datos con toda la imparcialidad que hubiera sido de desear. Aún así, sirviéndose de los mismos, Binford los volvió a emplear para elaborar una serie de análisis multivariantes en los que estableció relaciones entre el número de extremos articulables y el índice de fragmentos de diáfisis. Tras repetirse en éstos, los resultados obtenidos le mostraron que en realidad infravaloró el número de húmeros reales, pero no el de fémures y tibias, ya que pensó que el número de fragmentos de diáfisis pertenecientes a estos huesos se debía a la fragmentación de los extremos distales y proximales presentes en el yacimiento y no a extremos desaparecidos. Bunn afirmó, en cambio, que las estimaciones basadas en el MNE (número mínimo de elementos) para el fémur y la tibia, se apoyaron en especímenes que en ningún momento pudieron formar parte de cualquier otro hueso representado en el índice total del MNE (lo cual puede resultar algo arriesgado a la luz de la fragmentación extrema de algunos restos). La aseveración de Binford de que algunos huesos largos no estaban fragmentados hasta un extremo similar al que resulta del procesamiento humano, fue vista por Bunn como el reflejo de intentar manipular los datos empujado por algún prejuicio, puesto que Binford nunca tuvo acceso a la fauna, y en los datos publicados nunca se indicó el estado fragmentario de los huesos.

Esto no sirvió de óbice para que Binford contínuase su crítica, centrándose en las huellas de cortes y afirmando que éstas eran pocas en porcentaje, y que podían explicarse si los homínidos hubiesen roto el "periostium" previamente a la fractura del hueso para la extracción del tuétano. Sin embargo, Bunn observó que este procedimiento no era necesario, ya que tribus actuales, como los Hadza de Tanzania o los San de Botswana, rompen los huesos sin necesidad de extraer el periostium. Además, la frecuencia de huellas de corte y su localización en las diversas partes del esqueleto, son comparables y se corresponden con las que aparecen en los restos extraidos de yacimientos africanos pertenecientes al paleolítico superior, cuyas carcasas se obtenían por medio de una acción predadora y eran procesadas sistemáticamente.

En definitiva, apurando al máximo los pocos datos que sustentaban sus tesis, Binford había incurrido involuntariamente en una serie de errores y contradicciones. Si se aceptaba la diagnosis que establecía para el carroñeo, gran parte de los yacimientos del paleolítico superior debían considerarse como restos dejados por dicha actividad, que se habría extendido hasta el umbral mismo del período holocénico; ésto se contradecía con sus propios postulados sobre el comienzo de la actividad predadora en los homínidos (Binford, 1985). Por otra parte, la crítica a las asunciones fáciles, que en su gestación incipiente, a comienzos de los ochenta, había inspirado una pequeña revolución en la investigación de la formación de los yacimientos, y un aliciente en los estudios tafonómicos, había degenerado, en la última parte de la década, en una lucha entablada en torno al porcentaje de algunas piezas anatómicas, sirviéndose para tal confrontación de la única arma que apoyaba científicamente sus presupuestos: el análisis multivariante. No obstante, su aportación a la dinámica de discusión establecida en torno a la interpretación de los yacimientos es indudable. Tanto más, por cuanto había ofrecido varias vías de interpretación, que llevaron a los que por ellas anduvieron a converger en conclusiones similares.

Potts (1988), que en un principio se mostraba reacio a admitir las conclusiones de Isaac, aportó una nueva luz a la discusión de los yacimientos de Olduvai. Sirviéndose de los mismos estudios que Binford sobre las acumulaciones óseas naturales (Hill,1975) criticó el carácter de "matadero" con que Binford había clasificado a los yacimientos DK 3, DK 2 y FLK "Zinj". El yacimiento FLKNN- 3, del que Binford se había servido para ilustrar paradigmáticamente el carácter de carroñeo marginal de los homínidos del Pleistoceno inferior, no había sido en realidad lo que éste pretendía, ya que la revisión de la fauna había puesto de relieve que el número de epífisis proximales de húmero y el índice real de elementos axiales contradecía semejantes afirmaciones. Además, a ese yacimiento se transportaron secciones articuladas del esqueleto, hecho que contradice la idea de que los homínidos hubieran procesado los cadáveres en su lugar de muerte.

Binford incurriría en una contradicción mayor cuando, a la luz de los datos, aceptase que el FLK Zinj había sido un lugar en el que la acumulación ósea se debía al efecto del transporte homínido de los huesos (Binford, 1988). Ante ello, uno podía preguntarse: ¿qué habría motivado semejante transporte si los huesos se encontraban supuestamente exentos de carne? ¿Por qué, además, habrían dejado marcas de corte en los mismos? Si su único uso fue el aprovechamiento del tuétano ¿Por qué existía un índice importante de metápodos intactos, característica que comparten varios de los yacimientos?

Poco a poco Binford se había quedado sin argumentos convincentes, y habiendo mermado su habilidad para refutar los argumentos de sus oponentes, pero sin haber cambiado de opinión por ello, dejó zanjada, por lo menos de momento, la polémica que había sostenido con Bunn y Kroll. A ello ayudaría el hecho de que el editor de "Current Anthropology" diera por finalizada la confrontación tras la publicación en su revista en la sección de discusión, de las observaciones de Binford sobre los nuevos datos del FLK y la réplica consiguiente por parte de Bunn y Kroll.

Sin embargo, en toda esta discusión, solamente se había tenido en cuenta los huesos, desdeñando la importancia que el utillaje lítico existente en los yacimientos podía tener en la interpretación que se estaba llevando a cabo. Y, no obstante, el correcto estudio de éste tuvo como consecuencia el establecimiento de un conjunto de premisas que permitieron refutar de modo definitivo el carácter de carroñeros marginales que Binford imputaba a los homínidos.

5.6- EL RETORNO DEL "MODELO DE CONSENSO"

El conjunto de análisis y estudios emprendidos con la finalidad de desentrañar los diversos procesos que habían intervenido en la acumulación y posterior sedimentación de los yacimientos plio- pleistocénicos descubiertos en Africa Oriental fueron fructíferos, por cuanto habían implicado la acción conjunta de una serie de disciplinas científicas, cuyos resultados se mostraron en gran parte esclarecedores, al poner de relieve los distintos agentes que habían intervenido en la formación de dichos sitios. La polémica surgida sobre el grado de intervención de cada uno de ellos, azuzó una dinámica de discusión que fue perfilando poco a poco el alcance de la participación homínida en las acumulaciones óseas. En última instancia, los yacimientos de Olduvai cuestionados no se formaron por causas naturales, debido a las siguientes cuestiones:

1º- El grado de concentración ósea es extremadamente alto.

2º- La mezcla de restos pertenecientes a individuos distintos es muy elevada, en contra de lo que cabría esperar de una acumulación natural.

3º- La diversidad taxonómica y ecológica de los animales representados en los yacimientos es excesivamente amplia y engloba una mezcla de nichos ecológicos dispares.

4º- La presencia de partes axiales es reducida, lo que indica la intervención de un transporte selectivo.

5º- En caso de accidente catastrófico, las improntas que este acontecimiento dejarían en el registro geológico serían detectables; pero los yacimientos de Olduvai se muestran exentos de ese tipo de huella. Habiendo asumido que los yacimientos de Olduvai nunca fueron lugares de muerte natural ni acumulaciones producidas por una catástrofe, obviamente deben ser el resultado de un transporte selectivo, a juzgar por el número de especies y de individuos existentes en los mismos y por las partes anatómicas representadas.

Semejante asunción implica la existencia de un comportamiento responsable del traslado de los restos acumulados que, tras los diversos análisis, sólo podía imputarse a los homínidos o a los carnívoros carroñeros. Para discernir el grado de responsabilidad de cada uno de estos dos agentes se había acudido a los porcentajes de representación anatómica y a los patrones de ruptura ósea. En cuanto a los primeros, se sabía que la selección de las extremidades era el modelo predominante en ambos agentes, con lo que, para distinguir diferencias en esa similitud, se procedió a establecer una serie de rasgos distintos dentro del mismo proceso selectivo (Binford, 1981).

Como conclusión, resultó que las acumulaciones de extremidades por parte de carnívoros carroñeros muestran una subrepresentación de las epífisis proximales de los huesos pertenecientes a la sección superior de las mismas. Aplicando esta observación y los patrones de ruptura ósea identificados en madrigueras y mataderos a los yacimientos de Olduvai, resultó lo siguiente:

1°- Los porcentajes de representación anatómica en los yacimientos se aproximaban más a los modelos humanos que a los de las hienas. Se demostró que el índice de epífisis proximales de la sección superior de las extremidades y el número de especímenes de estas secciones anatómicas eran importantes, teniendo en cuenta el sesgo forzoso impuesto por los diversos procesos tafonómicos. De acuerdo con ésto, se justificaba la afirmación de aquellos que veían en los cúmulos óseos una representatividad predominante de los huesos con alto contenido cárnico.

2°- Los patrones de ruptura ósea, en la interpretación global de los conjuntos, no podían discernirse con claridad, dado el estado de los restos faunísticos.

La actividad tanto de homínidos como de carnívoros sobre los huesos, estaba demostrada por las huellas de cortes y las marcas de dientes. Quedaba por averiguar el grado de intervención de cada uno de ellos. Si los agentes principales de transporte hubiesen sido los carnívoros carroñeros, y los homínidos hubiesen realizado un aprovechamiento marginal de sus restos, cabría esperar que la acción homínida se hubiese centrado sobre los huesos desechados o no aprovechados por los otros carroñeros. En vez de eso, los datos ponían de relieve las siguientes conclusiones:

1°- El número de metápodos intactos era excesivo si se pretendía que los homínidos hubiesen sido carroñeros marginales. Se sabe que los carnívoros carroñeros procesan y extraen el tuétano de los huesos de la sección superior de las extremidades con lo que los metápodos habrían sido los recursos más probables que habrían utilizado los homínidos en caso de aprovechar los restos de otros carroñeros. Sin embargo, el dato apuntado contradecía semejante hipótesis.

2°- El número elevado de huesos de alto contenido cárnico, y el alto porcentaje de huellas de cortes que aparecen en los mismos, sólo se explican por el procesamiento y obtención de la carne por parte de los homínidos. Los carnívoros carroñeros no sólo no dejan carne alguna en dichos huesos, sino que también extraen su médula. Esto entra en contradicción con la existencia de huellas de corte (más de las que cabría esperar en caso de tratarse del aprovechamiento de algún posible residuo cárnico) y con el patrón de ruptura de algunos húmeros y fémures, reconocido como homínido por la utilización de nódulos de piedra para su fractura.

3°- El porcentaje de huesos con marcas de dientes en los restos de los yacimientos es mucho más bajo que el que aparece en las madrigueras o en acumulaciones óseas formadas por animales. El margen de huesos sin marcas de dientes en comparación es tan amplio, que apunta a un agente no carnívoro en su aprovechamiento (Blumenschine, 1988).

4º- El número de elementos axiales es mucho más elevado que el existente en las madrigueras de los hiénidos, tal y como corresponde a una acumulación antrópica y está posiblemente sesgado de modo negativo por la intervención secundaria de las hienas (Marean et al., 1992).

5º- Las acumulaciones óseas provocadas por especies carnívoras, bien en los mataderos, bien en las madrigueras, muestran un patrón de dispersión muy amplio y se extienden en un área que abarca una proporción considerable de la superficie inmediata. Los yacimientos, en cambio, muestran acumulaciones óseas que se encuentran concentradas en un área muy reducida del terreno.

En definitiva, todos los datos apuntaban a que los responsables del transporte y posterior acumulación de los huesos habían sido los homínidos. Si ésto era así, es de suponer que el transporte de las partes de las carcasas se habría hecho con la finalidad de extraer de ellas la carne que contenían. El transporte de los huesos solos, recogidos bien de los mataderos, bien de las madrigueras de otros carroñeros, no tendría sentido, puesto que el contenido puede aprovecharse *in situ* y no daría lugar a un acto de compartimiento; finalidad que en última instancia tendría el transporte de partes de las carcasas previamente seleccionadas. Esto se vería corroborado por el hecho de que existen muchos restos de tarsos, carpos, falanges, etc... que sugieren que gran parte de las unidades articuladas fueron llevadas enteras al sitio, y ello sólo habría sido posible cuando éstas contenían aún carne.

Por otro lado, una de las evidencias más contundentes a la hora de otorgar la primacía en la formación de los yacimientos arqueológicos a los homínidos, en detrimento de las hienas, reside en el análisis paleoecológico de dichos yacimientos y en el estudio de los nichos ecológicos ocupados por los mencionados animales. Resulta curioso observar que el patrón de distribución de estos últimos abarca unas áreas del paisaje de la sabana muy concretas, con una preferencia clara por el establecimiento de un nicho ecológico en la llanura abierta, en contacto constante con la biomasa de herbívoros, y alejado del medio forestal. También es frecuente la aparición de otro tipo de nicho ecológico hiénido en zonas más secas, como pueden ser la estepa arbustiva, la estepa seca o el mismo desierto. Lo que llama la atención es el hecho de que el patrón de distribución de los yacimientos arqueológicos se articula en torno a ejes más húmedos, como son los bosques de galería de las llanuras aluviales y las areas de foresta lacustre; hábitats en los que resulta sumamente difícil el establecimiento de madrigueras por parte de las hienas, ya que la existencia de presas y carroña en estas zonas es notablemente inferior con respecto a las existentes en las llanuras abiertas.

Además, las madrigueras de las hienas poseen la característica de ser en parte subterráneas; rasgo que, unido a otros, como la alternancia de niveles de ocupación con horizontes estériles, las hacen necesariamente detectables a nivel arqueológico, pues semejante estructuración deja una impronta visible.

Al otorgar a los homínidos el papel protagonista en la formación de los yacimientos, los carnívoros carroñeros se colocaron en un plano secundario dentro de los factores tafonómicos considerados. Esto lo corroboraba, por otra parte, la existencia, en los yacimientos, de huesos claramente fracturados por estos carroñeros que, en circunstancias normales, no suelen aparecer en las madrigueras y que son procesados en el mismo lugar en el que acceden a ellos.

5.7- CUANDO SE SABE HACER HABLAR A LAS PIEDRAS...

"Pocas, si acaso alguna, de las interpretaciones del pasado, derivan, hablando de modo estricto, de las inferencias extraídas de los útiles líticos" [17] (Binford, 1981). Teniendo en cuenta una aseveración semejante, no resulta extraño que Binford planteara desde el primer momento un debate centrado exclusivamente en la interpretación de los datos faunísticos. Y, no obstante, en el espíritu que sostenía dicho talante residía la mayor carencia de fiabilidad de las interpretaciones holísticas que Binford pretendió elaborar a partir del mencionado análisis óseo. Resultaba obvio que la presencia de un utillaje lítico variado e ingente en los yacimientos respondía a una función que excedía con creces los presupuestos esgrimidos en su contra, basándose en una hipotética aletoriedad de su presencia en los mismos.

Sin embargo, los datos que se desprendían de los resultados ofrecidos por los análisis de las industrias líticas se mostraron concluyentes a la hora de refutar los argumentos binfordianos. El mismo Binford creyó encontrar en el utillaje lítico un argumento marginal de apoyo a su modelo de comportamiento, puesto que, según él, resultaba evidente que "a pesar de la diversidad de opiniones que imperan sobre el tema, podemos afirmar que los instrumentos más antiguos olduvayenses son simplemente piedras rotas que probablemente sólo pudieron servir como PERCUTORES, MAZAS o CHOPPERS. Las lascas desprendidas de estas piedras no fueron generalmente utilizadas, ya que en los depósitos inferiores, los instrumentos para cortar son raros, mientras que los instrumentos morfológicamente sofisticados (como es el caso de los raspadores) están ausentes" (Binford,1983, pag. 63). Una afirmación de este tipo sólo puede explicarse acudiendo a un argumento de selección voluntaria de los datos, a fin de utilizarlos sesgadamente en la elaboración de una hipótesis, puesto que en la publicación de M. Leakey (1971) resultaba claro que el componente mayoritario de los conjuntos líticos recogidos en los yacimientos eran los productos de talla, alcanzando un promedio superior a un 80% sobre los tipos sobre núcleo. Además, en dicha publicación, si bien M. Leakey seguía una clasificación en la que resaltaban como "útiles" las piezas elaboradas sobre núcleo y las lascas retocadas, en detrimento de la parte lítica mayoritaria integrante de los conjuntos, se mostraba cauta y recelosa a la hora de interpretar el gran índice de lascas simples existente en los yacimientos. En un gesto que algo tenía de premonitorio las definió como "débitage" pero sin darles el matiz de "restos de talla" porque observó que "algunas no eran meros productos de talla sino que fueron elaboradas expresamente para servir como herramientas cortantes"[18]. Además, estimó probable que al menos una parte de las lascas simples con filo entre el "debitage" hubiesen servido de herramientas para cortar carne u otras sustancias blandas que no dejasen huellas de uso en los filos. Que no son meros restos de talla lo indica la existencia de grandes cantidades de dichas lascas, muchas veces de cuarzo y cuarcita, en yacimientos en los que la mayor parte de útiles grandes son de lava, y en los que el numero de núcleos de cuarzo y cuarcita son escasos para explicar el número de lascas presentes (Leakey,1971). Por otro lado, la afirmación de Binford de que los yacimientos cuestionados carecían de útiles "morfológicamente sofisticados" como eran los raspadores, está exenta de base habida cuenta que los índices de raspadores presentes en cada sitio estudiado eran similares, y a veces superiores, a los de los conjuntos achelenses, presumiblemente más adelantados (Leakey, 1971).

Binford pretendía, por otra parte, ver en la industria olduvayense un estadio inicial y poco desarrollado de una evolución de los útiles lineal y gradual, pareja con su visión de la evolución biológica y cultural de los homínidos. Ello explica que en la industria olduvayense sólo "viera" herramientas sobre núcleo de función percutora, que se adaptaban a la concepción del comportamiento homínido que estaba sosteniendo. Sin embargo, una vez más, semejante aseveración se produjo como resultado de una lectura parcial de los datos. Mucho antes había quedado patente que, desde el instante mismo de la aparición de los conjuntos líticos, ya existían formas consideradas tradicionalmente más tardías como los hendedores, buriles, raspadores (de varios tipos), truncaturas y perforadores que, junto con los cantos tallados, poliedros, discoides, percutores y lascas varias, hacían de la industria olduvayense un conjunto heterogéneo que hizo su aparición de modo entero (Leakey, 1971). Dicho de otro modo, ésta surgió como un "kit" completo desde el mismo momento de su irrupción en el registro arqueológico (Isaac, 1984).

A lo largo de la primera mitad de la década de los ochenta, varios estudios fueron poniendo de relieve el auténtico carácter de las primeras industrias y, lo más importante, el verdadero alcance de su asociación con los restos de fauna. A ello contribuyó de modo indudable la traceología lítica y ósea. Esta última había revelado la abundancia de huellas de cortes en los huesos,lo que demostraba a su vez que la asociación de los útiles con los restos óseos era directa. Y es más, que ésta reflejaba una relación estrecha entre los huesos y los útiles cortantes como eran las lascas.

En 1982, Nicholas Toth publicó su tesis doctoral tras varios años de estudio sobre las industrias antiguas de Africa oriental y la tecnología de los antiguos homínidos en Koobi Fora. Para su investigación, Toth consideró varios factores: la adquisición de la materia prima, el transporte y la manufactura de la misma, su uso y posible reutilización, y su incorporación al registro. En lo concerniente a la adquisición, estudió las graveras de los ríos antiguos contemporáneos de los yacimientos. Practicó la tecnología experimental para conocer las propiedades de fractura de las rocas, y procedió después a la elaboración de remontajes. Toth identificó 29 modos de reducción lítica, tanto en núcleos como en lascas. Elaboró además simulaciones por ordenador enfocadas a averiguar si todas las fases de talla de un núcleo se llevaron a cabo en el mismo sitio. En lo concerniente a la funcionalidad, utilizó réplicas de los artefactos de Koobi Fora para varias actividades, procesó diversas carcasas y fomentó el análisis traceológico sobre los útiles (Keeley & Toth, 1981).

En conclusión, los resultados obtenidos tras la puesta en marcha de unos análisis tan minuciosos, pueden resumirse en los siguientes puntos:

1- Las formas denominadas "tipos" llevan implícita la idea de que el homínido, para su elaboración, tendría la premeditación de su forma antes de obtenerla. Sin embargo, gran parte de los artefactos sobre núcleo no son tales "tipos", sino los productos subsidiarios de la extracción de lascas. Con semejante afirmación, se dejan de lado todas las normas estilísticas que implican la concepción de un modelo premeditado.

2- De lo anterior, unido a los resultados del análisis traceológico, se desprende que los auténticos útiles esenciales de la tecnología olduvayense eran las lascas cortantes, con o sin retoque, lo que concuerda con las marcas presentes en los restos óseos.

3- La materia prima y los artefactos se transportaban a varios kilómetros de distancia de su fuente de orígen. Además, una parte se llevaba de un sitio a otro en previsión de un futuro uso. En yacimientos como el FxJj 1, 3 y 10, la materia prima debió ser transportada desde una distancia de más de 10 km.

4- Para refutar cualquier posible validez de la tipología tradicional, Toth observó que existía un patrón interesante al examinar la relación entre el TAMAÑO del artefacto y la localización paleogeográfica en Koobi Fora. En las altas tierras volcánicas y en el inicio de la cuenca sedimentaria según nos acercamos al lago, los utensilios se van haciendo progresivamente más pequeños cuanto más nos vamos alejando de su fuente. El rango de formas sobre núcleo se hace paulatinamente mayor cuanto mayor es también el tamaño de la piedra empleada en su elaboración. Con todo ello se concluye que la mayor variedad morfológica de los artefactos ocurre en las proximidades de las tierras volcánicas, por ser éstas las áreas inmediatas a las fuentes de materia prima. Según nos alejamos, el tamaño de los útiles disminuye, y con ello su variedad tipológica. De esto se desprende que la PROXIMIDAD de la materia a su fuente condiciona el TAMAÑO del artefacto, el cual, unido a la NATURALEZA DE LA MATERIA misma influye en la variedad de su FORMA. Un claro ejemplo de esta afirmación la constituyen las industrias del Valle del Omo,que se componen en esencia de pequeños fragmentos afilados de cuarzo. En Koobi Fora, el principal material es la lava y por esa razón apenas existen esferoides y subesferoides. Lo contrario ocurre en Olduvai, ante una mayor abundancia de piedras de cuarzo y de cuarcita.

Estas conclusiones fueron refrendadas también por las observaciones de Potts (1988) y Hay (1976) en Olduvai, que advirtieron que la mayor parte de los "tipos" tradicionales de los conjuntos estudiados eran piezas producidas por la obtención de lascas. Esto llevó a dichos autores a afirmar que las industrias examinadas del Lecho I tenían ante todo una función de corte teniendo en cuenta, además, que los artefactos sobre núcleo, posibles útiles empleados en la fractura de los huesos para la obtención de la médula, sólo alcanzan de un 1% a un 12% del total de los conjuntos. También constataron el traslado de la materia prima y su transporte desde 3 ó 4 kilómetros de distancia como mínimo.

En esencia, el esquema parecía repetirse en todos los yacimientos, con lo que pudo configurarse la línea principal de comportamiento de los antiguos homínidos en lo concerniente al utillaje lítico. Estos,que en el proceso de manufactura no intentaban elaborar ningún "tipo", sino obtener lascas simples, iban en busca de la materia prima, lo que implicaba atravesar varios hábitats de un área para localizarla, y la trasladaban en cantidades importantes a un punto de referencia próximo a sus dominios. El aprovechamiento de ésta era proporcional a la distancia de su fuente de origen, menguando con el alejamiento la variedad morfológica y el tamaño de los artefactos. Este es claramente un comportamiento previsor, ya que suponía algo inaudito en el mundo de los primates como era la CAPACIDAD DE PLANIFICACION DEL FUTURO, puesto que la búsqueda y traslado de piedras tenía como motivo su posible utilización posterior. Este comportamiento previsor se veía reforzado, además, por el hecho de que no trasladaron las piedras a esos lugares de referencia para deshacerse de todas ellas tras su uso, sino que dejaron en los yacimientos aquellas que ya no les eran de utilidad, trasladando las restantes a otros sitios.

Esta afirmación fue resultado de la aplicación de simulaciones por ordenador que demostraron que los homínidos transportaron los núcleos de un lugar a otro para desbastarlos cuando era necesario, circunstancia que corroboraba el análisis cuantitativo de los útiles y restos de talla encontrados en cada sitio. Se observó, por ejemplo, que los núcleos de lava y su "debitage"era proporcional, pero no ocurría así con la cuarcita, cuyo ingente número de lascas y la ausencia de núcleos atestiguaba que su extracción se había realizado sobre nódulos que luego fueron transportados para su posterior aprovechamiento. Este hecho se observó con mayor claridad en los yacimientos de Olduvai, donde los artefactos sobre núcleo de cuarcita son escasos, en contraste con el "débitage" de la misma materia que, además, es predominante sobre otro tipo de piedras.

Si añadimos a este comportamiento la circunstancia, varias veces señalada, de que la mayoría de los "tipos"líticos no son sino el resultado subsidiario de la extracción de lascas, hecho reafirmado por el transporte de los núcleos de un lugar a otro para su contínuo desbastamiento, es fácil observar que la finalidad del transporte de la materia pétrea era esencialmente la obtención de UTILES CORTANTES, como eran las lascas. Esto lo confirmaba aún más el hecho de que éstas constituyesen entre un 80% y un 90% de los conjuntos, y la observación de la existencia profusa de marcas de cortes en los huesos. La traceología se encargaría de corroborar aún más dicha afirmación, demostrando que las huellas de uso se encontraban por lo general en las lascas y no en los artefactos nodulares. Todo ello indicaba que los homínidos habían elaborado útiles con la finalidad de CORTAR, es decir, de procesar carne; hecho que se había detectado traceológicamente sobre varias lascas (Keeley & Toth, 1981).

En definitiva, no deja de resultar contradictorio que el factor lítico, tan largamente ignorado por Binford por considerarlo poco relevante en su interpretación de los yacimientos, fuese, precisamente, el argumento más sólido en su detracción, tras un análisis minucioso de las industrias asociadas a la fauna estudiada. No obstante, lo que más asombra es la reacción de Binford ante estos datos. Cuando Bunn y Kroll en 1986, en un artículo de "Current Anthropology", le criticaron por su interpretación de la industria, y pusieron de relieve el verdadero carácter de la misma, éste respondió lacónicamente: "Ya lo sabía. Todo el mundo que ha estudiado este material lo sabía. ¿A quién está dirigido este comentario?" [19]. Y, sin embargo, ¡seguía reiterando que los auténticos útiles eran los artefactos sobre núcleo! Semejante contradicción demuestra que Binford hizo oídos sordos a todos los análisis emprendidos en el estudio de los conjuntos líticos y ni siquiera se embarcó en la "inútil" labor de su crítica porque ésta era "vana" de antemano. Y resulta comprensible, dado que la aceptación de las premisas que se desprendían de los resultados, implicaba el rechazo absoluto del modelo de "carroñero marginal".

J. J. Wymer, en la réplica al artículo mencionado, se asombraba de la afirmación de Binford de que la industria olduvayense se componía solamente de artefactos para machacar, en la que las lascas no jugaron ningún papel y los raspadores se encontraban ausentes. Ya se sabía que el porcentaje de raspadores era importante y en lo concerniente a las lascas, su abundancia demostraba su factura intencionada. No obstante, Wymer planteaba una pregunta interesante: si los homínidos no estaban utilizando las lascas en el procesamiento de la carne ¿para qué las elaboraban en semejante profusión?

Además, la simple consideración del transporte de materia prima y de artefactos, plenamente constatada en el análisis de los yacimientos, a través de distancias de varios kilómetros, era motivo suficiente para rechazar el modelo de Binford, por pura argumentación lógica. Si los homínidos se comportaban según las directrices marcadas del modelo de "carroñero marginal" y sólo aprovechaban esporádicamente los restos óseos encontrados en los mataderos y en las madrigueras de algunos carnívoros carroñeros, ¿Cómo se explica que para el procesamiento de una sustancia tan marginal los homínidos se desplazaran varios kilómetros para procurarse la obtención de material pétreo con el cual poder fracturar el hueso? Esto resulta carente de coherencia y fundamento desde cualquier perspectiva, habida cuenta de que existe una descompensación notable entre la inversión de energía y el rendimiento obtenido. O, visto de otro modo, si el único interés era la fractura de algún que otro hueso para la obtención del tuétano, ésto podía llevarse a cabo con ayuda de otro tipo de materia, como el basalto, que abundaba por doquier , o con otro tipo de percutores, como las ramas de los árboles que ejerciendo de percutores durmientes pudieron adaptarse perfectamente a semejante tarea, no siendo necesaria la inversión de energía que se precisa en desplazamientos tan grandes.

5.8- LA PUGNA ACTUAL DE LOS MODELOS TEORICOS DE COMPORTAMIENTO

El modelo de "campamento base" instaurado en los inicios de la controversia sobre la interpretación de los yacimientos arqueológicos, planteaba una serie de consecuencias de carácter social que resultaban innovadoras y, sobre todo, diametralmente opuestas a muchas de las características propias del comportamiento de los otros primates. Uno de los rasgos esenciales en aquel modelo era la estructuración del espacio con un punto de referencia central, al que se llevarían partes de carcasas animales seleccionadas y otros alimentos, con la finalidad de su COMPARTIMIENTO, dado su carácter excedentario. Este hecho implicaría, a su vez, un reforzamiento de la cohesión social, surgiendo, además, una división del trabajo que se manifestaría en el carácter recolector esencialmente vegetal de la labor de la hembra, y en la obtención de carne por parte de los machos. Además, una vez asegurada la subsistencia inmediata, el campamento base sería el lugar de reunión permanente donde se llevarían a cabo otro tipo de actividades sociales, se intercambiaría información, se descansaría e incluso se pernoctaría.

Todo ello resulta nuevo con respecto al comportamiento primate. En primer lugar supone el establecimiento de un sitio permanente de hábitat en el territorio inmediato,en contra de la actitud etológica al respecto. Luego, se pospone el consumo del alimento, que se transporta a ese lugar determinado con la finalidad de compartirlo; éste es un rasgo distintivo de la economía humana, en claro contraste con la del resto de los primates. En definitiva, el campamento base supone la instauración de un foco predeterminado de actividad al que los miembros de un grupos social acuden constantemente, donde preparan y comparten el alimento y donde pasan juntos el resto del tiempo libre.

Sin embargo, este modelo puede observarse en los grupos de cazadores - recolectores actuales, con lo que de proponerse como explicación para la génesis del comportamiento causante del primer registro arqueológico, significaría que, en esencia, apenas habría existido un cambio cultural relevante a lo largo de dos millones de años. El mismo Isaac (1983) observaba, cuando propuso su modelo de "forrajeo de lugar central", que "el campamento base había sido un término aplicado como resultado de trasladar de modo acrítico el concepto de campamento base que se observa en los modernos cazadores-recolectores". Con el nuevo modelo, Isaac pretendía subsanar semejante actualismo y proponer un modo de actuación menos definido. Consistía éste en el establecimiento de lugares centrales de referencia a los que se transportarían diversos alimentos para ser compartidos, en una actitud de forrajeo alimenticio que supondría un movimiento contínuo a lo largo de un territorio, en el que los lugares centrales de reunión jugarían un papel aglutinador desde el punto de vista social, pero sin poseer la trascendencia de los campamentos base, al ser más reducida la actividad allí realizada, dada la presunta escasa duración de la ocupación de los sitios.

Sin embargo, los críticos de dicho modelo lo seguían viendo como una redefinición del campamento base, con la intromisión de algunos elementos de carácter etológico. Potts (1988), que no distinguió entre "campamento base" y "lugar de forrajeo central", arguyó que ambos modelos adolecían de un sesgo interpretativo en el que se magnificaban los caracteres distintivamente humanos inferidos de los datos, silenciando los rasgos no humanos que también podrían esgrimirse. Para Potts, el "lugar de forrajeo central" equivalía a un modelo limitado de campamento base, porque el rasgo de compartimiento alimenticio, característica esencial de ambas propuestas, no aparecía modificado. Por otro lado, su crítica al mismo se centraba en dos aspectos. Uno de ellos hacía alusión al supuesto carácter protector que debe ofrecer un campamento base con respecto a los predadores y que los yacimientos de Olduvai no parecían haber dispensado. Potts se basó, para establecer semejante afirmacion, en la presencia segura de agentes carnívoros carroñeros en el procesamiento terminal de gran parte de los huesos, lo que indicaba que los homínidos no los aprovechaban enteramente, resultando éstos unos focos constantes de atracción de carnívoros. Debido a la intervención de éstos en los conjuntos óseos, Potts estimó que los lugares de deposición de este tipo habrían sido una fuente de atracción constante, que habría puesto en peligro continuamente la vida de sus moradores, con lo que resulta, según él, más lógico pensar que, si bien éstos se alimentaban allí, habrían llevado a cabo el resto de sus actividades en otros lugares más apartados.

El segundo factor en el que se apoyó para llevar a cabo su crítica, fue en el compartimiento alimenticio. Pensó que no existía ninguna evidencia directa que lo demostrase y argumentó que la presencia ósea en los lugares estudiados podía explicarse como resultado de actividades de caza o carroñeo en las que no tendría que haber existido una división del alimento obtenido. Es más, el hecho de que los lugares de acumulación ósea hubieran sido sitios atractivos para otros carroñeros, dificultaría que dicho acto de compartimiento pudiera haberse llevado a cabo.

Armado con esta crítica, Potts (1982, 1988) acometió la labor de proponer un modelo alternativo que tuviese en cuenta dichas observaciones. Para ello, empezó reconociendo que lo que los yacimientos demostraban de manera indudable era el transporte de material lítico desde lugares bastante apartados, y el traslado a los mismos de secciones de carcasas de animales con gran contenido cárnico. Sin embargo, prosiguió afirmando que"otros tipos de actividades asociadas a campamentos base de poblaciones de cazadores-recolectores actuales no pueden inferirse del registro en tales sitios y probablemente no se practicaron. La evidencia disponible señala que los homínidos habrían minimizado su presencia en esos lugares más que utilizarlos de modo continuado como focus espacial primario de actividad social"[20]. Para explicar el comportamiento generador de los mismos propuso el modelo de "escondrijos de piedras", en el que postulaba que la disponibilidad de materia prima lítica era esencial a la hora de operar sobre una carcasa, con el fin de evitar la competencia con otros predadores. Para ello, la asociación de útiles y huesos sólo pudo realizarse a través de tres vías:

1- Se iba en busca de una carcasa y, una vez localizada, se procedía a la búsqueda de material lítico.

2- Se iba en busca de la carcasa armado ya con el utillaje lítico que se estimaba necesario.

3- Se encontraba la carcasa y, tras seleccionar partes de la misma, se trasladaba a sitios donde se habrían almacenado previamente nódulos de piedra.

Potts asumió que la tercera opción era la válida, puesto que es la que mejor se adecuaba a los datos faunísticos obtenidos en los yacimientos. Esos lugares, que ejercerían de almacenes de nódulos, son los que Potts denominó "escondrijos de piedra", y deberían su razon de ser al comportamiento previsor de los homínidos que los habrían acumulado en puntos estratégicos con el fin de poder procesar allí los productos cárnicos obtenidos en las áreas subsidiarias. Al asumir semejante comportamiento, Potts afrontó el reto que suponían las tesis de Lee, que había visto en el transporte de material lítico la prueba más palpable de que los yacimientos eran campamentos base, ya que la inversión energética dedicada a tal actividad sólo podía explicarse desde esa perspectiva. Potts emprendió entonces la tarea de elaborar modelos teóricos para poder medir el coste energético que había supuesto el transporte de material lítico. Después de aplicar varias simulaciones por ordenador, los resultados obtenidos sugerían que la formación y utilización de varios yacimientos, en vez de uno solo, reducían el gasto energético tanto en el transporte de materia prima lítica, como en el traslado de carcasas. Puesto que el establecimiento de varios sitios habría beneficiado a los homínidos en términos energéticos, la presencia de restos óseos asociados a un utillaje no implicaba la existencia de ciertos comportamientos sociales entre ellos ni la aparición de campamentos base. Dicho de otro modo; lo que Potts proponía era un modelo en el que los homínidos habrían establecido varios puntos de referencia en el paisaje, y no uno sólo como apuntaban los modelos anteriores, transportando a los mismos ingentes cantidades de material lítico con la finalidad de que, en el momento en que se tuviera acceso a una carcasa, se pudiera procesar ésta del modo más rápido posible, a fin de evitar entrar en conflicto con otros potenciales competidores como eran los carnívoros. Esta se trasladaría inmediatamente al "escondrijo de piedras" más cercano para acelerar los procesos que condujeran a su aprovechamiento. Estos escondrijos habrían sido seleccionados previamente en función de las áreas del paisaje más proclives a ofrecer carcasas. El consumo de las mismas sería rápido, circustancia ésta que quedaría reflejada en el hecho de que no se consumieron gran parte de los huesos que luego fueron aprovechados por los carnívoros carroñeros.

Este modelo encontró su principal detractor en la figura de Binford (1985) que lo tildaba de absurdo por proponer que los homínidos poseerían una facultad de planificación del futuro comparable a la humana. Potts no lo vio así, y dirigió sus esfuerzos a demostrar que semejante comportamiento previsor no implicaba necesariamente dicha capacidad. Para ello, se basó en estudios de chimpancés que revelaban que el acto de abandono de herramientas y posterior reutilización, y la localización de éstas con relación a los recursos alimenticios, eran cuestión de experiencia y no de planificación de acciones futuras. Sin embargo, desde un punto de vista lógico, semejante afirmación es errónea. Los chimpancés pueden trasladar algún útil a lo largo de una distancia nimia para su utilización inmediata (Boesch & Boesch, 1984). El abandono de éste y su posterior reutilización no implica nada. El comportamiento de los homínidos no puede compararse al de los otros antropomorfos a este respecto por ser, en esencia, diferente y desproporcional en cuanto a su magnitud. Es decir, los homínidos habrían ido en busca de material lítico y lo habrían transportado a lo largo de distancias de varios kilómetros para depositarlo en lugares estratégicos del paisaje, con el fin de utilizarlo ulteriormente, cuando hubiera sido preciso. Esto, se quiera o no, implica necesariamente una planificación del futuro. Un chimpancé es cierto que puede transportar una o más piedras para partir las cáscaras de las nueces y de otros frutos, pero ese transporte nunca se ha dado en una distancia superior a unos metros, y siempre con la finalidad de su aplicación inmediata, es decir,de dirigirse al árbol con el nódulo para procesar el alimento que se ha encontrado (Boesch & Boesch, 1981, 1984). Es claramente una conducta de respuesta inmediata. Una vez utilizada la piedra, se abandona en la proximidad del árbol y es lógico que vuelva a ser reutilizada cuando se vuelva a tener acceso al mismo árbol, porque su abandono involuntario se llevó a cabo en el lugar donde también casualmente se utilizó. En cambio, los homínidos habrían transportado una cantidad mayor de piedras a lo largo de varios KILOMETROS y sin un fin de uso determinado. Es decir, lo habrían hecho en previsión de futuras necesidades. Ésto supone en ellos una capacidad de respuesta y planificación necesariamente mayor que la del resto de los primates. El hecho de atravesar tan grandes distancias en busca de materia prima sin que ésta hubiera sido necesaria en el momento inmediato supone la concepción de que su uso sería necesario en un futuro (1° rasgo de planificación). El almacenaje de ésta en puntos concretos del paisaje, pudo haberse debido a que eran sitios donde confluirían una serie de circunstancias favorables para la consecución de carcasas en las áreas que los rodeaban. Ésto supone una capacidad de estructuración del territorio mayor que la del resto de los primates. No obstante, la creación de escondrijos de piedra en estos lugares responde a una previsión de que en el futuro serían necesarios, porque se estimaría probable la consecución de alimento cárnico en las zonas subsidiarias que los rodeaban (2° rasgo de planificación).

Es decir, hemos observado un primer elemento planificador en el hecho del abastecimiento de material lítico sin ser necesario su uso inmediato, y un segundo elemento planificador en la aparición de pequeños almacenes repartidos a lo largo del territorio sin que exista tampoco una necesidad de aplicación inmediata, sino una previsión de su uso. Además, la elección de los lugares para el depósito de las piedras habría tenido lugar tras estimar que la zona sería propicia para la obtención de carcasas y que seguiría siéndolo en el futuro (3° rasgo de planificación). Por todo ello, el comportamiento propuesto por Potts no responde a las reacciones simples observadas por la etología en los primates superiores no humanos, sino que se adecúa perfectamente a un esquema previsor de planificación de futuro. En mi opinión, aunque puede resultar algo impactante, la negación de esta capacidad en un período tan temprano no es sino el reflejo inmediato de una reacción apriorística cargada de prejuicios en contra. En ningún momento los datos que se poseen niegan tal posibilidad.

Sin embargo, existe otro factor que Potts subestimó: el compartimiento alimenticio. En su crítica al mismo, plantea que la celeridad con que se tuvieron que procesar las carcasas, habría impedido que dicho compartimento se hubiera llevado a cabo, a fin de evitar el peligro de la presencia de otros carnívoros. Sin embargo, en semejante observación, Potts incurre, involuntariamente,en una contradicción importante. Si tenemos en cuenta que los sitios poseen material lítico que proviene de diversas fuentes, lo cual indica su utilización y cuidado reiterados o el abastecimiento colectivo planificado, "dado el surgimiento de una población de homínidos constructores de herramientas en un área, si no hubiese existido un compartimiento del material lítico y del alimento cárnico, aquellos individuos que hubiesen transportado piedras a uno o más lugares podrían haberlas perdido a causa de otros individuos que concentrasen sus esfuerzos de modo más concreto en la búsqueda de alimento"[21] (Potts, 1988). Es decir, y semejante observación es increíblemente acertada, si los homínidos no hubiesen cooperado entre ellos, la competencia más fuerte no habría sido ejercida por otros carnívoros, sino por ellos entre sí. Si no existe un comportamiento cooperativo, es más rentable, en términos energéticos, una actitud de oportunismo,en la que, mientras unos homínidos se procuran piedras otros se apropian indebidamente de ellas para su propio uso, con lo que los "escondrijos de piedra" terminarían por no ser rentables para los responsables de los mismos.

El hecho del TRANSPORTE COLECTIVO del material lítico queda patente a la luz de la anterior observación, y se refuerza aun más si se tiene en cuenta que los conjuntos líticos presentes en muchos yacimientos (y recordemos que en su mayor parte son productos de desecho) muestran una abundancia de restos líticos importante. Por ejemplo, sólo en el yacimiento FLK Zinj se recuperaron más de 20 kg. de cuarcita. Esto es un indicador de que el transporte de piezas líticas tuvo que ser una labor llevada a cabo por varios individuos y no por uno solo, porque, en términos energéticos, tampoco resulta rentable a no ser que fuera comunitaria.

Pues bien, si se asume que el transporte de material lítico fue una tarea colectiva, la energía invertida en ella "habría creado en los homínidos una expectativa de uso compartido de los artefactos"[22] (Potts, 1988). Dada la asunción del acarreo y uso colectivo de estos materiales cabe considerar también lógico el carácter colectivo del traslado de alimentos. Desde el punto de vista energético y del ahorro de tiempo, con lo que ello supone para evitar el encuentro con otros posibles predadores, es más rentable que la OBTENCION de carcasas y la SELECCION de partes de las mismas se llevase a cabo de modo colectivo, ya que ésto aceleraría el proceso de desmembramiento y selección de piezas, al igual que sería más efectivo desde el punto de vista de acceso a las carcasas. Por otro lado, una actitud cooperativa sería más lógica a la hora de movilizar esas piezas. El transporte colectivo agiliza el proceso, lo hace más rentable y resulta más provechoso. De otro modo, no podría explicarse la presencia de carcasas enteras de bóvidos de tamaño medio en los yacimientos que parecen apuntar a que su desplazamiento se realizó sobre el animal entero, ya que el acarreo de éste por parte de un sólo homínido se habría mostrado lento, torpe, ineficaz y sobre todo, peligroso, por el tiempo y la energía invertidos. Por consiguiente, resulta lógico esperar que el traslado de alimentos hubiera sido también una labor colectiva, ya que ello explicaría, además, el hecho de que el transporte del material lítico y su uso hubiese sido colectivo también.

Luego, si el abastecimiento de piedras, el transporte de alimento, y la utilización de herramientas fueron actividades comunitarias que se llevaron a cabo en un espíritu de cooperación, que interesaba y resultaba ventajoso a todos los miembros del grupo, cabe esperar que el resultado final de todo ello hubiera sido el compartimiento alimenticio. Y ésta no es una inferencia gratuita, sino el resultado lógico que se desprende de las actividades anteriores. Hay que tener en cuenta que si no se hubiese llevado a cabo tal compartimiento, el transporte de las piezas no tendría explicación, ya que para uno sólo o un grupo reducido de individuos resulta más rentable y ventajoso salir en busca de carcasas armados con un par de nódulos y consumir el alimento en el lugar mismo donde localizan o consiguen al animal. De este modo, evitan perder tiempo y energía en procesar la carcasa, y en transportarla a otros lugares. Además, en caso de haber acarreado ésta a los consabidos puntos de referencia, el excedente de alimento habría hecho del compartimiento un gesto lógico y natural. Prueba de este excedente es el consumo de las partes cárnicas y el aprovechamiento intermedio de la médula de algunos huesos. Este último hecho sirve a Potts como argumento para afirmar en el mismo el carácter de celeridad imprimido en el consumo alimenticio destinado a evitar el encuentro con otros predadores. Sin embargo, parece no tener en cuenta que desechar algunos huesos con tuétano es un indicador probable de que el consumo de las partes transportadas era esencialmente de carácter cárnico, y el excedente de este producto sería razón suficiente para explicar que no era necesario el aprovechamiento de la médula de todos los huesos, habida cuenta además que estamos hablando de grupos sociales presumiblemente reducidos que no pueden compararse, como Potts hace, con poblaciones actuales mucho más numerosas.

Ante este cúmulo de evidencias, Potts estima probable que "el proceso de transporte de alimento a lugares donde se disponía de piedra parecería implicar un uso común de los materiales líticos y probablemente de los tejidos animales" [23], con lo que el compartimiento alimenticio sería un rasgo más de su interpretación. Sin embargo, esta asunción contradice sus primeros postulados, en los que afirmaba que su modelo no tenía consecuencias sociales y que podía enfocarse desde una perspectiva etológica. Y, en realidad, posee las mismas implicaciones de cambios sociales postulados por el modelo de "forrajeo de lugar central", al cual pretendían criticar y sustituir.

Al márgen de estas observaciones ¿Es el modelo de "escondrijos de piedras" una interpretación viable y posible del comportamiento de los antiguos homínidos? En mi opinión posee una serie de puntos débiles que merecen ser citados. Uno de ellos es la realización en esos sitios de otro tipo de actividades, además del consumo de alimento cárnico ya mencionado, como demuestra la traceología realizada sobre los útiles que, aunque escasa, es ilustrativa. Ésta confirma que algunas piezas fueron empleadas en el procesamiento de tejidos blandos vegetales (lo que serviría de apoyo a la tesis del compartimiento alimenticio, ya que éstos serían transportados también al yacimiento), y en el tratamiento de la madera. Esta última cuestión parece indicar la realización de actividades distintas al mero acto alimenticio, que entra en contradicción con la aseveración de que los sitios eran exclusivamente lugares de consumo rápido de alimento. También es cierto, como Potts apunta, que la demostración de diversas actividades a través del análisis traceológico no implica necesariamente que el lugar fuese un campamento base; pero sí parece invalidar en cierto modo la afirmación de que éste fuera sólo un lugar de subsistencia inmediata.

Otro de los puntos criticables concierne al pilar básico que sirvió de punto de partida para la elaboración de este modelo. La afirmación de que los homínidos habrían permanecido en los sitios de referencia el menor tiempo posible, en previsión de evitar conflictos con otros predadores atraidos por los restos acumulados, posee una base poco sólida desde una consideración tan puramente teórica como el planteamiento que ha dado pie al modelo. Los restos acumulados en los sitios escogidos sólo habrían resultado atractivos a especies carnívoras carroñeras y éstas son, precisamente, las menos peligrosas de toda la panoplia de especies predadoras. Es decir, solamente las hienas u otros cánidos similares en características se habrían sentido atraidos por esos cúmulos de huesos. Y no habría sido difícil, en semejante circunstancia, proteger el lugar de su presencia; aún más cuando es probable que hubiesen contado con artefactos de madera, a tenor de la información extraída de los análisis traceológicos, con los cuales podrían haberse defendido.

Esta circustancia es tanto más verosímil cuanto puede observarse en especies primates menos dotadas para adoptar semejante actitud, con un comportamiento de defensa capaz de amedrentar a individuos de especies predadoras potencialmente más fuertes y peligrosas. Son múltiples los ejemplos en los que se ha observado a papiones y a otras especies de cercopitécidos defenderse y repeler el ataque de leopardos y de otros predadores similares, sin mayor ayuda que su talante agresivo. Por ello es lógico pensar que los homínidos, más dotados para defenderse que los otros primates, al poder servirse de palos o artefactos de madera, pudieron haber mantenido perfectamente alejados a individuos carroñeros que, por otra parte, pertenecían a especies que constituían una amenaza considerablemente menor que los predadores esencialmente carnívoros.

Por otro lado, no deja de resultar contradictorio el hecho de otorgar a los homínidos la capacidad de transitar regularmente por grandes áreas de territorio, recorriendo la sabana y atravesando diversos hábitats para la obtención de carcasas de diversas especies, estando continuamente expuestos a los peligros de la presencia de diversas especies predadoras, y negarles la capacidad de defender sus puntos de referencia centrales ante unas especies menores que, en todo caso, no habrían supuesto una amenaza comparable a la que existía en la sabana abierta. El hecho largamente constatado y evidenciado, tras la observación de los yacimientos, de que los homínidos tuvieron acceso a todo tipo de hábitats y que pudieron trasladarse a lo largo de la extensa variedad de paisajes de la sabana, demuestra que fueron capaces de hacer frente a los peligros que ello suponía. Esto implica el desarrollo de una estrategia defensiva lo suficientemente eficiente para garantizar que la pérdida en número de miembros del grupo quedara reducida al mínimo. Si los homínidos fueron capaces de defenderse en la sabana abierta habrían sido tanto más hábiles a la hora de desarrollar un sistema defensivo en sus propios lugares de reunión, que habría impedido la amenaza de especies, por otro lado poco peligrosas, atraidas por los restos óseos, y habría obligado a éstas a demorar su acceso a los mismos. Además, el patrón de distribución de los yacimientos con relación a su ubicación paleoecológica, demuestra que su aparición se encuentra íntimamente relacionada con hábitats boscosos (foresta lacustre y bosque de galería en llanuras aluviales), en los que el peligro del acecho de los predadores es mucho más reducido que en las llanuras abiertas. Es decir, que los yacimientos aparecen en los hábitats menos peligrosos de la sabana,con lo que la celeridad en el consumo de los restos allí trasladados, tal y como propone Potts, pierde significado.

Finalmente, el punto más crítico a la hora de considerar la validez de la interpretación del "escondrijo de piedras" reside en el análisis del contenido faunístico de los yacimientos en términos de especies. Desde el punto de vista taxonómico, lo lógico, si su creación hubiera sido debida a la estructuración del territorio, sería que el contenido faunístico se mostrara acorde con las especies existentes en las áreas y hábitats circundantes. De este modo, cabría esperar una diversidad de conjuntos faunísticos, según el tipo de paisaje en el que estuviera ubicado el yacimiento .Sin embargo, ésto no es así. La variedad taxonómica de los yacimientos es muy amplia, incluyendo un importante número de especies que en ningún momento se encontraron en las áreas circundantes. Ésto demuestra que fueron traídas de más lejos, lo que entra en contradicción con el postulado principal de la hipótesis que presuponía la aparición de los yacimientos como resultado directo de planificar el paisaje en áreas, en función de la obtención de los recursos cárnicos de las mismas. Es decir, que si los homínidos hubiesen establecido unos "escondrijos de piedras" en lugares previamente seleccionados con la función de llevar a los mismos las piezas obtenidas en las zonas próximas, cada tipo de yacimiento habría acumulado un conjunto óseo correspondiente a cada tipo de fauna, según la ubicación del yacimiento fuese en las inmediaciones de un área lacustre, pantanosa, de una llanura aluvial o de una llanura abierta. En cambio, la fauna de todos los yacimientos situados en estas áreas es similar, siendo heterogénea y diversificada, y demostrando a su vez que en la elaboración de los sitios no existió una premeditación del carácter que Potts propugna.

Una última observación a este modelo proviene también del mismo Potts, que advirtió que la interpretación que proponía era válida para explicar los yacimientos de Olduvai, pero no los de la región de Koobi Fora y Omo. En una de las áreas de Koobi Fora, la de Karari, los yacimientos poseen conjuntos líticos con una profusión de lascas aún mayor que los de Olduvai, un tamaño menor de los artefactos y una frecuencia mucho menor de "manuports". Éstos rasgos no coinciden con el modelo de almacenamiento pétreo, como tampoco se adecúa al mismo la distribución de los yacimientos, algunos de ellos lejos de la zona lacustre (al contrario que en Olduvai) y siempre en relación con las llanuras aluviales, próximas a los cursos fluviales. Potts estimó que la relación entre hábitat, fuentes de materia prima y lugares de uso homínido creó un medio adaptativo y ecológico que propició la formación de yacimientos en Koobi Fora, cuyos autores habrían poseido un comportamiento que diferiría del contemporáneo de sus parientes en Olduvai.

No parece descabellado asumir que el comportamiento homínido pudiera estar relacionado con unos contextos geográficos y ecológicos particulares; sin embargo, el paleopaisaje de Koobi Fora apenas difería en términos generales del de Olduvai. Los homínidos no estuvieron en ningún momento condicionados por el medio físico para adoptar distintas estrategias adaptativas. Lo que puede verse en ambas regiones es que pudieron haber poblado más unas zonas que otras; sin embargo, en Olduvai también se ocupó la llanura aluvial, lo que viene a poner de relieve que no hubo un condicionante ambiental en la ocupación de los hábitats.

Además, resulta contradictorio enfocar el comportamiento de los autores responsables de los yacimientos de Olduvai desde una perspectiva etológica, y el de los autores de los sitios de Koobi Fora desde un prisma más "humano", habida cuenta de que sólo un modelo similar al de "forrajeo de lugar central" puede amoldarse a los datos allí observados. Ésto no quiere decir que el comportamiento global fuese el mismo en todas las regiones. Probablemente hubo rasgos particulares, pero en lo referente a la actitud subsistencial, el modo de actuación sería, con toda seguridad, más homogéneo de lo que Potts estima. Esto se corrobora con el hecho de que los yacimientos, al margen de las consideraciones sobre los conjuntos líticos, se muestran similares en la variedad taxonómica y en la incidencia de los homínidos sobre la fauna disponible en ambas regiones.

Todo este cúmulo de circunstancias otorga una mayor validez al modelo de "forrajeo de lugar central", ya que parece explicar de un modo más verosímil lo que los datos ofrecen como altamente probable. Los homínidos habrían vivido en grupos no muy grandes, constantemente móviles, trasladándose a lo largo de diversos hábitats a través de la sabana africana, reuniendose en puntos determinados del paisaje en los que, por lo menos, se alimentaban, transportando a esos sitios carcasas de animales pequeños y secciones de carcasas de especies mayores, de las que extraerían, básicamente, la carne y el tuétano de algunos huesos. En esos sitios llevarían a cabo el procesamiento del alimento y probablemente el compartimiento del mismo. De este modo, el modelo de "forrajeo de lugar central" interpreta mejor que ningún otro la formación del registro arqueológico, al limitarse a explicar los HECHOS causantes del mismo a través de los DATOS obtenidos, pero renunciando a incluir en dicha interpretación los MOTIVOS que los han provocado. Es decir, explica cómo los homínidos formaron gran parte del registro, pero no el por qué de su conducta.Se ha prescindido así de un modelo social teórico que diese cuenta de tal comportamiento.

Dicha actitud prudente responde a la puesta a prueba a que fue sometido el anterior modelo de "campamento base" o "hipótesis del compartimiento alimenticio" por parte de toda la discusión a la que dio lugar, que enarbolaba la tesis de un reparto sexual de las labores en el seno de una sociedad cooperativa, como propulsora de la conducta que condujo a la aparición del registro arqueológico. Los datos, en el estado actual de la discusión, no contradicen en ningún momento semejante actitud, pero tampoco la corroboran de un modo absoluto, ya que éstos sólo demuestran hechos o causas, pero no la razón que dio lugar a los mismos. Como a lo largo de toda la polémica, incluso desde su inicio, se acusó al planteamiento de Isaac de ser una mera transposición de formas de comportamiento actuales al Plio-Pleistoceno, el mismo Isaac, para evitar "explicar el pasado con los ojos del presente" decidió proponer un modelo que se limitase tan solo a dar cuenta de los hechos observables y no adentrarse en la inextricable maraña de razones sociales que pudieron haberlos generado. Tanto más, cuanto es preciso ser consciente de que al dedicarse "a la arqueología de un pasado tan remoto, se está explorando terra incognita de la conducta y comportamiento sociales" (Isaac, 1983) [24].

Precisamente, por ser un modelo con evidentes carencias explicativas en el campo social, será con toda probabilidad un planteamiento perfectamente válido en los años venideros, ya que explica sólo el modo en que se formó el registro. Pero debido a esta limitación resulta también un modelo insuficiente, una interpretación incompleta más bien, puesto que lo que verdaderamente importa es averiguar la estructura social que dio lugar, hace algo más de dos millones de años, a un comportamiento que dejó su impronta en el registro arqueológico que hoy se discute.

Así pues, lo más interesante del debate que se ha abierto a raiz de la implantación de este modelo y su aceptación mayoritaria dentro de la comunidad académica, es la discusión de la estructura social que se pueda adecuar al mismo. Para algunos, siendo esta propuesta menos comprometedora que la "hipótesis del compartimiento alimenticio", el modelo representa una actitud forrajera similar a la de los antropoides con puntos de referencia en el paisaje en los que ingerir los productos conseguidos que serían los precursores inmediatos de lo que luego se denominará campamentos base. De este modo, se dispondría de una interpretación adecuada a una forma de comportamiento transicional de primate no humano a primate humano. Aquellos que ven la evolución de la organización social de nuestro género a través de un prisma gradualista, se adhieren a tal visión. Incluso llega a definirse que la estrategia de subsistencia basada en el "forrajeo" que propone el modelo, habría sido igual al forrajeo de los antropomofos actuales con la salvedad de la aparición de dichos puntos de referencia en el paisaje.

No obstante, esta definición de "forrajeo" no se adapta con rigor a lo observable, puesto que en semejantes circunstancias no se habría dado la acumulación reiterada de restos óseos y líticos, a no ser que se hubiese incidido constantemente en los mismos lugares de reunión. De ser así estaríamos rechazando la definición antropomorfa, ya que en ésta los desplazamientos son anárquicos, estando en función tan sólo de la disponibilidad de recursos. El establecimiento de estos puntos centrales supone, además, una estructuración del espacio nueva y una capacidad planificadora no observada en el ámbito de los otros primates.

Según esta visión, el modelo de"forrajeo de lugar central" sería una actitud transicional entre el comportamiento estrictamente etológico y el propiamente humano, caracterizado por la aparición de campamentos base. Si se define éste como el lugar en el que un grupo come, siendo a la vez el lugar central de la actividad de dicho grupo, al prescindir de esta última circunstancia (por no dejar huella en el registro), queda transformado tan sólo en un lugar central de forrajeo, de función limitada al consumo alimenticio. Desde una perspectiva evolutiva tradicional es más aceptable porque suena a menos "humano" y a menos actual.

Sin embargo, una parte importante de especialistas, entre ellos el mismo Isaac mientras vivió, siguen pensando que sería oportuno salvaguardar, en el modelo de "forrajeo de lugar central", la esencia de los planteamientos sociales del modelo de "campamento base", por disponer de una interpretación que, de momento, funciona dentro del marco teórico. Y prueba de ello es que, de entre las elaboraciones teóricas de modelos sociales aducidas hasta la fecha, es la que posee una mayor heurística positiva en términos lakatianos.

NOTAS

1. "I have suggested that most, if not all, locations yielding evidence of our Pleistocene ancestors are most likely geological deposits, not archaeological deposits as is commonly assumed. This assessment of the character of our Lower and Middle Palaeolithic data demands that we develop means for recognizing the derivations of different events and contributors to the geologically associated palimpsets within which may occur some traces of hominid behavior" (Binford, 1981, p. 20).

2. Lo cual no es del todo cierto, ya que en el compendio de las excavaciones del lecho I y II de Olduvai, M. Leakey reconoce la existencia de señales de dientes en los huesos, que atestiguan su tratamiento por parte de las hienas y otros carroñeros (Leakey, 1971).

3. "...there is a basic difference in the manner of destruction and modification seen for bones damaged by animal consumption versus those resulting from the human recovery of marrow..." (Binford, 1981, p. 252).

4. "If man was living in base camps and hunting animals, we could expect him to transport parts of high utility, resulting in the introduction to the base camp of an assemblage analogous to the parts consumed by other predators at kill sites and introduced by modern human hunters to residences" (Binford, 1981, p. 252).

5. "If man was living in base camps and scavenging food from the kills of other predators, we would expect him to transport parts of low utility as do other competitive predator-scavengers" (Binford, 1981, p. 253).

6. "We would expect such "transported" faunal assemblages to look like those of other predator scavengers, but to exhibit distinctive bone-breakage patterns....." (Binford, 1981, p. 253).

7. Un animal vertebrado se define como un ser orgánico que consta de un armazón interno (huesos), de una serie de elementos destinados a articular dicho armazón y dotar de movilidad a su poseedor (músculos) y unos órganos internos dedicados al funcionamiento del cuerpo (vísceras), y que además precisa alimentarse de plantas y/u otros animales. El proceso de descomposición de un animal presenta diversas fases, según el caso, pero sus extremos son siempre iguales. La primera etapa sería la del animal muerto, que conserva todos sus componentes como identidad de su estructura orgánica, sin haber sido afectado por ningún proceso de desarticulación, y la última etapa sería la del esqueleto, en la que lo único que quedan son los restos del armazón (huesos, en el tipo de fauna que nos interesa). Sin embargo, entre uno y otro extremo existe, debido a la intervención de diversos agentes, una variedad de formas intermedias que no debieran denominarse ni animal muerto, ya que éste ha perdido parte de su identidad (por ejemplo, la mayor parte de las vísceras en el proceso de eventramiento), ni esqueleto, ya que no aparecen sólo los huesos. Precisamente, la necesidad de otorgar a toda esa variedad de restos del animal (que ya no constituye un animal en sentido estricto) un tipo de denominación de la que nuestro vocabulario está exento, es la que justifica la adopción del término "carcasa", en su sentido anglosajón, que define por igual cualquiera de las etapas de desarticulación , desde que el animal muere hasta que sólo quedan los huesos.

8. El empleo del término "procesamiento" se explica, siendo una traducción directa de su equivalente anglosajón, como el sometimiento de los restos de una animal a un proceso de transformación,tanto por parte de los homínidos como por parte de los carnívoros. La única diferencia con respecto al término "aprovechamiento" estriba en que éste último conlleva una asunción a posteriori sobre el propósito del proceso de desarticulación de las piezas, mientras que el primero alude especialmente a dicha acción. El aprovechamiento de los productos obtenidos se lleva a cabo una vez realizadas las operaciones previas sobre la presa obtenida, con lo que el uso del término "procesamiento" se hace más aconsejable al englobar todas las acciones de adecuación del animal (desarticulación, tratamiento de la piel, eventramiento, separación de tejidos, etc...) y su posterior consumo, con lo que este último supone en una ulterior modificación de los restos.

9. "... The role of hominids in the formation of a site is restricted to whatever is not attributable to carnivores. Since all modern carnivors obtain access to animals primarily by hunting and prefer meat-bearing bones, a residual approach based on a carnivore activity model prohibits a priori the possibility that hominids also occasionally or frequently hunted, thus gaining access to meat-bearing bones".

(Potts, 1988, p. 141).

10. "The mode of adquisition of this meat, whether hunted, scavenged or both, remains uncertain and requires separate investigation" (Bunn, 1981, p. 576).

11. "... presented my results as only an approximation." (Binford, 1986, p. 444).

12. "I am not at all surprised that my approximations are in error, but at the time the tabulations in the Leakey volume were all that was available." (Binford, 1986, p. 444).

13. "What their data show is that my conversions overestimed parts of the axial skeleton..." (Binford, 1986, p. 444).

14. "If both skin and meat were removed from bones, then skinning marks will be substantially more frequent than meat-removed marks (75% vs. 25% respectively), because the skin is separated from distal limb elements overlaid by little flesh" (Shipman, 1986, p. 28).

15. "I am very skeptical of Shipman's claims for lack of ambiguity in identifications when her methods are used. I have seen many bones from geologic contexts in North America where human presence is inequivocally absent, yet marks having all the characteristics she describes are nonetheless present!" (Binford, 1985, p. 323).

16. "This reflects, I think, not great amounts of usable meat, as suggested by Bunn and Kroll, but extreme difficulty in processing already partially desiccated limb parts that had been previously ravaged by carnivores, leaving little usable meat available to the hominids". (Binford, 1986, p. 446).

17. "Few if any pictures of the past are, strictly speaking, derived from the interpretations of stone tools" (Binford, 1981, p. 1).

18. "It seems likely that a proposition, at least, of the sharp flakes among the débitage may have served as small tools, possibly for cutting meat or other soft substances that would leave no evidence on the edges. That they are not merely waste material is indicated by the ocurrence of large numbers of such flakes, nearly always made of quartz or quartzite, at sites where the majority of heavy-duty tools is of lava and where the number of quartz and quartzite core tools is insufficient to account for the number of flakes. (M. Leakey, 1971, p. 268).

19. "I knew this. Everyone studing this material knew this. To whom is this comment directed?" (Réplica de Binford a Bunn y Kroll, 1986, p. 444).

20. "... other behavior patterns associated with hunter-gatherer home bases cannot be assumed to have been practiced at these sites. The available evidence suggests that hominids would have minimized the time spent at these sites rather than use them as the primary spatial focus of social activity." (Potts, 1988, p. 258).

21. "Given the occurrence of a population of tool-using hominids in a foraging area, if there had been no shared use of these two resources (stone and animal tissues), those individuals who carried stone to one or more locations could have lost them to other individuals who concentrated their efforts on finding animal tissues or other foods." (Potts, 1988, p. 289).

22. "At the very least, the collective, cooperative transport of stone material to particular spots on the landscape would have been necessary. Stone transport "would simply an expectation of shared use"...". (Potts, 1988, p. 290).

23."... The process of bringing food to places where stones was available would seem to imply a communal use of stone materials and, possibly, animal tissues" (Potts, 1988, p. 290).

24."... to pursuing the archaeology of the very remote past we are exploring behavioural terra incognita." (Isaac,1983, p. 16).

6. EL ESTUDIO DEL COMPORTAMIENTO DE LOS PRIMEROS *HOMO.*

Una vez establecido el alcance de la participación homínida en la formación de los yacimientos arqueológicos, el presente capítulo se ocupa de definir en parte el nicho ecológico de Homo, a través de la información contenida en los materiales que forman parte de dichos yacimientos, de ver qué función cumplieron éstos en el comportamiento de los homínidos, de las estrategias de obtención de alimento de origen animal, y de los modelos sociales teóricos que sustentan las hipótesis de comportamiento subsistencial propuestas para explicar la formación del registro arqueológico. Al final se suman dichas evidencias al análisis de la conducta de estos homínidos, para concluir que con ellos emerge un nuevo patrón de comportamiento, en el que la cooperación entre los miembros de los grupos sociales cobra una mayor relevancia.

6.1- UNA APROXIMACION AL NICHO ECOLOGICO DE *HOMO.*

La consideración ecológica del registro debe partir del estudio de la ubicación de los yacimientos arqueológicos, con el fin de establecer inferencias sobre la adecuabilidad de determinado tipo de hábitats para el establecimiento de lugares referenciales, y del análisis de su contenido faunístico para acercarse al nicho ecológico de sus autores. En el primer aspecto reseñado, la práctica totalidad de los yacimientos plio-pleistocénicos de Africa Oriental han aparecido asociados a antiguos ejes de humedad; en su mayor parte lagos y ríos de contenido hidráulico permanente. En Olduvai (Tanzania) todos los yacimientos se encuentran distribuidos de modo periférico en torno a un antiguo lago, que experimentó fluctuaciones de carácter transgresivo-regresivo y que influyó en la diferenciación espacial que existe en la aparición de yacimientos en los distintos lechos geológicos. Aquéllos que se distancian un poco del entorno inmediato del lago surgen en secciones un tanto distales, pero en estrecha conexión con cauces fluviales (Hay, 1976). Una situación similar se observa en la región de Peninj (Tanzania) (Isaac, 1967).

Del mismo modo en Chesowanja y Chemeron (Kenia), las áreas arqueológicas aparecen distribuidas en el entorno inmediato del lago Baringo, en clara conexión con el mismo (Gowlett, 1980). En el lago Turkana (Kenia) ocurre una situación muy parecida. La metamorfosis sufrida por la configuración del actual lago, que lo transformó en un proceso cíclico a lo largo del Plioceno en lago y río -como una continuación del actual río Omo de Etiopía-, cuya desembocadura estaba situada en el Mar Rojo (Brown, 1988), condicionó la distribución de yacimientos en torno al mismo y, además, a lo largo de cursos fluviales de variada magnitud. En este sentido, la región de Koobi Fora -a la derecha del lago- y la de Nachukui -en el margen izquierdo-, se muestran innovadoras no por la aportación de un registro arqueológico ubicado en torno a fuentes de agua de carácter perenne, como en las otras regiones, sino por la existencia de yacimientos situados en proximidad a ejes de humedad de tipo estacional o de importancia menor, como determinados cursos fluviales o zonas pantanosas alejadas del extremo proximal de la llanura aluvial (Leakey & Leakey, 1978; Brown, 1988; Behrensmeyer, 1985).

El río Omo (Etiopía), que desemboca en la sección septentrional del lago Turkana, también muestra, a su paso por la formación de Shungura, una clara asociación de los yacimientos arqueológicos con el curso fluvial (Coppens, et al., 1976). Esta situación se repite en el río Awash que tanto en su sección intermedia como en su parte inicial -de la cual el yacimiento de Melka Kunturé es un claro exponente- aparecen formaciones arqueológicas asociadas a las partes proximales de las antiguas llanuras aluviales (Chavaillon et al., 1979; Roche, 1980). Del mismo modo esta asociación combinada de yacimientos arqueológicos con ríos y lagos aparece en la región de Hadar (Etiopía), en donde existe el registro arqueológico más antiguo de la Humanidad -2.5 m.a.- (Roche & Tiercelin, 1977; Taieb et al. 1976; Harris, 1983).

Esta situación paleoecológica no sólo es observable en los yacimientos plio-pleistocénicos, sino también en la mayor parte de yacimientos pertenecientes al Pleistoceno inferior y medio. Los ejemplos más notables -todos ellos en Kenia- son los yacimientos de Olorgesailie, situados en torno a un antiguo lago próximo al actual de Magadi (Isaac, 1977; Potts, 1989), y los de Kilombe y Kariandusi, en similares condiciones (Gowlett, 1979) o el de Isenia, situado en la zona ribereña de un antiguo cauce fluvial (Roche et al. 1988).

Aunque es cierto que los yacimientos situados a cierta distancia de los ejes hidrográficos -por ejemplo, en el sector medio o distal de las llanuras aluviales o en las áreas amesetadas, alejados de los cauces fluviales- no suelen conservarse en el registro geológico (Gifford, 1977) este sesgo tafonómico en ningún momento resta importancia a la situación paleoecológica de la práctica totalidad de los yacimientos conservados. Que todos ellos aparezcan en proximidad a antiguos -en algunos casos también a modernos- lagos o ríos, indica antes de nada que sus autores mostraron una clara preferencia por establecer sus puntos referenciales en tales sitios, en los que debió existir una vegetación de tipo cerrado, en forma de bosque lacustre o de galería. Esta observación está fundamentada en que tales son los rasgos que acompañan a dichos enclaves en el moderno ecosistema de sabana y en la información extraída de los análisis polínicos, que así lo indican - Capítulo 1.5- (Bonnefille & Vincens, 1985). Las razones que motivaron semejante selección probablemente fueron, entre otras, las que enumero a continuación:

1. Mayor disponibilidad de recursos de carácter vegetal-. En los bosques aluviales se encuentra la mayor parte de los frutos -hasta el 80%, en término medio- del ecosistema de sabana, lo cual resulta importante no sólo por su cantidad, sino también por la variedad de especies que aparecen. Del mismo modo estos medios albergan la mayor diversidad de semillas tanto de tipo leguminoso, como las pertenecientes a plantas leñosas y gramíneas. También se constituyen en los almacenes principales de hojas y raíces, con lo cual son la modalidad de hábitat donde se muestran más abundantes los productos alimenticios de carácter vegetal (Sept, 1984) (Capítulo 1.2).

2. Presión trófica menor. Desde el aspecto predatorio, los bosques lacustres y de galería - sobre todo cuanto mayor es su densidad- albergan un contenido faunístico reducido, lo cual condiciona que el número de predadores sea, de igual manera, escaso. La mayor parte de los carnívoros residen en los hábitats abiertos y se encuentran en estrecha conexión con la biomasa de herbívoros que prefiere, en abrumadora mayoría, las llanuras de gramíneas, dado el carácter de su dieta (Capítulo 1.3). De esta manera, en los bosques aluviales densos apenas se registran actos de predación y la actividad cinegética, por consiguiente, es muy baja. De hecho, el único carnívoro que tiene establecido su nicho ecológico de manera regular en tales medios es el leopardo; cazador solitario y en exceso territorial que, dada su escasa frecuencia, también propicia una actividad trófica poco dinámica.

3. Menor competencia por los recursos cárnicos. Debido a la escasa presencia de predadores en dichos hábitats, existe una competencia por las especies herbívoras que en ellos residen más reducida. De igual manera, en el supuesto de una actividad subsistencial basada en una estrategia oportunista como es el carroñeo, el grado de aprovechamiento de recursos en los mataderos realizados por otros carnívoros es mayor en este medio que en las zonas despejadas, por la práctica inexistencia -o aparición menos frecuente- en el mismo de especies carroñeras (Blumenschine, 1986: Domínguez-Rodrigo, 1994 a).

4. La protección otorgada por el medio arbóreo. Uno de los serios inconvenientes que tienen los primates para desenvolverse en las áreas abiertas es el incremento del número de predadores, tanto en términos cualitativos, como cuantitativos, y el decrecimiento brusco de árboles que se constituyen en dicho hábitat en el único lugar de refugio. Por ello, la existencia abundante de vegetación arbustiva en los bosques aluviales favorece, al tiempo que una presión trófica menor, un incremento de las oportunidades de resguardo. De hecho, todos los primates que ocupan el ecosistema de sabana se establecen en los árboles durante el periodo nocturno, donde no son presa fácil para ningún predador y donde resulta más favorable la detección prematura de cualquiera de ellos.

5. El fácil acceso al agua. La proximidad de los bosques lacustres y de galería al eje de humedad que constituye la base de su existencia es un factor ventajoso para las especies faunísticas que residen en este medio y que no tienen que soportar los peligros del abastecimiento de agua en las charcas o en los cursos fluviales menores del interior de las llanuras

aluviales, donde el riesgo de predación es el más elevado de toda la sabana.

Este conjunto de factores habría favorecido el establecimiento en estos medios por parte de *Homo* , siguiendo la linea de preferencia adaptativa marcada por *Australopithecus y Paranthropus.* Si el análisis comparativo es válido y el grueso de la dieta de los miembros primigenios de nuestro género era de carácter vegetariano, la ocupación de los bosques aluviales sería una consecuencia lógica de semejante alimentación. Para acercarse al alcance de la misma el análisis del desgaste del esmalte dentario presente en especímenes atribuibles al género *Homo* resulta en extremo revelador. Sorprende en los mismos que las superficies oclusales y bucales del esmalte presenten a la observación microscópica una ligera rugosidad, mucho menos acentuada que la de los otros homínidos y una superficie pulida con diminutos puntos en las que apenas aparecen estrías. Este modo de erosión del esmalte se interpreta como debido a la influencia química contenida en el ácido de determinado tipo de productos vegetales, como son ciertas frutas inmaduras (Puech et al.1984; Puech, 1984). Esto no debería causar sorpresa, puesto que en Sudáfrica los frutos constituyen el principal recurso de pueblos cazadores-recolectores, que incluso los consumen con frecuencia en estado inmaduro (Peters & O´Brien, 1981). La uniformidad y naturaleza de dicha erosión -junto con la escasa aparición de microescamaciones y estrías- es una evidencia del alto grado de utilización de una gama reducida de recursos alimenticios de tipo vegetal por parte de *Homo* en su dieta (Puech, 1984). Esto significa que estos homínidos no consumían raíces, rizomas, semillas y hojas -o bien los habrían sometido a un tratamiento de preparación, ya que no aparece en el esmalte la evidencia abrasiva que semejantes productos provocan- y que siendo vegetarianos poseían una especialización en un espectro reducido de recursos, constituídos en su mayor parte por frutos.

Si los resultados de este tipo de análisis son correctos, las consecuencias de estas preferencias dietéticas son importantes. Considerado desde el aspecto ecológico, esta actitud subsistencial justificaría el establecimiento preferencial en los bosques aluviales, que constituyen el reducto que alberga la mayor parte de los recursos frutales del ecosistema de sabana. Desde una consideración trófica esta información resulta relevante, porque la especialización dietética coincidente con un momento de empeoramiento de las condiciones ambientales del medio (Cap. 1.5) y, por consiguiente, de los productos alimentarios, sugiere el desarrollo de una estrategia subsistencial complementaria para compensar las carencias que la ingesta de una gama reducida de alimentos vegetales podría haber supuesto; más cuando, dado su carácter, su existencia es estacional. En este sentido, la inclusión en la dieta de cantidades relevantes de productos de origen animal habría supuesto un gran paso hacia adelante para superar las imposiciones selectivas del medio y amoldarse a la nueva situación ecológica. Este hecho resulta más importante de lo que parece porque señalaría que *Homo* fue un consumidor habitual de carne y grasa y que su ingesta no constituiría un episodio esporádico en la actitud subsistencial de dicho género.

Esto nos conduce a la segunda parte del análisis ecológico. Una vez constatada la preferencia de ocupación, por parte de *Homo,* de los bosques aluviales, por su mayor protección y por la mayor disponibilidad de recursos vegetales frutales -de alto contenido energético- y la inclusión de alimentos de origen animal en la dieta -cuya evidencia se encuentra plasmada en la formación de los yacimientos arqueológicos-, resta por ver hasta qué extremo llegó la capacidad de desenvolvimiento ambiental de los primeros miembros de nuestro género y cuál fue su nicho ecológico. Para ello el estudio de la fauna presente en el registro arqueológico resulta de suma utilidad, ya que nos ofrece información sobre animales que fueron trasladados de su lugar de hábitat original a donde aparecen, en dichas áreas boscosas, con lo cual puede extraerse información sobre la incidencia de los homínidos en los mencionados contextos ecológicos.

El modo de acceder a este tipo de datos puede realizarse mediante un análisis de la diversidad taxonómica y un estudio porcentual de la representatividad de cada grupo. Si se observa la frecuencia de los distintos tipos de grandes mamíferos en el ecosistema de sabana actual (Capítulo 1.3), se puede observar que los bóvidos constituyen el grupo mayoritario, con un índice de representación medio de un 70-75%. A continuación se encuentran los équidos, con un porcentaje que oscila entre 10% y 25% -siendo más frecuente que el grado medio sea el 20%-, siempre a favor de los bóvidos, que en determinadas circunstancias -en áreas de tipo abierto- puede exceder el 80% de representación global. Tras los équidos, el porcentaje más frecuente lo constituyen los suídos, cuyo índice máximo alcanza el 5%. Después de estos grupos, que forman el sector mayoritario, se encuentra el sector marginal, constituído por los grandes mamíferos (proboscídeos, rinocerótidos, jiráfidos e hipopotámidos) que no suelen exceder el 4% de representación global. Finalmente aparecen los carnívoros, que en las áreas abiertas alcanzan un índice que oscila entre el 1% y el 2% del global de la fauna (Foster & Kerney, 1967; Schaller, 1972; Rudnay, 1973; Western, 1973; Houston, 1979).

Estos porcentajes sufren una ligera variación según el carácter de los diferentes hábitats. Si establecemos una división en zonas abiertas y zonas cerradas o de vegetación aluvial, obtendremos una alteración significativa. En las áreas despejadas el índice de representación de bóvidos se sitúa en casi el 80%, el de équidos mantiene una oscilación próxima al 20% y el de suídos alcanza el 3%, el de los proboscídeos, rinocerótidos, jiráfidos e hipopotámidos en conjunto varía entre el 5% y el 6% y los carnívoros mantienen su proporción de 1%-2% (Turner & Watson, 1964; Schaller, 1972; Western, 1973). Como en el caso de las zonas cerradas de sabana no existen trabajos ni análisis faunísticos suficientes para poder elaborar un marco porcentual fiable, he considerado oportuno realizar una investigación en dicho sentido, pero no basada en los recuentos obtenidos mediante fotografía aérea, que es el procedimiento usual, sino por medio de un análisis de frecuencia de avistamientos. En todo caso, el estudio de las fotografías aéreas no resulta muy revelador en las áreas cerradas, puesto que la cubierta vegetal impide la percepción clara de la biocenosis que oculta. En este sentido mi estudio se basó en el análisis de distintos tipos de áreas boscosas, situadas en diversas reservas naturales de Kenia y Tanzania, y la frecuencia de aparición de diversos grupos de mamíferos en cada uno de ellos. Para ello, procedí a establecer jornadas de observación de 7 horas cada una, repartidas en dos turnos -mañana (4 horas) y tarde-noche (3 horas)- a lo largo de un total de 44 días en estancias distintas -en años sucesivos en algunas reservas- en dichos Parques Naturales. Estos fueron el Parque Natural de Manyara (Tanzania), con un bosque lacustre de carácter muy cerrado -durante una estancia de 5 días-, el Parque Natural del Serengueti (Tanzania), en donde realicé un estudio en torno a un medio lacustre -el lago Ndutu- y otro en distintas formas de foresta ocupando llanuras aluviales -a lo largo de 21 días-, el Parque Natural de Masai Mara (Kenia), en un bosque de galería -durante 12 días- y el Parque Natural de Nakuru (Kenia), en el bosque lacustre del mismo nombre -a lo largo de 6 días-.

Los bosques lacustres de los Parques Naturales de Manyara y Nakuru poseen la característica de ser, en el primer caso muy cerrado y simplemente cerrado en segunda instancia. Los bosques de las zonas estudiadas en los Parques Naturales de Masai Mara y Serengueti son de tipo semi-abierto y poseen, como tales, amplias zonas de transición a las llanuras de gramíneas. En consecuencia, es de esperar que las distribuciones de los grupos faunísticos entre unos y otros tipos se muestren acordes con dichas características.

Si se observan los resultados obtenidos mediante este estudio (Apéndice D: Tablas 1, 2, 3 y 4), resulta interesante contemplar cómo existen algunas divergencias con los porcentajes de representación presentes en las áreas abiertas. En principio, el grupo más abundante lo constituyen los bóvidos, con un índice medio -conseguido en el análisis comparativo de las cuatro reservas naturales- de un 71,5%. Este porcentaje coincide con el margen de variación presente en los espacios abiertos (70%-80%), aunque se sitúa en la parte más baja de dicho espectro. Sin embargo, uno de los grupos que sí experimenta una alteración notable entre ambos tipos de zonas son los équidos, que alcanzan un promedio de un 8.2%, bastante por debajo del margen de variación presente en los espacios abiertos, en los que pueda exceder el 20%. Esta preferencia por las zonas despejadas se constata no sólo por la aparición de dicha diferencia en los índices de representatividad, sino también por la variedad de la presencia de équidos en bosques aluviales de uno u otro tipo. Si se observan los porcentajes obtenidos en el Parque Natural de Manyara (Tanzania) -de carácter muy cerrado- y en el Parque Natural de Nakuru (Kenia) -de tipo cerrado simple- ambos son muy bajos: 6.4% y 5.5% respectivamente. En cambio, en los bosques semiabiertos o con proliferación de las zonas de transición, la presencia de équidos aumenta. En el Masai Mara alcanza el 10% y en el Serengueti llega hasta un 11%; aún así, se encuentran por debajo de los porcentajes de las áreas descubiertas.

Esta disminución en la ocupación de dichos hábitats por parte de los équidos permite el incremento de los índices de representación de otros grupos faunísticos. Uno de los que se ve más favorecido es el de los suídos, que alcanza un promedio de un 9.3%, bastante más elevado que el 3% obtenido en los espacios abiertos. Del mismo modo el sector formado por los mamíferos de grandes dimensiones alcanza un porcentaje de un 9.6%, repartido del siguiente modo: Jiráfidos (4.1%), hipopotámidos (4%), rinocerótidos (0.6%) y proboscídeos (0.9%). Este índice contrasta con el 5%-6% presente en las llanuras despejadas. Entre los miembros de este sector, los jiráfidos e hipopotámidos se muestran muy abundantes por reunir el bosque aluvial las condiciones requeridas por éstos -componente arbustivo relevante y un grado de humedad suficiente- y por ser menor la competencia por los recursos.

Existen, pues, dos conjuntos de índices de representación faunística según el carácter -abierto (pradera) o cerrado (bosque)- del medio de sabana (Figura 36). En el primer caso los grupos más abundantes son, por orden decreciente, los bóvidos, los équidos, los suídos, los mamíferos de más de una tonelada de peso (jirafas, hipopótamos, rinocerontes y elefantes) y en último lugar los carnívoros. En los bosques aluviales la situación es diferente. Los bóvidos ocupan el primer lugar -pero con índices de representación inferiores a los existentes en las praderas-, seguidos de los suídos -con un porcentaje que duplica su proporción en las áreas abiertas-, los équidos -cuyo índice se reduce a más de la mitad, en comparación con el existente en dicho medio-, los jiráfidos, los hipopotámidos, los rinocerótidos y los proboscídeos -que tienden también a duplicar su número en los bosques aluviales- y en último lugar, los carnívoros, con un promedio sensiblemente inferior al observado en las áreas despejadas. Si dicha distinción es válida, semejante estudio resultaría de gran utilidad para uno de los análisis que permite acercarnos a la situación paleoecológica de los primeros miembros de nuestro género. Si estos homínidos hubiesen obtenido sus recursos animales del conjunto faunístico presente en los bosques aluviales, sin abandonar para ello dicho tipo de hábitat, es lógico pensar que si no poseyeron una estrategia selectiva, los índices de representación taxonómica presentes en las acumulaciones óseas que forman los yacimientos arqueológicos deberían equipararse a los índices de los distintos grupos faunísticos existentes en los bosques aluviales actuales -siempre, claro está, bajo una asunción actualista-. En este sentido, y puesto que existen dos conjuntos de índices distintos, resultaría interesante someter los datos faunísticos extraídos del registro arqueológico a dicho análisis y observar en qué lugar se sitúa.

Si se analiza la diversidad taxonómica contenida en los principales yacimientos arqueológicos plio-pleistocénicos (Apéndice D: Tablas 5 y 6), resulta que los índices de representación de los distintos grupos son variables, con un predominio absoluto en todos ellos de los bóvidos, que alcanzan un promedio global del 60% del MNI presente en los conjuntos óseos. A continuación le sigue, por orden de importancia, el grupo de los suídos con un promedio de un 14.5%. El resto de grupos aparecen representados como sigue: Hipopotámidos (7.5%), équidos (5%), jiráfidos (4.5%), carnívoros (4%), proboscídeos (2.5%), y rinocerótidos (2%). Si se observa, este espectro de

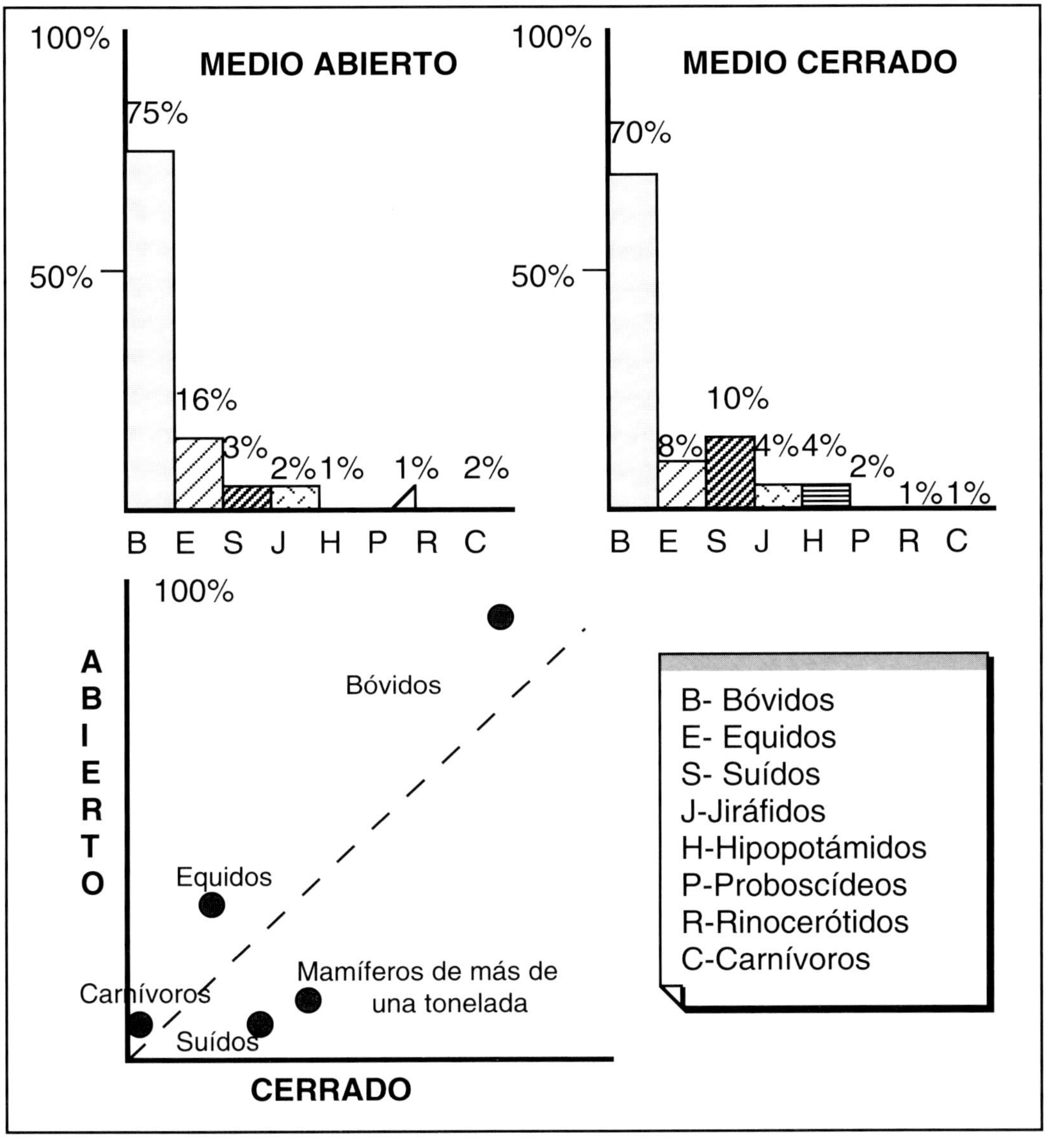

FIG. 36. *Diferenciación porcentual de los grandes mamíferos según el tipo de hábitat.*

representación no coincide con los índices de fauna presentes en los espacios abiertos. Difiere de éstos en que el porcentaje de bóvidos es más bajo, el de suídos mucho más elevado -hasta cuatro veces-, los équidos aparecen con una frecuencia bastante más reducida, y el grupo compuesto por los mamíferos de grandes dimensiones (más de 1.000 kg.) es hasta cinco veces el que se mantiene en las áreas despejadas. En cambio, si cotejamos estos índices con los presentes en los bosques aluviales encontraremos una mayor similitud.

En primer lugar, los bóvidos difieren entre ambos contextos sólo en un 10%, los suídos en un 5%, los équidos en un 3% y el grupo de mamíferos de mása de una tonelada de peso, también en un 3%. No obstante, el orden cuantitativo de representación es casi el mismo: bóvidos -bosque (70%), yacimientos arqueológicos (60%)-, suídos -bosque (9.3%), yacimientos (14.5%)-, équidos -bosque (8.2%), yacimientos (5%)-, hipopotámidos -bosque (4%), yacimientos (7.5%)-, jiráfidos -bosque (4%), yacimientos (4.5%)-, proboscídeos -bosque (0.9%), yacimientos (2.5%)-, rinocerótidos- bosque (0.6%), yacimientos (2%)- y carnívoros -bosque (2%), yacimientos (4%)-.

Estos porcentajes indican, pues, una mayor selección por parte de los homínidos, de sus recursos alimenticios de origen animal en los bosques aluviales; circunstancia que explica la abundancia de suídos y de fauna de grandes dimensiones y la subrepresentación de équidos. Uno de los factores que otorgan mayor solidez a dicha inferencia es el alto grado de restos de hipopotámidos, que alcanzan un promedio de 7.5% y que sólo se explica por la reincidencia en el procuramiento cárnico en los bosques aluviales. Así pues, este tipo de análisis pone de relieve la obtención preferencial de recursos faunísticos en este medio.

El segundo tipo de análisis realizado sobre la diversidad taxonómica se basa en la existencia de determinados taxones sumamente sensibles a las condiciones ecológicas. Si establecemos una dualidad medio-ambiental, áreas de tipo A -hábitats de carácter cerrado y húmedo- y áreas de tipo B -zonas abiertas y secas-, aparece una distribución desigual dentro del grupo de los bóvidos en ambos lugares (Vrba, 1980). Si se dividen antilopinos y alcelafinos por un lado y el resto de bóvidos por otro observamos que su aparición varía en función del tipo de hábitat. En un medio de tipo A el grupo de antilopinos y alcelafinos alcanza un promedio de representación próximo al 10% del total de bóvidos y en un medio de tipo B llegan a sobrepasar el 75% (Vrba, 1980; Potts, 1988). Teniendo en cuenta que la incidencia de los carnívoros sobre las distintas tribus de bóvidos se realiza en proporción a su disponibilidad ecológica (Kruuk & Turner, 1967; Schaller, 1972; Potts, 1988), sería de esperar que si los homínidos hubiesen conseguido sus recursos de origen animal de la fauna existente en los bosques aluviales, como parece indicar las proporciones por grupo presentes en las acumulaciones óseas, el grado de diversidad taxonómica debería coincidir porcentualmente con el existente en dicho tipo de hábitat.

Si se analiza la presencia de antilopinos y alcelafinos en los yacimientos del lecho I de Olduvai (Figura 37), su proporción se muestra intermedia entre la obtenida en los dos tipos de hábitats. Aunque dichos grupos comprenden la mayor parte de los bóvidos presentes en los yacimientos arqueológicos, su índice de representación no es tan elevado como el existente en los medios de tipo B. Con la excepción de FLKNN 2 y FLKNN 3 -en los cuales, a pesar de mantener los porcentajes más bajos, éstos son el doble de los que se dan en el medio de tipo A- el resto de yacimientos muestran índices más próximos a los medios de tipo B. Esta situación tal vez se explique por una selección de dichos recursos animales por parte de los homínidos en las zonas más despejadas. Una prueba que daría mayor peso argumental a esta interpretación sería la presencia de determinadas especies asociadas de modo permanente a las llanuras abiertas, como son algunos representantes del género *Connochaetes* -el actual ñu- el rinoceronte blanco o el predominio de *Equus* -de medio abierto- sobre *Hipparion* , de nicho ecológico más cerrado.

Si se complementan las aparentes contradicciones de ambos métodos analíticos, los homínidos habrían obtenido una gran parte de sus recursos de origen animal de la fauna existente en las áreas boscosas aluviales, tal y como indica la proporción porcentual de los distintos grupos faunísticos, con los suídos ocupando el sector más representado, tras los bóvidos, escasos équidos y un promedio más elevado de mamíferos de gran tamaño, sobre todo de tipo jiráfido e hipopotámido. Si la ingesta de carne y grasa era un acto regular y no un episodio esporádico en la conducta subsistencial de los homínidos, la escasez de recursos faunísticos en los bosques aluviales, en

Nivel	MNI	MNI antilopinos/ alcelafinos	%
Long K	30	13 antilopinos 15 alcelafinos	93
FLK North 6	10	3 antilopinos 3 alcelafinos	60
FLK "Zinj"	20	7 antilopinos 5 alcelafinos	60
FLKNN-2	14	1 antilopino 2 alcelafinos	21
FLKNN-3	13	4 antilopinos 1 alcelafino	38
DK-2	19	4 antilopinos 6 alcelafinos	53
DK-3	18	4 antilopinos 6 alcelafinos	50

FIG. 37. *Abundancia de antilopinos y alcelafinos en Olduvai (Potts, 1988).*

comparación con la biomasa de las llanuras abiertas y dependiendo de la estación del año, habría impulsado la incursión a dichas áreas y la intervención de los homínidos en la cadena trófica del mencionado hábitat. Esto lo demostraría la mayor presencia de bóvidos de pradera sobre los bóvidos de área boscosa y la presencia de especies asociadas de manera estable a las zonas despejadas, que tuvieron que ser desplazadas a los puntos que forman los yacimientos arqueológicos desde su hábitat original.

En esencia y a tenor de los datos faunísticos, los homínidos fueron en su mayor parte merodeadores de las áreas boscosas y transicionales y, en menor medida, de las zonas descubiertas. Sin embargo, el hecho de que pudieran desenvolverse en este último tipo de medio resulta de gran importancia y queda demostrado no sólo por la aprehensión de animales perteneciente al mismo , sino también por la obtención de materia prima de carácter lítico, para lo cual fue preciso alejarse de los márgenes aluviales. Aunque en Olduvai esta situación no se advierte hasta la mitad del lecho II (Hay, 1976), en otras regiones se manifiesta de un modo más temprano. En Koobi Fora, por ejemplo, algunos de los yacimientos situados en un marco cronológico plio-pleistocénico poseen materias primas que distan varios kilómetros de sus lugares de origen, que se encuentran, además, alejados de los márgenes ribereños en los que aparecen dichos yacimientos (Toth, 1982). Por consiguiente, para acceder a los mismos se habría hecho necesario atravesar las áreas abiertas. Si *Homo* se aventuraba en este tipo de medio más arriesgado y con mayor presión trófica es presumible que no lo hubiera hecho sólo para acceder a los reductos arbustivos dispersos en las llanuras, como es posible que hubiesen actuado los australopitecos y parántropos, sino que fuese más allá que éstos y consiguiese recursos animales y líticos. Con una conducta distinta y un nicho ecológico un tanto diferente, los primeros miembros de nuestro género podrían haber superado de este modo los criterios selectivos que surgieron en el Plioceno final con el cambio experimentado por el medio ambiente.

Esta búsqueda de una parte importante de los recursos animales fuera de las áreas de vegetación cerrada podría explicar la práctica ausencia de yacimientos de tipo B que existen en el Plio-Pleistoceno. Es lógico pensar que si los homínidos hubiesen conseguido todos sus recursos de las áreas aluviales proximales, debería existir un número mayor de yacimientos compuestos por restos líticos asociados a los restos de un solo animal. En la obtención de carcasas, sobre todo las de tamaño grande, los homínidos habrían procedido descuartizando secciones de la misma y llevándose las partes elegidas, con lo cual deberían quedar los restos de dicha actividad en el lugar. Sin embargo, en vez de eso, la práctica totalidad de los yacimientos plio-pleistocénicos -que se encuentran en antiguos contextos aluviales de carácter proximal- son de tipo C (Leakey & Leakey, 1978; Leakey, 1971).

Tradicionalmente, yacimientos como el FLK North 6 en Olduvai o el FxJj 3 HAS en Koobi Fora fueron interpretados como yacimientos de tipo B. En época reciente una revisión de éstos ha condicionado su serio cuestionamiento como pertenecientes a dicho tipo diagnóstico. El FLK north 6 de Olduvai consta de un nivel de unos 40 cm. de potencia que contiene la mayor parte de los restos de un elefante adulto *(Elephas recki)* asociado a 130 artefactos líticos (Leakey, 1971). Sin embargo, su revisión ha puesto de relieve la existencia de otros restos faunísticos, en cantidades pequeñas, pertenecientes al menos a otro elefante, diez bóvidos, cuatro suídos, un équido, un rinocerótido, un jiráfido, un hipopotámido y dos carnívoros. Este conjunto de restos demuestra que este yacimiento no es de tipo B, ni puede haber sido un simple lugar de desarticulación de un elefante, dado que los homínidos transportaron otros restos (Potts, 1982, 1988). Del mismo modo el FxJj 3 HAS, interpretado como un lugar de descuartizamiento de un hipopótamo (Isaac, 1978), presenta una serie de problemas similares. Junto con una gran cantidad de restos pertenecientes a un individuo de este grupo faunístico *(Hexaprotodon karumensis),* se encuentran restos -en bastante menor proporción- atribuibles a diez animales más, entre ellos varios bóvidos. Esta situación también impide interpretar dicho lugar como un evento aislado de descuartizamiento de un animal (Bunn, 1982). En realidad, ésto conduce a la conclusión de que no existen yacimientos plio-pleistocénicos de tipo B, sino distintas modalidades de yacimientos de tipo C.

La interpretación más plausible de estos sitios es que en un principio si fueron yacimientos de tipo B que se transformaron luego en tipo C. Es decir, los homínidos pudieron haber conseguido una carcasa de un mamífero de grandes dimensiones -en este caso un elefante o un hipopótamo- y tras descuartizarlo, utilizaron dicho enclave como un nuevo lugar de referencia al cual aportaron, en momentos sucesivos, una cantidad variable de carcasas -o secciones de las mismas- menores.

Esta conducta habría sido favorecida por la circunstancia de que los bosques aluviales, dada su menor presión trófica, son reductos en los que el riesgo de competición y peligro de encontrar a otros carnívoros es más reducido que en los espacios abiertos. El hecho de encontrar una carcasa en este tipo de medio y procesarla in situ, aportando nuevos nutrientes al lugar, es un argumento más que contradice la interpretación del registro propuesta en el modelo del "escondrijo de piedras" (Potts, 1982, 1988). No obstante, que el bosque aluvial favorezca esta situación no quiere decir que encontrar un animal en un lugar determinado de semejante hábitat impulse de modo continuo a convertir dicho punto en un lugar referencial. Esto sólo tiene sentido si el animal encontrado posee las dimensiones de un elefante, una jirafa, un rinoceronte o un hipopótamo, y si está prácticamente intacto, lo cual justificaría que su aprovechamiento se realizase a lo largo de un periodo temporal amplio, dada la abundancia de sus recursos. Pero en ningún momento parece lógico ante una carcasa de tamaño mediano -las pequeñas son transportadas con relativa facilidad- para lo cual resulta más oportuno el descuartizamiento in situ y el traslado de las secciones elegidas al punto referencial, tal y como indica el estado de la fauna de estas dimensiones presente en el registro arqueológico.

Si esto hubiese sido así, deberían existir yacimientos de tipo B con cierta abundancia lo cual, sin embargo, no ocurre. Esto puede deberse a dos razones: todavía no se han encontrado -lo cual resulta raro, ya que ante la cantidad ingente de yacimientos plio-pleistocénicos de todos los tipos, sólo el B es casi inexistente- o su situación paleoecológica no propició un proceso de sedimentación que los conservase en un registro geológico. Tal vez esta última posibilidad es la más probable, ya que los yacimientos de tipo C demuestran que una parte importante de la fauna que los componen llegó a dichos lugares tras haber sido desarticulada en otros sitios (Potts, 1982; Bunn, 1982). Si se observa el contenido faunístico de los yacimientos se puede ver que la mayor parte de los animales de tamaño medio habría estado compuesta por bóvidos, suídos y équidos. Teniendo en cuenta que la mayoría de los primeros son alcelafinos y antilopinos, de hábitat despejado, y que los últimos también suelen tener - sobre todo el género *Equus* - el mismo tipo de adaptación, lo más lógico es que los homínidos se hubiesen desplazado a dichas áreas y realizasen su desarticulación en los lugares donde las obtuviesen, desplazando los restos obtenidos a los bosques aluviales. Esto habría generado en las llanuras abiertas la formación de múltiples yacimientos de tipo B, que no se habrían conservado por ausencia de fenómenos de sedimentación de la importancia de los que operan en las secciones proximales de las llanuras aluviales -a no ser aquéllos que se encuentran en las inmediaciones de los cauces torrenciales que experimentan flujos hidráulicos relevantes en las épocas de lluvia y que propician la sedimentación rápida (Gifford, 1977)- y por existir en dicho hábitat una presión trófica mayor. Esta última circunstancia es la causante de que las carcasas se desarticulen con mayor celeridad en semejante medio con respecto a las áreas boscosas (Blumenschine, 1986) y que no persistan acumulaciones óseas en el mismo. El mayor número de agentes carroñeros habrían desfigurado tales lugares de descuartizamiento.

Así pues, de lo que habría quedado una mayor constancia sería de los lugares centrales de referencia, ubicados en los bosques aluviales y a los que se aportaban pequeñas carcasas y secciones de animales de mayores dimensiones de otros contextos ecológicos. Las áreas de descuartizamiento surgidas en las zonas de vegetación densa como resultado de la obtención de un animal de gran tamaño, serían aprovechadas para desplazar los lugares de referencia y sólo en condiciones de mayor presión trófica, quedarían dichos lugares transformados en yacimientos de tipo B. Un ejemplo evidente lo constituye el yacimiento 15 de Olorgesailie (Kenia), el único de tipo B atribuible al Pleistoceno inferior africano, compuesto de un esqueleto de elefante (Elephas recki) asociado espacialmente a varios artefactos líticos (Potts, 1989). Su situación ecológica, a unos dos kilómetros del antiguo margen del lago contemporáneo a su deposición, lo sitúa bien en la sección distal del bosque aluvial, bien en un área de transición, en la cual la presión trófica no habría favorecido el establecimiento de un asentamiento permanente durante cierto tiempo. Por ello los homínidos descuartizaron, con toda probabilidad, el proboscídeo y trasladaron los restos seleccionados a algún lugar referencial, dejando en el sitio las partes desaprovechadas. El nivel oscilante del lago provocó, en uno de sus ciclos transgresivos, la sedimentación del yacimiento, con una deposición de diatomitas de gran potencia, gracias a la cual se ha conservado en el registro geológico (Potts, 1989).

Además de los recursos de carne y grasa obtenibles de los animales, los espacios abiertos pudieron haber otorgado a los homínidos el acceso a otro recurso de gran potencial nutritivo y escasamente aprovechado por la dificultad que supone su consecución: las plantas de tubérculo. Como he mencionado con anterioridad (Capítulo 1.2), los tubérculos se encuentran, con la salvedad de tres especies, a una profundidad media de 30 cm. de la superficie del suelo y sólo son accesibles mediante el uso de objetos punzantes, como son los palos (Vincent, 1985). Aunque si se asume que los australopitecos y parántropos hicieron uso de ramas y palos puede pensarse que pudieron haber consumido este tipo de plantas (Tanner, 1987), considero más oportuno conceder dicha posibilidad a *Homo* -al menos en su explotación sistemática- ya que para que los palos sean eficaces en el aspecto funcional, deben estar afilados de manera constante, de tal modo que cuando pierden la punta, ésta debe reavivarse de nuevo. Semejante actitud es la que mantienen las etnias actuales que hacen uso de dicho tipo de herramientas para cumplir el mismo cometido (Vincent, 1985). Como esta acción de afilado y reavivado sólo se puede llevar a cabo mediante el uso de otras herramientas, que hasta época reciente eran de carácter lítico, creo oportuno restringir el acceso a estos recursos a aquellos homínidos capaces de elaborarlas y poseedores de una conducta que posibilitase el desarrollo funcional de dicha capacidad. A este respecto, Brain (1988) manifiesta la existencia de varios huesos en la cueva de Swartkrans (Sudáfrica) que muestran señales de pulido y desgaste, que no son atribuibles a factores naturales ni a agentes carnívoros y que interpreta como herramientas utilizadas para escarbar en el suelo en busca de tubérculos.

La consideración conjunta de todos estos criterios hacen de los primeros miembros de nuestro género unas criaturas curiosas por su versatilidad y capacidad de desenvolverse en un medio complejo con la soltura suficiente como para garantizar la continuidad de la línea evolutiva seguida desde entonces, en detrimento del resto de homínidos que se vieron abocados a la extinción de manera inexorable.

6.2- LA FUNCIONALIDAD DE LOS YACIMIENTOS ARQUEOLOGICOS PLIO-PLEISTOCENICOS: REVISION DE LA ATRIBUCION DE CAMPAMENTO BASE.

Hasta ahora me he referido a los yacimientos arqueológicos como lugares referenciales en vez de utilizar la denominación de campamento base. La razón es obvia: he querido relegar a esta sección el alcance de su función y por eso al emplear los términos "lugar de forrajeo central" sólo hago alusión a un aspecto de la organización espacial promovido por una serie de pautas conductuales de subsistencia. El uso de la denominación "campamento base" muy pocas veces ha sido explicitado por la mayor parte de los autores que lo emplean para interpretar los yacimientos plio-pleistocénicos de tipo C. Casi todos ellos lo hacen teniendo como marco de referencia a los campamentos que constituyen el rasgo universal de todos los pueblos actuales de economía no productora. Las características de éstos son en todos los lugares las mismas. Los campamentos base constituyen unidades de organización espacial, que actúan como centros aglomeradores de los miembros de una comunidad, que en periodos cíclicos variables se disgregan y vuelven a congregarse, sirviendo como el punto que cataliza dicha unión y al que se aportan alimentos conseguidos en otros lugares. La obtención de nutrientes, posposición de su consumo y traslado a semejantes enclaves, donde se prepara e ingiere, finaliza con el compartimiento del mismo. De igual modo, en dichas áreas, además de un intercambio recíproco de recursos existe un intercambio dinámico de información, por lo cual se constituyen en focos predeterminados donde se realiza una parte importante de la actividad social, se concede protección a los jóvenes y se elaboran herramientas. Este tipo de manifestación conductual sólo resulta comprensible desde un comportamiento solidario, que alcanza su máxima expresión en la división de las labores y el disfrute compartido de sus beneficios. Por lo tanto, el lugar donde se desarrolla toda la diversidad de manifestaciones sociales más importantes debe encontrarse en una zona que dispense protección a sus ocupantes o bien que éstos sean capaces de hacer frente a las adversidades de las áreas donde establecen sus puntos de residencia temporal, como sucede en la mayor parte de las etnias modernas de economía no productora.

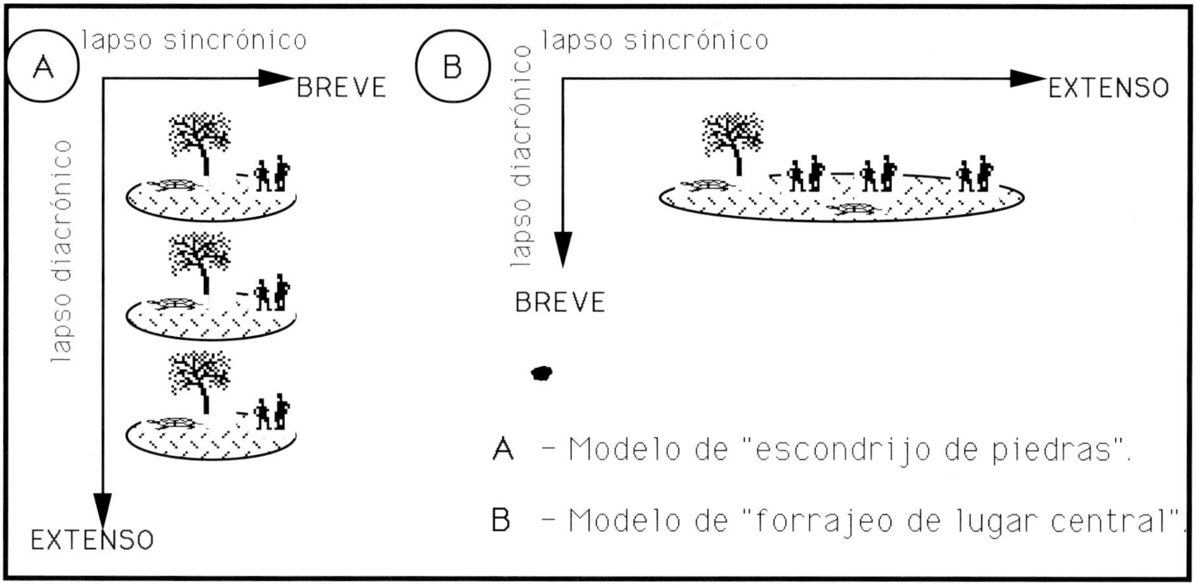

FIG. 38. *Concepciones temporales distintas en los dos modelos de mayor poder explicativo del registro.*

El problema que surge con la aplicación del término "campamento base" a las acumulaciones arqueológicas plio-pleistocénicas es que resulta necesario un estudio previo del alcance funcional de dichos yacimientos. Una de las trabas que existen a la hora de interpretarlos es que, como investigadores, contemplamos el resultado final de una diacronía de sucesos que pudieron abarcar lapsos temporales variables. Lo importante sería poder precisar no sólo el margen de duración de tales sucesos, sino también si fueron el resultado de un proceso de ocupación continuo o discontinuo. A este respecto, los dos modelos explicativos del registro arqueológico de mayor poder heurístico -el del "escondrijo de piedras" y el del "forrajeo de lugar central"- poseen de manera implícita concepciones temporales diferentes, tanto desde un prisma sincrónico, como desde una consideración diacrónica (Figura 38).

El modelo de "escondrijo de piedras" presupone una utilización breve de los lugares referenciales- se minimiza la estancia lo más posible, para evitar el acoso de otros animales carnívoros- a lo largo de un periodo temporal muy extenso, que puede abarcar hasta más de una década (Potts, 1982, 1988). El modelo de "forrajeo de lugar central" se conceptualiza dentro de un marco temporal opuesto. El lugar referencial habría constituído un punto de ocupación continua a lo largo de un periodo determinado y no se habría reocupado o bien se habría hecho en pocas ocasiones, no habiendo estado expuesto el yacimiento en general más de dos años a los agentes de alteración de superficie (Bunn, 1982; Bunn & Kroll, 1986).

Para realizar atribuciones a una u otra opción debería establecerse una diagnosis que tuviese en cuenta (1) el grado de seguridad ofrecido por el paleocontexto ecológico donde se ubican los lugares referenciales, (2) las características espaciales de los yacimientos arqueológicos y la diversidad de actividades plasmadas en el registro, (3) el tiempo de acumulación y exposición de los restos abandonados, (4) el grado de aprovechamiento de los recursos y las posibilidades de reincidencia intermitente en el mismo lugar y (5) el alcance posible de reincidencia en la ocupación de dichos lugares referenciales.

En lo concerniente al primer punto, la práctica totalidad de los yacimientos plio-pleistocénicos aparecen en contextos de bosques aluviales, que son los que ofrecen un mayor resguardo y una presión trófica menor (Capítulo 6.1). En este sentido semejantes enclaves habrían favorecido la permanencia en los mismos y no habrían implusado a reducir la estancia por temor a la confrontación con otros predadores. La existencia de árboles, además, habría supuesto un resguardo fácil ante semejante posibilidad.

En cuanto a (2) la diversidad de actividades plasmadas en el registro, dado el carácter perecedero de los restos materiales que generan la mayor parte de ellas, sólo podemos aproximarnos a dicha cuestión desde un enfoque funcional de las asociaciones de restos óseos y líticos, que ya hemos hecho en términos subsistenciales (2a), o bien desde un análisis de la utilización potencial de los artefactos líticos (2b) o incluso mediante la aplicación de análisis espaciales de tipo micro a los suelos de ocupación (2c). El primer tipo de estudio (2a) pone de relieve que la actividad más "visible" en los yacimientos arqueológicos es el aporte de carcasas o secciones de las mismas y su procesamiento con ayuda del instrumental lítico. El segundo tipo de estudio, el análisis de la potencialidad funcional de los artefactos pétreos (2b) parte de las observaciones obtenidas mediante la arqueología experimental, y puesto que los resultados de esta disciplina se prestan a más de una interpretación, la utilización somera que de ella hago tiene un valor discutible, que no pretendo que sea sino complementario. Los estudios realizados a este respecto ponen de relieve la adecuabilidad preferencial de determinados tipos de artefactos sobre otros, para funciones definidas. Las réplicas de útiles y su utilización sistemática y reiterada en una gama amplia de labores ha llevado a investigadores diferentes (Jones, 1980; Toth, 1982; Isaac, 1984) a converger en la elaboración de un cuadro funcional según la morfología y características artefactuales. Las lascas simples aparecen como las herramientas más versátiles al ser efectivas para cualquier acción de corte, bien sea en el proceso de desmembramiento de una carcasa, bien en la creación de una punta sobre un palo. Las lascas retocadas y los raspadores se muestran muy eficaces en las mismas tareas que las lascas simples y presentan sobre éstas la ventaja de poseer un filo algo más duradero. Los artefactos nodulares se muestran más útiles en los procesos de percusión, bien sea aplicada con el objeto de extraer el tuétano de los huesos, bien se utilice en la fragmentación de productos vegetales de cáscara dura. Si se tiene en cuenta que los conjuntos líticos de los yacimientos plio-pleistocénicos están constituídos en su mayor parte -el porcentaje medio excede el 90%- por lascas simples y, en menor medida, retocadas, las principales funciones que habrían ejecutado habrían sido de carácter cortante. Lo que no se puede concretar en este tipo de consideración es si el objeto de su aplicación sería sólo el procesamiento de carcasas o también la manipulación de objetos de madera.

Sin embargo, el estudio, siempre problemático, de las microseñales de desgaste presentes en algunos de los artefactos líticos sometidos al análisis de las huellas de uso ha puesto de relieve que fueron empleados, además de en el tratamiento de productos cárnicos, en la manipulación de productos vegetales y en el trabajo de la madera (Keeley & Toth, 1981). Esta circunstancia constataría una actividad distinta de la estrictamente subsistencial y modificaría ésta un tanto, ya que de ser cierta revelaría el aporte no sólo de nutrientes de origen animal, sino también de alimentos vegetales a dichos lugares, además de la modificación de objetos de madera, lo cual contradice la idea de los lugares referenciales como puntos de una única función en los que se habría minimizado la estancia.

En lo concerniente a la aplicación de un análisis espacial de tipo micro sobre los suelos de ocupación (2c), el problema es distinto. Los intentos realizados (Ohel, 1977; Isaac & Kroll, 1984) resultan sugerentes, aunque solamente sea por tratar una de las vertientes de la Arqueología espacial -el análisis a nivel micro- generalmente poco desarrollada. En los estudios del Paleolítico resulta un tipo de analítica cuya utilidad aun está por consensuarse, pero que ofrece sin lugar a dudas un soporte útil y dinámico al estudio tafonómico de la formación de los yacimientos. Su aplicación reciente en la década de los setenta (Leroi-Gourhan & Brezillon, 1972; Larson, 1975; Isaac, 1976) se hizo de manera esporádica y sólo en Africa parece desarrollarse de una manera más continua y con nuevos planteamientos.

Con el objetivo de ser capaces de distinguir las agrupaciones de restos creadas por breves episodios de ocupación de las de momentos de ocupación más extensos Kroll e Isaac (1984) plantean la posibilidad de poder discernir a través de un análisis espacial de los suelos la opción correcta de su formación: o se debe a una ocupación ininterrumpida o a varios episodios superpuestos. Después de resumir los diversos estudios de configuración espacial realizados en Africa Oriental ambos autores proponen que antes de establecer inferencias conductuales a partir del registro, éste debe hacerse inteligible mediante el descubrimiento del número de agentes que intervinieron en su formación. Para ello proceden a enumerar todas las posibilidades de formación de "concentraciones arqueológicas" y concluyen que sólo los suelos que se encuentren ubicados fuera de los cauces hidraúlicos, que posean indicios de actividad antrópica a través de la presencia de utillaje lítico y de modificaciones óseas, y que se encuentren depositados en horizontes de escasa potencia, dentro de un contexto geológico que indique una situación de sedimentación en estado de baja energía, son los apropiados para realizar este tipo de análisis.

Tras aplicar estos criterios a una serie de yacimientos de las áreas de Koobi-Fora y Olduvai, seleccionan aquéllos que tafonómicamente demuestran ser más íntegros y los someten a un estudio espacial micro aplicando los siguientes términos:

- Dimensiones y forma del yacimiento -

El objetivo es el análisis de zonas de mayor o menor concentración de restos para poder observar o bien alteraciones postsedimentarias o bien, en el caso de que éstas sean prácticamente inexistentes, zonas preferenciales de actividad. El estudio de las agrupaciones se hace estableciendo la diferencia entre núcleos o áreas densas, agrupaciones periféricas, y distribución dispersa. La interpretación de cada una de estas modalidades formales varía según autores, puesto que mientras que unos ven en el primer tipo el resultado de un acto de procesamiento, otros ven en el mismo un área de preparación del producto que es procesado en otro lugar (Ohel, 1977). Dado que los procesos de aprovechamiento y modos de consumo son variables entre las sociedades humanas actuales se impone la necesidad de la observación etnoarqueológica ante la plasmación material de cada una de estas actividades, aún por realizar desde una perspectiva de distribución espacial de restos.

- Número y densidad de restos- (véase supra).

- Remontajes de piezas líticas y óseas-

El ensamblaje de piezas distribuidas en zonas distintas del suelo de ocupación puede resultar útil porque suele ser un indicativo del grado de integridad del yacimiento y porque pueden seguirse algunos de los movimientos de los homínidos en su intervención en el mismo.

- Relación espacial entre los restos líticos y óseos.

Después de analizar de este modo los distintos suelos seleccionados las conclusiones que Kroll e Isaac alcanzan son las siguientes:

1. Los homínidos tallaron piezas líticas produciendo restos de talla en dicha acción.
2. Desecharon algunas de las piezas elaboradas al realizar una tarea determinada.
3. Trajeron piedras de fuera que también desecharon.
4. Amontonaron huesos después de haber consumido la carne y los fracturaron para extraer la médula. Para ello utilizaron los útiles allí fabricados.

Si se observan globalmente dichos resultados en realidad no ofrecen ningún dato nuevo que no hubiese sido previamente inferido por otro tipo de análisis como el estudio de los índices de representatividad del esqueleto o los análisis traceológicos tanto sobre artefactos como sobre sobre huesos (marcas de corte, estudio de las modalidades de fractura...). Su única novedad puede ser que otorgan a éstos una mayor validez. Resulta que después de tanto esfuerzo los objetivos iniciales de discernir modos de ocupación (continua o discontinua) y periodos de ocupación (breve o larga) quedan sin responder. Aunque veremos más adelante cómo este tipo de estudio aplicado con otros criterios puede ser de mayor utilidad para aportar una nueva luz a esta cuestión.

Puede ser que el convencimiento de que el análisis micro de los suelos no haya sido capaz hasta la fecha de dar respuesta a estas preguntas haya servido para que muchos lo juzguen inútil. Sin embargo, yo creo que su mayor potencial reside no en intentar explicar estas cuestiones -para lo cual aun queda un largo proceso de experimentación a través de "la teoría de alcance medio"- sino en lo que ya puede aportar en el estudio de los procesos de formación del registro. Para ello los trabajos realizados resultan reveladores, ya que el análisis de los patrones de distribución de las piezas y los remontajes entre ellas son claramente evaluadores del grado de intervención de los agentes.

Sin embargo, tal vez por el excesivo énfasis puesto en averiguar pautas de conducta, este tipo de análisis sea insuficiente al respecto y no se ocupe de desarrollar otra serie de premisas que permitar obtener una mayor productividad en este área. A los datos apuntados cabría añadir toda una serie de propuestas. Por ejemplo, el estudio de Payne (1983) sobre la distribución de restos óseos ateniéndose al tipo de distribución taxonómica. Esto que en principio puede parecer de escaso valor sirve para distinguir agentes interventores, ya que en el caso de un sistema cárstico los ocupantes de las cuevas ocupan lugares diferenciales y hacen acumulaciones, muchas veces sobre un repertorio faunístico distinto. Sobre este mismo tipo de análisis podría aplicarse un estudio de la distribución de los restos óseos con marcas de corte y, mucho más concluyente, un estudio espacial de los restos con marcas de dientes. Esto puede ayudar a la hora de intentar aproximarse a las área preferenciales recién referidas y sobre todo para evaluar el grado de acceso y la incidencia de las especies carnívoras en la formación del registro. Si se sigue con el mismo criterio un estudio de las zonas de distribución en función del grado de destrucción de los huesos también podría ofrecer más datos sobre los agentes que intervinieron, ya que éstos llevan a cabo un proceso de destrucción distinto según el tipo.

Por todas estas razones, la analítica espacial micro no resulta concluyente en cuanto a inferencias conductuales se refiere, aunque sí supone una llamada de atención para la inclusión de este tipo de estudio en el proceso de extracción de información de los suelos de ocupación, por aportar fundamento importante a la hora de establecer una valoración tafonómica correcta.

Con respecto al tercer tipo de consideración para evaluar el alcance funcional de los yacimientos plio-pleistocénicos, (3) el periodo temporal de acumulación y exposición de los restos presentes en ellos, las interpretaciones son heterogéneas y poco concluyentes. El método analítico empleado a este respecto es el estudio de los estados de alteración ósea bajo la exposición continuada a las condiciones ambientales. La observación de distintos estadios de desgaste óseo en los restos que forman los yacimientos, ha llevado a ciertos autores a evaluar el periodo temporal de exposición en una escala amplia -de cinco a diez años- (Potts, 1982, 1984, 1988) y a otros, utilizando criterios similares, a enmarcarlos en un periodo más breve -uno o dos años- (Bunn, 1982; Bunn & Kroll, 1986). Al margen de la diferencia de opiniones, "estamos aún muy lejos de inferir con seguridad el tiempo transcurrido en la formación de una acumulación ósea basándonos en el análisis del desgaste de los huesos" (Lyman & Fox, 1989), debido a que son muchos los factores que hay que considerar en este proceso. Los huesos compactos y pequeños, como falanges y podiales, sufren un proceso degenerativo más lento que el resto de los huesos. De igual modo existe un desgaste diferencial entre los huesos de taxones distintos y los pertenecientes a tamaños corporales diferentes. El mismo hueso puede sufrir alteraciones de un modo desigual según la parte que esté expuesta de manera directa al sol y la que se encuentre en contacto con el suelo. El contexto microambiental es de suma importancia, ya que factores como la sombra, la proximidad de vegetación o la variación de las condiciones de humedad o de ph del suelo producen efectos degenerativos distintos -se imprimen tempos variables- en un mismo conjunto óseo contemporáneo. Por último, toda la experimentación sobre alteraciones químicas realizada hasta el presente ha sido de carácter superficial; es decir, no se han documentado formas y ritmos de alteración en restos sedimentados, cuando se conoce que los huesos siguen deteriorándose en el subsuelo, ya que si bien éste inhibe el proceso, no es capaz de detenerlo (Lyman & Fox, 1989). Como aún es ingente la labor experimental por realizar en este campo, en el estado actual de nuestros conocimientos no es un criterio adecuado para evaluar el periodo temporal de exposición y acumulación de un conjunto óseo prehistórico.

En cuanto al (4) grado de aprovechamiento de los recursos cuyos restos forman el registro arqueológico, Potts (1982, 1984, 1988) es de la opinión de que el estado de los huesos indica el grado de perentoriedad con que fueron procesados por los homínidos. Basándose en esta aserción concluye que, dado que no fueron fracturados de un modo terminal, su aprovechamiento por parte de aquéllos no habría sido absoluto, debido posiblemente a la intención de no prolongar la estancia en el sitio. Bunn (1982), en cambio, afirma que el estado de fragmentación ósea es similar a la que realizan los cazadores-recolectores actuales y que entra perfectamente dentro de la gama marcada por éstos. En verdad parece ser así, ya que los únicos datos que distorsionan esta circunstancia en el análisis de Potts es que las epífisis se encuentran en un estado más completo que los conjuntos antrópicos modernos y que los huesos metapodiales parecen estar menos afectados que en éstos. Por otra parte, los huesos de la fauna de grandes dimensiones (proboscídeos, jiráfidos, etc...) se encuentran menos fragmentados que los restos de bóvidos, équidos y suídos, lo cual resulta normal debido a sus proporciones y a la mayor dificultad de su procesamiento. Por consiguiente, según este criterio, no debió existir tampoco una necesidad de desaprovechar los restos debido a un acortamiento de la estancia en el lugar.

En realidad, el único argumento sobre el que Potts insiste de manera constante para probar el carácter de celeridad que se imprimió a la ocupación de los lugares referenciales es la presencia de huesos con marcas de dientes, que constata el solapamiento del uso de los mismos por parte de los homínidos en primer lugar, y de los carnívoros en segunda instancia. Para Potts, un lugar referencial estable debería mantener a los predadores fuera de los restos que allí se generaron. Su impronta en éstos sería, según él, una evidencia de que acudían atraídos a ellos por contener restos que aún eran aprovechables. Sin embargo, esto no es del todo cierto; al menos en el sentido que Potts lo propone. La existencia de epífisis, bien enteras, bien fragmentadas -que son el producto de desecho del aprovechamiento antrópico-supone un atractivo suficiente para que determinados carnívoros -en general, hienas- acudan a dichos lugares (Blumenschine, 1988). Así pues, no es necesaria la existencia de un aprovechamiento deficiente de los restos para que los carnívoros se interesen por intervenir de manera secundaria sobre una acumulación ajena. Del mismo modo el índice de representación de marcas de dientes presentes en un conjunto de estas características se sitúa en torno al 15%; porcentaje que es más elevado en las formaciones en las que los huesos se hayan aprovechado de un modo menos terminal (Blumenschine, 1988). En este sentido, el promedio de representación de este tipo de improntas en cada uno de los yacimientos plio-pleistocénicos se sitúa por debajo del 15 % -en gran parte de los casos, bastante menos- (Bunn, 1982; Potts, 1982), con lo cual coincide plenamente con el que realizan los carnívoros sobre amontonamientos que ya no resultan de ninguna utilidad, desde una consideración antrópica del aprovechamiento.

Este elemento referencial posee una inmensa relevancia para la interpretación funcional de los suelos de ocupación, ya que este tipo de aprovechamiento secundario de una cumulación ósea de homínidos sólo resulta de interés para los hiénidos o cánidos -los félidos no procesan huesos (si lo hacen es sobre presas pequeñas y centrándose en los estilopódios)-, hecho que apoya el porcentaje de representación de marcas de dientes (Blumenschine, 1988). Si esto es así, como todos los datos indican, los homínidos no tendrían que haber acelerado el periodo de estancia en los lugares referenciales porque las hienas y los chacales no habrían constituído ningún riesgo inabordable. Unos homínidos que hubiesen sido capaces de hacer frente a los riesgos de deambulación por los espacios abiertos deberían haberse manejado con soltura en las áreas cerradas frente al riesgo menor que suponían estos animales. La presencia de marcas de dientes en sus restos faunísticos, lejos de implicar el acoso de los carnívoros, sería el resultado lógico del acceso secundario de éstos a dichos amontonamientos y su aprovechamiento terminal. Que desde el final del Pleistoceno inferior en adelante se advierta que los porcentajes con marcas de dientes decrezcan en algunos yacimientos e incluso desaparezcan (Potts, 1988, 1989) tendría entonces más que ver con una situación trófica concreta que con un cambio de la estrategia conductual en el comportamiento subsistencial de los homínidos. Dicho de otro manera, mientras que los homínidos del Plio-Pleistoceno se vieron obligados a coexistir hasta con siete especies de hiénidos distintas -alguna de las cuales probablemente incidiese en los bosques aluviales de un modo más regular que las especies actuales-, los homínidos del Pleistoceno inferior y medio se encontraron inmersos en una situación ecológica en la que la diversidad de hiénidos era como la actual y, por consiguiente, poco proclive a aparecer por los bosques lacustres y de galería. Esto habría implicado que en los yacimientos arqueológicos de este periodo, situados en este tipo de hábitat, no se hubiese llevado a cabo un aprovechamiento secundario terminal de los restos por parte los carnívoros, lo cual se habría traducido en un índice menor de la aparición de improntas dentarias sobre las superficies óseas.

A modo de recapitulación, de todos los factores de análisis propuestos sólo tres se muestran conformes con uno de los modelos funcionales explicativos del registro. Se trata de la ubicación paleoecológica, que permite la estancia prolongada en una situación de bajo riesgo, el análisis de las huellas de uso, que de ser válido indicaría la realización de varias actividades en el lugar, y el grado de aprovechamiento de los recursos, que también apunta a una ocupación tranquila.

Estas consideraciones apoyan la idea de que el periodo temporal de ocupación de los lugares referenciales, en una escala sincrónica, en vez de ser breve, habría sido de carácter extenso, aún cuando su duración resulte indeterminable, conforme a los dictámenes del modelo de "forrajeo de lugar central". Un factor complementario a tener en cuenta es el estudio de la situación y formación de yacimientos excepcionales, como el FxJj 3 de Koobi Fora o el FLK North 6 de Olduvai. En este caso argumentaba con anterioridad (Capítulo 6.1) cómo la mayor parte de los autores los interpretan como yacimientos formados por la creación de lugares referenciales en yacimientos de tipo B previos, en los que la obtención de un animal de grandes dimensiones habría propiciado su ocupación, para el aprovechamiento de sus recursos. Este hecho indica un periodo temporal de utilización del lugar extenso y no breve, además de detractar la propuesta del "escondrijo de piedras", según el cual la consecución de una carcasa de grandes dimensiones, en vez de haber sido aprovechada in situ, se habría desarticulado y desplazado a los lugares de procesamiento.

Un elemento final que debe considerarse, (5) el estudio del grado de reincidencia en la ocupación de los lugares referenciales puede resultar también esclarecedor. Para ello es preciso volver, una vez más, al análisis espacial micro de los suelos de ocupación. Si antes obsevábamos que la principal utilidad de este tipo de analítica residía en evaluación del estado de alteración sufrida por los yacimientos, existe una vía alternativa por explorar que, lejos de resultar concluyente, aporta una información complementaria sumamente valiosa. Se trata del estudio de la dispersión espacial de los restos y de las **asociaciones significativas**. Por asociación significativa debe entenderse la aparición zonal de asociaciones de restos que permiten elaborar conjeturas sobre actividades aisladas, que pueden deberse bien a momentos de ocupación distintos, bien a un mismo momento ocupacional en el que se establece una división espacial del lugar.

Se parte de la hipótesis de que la reocupación de un sitio por medio una estancia extensa -es decir, no limitada al cumplimiento de una simple actividad subsistencial- implica una distribución de restos, repartida en asociaciones significativas a lo largo de un área de dimensiones amplias, cuyas proporciones se incrementan de acuerdo con el número de veces que se haya ocupado el lugar. Si se observa a los pueblos cazadores-recolectores actuales, la utilización reiterada de un campamento no se lleva a cabo en el mismo lugar exacto que en la ocupación anterior -con lo cual se genera una ampliación del área cultural- o si se hace se realiza una limpieza previa de la zona (Gifford, 1977; Potts, 1988). Por ello, puesto que la ocupación intermitente de un lugar con función de campamento base no genera un continuum acumulativo de restos limitado espacialmente, es previsible que una reocupación alternante genere asociaciones significativas -si los procesos tafonómicos no han alterado esa circunstancia en exceso- en secciones zonales amplias.

Un conjunto de ejemplos reveladores al respecto aparecen en el trabajo de investigación etnoarqueológica de Gifford (1977) sobre los Dassanetch en el Turkana oriental, de los cuales vamos a observar en detalle dos de ellos. El yacimiento 10, creado en dos momentos de ocupación distintos- el primero de siete días y el segundo de dos días de duración- presenta una diversidad de restos

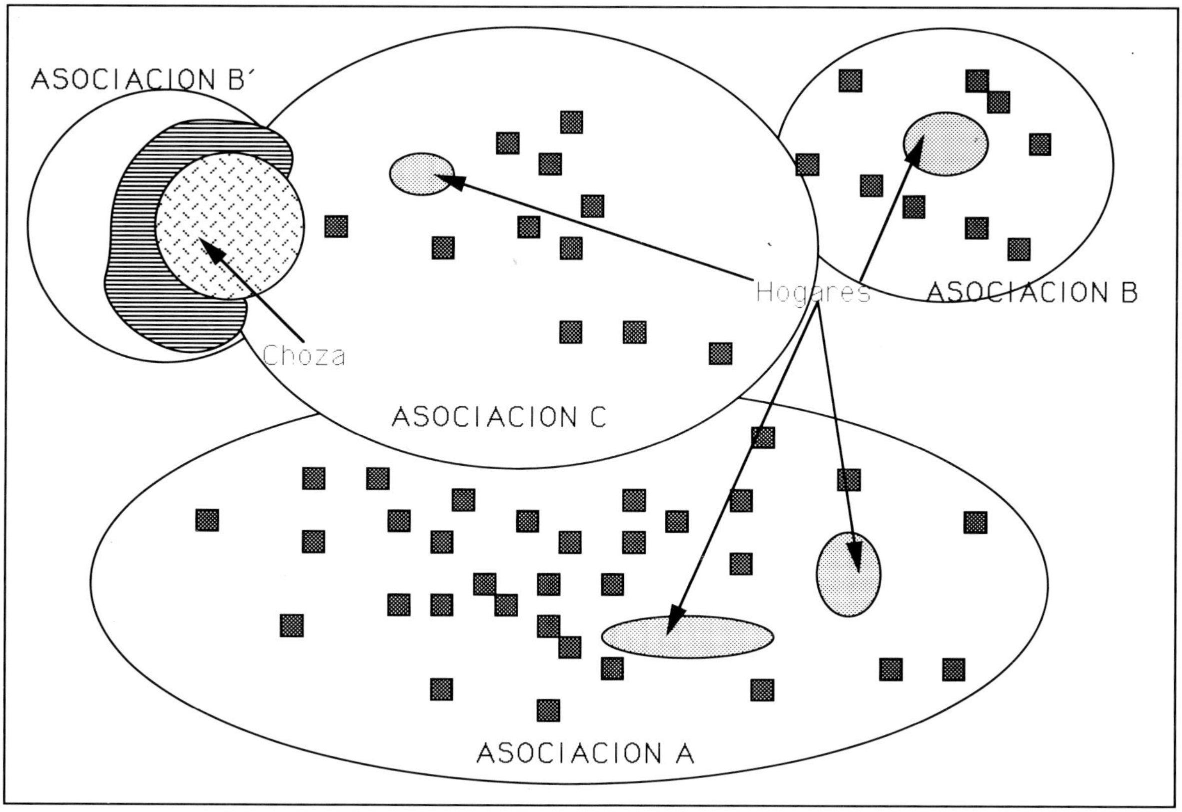

FIG. 39.*Plano de dispersión de materiales en el yacimiento 10 de los Dassanetch (Gifford, 1977).*

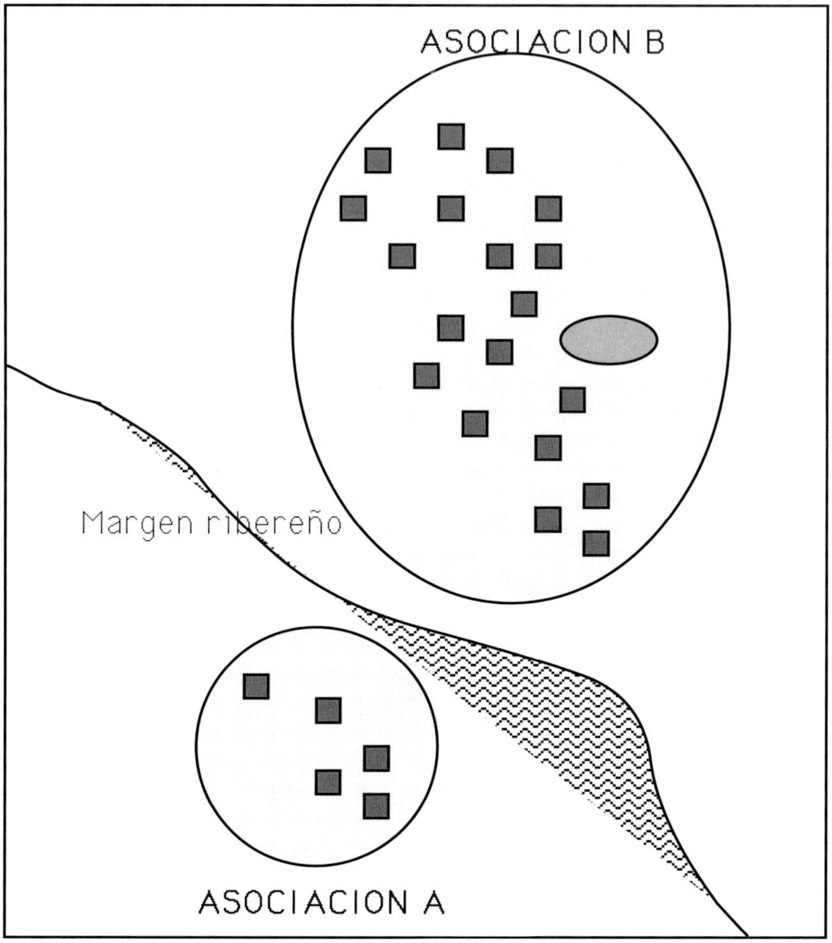

FIG. 40. *Plano de dispersión del yacimiento 02 (Gifford, 1977).*

repartidos en varias zonas (Figura 39). Durante los tres primeros días, los huesos de los nutrientes animales aportados se amontonaron en torno a dos hogares situados en el sector meridional del yacimiento (Asociación A). El cuarto día se construyó un hogar nuevo al noreste y se descartan los dos anteriores, utilizándose en adelante el nuevo, que se constituye en el foco de la actividad procesual (Asociación B). A continuación, el campamento se abandona y más tarde es reocupado durante dos días, creándose un nuevo hogar en proximidad a la choza, en torno a la cual se generan restos (Asociación C). Una vez abandonado el campamento de un modo definitivo, los restos acumulados abarcan una extensión de 1575 m. (35 m. x 45 m.) y se reparten en tres asociaciones espaciales significativas.

El yacimiento 02, ocupado durante una semana, es un claro ejemplo de un yacimiento de tipo B transformado en campamento base (Figura 40). Se trata de un área de desarticulación de un hipopótamo, en la que se distingue una zona de despedazamiento (Asociación A) y una zona de aporte de restos (Asociación B). También aquí se advierte más de una asociación en una dispersión global amplia, que en este caso abarca 3825 m^2. (85 m. x 45 m.).

Uno y otro yacimiento poseen las siguientes características -en común con el resto de yacimientos estudiados por Gifford, en los que ha existido una reocupación- indicativas de su funcionalidad: la existencia de áreas de acumulación diferencial en las que aparecen asociaciones significativas, una dispersión de los restos en áreas superiores, en término medio, a los 1000 m^2. -vease Apéndice E: Tabla 1- y un índice de restos por metro cuadrado muy bajo.

Los yacimientos arqueológicos, en cambio, muestran unas características de organización diferentes. Si se observan los suelos de ocupación plio-pleistocénicos (Figuras 41, 42, 43, 44 , 45 y 46) se puede advertir que en éstos no existen asociaciones significativas estructuradas en zonas distintas de deposición diferencial, sino que los restos aparecen distribuidos en forma de un núcleo de alta densidad, rodeado de secciones periféricas de acumulación menor y variable. En vez de existir áreas preferenciales de amontonamiento, como revelan los estudios etnoarqueológicos, lo que aparecen son zonas de mayor o menor densidad de restos, que siguen una regularidad decreciente de dispersión, según nos alejamos del foco central de la acumulación. Esto se observa con claridad en yacimientos como el DK 2, FLK 22, FLK North 1-2-6 en Olduvai y FxJj 1, FxJj 3, FxJj 20 y FxJj 50 en Koobi Fora. Del mismo modo las áreas que abarcan los yacimientos son mucho más reducidas que las zonas antrópicas modernas donde se lleva a cabo un proceso de reocupación. Las dimensiones medias permanecen por debajo de los 200 m^2. Igualmente, el índice de restos por metro cuadrado, en contra de lo que ocurre en las observaciones etnoarqueológicas, es muy elevado (Apéndice E: Tabla 2).

Desde una consideración de campamento base, estas razones indicarían un periodo de ocupación extenso debido a una limitación espacial tan reducida y a la ausencia de asociaciones significativas como las descritas. Ocupaciones sucesivas en el mismo lugar habrían generado una dispersión mayor de los restos, la aparición de áreas preferenciales de acumulación y abarcarían una zona bastante más amplia. Sin embargo, si ésto hubiese sido así, resulta que los periodos temporales sincrónicos que pudieran inferirse del registro serían de igual modo bastante amplios; lo suficiente para generar una acumulación de la magnitud de la presente en una gran parte de yacimientos, para lo cual se habrían precisado semanas.

Dado que todos los enfoques analíticos aplicados al discernimiento de la funcionalidad de los suelos de ocupación apuntan a un periodo sincrónico extenso -contra Potts (1982, 1984, 1988)-, la aceptación de la conclusión recién expuesta conduciría a la conceptualización de los mismos -si se parte de una consideración de campamento base- dentro de un marco diacrónico breve. De este modo los yacimientos arqueológicos habrían sido el resultado de una única ocupación larga en términos temporales.

Sin embargo, existe una interpretación alternativa, consistente en explicar la formación de los yacimientos no como recintos que encierran la actividad de lo que denominamos en la actualidad campamentos base, sino como enclaves creados a modo de lugares referenciales con una diversidad de funciones subsistenciales, situados en la periferia de las áreas principales de actividad social. En su trabajo de investigación, Gifford (1977) expone que los Dassanetch utilizan los focos principales de acumulación ósea no sólo como lugares de descuartizamiento y aprovechamiento de los recursos, sino también como talleres de reparación y elaboración de herramientas. Este hecho pude observarlo entre los Turkana, que residen en el margen opuesto del lago que ocupan los Dassanetch. Sin embargo, en los sitios donde se lleva a cabo la acumulación de restos de mamíferos, la realización de otras actividades se ve menos favorecida por la presencia misma de los restos y por el foco de atracción constante que constituyen para los mosquitos y otros animales. Me llamó en especial la atención observar cómo entre los Turkana existe la costumbre de utilizar dichos lugares como área de procesamiento y consumo colectivo de alimentos y sitio de reparación de herramientas -arpones y venablos- restringiendo la actividad social a la expresada en torno al hogar en el momento de la ingesta de nutrientes o de reavivado de algún arpón, y prolongándola tan sólo a continuación de estas actividades en el periodo nocturno, pues la presencia del fuego facilita esta conducta. A lo largo del día el resto de las actividades sociales realizadas en los límites del campamento base se llevan a cabo a una distancia de varios metros del foco de acumulación, pero siempre en torno al mismo. Esta situación me llevó a pensar si no existiría entre las sociedades no productoras una división espacial del campamento base en función de los tipos de actividad. A este respecto, el ingente número de trabajos etnográficos supuso una gran ayuda, pues resulta que en una diversidad de pueblos este hecho se cumple. Etnias tan diversas como los Hadza de Tanzania (O´Connell en Potts, 1988), los Pigmeos del Zaire (Fisher & Strickland, 1989), los Hotentotes en Africa meridional (Brain, 1981) o los Dassanetch de Kenia y Etiopía (Gifford, 1977) realizan en realidad ese proceso de división espacial de sus campamentos, asignando el área más externa de los mismos a las funciones de preparación de alimentos de origen animal y a su consumo. Si en la actualidad sólo la existencia de hogares prolonga la permanencia en dichos lugares, tras el cumplimiento de su función, uno puede imaginarse que en un momento en el que el fuego no era utilizado regularmente por nuestros antepasados, la estancia en semejantes puntos se restringiría al cumplimiento de las actividades mencionadas.

Si en el pasado los lugares ocupados por los yacimientos arqueológicos aglutinaron tan sólo las actividades relacionadas con la subsistencia, como ocurre en los pueblos actuales citados, sería previsible que ocupasen la periferia o el área más distante de la zona en donde tuviese lugar el resto de las manifestaciones sociales. No obstante, hasta ese punto caben ser considerados, en su dimensión absoluta, como campamentos base (Figura 47) y su establecimiento en lugares determinados, en un acto de reocupación de sitios que con anterioridad hubiesen constituido áreas de asentamiento, habría producido una dispersión mayor de las zonas de acumulación de restos, la aparición de asociaciones significativas en un escrutinio espacial de tipo micro y un menor índice de representatividad de elementos por unidad territorial; rasgos que no coinciden con la información observable en el registro arqueológico.

Lo que propongo, en cambio, es el establecimiento de "lugares referenciales de actividades primarias" como puntos de referencia para la creación de asentamientos estables. Mientras que en los campamentos base actuales las áreas periféricas de procesamiento se sitúan según el capricho variable de sus ocupantes y dentro de un escenario cambiante, dependiendo de las reocupaciones de un lugar, la creación de las zonas referenciales por parte de los homínidos podría haber sido algo más planificado. Si tenemos en cuenta que estos lugares parecen haberse establecido y dispuesto con anterioridad a su uso, abasteciendose de recursos líticos, es lógico pensar que su aparición puede haberse debido a la elección de un área de habitación y a la disposición de una de sus secciones como lugar de procesamiento alimenticio. Si bien el nacimiento de estos puntos de referencia puede depender de la elección del lugar de ocupación en primera instancia, su mantenimiento los convertiría en ejes preferenciales, en torno a los cuales podrían establecerse asentamientos futuros, que si bien podrían variar en cuanto a la ubicación de las áreas sociales, todos ellos mantendrían como rasgo común la utilización del mismo "lugar referencial", es decir, la zona que constituye en la actualidad cada yacimiento arqueológico, como área procesual básica (Figura 48). La existencia de recursos líticos, con los cuales poder aprovechar los alimentos cárnicos en dichos sitios habría sido motivación más que suficiente para su reutilización.

En este sentido una parte importante de yacimientos pudieron haber funcionado como "escondrijos de piedras", pero en una concepción muy diferente de la que mantiene Potts en su propuesta. Los lugares no habrían tenido una función de consumo rápido de carcasas, sino que se habría permanecido en ellos con tranquilidad puesto que su contexto paleoecológico ofrecía las garantías para una estancia prolongada. No se habrían dedicado a una única actividad sino que pudieron haber servido para la preparación y consumo de todo tipo de alimentos, al igual que para otras actividades como la preparación de herramientas -de piedra y madera- como demostraría la variedad de huellas de uso presentes en los artefactos líticos sometidos al análisis de desgaste (Keeley & Toth, 1981). Si tal y como se desprende de los datos paleoecológicos, los homínidos hubieron deambulado por los bosques aluviales en mayor medida que en otros lugares, la creación de áreas de asentamiento, en una parte de las cuales se dispuso de materias líticas, habría impulsado en los movimientos cíclicos de los grupos por estas áreas el establecimiento de los mismos en torno a los "lugares referenciales", donde sabían de la existencia de piedras y su utilización continuada, en los procesos de reocupación del entorno, como áreas de actividades primarias.

Esta concepción permitiría la posibilidad de que los suelos arqueológicos que muestran una estancia sincrónica extensa, pudiesen también haber experimentado una ocupación diacrónica extensa, en un proceso de reocupación que concibe a los lugares referenciales como unidades independientes. Esta propuesta explicaría los tres factores que impiden realizar atribuciones temporales diacrónicas abiertas a la interpretación clásica de campamento base, ya que de haber sido así, la utilización de una misma "área subsistencial" de manera reiterada para un número limitado de funciones se podría haber realizado en todo momento dentro de un margen espacial reducido, tal y como demuestran las escasas dimensiones de los yacimientos arquológicos. De igual modo la superposición de actividades sobre una misma área limitada impediría la formación de asociaciones significativas detectables a través de un análisis espacial de tipo micro, como en realidad sucede. Igualmente, la reutilización de estos espacios habría generado una acumulación de restos por unidad territorial bastante amplia, tal y como es el caso (Apéndice E: Tabla 2).

En definitiva, la contrastación de las diversas hipótesis con los datos extraídos del registro arqueológico apunta a que la formación de los yacimientos se debió a una utilización sincrónica de carácter extenso, cuya duración se desconoce -pudieron ser sólo unos días o bien varias semanas- y con una temporalidad diacrónica que pudo ser breve -un solo momento de ocupación- o larga -un proceso de varias reocupaciones-.Esta última posibilidad sólo resulta coherente con la información del registro si se hubiese llevado a cabo dentro de unas pautas de actuación como las recién señaladas para el modelo que propongo de "lugares referenciales de actividades primarias", en las que el mantenimiento de dichas áreas y la variación del espacio habitado en cada momento de ocupación habrían condicionado el modo de acumulación de los restos. En el primer caso hablaríamos de campamentos base, tal y como se define en la actualidad, y en segunda instancia se trataría de una forma matizada de éstos, en los que la consideración del área donde aparece la acumulación no puede ser definida como tal, a no ser que se encuadre dentro de una zona de ocupación más extensa. En ambas circunstancias los lugares parecen haber otorgado seguridad a sus ocupantes, a tenor del contexto paleoecológico, de la prolongación de la estancia y de la realización de varias actividades -aporte de materia prima, elaboración de herramientas, preparación de alimentos de origen animal y vegetal y tratamiento de la madera, si los datos traceológicos son ciertos- y de su aparición en lugares donde los recursos vegetales eran abundantes. La presencia de marcas de dientes en los yacimientos plio-pleistocénicos, que sirven a Potts como argumento para inferir un solapamiento en el uso de dichos sitios por carnívoros y homínidos, no habría sido el resultado de la necesidad de un periodo ocupacional de los homínidos de carácter sincrónico breve, ya que esta alteración tafonómica puede explicarse, sabiendo que es el efecto causado por un agente de intervención secundaria (Potts, 1982, 1988) ateniéndose a las siguientes posibilidades:

1- La mayor diversidad específica de hiénidos en el Plio-Pleistoceno habría impulsado que el nicho ecológico de alguna de las especies hubiese incluído de un modo más permanente la deambulación por los hábitats de bosque aluvial, en comparación con las especies actuales, con lo cual la posibilidad de intervención sobre acumulaciones antrópicas habría sido más elevada y, por consiguiente, más manifiesta

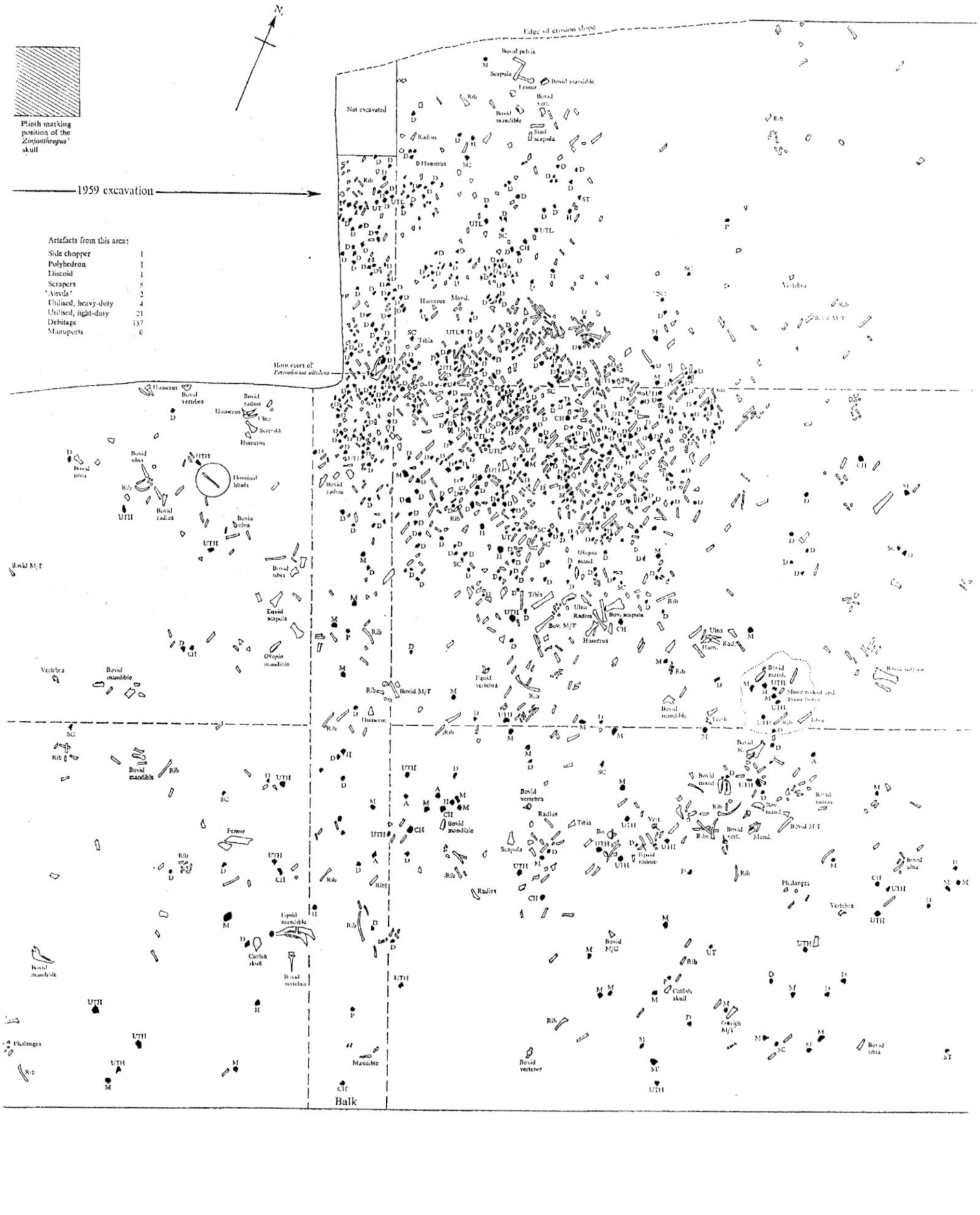

FIG. 41. Plano del yacimiento FLK 22 "Zinj", Olduvai (Tanzania) (Leakey, 1971)

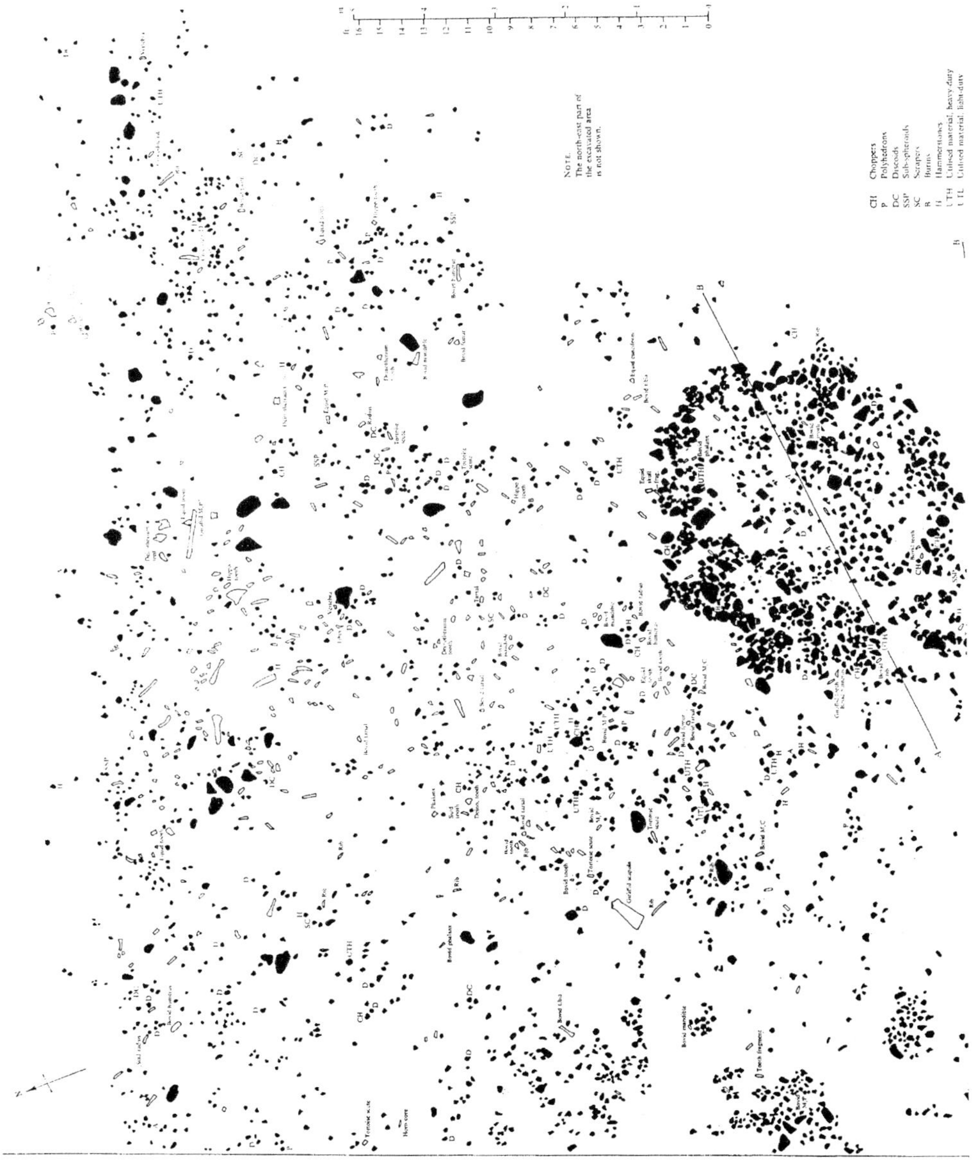

FIG. 42. Plano del yacimiento DK de Olduvai (Tanzania), mostrando la distribución de piedras y huesos. (Leakey, 1971)

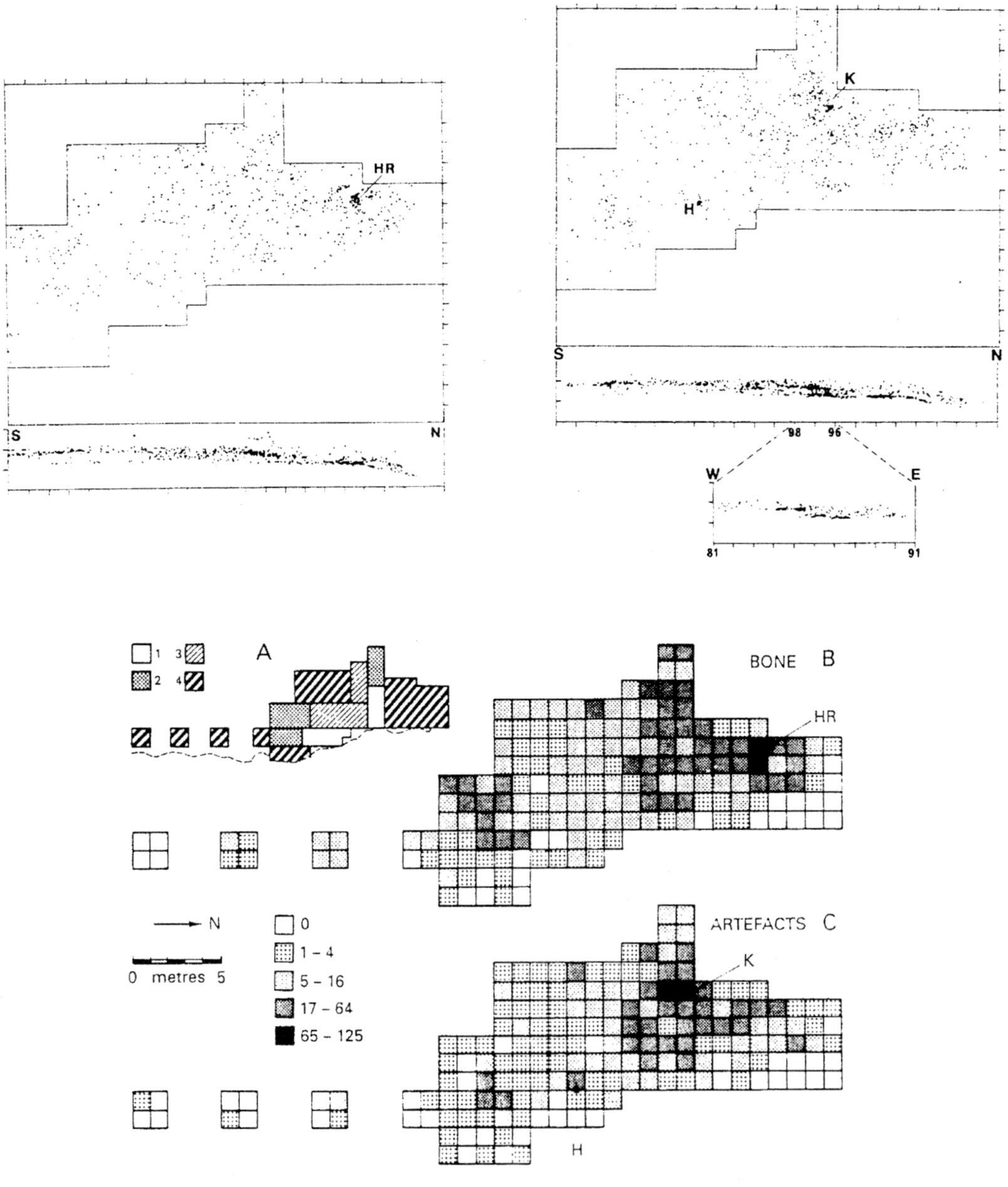

FIG. 43. Plano del yacimiento FxJj de Koobi Fora (Kenia). Los gráficos superiores indican la distribución de huesos (izquierda) y artefactos de piedra (dercha) y los de abajo muestran dichas asociaciones en términos cuantitativos.

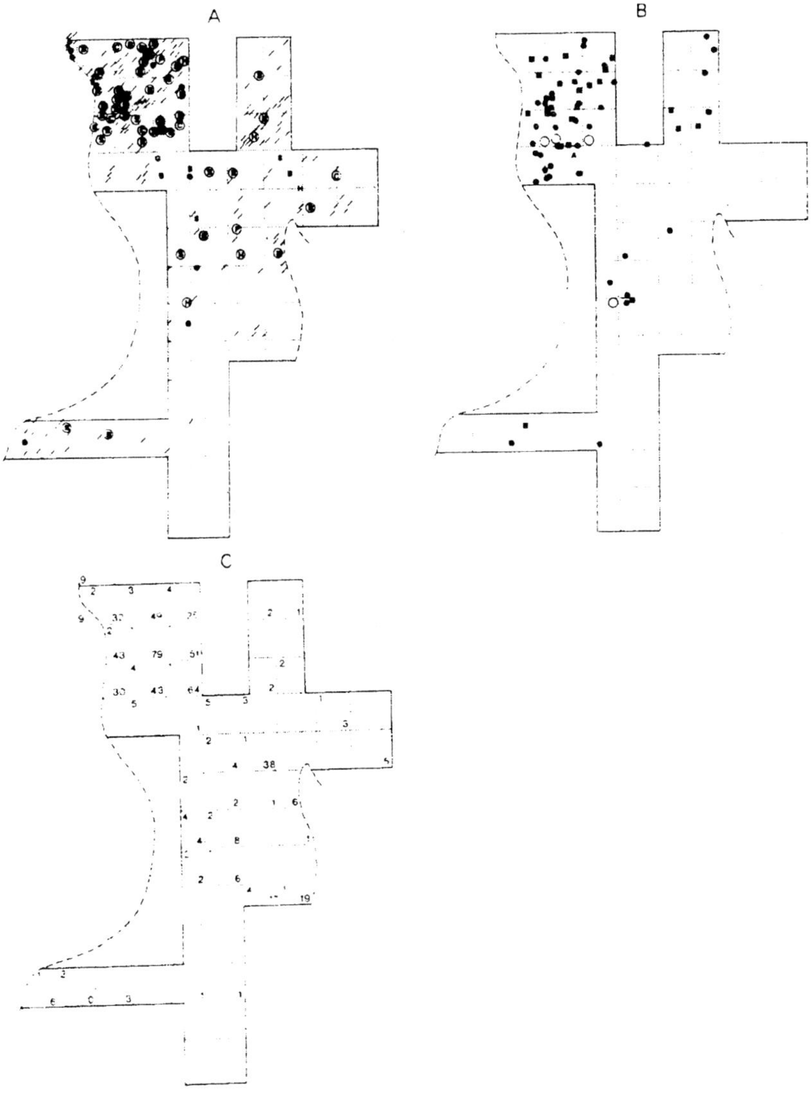

FIG. 44. Plano del yacimiento FxJj 1 KBS de Koobi Fora (Kenia). (A) Distribución de huesos según cada taxón: B- bóvido, C- Cocodrilo, G- girafa, H- hipopótamo, P- puercoespín, S- suído. (B) Distribución de artefactos: núcleos (círculos en blanco), lascas (círculos negros) y productos de talla (cuadrados negros). (C) Distribución de huesos y artefactos líticos por cuadrícula ($1m^2$): el número superior a la izquierda indica el número de piedras y el de la parte inferior de la derecha, el de huesos (Isaac, 1978).

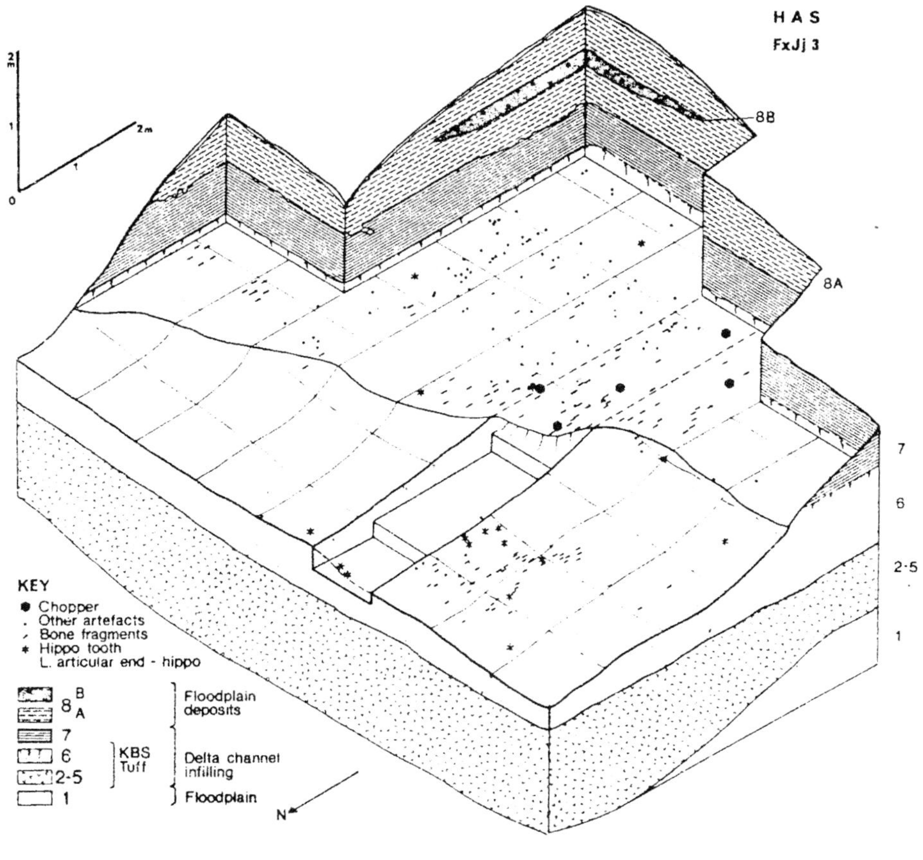

FIG. 45. Plano del yacimiento FxJj HAS de Koobi Fora (Kenia) (Isaac, 1978).

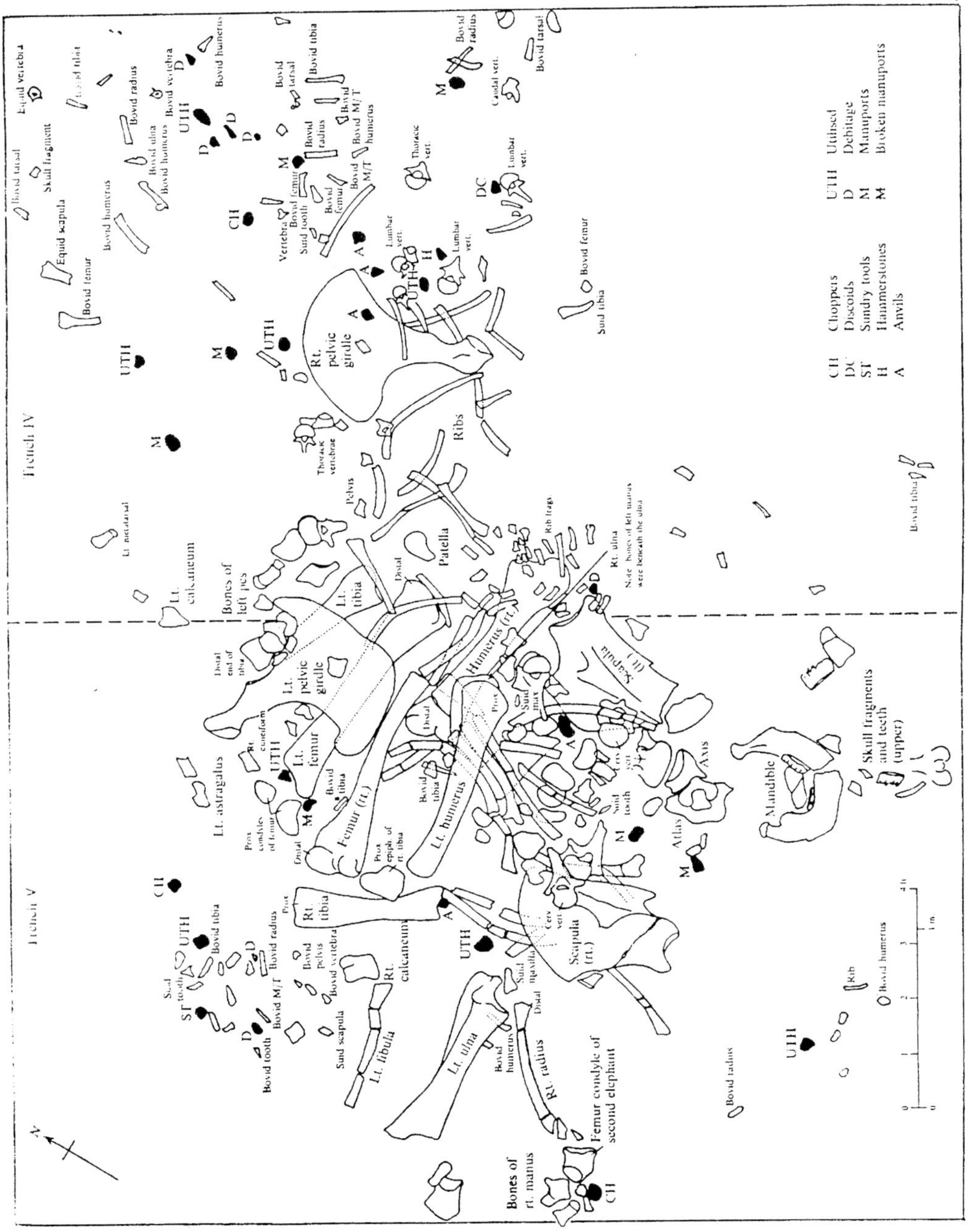

FIG. 46. Yacimiento FLK North 6 de Olduvai (Tanzania). Plano del esqueleto de elefante y los artefactos asociados al mismo (Leakey, 1971)

que en la actualidad. La extinción de estas especies habría provocado la disminución de dicho grado de incidencia y la práctica inexistencia de marcas de dientes en las acumulaciones óseas más tardías (Potts, 1989).

2- Cabe la posibilidad de que en vez de deberse a razones ecológicas, la presencia de este tipo de alteración se explicase en términos de variación de la funcionalidad de los suelos de ocupación. Si la propuesta de los "lugares referenciales de actividades primarias" fuese aplicable al registro plio-pleistocénico, esto explicaría que agentes carnívoros menores pudiesen alterar las acumulaciones homínidas al quedar éstas retiradas de los focos centrales de actividad social. Un hipotético cambio de estrategia en el Pleistoceno medio y final -que curiosamente coincide con una ampliación de las dimensiones de los suelos de ocupación- que adoptase la forma moderna de campamento base tal vez podría repercutir en que esta alteración tafonómica no se produjese.

3- Si se desecha la hipótesis de la variación funcional de los suelos de ocupación cabe una tercera opción, consistente en una variación temporal de los periodos de establecimiento. Si los yacimientos fueron el resultado de varias ocupaciones breves intermitentes, en los interludios de ausencia de establecimiento, los carnívoros pudieron haber intervenido en las acumulaciones. Si, en cambio, los periodos de estancia fueron largos, tal vez los restos no poseían luego un atractivo suficiente para los carroñeros. La variación de este tipo de atracción de unos periodos a otros pudiera haber sido un indicador temporal de estas características.

Me inclino a pensar que, puesto que tanto las hienas como los chacales -que son los únicos carnívoros interesados en una acumulación antrópica- no constituyen una amenaza relevante para nuestros antepasados, ya que son sumamente huidizos, su intervención en los lugares referenciales pudo ser bien contemporánea a la ocupación del entorno por los homínidos, bien en un momento posterior. Las hienas, de actuación más activa en el periodo nocturno, pudieron haber modificado los restos acumulados por los homínidos mientras que éstos dormían en árboles cercanos o un tanto alejados de dichos lugares. A este hecho habría ayudado no sólo semejante circunstancia, sino también una existencia específica mayor de agentes carroñeros en el Plio-Pleistoceno.

Por consiguiente, bien sea definiendo a los yacimientos arqueológicos como campamentos base -de ocupación sincrónica extensa y diacrónica breve- o bien como "lugares referenciales de actividades primarias" o campamentos base matizados -de ocupación sincrónica y diacrónica extensa-, desde el modelo de "forrajeo de lugar central", de mayor poder heurístico que los modelos alternativos, la aparición del registro arqueológico queda conceptualizada dentro de una variedad limitada de órdenes estructurales, que se constituyen en el efecto de una causa basada en una reorganización de los patrones de conducta.

La aparición de una forma estructural como la que posibilita cualquiera de las formas de organización descritas, solamente entra en contradicción con los paradigmas que pretenden interpretar el cambio social y cultural mediante un proceso evolutivo de tipo gradualista filético. Que las principales pautas de organización que regulan la formación de conductas subsistenciales capaces de generar campamentos base hubiesen aparecido a finales del Plioceno no supone ninguna exageración- todo lo contrario si se analizan los datos arqueológicos con detalle-. Lo interesante, como arqueólogos, sería que pudiésemos discernir la evolución de los modos de organización internos de dichas pautas conductuales, porque la aparición de formas similares al modelo de campamento base en el Plio-Pleistoceno no supone a priori ni el surgimiento brusco y conjunto de todos los modos de organización implicados en la formación de los modernos campamentos base, ni el funcionamiento estático -y por consiguiente no sujeto a alteraciones- de los mismos. En este sentido sería muy productivo que la investigación futura estuviese encaminada al discernimiento de la variación de criterios tan básicos para la interpretación de los suelos de ocupación como son la formación de las asociaciones espaciales significativas, el estudio de las dimensiones de las

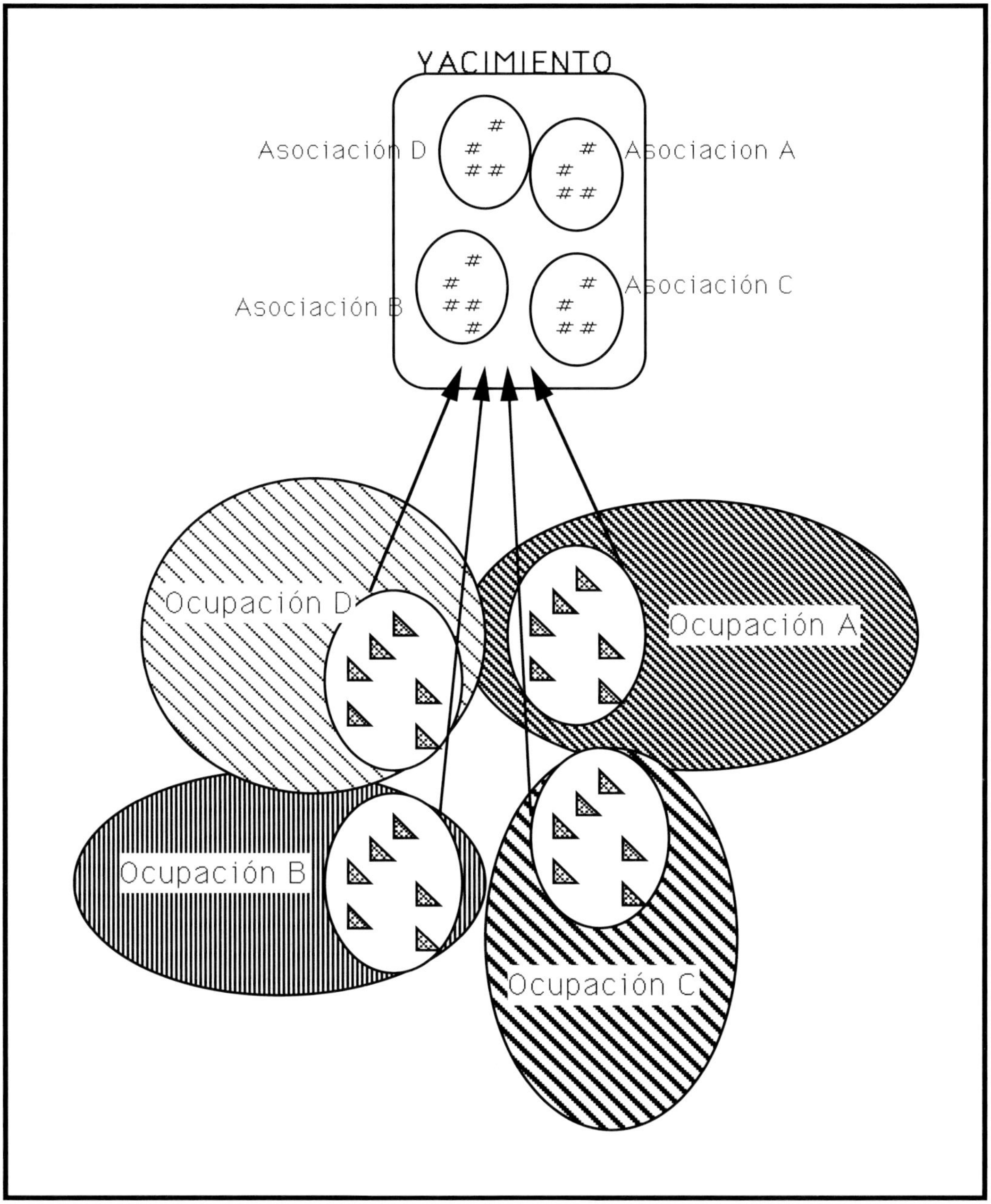

FIG. 47. *Aparición de asociaciones significativas en momentos de asentamiento distintos.*

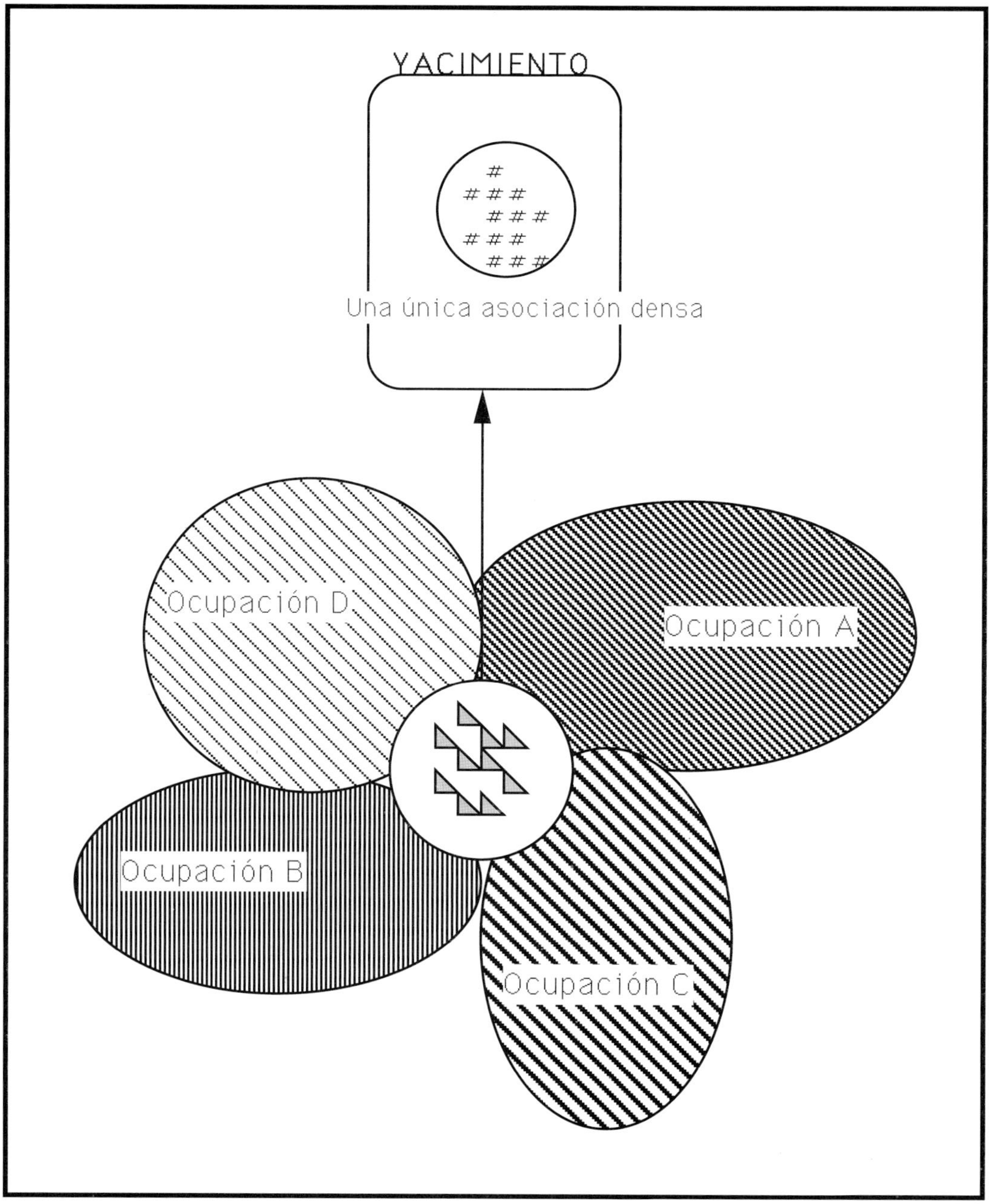

FIG. 48. *Formación de una acumulación limitada en un "lugar referencial de actividades primarias".*

zonas ocupadas y el índice de restos por unidad zonal, con lo cual podría verse que los yacimientos arqueológicos del Pleistoceno superior, por ejemplo, son distintos de los yacimientos plio-pleistocénicos, lo cual debe responder a modos de organización distintos en ambos contextos, aún cuando sea concebible un mismo armazón conductual básico.

6.3- ¿CAZA O CARROÑEO?

Hasta bien entrada la década de los sesenta el consenso académico general sobre el modo de obtención de los recursos cárnicos por parte de nuestros antepasados se establecía en torno a la interpretación de la caza. Este propuesta exegética, que iba pareja a la concepción de campamento base tradicional, se tambaleó cuando en la década de los setenta se cuestionó la atribución de campamento base sobre los suelos de ocupación plio-pleistocénicos que se mantenía hasta entonces. Esto constituye un claro ejemplo de la influencia del pensamiento social en el desenvolvimiento corriente del proceder de la Ciencia. Normalmente me defino como realista crítico en la concepción del progreso científico. No obstante, difiero de la linea epistemológica popperiana en cuanto a la concepción de la dinámica histórica de dicho proceso, ya que la idiosincracia de la Ciencia se encuentra en estrecha relación con el mantenimiento de paradigmas - en términos kuhnianos- o programas de investigación -siguiendo la nomenclatura lakatiana- y son éstos los que en su dialéctica generan marcos referenciales nuevos. Al paradigma del homínido cazador se le antepuso en los setenta el modelo del homínido carroñero. No deja de ser sorprendente que ante el despliegue económico del capitalismo -sobre todo el americano- y tras un periodo de dos guerras mundiales y la intervención bélica de los Estados Unidos en las guerras de Corea y Vietnam, le sucediera un periodo en el que florecieron una auténtica diversidad de manifestaciones pacifistas -el movimiento "hippie" es uno de los exponentes más llamativos- como sentimiento social de aversión hacia todas las actitudes agresivas del sistema. Tal vez esto pueda parecer algo inconexo con el tema que aquí voy a tratar, pero tiene una relación evidente. El paradigma de cazador sanguinario que se defendía hasta entonces para interpretar la conducta de nuestros antepasados evolutivos sirvió como justificante de las manifestaciones de agresividad y territorialidad del género humano en general y, por ende, de la situación social contemporánea. No es de extrañar que a este modelo le sucediera, en un momento de inquietudes sociales de cariz pacifista, un paradigma -el del carroñeo- que conceptualizaba a los homínidos dentro de un marco conductual de indefensión y docilidad ante la hostilidad del medio e incapaces, por tanto, de practicar una actividad cinegética regular.

Este paradigma se ha ido afianzando con el paso del tiempo, pese a la desaparición de una gran parte de las inquietudes sociales de las décadas pasadas, no sólo por ser crisol de donde se siguen extrayendo justificaciones psicológicas y sociológicas que se aplican en la actualidad, sino porque se amolda de mejor manera al paradigma evolutivo tradicional. En estos momentos, el consenso académico es que los miembros primigenios de nuestro género fueron en esencia carroñeros y practicaron esta estrategia con regularidad (Lewin, 1984).

Si embargo, semejante aserción, lejos de estar justificada en su rotundidad, resulta inexacta en términos ecológicos. Para sostenerla desde un punto de vista material se ha acudido a diversas consideraciones, que se han tomado como rasgos diagnósticos inequívocos plasmados en el registro arqueológico:

1- Perfil de edades y dimensiones corporales (Vrba, 1975, 1980). Este planteamiento se basa en la acción trófica de la predación carnívora moderna. El argumento principal es que una gran parte de carnívoros mantienen en la actualidad una actividad cinegética centrada sobre especies jóvenes y de tamaño pequeño. De esta manera, si semejante situación es atribuible a los homínidos, la existencia de muchos restos pertenecientes a animales jóvenes y pequeños y pocos de animales grandes en sus acumulaciones sería indicativo de una participación activa de éstos en la obtención de dichos recursos (caza). De manera inversa, la presencia de acumulaciones constituídas por escasos restos de individuos jóvenes y muchos de animales grandes sería una prueba material de la intervención pasiva de los homínidos en la obtención de carcasas (carroñeo).

A este planteamiento se le puede objetar, en términos básicos, tres circunstancias. En primer lugar, un número notable de carnívoros depredan sobre una gama de presas constituídas por animales adultos y grandes de manera preferente -por ejemplo, leones o licaones-. En segunda instancia, el modelo cinegético elaborado con premisas que parten de la observación de la actitud carnívora en la actualidad no es necesariamente válido, por la sencilla razón de que los modernos pueblos de economía no productora cazan un amplio espectro de animales de diversos tamaños y edades. En último lugar, en la consideración global de las acumulaciones óseas que forman el registro arqueológico para inferir una u otra actitud, puede existir un sesgo tafonómico relevante, ya que tanto los restos de animales jóvenes como los pertenecientes a especies pequeñas tienden a estar representados de manera deficiente, puesto que su fragilidad y preferencia en un acto de carroñeo secundario por otros agentes crean un sesgo importante a la hora de interpretar el origen conductual de las acumulaciones.

2- Teoría de Forrajeo Optimo: la diversidad taxonómica como criterio discriminador (Foley, 1983). La teoría de forrajeo óptimo se basa en términos simples en la aceptación del hecho de que la selección natural favorece las especies que se adaptan obteniendo un mayor beneficio a menor coste en su inversión energética. La especialización en el espectro taxonómico de la actividad cinegética es un recurso usual de adaptación entre los carnívoros, de lo cual podría inferirse que semejante estrategia es más beneficiosa en el aspecto energético. Una actitud predadora por parte de los homínidos debería quedar, por consiguiente, constatada si los restos de las acumulaciones por ellos generadas mostrasen una diversidad taxonómica reducida. Así, pues, el criterio manejado es que a mayor representatividad específica corresponde una actitud oportunista en la obtención de carcasas (carroñeo), y a que a menor diversidad taxonómica, una actitud de predación sobre las mismas (caza).

En este caso las objeciones a esta aseveración son varias. En primer lugar existe un amplio abanico de animales carnívoros, como apuntaba más arriba, que no poseen una especialización cinegética. En segundo lugar, la actitud predatoria humana presente en las sociedades no productoras -salvo excepciones, como son las comunidades asentadas en ecosistemas árticos, en donde la caza especializada es el resultado de los rigores de un medio que mantiene una biomasa cuya diversidad taxonómica es muy reducida- es heterogénea, no existiendo una especialización en la captura de presas.

En última instancia, tal vez la propuesta de Foley parte de una mala lectura de la hipótesis del forrajeo óptimo, ya que la variación estacional de la fauna en los procesos de migración y disponibilidad biológica hacen de la especialización cinegética una estrategia poco rentable en términos energéticos, al menos durante ciertas épocas del año. Además, si lo que en realidad favorece la selección natural es la obtención de la mayor cantidad de beneficios con una inversión mínima de esfuerzo, cabe plantear que semejante teoría predice la caza indiscriminada, puesto que la convergencia de los nichos ecológicos de una cantidad importante de especies en un mismo hábitat hace innecesaria la existencia de un criterio selectivo en la obtención de recursos.

3- Grado de acceso a las carcasas en función de la representación esquelética (Potts, 1983). La observación del comportamiento de los carnívoros y de los diversos procesos de interacción trófica ponen de relieve que las primeras partes en ser procesadas por éstos son las extremidades delanteras, en detrimento de las traseras, de aprovechamiento más tardío. Si los homínidos hubiesen accedido antes que otro agente biológico a las carcasas sería de esperar que en las acumulaciones que generasen la representación de elementos pertenecientes a las extremidades delanteras fuesen más numerosos que los atribuibles a las extremidades traseras. En caso contrario, si hubiesen accedido a los cadáveres cuando otro carnívoro hubiese realizado un consumo inicial, los elementos más numerosos deberían ser los pertenecientes a este último tipo de extremidades.

Sin embargo, esta consideración no tiene en cuenta que las mayores alteraciones que determinados carnívoros realizan sobre acumulaciones ajenas se centran en elementos de las extremidades delanteras, con lo cual existe un sesgo tafonómico preferencial a favor de la conservación de fragmentos de las secciones apendiculares posteriores. Además, la afirmación del proceso de desarticulación realizado en el orden que Potts especifica -apoyado por los estudios de Binford (1981) y Hill (1975)- no es indicativo del momento de intervención en una carcasa. Mis observaciones sobre el comportamiento trófico en las reservas naturales de Masai-Mara (Kenia) y Serengueti (Tanzania) me han llevado a la conclusión de que si bien el patrón de desarticulación de la carcasa sigue por lo general dicho orden -en presas de tamaño pequeño pude comprobar cómo el grado de separación de las extremidades del resto del cuerpo no seguía dicha secuencia de una manera rígida, sino que el proceso inverso era tan frecuente como el mencionado- éste no coincide con el patrón de aprovechamiento. Normalmente los carnívoros suelen empezar a consumir antes las extremidades posteriores que las anteriores, cuando ambas permanecen unidas al resto del cuerpo. Esto provoca que el aprovechamiento de éstas sea bien anterior, bien sincrónico al de las patas delanteras, con lo cual su posterior desarticulación no implica una mayor disponibilidad de recursos cuando se han agotado los contenidos en las extremidades delanteras, sino una mayor dificultad en la separación del esqueleto con respecto a éstas. Semejante proceso también ha sido observado por Blumenschine (1986).

Por consiguiente, si se sigue el criterio marcado por esta observación, la mayor presencia de elementos pertenecientes a extremidades traseras en las acumulaciones generadas por los homínidos indicaría un aprovechamiento primario de sus recursos y no secundarios, como señala Potts.

Ante la falta de consistencia de esta consideración, Potts argumenta una opción más consistente, mantenida de igual modo por Hill (1975) y Binford (1981), de que la representación de elementos axiales versus elementos apendiculares es más determinante en el proceso de obtención de las carcasas. Una acumulación generada mediante una estrategia predadora deberá poseer una mayor cantidad de elementos pertenecientes a las extremidades, mientras que si la estrategia empleada es oportunista, los elementos aprovechados son de tipo axial.

Sin embargo, este hecho no considera en su justa dimensión la posibilidad -debido a la dotación anatómica de los homínidos- del traslado entero de presas de dimensiones medias, con lo cual el aporte de huesos axiales no sería significativo en este sentido. Del mismo modo, aún cuando su carácter diagnóstico fuera útil, lo único que podría distinguirse en su aplicación sería una intervención primaria de una secundaria, pero en ningún momento podría concretarse si la intervención primaria se llevó a cabo mediante una acción predadora u oportunista.

<u>4- Lugar de aparición de las marcas de corte (Shipman, 1986)</u> La presencia de un mayor porcentaje de marcas de corte en los huesos de menor contenido cárnico sería indicativa de un acto de carroñeo, ya que de acceder de manera primaria a una carcasa sería de esperar que éstas apareciesen en los huesos contenedores de mayor riqueza cárnica.

Esta afirmación se puede detractar argumentando que las marcas de corte aparecen con más frecuencia en elementos óseos prácticamente exentos de carne que en los que si poseen este tipo de recurso con abundancia (Crader, 1983), debido, como la misma Shipman reconoce, a que su exposición más descubierta favorece que el mismo acto de intervención con un útil altere su superficie con mayor facilidad que los huesos que se encuentran cubiertos de más carne -en un porcentaje de 75% versus 25% (Shipman, 1986) - y por la mayor dificultad que supone la eliminación de la piel en dichos elementos y, por consiguiente, la mayor necesidad de intervenir en los mismos de un modo más activo, teniendo como resultado la aparición de más improntas sobre la superficie ósea.

El acercamiento al problemático estudio de la estrategia adoptada para la obtención de recursos alimenticios de origen animal sólo resulta coherente si se abandona la abstracción en la que incurren un gran número de planteamientos superficiales y se elaboran consideraciones que partan de análisis ecológicos de mayor profundidad.

En este sentido Blumenschine (1986) realizó un soberbio estudio sobre la "ecología de las oportunidades de carroñeo" en el ecosistema de sabana -en dos reservas naturales (Ngorongoro y Serengueti) en las que yo también he tenido la oportunidad de llevar a cabo una investigación sobre el comportamiento trófico y sus improntas materiales- llegando a la conclusión básica de que la intervención secundaria en un cadáver para aprovechar los recursos disponibles depende del tipo de presión trófica -de variabilidad contextual según el tipo de hábitat- y de las características de la carcasa.

Existe una diferencia entre los diversos agentes carnívoros en el modo de aprovechamiento de sus presas (Figura 49). Los félidos consumen prácticamente toda la carne de los animales de pequeñas dimensiones (inferiores a los 100 kg.), dejando tan sólo la médula de la mayor parte de los huesos y el contenido endocraneal. Si la presa es de tamaño medio (entre 100-250 kg.) los recursos no aprovechados son los mismos, con la salvedad de que no consumen tampoco el reducido contenido cárnico situado en la sección distal de las extremidades y en la cabeza. Si la presa es de tamaño grande (mayor de 300 kg.) la cantidad de carne no consumida es abundante y permite su ingesta por parte de otros carroñeros.

Los hiénidos, en contraste con los félidos, efectúan un procesamiento diferencial de las carcasas que consiguen. Si las presas son pequeñas o de tamaño medio, consumen todo el animal, dejando los huesos exentos de tuétano. Sólo en los animales de grandes dimensiones dejan carne y médula ósea, dependiendo del número de componentes que integren el grupo.

Si exceptuamos a los mamíferos, el animal más carroñero es el buitre. Estas aves realizan un aprovechamiento casi absoluto de las vísceras y la carne de las carcasas pequeñas y medianas, dejando tan sólo la médula ósea y el contenido endocraneal. Sólo en los animales de grandes dimensiones desperdician carne en abundancia.

En resumen, cualquier agente que intervenga de modo secundario sobre los restos dejados por otro carnívoro se encontrará una diversidad diferencial de recursos según el tamaño de la presa (Capítulo 1.5). Si esta es pequeña sólo podrá aprovechar parte de la médula ósea -si el agente que le precedió no fue una hiena-. Si es mediana podrá añadir el contenido craneal y la escasa cantidad de carne que existe en las secciones distales de las extremidades. De esta manera, sólo las presas de gran tamaño podrían proporcionar recursos más apreciables.

Sin embargo, en un proceso de aprovechamiento oportunista intervienen varios factores. El más importante -por lo que acabamos de ver- es el acceso temprano a los restos, para lo cual la competencia entre carroñeros es la que determina la disponibilidad de recursos aprovechables para unos y otros. Blumenschine observó que en el Parque Natural de Ngorongoro existía una gran proporción de carnívoros con respecto a la biomasa de herbívoros -uno por cada cuarenta ungulados (Estez & Estez, 1979)- lo cual provoca que la competencia por los recursos sea tan fuerte que se generen pocas oportunidades de carroñeo, cuya repercusión más inmediata es la ausencia de buitres. En el Parque Natural del Serengueti, en cambio, la proporción de carnívoros, en términos comparativos, es menor -1:340 en la década de los setenta (Houston, 1979) y 1:166 en los ochenta (Frame, 1986)-, debido a que necesitan ser móviles, porque la biomasa herbívora es migratoria en esta región y porque su número es más ingente. En esta reserva la existencia de buitres es mayor, puesto que las oportunidades de aprovechamiento secundario sobre los recursos animales son más favorables.

De las 274 carcasas que Blumenschine analizó en su estudio raramente localizó una sin la ayuda

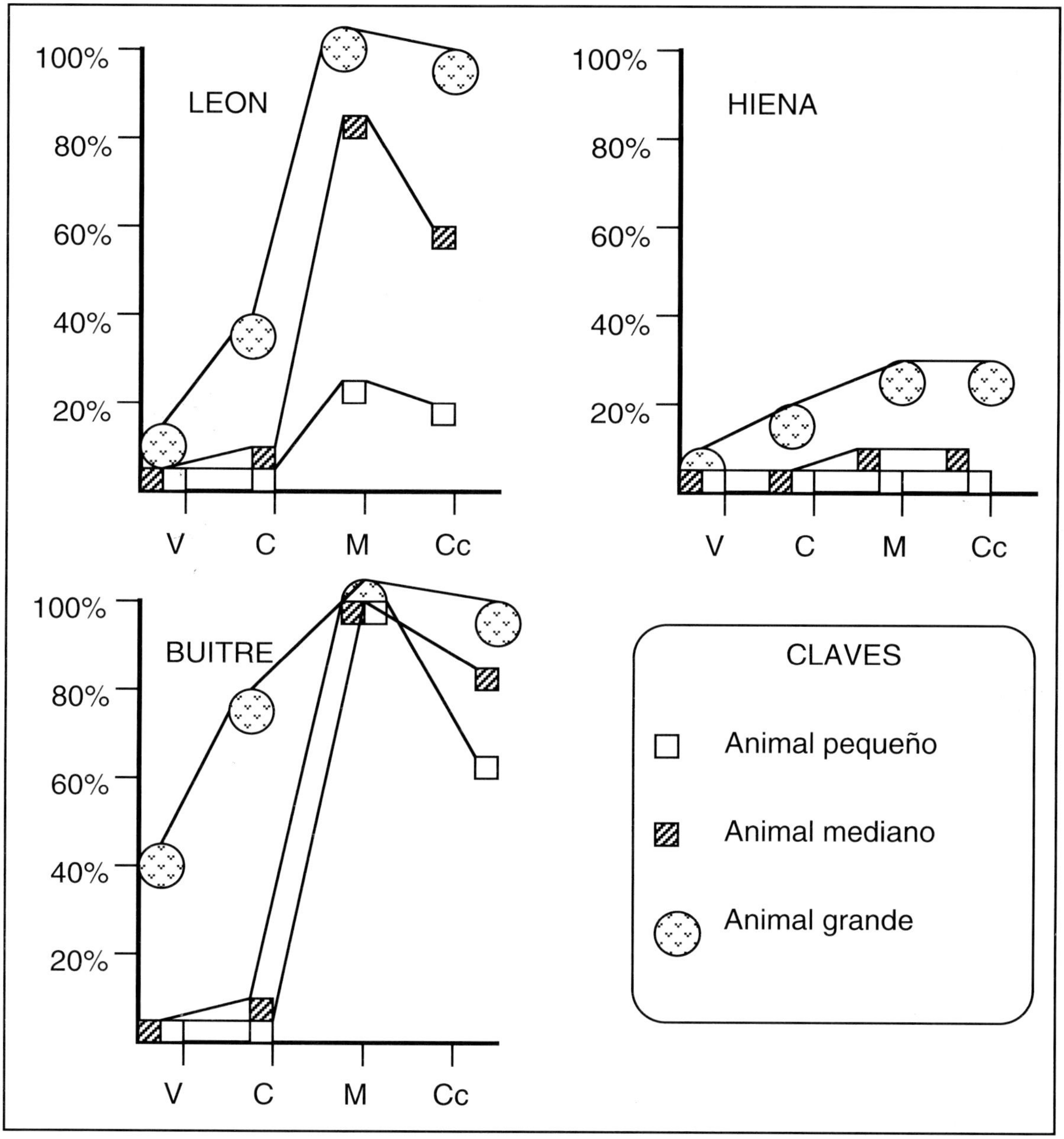

FIG. 49. *Modos de aprovechamiento en los principales carnívoros de sabana (Blumenschine, 1986). (V= vísceras; C= carne; M= médula ósea; Cc= contenido endocraneal).*

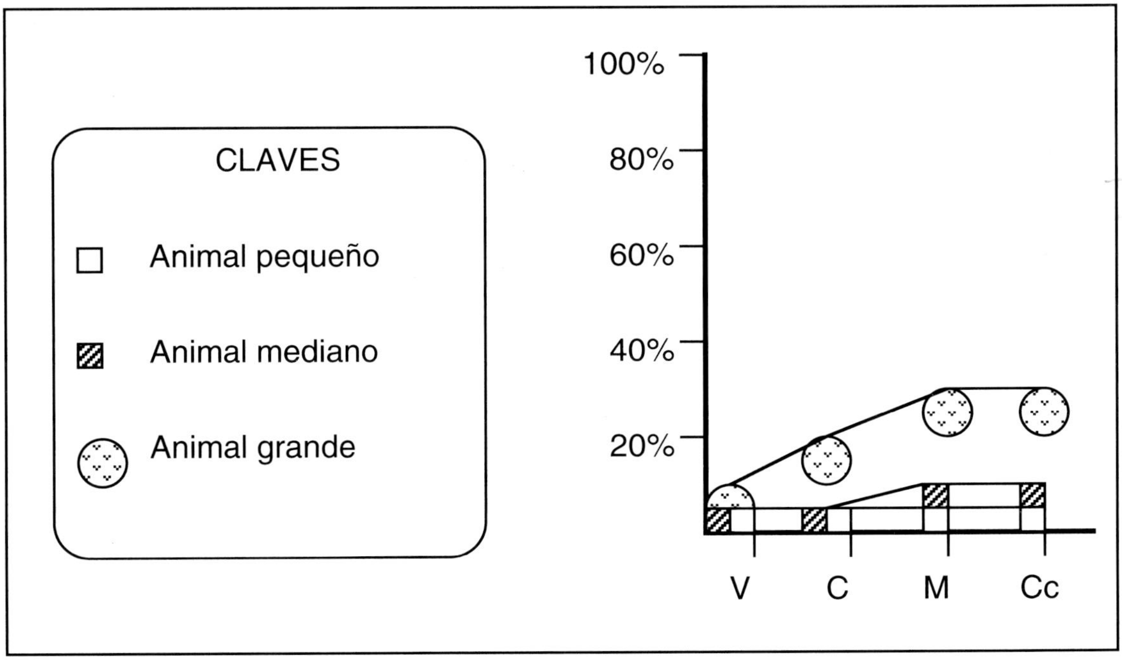

FIG. 50. *Recursos disponibles en distintos tipos de carcasas, después del acceso a las mismas de las hienas. (misma clave que fig. 49).*

concedida por algún carnívoro, que bien estaba esperando su turno para acceder a la misma o ya había intervenido en su procesamiento. Esto explica que en los ecosistemas tropicales las carcasas tengan una existencia corta en comparación con otras latitudes, ya que la presión trófica por sus recursos provoca que duren menos de un día. Las de tamaño pequeño pueden desaparecer en una hora. Mis observaciones coinciden con las de Blumenschine en este sentido, pues en repetidas ocasiones pude comprobar la celeridad con que los carnívoros consumen presas del tamaño de una gacela Thompson. Una de las veces que más me llamó la atención fue cuando un guepardo consumió una gacela de esta especie en unos veinte minutos, tras lo cual tuvo que retirarse instigado por buitres y chacales, dejando a la presa exenta de carne, aunque el contenido medular óseo estaba intacto. Las carcasas de tamaño medio pueden durar de dos a ocho horas si se tiene en cuenta el aprovechamiento del tuétano de los huesos, sino su consumo no se extiende más allá de dos horas y media. No obstante, aunque la duración media de animales como el ñu o la cebra es de ocho horas, Blumenschine observó cómo un grupo de una decena de hienas eran capaces de consumirlas por entero en una hora. Sólo animales de gran tamaño, como la jirafa, el rinoceronte o el elefante podían persistir durante dos, tres o cuatro días, siendo fuente de recursos importante para todo tipo de carroñeros.

Por consiguiente, si se tiene en cuenta que un grupo de homínidos que interviniese en un cadáver tras un grupo de hienas sólo podría aprovechar algún recurso en las carcasas grandes (Figura 50), su única opción para conseguir nutrientes de elevada calidad sería adelantarse a éstas en el acceso al mismo. Como muy bien indica Blumenschine, las hienas suponen en la mayor parte de los casos el final del proceso de aprovechamiento de un animal, con lo cual tras ellas no suele acceder ningún carroñero a los restos. Por esta razón los homínidos que intentasen adelantarse a las hienas tendrían que haber llegado al lugar al mismo tiempo que el(los) carnívoro(s) capturador(es) de la presa -ya que en la mayor parte de las ocasiones, cuando éstos la consumen (si son félidos) las hienas aguardan su turno- o inmediatamente después. Si razonamos esta conjetura veremos que, en realidad, es poco probable. Si se parte de la hipótesis de que los homínidos se establecían de manera preferente en los bosques aluviales, como indica el estudio paleoecológico (Capítulo 6.1), para acceder a los recursos cárnicos de un modo oportunista tendrían que haber abandonado dicho hábitat en los momentos de mayor actividad cinegética y recorrer distancias variables en las praderas descubiertas. Teniendo en cuenta que las hienas residen de modo permanente en éstas -de manera más frecuente en las secciones distales de las llanuras aluviales- y que por su sistema de locomoción se desplazan de un modo más rápido, los homínidos, por su inferioridad de condiciones -residirían a más distancia y su bipedismo no les habría capacitado para correr de manera veloz- tendrían por necesidad que acceder a las carcasas cuando las hienas ya hubiesen intervenido en las mismas (Figura 51). A esta circunstancia se le añade el agravante de que en el Plio-Pleistoceno el número de especies de hienas era mayor (Capítulo 1.5), con lo cual la presión trófica sobre los recursos habría sido superior a la actual.

Así, pues, si se tiene en cuenta que en las zonas abiertas las carcasas pequeñas y medianas duran poco y que la competencia por ellas es grande, un homínido carroñero habría encontrado pocas oportunidades de obtener beneficios en la inversión energética que habría realizado para conseguir restos de las mismas; máxime cuando para ello tendría que haber deambulado por las praderas en los momentos de mayor actividad cinegética, constituyéndose de este modo en presa potencial de otros predadores.

No es extraño por ello que Blumenschine advirtiese que en semejantes condiciones nuestros antepasados no podrían haber sido carroñeros. En su estudio, no obstante, pudo comprobar cómo esta circunstancia sí habría sido probable en un hábitat distinto. En los bosques aluviales observó que los animales muertos duraban hasta cuatro veces más que en las áreas descubiertas, debido a que la presión trófica era menor. En estos bosques, cuanto más densa es su vegetación, más reducido es el número de carnívoros y, por consiguiente, menor es la competencia por los recursos de origen animal. Por ello Blumenschine comprobó que mientras que en las llanuras abiertas en la mayoría de los casos las hienas

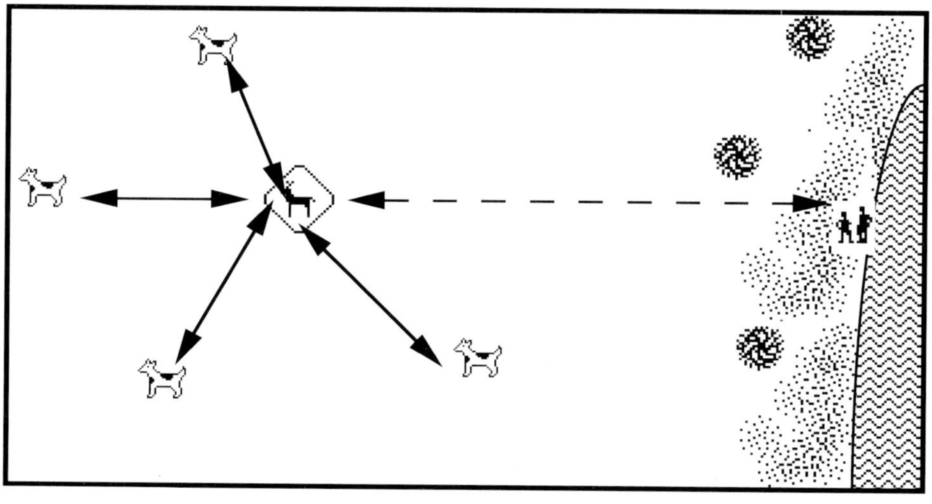

FIG. 51. *Dificultad en el acceso a las carcasas desde los bosques aluviales por parte de los homínidos.*

se encontraban presentes en torno a los mataderos de los leones al tiempo que éstos consumían su presa, en los bosques aluviales nunca observó una hiena accediendo a una carcasa. Esto se explica porque las hienas se establecen de manera preferencial en las áreas despejadas y sólo se internan en los bosques aluviales de manera esporádica (Kruuk, 1972). Así pues, los animales muertos en este hábitat conservan por más tiempo sus recursos a favor del agente que pueda consumirlos (Figura 52). Sin embargo, esto no significa que semejante tipo de hábitat propicie una mayor oportunidad de desarrollo de una estrategia carroñera. En este proceso interviene otro factor de gran importancia: la disponibilidad cuantitativa de los recursos.

El hecho de que el bosque aluvial albergue menos efectivos carnívoros no se debe sino a que la biomasa de herbívoros que contiene es muy reducida y por lo tanto escasamente propensa a constituir una fuente segura de abastecimiento por medio de una conducta oportunista. En el estudio de Blumenschine casi hasta el 83% de las carcasas que localizó se encontraban en los espacios abiertos, mientras que sólo el 17 % restante aparecía en los bosques aluviales cerrados. Esto es un dato relevante para concluir que, aunque las oportunidades de aprovechamiento que dispensa este tipo de hábitat sobre sus recursos faunísticos son mayores que las de las llanuras descubiertas para un agente oportunista, no lo son en igual medida las oportunidades de carroñeo, puesto que la aparición de carcasas en este medio es un hecho más excepcional que en las praderas.

De este modo Blumenschine concluye que los rasgos diagnósticos que deben caracterizar a toda acumulación generada mediante una estrategia oportunista deben ser:

1- Un amplio predominio de individuos adultos y de tamaño medio y grande sobre los de menor tamaño y más jóvenes.

2- Una mayor representatividad de los huesos craneales y de las extremidades sobre los restos del esqueleto axial.

3- Una mayor proporción de marcas de corte en la cabeza y en la sección distal de las extremidades (Para su detracción vease la critica expuesta con anterioridad a Shipman, 1984).

Esta diagnosis, que coincide con la de Vrba (1975, 1980) y Klein (1982), aún pudiendo ser indicativa de una actividad carroñera no tiene necesariamente que garantizarla, en el sentido de que una estrategia cinegética de variado espectro taxonómico también es usual en la conducta de predación. Del mismo modo, dicha estrategia también genera acumulaciones en las que los elementos craneales y apendiculares predominan con respecto a los restos axiales (Binford, 1981; Bunn, 1983), con lo cual, junto con la aserción de que la mayor presencia de marcas de corte en las secciones distales de las extremidades es el resultado de las dificultades que presenta su procesamiento, hacen que el uso de esta diagnosis sea problemático. Dicho de otro modo, mientras que pueden ser las condiciones que debe reunir una actividad carroñera, una estrategia cinegética puede también coincidir con dicha diagnosis, según sus características, haciendo en exceso complicado el proceso inferencial y las atribuciones con respecto a uno u otro tipo de comportamiento.

No obstante, la aplicación de estos criterios al registro arqueológico revela las coincidencias y divergencias entre los diversos planteamientos. En primer lugar destaca que la mayor parte de los restos óseos que se encuentran en las acumulaciones arqueológicas pertenecen a animales grandes. Basta recordar que la media de representación en estas del grupo compuesto por jiráfidos, hipopotámidos, rinocerótidos y proboscídeos es del 16,5% (Apéndice D: Tablas 5 y 6), en claro contraste con su porcentaje de disponibilidad en estado natural en el ecosistema de sabana moderno (Capítulo 1.3). Los équidos son en su mayor parte adultos y, por consiguiente, de tamaño medio y los suídos pertenecenen su mayoría a los géneros *Mesochoerus y Metridiochoerus* también de proporciones medianas. Sin embargo, si nos fijamos en la fauna de bóvidos representada en los yacimientos de Koobi Fora -y en este aspecto resulta coincidente con la de Olduvai- hasta el 40% de los individuos son

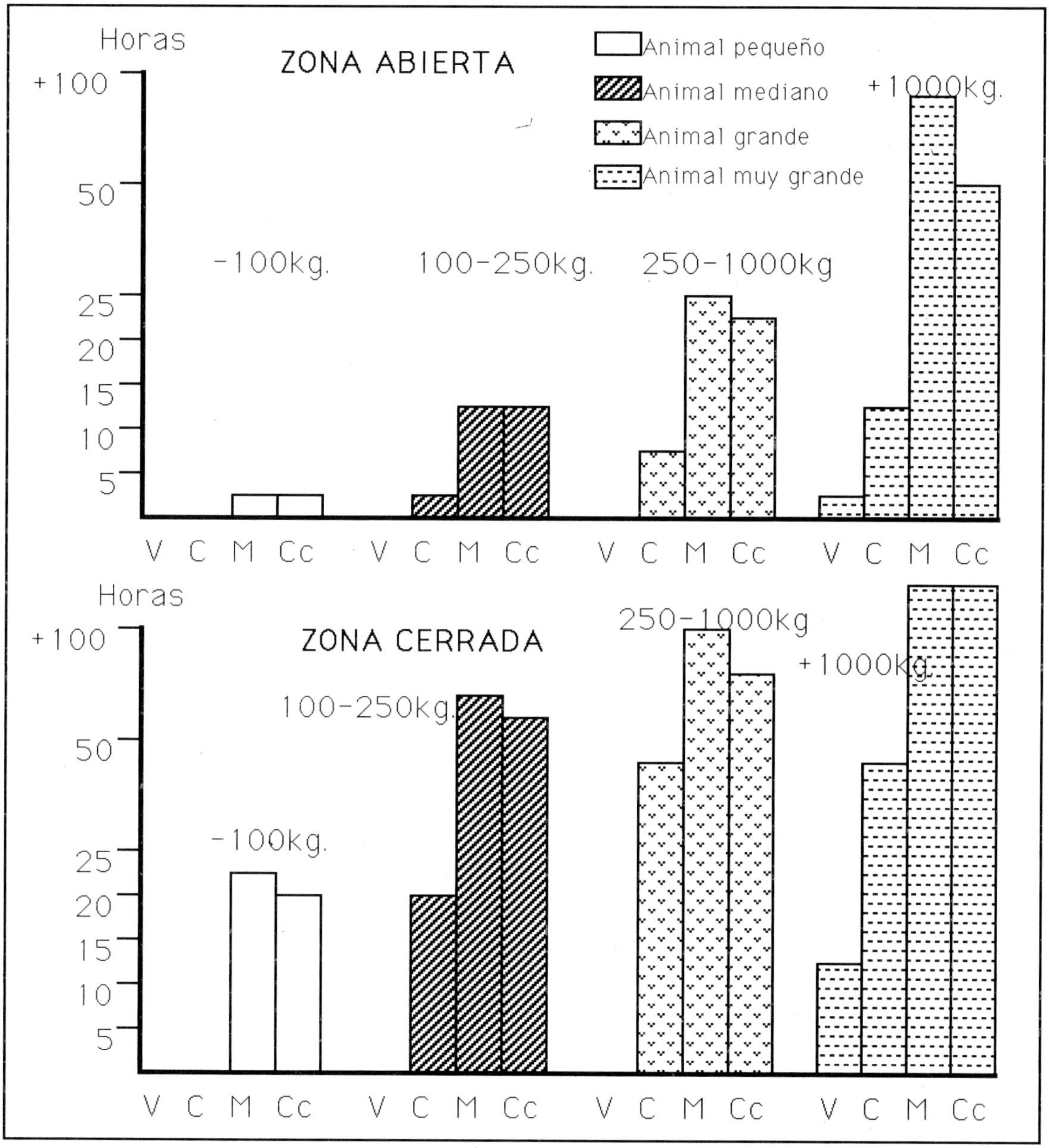

FIG. 52. *Variabilidad de los recursos animales disponibles en dos tipos de hábitats opuestos. (misma clave que las figuras 49 y 50)*

o bien jóvenes o bien de tamaño pequeño (Figura 53) - con unas dimensiones similares a los actuales gacela e impala-, lo cual contradice que su obtención se hubiese llevado a cabo de un modo oportunista, puesto que en animales de este tamaño sólo la médula ósea resulta aprovechable si se ha accedido a un matadero de félidos en menos de dos horas desde la muerte del animal y si se ha logrado evitar la intervención de los hiénidos y cánidos (Blumenschine, 1986).

que sea oportunista de manera exclusiva. Como muy bien indica K.J.Thomas (1984), un animal cuya dieta incluya alimentos de origen animal de una manera regular, aún cuando fuese en pequeñas cantidades, no puede subsistir basándose sólo en una estrategia de carroñeo. Si los homínidos hubiesen poseído una dieta vegetariana en la que sólo incluyesen carne de manera esporádica y con un valor alimenticio complementario, sería de esperar que sus acumulaciones estuviesen constitudas sólo por restos

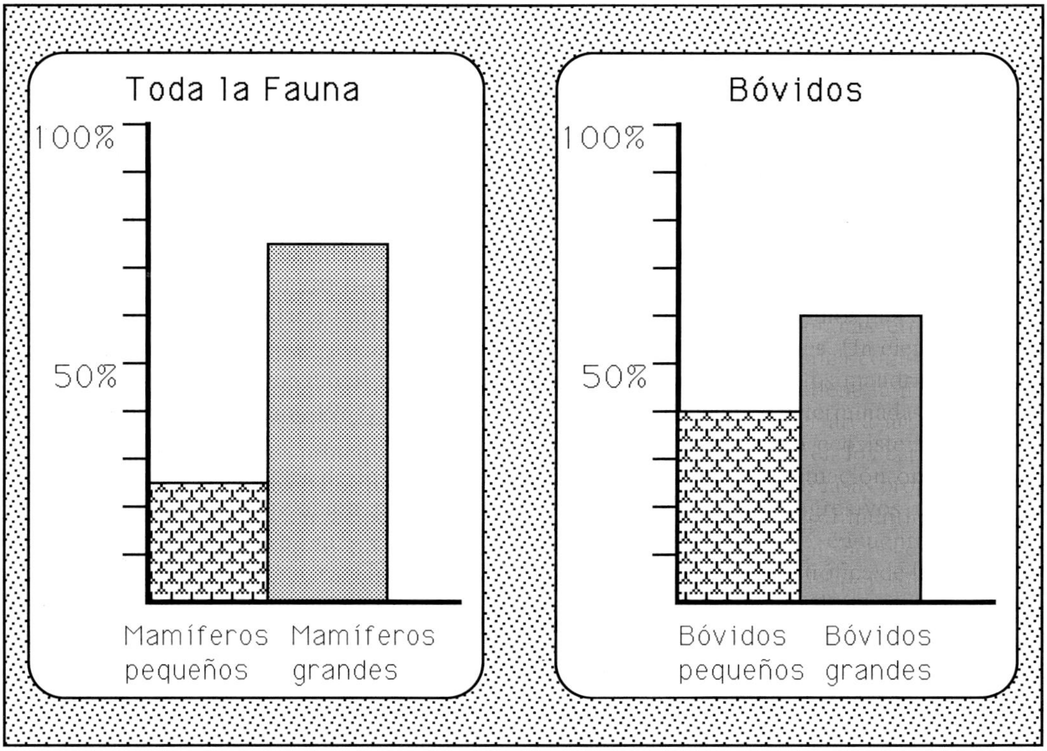

FIG. 53. *Porcentaje de individuos jóvenes o bóvidos menores en los yacimientos de Koobi Fora (Bunn, 1982).*

Aunque pudiese parecer que la presencia abundante de carcasas de tamaño pequeño pudiera estar mitigada por la abrumadora representación de animales de mayor tamaño, una consideración seria de este hecho tiene gran importancia. Desde un punto de vista ecológico, resulta sumamente improbable la existencia de un nicho ecológico para un mamífero

de animales grandes y medianos, y aún más, que se restringieran a una gama de especies muy definida. Uno de los errores de la consideración de la hipótesis del carroñeo es que define la actitud subsistencial como una estrategia de aprovechamiento de cualquier recurso y, por consiguiente, como un modo de intervención sobre una diversidad taxonómica heterogénea. Sin embargo, una de las claves del estudio de Blumenschine -y en la cual él mismo no ha reparado de su importancia- es que la intervención secundaria sobre los despojos de un animal sólo es posible, dadas las tendencias cinegéticas de los principales carnívoros y los modos de aprovechamiento, dentro de una gama taxonómica muy reducida, cuyos integrantes específicos comparten características físicas afines. En las 274 carcasas estudiadas, aquéllas que observó en la Reserva Natural del Serengueti estaban constiuídas en un 60% por ñus, seguidos de un 20% de cebras, mientras que en el Parque Natural del Ngorongoro los ñus alcanzaron el porcentaje de 82%, los búfalos el 10% y las cebras el 8% de la muestra analizada. En total, el 90% de las carcasas encontradas- y sobre las que pudo realizar un estudio completo de los modos de aprovechamiento- pertenecían a animales de tamaño medio. Este hecho revela dos circunstancias:

A- Un agente acumulador carroñero generaría un amontonamiento de restos constituido por una diversidad taxonómica reducida a tres o cuatro especies, de dimensiones medianas y se mostraría como un acumulador especializado, lo cual podría confundirse con una estrategia de abastecimiento de corte energético.

B- La no presencia de animales de más de 1000 kg. en la muestra obtenida a lo largo de un proceso de observación ininterrumpido de un año demuestra lo excepcional que supone el acceso a una carcasa de estas características.

En el registro arqueológico plio-pleistocénico nos encontramos ante una situación curiosa. El conjunto faunístico acumulado es variado y la presencia de restos de jiráfidos, hipopotámidos, rinocerótidos y proboscídeos es regular. ¿De qué manera puede explicarse esto en términos de carroñeo? Yo sólo veo un modo. Tal y como muestra el apéndice D, el orden y porcentajes de representación de los grandes mamíferos en los bosques aluviales coincide con el de los yacimientos arqueológicos, por lo cual puede que el criterio de selección de restos estuviese guiado por una preferencia manifiesta en la obtención de los mismos en dichos bosques. La vegetación de estos hábitats mantiene en mayores proporciones que en otros medios a la fauna de grandes dimensiones. Los hipopotámidos se encuentran en ellos en grandes cantidades, los jiráfidos también son abundantes y los proboscídeos encuentran en la hierba tierna de las secciones proximales de las llanuras aluviales, el único tipo de alimento que pueden procesar en su periodo final de vida, cuando los últimos molares se han desgastado, siendo estos lugares las áreas de deposición preferencial de estos animales por efecto de muerte natural. Si negamos a los homínidos la posibilidad de haber cazado este tipo de fauna, es lógico concluir que en su obtención por medio de una estrategia oportunista en ningún lugar ésta habría sido más propicia que en los bosques aluviales, debido a su mayor presencia y a la existencia de una presión trófica menor. Esta selección de recursos animales en tales hábitats cerrados recibiría el apoyo del hecho de que existe un porcentaje de representación de suídos elevado, en detrimento de los équidos, característica típica de la presencia específica diferencial en los bosques aluviales, en contraste con la situación existente en las llanuras abiertas. En definitiva, si los porcentajes de representación taxonómica de los yacimientos arqueológicos se muestran coincidentes con los de presencia de especies en dichos bosques, sería lógico concluir que los homínidos también podrían haber obtenido una parte de sus recursos alimenticios de origen animal de dicho tipo de medio.

Sin embargo, los bosques aluviales proporcionan carcasas, como ya he mencionado, muy de tarde en tarde. Por ello, la obtención de recursos de las áreas despejadas habría sido necesaria. La existencia en los yacimientos de algunas especies alejadas por lo normal de dichos hábitats, como las de los géneros *Connochaetes, Parmularius, Megalotragus y Diceros* señalarían dicha incidencia ecológica en los hábitats abiertos. Ahora bien, la ausencia de una especialización en las acumulaciones -la gama de recursos carroñeables en las áreas descubiertas se restringen en su aspecto taxonómico (Blumenschine, 1986)- y la constitución hasta un 40% de los bóvidos de individuos de dimensiones pequeñas (Figura 53) -

difícilmente obtenibles mediante un acto de carroñeo- apuntan a la existencia de una actividad predadora por parte de los homínidos. Esto, lejos de extrañar, constiuye un modo adaptativo lógico y parangonable con la actitud del resto de carnívoros carroñeros. Si se asume, a tenor del índice medio de representación existente en el registro arqueológico, que al menos el 23% de los animales fueron obtenidos mediante la caza -a pesar del sesgo tafonómico que favorece la conservación de las especies grandes- y que el resto fueron carroñeados, estaríamos atribuyendo a los homínidos un estatus de carroñero-cazador muy próximo al de la hiena, que es el mamífero más oportunista de cuantos existen y que obtiene su alimento hasta en un 50% de la caza (Kruuk, 1972).

restos pertenecientes a animales muy grandes se habrían conseguido de manera excepcional -como indica su escasa disponibilidad en el moderno ecosistema- y al estar el resto constituido por bóvidos y suídos, éstos habrían formado el núcleo central de abastecimiento de proteinas y grasa. Por ello, y puesto que hasta casi un 40% de los bóvidos son animales pequeños -y por ende de difícil obtención mediante una estrategia oportunista- una gran parte de la actividad subsistencial de consecución de productos animales -en este caso hasta un 40%, casi como la hiena- se habría realizado a través de una actitud dinámica de interacción en la biomasa. Esto resulta del todo comprensible, puesto que el carroñeo deja de ser positivo cuando para obtener recursos se invierte más energía de la debida, siendo ésto lo que sucede cuando se procede a la búsqueda durante mucho tiempo, puesto que la frecuencia de encontrar restos aprovechables por un acto oportunista es baja.

	FLK ZINJ	FLKN 6	FLKNN 3
roedores	112 MNI	50 MNI	>100 MNI
aves	>300 MNI	>6 MNI	>100 MNI
anfibios	43 MNI	presente	>200 MNI
serpientes	19 MNI	presente	
lagartos	presente	muchos	muchos
peces	presente	presente	muchos
tortugas	presente	muchos	17 MNI
insectivoros	presente	>9 MNI	>100 MNI
otros reptiles	presente		>300 MNI

FIG. 54. *Distintos tipos de fauna de pequeñas dimensiones en yacimientos de Olduvai (Thomas, 1984).*

La caza es el medio más acertado de obtener recursos animales por la simple razón de que es la forma más eficiente de obtener energía. Una consideración basada en la teoría de la selección natural y en la ecología evolutiva concluye que la mayor parte de la carne ingerida por los homínidos pudo provenir de la obtención de presas mediante una actitud de predación (Thomas, 1984), puesto que los

Al situar a los homínidos dentro del margen de cazadores-carroñeros les estamos concediendo un estatus conforme al resto de los carnívoros, que tal vez resulta más acertado, por ser coherente, en términos de adaptación, con una consideración de carácter ecológico y selectivo (Thomas, 1984).

Sin embargo, existe un tipo de estudio que no se ha explotado lo suficiente y que sería el análisis de los animales pequeños, refiriéndonos esta vez a los que son menores de 40 Kg., que dada su gran abundancia y mayor facilidad de aprehensión pudieron muy bien haber sido una fuente regular de nutrientes (Thomas, 1984). En la Arqueología la fauna de reducidas dimensiones se ha relegado por tradición a una posición secundaria, debido a que es difícil asegurar qué animales están relacionados con la acumulación arqueológica de modo directo y cuales no, ya que su deposición en el lugar pudo deberse a una acción natural. Esto se debe a que no se ha elaborado una diagnosis de diferenciación entre las acumulaciones antrópicas de huesos pequeños y las no antrópicas, del mismo modo que se ha hecho con la fauna de mayor tamaño, lo cual es un deber pendiente de la Tafonomía. La aceptación de esta posibilidad revalorizaría la calidad de cazadores de los primeros miembros de nuestro género por las siguientes razones:

1- El tamaño de este tipo de animales sólo posibilita su obtención por medio de un acto cinegético.

2- Su disponibilidad abundante y fácil aprehensión haría que fuesen foco de atracción para unos homínidos que estarían acostumbrados y capacitados para conseguir presas de mayor tamaño.

Roedores, pájaros, anfibios, serpientes, lagartos, peces, insectívoros y otros pequeños mamíferos se encuentran representados en abundancia en los yacimientos arqueológicos plio-pleistocénicos con una cantidad que asciende a muchos miles de restos (Figura 54). La presencia en el FLK "Zinj" de al menos un mínimo de 112 roedores y más de 300 aves o en FLKNN 3 de más de 100 roedores, más de 100 aves, más de 200 anfibios, más de 100 insectívoros y más de 300 reptiles apela al sentido común para sentenciar que por lo menos una parte importante de esa acumulación de restos -en un área tan restringida como la que definen los yacimientos arqueológicos- no debe imputarse a una deposición de carácter natural, aún cuando falta mucho trabajo tafonómico por realizar a este respecto.

El despliegue de disquisiciones aquí expuesto en torno a la adopción de los dos tipos de estrategia subsistencial, tiene como motivo principal resaltar que ambas tienen una serie de implicaciones sociales y que están muy relacionadas con un modo estructural de interacción grupal determinado. El cambio del paradigma de la caza al del carroñeo se vio facilitado por el marco referencial gradualista filético, que mantiene de manera explícita la mayor parte de la comunidad académica. En él se concibe que entre el moderno *Homo sapiens* y el resto de los homínidos debió existir una gama intermedia de conductas que fueron tanto más próximas al resto de antropoides cuanto más se retrocede en el tiempo. Por ello, la concepción de una sociedad solidaria y con reparto de labores en el Plioceno final, tal y como podría apuntar una interpretación cinegética de la estrategia subsistencial de los homínidos, resultaba algo de difícil inclusión dentro de dicho esquema. Por consiguiente, al adoptar el paradigma del carroñeo se elaboró una nueva concepción social menos comprometida con el marco teórico evolutivo y más próxima a la observada en la Etología de los primates superiores, con grupos que merodeaban de modo anárquico por el paisaje en busca de recursos que poder aprovechar de manera oportunista -modelo de "carroñero marginal" de Binford (1981)-. Cuando se demostró que la propuesta binfordiana era errónea y que en realidad los homínidos habrían accedido en primera instancia a una gran parte de carcasas, consumiendo carne y grasa, la cuestión de caza o carroñeo dejó de tener importancia. Sin embargo, en la actualidad se sigue acudiendo a ella para argumentar actitudes sociales distintas y en algunos casos contrapuestas.

Lo que en verdad me gustaría resaltar es que semejante aserción es errónea. El carroñeo en la sabana, lejos de mantener estructuras sociales similares a las de los simios superiores, sólo resulta coherente dentro de un sistema social distinto que tiene las mismas implicaciones que los modelos sociales que respaldan una estrategia cinegética. Salir a los espacios abiertos en busca de carroña, que luego se desplaza a los lugares referenciales de los bosques aluviales resulta un proceso que haría ineficaz un desplazamiento de todo el grupo, siendo las hembras con progenie un coste que no es rentable a la inversión energética del grupo. Tanto más cuando para tener una mayor probabilidad de acceder a recursos de cualquier tipo se habría hecho necesaria la incursión por los espacios abiertos en los momentos de mayor presión trófica -y por consiguiente de mayor riesgo- para poder anticipárse a las hienas. En este sentido, una conducta oportunista también implicaría una división de las labores, tanto como una estrategia cazadora, ya que lo único que varía en ambas es el aspecto de intervención sobre los recursos (Thomas, 1984).

establece una diferenciación clara en el carácter del reparto de las labores -los machos carroñean animales y las hembras forrajean productos vegetales- sino que favorecen una distribución del grupo según las características de los individuos. De este modo, las hembras podrían haberse encargado, al igual que los machos, de cazar los animales pequeños -menores de 30 kg.- si para ello no hubiese sido necesario salir con frecuencia de los bosques aluviales. La captura de presas pequeñas- mayores de 30 kg.- en las zonas descubiertas habría sido una actividad en la que probablemente los machos habrían participado de una manera más activa que las hembras; sobre todo, de aquéllas exentas de progenie.

Existe una vía alternativa en la exploración de las oportunidades de acceder a los recursos de las llanuras abiertas, que consiste en un análisis del

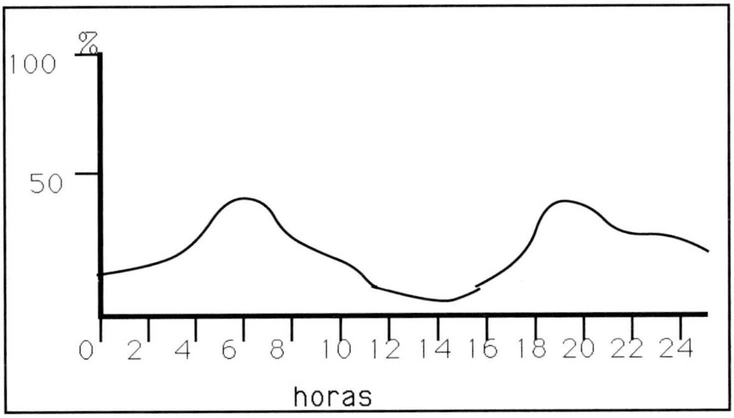

FIG. 55. *Indices de actividad predatoria en los distintos momentos del día.*

La atribución de cazadores-carroñeros a los homínidos, al margen de ser más conciliadora y coherente con los datos del registro -ya que les sitúa en la misma linea adaptativa que los primates superiores de sabana, que obtienen sus recursos cárnicos por medio de la caza-, implicaría una división de las labores menos brusca que un carroñeo realizado en los espacios abiertos. En un principio, porque no

posible nicho ecológico de los homínidos, pero no atendiendo a criterios exclusivos de interacción trófica, sino a considerar éstos dentro de un marco conceptual de carácter temporal. Si se parte de la hipótesis de que los homínidos eran consumidores habituales de carne y grasa -los análisis tafonómicos demuestran su acceso regular a animales enteros (Capítulo 5)- la obtención de estos productos por medio de una acción oportunista implicaría un momento de interacción con la biomasa de las llanuras -la consecución de estos recursos de un modo regular en los bosques aluviales sólo es posible mediante la caza- sincrónico a los periodos de máxima actividad trófica, debido a la escasa duración de los nutrientes de las carcasas. Si esto hubiera sido así, los homínidos, animales diurnos, dadas sus características físicas (Capítulo 2.3), habrían llevado a cabo sus incursiones a primera hora de la mañana y a última hora de la tarde, coincidiendo con los momentos de mayor actividad de los carnívoros (Figura 55) (Apéndice F: Tabla 1). Sin embargo, este hecho les predispone a constituirse en presas fáciles, con lo cual merodear en el hábitat con mayor número de especies carnívoras en los momentos en que éstas están más activas, supone un despropósito adaptativo a todas luces desventajoso para una especie primate.

Si se considera desde un prisma opuesto, los homínidos deberían haberse adentrado en las áreas despejadas en los momentos más favorables, que en la actualidad no son otros que los que trascurren de 10 de la mañana a 4 de la tarde, con el interludio de mediodía constituído como el momento más bajo de actividad cinegética en el ecosistema de sabana (Figura 55). No es por esta razón una casualidad que los papiones, los primates más adaptados a las llanuras, merodeen de manera preferente por los espacios abiertos dentro de este periodo del día. En semjantes momentos es posible acercarse a los carnívoros -cuando digieren su ingesta matinal- sin peligro de ser capturados. Este hecho no es un descubrimiento nuevo. Desmond Clark (1980) y Schaller (1972) propusieron la hipótesis de que los homínidos habrían sido cazadores-carroñeros que se habrían aprovechado de la falta de dinámica carnívora del mediodía para deambular por las praderas.

Sin embargo, el acceder a este medio dentro de dicho margen temporal implica una pérdida absoluta de recursos carroñeables, ya que las carcasas poseen periodos de duración muy cortos (Blumenschine, 1986). Por ello, semejante conducta habría propiciado la adopción de una estrategia cazadora, puesto que en estos momentos del día la fauna herbívora está mucho más tranquila. En las veces que he estado en algún Parque Natural de Africa oriental, siempre me ha llamado la atención el hecho de que mientras que en los primeros momentos de la mañana y en los últimos instantes de la tarde nunca fui capaz de acercarme a un herbívoro pequeño o mediano a menos de 40 m., en los momentos intermedios del día no tuve problema alguno en aproximarme hasta menos de 10 m. Esto favorece una conducta de intervención sobre la fauna en estos momentos del día.

En esencia, los comportamientos subsistenciales cazador-carroñero o estrictamente carroñero poseen las mismas implicaciones sociales y sólo son comprensibles desde unos sistemas de organización que comparten el mismo orden estructural.

6.4- MODELOS SOCIALES TEORICOS.

La creación de lugares referenciales por parte de los homínidos -mejor comprendidos mediante un modelo como es el de "forrajeo de lugar central" que con el "escondrijo de piedras", como hemos visto-, traducidos en la aparición del registro arqueológico, responden a realidades conductuales pautadas desde la configuración social. En este aspecto, tanto un modelo como otro no dejan de ser interpretaciones del comportamiento subsistencial alimentario, que intentan elaborar una exégesis de la ecología de los homínidos y que adolecen de una carencia explicativa sobre la dinámica social que haría inteligible semejante actitud.

En la revisión que hice de esta cuestión (Capítulo 5), planteaba la necesidad de aproximarse a este tipo de consideración a partir de la construcción de modelos teóricos de carácter social, que se complementasen y que no entraran en contradicción con los modelos explicativos de la formación del registro arqueológico. En este sentido, el primer paso es la división, en el acto constatado de la obtención de carcasas, entre dos opciones. La primera de ellas (A) establece que todo el grupo de homínidos habría intervenido en semejante acto y la segunda (B), que sólo una parte del mismo lo habría hecho. En uno y otro caso, deberían discernirse

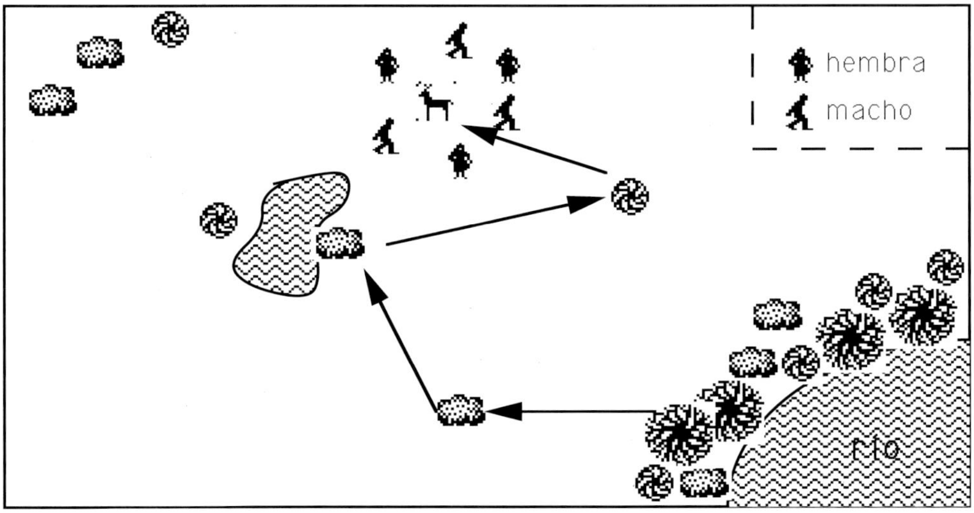

FIG. 56. *Representación del modelo social teórico A1.*

los criterios selectivos que favorecieron dichas conductas y discriminar el tipo de relación que se habría establecido entre los individuos de un mismo grupo.

Partiendo de la primera opción (A), aparecen una serie de situaciones distintas: el consumo in situ de la carcasa (A1) (Figura 56) o su desplazamiento a otro lugar (A2). En lo que concierne a la primera de ellas (A1), en el caso de que todos los miembros del grupo intervinieran en la consecución de la carcasa (A), sería el resultado más lógico, tanto desde el punto de vista energético, como desde una consideración trófica- se reduce el lapso temporal de exposición de la captura-. En este caso sería de esperar que los homínidos llevasen con ellos material lítico y que procesaran el animal en su lugar de obtención, con una celeridad ventajosa en términos de competición con otros carnívoros. Si acceden a la carcasa de modo secundario, el procesamiento de los restos habría sido aún más rápido. Esta opción podría adaptarse a los modelos interpretativos del registro de "carroñeo marginal" de Binford (1981). Sin embargo, como he señalado con anterioridad, esto entra en contradicción con la información del registro arqueológico, que demuestra -a través de la analítica tafonómica- que los yacimientos aparecen por efecto del transporte reiterado de restos a un lugar determinado. Una conducta que implica el procesamiento de cualquiera de los productos que contiene una carcasa en el lugar en el que se accede a ella, sin moverla de su sitio, no genera una acumulación ósea relevante, porque dicha actividad depende siempre del lugar en el que ésta se obtiene, no siendo normal la coincidencia en los puntos de consecución de animales, con lo cual no se propicia la oportunidad de un amontonamiento de restos. Del mismo modo, el análisis del material lítico presente en los yacimientos también contradice esta opción, puesto que la presencia de una variedad de materias primas foráneas apunta a una reiteración en la visita a dichos lugares, lo cual no sucede en los enclaves de muerte natural o en los mataderos, que suelen diferir en cada caso.

Puesto que los diversos estudios arqueológicos ponen de relieve que la formación del registro arqueológico se debe a una acción dinámica de transporte, las opciones que ganan más poder explicativo son aquéllas que tienen en consideración el desplazamiento de las carcasas. Dentro de esta línea, y siguiendo con la interpretación de que todo el grupo

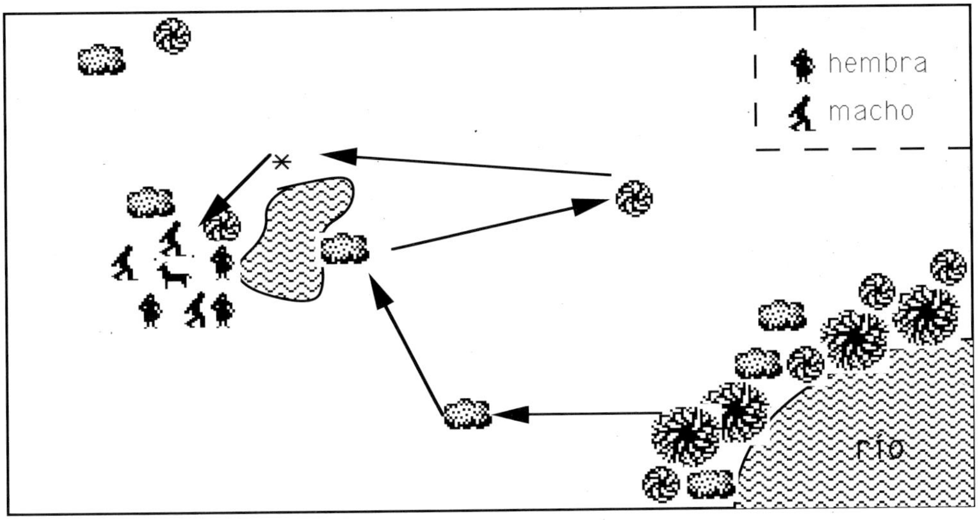

FIG. 57. *Representación gráfica del modelo social teórico A2a.*

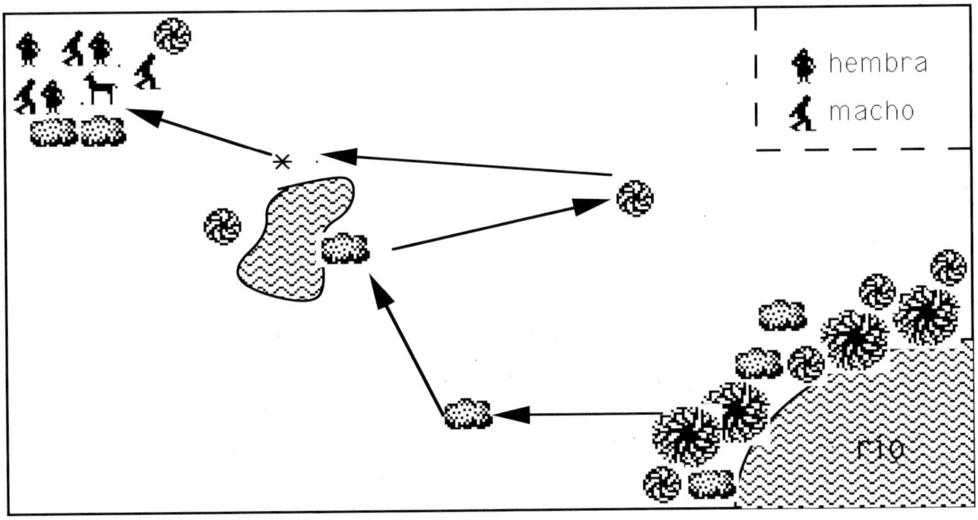

FIG. 58. *Representación gráfica del modelo social teórico A2b.*

habría intervenido en la consecución de las mismas (A2), existen dos posibilidades: que el traslado de la pieza se hubiese llevado a cabo al primer lugar de salvaguarda que dispensase alguna protección (A2a) (Figura 57) o que se hubiese desplazado a un punto previamente seleccionado (A2b). En el primer caso nos encontraríamos con una situación similar a la de la opción de inmovilidad de la carcasa (A1), ya que semejante conducta tampoco sería capaz de generar la acumulación de restos que se observa en el registro, por estar incluidos dichos puntos de protección en una zona periférica restringida, en torno a los lugares de deposición natural y que por depender de éstos, cambiarían en función de los sitios de obtención de carcasas, con lo que tampoco surgiría la oportunidad de reincidir en ellos. Además, esta opción -también puesta en tela de juicio por la variedad de materias líticas- resulta desventajosa en términos energéticos (Potts, 1988) y no se adecúa a la observación de que parte de la materia prima es alóctona, lo cual contrasta con una acción de consumo rápido, que sería el que habría motivado la movilización del animal. Esta opción se muestra acorde, desde el aspecto etológico, con el desplazamiento periférico que realizan un buen número de carnívoros como motivo de la presión trófica existente en ciertos hábitats y que por deberse a la aletoriedad de la configuración del paisaje y de los lugares de consecución de la presa, no propician la formación de acumulaciones relevantes.

Por consiguiente, y puesto que los modelos propuestos para explicar la formación del registro arqueológico así lo indican, las únicas posibilidades válidas de interacción ecológica son aquéllas que mantienen una conducta de transporte sistemático de restos a un lugar fijado con anterioridad a su uso; es decir, que el desplazamiento de la carcasa, en vez de ser aleatorio, está condicionado por la previsión de su traslado a un punto referencial concreto. Si en esta acción interviene todo el grupo (A2b) (Figura 58), aparecen diversas contradicciones. En primer lugar, sólo resulta viable, desde un punto de vista interpretativo, si los homínidos hubiesen establecido diversos puntos de referencia en el paisaje, a fin de procesar en el más próximo los restos conseguidos, para evitar la presencia de otros predadores. En este caso , el modelo explicativo del registro válido sería el de "escondrijos de piedra". Sin embargo, este modelo no se ajusta a los datos arqueológicos disponibles (Capítulo 5). Cada punto referencial debería poseer una representatividad faunística del hábitat en el que se encuentra enclavado, lo cual no ocurre ya que los yacimientos poseen una muestra faunística heterogénea. Del mismo modo, el número de restos debería ser más limitado de lo que resulta en varios yacimientos, puesto que el número de carcasas disponibles en un área para ser aprovechadas es reducido y lo único que podría favorecer su incremento sería la adopción de una estrategia cinegética. No obstante, si éste fuera el caso, el planteamiento A2b incurriría en mayores contradiciones, por ser este tipo de actividad una acción que ejerce una parte del grupo y no todo, bien por un reparto sexual de la labor, bien por la simple consideración de que las hembras con crías no están capacitadas para dicha conducta, como tampoco lo están para el traslado de carcasas. Su incursión en los espacios despejados, de alta presión trófica, con el resto del grupo, habría incrementado la inversión energética colectiva y no sería de ninguna utilidad al mismo. Además, el traslado de los nutrientes obtenidos a puntos referenciales, habría hecho innecesario que las hembras con progenie merodeasen con el resto del grupo.

Por todo ello, parece más lógico el planteamiento que mantiene que existió un reparto de las actividades, en las que la obtención y desplazamiento de las carcasas habrían sido realizados por una parte del grupo (B). En este caso, también una interpretación que sostuviera que sólo una parte de la comunidad -indistintamente del sexo- habría procesado las piezas conseguidas in situ (BX), como que habrían sido desplazadas a los primeros lugares de resguardo (BY), o al punto referencial más próximo, en un área donde existiesen varios (BZ) -modelo de Potts- carece de validez por las mismas razones que las señaladas para las opciones A1, A2a y A2b, de las que sólo difieren en que en vez de todo el grupo, fue una parte del grupo quien habría participado.

La opción de que sólo una parte del grupo interveniese en el desplazamiento de la carcasa a un

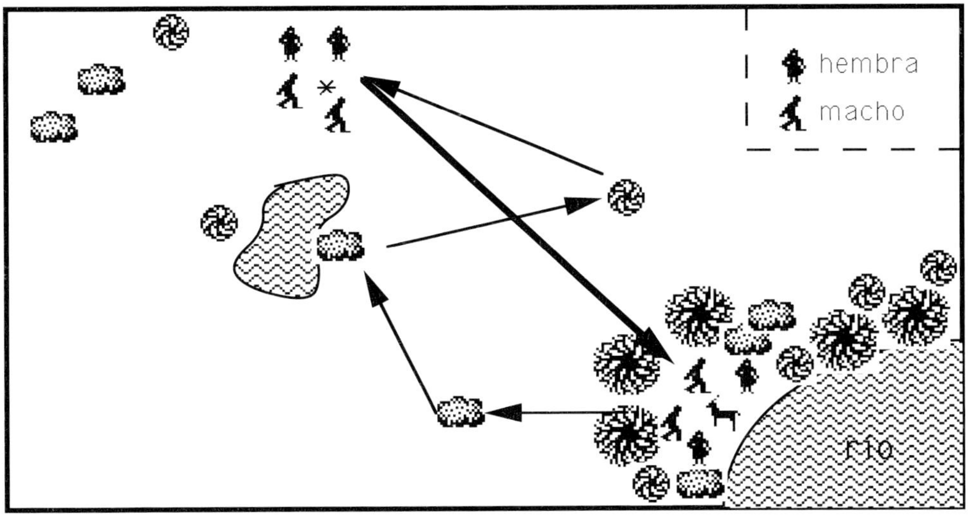

FIG. 59. *Representación gráfica del modelo social teórico B1.*

lugar de procesamiento referencial (BZ), que se habría generado debido a la imposibilidad de las hembras con crías y a los individuos inmaduros de ser útiles en la localización, obtención y traslado de piezas animales y de hacer frente a los riesgos de predación por parte de otros carnívoros, encareciendo el gasto energético del grupo -en el traslado colectivo del mismo (A2b)-, habría propiciado que un sector se diferenciase claramente del resto en su conducta paleoecológica, subsistencial e incluso reproductora. La falta de profundidad en sus presupuestos hace que el modelo de "escondrijos de piedra" incurra en semejantes incongruencias adaptativas. Si un sector no se encuentra dispuesto para adentrarse en los espacios abiertos, para localizar carcasas y fuentes de materia prima, desplazar dichos productos y hacer frente a los riesgos de predación, resulta que nos encontramos con una situación en la cual, mientras que un sector participa de modo colectivo en dichas tareas, generando una expectativa de uso compartido -entre los miembros que lo forman- tanto de los artefactos líticos, como de las carcasas obtenidas, el resto del grupo- con un sesgo negativo hacia el sexo femenino- mantiene una conducta independiente en la que cada cual se abastece por su cuenta. De este modo tendríamos dos comportamientos organizativos distintos en el seno de un mismo grupo: uno solidario y otro descoordinado y no cooperativo. Que en un mismo grupo se mantengan de modo sectorial dos conductas tan opuestas resulta contradictorio. Una segunda consideración proviene del aspecto subsistencial. Tampoco resulta coherente pensar que mientras que un sector se alimenta con regularidad de productos de origen animal, otro lo haga de modo vegetariano exclusivamente. Una conducta subsistencial y paleoecológica polarizada en dos actitudes antagónicas como las expuestas, no sólo no existe en ninguno de los modos de organización de las especies animales actuales, sino que resulta inviable por generar una escisión propia de una diversificación específica, que se traduciría en algo que desde una perspectiva estructural parece inoperante: la existencia en una especie, dentro de su mismo grupo subsistencial, de dos nichos ecológicos distintos. Dicha escisión habría provocado la descomposición del grupo, existiendo un sector fuerte y otro débil expuesto a los rigores de los criterios selectivos y a la presión trófica. Por todo ello, este modelo social resta validez , aún más, a una propuesta interpretativa que ya posee unas cuantas contradicciones tangibles con la información proporcionada por el registro arqueológico.

En realidad, y según indica el modelo de "forrajeo de lugar central", los yacimientos arqueológicos de tipo C responden a la creación de lugares referenciales previos a su uso, de los que se parte en busca de alimento y a los que se regresa con el mismo. Y puesto que hemos visto que la participación conjunta en la deambulación no era productiva, beneficiosa o necesaria, lo lógico es pensar que en la captura de carcasas hubiese participado un sector del grupo que regresara al punto de referencia con el alimento obtenido (B), en un acto conductual que en este sentido no permitiera escisiones ecológicas como las que acabamos de ver en la opción anterior. La simple formación de estos lugares impulsa -o es causa de- una participación sectorial en el procuramiento de parte del sustento, ya que un desplazamiento colectivo no propicia la formación de tales puntos. Su establecimiento antes de su utilización supone un compromiso de los individuos a retornar a ellos, con lo cual, los miembros del grupo menos preparados para deambular en los espacios abiertos -y que encareciesen la inversión energética colectiva- podrían permanecer en torno a las áreas donde estuvieran establecidos los puntos referenciales. Así pues, el sector encargado de la consecución de carcasas debería estar constituído de tal manera que el gasto producido fuese lo menor posible y el riesgo de predación se redujese al mínimo.

Las posibilidades que surgen en este sentido son tres: dicho sector estaría compuesto por asociaciones mixtas de machos y hembras (B1) (Figura 59), sólo por machos (B2) (Figura 60) o por hembras de manera exclusiva (B3) (Figura 61). Esta última posibilidad podría desecharse con facilidad, por la razón antes mencionada de que las hembras con progenie están incapacitadas para desenvolverse con eficacia en los espacios abiertos, y por ser las hembras no gestantes insuficientes en proporción para llevar a cabo dicha acción, si la comparación con los grupos primates actuales es válida. Además, las hembras están menos dotadas que los machos, de mayor robustez, para hacer frente a los riesgos de predación. Por otra parte, resulta significativo que en los casos de actividad cinegética realizada por papiones y, sobre todo, chimpancés sean los machos los que pariticipan en la misma, siendo casi inexistente la inclusión de las hembras en dicha acción.

Así pues, la elaboración de planteamientos teóricos de carácter social reduce a dos las posibilidades de organización en el comportamiento previsor de establecimiento de lugares referenciales que muestra el registro arqueológico. La opción de que un grupo mixto, formado por machos y hembras (B1) (Figura 59) fuese el sector encargado del aporte de carcasas a dichos puntos, plantea una serie de cuestiones interesantes. La primera de ellas es hasta qué punto la cantidad de hembras involucradas en dicho cometido podría ser importante. Si se tiene en cuenta que todas las hembras con crías o los ejemplares inmaduros no son proclives a desarrollar este tipo de tarea con un mínimo de garantías, sólo las hembras adultas sin progenie podrían haber intervenido. Sin embargo, uno se plantea en qué medida esto podría haber acontecido, cuando la observación etológica realizada sobre primates -incluyendo al ser humano- pone de relieve que las hembras conciben al poco de alcanzar la madurez sexual. Esto sucede tanto en los póngidos, como en las etnias humanas de economía no productora, e incluso de sistemas productores simples. Si esta observación se realiza sobre los homínidos autores del registro, el sector de hembras adultas carentes de descendencia que podrían haber intervenido en la labor de obtención de productos alimenticios de origen animal habría sido muy reducida. En este sentido, Blumenschine (1986) señala que la presencia de las hembras en este sector "móvil" sería básico, ya que el éxito de dicha estrategia lo daría un mayor contingente, capaz de hacer frente a un predador. No obstante, esta aseveración incurre en una falta de observación etológica notable: rebasado cierto límite, la consideración cuantitativa es nimia, debido a que la efectividad en la defensa depende de la habilidad de un número determinado de individuos. Esto es lo que sucede en los papiones, por ejemplo, cuyo éxito frente a la amenaza de un carnívoro consiste en que el grueso del grupo elude la confrontación, mientras que la jerarquía de machos oligarcas la mantiene.

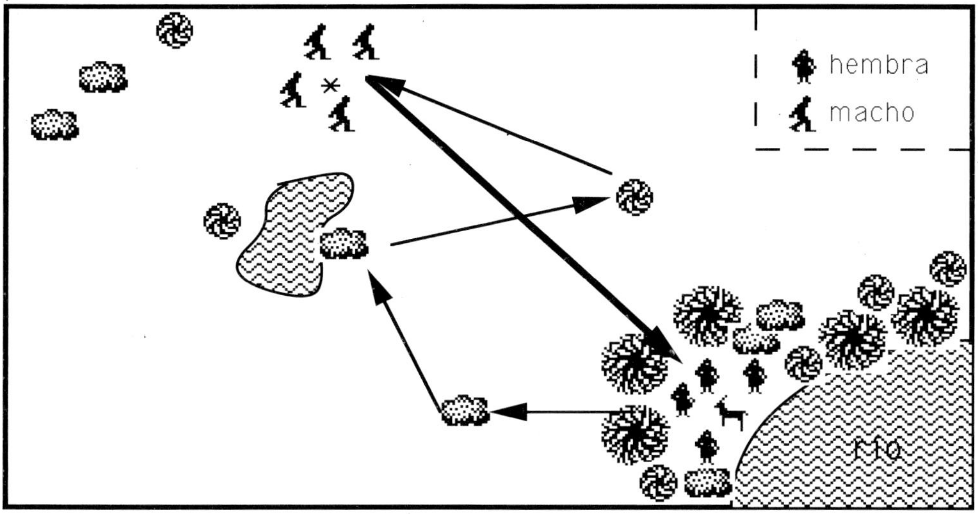

FIG. 60. *Representación gráfica del modelo social teórico B2.*

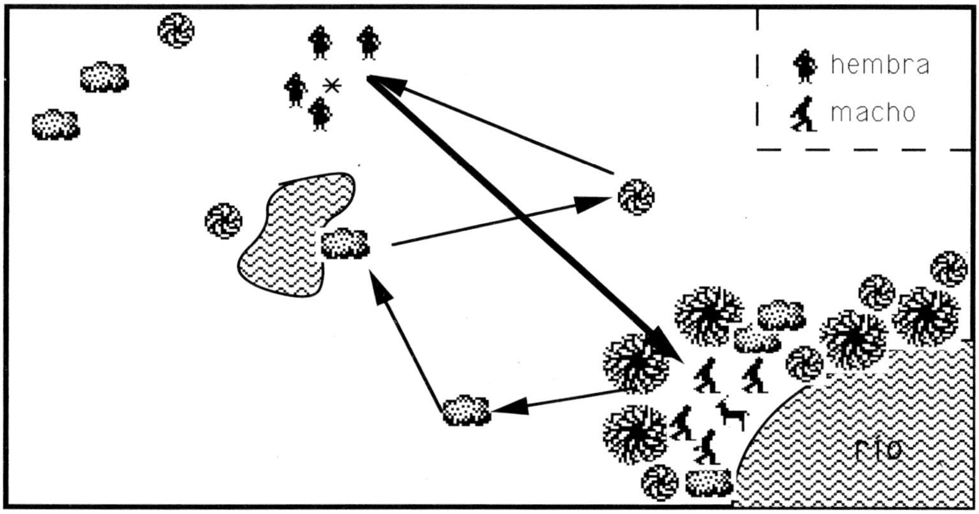

FIG. 61. *Representación gráfica del modelo social teórico B3.*

Por otra parte, estamos basando una inferencia conductual en un conjunto de premisas elaboradas a partir de una manifestación subsistencial que con toda probabilidad era marginal con respecto al resto de la dieta. Tanto un análisis etológico comparado de primates, como la observación etnológica ponen de manifiesto que la alimentación de primates -incluyendo a los humanos- es esencialmente vegetariana, dentro de su carácter omnívoro, por lo que surge la cuestión del modo de recolección vegetal en los grupos de este tipo. Si los machos y las hembras adultas sin crías hubiesen participado en la obtención de carcasas, resulta que la parte más amplia del grupo se habría dedicado a la actitud dietética minoritaria, y que el sector menos favorecido desde una consideración energética -madres con crías e individuos jóvenes- se habrían empleado en la labor alimentaria que constituía el pilar de la dieta. Como esto no parece consecuente con una estrategia que minimice el gasto energético, sería más oportuno pensar o bien que los machos adultos se habrían encargado de la consecución de carcasas, como ocurre en los chimpancés, mientras que el resto del grupo recolectaba -con lo cual existiría un reparto sexual de las labores (B2)- o bien que un sector formado en esencia por machos y alguna hembra adulta se habrían ocupado de ello y luego habrían ayudado al resto del grupo en las tareas de recolección (B1). No obstante, de este modo no se hace desaparecer la división sexual del trabajo, sino que se matiza.

En este sentido creo que es importante desmitificar en cierta medida la excesiva importancia que se ha concedido tradicionalmente a la consecución de carne, como a través de ella, al papel preponderante ejercido por el sexo masculino en la evolución humana. Sin restarle la relevancia que posee, creo que el hecho importante no es la ocupación preferencial de los machos en la obtención de carcasas y de las hembras en la adquisición de nutrientes vegetales, sino el establecimiento de un sistema de reciprocidad que impulsó la ampliación del sistema cooperativo intracomunal, generando una división de labores como estrategia evolutiva que minimiza el gasto energético y maximiza su rendimiento. Por ello, creo que tan negativos son los modelos que se centran en el aspecto cazador o procurador de carne y grasa -*Man the Hunter* (Lee & De Vore, 1968)- como los de más reciente aparición, que enfatizan la preponderancia de la labor femenina - *Woman the Gatherer* (Dahlberg, 1981)- por realizar un aporte cuantitativamente más importante al global de la dieta que los machos (Tanner, 1987). En verdad, lo relevante reside en el cambio del tipo de interacción social -tal vez ligado a una alteración de la estrategia sexual- que produjo un reajuste de los parámetros conductuales de reciprocidad, el cual impulsó a su vez a la adopción de un comportamiento previsor, que se traduce en una división flexible de las labores.

La posposición del consumo del alimento y su desplazamiento a los lugares preferenciales no es un resultado de la presión trófica del entorno, ni tiene como motivo evitar entrar en contacto con otros predadores, como hemos visto -semejante conducta se llevaría a cabo mediante un traslado periférico a cualquier punto próximo al lugar de obtención que ofreciese resguardo-, sino que parece ser, tal y como señala el modelo de "forrajeo de lugar central", un acto premeditado. La configuración de los enclaves referenciales, abasteciéndolos de recursos líticos, y su establecimiento en una conducta previsora responden a un compromiso solidario por parte de los homínidos. Esta actitud responde a un incremento del grado de cooperación interna. De hecho, la formación de lugares referenciales es posible debido a la cooperación en el transporte de materia prima, a la obtención y desplazamiento de las carcasas de un modo conjunto y al enfrentamiento colectivo a los rigores de un medio abierto. Los modelos sociales teóricos mantienen no sólo ésto, sino también que dicha actitud únicamente es posible si existe una división interna de las labores.

En realidad, tanto lo que indican los modelos explicativos del registro de mayor poder heurístico, como lo que sugieren los modelos sociales que se acomodan a los mismos es que la aparición de los yacimientos arqueológicos responde a una conducta solidaria, por la participación colectiva en el aprovisionamiento de recursos -tanto líticos como alimenticios- y su probable compartimiento -como acto final de su posposición y traslado-, la creación de lugares referenciales donde llevar a cabo esta acción de manera reiterada, la ingesta de cantidades relevantes de carne y grasa, y la escisión social en la realización de estas tareas (Capítulo 2.6).

Esto no quiere decir que los miembros primigenios de nuestro género fuesen en el aspecto conductual como somos nosotros en la actualidad, sino que su forma de organización social y su comportamiento ya poseía la forma estructural de una conducta solidaria como la que caracteriza a nuestra especie. La aparición de ésta, organizada en sus aspectos básicos de un modo tan complejo desde sus inicios, debe explicarse en función de los imperativos de la sinergética, en los modos de organización superiores. Una conducta solidaria debe desde un principio serlo o no serlo y en caso afirmativo, conlleva una serie de innovaciones que sólo resultan comprensibles en su conjunto y no de manera aislada.

Podría especularse que un comportamiento de este tipo implica una modalidad de relación sexual -bien monogámica, bien poligámica-, de carácter extenso o vitalicio, a tenor de las estructuras solidarias presentes en la actualidad en nuestra especie. Aunque ésa resultara la opción más lógica para comprender la conducta solidaria que aparece en el Plio-Pleistoceno, nada impide, sobre todo para aquéllos que prefieren un modelo más gradual, pensar que, dentro de las pautas básicas que rigen este tipo de organización, los homínidos pliocénicos autores del registro arqueológico podrían haber diferido de la moderna actitud solidaria en el tipo de relación sexual. Es decir, podrían haber adoptado indistintamente la monogamia o la poligamia de carácter temporal, fundamentándose en el incremento de la cooperación, en un reajuste evolutivo debido al endurecimiento de los criterios selectivos y no en el establecimiento de relaciones permanentes entre ambos sexos. Este aspecto parece mucho más difícil de investigar y no parece estar sujeto de modo inflexible a ningún condicionante social.

Los modelos teóricos de carácter social no son, por consiguiente, simples elaboraciones *post hoc*, sino que surgen de una linea de pensamiento deductiva, que permite realizar una serie de predicciones con las cuales resulta posible elaborar una diagnosis de premisas falseables a través de la información extraída del registro y que posibilita, por dicha razón, la refutación de modelos y planteamientos de corte subsistencial que sean concordantes o discordantes con los datos contenidos en los yacimientos arqueológicos. El caso más llamativo a este respecto lo constituye, como hemos visto, la pérdida de heurística sufrida por el modelo de "escondrijos de piedras" que, aún en el caso hipotético de que no incurriera en contradicciones con la analítica arqueológica, desde la consideración social no es válido, por mostrar errores argumentales y situaciones de organización social inviables en un plano ecológico.

Del mismo modo, los modelos sociales han demostrado que la aparición del registro sólo puede deberse a una conducta solidaria en la que existe un reparto de las labores de obtención de recursos, que bien es de carácter sexual (B2), bien de tipo social (B1), en el que machos y hembras forman grupos mixtos que se escinden cíclicamente. En este sentido, las conclusiones a las que se llega, tanto mediante una interpretación correcta del registro, como a través del uso de los modelos sociales, no hacen sino corroborar la interpretación social que Isaac (1984) seguía manteniendo para explicar su modelo de "forrajeo de lugar central".

En cuanto a la aplicación de estos criterios a los análisis de los rasgos conductuales, puede afirmarse lo siguiente:

<u>Caracteres troncales.-</u> (Apéndice C). El análisis cladístico de caracteres pone de relieve que, al igual que sucedía con los australopitecos y parántropos, los grupos de *Homo* debieron estar constituídos por una red social cerrada, cuya parte móvil es difícil de precisar. El enfoque filogenético señala que las hembras forman el sector que cambia de grupo en nuestros parientes primates más cercanos, mientras que el enfoque ecológico apunta que en los medios abiertos, el sector móvil lo constituyen los machos.

<u>Caracteres innovados.-</u> (Apéndice C). El análisis comparativo concluye que la agresividad interespecífica habría sido alta y que el tamaño del territorio y del grupo habrían alcanzado dimensiones relevantes. En lo que concierne a los otros dos caracteres, la conducta y el dimorfismo sexual, relacionados de un modo tan estrecho, si no fuese por la existencia del registro arqueológico no podrían ser analizados. La escasez de restos atribuibles a *Homo* y su estado fragmentario hace en extremo difícil poder evaluar la presencia o no en los mismos de un dimorfismo sexual. Sin embargo, la manifestación de

un consumo pospuesto y repartido del alimento, mediante un modelo conductual que preconiza la probable cooperación y distribución solidaria de los productos por medio de la división del esfuerzo, como acabamos de ver en los modelos teóricos de tipo social, alejan a los miembros pliocénicos de nuestro género de los comportamientos coordinados y semi-cooperativos de los primates superiores. De hecho, todos estos rasgos son los que definen una conducta cooperativa y solidaria. No se puede precisar la modalidad de este tipo de comportamiento en el Plioceno. Pudo ser de carácter jerárquico (γ 7,8) o no jerárquico (γ 9), como resultaría más probable si la comparación etnográfica actual de pueblos no productores es válida. En nuestra especie, dicha conducta implica por necesidad un reajuste de la estrategia sexual, que pasa a perder su carácter temporal y a convertirse en extensa o vitalicia. Si se interpreta un comportamiento solidario y cooperativo según estos parámetros, hemos de pensar que su aparición en el Plioceno implicó una redefinición de la estrategia sexual, perdiendo su matiz temporal. No obstante, en la elaboración de un modelo conceptual no resulta descartable que dentro de la adopción de una táctica de relación monogámica o poligámica -tal y como sucede en nuestra especie en la actualidad-, se hubiese mantenido el carácter temporal de la estrategia sexual - lo cual no es un atributo de nuestra especie-. Los machos pudieron haber cooperado con las hembras, en una planificación subsistencial solidaria, durante determinados periodos de tiempo. Al igual que sucede en ciertas aves y mamíferos, pudieron haber ejercido de padres de familia durante la fase inicial de la crianza de la progenie, cooperando con un mayor aporte de energía dentro de la célula nuclear. Si su dedicación a dicha labor hubiese sido similar a la de la hembra, lo más lógico es pensar que la asociación con este sexo fuese de tipo monogámico, puesto que el cuidado reiterado a la descendencia de varias hembras habría supuesto un esfuerzo excesivo para un solo macho. Si, por el contrario, se hubiese limitado a ayudar episódicamente a la hembra, aportando nutrientes para ser aprovechados de modo colectivo, una estrategia poligámica sería comprensible. Pero este hecho no supone mantener una conducta solidaria y sería atribuible a un comportamiento coordinado y semi-cooperativo, en el que los miembros de un grupo se aprovechan de manera esporádica de la aportación de nutrientes cárnicos que realizan algunos individuos en la captura de una presa y su consiguiente aprovechamiento mediante un gorroneo tolerado.

El análisis comparativo, a través de sus dos enfoques -filogenético y ecológico-, junto con los distintos tipos de modelos teóricos de carácter social, ponen de relieve que los primeros miembros de nuestro género fueron previsores y, con alta probabilidad, solidarios, lo cual implica una pérdida del márgen de libertad individual en pro del beneficio energético -y, por ende, adaptativo- del grupo. Por ello, los machos involucrados en esta conducta debieron haber mantenido una pauta de aportación de nutrientes regular, dentro de la célula social nuclear. Definir con mayor precisión la relación mantenida en ésta es complejo. Para ello sería conveniente conocer las causas que promovieron el ajuste conductual y la aparición de las manifestaciones solidarias que se infieren del registro, con lo que se hace imprescindible adentrarse en una consideración evolutiva de cariz estrictamente biológico.

7. EL COMPORTAMIENTO Y LA BIOLOGIA DEL DESARROLLO.

Este último capítulo no pretende ser más que una presentación somera de las líneas básicas de investigación de la Biología del Desarrollo aplicada al estudio de los homínidos. Para ello se prescinde de toda aproximación en profundidad, puesto que lo que se intenta tan sólo es explicar la aparición del comportamiento peculiar del género Homo en función de sus características biológicas. Más que un final, este capítulo debe ser visto como el principio de una propuesta de investigación que tiene como objetivo la exégesis de dichas características, y como marco de actuación, este área de la Biología. Debido a estas razones, y sin mayores pretensiones, se abordará el tema desde el punto de vista de las posibles alteraciones conductuales que dichos cambios ontogenéticos pueden provocar y su relación y contrastación con el comportamiento que se ha inferido previamente para el género Homo. La conclusión alcanzada mediante este estudio, y defendida en el presente capítulo, no supone sino la presentación de una hipótesis de trabajo que futuras investigaciones deberán someter a prueba.

7.1- REPRODUCCION Y DESARROLLO.

La finalidad de todo organismo- y con él, de su especie- es conseguir la supervivencia, para llevar a cabo el trasvase generacional del genotipo mediante el acto reproductor. Para sobrevivir, dicho organismo establece, en términos básicos, una doble estrategia subsistencial: por un lado, adopta una conducta dirigida a la obtención de alimento y por otro, elabora una estrategia efectiva para huir de sus enemigos tróficos. En el aspecto reproductor, el macho adopta una estrategia sexual mediante la cual logra la deposición de genes en la hembra, tras haber pugnado en una gran parte de ocasiones con otros machos para acceder a la misma. De estas tres facetas, la que posee menos implicaciones en el modo de interacción social es el comportamiento alimenticio, puesto que cada individuo se alimenta según consigue los nutrientes. Tan sólo cabe señalar una excepción a este respecto: los carnívoros cuyo espectro cinegético se centra en especies de tamaño mediano o grande -p. ej.: leones y licaones- precisan de un modo de organización gregaria, para que la consecución de presas de estas características sea posible. En lo que concierne a la actitud adoptada para hacer frente a los riesgos de predación de otros animales, debe resaltarse que este factor condiciona el tipo de relación social, siendo preferible una convivencia gregaria, por la mayor capacidad de detección y, en su caso, repulsión de los posibles enemigos. En un último término, los efectos de las características reproductoras de una especie se traducen en las diferentes modalidades de estrategias sexuales, condicionadas, de modo recíproco, por el tipo de interacción social que regula las relaciones del grupo.

El fin de estas estrategias, en su conjunto, es lograr dar continuidad a la especie, intentando aumentar sus efectivos. Por eso, cuanto mayor sea el número de descendientes que lleguen a la madurez, mejores serán las condiciones de adaptabilidad de dicha especie al entorno. Esto explica que la mayor parte de las especies animales actuales -el 98% (casi 1.100.000 taxones) (Romer, 1971)- compuestas por invertebrados (insectos, crustáceos, moluscos, gusanos, esponjas y animales unicelulares), peces, anfibios y reptiles, adopten una estrategia reproductora "r", consistente en la dispersión de la energía en una descendencia copiosa -de la cual sólo una parte logra la supervivencia- que no recibe de sus progenitores la menor atención, ni ningún tipo de cuidados directos, por no precisarlos. Sucede, sin embargo, que llegado a cierto umbral evolutivo, determinadas especies precisan, por su complejidad -entendida como mayor desarrollo encefálico y biológico-, una mayor periodo de crecimiento y son alumbradas en un estado de indefensión que provoca un reajuste conductual por parte de los progenitores, para sacar adelante a la progenie. La prolongación del periodo de crecimiento y la incapacidad de sobrevivir por sí solas en la etapa infantil, hace que el cuidado dispensado a las crías se revele como un factor importante en el establecimiento de los modos de interacción social. Dentro de este grupo de especies deben incluirse la mayor parte de las aves y los mamíferos. Su correspondiente progenie precisa de las atenciones que en primer lugar la madre concede, y en caso de que ésta se viera desbordada por la tarea, también la que el padre otorga, al ser un requerimiento selectivo. En el caso de los mamíferos, en su mayor parte -más del 95%- la madre se encarga por sí sola del cuidado de su descendencia. Esto se debe a que la progenie si es amplia crece muy rápido, o bien es reducida y prolonga algo más su periodo de crecimiento. El caso es que entre los mamíferos existe un compromiso consistente en minimizar el lapso temporal que transcurre desde el nacimiento hasta la completa maduración de las crías (Romer, 1971). Si se observa a los mamíferos de más de diez kilogrammos de peso, que son los que tardan más en crecer, puede constatarse que requieren en su mayoría menos de tres años para alcanzar la madurez. Un ejemplo ilustrativo puede observarse en la tabla 1 del apéndice B, en donde aparecen las modalidades reproductoras (Indice K) y los tiempos de desarrollo de las especies mamíferas adaptadas al ecosistema de sabana, con las excepción de las de origen primate, que discutiré más adelante. En ella se advierte que la mayor parte maduran antes de dos años o bien tardan entre dos y tres. La excepción la constituyen aquellas especies que por sus dimensiones precisan de más tiempo -elefante, hipopótamo, rinoceronte, etc...- y que además, pueden permitirse la prolongación del periodo de crecimiento, por la capacidad de los adultos de repeler cualquier acto predatorio procedente de los carnívoros mayores, los cuales, como consecuencia, suelen excluir dichas especies de su espectro cinegético.

En este sentido, el objetivo reproductor se cumple, puesto que al ser tan breve la fase de maduración, los efectivos orgánicos se reproducen con mayor asiduidad. En este aspecto se observan dos posturas distintas: la de las especies herbívoras y la de las carnívoras. Los animales herbívoros espacian sus alumbramientos de manera anual y suelen producir una cría por parto, mientras que los carnívoros, que también alumbran cada año, pueden engendrar camadas de varias crías, cuya cantidad oscila entre tres y doce. La importancia que tiene la separación entre alumbramientos sucesivos radica en que condiciona sobremanera la disposición de efectivos orgánicos de la misma especie. Un taxón cuyas hembras conciben cada año proporciona más vástagos a su comunidad que aquellos otros que lo hacen cada dos o tres años. Puesto que esta circunstancia es de tanta relevancia para la superación de las imposiciones selectivas, no se observan entre los mamíferos, que son los animales que más espacian sus sucesivas concepciones -con algunas excepciones-, una prolongación mayor de tres años entre un alumbramiento y el siguiente; siendo lo normal en más del 90% la concepción anual. Especies cuyo periodo de maduración llega a los ocho años, como el hipopótamo, o incluso a los doce, como el elefante, no prolongan por ello el espaciamiento entre una concepción y la siguiente, sino que procuran que este límite no sobrepase nunca los tres años (Apéndice B: Tabla 1). La razón es evidente: cuanto mayor sea la separación entre partos, mayor será el enrarecimiento de la especie. A este respecto parece ser que el límite marcado por la naturaleza es el de un periodo de tres años; tiempo que ninguna especie -salvo determinados primates, como veremos a continuación- excede.

No deja de resultar curioso que los animales de conducta más posibilista, es decir, aquéllos con una mayor capacidad de respuesta ante determinados estímulos externos, sean los primates cuyo periodo de crecimiento es superior a los cuatro años y cuya dependencia de los progenitores provoca un espaciamiento mínimo entre alumbramientos sucesivos de carácter bianual. Si se observa la Tabla 1 del Apéndice A, podrá verse que la práctica totalidad de los primates, de manera independiente de sus periodos de maduración, tampoco espacian -salvo excepciones puntuales a las que a continuación me referiré- sus concepciones más allá de tres años. Los hilobátidos son los únicos que emplean tres años, mientras que el resto de primates catarrinos y platirrinos distancian sólo dos años sus partos. Como apuntaba en el capítulo 2.1, los factores que condicionan el desarrollo de la inteligencia son la posesión de un cerebro grande y organizado y la oportunidad de desarrollar sus cualidades mediante un aprendizaje prolongado, hecho que requiere una convivencia social extensa en términos temporales. Si los simios son más posibilistas que otras especies, se debe a que sus cerebros se encuentran más desarrollados y su periodo de crecimiento es más dilatado. Mientras que la mayor parte de los mamíferos maduran antes de los tres años, sólo los prosimios -los primates menos complejos- completan su crecimiento en ese tiempo, situandose el periodo de maduración de los simios (cébidos, cercopitécidos y colobinos) entre los cuatro y seis años (Apéndice A. Tabla 1). Este salto cuantitativo, que casi duplica dicho lapso temporal, hace de este grupo faunístico un conjunto de especies con mayor capacidad de respuesta ante los criterios selectivos de operatividad y flexibilidad conductual.

De este modo, resulta comprensible que los póngidos se revelen como los animales más inteligentes del planeta -con la excepción del ser humano-, puesto que su cerebro es más grande y complejo que el de los simios y su periodo de maduración se ha retrasado hasta llegar a los diez-doce años. Con tanto tiempo, estos primates llevan a cabo una vida social intensa y desarrollan sus cualidades de aprendizaje; tan importante para el incremento de la capacidad posibilista de reacción. Tampoco sorprende que dicha circunstancia dificulte la frecuencia de concepciones y que la separación entre alumbramientos sucesivos alcance los cinco años en el caso de gorilas y chimpancés y hasta los siete años en el orangután, cuya situación actual le sitúa, debido a su enrarecimiento progresivo, al borde de la extinción.

Así, en el seno de los primates cabe observar un doble compromiso. Por una parte, los periodos de crecimiento se van alargando conforme aumenta la complejidad evolutiva de la especie analizada. De este modo, mientras que los tupayas tardan menos de un año en crecer y los prosimios hasta tres años, los simios -platirrinos y catarrinos- maduran entre los cuatro y siete años, los hilobátidos entre los nueve y diez años y, finalmente, los póngidos, que alcanzan la madurez por término medio a los once o doce años (Schultz, 1956). Por otra parte, los espaciamientos entre concepciones sucesivas se incrementan también de manera acorde con la progresión evolutiva, pero manteniéndose un aumento más limitado. De esta manera, mientras que los tupáyidos espacian sus partos semestralmente, los prosimios lo hacen de un modo anual y los simios cada dos años. Con los hilobátidos se llega al límite superior observado en el resto de mamíferos (tres años), que sólo sobrepasan los hominoideos -cuatro-cinco en gorila y chimpancé y de cinco a siete en el orangután- convirtiéndose de esta manera en los animales que más tardan no sólo en crecer, sino también en reincidir en la concepción (Schultz, 1956). Tal es la severa restricción que parece imponer la estrategia K en pro del incremento de la capacidad de reacción. Las crías de los póngidos nacen más indefensas que las de los simios y por esta razón, precisan de más cuidados y de un periodo de convivencia con la madre más prolongado, la cual no puede permitirse volver a quedar encinta hasta librarse de la carga energética que supone dispensar las atenciones necesarias a una cría que exige más cuidados que otras especies inferiores. Por tal razón, aludí con anterioridad (Capítulo 2.1) a que la estrategia reproductora impone un severo límite al desarrollo de la inteligencia, dentro de un sistema de interacción social como el que rige las relaciones internas de los grupos en la práctica totalidad de las especies primates. Si la cría prolongase su crecimiento, incrementando al tiempo la necesidad de cuidados por parte de la madre, ésta se vería obligada a dilatar aún más el periodo existente entre alumbramientos sucesivos, sometiendo a la especie a un enrarecimiento progresivo, que la situaría al borde de la extinción. Una situación parecida es la que experimentan en la actualidad los orangutanes. Si bien el periodo de crecimiento que poseen es similar al de otros póngidos, en este caso su peculiar ecología provoca que los partos hayan superado el listón marcado por los cinco años y se encuentre en peligro de extinguirse. Si el hábitat en el que residen mantuviese criterios selectivos más fuertes, la especie desaparecería en poco tiempo.

El dilema que surge es, pues, la existencia o no de un límite natural al desarrollo de la inteligencia, según los parámetros evolutivos más comunes, impuesto por el alcance de la estrategia reproductora. Debida a la importancia de no prolongar los interludios entre un parto y el siguiente, la selección natural habría rechazado aquellas crías que hubiesen prolongado su crecimiento en toda su dimensión y que hubieran necesitado más atenciones, por interferir en el ciclo normal de concepciones de las hembras. Sin embargo, es muy probable que de haber sido así nuestro género no hubiese aparecido en la escala evolutiva. El ser humano muestra su condición de primate excepcional en dos cuestiones principales. La primera de ellas, que le inserta dentro de la línea evolutiva de los primates superiores, marcada por los póngidos e hilobátidos, es la continuidad de los patrones de prolongación general de todas las fases del crecimiento, conforme el grado de progresión biológica. Nuestro género se sitúa en la actualidad en el lado más extremo del péndulo, al poseer unos periodos generales de crecimiento que oscilan entre los dieciocho y veintidós años; mucho más dilatados que los de los póngidos y que los de cualquier otra especie del planeta.

Por otro lado, lo que también nos convierte en

excepcionales es la regresión de la estrategia reproductora adoptada. Mientras que, como hemos visto, los primates incrementan el periodo entre partos sucesivos de acuerdo con la progresión evolutiva de la especie y su capacidad posibilista, nuestro género ha experimentado una metamorfosis que le permite -en términos biológicos- concebir anualmente -como los primates menos evolucionados y la mayor parte de mamíferos, cuyos efectivos orgánicos son más abundantes-, incrementando nuestra capacidad posibilista mediante el desarrollo de la inteligencia. Esto demuestra la profunda relación que mantienen el incremento cerebral y el aumento general del periodo de crecimiento. No obstante, aunque nuestra especie esté capacitada para concebir cada año, normalmente la media de espaciamiento entre partos sucesivos está establecida en torno a los 22 meses; cifra que puede variar dependiendo de las características socioeconómicas y ambientales (Hassan, 1981). Aún así, se encuentra por debajo del periodo temporal que transcurre entre alumbramientos en los antropoides, que oscila alrededor de los cinco años (Schultz, 1956).

Ahora bien, la clave de que nuestra especie pueda haber dilatado su maduración y desarrollado, por consiguiente, sus capacidades de reacción, reduciendo el espaciamiento entre alumbramientos -con la trascendencia que este hecho tiene en el mantenimiento del contingente demográfico-, se debe a que ha alterado de manera radical el modo de interacción social y con él, las estrategias subsistenciales que regulan las relaciones grupales. La hembra humana puede concebir con frecuencia, pese a que sus crías tardan más en madurar y exigen una mayor inversión energética que en los póngidos, porque ha involucrado al macho de manera permanente en la labor de crianza y porque el grupo mismo ha reforzado sus lazos de reciprocidad y cooperación. La formación de unidades reproductoras, compuestas de una unión de carácter extenso de tipo macho-hembra tiene como consecuencia inmediata en la conducta subsistencial un cambio de actitud: se pospone el consumo de nutrientes y se aportan a focos centrales en los que se distribuye la energía obtenida entre los miembros de dichas células. Una consecuencia directa de este hecho es que semejante comportamiento precisa de un reforzamiento de los lazos sociales del grupo, cooperando las diversas células reproductoras entre sí, para la obtención de los diversos nutrientes -la caza es más efectiva si es cooperativa- y para la defensa del grupo de agresiones externas. En definitiva, el ser humano ha podido variar los parámetros reproductores observados en el resto de primates, porque se hizo cooperativo y solidario, según la definición mantenida en la sistemática etológica.

Por consiguiente, el grado y modo de adquisición y reparto de energía en un grupo determinado es el que condiciona la estrategia reproductora de una especie (Indice K y Tiempo de Desarrollo). Al ser los modos de interacción social los que coordinan tanto la obtención de energía como su difusión, la importancia de éstos se revela por el hecho de que unos modos favorecen mejor la consecución de contingentes energéticos -tanto cuantitativa como cualitativamente- y su reparto y aprovechamiento. De ahí que las conductas solidarias y cooperativas sean más efectivas en ese sentido que las coordinadas y semi-cooperativas, y que hayan otorgado a nuestra especie el triunfo evolutivo que en la actualidad ostenta.

Al existir esta diferencia conductual y reproductiva entre el género humano y el resto de primates superiores, lo importante sería poder observar cuándo y de qué modo tuvo lugar semejante cambio en nuestros antepasados homínidos. Como dicha alteración conlleva una reestructuración de las pautas básicas de conducta, una de las claves indicadoras es la observación de la aparición de rasgos nuevos como los descritos. A este respecto, resulta revelador que el comportamiento generador del registro arqueológico plio-pleistocénico sea de tipo cooperativo y solidario, con lo cual la génesis de dicho cambio conductual podría retrotraerse en su forma estructural a los mismos orígenes de nuestro género. Esta circunstancia estaría ligada al éxito evolutivo de *Homo* y a la extinción postrera del resto de los homínidos.

Si los géneros *Australopithecus y Paranthropus* poseyeron un comportamiento coordinado y semi-cooperativo, tal y como he indicado (Capítulo 4), del mismo modo que los pánidos, la existencia de un dimorfismo sexual sería indicativa de una estrategia sexual de carácter poligámico, con lo cual, presumiblemente, las hembras seguirían encargándose de la progenie y es probable que ésta mantuviese parámetros de crecimiento similares a los de los póngidos. Si de por sí éstos primates son escasos en los medios selváticos actuales, en los que los criterios selectivos se encuentran más relajados que en otros ecosistemas de mayor presión trófica, es previsible que su sometimiento a criterios más rígidos limitaría bastante el margen de adpatabilidad de la especie. Los australopitecos y los parántropos pudieron haber manifestado conductas coordinadas y semi-cooperativas con periodos de maduración y espaciamiento conceptivo similares a los de los póngidos, pero la supervivencia en un medio más hostil, como es el ecosistema de sabana, les habría limitado sobremanera en cuanto a su capacidad de reacción. El recrudecimiento de los criterios selectivos a finales del Plioceno aportó consigo la extinción del género *Australopithecus* , al cual le sobreviviría el género *Paranthropus* y un nuevo género incipiente: *Homo*. La extinción de los parántropos al cabo de un millón de años, coincidiendo del mismo modo con una reconfiguración de las condiciones ambientales, podría explicarse porque *Paranthropus*, al igual que antes *Australopithecus*, habría mantenido un periodo de espaciamiento de partos similar al de los póngidos, condicionando de este modo la disposición de efectivos demográficos. Al ralentizarse el trasvase generacional y surgir un nuevo tipo de homínido capaz de haber solucionado ese problema y con mayor facilidad adaptativa -más competitiva-, el género *Paranthropus* se habría visto abocado a la extinción.

La aparición y consiguiente triunfo evolutivo de *Homo* sugiere, junto con el surgimiento de un nuevo tipo de comportamiento solidario, que los modos de interacción sociales se alteraron para coordinar de mejor manera una serie de innovaciones biológicas, como pudieron ser el incremento de la duración de todas las fases del crecimiento y una disminución del tiempo empleado entre concepciones sucesivas, que se habría visto facilitado por una mejor canalización de la energía, gracias a la nueva modalidad de interacción social. El origen de estos cambios biológicos debería buscarse, a mi juicio, en las alteraciones de la ontogenia, por lo cual, el mejor marco interpretativo lo constituye la Biología del Desarrollo, cuyas distintas formas de cambio embriogenético (heterocronías) se revelan como los mejores candidatos exegéticos de la aparición de nuestro género, tanto en términos somáticos como conductuales.

7.2.- LA IMPORTANCIA DE LA HETEROCRONIA EN EL PROCESO EVOLUTIVO.

La concepción actual del proceso evolutivo ha pasado por diversas fases, en cada una de las cuales tuvo que superar diversas dificultades. Si se sintetizan éstas de modo somero, las primeras restricciones conceptuales aparecieron en los momentos anteriores a la creación de la teoría darvinista. El primer problema fue superar la limitación temporal que se concedía a la existencia de la vida en el planeta; para ello, el estudio de los procesos geológicos resultó imprescindible -descubrimiento de la discontinuidad sedimentaria (Hutton), de la correlación de estratos mediante la presencia de fósiles (W. Smith), la atribución cronológica según el distanciamiento morfológico de la fauna contenida en cada estrato, con respecto a la actual (Lyell) y la formulación del principio de superposición (Stenno)-. La segunda cuestión planteada fue el "fijismo de las especies" -concebido desde un prisma creacionista- o su existencia invariable a lo largo del tiempo. Para ello surgieron hipótesis catastrofistas (Cuvier), a las que se opuso la primera interpretación evolucionista (Lamarck), que tras ser depurada (Darwin, Wallace) dio lugar a la primera teoría evolutiva aceptada académicamente. Sin embargo, la teoría darvinista original poseía una carencia explicativa en un aspecto tan básico como es la variación, que es la que concede sentido al proceso transformador de las especies. Tras el redescubrimiento de la genética mendeliana a principios de siglo y de la existencia de los cromosomas (Weismann), de los genes (Boveri) y de las mutaciones de éstos (Hugo de Vries), la variación pudo explicarse de manera científica. Los experimentos de Morgan, Sturtevant y

Muller vinieron a otorgar mayor crédito a esta concepción, argumentando que la razón de la mutación se debía al entrecruzamiento genético y a las radiaciones externas.

A partir de la década de los veinte, los biólogos genetistas pondrán de relieve que los procesos de mutación y no los de selección natural eran los responsables y factores directores de la evolución. Es en estos momentos cuando el darvinismo afronta su primera gran crisis, de la que se recuperará a partir de la década de los treinta, cuando se intente conciliar por un lado los criterios de mutación manejados por los biólogos "genetistas" y por otro, los argumentos de la selección natural del medio, defendidos por los evolucionistas darvinistas. Como resultado aparece la "teoría sintética" o "neodarvinista" (Mayr, Simpson, Stebbius, Dobzhansky y Huxley), en la que, partiendo del marco conceptual de una genética de poblaciones, la mutación explica la variabilidad o posibilidad de alteración del fenotipo, y la selección natural, la aceptación o rechazo de dicho cambio por los criterios selectivos del medio. Desde esta óptica, cualquier tipo de variación es posible, ya que se realiza mediante los procesos aleatorios que provocan la alteración del fenotipo.

Esta teoría resulta ser en la actualidad el programa de investigación o paradigma sostenido, dado su arraigue, por la mayor parte de la comunidad académica. Sin embargo, en los últimos veinte años estamos asistiendo a un movimiento creciente de detractores de esta visión tradicional, basándose en la pérdida de heurística de esta teoría para explicar los aspectos clave del proceso evolutivo. Desde que en 1972 Gould y Eldredge formularan su teoría de "equilibrio puntuado", en la que defendían que las especies evolucionaban no de un modo regular y paulatino, como postulaba el gradualismo filético darvinista, sino atendiendo a saltos bruscos -en contextos geocronológicos-, tras los cuales se mantenían invariables durante largos periodos de estasis, se otorgó mayor argumentación a las voces disidentes que conforman desde antaño un cisma con respecto a la ortodoxia académica. Entre estas voces, el grupo más importante lo constituyen los evolucionistas que interpretan este proceso desde la Biología del Desarrollo. Estos evolucionistas ontogenetistas mantienen, en contra del darvinismo, dos posturas que, aunque pudieran parecer nimias y/o complementarias al mismo, resultan opuestas en el aspecto filosófico. La primera de ellas es que la mutación del genotipo y su plasmación en el fenotipo es un proceso regulado por la ontogénesis -desarrollo del organismo- y no una dinámica anárquica controlada por la aleatoriedad de la mutación. La segunda consideración, que deriva de la primera, consiste en que semejante concepción limita la variación a todas las formas que resulten biológicamente viables, con lo cual no es posible cualquier tipo de cambio, sino aquéllos que el proceso regulador de la embriogénesis posibilite. Por consiguiente, de lo que antaño se responsabilizaba al demiurgo y más tarde la interpretación darvinista imputaba al azar, la visión ontogenética lo atribuye a las normas biológicas del desarrollo.

Sin embargo, esto no es en su esencia fundamental una propuesta nueva. El primer epigenetista -definiendo la epigénesis como la relación entre la ontogénesis y el cambio genético- fue Aristóteles, cuando clasificó a diversas especies animales guiándose por criterios embriogenéticos (Gould, 1977). En el siglo dieciocho, los preformacionistas, al tiempo que Linneo y Buffon realizaban las primeras clasificaciones sistemáticas del reino animal, mantenían la hipótesis de la encapsulación, consistente en que el desarrollo sólo era aparente: representaba la ampliación de estructuras pre-existentes, o lo que es igual, la ontogenia era el crecimiento de un organismo perfectamente formado en el huevo, pero en estado reducido. Tras el colapso del preformacionismo, a fines del siglo dieciocho y comienzos del diecinueve surge en Alemania la Filosofía Natural, paralela al trascendentalismo francés -cuyo máximo responsable era Serres, que habla de evolución con anterioridad a Lamarck-, para explicar el cambio en el desarrollo. La Filosofía Natural era "recapitulacionista"; es decir, basaba dicha metamorfosis en la ley de perfección y dirección universal del desarrollo. En estos momentos surge la clasificación zoológica de Oken, basada en la adición linear de órganos. Sin embargo, a partir de los años veinte, Von Baer realizará una crítica al recapitulacionismo, argumentando que muchos rasgos del embrión no están presentes en el organismo en su estado adulto, para lo cual creó la "ley de diferenciación", que mantiene que el proceso de desarrollo parte de lo general a lo especial. Esta crítica va a servir para que los recapitulacionistas redefinan sus principios, rechazando la tendencia lineal de desarrollo defendida por la Filosofía Natural, hasta concluir en la ley biogenética de Haeckel, consistente en la concepción de la ontogenia como la recapitulación rápida de la filogenia. Los defensores de la recapitulación aceptan un mecanismo de transformación basado en dos leyes: el principio de adición terminal y el principio de condensación. El primer principio consiste en la definición del cambio mediante la suma de una nueva fase al final de la ontogenia ancestral, mediante la cual existe una prolongación temporal. El principio de condensación mantiene, en cambio, que el desarrollo se acelera al tiempo que los rasgos primitivos se relegan a los estados iniciales del embrión o mediante la eliminación de fases. Sin embargo, la oposición a esta redefinición de la recapitulación provocó que biólogos como Wilhem His explicasen que la forma ontogénica se debía a presiones mecánicas producidas por las desigualdades del desarrollo, en forma de leyes.

A partir de la década de los treinta se asiste a una conciliación de ambas posturas y se admite que la ontogenia es el resultado de un proceso de generalización en el que, si bien la recapitulación es responsable sólo de una fracción de las relaciones juveniles descendientes y las formas ancestrales adultas, no es sino un proceso complementario a la dinámica reguladora interna embriogenética, que condiciona el desarrollo de un organismo. De este modo existen lo que Gould (1977) denomina puntos estandarizados, en los que determinadas formas o fases previas se suceden en el proceso ontogenético.

No obstante, el hecho más relevante se produce al tiempo que se perfilaba la teoría sintética neodarvinista, aplicando algunos de los disidentes de tal concepción evolutiva los preceptos de los estudios de la Biología del Desarrollo al marco de la evolución de las especies. Este proceso alcanzará su máxima expresión con los trabajos más recientes de De Beer, Gould, Alberch y Oster, que constituyen el principal punto de apoyo en la formulación de la teoría del "equilibrio puntuado". La concepción ontogenética de la evolución critica el reduccionismo darvinista que sostiene que los mecanismos más básicos del cambio son extrapolables a cualquier nivel evolutivo, y mantienen una concepción jerarquizada de la realidad, en la que no todos los problemas evolutivos son explicables en función de los mismos mecanismos. Era muy fácil que una vez conocida la base molecular de los genes, la mayoría de los evolucionistas concibiesen que todos los fenómenos de transformación se debieran a la alteración de dichas bases, que eran seleccionadas con posterioridad. Sin embargo, el neodarvinismo nunca ha obtenido una prueba sólida de que el cambio evolutivo funcionase de acuerdo con los preceptos de su formulación. Antes bien, todo lo contrario. Una observación tanto de la diversidad biológica actual, como de las formas de vida fósiles, pone de relieve que dicho cambio siempre se ha producido dentro de los márgenes de una diversidad morfológica limitada. Por otra parte, un estudio detenido de las teratologías -malformaciones en el proceso de desarrollo- documentadas en la naturaleza y producidas artificialmente, indica que el número de éstas es muy reducido y que, en contra de lo que sostiene la filosofía neodarvinista, cualquier alteración en el genotipo no puede producir una variedad ilimitada de resultados (Alberch, 1982). Estas dos observaciones -la escasa variedad morfológica en las estructuras orgánicas fósiles y actuales y la limitación de la gama de teratologías- otorga mayor peso argumental a la interpretación ontogénica, que mantiene la existencia de una relación entre las leyes del desarrollo y el control de los tipos morfológicos que han aparecido en la evolución. Dicho en otros términos, no existe una gama continua de resultados finales, sino tan sólo es posible un número limitado de ellos (Alberch, 1980, 1982).

De este modo, la evolución funciona cuando el proceso ontogénico se altera de alguna de las siguientes dos maneras, que reciben la denominación de **heterocronía**:

1º Cuando se introduce una alteración en cualquiera de las fases que integran el desarrollo, con el consiguiente efecto en las fases siguientes.
2º Cuando cualquiera de las fases o caracteres sufren un cambio en el periodo de su desarrollo. Este hecho, también es definido como el desplazamiento de un rasgo relativo al tiempo en que éste aparecía en la forma ancestral o la variación de su tasa de crecimiento.

morfológica tan amplia que experimenta nuestra especie con respecto a los póngidos. Por esta razón, el estudio de la evolución de los homínidos está siendo realizado en los últimos años, por parte de diversos autores, a través de un enfoque interpretativo de las posibles heterocronías causantes de su aparición.

La heterocronía supone un cambio en la ontogenia -y por consiguiente en la forma del organismo- determinado por cualquiera de los siguientes factores: el tiempo y la tasa de desarrollo.

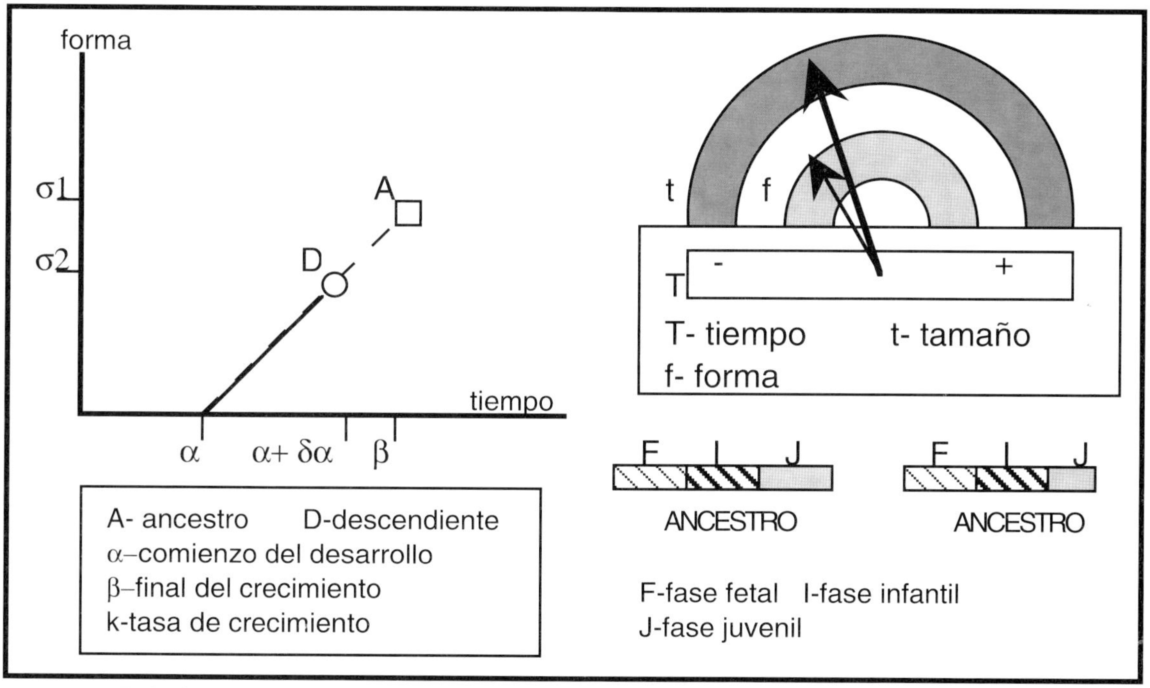

FIG. 62. Representación gráfica de la progénesis (Gould, 1977; Alberch et al., 1979)

Puesto que el ser humano y el chimpancé son prácticamente idénticos en su estructura genética, ya que comparten hasta el 99% de su genotipo (Sibley & Alhquist, 1984), su gran separación morfológica y conductual parece ser enfocada con mayor acierto desde el segundo tipo de alteración ontogenética. La mínima diferencia genotípica que separa ambas especies pudo provocar una alteración de las relaciones genéticas-epigenéticas, que trastocó los parámetros temporales de desarrollo, lo cual condujo a la separación

Estas variables son inferidas del registro paleontológico de diversas maneras. Para ello se estudia el tamaño y la forma de los restos fósiles. Un organismo sufre un proceso de desarrollo y crecimiento a lo largo de su ontogenia que es dinámico en la fase inicial de su existencia, hasta que alcanza cierto límite en el que se estabiliza y a partir del cual empieza a experimentar procesos degenerativos. Por consiguiente, a lo largo de ese periodo la forma y masa de dicho organismo cambian

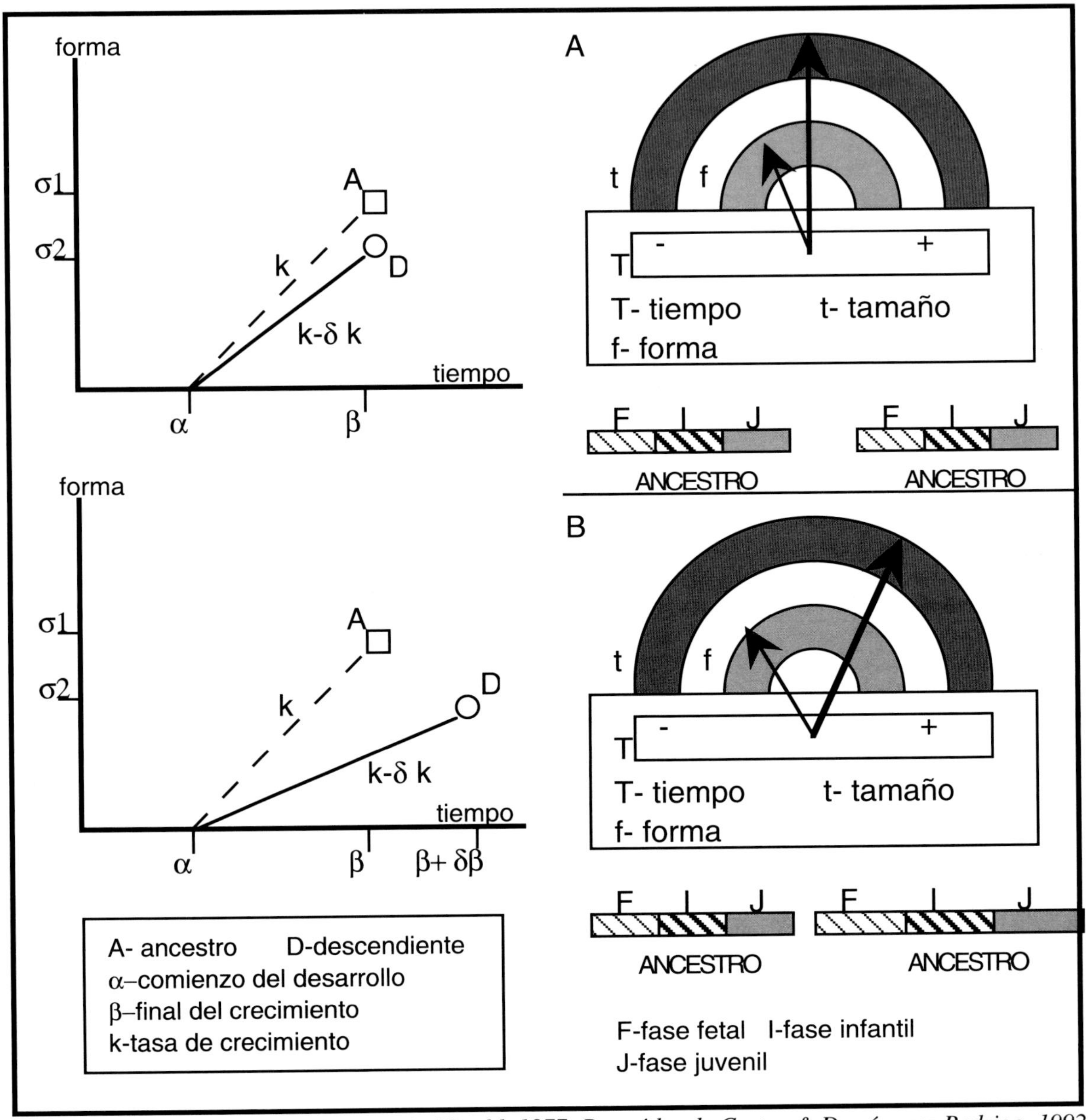

FIG. 63. *Las dos modalidades de neotenia (Gould, 1977; Bermúdez de Castro & Domínguez-Rodrigo, 1992).*

progresivamente. La Paleontología, por lo tanto, hace uso de dichos criterios- el morfológico y el dimensional- para inferir la tasa y el tiempo de desarrollo en el organismo fósil. Como la evolución supone la modificación de la ontogenia de seres descendientes con respecto a sus antecesores, mediante la incorporación de caracteres nuevos en dicho proceso o la variación del orden y ritmo de los ya existentes, se puede decir que en el primer caso estamos ante un fenómeno de desviación -el carácter recién incorporado influye en el posterior desarrollo de la ontogenia- y en el segundo nos encontramos ante un desplazamineto temporal cuantitativo de los caracteres heredados. Este último fenómeno plantea el problema de qué mecanismo es el encargado de regular dicha desviación temporal. La respuesta parece ser la aceleración o retraso de las tasas de desarrollo y/o la oscilación temporal de dicho proceso. Por consiguiente, ambos factores se constituyen en responsables del estado final de un carácter somático y, por ende, del fenotipo de un organismo a lo largo de su ontogenia.

Desde esta consideración, los procesos heterocrónicos pueden conducir básicamente a dos resultados ontogenéticos distintos. El primero de ellos, la pedomorfosis, tiene como conclusión la retención de los caracteres juveniles de los ancestros en el estado adulto del organismo. El segundo de dichos resultados, la peramorfosis, consiste en la aparición de la morfología adulta del ancestro en la fase juvenil de desarrollo del descendiente y/o la variación de dicha forma por la aparición de alguna fase más. Las principales formas de heterocronía que conducen a la pedomorfosis son las siguientes:

Progénesis.- Se produce cuando el descendiente mantiene los mismos parámetros de crecimiento que el ancestro, pero se acelera la etapa juvenil- la última fase de la ontogenia antes de la madurez-, llegando antes a la maduración sexual y a su estado adulto. Esto implica un menor tiempo de crecimiento y un

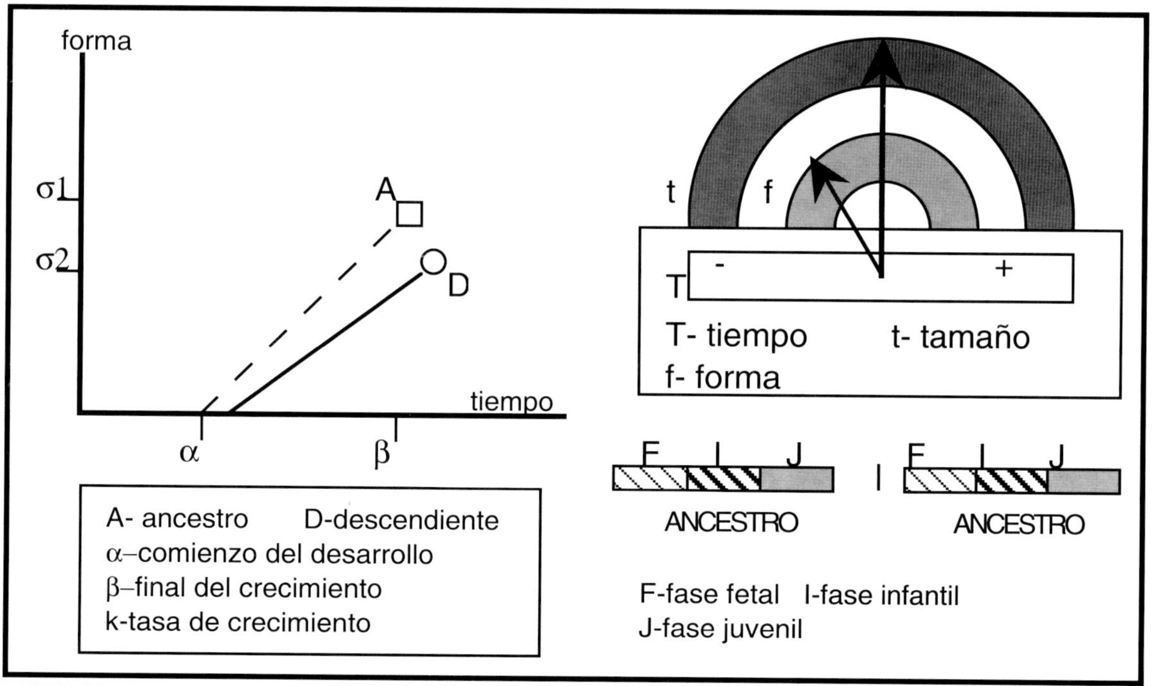

FIG. 64. *Representación gráfica del proceso de post-desplazamiento (Gould, 1977; Alberch et al., 1979).*

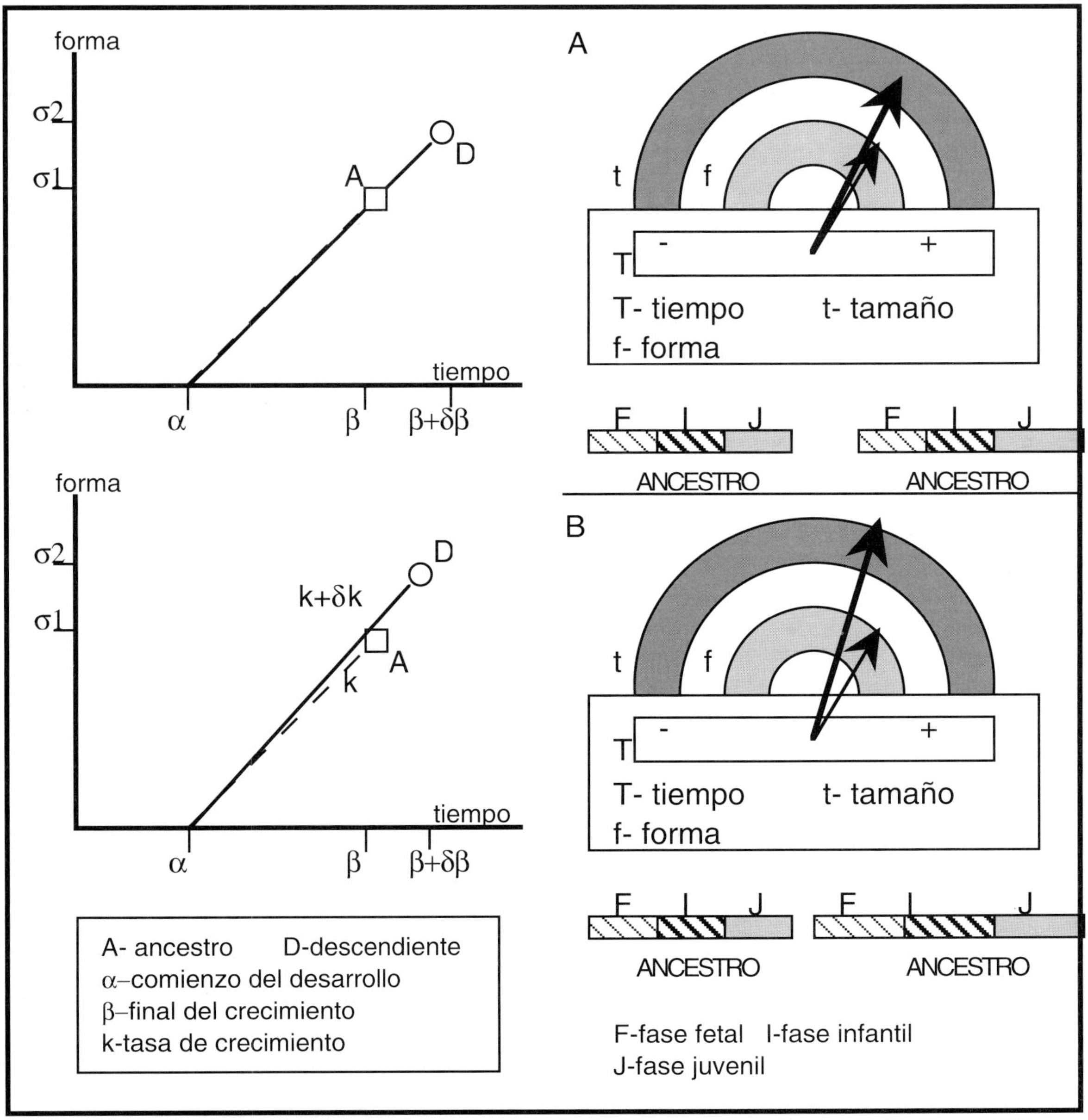

FIG. 65. *Representación de las dos modalidades de hipermorfosis (Gould, 1977; Shea, 1983).*

resultado en el descendiente que se traduce en una morfología juvenil, pero que diferirá de la morfología juvenil del ancestro en algunos rasgos, y en un menor tamaño que el ancestro adulto (McNamara, 1986) (Figura 62). Esta modalidad heterocrónica también se denomina hipomorfosis tiempo (Shea, 1983).

Neotenia.- Se define tradicionalmente como una disminución del índice del desarrollo morfológico, o lo que es igual, la tasa de desarrollo, expresado en la aparición de dos variantes distintas. La primera de ellas (proceso neoténico A) consiste en que se mantiene el periodo de madurez del ancestro, pero disminuye la tasa de crecimiento en la fase juvenil, lo cual implica que se llega al estado adulto alcanzando el mismo tamaño que el ancestro, pero con rasgos morfológicos juveniles (Gould, 1977). La segunda variante (proceso neoténico B) consiste en un retraso de la madurez sexual, reduciendo la tasa de crecimiento con respecto al ancestro y ampliando todo el periodo ontogenético en cada una de sus fases. El resultado final es que el descendiente es mayor que el ancestro y sus rasgos son juveniles con respecto al mismo (Gould, 1977; Alberch et al., 1979) (Figura 63).

Post-desplazamiento.- En contraste con la neotenia, este proceso no precisa de una alteración de la tasa de desarrollo, sino que es el resultado de un retraso en el comienzo del proceso de crecimiento, aún cuando éste tenga la duración de la del ancestro. Con respecto a éste, ciertas estructuras comenzarán a desarrollarse más tarde que otras partes del organismo y, como resultado, su forma final mantendrá rasgos juveniles y no adultos. Este proceso puede operar de manera conjunta a una heterocronía de carácter neoténico (Gould, 1977) (Figura 64).

Los principales procesos de alteración que conducen a resultados peramórficos son los siguientes:

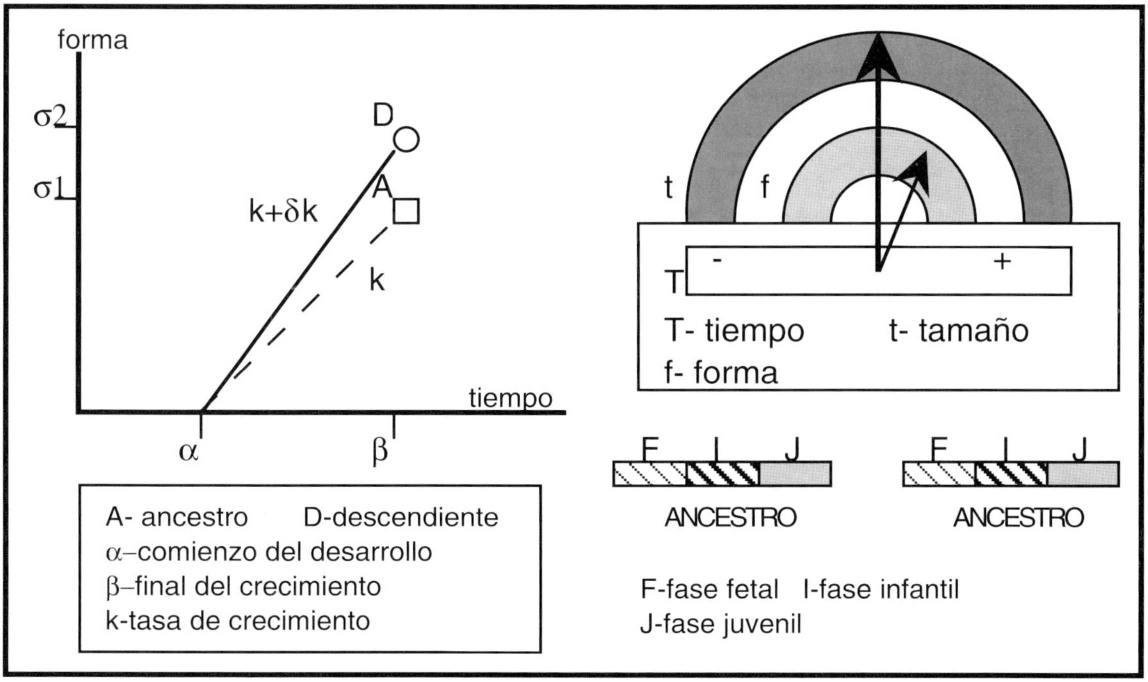

FIG. 66. *Representación del proceso de aceleración (Gould, 1977; Alberch et al., 1979).*

Hipermorfosis.- Existen dos formas : el proceso de hipermorfosis tiempo y el de hipermorfosis tasa (Shea, 1983). La hipermorfosis tiempo se define como el mantenimiento de la tasa de crecimiento con respecto al ancestro, pero con un momento de madurez sexual más tardío como motivo de la prolongación de la fase juvenil. Es en realidad el proceso opuesto a la progénesis. El resultado final es que el descendiente adulto es de mayor tamaño que el ancestro, aunque conserva los mismos rasgos y la variación con respecto a éstos es de carácter alométrico. La hipermorfosis tasa implica no sólo una alteración de los parámetros de tiempo de la ontogenia ancestral, sino también una tasa de crecimiento mayor. En ambos casos la forma final es similar: el tamaño del descendiente es mayor que el del ancestro (Figura 65).

Aceleración.-Es el proceso heterocrónico inverso de la neotenia. Consiste en un incremento de la tasa de crecimiento durante la ontogenia manteniendo los mismos parámetros temporales. Como resultado final, el descendiente es igual o más pequeño que el ancestro y mantiene los mismos rasgos de adulto (Alberch et al., 1979; Shea, 1983; McNamara, 1986) (Figura 66).

Pre-desplazamiento.- Supone el proceso contrario al post-desplazamiento. Aparece cuando el periodo de crecimiento comienza antes, de tal manera que se incorporan a las formas finales el aspecto morfológico del estado adulto del ancestro (Gould, 1977) (Figura 67).

Con el conocimiento de nuestra gran proximidad genética con los póngidos, el estudio de las alteraciones evolutivas que configuran la moderna morfología de nuestra especie plantea una curiosa serie de interrogantes sobre los posibles procesos heterocrónicos causantes de las mismas. Por esta circunstancia, el análisis de las heterocronías se ha convertido en los últimos años en un factor crucial para la inteligibilidad de las transformaciones

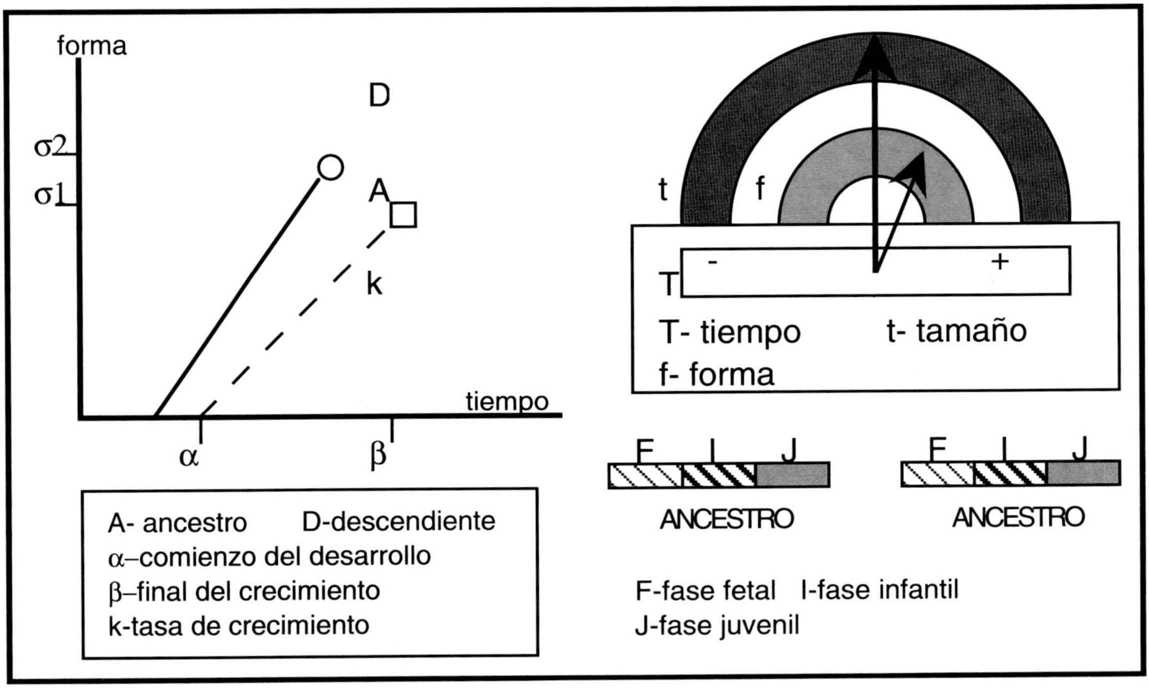

FIG. 67. Representación de la heterocronía de pre-desplazamiento (Gould, 1977).

evolutivas que experimentaron los homínidos, y cuya solución se hace más evidente a partir de tales planteamientos de investigación.

Aunque en esta sección he expuesto sucintamente las principales formas heterocrónicas de alteración de los caracteres en el desarrollo de los organismos, he de subrayar el hecho de que éstas no son tan simples como esta breve descripción pudiera dar a parecer. La discusión sobre heterocronías que pueden resultar convergentes morfológicamente y la intervención simultánea o sucesiva de varios tipos de ellas en el desarrollo de un organismo -pese a que pueda predominar una modalidad determinada- hace que el análisis de los restos fósiles y la inferencia de los procesos ontogenéticos por ellos experimentados sea algo sumamente complejo, que no puede desprenderse de una descripción tan introductoria como la que acabo de hacer. Sin embargo, mi intención ha sido exponer en términos sencillos un área de investigación de gran relevancia y escasamente conocida -por una ausencia divulgativa de sus planteamientos y procedimientos-, en la cual no voy a profundizar por dos razones. La primera, porque su complejidad genera controversia en la discusión sobre los procesos heterocrónicos que se pueden inferir de los restos de organismos fósiles; circunstancia que en ningún momento voy a tratar en profundidad. La segunda razón es que lo que me interesa es plantear, también a nivel introductorio, las posibles implicaciones conductuales que semejantes heterocronías pueden haber significado en el seno de los primates más evolucionados. Como para cumplir este objetivo, las definiciones sencillas que he dado son más que suficientes y la controvertida interpretación fenotípica de las mismas no le afecta, permaneceré al margen de un tratamiento más extenso e ilustrado con ejemplos actuales, por no ser la Biología del desarrollo el objeto principal de este trabajo de investigación, sino una ventana que quiero abrir al final del mismo para alumbrar mis conclusiones con una luz distinta e innovadora.

7.3- HETEROCRONIA, EVOLUCION HUMANA Y COMPORTAMIENTO.

En el estudio de la evolución humana, las similitudes morfológicas entre los individuos infantiles de los póngidos y los adultos de nuestra especie ya fueron motivo de interés para algunos científicos de comienzos de siglo. Este tipo de observación condujo al anatomista Louis Bolk a formular en los años veinte su teoría de la "fetalización", según la cual la evolución humana se habría caracterizado por un retraso en el desarrollo, causante de la retención de los rasgos juveniles presentes en nuestros antepasados. A finales de los setenta, Gould (1977) retoma la teoría de Bolk e introduce nuevos elementos en la misma, con los cuales vuelve a situarla en una dimensión interpretativa moderna. Para ello, recopila todos los rasgos de semejanza aducidos con anterioridad y añade algunos más para concluir que nuestra especie es neoténica, debido a un estudio morfológico de estos rasgos y al periodo de crecimiento que nos caracteriza. Pero no queda sólo ahí su observación, sino que afirma del mismo modo que los homínidos más antiguos sufrieron idéntico proceso neoténico.

El registro homínido fósil podría confirmar la hipótesis de Gould hasta cierto punto, pues la postura erecta y un ligero aumento de la capacidad craneal con respecto a los póngidos son características del morfotipo de los australopitecos. Del mismo modo, los análisis de Mann (1975) sobre los modelos de desarrollo dental indicaban una maduración en este género tardía. Sin embargo, los hallazgos paleontológicos de los setenta puseron de relieve que no existía una relación causal entre la bipedestación y el aumento encefálico. Por otra parte, el cociente encefálico estimado para especímenes fósiles de homínidos pliocénicos, mediante el estudio de las perikimatas -líneas de crecimiento del esmalte dentario- apuntaron a unos periodos de maduración similares a los de los póngidos actuales (Bromage & Dean, 1985). Por todo ello, el encadenamiento causal de la postura erecta al proceso de macroencefalización y al retraso del crecimiento, sostenido por Gould, sufrió en sus planteamientos generales un fuerte embate, que le hizo perder heurística.

En la actualidad, una de las discusiones más interesantes es la que mantienen los críticos de los métodos empleados para el análisis de las perikimatas (Mann, 1988; Simpson et al., 1990; Mann et al., 1990). Simpson et al. (1990) consideran que cada especie homínida posee modelos de erupción y crecimiento diferentes, como respuesta funcional a distintos modos de crecimiento facial, por lo cual éstos no pueden ser utilizados como índices generales de desarrollo. A pesar de ello, todos los análisis realizados en especímenes de *Australopithecus y Paranthropus* hasta la fecha manifiestan patrones de crecimiento que difieren del de nuestra especie y que resultan sumamente similares a los de los póngidos (Aiello & Dean, 1990). No obstante, no existen aún datos suficientes para elaborar un análisis sólido de este tipo sobre especímenes de *Homo* (Aiello & Dean, 1990).

A pesar de ello, Bromage (1986) es partidario de explicar la morfología de *Homo* del mismo modo que la de otros homínidos pliocénicos, aplicando una interpretación de carácter hipermórfica. Partiendo de la división de este concepto en hipermorfosis tiempo e hipermorfosis tasa (Shea, 1983) Bromage (1986) concluye que tanto el incremento encefálico, como el corporal de *Homo* se debe al segundo tipo de heterocronía. Es decir, los cambios dimensionales y morfológicos sufridos por nuestro género se explicarían por un incremento de la tasa de crecimiento, sin alterar el patrón temporal.

Recientemente, Bermúdez de Castro y Domínguez-Rodrigo (1992), en una revisión de la aplicación de las diversas modalidades heterocrónicas, abogan por un retorno a la neotenia como causante no de la aparición de los homínidos -contra Gould (1977)- sino del surgimiento de *Homo*. Las pruebas que aducen en la crítica de hipermorfosis propuesta por Bromage son varias. Según Bromage (1986), sería posible que la hipermorfosis tasa hubiera causado una alteración de los índices encéfalo-corporales durante episodios sucesivos de la evolución homínida, sin requerir ningún tipo de alteración temporal del crecimiento. Sin embargo, un proceso de este cariz implica que la relación alométrica ancestral se mantenga en la especie descendiente. La aceptación de que un cambio alométrico en la relación dimensional cerebro-cuerpo se produjo entre *Australopithecus y Homo* no implica necesariamente un proceso de hipermorfosis; entre otras cosas, porque el resultado de los rasgos somáticos de *Homo* es pedomórfico y no peramórfico como correspondería a un proceso de hipermorfosis tasa. Los estudios realizados por Hemmer (1969) sobre la variación morfológica craneal y facial indican que *Homo* se encuentra apartado de la línea evolutiva seguida por *Australopithecus* , y que los rasgos ostentados por este género son interpretables mediante un proceso opuesto de neotenia (Bermúdez de Castro & Domínguez-Rodrigo, 1992).

Sin embargo, de manera tradicional la consideración de los factores heterocrónicos se ha realizado desde una interpretación de los resultados morfológicos en el fenotipo. En el caso de la aparición de nuestro género, donde los indicios fósiles son tan escasos que no permiten una reconstrucción fiable de las dimensiones corporales (Aiello & Dean, 1990) y en el que se cuenta tan sólo con las innovaciones craneales como única aproximación, existe una vía alternativa y complementaria por explorar, consistente en las alteraciones conductuales que cualquiera de los procesos heterocrónicos pudo haber causado. Si se parte de la asunción de que los australopitecos mantuvieron periodos de desarrollo y crecimiento similares a los de los chimpancés -lo cual refrendaría la conducta que he inferido mediante los análisis cladístico y comparativo (Capítulo 4)- la aparición de alteraciones en dicho proceso tuvo que repercutir de modo diferente en el comportamiento.

En la actualidad, las crías de los chimpancés permanecen unos pocos días incapaces de sujetarse de manera efectiva a su madre, para lo cual ésta las agarra con la mano. Trascurrido ese breve momento de absoluta indefensión, la cría se sujeta al vientre de la madre y se desplaza sin problemas con ella de esta manera hasta los seis meses; fecha en la que se traslada montada a la espalda. Al cabo de un mes, la cría es capaz de ingerir sin problemas alimentos sólidos, aún cuando prefiera la leche materna. Durante el primer año de vida permanece unida a la madre de manera constante y a partir de entonces, se separa de ésta y comienza a jugar algo alejada o en compañía de otras crías. Cuando llega a los tres o cuatro años ya conoce las reglas de la conducta social y empieza a aplicarlas, con el fin de estar integrado sin problemas en el grupo cuando a los doce años complete su desarrollo (Schultz, 1956).

Si esta especie sufriese un proceso heterocrónico de progénesis, el resultado conductual apenas diferiría del descrito, ya que la madre seguiría siendo autosuficiente en la cría de la descendencia, que experimentaría el mismo proceso de crecimiento, salvo en la última fase, la juvenil, la cual se vería reducida por alcanzar antes la madurez sexual. La consecuencia más importante de la progénesis habría sido que el descendiente habría disfrutado de un periodo menor de aprendizaje y tendría que asumir su identidad de adulto antes que su ancestro. Por lo demás, el tipo de interacción social seguiría manteniendo la misma estructura.

Un proceso de post-desplazamiento es más problemático de evaluar en términos conductuales, porque depende si afecta a determinadas partes anatómicas o a todo el organismo. En el primer caso, las implicaciones serían previsiblemente nulas, ya que el desarrollo del resto del descendiente sería normal y éste no se encontaría en una situación mayor de indefensión que la cría ancestral. En el segundo caso, la cría precisaría de mayores atenciones maternas en su fase inicial de crecimiento posnatal, pero al mantener los mismos parámetros temporales de desarrollo y de tasa de crecimiento, el comportamiento de la especie no habría necesitado más que un reajuste en la conducta materna en su fase inicial de crianza, siendo el resto de los modos de interacción social los mismos.

Un proceso heterocrónico de hipermorfosis tiempo -o lo que es igual, la prolongación de la fase juvenil tras el retraso de la madurez sexual- no aportaría en este grupo ningún cambio relevante en las pautas generales de comportamiento, a no ser que se incrementase la operatividad de información al disponer de un tiempo mayor de aprendizaje. No obstante, esta afirmación puede ser contestada con la aseveración de que los momentos de mayor capacidad de aprendizaje en los póngidos ocurren en la fase infantil, que en este caso la forma descendiente mantendría similar a la forma ancestral. Del mismo modo, un proceso de hipermorfosis tasa, al no variar el periodo temporal y al no sufrir la dinámica de crecimiento ninguna merma -antes bien, todo lo contrario con un incremento de la tasa-, el resultado final sería una alteración del fenotipo y un mantenimiento del mismo comportamiento ancestral, ya que la heterocronía descrita en ningún momento ha requerido la alteración de las pautas de interacción social.

Esta misma afirmación podría sostenerse en el caso de que los procesos heterocrónicos involucrados en el cambio fuesen un pre-desplazamiento o una aceleración. En ambas circunstancias, la maduración del descendiente similar a la del ancestro -o más rápida en el caso de la acceleración- provocaría un estado orgánico en el que no habría que dispensar mayores cuidados a la progenie y en el que la hembra seguiría siendo autosuficiente.

En definitiva, los procesos peramórficos no suponen, en el caso de los primates superiores que he expuesto, ningún tipo de alteración de los patrones básicos de conducta social. Esto resulta lógico, puesto que los descendientes peramórficos difieren de los ancestros, bien en que han gozado de una última fase algo más extensa, para provocar alguna innovación en el fenotipo, bien en que, manteniendo los mismos parámetros temporales, han incrementado la tasa de crecimiento, creando cambios alométricos propios de tal proceso, que en ningún momento afectan al normal desenvolvimiento social.

Un ejemplo bien evidente lo constituye la evolución de los póngidos. De acuerdo con Shea (1983), los póngidos africanos han experimentado un proceso heterocrónico en el que el factor temporal ha permanecido invariable -gorilas y chimpancés poseen periodos de maduración similares- y en el que el elemento alterado ha sido la prolongación de la diferenciación alométrica. De esta manera, Shea defiende que la hipermorfosis tasa ha sido la causante de la separación entre gorilas y chimpancés, siendo un incremento de la tasa de crecimiento, en el caso de los primeros, el responsable de la variación somática entre ambas especies. No obstante, en ningún momento se advierte que la posible hipermorfosis experimentada por los gorilas haya alterado los patrones generales de conducta, ya que el comportamiento que éstos mantienen no difiere en esencia del mostrado por los chimpancés. En ambos casos se trata de sociedades coordinadas y semi-cooperativas, con un sistema de regulación jerárquico mantenido por un macho adulto al frente y con una estrategia sexual de carácter poligámico temporal. Con esto se observa cómo una heterocronía de resultados peramórficos no influye en este caso en el cambio de las pautas conductuales esenciales. Si tal y como apunté anteriormente, los procesos heterocrónicos de progénesis y post-desplazamiento tampoco causan, dentro de su concepción teórica, ningún tipo de cambio relevante en el comportamiento, el único candidato que nos queda como impulsor de un reajuste de los modos de interacción social sería el proceso de neotenia.

Hace algo más de dos millones de años, coincidiendo con la aparición del registro arqueológico más antiguo, surge, como hemos visto, un nuevo tipo de comportamiento en el seno de los homínidos, cuyas pautas generales difieren -en algunos aspectos de manera radical- de las lineas básicas de actuación del resto del ámbito primate. Tras casi dos décadas de someter a prueba los suelos de ocupación plio-pleistocénicos de Africa Oriental, con el fin de evaluar su grado de integridad y resolución, se ha llegado a un consenso sobre el carácter de la dinámica de intervención antrópica en los mismos que, al margen de las implicaciones sociales que puedan inferirse, se estructura en torno a las siguientes pautas de conducta:

1° Los yacimientos arqueológicos surgieron como resultado de la acumulación reiterada de carcasas, que fueron transportadas desde sus puntos de obtención hasta unos lugares centrales de referencia, con el objeto primario de aprovechar su contenido cárnico. Esto supone una serie de innovaciones con respecto a la línea general del comportamiento subsistencial anterior:

a- Inclusión de carne en la dieta en un promedio cuantitativa y cualitativamente mayor que el resto de las especies primates.

b- Posposición del consumo alimenticio, tras la obtención del producto, hasta su traslado al citado lugar de referencia.

c- Compartimiento probable del alimento, como resultado obvio de la acción anterior.

d- Una mayor capacidad de estructuración territorial, que habría conducido al establecimiento de puntos de referencia, atendiendo a una serie de criterios ecológicos.

2° La presencia de restos líticos en los yacimientos se explica funcionalmente por haber servido de útiles en la desarticulación de las carcasas, lo cual permitió tener acceso a una variedad taxonómica tan amplia como la que demuestra el registro. Sin embargo, este hecho revela una serie de habilidades desconocidas en el ámbito primate:

a- Capacidad de concebir y elaborar cadenas operativas que van más allá del mero uso metabiológico de ciertos materiales vegetales y pétreos por parte de algunos primates superiores.

b- Valoración de la materia prima en la fabricación de artefactos, hasta el extremo de transportarla varios kilómetros y agotar los nódulos líticos en sitios distintos.

Este nuevo comportamiento, mejor definido, como vimos, a través del modelo de "forrajeo de lugar central" (Isaac, 1983), responde en su consideración global a un incremento de la sociabilidad de los grupos homínidos autores de las acumulaciones y a un aumento de su capacidad para procesar la información recibida del medio.

Sin embargo, uno puede preguntarse qué motivó la aparición de esta conducta. En principio, se podría considerar que un cambio en el ecosistema fue el instigador de todo el proceso. Los datos disponibles apuntan a un cambio climático a fines del Plioceno, traducido en una disminución del índice de humedad, que habría conducido a una ligera reorganización de la flora y, por consiguiente, a un cambio en la composición faunística (Capítulo 1). No obstante, a pesar de semejantes reajustes, el ecosistema de sabana plio-pleistocénica parece haber sido sólo algo más húmedo de lo que es en la actualidad. Es presumible, por tanto, que los reductos arbustivos fuesen más abundantes de lo que son en el paisaje moderno. Pero incluso así, el cambio experimentado por el medio hace 2,5 m.a. resultó tremendamente importante porque redujo los hábitats de muchas especies, impulsó nuevas radiaciones adaptativas -sobre todo en artiodáctilos y perisodáctilos (capítulo 1)- y ofreció un nuevo espacio para las formas recién surgidas. Es justamente lo que da la impresión que ocurre también en el seno de los homínidos: mientras los australopitecinos ven reducidos sus hábitats, los miembros primigenios de nuestro género supieron modificar su nicho ecológico, para aprovechar los recursos ofrecidos por los espacios abiertos.

Sin embargo, el comportamiento inferido a partir del registro no parece responder a una simple adaptación a las nuevas condiciones surgidas en el medio. Las pautas de actuación necesarias para la formación de las acumulaciones antrópicas precisan tanto como de un nuevo modo de adaptación, una serie de habilidades y capacidades operativas, solamente adquiribles a través de un proceso biológico interno, que exceden a las observables en el resto de las especies primates. Es decir, este tipo de comportamiento no responde a un mero reajuste adaptativo, que siempre sería inteligible en términos estrictamente etológicos, sino a una adapatación producto de una mejora en la capacidad de procesar información que, a su vez, se hallaría relacionada con una redefinición de los lazos sociales. La carencia de dicha capacidad habría imposibilitado de antemano que una conducta de este tipo pudiera haber surgido.

Antes he mencionado que los cambios somáticos que aparecen con *Homo* son susceptibles de ser interpretados desde una consideración heterócrona de carácter neoténico. Ahora mi propósito es sostener que semejante proceso es el causante también del comportamiento responsable de las acumulaciones antrópicas arqueológicas. Si se observa que éstas responden al establecimiento de lugares centrales a los que se aporta alimento y, presumiblemente, se comparte, en una conducta cooperativa, cabe preguntarse qué tipo de reajustes sociales y biológicos condujeron a semejante actitud. En lo concerniente a los primeros, una sociedad se vuelve tanto más cooperativa cuanto mayor es la presión externa del medio. Esto puede observarse en los primates que habitan un ecosistema selvático y los que lo hacen en uno de sabana. En este último, los recursos vegetales son más escasos y la competencia por los mismos es más fuerte. Ante semejante circunstancia, la norma más habitual es un incremento de la variedad de los productos consumidos, en una dieta que tiende a convertirse en omnívora (Capítulo 1). Puesto que el medio de sabana es más hostil que el selvático, tanto por la presión existente ante los recursos como por el potencial de predadores que ocupan un nicho ecológico en ese ecosistema, la respuesta de los grupos primates viene a ser el empleo de una estrategia adaptativa de reforzamiento de los lazos sociales, acompañada por un desarrollo del instinto de agresión. Sin embargo, a pesar de la inclusión de dichas modificaciones, las estructuras sociales siguen siendo las mismas, con el mantenimiento de las jerarquías y de las estrategias de reproducción y subsistencia comunes al resto del ámbito primate.

La conclusión que se desprende de la observación del registro arqueológico, en cambio, es que estas líneas generales de comportamiento subsistencial se abandonan a favor de unas pautas de actuación más planificadas, que debieron surgir en el seno de sociedades más cooperativas, producto de haber aumentado el reforzamiento de los lazos internos del grupo. Si nos preguntamos qué provocó semejante incremento en la cohesion social en un principio bastaría decir que se debió a que determinados homínidos incrementaron su inteligencia. No obstante, un aumento de ésta supone un alza en el grado de potencialidad sobre la operatividad del medio que no implica necesariamente un reajuste de las estrategias de subsistencia. Es decir, la mejora del modo de procesar información habría reportado como beneficio una capacidad mayor de acceder a un amplio espectro de recursos, entre los cuales podría considerarse a la carne como un componente importante, pero el modo de consumirlos no debería verse alterado. Sólo cabría esperar una ligera posposición de la ingesta cárnica, debido al desplazamiento de las carcasas obtenidas a lugares al resguardo de los riesgos de los predadores de los espacios abiertos. Pero si tal circunstancia se hubiera realizado siguiendo la pauta de actuación primate, el traslado de las piezas habría sido comparable al del resto de una parte importante de carnívoros, que también llevan a cabo tal acción y que, por depender del lugar de obtención de la carcasa, no suelen propiciar acumulaciones como las que observamos en el registro arqueológico. Este, en cambio, parece apuntar al establecimiento de lugares referenciales previos a la obtención de recursos cárnicos, con lo cual la posposición de su consumo se debería no tanto- y no sólo- con el fin de evitar la hostilidad de las áreas descubiertas, como con el de aportar parte del mismo al resto de la comunidad. Este hecho, unido a la hipótesis sostenida a partir de los modelos teóricos de mayor poder heurístico, de que en la obtención de este tipo de recursos habría participado sólo una parte del grupo (Capítulo 6), otorga mayor relevancia a la interpretación de que este comportamiento se debe tanto a una necesidad de incrementar la cohesión y el grado de cooperación social, como a la adquisición de una mayor capacidad intelectual de reacción, ya que ambos factores están íntimamente relacionados. Si se asume esta circunstancia, el paso siguiente sería intentar discernir los motivos de semejante interacción social. Si ésta se vio favorecida por un aumento de la inteligencia, en un escenario ambiental con unos criterios selectivos muy definidos, es lógico suponer que el cambio inicial fue de carácter biológico (Domínguez-Rodrigo, 1994 b).

Con anterioridad, partiendo de una consideración heterocrónica, hemos visto que para explicar los rasgos que aparecen con nuestro género cabían en un principio dos posibilidades: un proceso de variación en la tasa de crecimiento que mantuviese un mismo periodo de desarrollo o un proceso de neotenia. Si se considera el primero de ambos, hemos observado que los descendientes serían, con respecto a sus progenitores, de un mayor tamaño y, tal vez, con una ligera modificación morfológica. Sin embargo, una alteración de la tasa de crecimiento en estas condiciones no generaría, a priori, una progenie que precisara ni de mayor atención ni de mayor convivencia con sus progenitores. Dicho de otro modo, si los primeros *Homo* se hubiesen distinguido del resto de sus parientes evolutivos por un incremento de esta tasa, manteniendo el mismo patrón de desarrollo que sus antecesores, las relaciones sociales dentro del grupo no deberían verse afectadas. Un proceso neoténico, en cambio, habría supuesto una alteración de las mismas, debido a la prolongación del periodo de desarrollo. La cría dilataría de modo postnatal parte del desarrollo que debería haber experimentado en la fase fetal , con el consiguiente trastorno temporal del periodo infantil y juvenil, precisando al mismo tiempo de mayores cuidados, ya que su estado de indefensión sería mayor que el del resto de sus parientes evolutivos más próximos. Este hecho, unido al retraso generalizado del desarrollo, habría causado la necesidad de una mejora en la cohesión social para atender debidamente a la progenie, redundando dicho cambio en una alteración de las relaciones entre los individuos del grupo.

El argumento neoténico propuesto de este modo para explicar el origen de nuestro género no es nuevo. Varios autores se han servido del mismo para idéntico propósito (Washburn, 1967; Lorenz, 1971). Sin embargo, pocos han profundizado debidamente en su estrecha relación con el comportamiento que aparece a fines del Plioceno. Isaac (1983b) llegó a explicar el mismo según lo que él denominaba "sistema cerebro-cultura", el cual funcionaba como un único complejo adaptativo, en el que cerebro y cultura se convirtieron en factores co-evolutivos: la cultura aparece debido a que el cerebro evoluciona, pero también porque éste requiere *una prolongación del periodo infantil y una nutrición de alta calidad,* en clara alusión a un proceso neoténico.

En términos básicos, cabe considerar que el retraso del desarrollo observado en *Homo* no es sino la ampliación de la tendencia general a la prolongación del mismo entre los primates, con el progreso ascendente de la escala evolutiva (Shultz, 1956). Esto se hace evidente en cada una de las fases del proceso ontogénico. El desarrollo prenatal dura seis semanas en los tupayas, dieciocho en los lemures, entre veinte y veinticinco en la mayoría de los platirrinos, treinta en los hilobátidos y entre treinta y cuatro y treinta y ocho en los póngidos. Esta última cifra iguala el promedio del periodo de gestación de los recién nacidos humanos. Pero aún siendo significativa la variabilidad temporal del desarrollo uterino, según se avanza en el árbol evolutivo, la tendencia a la prolongación de las etapas de la vida resulta más evidente en los periodos postnatales. El primero de ellos, el infantil, alcanza en los prosimios tan sólo una fracción reducida de su duración en los monos inferiores. Y en éstos nunca se alcanzan las cifras de los primates superiores, cuya duración sigue una escala ascendente desde los gibones -el antropoide menos longevo-, hasta el ser humano -el más desarrollado-.

El periodo juvenil, que se caracteriza por un incremento general más lento que en la etapa infantil, es la etapa final del desarrollo. Su duración oscila entre unos pocos meses en los tupayas y dieciocho, como máximo, en los prosimios. En los monos inferiores aumenta hasta los tres años, dilatándose aún más en los antropomorfos, como en el caso de los hilobátidos, que se extiende a cinco años, o en los tres grandes antropoides, que establecen un promedio de unos ocho años de desarrollo juvenil ; cifra que alcanza su cota máxima en el género humano, que llega hasta los catorce años.

No debe, pues, sorprender que al intentar discernir las causas del origen humano, lo hagamos desde un prisma neoténico, ya que éste no es sino una consecuencia lógica en la progresión evolutiva de los primates, que se prolonga proporcionalmente al estadio evolutivo. Además, entre los antropoides y el ser humano existe un auténtico salto en los parámetros de duración de cada una de las fases del desarrollo -hecho que se ve acompañado por unas estrategias de subsistencia opuestas-, que otorgan mayor relevancia a la hipótesis de que los eslabones intermedios entre ambos términos deben encontrarse en el registro fósil.

Sin embargo, si el retraso de dicho proceso resulta cuantitativamente más importante según se asciende en la escala evolutiva y su aparición en *Homo* es comprensible atendiendo a dichos criterios, ¿por qué las consecuencias fueron tan drásticas?

La tendencia bien marcada a la prolongación de los periodos infantil y juvenil ha influido profundamente en el comportamiento primate. La estrecha dependencia de los jóvenes les proporciona la posibilidad de aprender las acciones de los adultos. Si ésta se prolonga se observa un incremento del comportamiento adquirido en detrimento del comportamiento innato. Esto conlleva a la asunción de que cuanto mayor es el periodo de convivencia, mayor es el grado de posibilismo de la conducta-alentado por un aumento de las redes de información-, lo cual otorga una capacidad de reacción más amplia a sus autores. Sin embargo, el desarrollo cada vez más retardado pospone la adición de nuevas generaciones, lo que resulta vital para el mantenimiento de las especies limitadas en su mayor parte a una sola cría por parto. Esta tendencia a una estrategia reproductora de tipo "K" es tanto más pronunciada, cuanto más avanzamos en el grado de complejidad de la evolución primate. Mientras que en los prosimios aún es común el parto múltiple- dos o tres crías-, en los simios existe una disminución y lo normal es una cría por parto, aunque algunas especies, como los tities y tamarines, siguen alumbrando dos crías cada vez. Estas especies sirven de intersección entre las estrategias reproductoras de los monos inferiores y las de los monos superiores, en los cuales lo normal es una cría por parto. La particularidad es que cuanto más evolucionado es el primate, mayor es el espaciamiento entre una cría y otra, siendo la estrategia de tipo "K" tanto más extrema. Sin embargo, ésta llevada a un límite resulta una estrategia bastante arriesgada, ya que pone a la especie al borde de la extinción, ante cualquier tipo de reajuste selectivo (Lovejoy, 1981). Con cierta probabilidad, es esa la razón de que las diferencias en los tiempos de gestación entre los antropoides sean más bien nimias, a pesar de que unos sean más complejos en términos evolutivos a otros; circunstancia que se explica debido a que todos ellos se encuentran rozando el límite de la "K", con lo que cualquier intento de aumentarla podría resultar perjudicial.

Para incrementar el periodo de desarrollo y disfrutar de sus consecuencias, sería necesario alterar los patrones básicos de subsistencia y, por consiguiente, de la estructura social, según apunta Lovejoy (1981), pasando de una sociedad jerarquizada a otra cooperativa y dispensando a la progenie la atención debida, con lo que semejante actitud conlleva en la alteración del comportamiento alimenticio. Bermúdez de Castro & Domínguez-Rodrigo (1992) discrepan, en cambio, de la tesis de Lovejoy en cuanto al momento de la aparición de esta modificación, desplazándolo de la génesis de la bipedestación, como él sostiene, al origen de *Homo*. Una de las razones que nos impulsan a tal opción es no sólo que los primeros indicios somáticos de tal proceso no aparezcan hasta nuestro género, sino también que un cambio de comportamiento de tal magnitud precisa de unas capacidades operativas de las que los antropoides se encuentran exentos. Y las evidencias más antiguas de éstas quedan constatadas con la aparición misma del registro, que coincide con un crecimiento cerebral relevante en *Homo,* con respecto a los australopitecinos, llegando la capacidad craneal incluso a duplicarse en algunos casos.

Este auténtico incremento de la inteligencia habría causado una mayor habilidad operativa en el manejo de la información recibida y emitida, causando una capacidad de reacción mayor y más compleja frente al medio y frente a la sociedad misma. El desarrollo de las actitudes de reciprocidad dentro del grupo habría conducido a una mayor cooperación, y el procesamiento más eficaz de la información recibida del exterior habría incrementado la operatividad sobre el medio, haciéndolo más inteligible. Esto habría favorecido la aparición de lugares centrales de referencia como los que aparecen en el registro, incrementando la eficacia de la deambulación por diversos hábitats, creando un nuevo nicho ecológico no constreñido ahora de modo exclusivo a una gama de hábitats concreta. También se habría desarrollado la capacidad de valoración de la materia prima y de enlazar cadenas operativas capaces de transformarla en industria, con la que ahora se tiene acceso a una diversidad de recursos cárnicos antes fuera del alcance primate, y con la que probablemente se crean otros instrumentos. Es ahora cuando se abandonan las pautas subsistenciales básicas del mundo primate, que exigen la satisfacción inmediata del instinto, al aparecer los primeros indicios de actuación que responden a la planificación de acciones que van más allá de éste.

Esta ampliación de la compresión del medio y de la habilidad de desenvolverse en el mismo, habría redundado y sería consecuencia lógica de un retraso en el desarrollo, que habría supuesto no sólo un incremento cuantitativo del periodo de convivencia, sino también un aumento cualitativo del mismo. Es decir, los neonatos habrían dispuesto de más tiempo para aprender y de una mayor capacidad para hacerlo. La prolongación de la convivencia infantil y juvenil habría sido responsable de la transmisión de información de los adultos a las crías y de que éstas obtuviesen, por consiguiente, dentro del seno grupal, un conocimiento del medio y de los hábitos de conducta.

Desde el punto de vista de la cría, el retraso del desarrollo supondría, en principio, un mayor periodo de convivencia materna -es probable que los machos también participasen- a lo largo de la fase infantil, en la que los cuidados recibidos habrían predispuesto a la cría al desarrollo de sus facultades en la fase siguiente. La convivencia más prolongada sería la causante de un incremento de la sociabilidad y de la transmisión de información, que habría conferido a la cría un carácter más posibilista, al aumentar el conocimiento adquirido y reducirse el instintivo paulatinamente a su expresión más básica.

Sin embargo, hemos observado como esta tendencia a la "K" tiene unas consecuencias drásticas para los miembros del grupo, que deben adoptar una estrategia de subsistencia que difiere de la del resto de los primates. Siempre se ha dicho que el móvil principal del cambio habría sido dispensar más atenciones a una progenie indefensa. Si éste hubiera sido el único motivo, la especie habría incurrido en el riesgo de extinguirse, ya que con la ampliación del periodo de desarrollo, se habría espaciado aún más el alumbramiento de crías sucesivas, con lo que se habría tendido al enrarecimiento. Se ha incrementado la capacidad intelectual y se han redefinido los lazos sociales, pero a cambio existe un retraso en la renovación generacional. Eso es muy arriesgado para una especie que por adentrarse en un medio en el que entra a competir con predadores potencialmente más peligrosos, precisa de unos efectivos biológicos más abundantes que sus congéneres evolutivos, para compensar la pérdida de individuos. Por ello, tal vez, el éxito del nuevo comportamiento resida en que la dilatación del periodo de convivencia no hubiese alterado el espaciamiento entre la gestación de nuevas crías, con lo que manteniendo, por lo menos, el baremo de concepción de los antropoides, se habría prolongado el desarrollo y con él, la convivencia dentro del grupo. La reorganización social tendría ahora sentido desde una consideración más amplia; la cooperación se habría hecho necesaria no tanto para dispensar una mayor atención a la progenie por indefensión, como por ser ésta más extensa y precisar, por lo tanto, de la cooperación de todos los miembros del grupo para su supervivencia.

Esta hipótesis se vería corroborada por el carácter de la dieta. Algunos afirman que para desarrollar y mantener un cerebro como el del primitivo *Homo* es esencial que la dieta sea rica en términos energéticos (Lewin, 1982). Isaac (1983) en su propuesta de "sistema cerebro-cultura" asevera que un cambio dimensional en el cerebro lleva implícita una transformación del aporte calórico y proteínico de la alimentación, que precisaría de una mejora solamente obtenible a través de la ingesta de recursos cárnicos. Así, pues, el consumo significativo de carne, cuya impronta resulta evidente en el registro arqueológico, favoreció estas innovaciones. Una de las consecuencias que pudo haber tenido tras su inclusión en la dieta es que habría vuelto a las hembras más prolíficas (Darwin, 1871), predisponiéndolas, de este modo, en condiciones de engendrar una progenie más extensa.

Al hablar del paso de una sociedad jerarquizada a una cooperativa, con la implicación de los machos en los cuidados de la prole, suele mencionarse la formación de parejas estables o núcleos familiares (Lovejoy, 1981). Si los machos debían participar en el mantenimiento de las crías, lo más lógico es que lo hicieran integrados en un sistema social que resultaba, en esencia, el propio humano. Para lograr tal fin se han aducido argumentos de prestaciones recíprocas, de las que ambos partícipes, macho y hembra, saldrían beneficiados. Particularmente llamativa es la hipótesis de Lovejoy, que pretende que el macho se habría prestado a semejante asociación a cambio de una relación sexual permanente, desligada del estro, cuyo origen debe buscarse en la sustitución de la atracción feromonal por otra de tipo epigámico. No obstante, ésta resulta, en mi opinión, un tanto prematura, ya que una atracción epigámica es el resultado de una organización psicofisiológica compleja, sólo observable en el ser humano moderno. Remontar sus orígenes a inicios del Plioceno, como él hace, significaría retrotraer la capacidad de abstracción hasta un periodo tan remoto.

En realidad, el macho pudo haber accedido a formar pareja con la hembra sin necesidad de recibir de ésta una prestación sexual de ese cariz. La cooperación pudo haberse llevado a cabo por medio de una estrategia de supervivencia, como ocurre con los hilobátidos, en los que existe un claro precedente. Sin embargo, la formación de parejas estables no es imprescindible para mantener un modelo como el propuesto. Al hilo de esta argumentación, los machos pudieron haberse sentido inclinados, por una necesidad de adecuación al medio, a cooperar en el cuidado de las crías, de un modo no sólo defensivo, como hacen el resto de primates, sino también encargándose de la obtención de carne, necesaria para la mejora de la dieta. Habrían distendido los lazos sociales, de manera que las crías en la fase juvenil -sino ya en la infantil- podrían haber disfrutado del potencial didáctico de una relación cooperativa. Sin embargo, los análisis comparativos realizados sobre el alcance dimensional de los restos, parece que no ofrecen una base sólida para inferir un grupo social de estas características en *Homo* , en cuyo caso sería previsible encontrar alguna diferencia, debida, de manera presumible, al dimorfismo sexual presente en un sistema de estas características (Harcourt et al., 1981; Martin & May, 1981).

De este modo, con la formación de familias o con el mantenimiento de una sociedad poligámica de machos cooperativos, el retraso en el desarrollo, acompañado de un incremento ostensible de la capacidad operativa habrían beneficiado el paso a un comportamiento más solidario que, a su vez, habría propiciado una mayor convivencia y un mejor procesamiento de la información. Si atendemos a la mejora cualitativa de la dieta, ello podría haber tenido consecuencias demográficas que, junto con un sistema de reciprocidad social, habrían sentado las bases para la expansión de nuestro género.

CONCLUSIONES

La evolución de los homínidos no supone un proceso excepcional aislado de los fenómenos adaptativos surgidos a lo largo del Plioceno africano, sino que constituye una parte más de la intrincada red de cambios evolutivos que sucedieron en ese periodo en ciertas regiones de Africa oriental. La eclosión de los diferentes ecosistemas de sabana -como culminación brusca de un proceso paulatino de disminución del bosque a lo largo del Mioceno- provocó una reestructuración de los distintos tipos de nutrientes y de las escalas tróficas.

La sabana contrasta con el ecosistema selvático, entre otras cosas, en que el gradiente térmico es diferente. Aparecen dos estaciones contrastadas, marcadas por el índice de humedad, lo que condiciona que una gran cantidad de recursos alimenticios sean accesibles de manera temporal. Estos se encuentran, además, mucho más dispersos -lo que incita a desplazamientos más largos-, la variedad de hábitats es mayor y el número de especies es más reducido, en contraste con el bosque tropical donde la diversidad específica es más amplia, pero se compensa con una densidad de individuos por taxón mucho mayor que en las especies selváticas. Esto favorece que la presión trófica en las regiones de sabana alcance una dinámica que no se observa en otro tipo de ecosistemas, y que tanto la cantidad como la diversidad de animales carnívoros sean bastante más elevadas, debido a que la densidad de la biomasa contenida en la sabana es muy superior a la de cualquier otro medio.

Un primate, adaptado a un medio de escaso contraste de hábitats como es el bosque tropical -en el que la presión predatoria es reducida y en el que los alimentos se encuentran concentrados y disponibles a lo largo de la mayor parte del año- debe hacer frente a unos criterios selectivos más fuertes para lograr adaptarse al ecosistema de sabana. La superación de estos criterios fue lo que propició la aparición de los homínidos. Resulta curioso que este hecho tuviese lugar a inicios del Plioceno -si los datos biomoleculares y fósiles no son erróneos-, justo en el momento en el que empiezan a desplegarse los ecosistemas abiertos en Africa oriental. En este sentido, los homínidos no serían sino una de las soluciones adaptativas surgidas del ámbito primate equivalente al despliegue de las nuevas especies herbívoras y carnívoras aparecidas tras la irradiación de mamíferos que tuvo lugar junto con la eclosión de las áreas despejadas de sabana. En este medio, en contraste con el bosque tropical, se debieron encontrar con que el alimento se repartía de forma desigual a lo largo del año, siendo la mayor parte de los recursos de carácter estacional. La selección natural habría favorecido, pues, las **dietas mixtas y omnívoras**, por disminuir la dependencia de un tipo concreto de nutriente, a no ser que éste fuese de carácter herbáceo, ya que resulta el alimento más abundante de dicho ecosistema. Del mismo modo, en oposición a la concentración de recursos en el bosque tropical, el alimento estaría mucho más disperso, con lo que tendrían mayor posibilidad de adaptación aquellas especies capaces de poder establecer áreas amplias de deambulación. A este respecto, la selección natural habría favorecido la **terrestrialidad** y la capacidad de **acceder a varios tipos de hábitats**. En lo concerniente a esta última cuestión, se revela imprescindible, con tal objeto, la posesión de una estructura de **interacción social** que permita enfrentarse a los riesgos cambiantes de la presión trófica según el tipo de hábitat. Estos pueden ser los imperativos más relevantes que mantiene la sabana con respecto a los criterios selectivos relacionados con la subsistencia.

Existen, no obstante, otros condicionantes que impone la sabana como escenario físico. El más importante es la elevada temperatura y el bajo índice de humedad que la configuran. Esta situación climática condiciona por un lado que la **dependencia del agua** sea mayor, debido a un calor más apremiante y a una disminución de los cursos y reductos de agua, dadas las características del paisaje. Por otra parte, la elevada temperatura en un medio donde la cubierta vegetal es escasa provoca que la radiación solar sea más intensa y directa. Esto conlleva a que se favorezcan estrategias que faciliten la **termorregulación**. Un tercer elemento que debe tenerse en cuenta es que al ser tan amplia la densidad faunística (competencia) y la variedad y número de carnívoros (presión trófica), se habrían favorecido adaptaciones que suponen establecer un **horario de actividades** concretas, según las características propias de la especie, que le permitiese adaptarse a determinados medios en caso de inferioridad de condiciones frente a otros animales (Foley, 1987).

Al margen de estos criterios selectivos, que provienen directamente del ecosistema de sabana, una especie se enfrenta a un medio con una serie de condicionantes biológicos. El **tamaño corporal** determina la **cantidad absoluta de alimento** requerido, la cual influye en las **proporciones del nicho ecológico** de dicha especie y de su **territorio**. Del mismo modo, el tamaño puede determinar, en el caso de los mamíferos, el ritmo de renovación generacional y el alcance de la **estrategia reproductora**. Por consiguiente, una especie se enfrenta a los criterios selectivos del medio en función de sus características biológicas (Foley, 1987).

Si los homínidos aparecieron a inicios del Plioceno, parecen haber seguido los dictámenes marcados por la adaptación a la sabana. En principio, eran bípedos (criterio de terrestrialidad), su dieta fue vegetariana, pero variada -a tenor de un enfoque paleoecológico y del estudio del desgaste dental- (criterio de omnivorismo) y deambularon probablemente por varios hábitats (criterio de acceso a una diversidad de entornos), aunque su preferencia adaptativa les hizo ser en esencia habitantes de los bosques aluviales -en torno a ríos y lagos- (criterio de dependencia del agua). Sin embargo, su aparición no resultó excepcional entre los primates, sino que coincidió con la irradiación de una auténtica variedad de cercopitécidos de sabana emparentados con los modernos babuinos. La eclosión adaptativa de los teropitecos, gorgopitecos, dinopitecos y papiones, los más terrestres de entre los primates y los de nicho ecológico más abierto, es una clara señal de que la expansión de las praderas fue aprovechada por los primates del mismo modo que otros mamíferos. En esta tendencia evolutiva, los homínidos fueron tan sólo una manifestación más, aunque biológicamente original, por el sistema locomotor empleado.

Sin embargo, los primeros homínidos podrían haberse distinguido de los mencionados cercopitécidos en una inclusión menor o nula -a tenor de la traceología dentaria de homínidos posteriores- de elementos herbáceos en la dieta, que constituyen una parte importante de la alimentación de ciertos papiones y, sobre todo, de los gelada. No obstante, esta característica no habría incidido de una manera relevante en la similitud estructural del modo de interacción social de estos homínidos con respecto a los otros primates de sabana. Es muy probable que la manera en que todos ellos se enfrentaron al riesgo de predación en las áreas abiertas fuera la misma: la formación de grupos coordinados y regidos por una oligarquía de machos. La impronta física de dicha conducta sería la existencia de un dimorfismo sexual acentuado. Sin embargo, no puede olvidarse que los homínidos se encuentran filogenéticamente distantes de los cercopitecos y que su índice "K" es distinto, por lo que si la tendencia es el incremento de la cooperación conforme la progresión evolutiva y adaptativa, el paso de un sistema jerárquico como el que mantienen los antropoides a otro como el que regula los grupos de babuinos habría limitado el flujo libre de interacción social de los miembros de un grupo homínido. Resulta más lógico pensar, debido a los datos obtenidos a través del estudio de la ecología conductual (Foley, 1987), que si bien la estructura social habría sido similar -grupos coordinados y semi-cooperativos, en los que los machos adultos habrían participado conjuntamente en su defensa-, el modo de relación habría sido bien oligárquico-reproductor (machos adultos manteniendo la preeminencia en el acceso a las hembras), bien no jerárquico, existiendo un compromiso adaptativo de defensa común del grupo, pero relajando los órdenes subjerárquicos que mantienen los papiones y geladas en la actualidad.

Esta concepción de los primeros homínidos como un grupo más de primates que lograron adaptarse a la sabana, compartiendo con ellos una estructura social similar -aunque tal vez distinta en grado y cualidad-, que resulta lógica ya que los criterios selectivos que tuvieron que superar fueron los mismos, resta heurística a las interpretaciones que hacían de ellos especies innovadoras- en términos absolutos- en el aspecto conductual. El modelo propuesto por Lovejoy (1981), que supone retrotraer la formación de familia humana actual a inicios del Plioceno, parece no tener peso argumental. Los primeros homínidos no habrían diferido del resto de los primates ecológicamente más próximos, en esencia, ni en la estructura social -aunque sí en sus peculiaridades-, ni en el comportamiento subsistencial, sino en el particular conjunto de rasgos biológicos que los hizo diferentes. El ejemplo más llamativo a este respecto sería la adopción del bipedismo como nuevo sistema locomotor.

De esta manera, con el avance de la progresión evolutiva surgen en el Plioceno final dos nuevos tipos de homínidos -parántropos y género humano-, coincidiendo con una alteración de los criterios ambientales que provoca la extinción y aparición de otras especies de mamíferos. Ante este tipo de reajuste se mantienen dos estrategias adaptativas. Por un lado, la actitud de los parántropos habría supuesto la continuación de la iniciada por los australopitecos, especializándose en una alimentación de baja calidad. Por otra parte, la adaptación de *Homo* habría diferido de ésta y se habría basado en una dieta variada, con alimentos de alta calidad nutritiva, entre los que destacarían los nutrientes de origen animal.

Las características del patrón adaptativo de los parántropos -también atribuibles a sus antecesores australopitécidos- parecen haber sido de clara preferencia por las zonas bajas de tipo aluvial. Los análisis paleoecológicos basados en la disponibilidad de recursos vegetales en el ecosistema de sabana, en la inferencia de la presión trófica ejercida sobre los mismos y en la dispersión de restos fósiles pertenecientes a estos homínidos señalan que esas zonas habrían sido las más favorables y las preferidas en la ocupación. Dentro de estas áreas parece ser, a tenor de la dieta -inferida del micropulido de desgaste dental- que los parántropos ocuparon lugares aluviales semi-abiertos, que pueden concebirse a través de bosques aluviales no muy densos o en zonas de transición entre las áreas de vegetación cerrada y los espacios abiertos. La deambulación por zonas despejadas, a pesar del establecimiento de un nicho ecológico donde los hábitats cerrados eran más frecuentados, habrían producido la necesidad en los grupos subsistenciales de estos homínidos de una capacidad de superar los criterios selectivos, expresados mediante una presión trófica cambiante según el tipo de hábitat, pero que alcanzaba sus mayores cotas en los espacios abiertos. Esta razón habría provocado -como lo demuestra la aplicación de la sistemática etológica a los primates y a los mamíferos de sabana- que se abandonasen las pautas de relación social centradas en un macho jerarca y se adoptase una estrategia social basada en grupos coordinados por una jerarquía formada por varios miembros machos adultos, como antes he reseñado, y cuyos miembros mantendrían una conducta etológica semi-cooperativa. la expresión física más evidente de este comportamiento sería la presencia de un dimorfismo sexual acusado en los restos fósiles de estos géneros. Por lo demás, según la aplicación de los análisis cladístico y comparativo de los rasgos homólogos y análogos del comportamiento, los grupos de parántropos y australopitecos se habrían caracterizado por tener una identidad cerrada, con una parte permeable compuesta por sólo machos o hembras. Su agresividad inter e intraespecífica habría sido pronunciada, lo que justifica la formación de estructuras sociales como la descrita, para enfrentarse a los riesgos de predación de las áreas abiertas y supone del mismo modo la posesión de un área territorial propia, excluyente de otros grupos homínidos del mismo género, cuyo tamaño habría sido presumiblemente amplio. Del mismo modo el grupo de miembros presentes en cada grupo habría sido mayor que el observado en los antropoides y podría haberse acercado al de los cercopitécidos de sabana.

Estos rasgos de agresividad inter e intraespecífica elevada se habrían mantenido con la aparición del género *Homo* , el cual, incrementándola, podría haber estado capacitado para ser más predador y para acceder a un número mayor de hábitats o ser un merodeador más habitual de hábitats despejados. Una prueba de esta conjetura sería la presencia de restos fósiles de *Homo* en todo tipo de contexto paleoecológico de sabana. La alimentación de alta calidad -en contraste con los parántropos- que habrían poseído estos primeros seres humanos -inferida a través del desgaste y abrasión del esmalte dentario y del registro arqueológico- les habría hecho depender de recursos cuya estacionalidad y dispersión exigiría por parte de ellos la posesión de un área territorial de forrajeo mayor que la de otros homínidos.

Estos primitivos grupos humanos, probablemente compuestos de un número importante de individuos, con preferencia adaptativa por las zonas de bosque aluvial, habría mostrado como novedades menores frente a los otros géneros homínidos la probable variación en los patrones de deambulación y ocupación de los distintos tipos de hábitats y la incorporación de una dieta de mejor calidad, como acabo de mencionar, basada en un mayor consumo de frutos y productos de origen animal. Sin embargo, la diferencia de adaptación a este respecto entre los primeros *Homo* y los otros tipos de homínidos estribaría en una cuestión de capacidad. Es de sobra conocido que los primates de sabana son los que consumen más carne, por lo cual es muy probable que esa tendencia hubiese continuado con los homínidos. Sin embargo, si éstos la hubieran incluido en su dieta con la frecuencia de los papiones y chimpancés, habría sido una parte minoritaria y esporádica de la misma. Por ello, es previsible que los parántropos la consumieran siempre que hubieran tenido acceso a la misma, mediante el uso de estrategias de predación o carroñeo. Dada su aparente preferencia por ocupar los bosques aluviales, es muy probable que hubiesen constituído un competidor importante de *Homo* en la consecución tanto de carne como de nutrientes vegetales. Se podría argumentar que *Homo* fue, entonces, un consumidor más habitual de carne y tuétano por haber estado más capacitado conductualmente para hacerlo. Esta capacidad se mostraría a través de varias facetas adaptativas: la superación de otros competidores en el acceso a las carcasas, la posesión de un territorio de actividad más amplio que los parántropos- como indicaría su dieta ecléctica de productos de alta calidad, cuya dispersión obligaría a ampliar el territorio del grupo- que permitiría desplazarse a través de más hábitats y áreas, teniendo mayores oportunidades de captar nuevos recursos y, sobre todo, en una mayor habilidad en el procesamiento de información y en la operatividad sobre el medio. Esta capacidad operativa tendría su traducción más "visible" en la manufactura de artefactos líticos con los que poder acceder a carcasas cuyo contenido, de otro modo, resultaría de difícil aprovechamiento. Otro tanto podría decirse de la explotación de los recursos de plantas de tubérculo, que pudieron haber sido obtenidos mediante el uso de herramientas líticas sobre palos y ramas, para mantenerlos afilados y reavivarlos, tras su uso en excavar hoyos con el fin de aprovechar dichas plantas.

Pero *Homo* no se habría limitado a superar a sus congéneres evolutivos en el manejo de herramientas de piedra para tener más facilidad en el proceso de extracción y consumo de los productos de determinados tipos de animales, sino que alteró también las pautas básicas del comportamiento subsistencial, y ésta es una de las innovaciones mayores que supone su comportamiento con respecto al del resto de primates. Mientras que los parántropos, al igual que antes los australopitecos, habrían mostrado una conducta subsistencial de consumo alimenticio en el lugar de obtención de los nutrientes - siguiendo los dictámenes de un modo de interacción coordinado y semi-cooperativo- , los primitivos *Homo* incorporaron la novedad de la posposición de la ingesta de nutrientes, al menos cárnicos, y su aportación a lugares referenciales establecidos con anterioridad. Esta conducta sería la responsable de la formación de las acumulaciones que constituyen la mayor parte de los yacimientos arqueológicos.

Mientras que la práctica totalidad de los primates- con la excepción del ser humano moderno-, se comportan sin mostrar ningún rasgo previsor, los primeros *Homo* se habrían caracterizado por ser los primeros primates en desviarse de dicha norma o incorporar rasgos conductuales planificadores, entendidos como la capacidad de previsión en la subsistencia. Las evidencias materiales de esta característica serían el aporte, valoración y tratamiento diferencial de materias primas líticas de carácter alóctono y la formación misma de los lugares referenciales, con la finalidad de ser utilizados posteriormente.

La capacidad de prever y anticiparse a determinados acontecimientos, junto con la de poder engarzar cadenas operativas, traducidas en la creación y utilización de artefactos líticos, se debe a una mejora de la inteligencia, producto de una mejor organización y una mayor capacidad encefálica. Sin embargo, esta innovación biológica no provoca necesariamente un reajuste de los parámetros subsistenciales y sociales. El aumento de la inteligencia facilita la obtención de determinados productos, pero no condiciona en principio una actitud como la generadora del registro arqueológico. Es probable que ésta se deba a una redefinición de los lazos sociales, provocada por la necesidad de dar respuesta adaptativa a un cambio biológico que, de mantener cualquier otra estructura de interacción interna observable en otros mamíferos, habría sido rechazada por los criterios selectivos. Esta manifestación parece haber consistido en la aparición de individuos más inteligentes que sus ancestros -con unos periodos de desarrollo más largos- , que precisaron de un modo de interacción social distinto -para alterar el índice "K"-, ya que en caso contrario la inversión energética que habría requerido su mantenimiento por parte de su progenitora y el espaciamiento más prolongado entre alumbramientos sucesivos habría provocado su rechazo selectivo. Estos individuos, que formarían el inicio de la separación que existe en el proceso de desarrollo que se observa entre los antropoides actuales y el moderno ser humano, habrían condicionado su viabilidad evolutiva a un contexto social receptor, en el que en el proceso de inversión energética necesaria para atender a una cría más indefensa y con un mayor periodo de desarrollo -y por consiguiente de mayor gasto- , sin prolongar los ciclos de concepción, no dependiera exclusivamente de la aportación materna. De esta manera, si los machos hubieran participado en el proceso de crianza -de manera poligámica o monogámica y de modo extenso o temporal-, la reducción de la inversión energética sería tan amplia como para acomodar no sólo a una cría que precisa de mayores y más tiempo de cuidados, sino también para disminuir el periodo entre partos sucesivos, con evidentes consecuencias demográficas.

De esta forma, por pura exigencia selectiva y por la capacidad operativa de la especie homínida, si *Homo* se hubiese estructurado en grupos en los que los individuos constituyentes dejaran de autoabastecerse de nutrientes -al menos en parte- y hubiesen aportado el excedente energético conseguido a los miembros más deficitarios, la distribución de la energía conseguida habría permitido adoptar una innovación biológica tan importante como la descrita. Pero esto requiere dos cosas: la formación de lugares referenciales a los que todos los miembros saben que se realizará el aporte, y el abandono de los sistemas de interacción social observables en el resto de mamíferos.

En lo concerniente al primer punto, esto explicaría la aparición de los yacimientos arqueológicos, que parecen haber funcionado como puntos aglutinadores de utilización periódica y con dicha función referencial. Con respecto a la segunda cuestión, la aparición de un comportamiento cooperativo y solidario con el surgimiento de nuestro género marcaría el inicio de un proceso evolutivo particular que condujo al actual ser humano. Muchos investigadores, aún hoy, seguirían pensando que semejante interpretación resulta "etnocentrista" en exceso. Sin embargo, yo aduciría a su favor que, siendo la moda académica actual considerar cualquier rasgo del comportamiento humano desde un punto de vista "primatológico" -por miedo a cometer los excesos históricos de los cuales la tradicional visión etnocentrista fue responsable-, se está cayendo en el error de acudir al extremo opuesto. Se ha pasado de un marco referencial "etnocentrista" a un marco interpretativo " etocentrista". Considero que es necesario partir de una interpretación ecléctica, ya que los homínidos que formaron los eslabones evolutivos humanos ocuparon del mismo modo una categoría intermedia. A este respecto, un hecho resulta evidente: nuestra especie, con su gran periodo de desarrollo y maduración nunca podría haber aparecido -por la gran inversión energética que requiere- en un sistema social no solidario. El tiempo y la energía que una hembra humana dispensa a su cría excede por mucho a la de cualquier otra hembra primate. Si no fuese porque tamaña inversión supone un esfuerzo compartido con el macho -con el que se asocia de modo extenso-, dentro de un grupo que coopera en la defensa y en la subsistencia colectiva, semejante característica biológica sería inviable a nivel adaptativo. Trasladar esta concepción a finales del Plioceno no supone, en contra de lo que muchos creeen, sostener un comportamiento humano actual -tal y como se entiende en su totalidad- en un momento tan temprano, sino considerar que el armazón estructural básico de la conducta solidaria habría aparecido en ese periodo. Es muy probable que entre el comportamiento solidario de los seres humanos del Plioceno y el nuestro actual exista una gran cantidad de contrastes y diferencias - como también existen en el aspecto físico-, pero las líneas básicas que regulan a ambos serían bastante semejantes. Nuestro rechazo a esta concepción proviene no sólo de que se parta de un marco interpretativo "etocentrista" o no, sino de una ostensible falta de imaginación en el discernimiento de las fases intermedias de un comportamiento que como cualquier otro también ha estado sometido a un proceso evolutivo de transformación.

BIBLIOGRAFIA

AIELLO, L., 1981. "The allometry of primate body proportions". En:*Vertebrate Locomotion; symposia of the zoological society of London,* pp. 331- 358. Ed. por M. H. Day. Academic Press, Londres.

AIELLO, L & DEAN, C., 1990. *Human evolutionary anatomy.* Academic Press, Londres.

ALBERCH, P., 1980. "Ontogenesis and morphological diversification". *Amer. Zool.,* 20: 653-67.

ALBERCH, P., 1982a. "The generative and regulatory roles of development in evolution". En: *Environmental adaptation and evolution,* pp. 19-36. Ed. por D. Mossakowski & G. Roth, New York.

ALBERCH, P., 1982b. "Developmental constraints in evolutionary processes". En: *Evolution and Development.* Ed. por J.T. Bonner, pp. 313-32. Nueva York.

ALTMANN, S.A., 1974. "Baboons, space, time and energy". *Am. Zool.* , 14: 221-48.

ANDREWS, P., 1983. "Small mammal faunal diversity at Olduvai Gorge, Tanzania". En *Animals and Archaeology: Hunters and their prey.* B.A.R. International Series, pp. 77-92. Oxford.

ANDREWS, P & WALKER, A., 1973. "Reconstruction of the dental arcades of Ramapithecus wickeri". *Nature,* 244: 313-4.

ANDREWS, P.; LORD, J.M. & EVANS, N., 1979. "Patterns of ecological diversity in fossil and modern mammalian faunas". *Biological Journal of the Linnean Society,* 11: 177-205.

ARDREY, R. ,1961. *African genesis.* Dell, Nueva York.

ARDREY, R., 1976. *The hunting hypothesis.* Bantam, Nueva York.

ARSUAGA, J.L., 1986. "Longueur du col du fémur et largeur du canal obstetrical dans l´évolution des hominidés". *L´Antropology* , 90: 567-77.

ASHTON, E.H. & OXNARD, C.E., 1963. "The musculature of primate shoulder". *Transactions of the zoological Society of London* , 129: 61-74.

BAKER, B.H.; MOHR, P.A. & WILLIAMS, L.A.J., 1982. "Geology of the Eastern Rift system of Africa". En: *Rift Valleys Afro-Arabian,* pp. 242-76. Ed. por A. M. Quennell, Hutchinson Ross, Pensilvania.

BARTON, C.M. ,1988. "Lithic variability and middle paleolithic behavior: new evidence from the Iberian Peninsula". En: B.A.R. International Series, 409. Oxford.

BASMAJIAN, J.V., 1979. *Muscles alive: their function revealed by Electromography.* Williams & Wilkins, Baltimore.

BEARDER, M., 1977. "Feeding habits of spotted hyaenas in a woodland habitat".*East African Wildlife Journal,* 15: 263-280.

BEDEN, M., 1985. "Les proboscidiens des grands gisements à hominidés plio-pleistocènes d´Afrique orientale". En: *L´environnement des hominidés au plio-pleistocene,* pp. 21-44. Masson, Paris.

BEHRENSMEYER, A.K., 1975. "The taphonomy and paleoecology of plio-pleistocene vertebrate assemblages east of lake Rudolf, Kenya". *Bulletin Museum Comparative Zoology,* 146: 473-578.

BEHRENSMEYER, A.K., 1976. "Fossil aseemblages in relation to sedimentary environments in the East Africa succession". En: *Earliest man and environment in the lake Rudolf basin: Stratigraphy, paleoecology and evolution.* Ed. por Y. Coppens, G. Isaac, C. Howell & R. Leakey. Chicago University Press, Chicago.

BEHRENSMEYER, A.K., 1976. "Taphonomy and palaeoecology in the hominid fossil record". *Yearbook of Physical Anthropology,* 19: 36-50.

BEHRENSMEYER, A.K., 1978. "Taphonomic and ecologic information from bone weathering". *Paleobiology* , 2: 150-162.

BEHRENSMEYER, A.K., 1983. "Patterns of natural bone distribution on recent land surfaces: implications for archaeological site formation". En: *Animals & Archaeology: hunters and their prey,* pp. 93-106. B.A.R. International Series, 163. Oxford.

BEHRENSMEYER, A.K., 1985. "Taphonomy and the paleoecological reconstruction of hominid habitats in the Koobi Fora formation". En: *L´environnement des hominidés au plio-pleistocene,* pp. 309-324. Masson, Paris.

BEHRENSMEYER, A.K. & BOAZ, N., 1976. "Hominid taphonomy: transportation of human skeletal elements in an artificial fluviatile environment". *Am. J. of Phys. Anthrop.,* 45: 53-60.

BEHRENSMEYER, A.K. & DECHANT BOAZ,

D.E., 1980. "The recent bones of Amboseli Park, Kenya, in relation to east african paleoecology". En: *Fossils in the making* , pp. 72-92. Ed. por A. K. Behrensmeyer & A. Hill. University of Chicago Press, Chicago.

BEHRENSMEYER, A.K.; GORDON, K.D. & YANAGI, G.T., 1986. "Trampling as cause of bone surface damage and pseudocut-marks". *Nature* , 319: 768-771.

BERGE, C.; ORBAN-SEGEBARTH, R., & SCHMID, P., 1984. "Obstetrical interpretation of the australopithecine pelvic cavity". *Journal of Human Evolution* , 13: 573-587.

BERMUDEZ DE CASTRO, J.M. & DOMINGUEZ-RODRIGO, M., 1992. "Heterochrony and the paleoanthropological record: the origins of the genus *Homo* reconsidered".*Trabajos de Prehistoria* , 49: 51-68.

BERTRAM, B. ,1979. "Serengeti predators and their social systems". En: *Serengeti.* Ed. por A. Sinclair & Norton Griffiths. University of Chicago Press, Chicago.

BEYRIES, S., 1987. 'Variabilité de l´industrie lithique au Mousterien. Approche fonctionnelle sur quelques gisements français". En: B.A.R. International Series, 328. Oxford.

BINFORD, L. ,1962." Archaeology as Anthropology".*American Antiquity* , 28: 217-225.

BINFORD, L., 1973. "Interassemblage variability - the "Musterian" and the functional argument". En: *The explanation of Culture Change: models in Prehistory.* Ed. por C. Renfrew, Duckworth, Londres.

BINFORD, L. ,1981. *Bones: ancient men, modern myths.* Academic Press, Nueva York.

BINFORD, L., 1983. *In pursuit of the past* . Thames & Hudson, Londres. Existe traducción española: *En busca del pasado.* Crítica, Barcelona.

BINFORD, L., 1985. "Human ancestors: changing views of their behavior". *Journal of Anthropological Archaeology,* 4: 292-327.

BINFORD, L., 1988. "Fact and fiction about the Zinjanthropus floor: data, arguments and interpretations". *Current Anthropology,* 29: 123-149.

BLUMENSCHINE, R.J. ,1986. "Early hominid scavenging opportunities". B.A.R. International Series, 283. Oxford.

BLUMENSCHINE, R.J., 1988. "An experimental model of the timing of hominid and carnivore influence on archaeological bone assemblages". *Journal of Archaeological Science* , 15: 483-502.

BOAZ, N., 1977. "Paleoecology of early hominidae in Africa". *Kroeber Anthropological Society Papers,* 50: 37-62.

BOAZ, N., 1983. "Morphological trends and phylogenetic relationships from Middle Miocene hominoids to late Pliocene hominids". En: *New Interpretations of ape and human ancestry , pp.* 705-20. Ed. por R. L. Ciochon & R. S. Corrucini. Plenum, Nueva York.

BOAZ, N., 1985. "Early hominid paleoecology in the Omo basin, Ethiopia". En: *L´environnement des hominidés au Plio-Pleistocène,* pp. 279-308. Masson, Paris.

BOAZ, N.T. & BEHRESMEYER, A.K., 1976. "Hominid taphonomy: transportation of human skeletal elements in an artificial fluviatile environment". *American Journal of Physical Anthropology,* 45: 53-60.

BOESCH, C. & BOESCH, H., 1983. "Optimisation of nut-craking with natural hammers by wild chimpanzees". *Behavior,* 83: 265-288.

BOESCH, C. & BOESCH, H., 1984. "Mental map in wild chimpanzees: an analysis of hammer transport for nut-craking". *Primates,* 25: 160-170.

BONNEFILLE, R., 1976. "Palynological evidence for an important change in vegetation of the Omo basin, between 2,5 and 2 million years ago". En: *Earliest Man and Environment in the Lake Rudolf Basin, pp.* 421-31. Ed. por Y. Coppens, G. Isaac, C. Howell & R. Leakey. Chicago University Press, Chicago.

BONNEFILLE, R., 1980. "Vegetation histories of savanna in East Africa during Plio-Pleistocene". En: *4th International Palynological Conference,* vol. 3, pp. 75-89. Luckow, India.

BONNEFILLE, R. & RIOLLET, G., 1980. "Palynologie, végétation et climats du Bed I et Bed II à Olduvai (Tanzanie)". En: *Actes du 8º Congrés panafricain de Préhistoire et des études du Quaternaire,* pp. 123-27. Nairobi.

BONNEFILLE, R. & VINCENS, A., 1985. "Apport de la palynologie à l´environnement des hominidés d´Afrique orientale". En: *L´environement des hominidés au plio-pleistocène.,* pp. 237-278. Masson, Paris.

BONNER, S.T., 1980. *The evolution of culture in animals.* Hay traducción en castellano: *La evolución de la cultura en los animales,* Alianza Editorial, Madrid.

BORDES, F., 1961. "Mousterian cultures in France". *Science* , 134: 803-10.

BRAIN, C.K., 1967. "Hottentot food remains and their bearing on the interpretation of fossil bone

assemblages". En: *Scientific papers of the namib research station,* 32.
BRAIN, C.K., 1969a. "Faunal remains from the bushman rock shelter, eastern Transvaal". *South African Archaological Bulletin* , 24: 52-55.
BRAIN, C.K., 1969b. "The probable role of leopards as predators of the Swartkrans Australopithecines". *South African Archaeological Bulletin* , 24: 170-171.
BRAIN, C.K., 1976. "Some principles in the interpretation of bone accumulations associated with man". En: *Human origins: Louis Leakey and the East African evidence.* Ed. por G. Isaac & E. McCown, California.
BRAIN, C.K., 1980. "Some criteria for the recognition of bone collecting agencies in african caves". En: *Fossils in the making, pp.* 72-92. Ed. por A. K. Behrensmeyer & A. Hill. University of Chicago Press, Chicago.
BRAIN, C.K. ,1981. *The hunters or the hunted?* . University of Chicago Press, Chicago.
BRAIN, C.K., 1988. "New information from the Swartkrans cave of relevance to "robust" australopithecines". En: *The evolutionary history of the "robust" australopithecines,* pp. 311-316. Ed. por F. E. Grine. Aldyne, Nueva York.
BREUIL, H., 1912. "Les subdivisions du Paleolithique superieur et leur signification". *En: Comptes rendus du 14º Congrés International d´Anthropologie et d´Archéologie Préhistorique, Ginebra.*
BREUIL, H., 1939. "The pleistocene succession in the Somme Valley". *Proceedings of the Prehistoric Society* , 5: 33-38.
BROMAGE, T.G., 1986. *A comparative scanning electron microscope study of facial growth and remodeling in early hominids.* Tesis doctoral, Universidad de Toronto, Canada.
BROMAGE, T.G. & DEAN, M.V., 1985. "Re-evaluation of the age at death of inmature fossil hominids". *Nature,* 317: 525-7.
BROWN, F.& S. C. FEIBEL, 1988. "Robust hominids and plio-pleistocene paleogeography at the Turkana Basin, Kenya and Ethiopia. En: *The evolutionary history of the "robust" australopithecines.* pp. 325-342. Nueva York. Ed. por F. E. Grine. Aldyne, Nueva York.
BROWN, J.L. ,1975. *The evolution of behavior.* Norton, Nueva York.
BUNGE, M. , 1981. *The mind body problem.* Pergamon, Oxford.
BUNN, H.T., 1981. "Archaeological evidence for meat-eating by plio-pleistocene hominids from Koobi Fora and Olduvai Gorge". *Nature* , 291: 574-77.
BUNN, H.T., 1982. *Meat-eating and human evolution: studies on the diet and subsistence patterns of plio-pleistocene hominids in East Africa.* Tesis doctoral, Universidad de California, Berkeley.
BUNN, H.T., 1983. "Evidence on the diet and subsistence patterns of plio-pleistocene hominids at Koobi Fora, Kenya, and Olduvai Gorge, Tanzania. En: *Animals & Archaeology: hunters and their prey,* pp. 21-30. B.A.R. International Series. Oxford.
BUNN, T.H., 1983. "Comparative analysis of modern bone assemblages from a San hunter-gatherer camp in the Kalahari Desert, Botswana, and from a spotted hyena den near Nairobi, Kenya". En *Animals & Archaeology: hunters and their prey,* 143-148. B.A.R. International Series, Oxford.
BUNN, T.H. & KROLL, E., 1986. "Systematic butchery by plio-pleistocene hominids at Olduvai Gorge, Tanzania". *Current Anthropology,* 27: 431-452.
BUNN, T.H. & KROLL, E., 1988. Réplica a Binford en "Fact and fiction about the Zinjanthropus floor: data, arguments and interpretations". *Current Anthropology,* 29: 123-149.
CARBONELL, E., GUILBAUD, M. & MORA R., 1983. "Valoración de la lógica analítica para el estudio de tecno-complejos de cantos tallados". En: *Cahier noir.*
CARLSÖÖ, S., 1972. *How man moves.* Heinemann, Londres.
CHARLES-DOMINIQUE, P., 1971. "Eco-éthology des Prosimiens du Gabon". *Biologia Gabon* 7: 121-28.
CHAVAILLON, J., CHAVAILLON, N., HOURS, F. & PIPERNO, M., 1979. "From the oldowan to the middle stone age at Melka-Kunture (Ethiopia): understanding cultural changes". *Quaternaria,* 21: 87-114.
CHOROVER, S., 1979. *From genesis to genocide.* MIT Press, Cambridge, Mass. Hay traducción castellana: *Del génesis al genocidio.* Orbis, Barcelona.
CLARK, J.D., 1975. "A comparison of the Late Acheulian industries of Africa and the Middle East". En: *After the Australopithecines.* Ed. por K. Butzer y G. Isaac. Mouton: The Hague.
CLARK, J.D., 1980. "Early human occupation of savanna environments". En *Human ecology in savanna environments,* pp. 41-72. Ed. por D.R. Harris, Academic Press. Londres.
CLUTTON-BROCK, T.H., 1974. "Primate social organization and ecology". *Nature* 250: 539- 42.

CLUTTON-BROCK, T.H., 1977. "Some aspects of intraspecific variation in feeding and ranging behavior in primates". En: *Primate ecology: studies of feeding and ranging behavior in lemurs, monkeys and apes,* pp. 539-556. Ed. por T.H. Clutton-Brock, Academic Press, Londres.

CLUTTON-BROCK, T. H. & HARVEY, P.H., 1977. "Primate ecology and social organization". *Journal of Zoology,* 183: 1-39.

COOKE, B.S., 1985. "Plio-Pleistocene suidae in relation to african hominid deposits". *L´environement des hominidés au plio-pleistocene,* pp. 101-118. Ed. por Masson, Paris.

COPPENS, Y., HOWELL, C., ISAAC, G. & LEAKEY, R.E.F. 1976. *Earliest Man and environments in the lake Rudolf basin: Stratigraphy, paleoecology and evolution.* University of Chicago Press, Chicago.

COPPENS, Y. (Ed.), 1985. *L´ environememnt des hominidés au Plio-Pleistocène.* Masson, Paris.

COSGROVE, R., ALLEN, J. & MARSHALL, B., 1990. "Paleoecology and Pleistocene occupation in south central Tasmania". *Antiquity* 242: 59-78.

CRADER, D., 1983. "Recent single-carcass bone scatters and the problem of butchery sites in the archaeological record". En *Animals & Archaeology: hunters and their prey,* pp. 107-142. Oxford, B.A.R. International Series. Oxford.

CRICK, F., 1982. *Life itself.* Macdonald, Routledge & Kegan Paul, Londres.

CROOK, J.H., 1972. "Sexual selection, dimorphism and social organisation in primates". *Sexual selection and the descent of man, 1871-1971,* pp. 231-81. Ed. por B. Campbell. Aldine, Chicago.

CURIO, E., 1976. *The etology of predation.* Springer-Verlag, Berlin.

DART. R., 1959. "Further light on australopithecine humeral and femoral weapons". *Am. J. of Phys. Anthrop.,* 17: 87-94.

DART, R., 1964. "The ecology of the South African man-apes". *Ecological Studies in southern Africa.* Ed. por D.H. Davis. The Hague.

DARWIN, C., 1959. *The origin of species by means of natural selection.* Londres.

DARWIN, C., 1871. *The descent of man.* Random House, Nueva York.

DAY, M.H., 1986." Bipedalism: pressures, origins and modes". En: *Major topics in primate and human evolution.* Ed. por B. Wood, L. Martin & P. Andrews. Cambridge University Press, Cambridge.

DELSON, E., 1978. "Models of early hominid phylogeny". En: *Early hominids of Africa,* pp. 517-541. Ed. por C.J. Jolly. Duckworth, Londres.

DELSON, E., 1981. "Paleoanthropology: Pliocene and Pleistocene human evolution." *Paleobiology* 7: 298-305.

DENHAM, W.D., 1971. "Energy relations and some basic properties of primate social organization". *Am. Anthropol.,* 73: 77-95.

DENYS, C., CHOROWICZ,J. & TIERCELIN, J.J., 1986. "Tectonic and environmental control on rodent diversity in the Plio-Pleistocene sediments of the African Rift System". En: *Geological Society special publication nº 25.* Ed. por L. Frostick, I. Reid & J.J. Tiercelin. Blackwell, Londres.

DEVINE, J., 1985. "The versatility of human locomotion". *American Anthropologist,* 87: 550-70.

DE VORE, I. & WASHBURN, S.L., 1963. "Baboon ecology and human evolution". En: *African ecology and human evolution,* pp. 335-367. Ed. por F.C. Howell & F. Bourlière. Aldyne, Nueva York.

DE VORE, I. & TOOBY, J., 1987. "The reconstruction of hominid behavioral evolution through strategic modeling". En: *The evolution of human behavior: primate models,* pp. 183-238. Ed. por W. G. Kinzey. State University of New York Press, New York.

DINH TRONG H., 1985. "Los guijarros tallados del Hoabiniense". En: *Gran Atlas de Arqueología.* Ebrisa, Barcelona.

DOMINGUEZ-RODRIGO, M., 1992. "De los excesos de la "somatología" a los límites de la paleontología humana". *Arqrítica,* 3: 6-8.

DOMINGUEZ-RODRIGO, M.(en prensa(a)). "The behavioral meaning of the early african archaeological sites: revision of the discussion and new considerations".*Complutum.*

DOMINGUEZ-RODRIGO, M. (en prensa(b)). "La formación de las acumulaciones óseas de macrofauna: revisión de los criterios de discernimiento de los agentes biológicos no antrópicos desde un enfoque ecológico". *Zephyrus.*

DOMINGUEZ-RODRIGO, M., 1994 a. "Dinámica trófica, estrategias de consumo y alteraciones óseas en la sabana africana: resumen de un proyecto de investigación etoarqueológico (1991-1993)". *Trabajos de Prehistoria,* 51.

DOMINGUEZ-RODRIGO, M., 1994 b. "Las razones del origen del género humano". *Revista de Arqueología,* 154.

DONZELOT, J., 1979. *The policing of families.:*

welfare versus the state. Hutchinson, Londres.

DUNBAR, R.I.M., 1977. "Feeding ecology of gelada baboons: a preliminary report". En *Primate ecology.* Ed. por T.H. Clutton-Brock. Academic Press, Londres.

DURKHEIM, E., 1893. *De la division du travail social.* Tesis doctoral. Hay traducción en castellano: *De la división del trabajo social.* 1987. Akal Universitaria, Madrid.

EISENBERG, J.F., MUCKENHIRN, N.A. & RUDRAN, R., 1972. "The relation between ecology and social structure in primates". *Science, Wash.* 176: 868-874.

EISENMANN, V., 1985. "Indications paleoecologiques fournies par les Equus (Mammalia, perissodactyla) pliocènes et pleistocènes d´Afrique". *L´environement des hominidés au plio-pleistocene,* 57-80. Masson, Paris.

ELISSEFF, V., 1985. "El nacimiento del Paleolítico en Japón". *Gran Atlas de Arqueología.* Ebrisa, Barcelona.

ESTEVEZ, J., 1991. "El plantemiento paleolítico en Europa". *Arqrítica* 1.

ESTEZ, R.D., 1967. Predators and scavengers. *Natural History,* 76: 20-29.

ESTEZ, R.D.,1974. "Social organisation of the african bovidae". *The behavior of ungulates and its relation to management ,* 1: 166-232.

ESTEZ, R.D. & ESTEZ, R.K., 1979. "Birth and survival of wildebeest calves". *Z. Tierpscyh.* 50: 45-95.

EWER, R.F., 1973. *The carnivores.* Weidenfeld & Nicolson, Londres.

EYSENCK, H.J., 1971. *Race, intelligence and education.* Temple Smith, Londres.

FISHER, H., 1982. *The sex contract: the evolution of human behavior.* Hay traducción española: *El contrato sexual,* 1987. Salvat, Barcelona.

FISHER, J.W. & STRICKLAND, H.C., 1989. "Ethnoarchaeology among the Efe pygmies, Zaire: spatial organization of campsites". *Am. Journ. of Phys. Anthrop.,* 78: 473-84.

FOLEY, R., 1983. "Modeling hunting strategies and inferring predator behavior from prey attributes". En *Animals & Archaeology: hunters and their prey,* pp. 63-76. B.A.R. International Series, 163. Oxford.

FOLEY, R., 1984. *Hominid evolution and community ecology: prehistoric human adaptation in biological perspective.* Academic Press, Londres.

FOLEY, R., 1987. *Another unique species.* Longmann, Londres.

FOSTER, J.B. & KEARNEY, D., 1967. "Nairobi National Park Game Census, 1966". *East African Wildlife Journal,* 5: 112-20.

FOUCAULT, M., 1979. *Historia de la locura en la época clásica.* Fondo de Cultura Económica de España.

FRAME, G.W., 1986. *Carnivore competition and resource use in the Serengeti ecosystem of Tanzania.* Tesis doctoral. Utah State University, Logan.

GAMBLE, C., 1990. *El poblamiento paleolítico de Europa.* Crítica, Barcelona.

GARTLAND, J.S. & CROOK, J.H., 1966. "Evolution of primate societies". *Nature,* 210: 1200-3.

GAULIN, S.J. & KONNER, M., 1977. "On the natural diet of primates, including humans". *Nutrition and the Brain.* vol. 1: 1-86. Ed. por Wurtman y Wurtman. New York, Raven Press.

GENTRY, A.W., 1985. "Pliocene and Pleistocene bovidae in Africa". *L´environement des hominidés au plio-pleistocene,* pp. 119-132. Masson, Paris.

GEZE, R., 1985. "Répartition paleoécologique et relations phylogénetiques des Hippopotamidae du Néogène d´Afrique Orientale". *L´environement des hominidés au plio-pleistocene,* pp. 81-100. Masson, Paris.

GIFFORD, D., 1977. *Observations of modern human settlements as an aid to archaeological interpretation.* Tesis doctoral, Universidad de California, Berkeley.

GIFFORD, D. 1980. 'Ethnoarchaeological contributions to the taphonomy of human sites". En: *Fossils in ths making,* pp. 94-107. Ed. por A.K. Behrensmeyer & A. Hill, University of Chicago Press, Chicago.

GIFFORD, D., ISAAC, G. & NELSON, C., 1980. "Evidence for predation and pastoralism at Prolonged Drift". *Azania,* 15: 57-108.

GOODALL, A.G., 1979. *The wandering gorillas.* Collins, Londres.

GOODALL, J., 1968. "The behavior of fre-living chimpanzees in the Gombe Stream Reserve". *Animal Behavior Monographs ,* 1: 161-311.

GOODALL, J., 1986. *The chimpanzees of Gombe.* Harvard University Press, Cambridge.

GOULD, S.J., 1965. Is uniformitarianism necessary? *Am. J. Science,* 263: 223-8.

GOULD, S.J., 1977. *Ontogeny and phylogeny.* Harvard University press, Cambridge, mass.

GOULD, S.J., 1983. *El pulgar del panda.* Hermann Blume ediciones, Barcelona.

GOUSTARD, M., 1971. *Los monos antropoides.* Oikos-Tau, Barcelona.

GOWLETT, J.A.J., 1979. "Kilombe- an acheulian site complex in Kenya". En: *Ecological background to* *fossil man.* Ed. por W. Bishop. Academic Press, Edinburgo.

GOWLETT, J.A.J., 1980. "Acheulian sites in the central rift valley, Kenya". *Proceedings of the eight panafrican congress of Prehistory and Quaternary studies, Nairobi.*

GOWLETT, J.A.J., 1982. "Procedure and form in a Lower Paleolithic industry: stoneworking at Kilombe, Kenya". *Studia Prehistorica Belgica,* 2 : 101-110.

GOWLETT, J.A.J., 1987. "The coming of early man". *Antiquity,* 61:210-19.

GREGORY, W.K., 1916-1949. En R. Tuttle (1974). "Darwin´s apes, dental apes and the descent of man: normal science in evolutionary Anthropology". *Current Anthropology,* 15: 389-426.

GRINE, F.E., 1984. "Decidous molar microwear of south african australopithecines". En: *Food acquisition and processing in primates.* Ed. por A.J. Chivers, B. A. Wood & A. Bilsborough. Plenum, New York.

GRINE, F. E., 1988. *The evolutionary history of the robust australopithecines.* Aldine, NuevaYork.

GUERIN, C., 1985. "Signification paleoécologique des Rhinocerotidae et Chalicotheridae des gisements à hominidés du Plio-Pleistocène d´Afrique". *L´environement des hominidés au plio-pleistocene,* pp. 45-56. Masson, Paris.

GUTHRIE, R.D., 1968. "Palaeoecology of the large mammal community in interior Alaska during the late Pleistocene". *American Midland Naturalist,* 79: 346-63.

HAKEN, H., 1981. *Erfolksgeheimnisse der Natur.* Deutsche Verlags-Anstalt GmbH, Stuttgart. Hay traducción castellana: *Fórmulas de éxito en la Naturaleza.* Salvat, Barcelona.

HAMILTON, W.D., 1971. "Selection of selfish and altruistic behavior in some extreme models". *Man the Beast: comparative social behavior,* pp. 57-91*:* Ed. por Eisenberg, J.F. & Dillon, W.S., Washington, Smithsonian.

HARCOURT, A.H., HARVEY, P.H., LARSEN, S.L. & SHAT, R.V., 1981. "Testing weight and breeding systems in primates". *Nature,* 293: 55-7.

HARRIS, J.M., 1983. "The fossil ungulates: proboscidea, perissodactyla and suidae". *Koobi Fora Research Project, vol.* 2. Oxford University Press, Oxford.

HARRIS, J.W.K., 1983. "Cultural beginnings: plio-pleistocene archaeological ocurrences from the Afar, Ethiopia". *The african archaeological review,* 1: 3-31.

HASSAN, F.A., 1981. *Demographic archaeology.* Academic Press, Nueva York.

HAY, R., 1976. *The Geology of Olduvai Gorge.* Clarendon Press, Oxford.

HAYNES, G., 1980. "Prey bones and predators: potential ecologic information from analysis of bone sites". *O.S.S.A.,* 7: 75-97.

HEMMER, H., 1969. "A new view of the evolution of Man". *Current Anthropology,* 10: 179- 80.

HEWES, G.W., 1961. "Food transport and the origin of hominid bipedalism". *American Anthropologist* , 18 : 687-710.

HILL, A., 1975. *Taphonomy of contemporary and late Cenozoic East African Vertebrates.* Tesis doctoral, University of London, Londres.

HILL, A., 1978. "Hyaenas, bones and fossil man". *Kenya past and present,* 9: 9-14.

HILL, A., 1980. "Hyaena provisioning of juvenile offspring at the den". *Mammalia,* 44: 594-5.

HILL, A., 1981. "A modern hyaena den in Amboseli National Park, Kenya". *Proceedings of PACPQS, Nairobi:* 137-138

HILL, A., 1983. "Hyaenas and early hominids". En: *Animals and archaeology: Hunters and their prey,* pp. 87-92.. B.A.R. International Series, 163: 87-92.

HILL, A., 1984. "Hyaenas and hominids: taphonomy and testing hypothesis". En *Hominid evolution and community ecology,* ed. por R. Foley. Academic Press, Londres.

HILL, A. & BEHRENSMEYER, A.K., 1984. "Dissarticualtion patterns of some modern east african mammals". *Paleobiology,* 10: 366-376.

HLADIK, C.M., 1977. "Adaptive strategies of primates in relation to leaf eating". En: *Socioecology and Psychology of Primates.* ed. por R.H. Tuttle: 3-35. Mouton, The Hague, Paris.

HLADIK, C.M. & HLADIK, A., 1972. "Disposibilités alimentaires et domains vitaux des primates à Ceilan".*Terre Vie,* 2: 149-215.

HOUSTON, D.C., 1979. "The adaptations of scavengers". *Serengeti,* pp. 263-286. Ed. por A. Sinclair & M. Norton-Griffiths. University of Chicago Press, Chicago.

HYLANDER, W.L., 1975. "Incisor size and diet in anthropoids with special reference to Cercopithecidae". *Science,* 189: 1095-8.

IRMAN, V.T., RALSTON, H.J. & TODD, F., 1981. *Human walking.* Williamns & Wilkins, Baltimore.

ISAAC, G.L., 1967. "The stratigraphy of the Peninj Group: early middle Pleistocene formations west of lake Natron, Tanzania". En: *Background to evolution in*

Africa, pp. 229-57. Ed. por W. Bishop& J.D. Clark. University of Chicago Press, Chicago.

ISAAC. G.L., 1968. "Traces of Pleistocene hunters: an east african example". En: *Man the Hunter.* Ed. por R. Lee & I, de Vore, Aldine. Chicago.

ISAAC, G.L., 1972. "Early phases of human behavior: models in lower Paleolithic Archaeology". En: *Models in Archaeology,* 167-200. Ed. por D.L. Clarke. Methuen, Londres.

ISAAC, G.L., 1976. "Early hominids in action: a commentary on the contribution of Archaeology to understanding the fossil record in East Africa". *Yearbook of Physical of Anthropology for 1975:* 19-35

ISAAC, G.L., 1977. *Olorgesailie.* University of Chicago Press, Chicago.

ISAAC, G.L., 1978. "The food-sharing behavior of protohuman hominids". *Scientific American,* 238: 90-108.

ISAAC, G.L., 1983. "Bones in contention: competing explanations for the juxtaposition of early pleistocene artifacts and faunal remains". En: *Animals and Archaeology: hunters and their prey,* pp. 3-20. B.A.R. International Series, 163. Oxford.

ISAAC, G.L., 1984. "The archaeology of human origins: studies of Lower Pleistocene in East Africa 1971-1981". *Advances in world Archaeology,* 3: 1-87.

ISAAC, G.L. & KROLL, E., 1984. "Configuration of artifacts and bones at early pleistocene sites in East Africa". En: *Intrasite spatial analysis in Archaeology,* pp. 4-31. Editado por H.J.Hietala, Cambridge University Press. Cambridge.

JARMAN, P. J., 1974. "The social organisation of antelope in relation to their ecology". *Behavior,* 48: 215-67.

JOHANSON, D. & TAIEB, M., 1976. "Plio-Pleistocene hominid discoveries in Hadar, Ethiopia". *Nature,* 260: 293-7.

JOHANSON, D. & WHITE, T.D., 1979. "A systematic assessment of early african hominids". *Science,* 203: 321-30.

JOHANSON, D. & EDEY, M.A., 1981. *El primer antepasado del hombre.* Planeta, Barcelona.

JOHANSON, D., WHITE, T.D. & KIMBEL, H.W., 1988. "Implications of KNM-WT 17000 for the evolution of "robust" Australopithecus". En *Evolutionary hystory of the robust australopithecines,* pp. 259-268. Ed. por F. Grine. Aldine, New York.

JOHANSON, D. & RYAN, A.S., 1989. "Anterior dental microwear in *Australopithecus afarensis:* comparisons with human and nonhuman primates." *Journal of Human Evolution* 18: 235-268.

JOHNSON, S.C., 1981. "Bonobos: generalized hominid prototypes or specialized insular dwarfs?". *Current Anthropology,* 22: 363-75.

JOLLY, C.J., 1970. "The seed-eaters: a new model of hominid differentiation based on baboon analogy". *Man,* 5(1): 5-26.

JOLLY, A., 1972. *The evolution of primate behavior.* New York, MacMillan.

JUNGERS, W.L., 1982. "Lucy´s limbs: skeletal allometry and locomotion in *Australopithecus afarensis*". *Nature,* 297: 676-8.

JONES, P., 1980. "Experimental butchery with modern tools and its relevance for archaeology". *World Archaeology,* 12: 153-65.

JONES, R., 1977. The tasmanian paradox. En *Stone tools as cultural markers: change, evolution and complexity.* Ed. por R.V.S. Wright: 189-204. Canberra.

JUNGERS, W.L., 1988. "New estimates of body size in Australopithecines". En: *The evolutionary history of the "robust" australopithecines,* pp. 115-126. Ed, por F.E. Grine, Aldine, New York.

JUNGERS, W.L. & STERN, J.T., 1983. "Body proportions, skeletal allometry and locomotion in the Hadar hominids: a reply to Wolpoff". *Journal of Human Evolution,* 12: 673-84.

KAY, R.F., 1978. "Molar structure and diet in extant Cercopithecidae". *Development, function and evolution of the teeth:* 303-39. New York, Academic Press.

KAY, R.F. & GRINE, F.E., 1988. "Tooth morphology, wear and diet in *Australopithecus* and *Paranthropus".* En: *The evolutionary history of the "robust" australopithecines,* pp. 427-448. Ed, por F.E. Grine, Aldine, New York.

KAY, R.F. & HYLANDER, C., 1978. "The dental structure of mammalian folivores, with special reference to primates and phalageroids". *The Ecology of the Arboreal Folivores,* pp. 173-191. Ed. por L. Montgomery. Washington, Smithsonian Institute Press.

KEELEY, L.H. & TOTH, N., 1981. "Microwear polishes on early stone tools from Koobi Fora, Kenya". *Nature,* 293: 464-5.

KEITH, A., 1922. En R. Tuttle (1974): "Darwin´s apes, dental apes and the descent of man: normal science in evolutionary Anthropology". *Current Anthropology,* 15: 389-426.

KLEIN, R., 1982. "Age (mortality) profiles as a means of distinguishing hunted species from scavenged ones in Stone Age archaeological sites". *Paleobiology,* 8: 151-8.

KORTLAND, A., 1980. "How might hominids have defended themselves against predators and food-competitors?". *Journal of Human Evolution,* 9: 79-112.

KORTLAND, A., 1983. "Marginal habitats of chimpanzees". *Journal of Human Evolution,* 12: 231-78.

KRUUK, H., 1972. *The spotted hyena.* University of Chicago Press, Chicago.

KRUUK, H. & TURNER, M., 1967. "Comparative notes on predation by lion, leopard, cheetah and wild dog in the Serengeti area, East Africa". *Mammalia,* 31: 1-27.

KUHN, T.S., 1962. *The structure of scientific revolutions.* Princeton University Press.

LAMPRECHT, J., 1978. "The relationship between food competition and foraging group size in some larger carnivores". *Z. Tierpsychol.,* 46: 337-343.

LANCASTER, J.B., 1978. Carrying and sharing in human evolution. *Human Nature,* 1: 82-9.

LAKATOS, I., 1978. *La metodología de los programas de investigación científica.* Alianza Universidad, Madrid.

LARSON, P., 1975. "Trend analysis in Archaeology: a preliminary study of intra-site patterning". *Norwegian Archaeological Review,* 8: 75-80.

LEAKEY, L.S.B., 1951. *Olduvai Gorge.* Cambridge University Press, Cambridge.

LEAKEY, MD., 1971. *Olduvai Gorge, vol. 3.* Cambridge University press, Cambridge.

LEAKEY, M.D., 1976. The early stone industries of Olduvai Gorge, Tanzania. En *Les plus anciennes industries en Afrique; Union Internationale des Sciences Préhistoriques et Protohistoriques, 9 th Congrés,* Niza: 24-41.

LEAKEY, M. & HAY, D., 1979. "Pliocene footprints in the Laetolil beds at Laetoli, north Tanzania". *Nature,* 278: 317-23.

LEAKEY, R.E.F., 1981. *The Makind of the mankind.* Dutton, New York.

LEAKEY, R.E.F. & LEAKEY M.G., 1978. *The fossil hominids and an introduction to their context, 1968-1974.* Koobi fora Research project, vol. 1. Clarendon Press, Oxford.

LEE, R.B. & DE VORE, I., 1968. *Man the Hunter.* Aldine, Chicago.

LEIGHTON,M. & LEIGHTON, D.R., 1982. "The relationship of size of feeding aggregate to size food patch: howler monkeys feeding in fruit trees in Barro colorado Island." *Biotropica,* 14(2): 82-90.

LEISS, W., 1974. *The domination of nature.* Beacon, Boston.

LEROI-GOURHAN, A. & BREZILLON, M., 1972. *Fouilles de Pincevent: essai d´analyse ethnographique d´un habitat magdalenien.* CNRS, Paris.

LEUTENEGGER, W., 1972. "New born size and pelvic dimensions of Australopithecus". *Nature,* 240: 568-9. '

LEUTENEGGER, W., 1987. "Neonatal brain size and neurocranial dimensions in Pliocene hominids: implications for obstetrics". *Journal of Human Evolution,* 16: 291-6.

LEWIN, R., 1982. "How did humans evolve big brains?". *Science,* 216: 840-1

LEWIN, R., 1984. "Research news: Man the scavenger". *Science,* 224: 861-2.

LEWONTIN, R.C., ROSE, S. & KAMIN, L.J., 1987. *No está en los genes.* Crítica, Barcelona.

LORENZ, K., 1971. *Studies in human and animal behavior.* Harvard University Press, Cambridge, Mass.

LOVEJOY, O., 1981. The origin of Man. *Science,* 211: 341-50.

LYMAN, R. L. & FOX, G. L., 1989. "A critical evaluation of bone weathering as an indication of bone assemblage formation". *Journal of Archaeological Science,* 16: 293-317.

MANN, A. E., 1975. *Paleodemographic aspects of the South African australopithecines.* University of Pennsylvania, Filadelfia.

MANN, A. E., 1988. "The nature of Taung dental maturation". *Nature,* 333: 123.

MANN, A. E., MONGE, J. & LAMPL, M., 1990. "Dental caution". *Nature,* 348: 202.

MAREAM, C.W., SPENCER, L.M., BLUMENSCHINE, R. & CAPALDO, S., 1992. "Captive hyaena bone choice and destruction, the Schlepp effect and Olduvai archaeofaunas". *Journal of Archaeological Science,* 19: 101-121.

MARSHALL, F., 1986. *Aspects of the advent of the pastoral economics in East Africa.* Tesis doctoral. University of California, Berkeley.

MARTIN, R. & MAY, R., 1981. "Outward signs of breeding". *Nature,* 212: 339-42.

MC GREW, W.C., 1981. "The female chimpanzee as a female evolutionary prototype". *Woman the Gatherer,* pp. 35-73. Ed. por F. Dahlberg, Yale University Press, New Haven.

MC GREW, W.C., 1992. *Chimpanzee material culture.* Cambridge: Cambridge University Press.

MC NAMARA, J.K., 1986. "A guide to the nomenclature of heterochrony". *Journal of*

Paleontology, 60: 4-13.
MELTON, D.A., 1982. "Condition and mortality of waterbuck in the Umfolozi Game Reserve". *African Journal of Ecology,* 20: 89-103.
MILTON, K., 1981. *The foraging strategy of howler monkeys.* Columbia University Press, New York.
MORGAN, L.H., 1877. *Ancient Society.* World Publishing, New York.
MORTON, D.J. 1922. En R. Tuttle (1974): "Darwin´s apes, dental apes and the descent of man: normal science in evolutionary Anthropology". *Current Anthropology* 15: 389-426.
MOVIUS, H.L., 1966. "The hearths of the upper perigordian and aurignacian horizons at the Abri Pataud, Les Eyzies, and their possible significance". *Am. Anthropo.* 68: 296-325.
NAPIER, J.R., 1964. "The evolution of bipedal walking in the hominids". *Arch. Biol. Liège,* LXXV: 673-8.
OHEL, J., 1977. "Patterned concentrations on living floors at Olduvai, Beds I And II: experimental study". *Journal of Field Archaeology,* 4: 423-33.
OLSON, T.R., 1981. "Basicranial morphology of the extant hominoids and Pliocene hominids: the new material from the Hadar Formation, Ethiopia, and its significance in human evolution and taxonomy". En *Aspects of human evolution.* Ed. por C.B. Stringer: 99-128. Taylor & Francis, Londres.
OSGOOD, C., 1940. *Ingalik material culture.* Yale University Press, New Haven.
PAYNE, S., 1983. "Bones from cave sites: who ate what? Problems and a case study". En: *Animals & Archaeology: hunters and their prey,* pp. 149-162. B.A.R. International Series, 163. Oxford.
PETERS, C.R., 1981. "Robust vs. gracile early hominid masticatory capabilities: the advantages of the megadonts". En *The perception of human evolution:* 161-81. Ed. por L. Mai, E. Shanklin & R. Sussman. University of California Press, los Angeles.
PETERS, G.R. & O´BRIEN, E.M., 1981. "The early hominid plant-food niche : insights from an anlysis of plant explotation by Homo, Pan and Papio in eastern and southern Africa". *Current Anthropology,* 22: 127-41.
PEYRONY, D., 1933. "Les industries aurignaciennes dans le bassin de la Vézère. Aurignacien et Perigordien". *Bulletin de la Société Préhistorique Francaise,* 30: 543-59.
POPPER, K., 1956. *Realism and the aim of Science.* Hay traducción española: *Realismo y objetivo de la Ciencia.* Tecnos, Madrid.
POPPER, K., 1974. *Conocimiento científico.* Tecnos, Madrid.
POTTS, R., 1982. *Low Pleistocene site formation and hominid activities at Olduvai Gorge, Tanzania.* Tesis doctoral, Harvard University, Cambridge, Mass.
POTTS, R., 1983. "Foraging for faunal resources by early hominids at Olduvai Gorge, Tanzania". En: *Animals & Archaeology: hunters and their prey,* pp. 51-62. B.A.R. International Series, 163. Oxford.
POTTS, R., 1984. "Home bases and early hominids". *American scientist* , 72: 338-47.
POTTS, R., 1988. *Early hominid activities at Olduvai.* New York, Aldine de Gruyter.
POTTS, R., 1989. "Olorgesailie: new excavations and findings in early and middle pleistocene contexts, southern Kenya, Rift valley". *Journal of Human Evolution,* 18: 477-84.
POTTS, R. & SHIPMAN, P., 1981. "Cutmarks made by stone tools on bones from Olduvai Gorge, Tanzania". *Nature,* 291: 577-580
PRENTICE, M.L. & DENTON, G.H., 1988. "The deep-sea oxygen isotope record, the global ice sheet system and hominid evolution". En: *The evolutionary history of the "robust" australopithecines,* pp. 383-404. Ed, por F.E. Grine, Aldine, New York.
PUECH, F-P., 1984. "Acidic-food choice in *Homo habilis* at Olduvai". *Current Anthropology* , 25: 349-50.
PUECH, F-P, ALBERTINI, H. & SERRATRICE, C., 1984. "Tooth microwear and dietary patterns in early hominids from Laetoli, Hadar and Olduvai". *Journal of Human evolution,* 13.
RAYNER, C., 1986. *El cuerpo humano.* Orbis, Barcelona.
REYNOLDS, V. & REYNOLDS, F., 1965. "Chimpanzees of the Budongo Forest". En: *Primate Behavior.* Ed. por I. de Vore. Holt, Rinchart & Winston, New York.
ROBINSON, J.T., 1954. "The genera and species of Australopithecinae". *Am. Journ. of Phys. Anthrop.,* 12: 181-200.
ROCHE, H., 1980. *Premiers outils taillés d´Afrique.* Societé éthnographique, Paris.
ROCHE, H. & TIERCELIN, J., 1977. "Découverte d´une industrie lithique ancienne in situ dans la formation d'Hadar, Afar central, Ethiopie". *C. R. Acad. Sci. Paris,* 284: 1871-4.
ROCHE, H., BRUGAL, J.P., LEFEVRE, D., PLOUX, S. &TEXIER, P.J., 1988. "Isenya: état des recherches sur un nouveau site acheuliéen d´ Afrique

Orientale". *The African ArchaeologicAl Review,* 6: 27-55.

ROMER, A.S., 1971. *La evolución animal.* Destino, Barcelona.

ROSE, M.D., 1984. "A hominine hip bone KNMER 3228 from East Turkana, Kenya". *Am. Journ. of Phys. Anthrop.,* 63: 371-78.

RUDNAI, J.A., 1973. *The social life of the lion.* Washington Sq. East, Willingford.

SCHALLER, G.B., 1972. *The Serengeti lion.* University of Chicago Press, Chicago.

SCHALLER, G.B. & LOWTER, G.R., 1969. "The relevance of carnivore behavior to the study of early hominids". *Southwestern Journal of Anthropology,* 25: 307-341.

SCHOENER, T.W., 1968. "Sizes of feeding territories among birds". *Ecology,* 49: 123-41.

SCHULTZ, A.H., 1956. "Postembryonic age changes". En: *Primatologia,* 887-964. Ed. por H. Hofer, A.H. Schultz & D. Stark. I. Bassel & S. Karger, Nueva York.

SEPT, J. M., 1984. *Plants and early hominids in east Africa: a study of vegetation in situations comparable to early archaeological site locations.* Tesis doctoral, University of California, Berkeley.

SEPT, J.M., 1992. Was there no place like home? *Current Anthropology* , 33: 187-207.

SHEA, B.T., 1983. "Allometry and heterochrony in the African apes". *Am. Journ. of Phys. Anthrop.,* 62: 275-89.

SHIPMAN, P., 1975. "Implications of drought for vertebrate fossil assemblages". *Nature,* 257: 667-668.

SHIPMAN, P., 1981. *Life history of a fossil.* Harvard University Press, Cambridge, Mass.

SHIPMAN, P., 1983. "Early hominid lifestyle: hunting and gathering and scavenging". En: *Animals and Archaeology: hunters and their prey,* pp. 31-50. B.A.R. International Series, 163. Oxford.

SHIPMAN, P., 1984. "Early hominid lifestyle: the scavenging hypothesis." *Anthropoquest* 28: 9-10.

SHIPMAN, P., 1986. "Scavenging or hunting in early hominids: theoretical framework and tests". *American Anthropologist,* 88: 27-43.

SHIPMAN, P & HARRIS, J.M., 1988. "Habitat preference and paleoecology of *Australopithecus boisei* in Eastern Africa". En: *The evolutionary history of the "robust" australopithecines,* pp. 343-382. Ed, por F.E. Grine, Aldine, New York.

SIBLEY, C.G. & ALHQUIST, J.E., 1984. "The phylogeny of hominoid primates, as indicated by DNA-DNA hybridization". *Journal of molecular evolution,* 20: 2-15.

SIMONS, E. & PILBEAM, D., 1965. "Preliminary revision of driopithecinae (Pongidae, Anthropoidea)". *Folia Primatologica,* 3: 81-153.

SIMPSON, S.W., LOVEJOY, C.D. & MEINDL, R.S., 1990. "Hominoid dental maturation". *Journal of Human Evolution,* 19: 285-97.

SKELTON, R., McHENRY, H., & DRAWHORN, G.M., 1986. "Phylogenetic analysis of early hominids". *Current Anthropology,* 27: 21-42.

SMITH, E., 1920. En R. Tuttle (1974): "Darwin´s apes, dental apes and the descent of man: normal science in evolutionary Anthropology". *Current Anthropology,* 15: 389-426.

SOLLAS, W.J., 1911. *Ancient hunters and their modern representatives.* Macmillan, Londres.

STANDFORD, C.B. & ALLEN, J.S., 1991. "On strategic storytelling: current models of human behavioral evolution". *Current Anthropology,* 32: 58-61.

STRAUS, W.L., 1962. "Fossil evidence of the evolution of the erect, bipedal posture". *Clin. Orthopaed.* 25: 9-19.

STRINGER, C., 1986. "The credibility of *Homo habilis*. En *Major topics in primte and human evolution".* Ed. por B. Wood & Andrews, P. Cambridge University Press. Cambridge.

STRUHSAKER, T.T., 1969. "Correlates of ecology and social organisation among african cercopithecines". *Folia Primatologica,* 11: 80-118.

STRUM, S.C. & MITCHELL, W., 1987. "Baboon models and muddles". En *The evolution of human behavior: primate models.* Ed. por W. G. Kinzey. University of New York Press, New York.

SUSSMAN, R.W., 1987. "Species-specific dietary patterns in primates and human dietary adaptations". En: *The evolution of human behavior: primate models.* Ed. por W. G. Kinzey. University of New York Press, New York.

SZASZ, T., 1981. *La fabricación de la locura: estudio comparativo de la Inquisición y el movimiento en defensa de la salud mental.* Kairós, Madrid.

TAGUE, R.G. & LOVEJOY, C.O., 1986. "The obstetric pelvis of A.L. 288-1(Lucy)". *Journal of Human Evolution,* 15: 237-55.

TAIEB, M., JOHANSON, D., COPPENS, Y. &ARONSON, J., 1976. "Geological and paleontological background of Hadar hominid site, Afar , Ethiopia". *Nature,* 260: 288-93.

TANNER, N., 1981. *On becoming human: a model of the transition from ape to human and the reconstruction of early human social life.* Cambridge University press, New York.

TANNER, N., 1987. "The chimpanzee model revisited and the gathering hypothesis". En *The evolution of human behavior: primate models.* Ed. por W. G. Kinzey. University of New York Press, New York.

TEAFORD, M.F. & WALKER, A., 1984. "Quantitative differences in dental microwear between primate species with different diets and a comment of the presumed diet of Sivapithecus". *Am. J. of Phys. Anthrop.,* 64: 191-200.

THOMAS, K.J., 1984. *Hunting and scavenging by early hominids: a study in archaeological method and theory.* Tesis doctoral, Departamento de Antropología, Universidad de Utah.

TOBIAS, L., 1980. "A survey and synthesis of the african hominids of the late Tertiary and early Quaternary periods". En: *Current argument on early man.* Ed. por L-K Konigsson: 86-113. Pergamon, Oxford.

TOOBY, J. & DE VORE, I. 1987. The reconstruction of hominid behavioral evolution through strategic modeling. *The evolution of human behavior: primate models,* pp. 183-238. Ed. por W.G. Kinzey, State University of New York Press, Albany.

TOTH, N., 1982. "The stone technologies of early hominids at Koobi Fora, Kenya: an experimental approach". Tesis doctoral, University of California, Berkeley.

TRIVERS, R.L., 1972. "Parental investment and sexual selection". En: *Sexual selection and the descent of man,* pp. 156-179. Ed. por B. Campbell. Aldine, Chicago.

TURNER, M. & WATSON, M., 1964. "A census in Ngorongoro Crater". *East African Wildlife journal* 2: 165-9.

TUTTLE, R.H., 1967. "Knuckle-walking and the evolution of hominid hands". *Am. Journ. of Phys. Anthrop.,* 26: 171-206.

TYLOR, E.B., 1865. *Researches into the early history of mankind and the development of civilization.* Londres.

VANDERMEERSCH, B., 1982. "The first Homo sapiens sapiens in the Near East". En: *The transition from lower to middle paleolithic and the origin of modern man.* Ed. por A. Ronen, B.A.R. International Series, 151, Oxford.

VINCENS, A., 1982. *Palynologie, environnements actuels et plio-pléistocènes à l'est du lac Turkana (Kenya).* Tesis doctoral, Aix- Marseille II.

VINCENT, A.N., 1985. *Wild tubers as a harvestable resource in the east african savannas: ecological and ethnographic studies.* Tesis doctoral, University of California, Berkeley.

VRBA, E., 1974. "Chronological and ecological implications of the fossil Bovidae at the Sterkfontein australopithecine site". *Nature,* 250: 19-23.

VRBA, E., 1975. "Some evidence of chronology and palaeoecology of Sterkfontein, Swartkrans and Koomdrai from the fossil bovidae". *Nature,* 254: 301-4.

VRBA, E., 1976. "The fossil bovidae of Sterkfontein, Swartkrans and Koomdrai". *Trans. Mus. Mem. Pretoria,* 21: 1-166.

VRBA, E., 1980. "The significance of bovid remains as indicators of environment and predation patterns". *Fossils in the Making,* pp. 247-271. Ed. por A.K. Behrensmeyer & A. Hill. University of Chicago Press, Chicago.

VRBA, E., 1985. "Paleoecology of early hominidae, with special reference to Sterkfontein, Swartkrans and Koomdrai". En: *L'environnement des hominidés au plio-Pleistocène,* pp. 345-370. Masson, Paris.

VRBA, E., 1988. "Late Pliocene climatic events and hominid evolution". En: *The evolutionary history of the "robust" australopithecines,* pp. 405-426. Ed, por F.E. Grine, Aldine, New York.

WALKER, A., 1979. "SEM analysis of microwear and its correlation with dietary patterns". *Am. Journ. of Phys. Anthrop.,* 50: 489.

WALKER, A., 1981. "Diet and teeth". *Phil. Trans. R. Soc. Londres B,* 292: 57-64.

WASHBURN, S.L., 1950. "The analysis of primate evolution with particular reference to the origin of man". *Cold .Spring Harbor Symp. Qunat. Biol.,* 15: 67-78.

WASHBURN, S.L., 1967. "Behavior and the origin of Man. Huxley Memorial Lecture, 1967". *Proceedings of the Royal Anthropological Institute of Great Britain and Ireland.*

WASHBURN, S.L. & LANCASTER, J., 1968." The evolution of hunting". *Man the Hunter,* 293-303. Ed. por R. Lee & I. de Vore. Chicago, Aldine.

WEISMANN, E., 1986. *Los rituales amorosos.* Salvat, Barcelona.

WESSELMAN, H.B., 1985. "Fossil micromammals as indicators of climatic change about 2,4 million years ago in the Omo Valley, Ethiopia". *S. Afr. J. Sci.* 81: 260-1.

WESTERN, D., 1973. "The structure, dynamics and changes of the Amboseli ecosystem". Tesis doctoral,

University of Nairobi.
WHITE, H., 1977. "Crude, colourless and unterprising? Prehistorians and their views on the stone age of Sunda and Sahul". En: *Sunda and Sahul: prehistoric studies in southeast Asia, Melanesia and Australia.* Ed. por J. Allen, J. Golson y R. Jones. Academic Press, Londres.
WHITE, T.D., et al., 1993. "New discoveries of Australopithecus at Maka, Ethiopia". *Nature,* 366: 261-265.
WILLIS, D., 1990. *The hominid gang.* Penguin books. New York.
WILSON, E. O., 1975. *Sociobiology: the new synthesis.* Harvard University Press, Cambridge, Mass.
WILSON, E. O. ,1978. *On human nature.* Harvard University Press, Cambridge, Mass.
WOOD, B., 1992. "Origin and evolution of the genus *Homo". Nature,* 355: 783-90.
WRANGHAM, R.W., 1975." The behavioral ecology of chimpanzee in Gombe National Park". Tesis doctoral, University of Cambridge.
WRANGHAM, R.W., 1977. "Feeding behavior of chimpanzees in the Gombe National Park, Tanzania". En: *Primate Ecology,* pp. 504-538. Ed. por T.H. Clutton-Brock. Academic Press, Londres.
WRANGHAM, R.W., 1987. "The significance of african apes for reconstructing human social evolution". En: *The evolution of human behavior: primate models,* pp. 51-71. Ed. por W. G. Kinzey. University of New York Press, New York.
WYNN, T., 1981. "The intelligence of the oldowan hominids". *Journal of Human Evolution* 10: 529-41.
YOSHIBA, K., 1968. "Local and intertroop variability in ecology and social behavior of common indian langurs". *Primates: studies in adaptation and variability,* 217-242. Ed. por P.C. Jay. Holt, Rinehart & Winston, New York.
ZIHLMAN, A.L., 1979. "Pygmy chimpanzee morphology and the interpretation of early hominids". *South African journal of Science,* 75: 165-8.

APENDICE A

APENDICE A. TABLA 1

LISTA DE ESPECIES	T.R.S.	T.I.S.	T.E.S.	Indice K	T.D.
PROSIMIOS					
TARSIIDAE					
Tarsius syrichta	β	0	A	M 1-0.5	A
Tarsius bancanus	β	0	A	M 1-0.5	A
Tarsius spectrum	β	0	A	M 1-0.5	A
LEMURIDAE					
Lemur catta	γ	.3	A	M 1-1	B
Lemur fulvus	γ	.3	A	M 1-1	B
Lemur macaco	γ	.3	A	M 1-1	B
Lemur mongoz	β	0	A	M 1-1	B
Lemur rubriventer	γ	.3	A	M 1-1	B
Lemur variegatus	γ	.3	A	M 1-1	B
Hapalemur griseus	β	.0	A	M 1-2	B
Lepilemur mustelinus	α	.0	C	M 1-1	A
Cheirogaleus spp.	α	.0	C	M 2-1	B
Microcebus murinus	α	.0	C	M 2-1	A
Phaner furcifer	α	.0	C	M 1-1	B
INDRIIDAE					
Indri indri	β	.0	A	M 1-1	B
Avahi laniger	β	.0	A	M 1-1	B
Propithecus diadema	γ	.3	A	M 1-1	B
Propithecus verreauxi	γ	.3	A	M 1-1	B
DAUBENTONIIDAE					
Daubentonia madagascariensis	α	.0	C	M 1-1	B
LORISIDAE					
Loris tardigradus	α	.0	C	M 1-1	A
Nycticebus coucang	α	.0	C	M 1-1	A
Arctocebus calabarensis	α	.0	C	M 1-1	A
Perodicticus potto	α	.0	C	M 1-1	A
Galago alleni	α	.0	C	M 1-1	A
Galago crassicaudatus	α	.0	C	M 1-1	A
Galago demidovii	α	.0	C	M 1-0.5	A
Galago elegantulus	α	.0	C	M 1-0.5	A

APENDICE A. TABLA 1

CALLITHRICIDAE					
Callithrix jacchus	β	.0	A	M 2-0.5	C
Leontidens rosalia	β	.0	A	M 2-0.5	C
Saguinus geoffroyi	β	.0	A	M 2-0.5	C
Saguinus midas	β	.0	A	M 1-0.5	C
CEBIDAE					
Cebus apella	γ	.4	C	M 1-2	E
Cebus capucinus	γ	.4	C	M 1-2	E
Cebus migrivittatus	γ	.4	C	M 1-2	E
Saimiri oerstedi	γ	.4	C	M 1-2	D
Saimiri sciurcus	γ	.4	C	M 1-2	D
Alouatta caraya	γ	.4	C	M 1-2	E
Alouatta palliata villosa	γ	.4	C	M 1-2	E
Alouatta seniculus	γ	.4	C	M 1-2	E
Aotus trivirgatus	β	.0	A	M 1-1	D
Callicebus moloch	β	.0	A	M 1-2	D
Ateles belzebuth	γ	.4	C	M 1-2	E
Ateles geoffroyi	γ	.4	C	M 1-2	E
Ateles paniscus	γ	.4	C	M 1-2	D
Lagothrix lagothricha	γ	.4	C	M 1-2	E
Pithecia pithecia	γ	.4	C	M 1-2	E
CERCOPITHECIDAE					
Cercopithecus aethiops	γ	.4	C	M 1-2	E
Cercopithecus ascanius	γ	.4	C	M 1-2	E
Cercopithecus campbelli	γ	.4	C	M 1-2	E
Cercopithecus cephus	γ	.4	C	M 1-2	E
Cercopithecus l´hoesti	γ	.4	C	M 1-2	E
Cercopithecus mitis	γ	.4	C	M 1-2	E
Cercopithecus mona	γ	.4	C	M 1-2	E
Cercopithecus neglectis	γ	.4	C	M 1-2	E
Cercopithecus nictitans	γ	.4	C	M 1-2	E
Cercopithecus pogonias	γ	.4	C	M 1-2	E
Miopithecus talapoin	γ	5	C	M 1-2	E
Erythrocebus patas	γ	(4)(1)	(C)(D)	M 1-1	D
Cercocebus albigena	γ	.4	C	M 1-2	B

APENDICE A. TABLA 1

Cercocebus galeritus	γ	.4	C	M 1-2	E
Cercocebus torquatus	γ	.4	C	M 1-2	E
Cynopithecus niger	γ	.4	C	M 1-2	E
Macaca fascicularis	γ	.4	C	M 1-2	E
Macaca fascata	γ	.4	C	M 1-2	D
Macaca maurus	γ	.4	C	M 1-2	D
Macaca mulatta	γ	.4	C	M 1-2	D
Macaca nemestrina	γ	.4	C	M 1-2	D
Macaca radiata	γ	.4	C	M 1-2	D
Macaca sinica	γ	.4	C	M 1-2	D
Macaca sylvanus	γ	.4	C	M 1-2	D
Papio anubis	γ	.5	C	M 1-2	E
Papio cynocephalus	γ	.5	C	M 1-2	E
Papio hamadryas	γ	.5	C	M 1-2	E
Papio papio	γ	.5	C	M 1-2	E
Papio ursinus	γ	.5	C	M 1-2	E
Mandrillus leucophaeus	γ	.4	C	M 1-2	E
Theropithecus gelada	γ	.5	C	M 1-2	E
COLOBINAE					
Colobus angolensis	γ	.4	C	M 1-2	E
Colobus badius	γ	.4	C	M 1-2	E
Colobus guereza	γ	.4	C	M 1-2	E
Colobus verus	γ	.4	C	M 1-2	E
Presbytis aygula	γ	.4	C	M 1-2	E
Presbytis cristatus	γ	.4	C	M 1-2	E
Presbytis entellus	γ	.4	C	M 1-1	D
Presbytis geei	γ	.4	C	M 1-2	D
Presbytis johnii	γ	.4	C	M 1-2	D
Presbytis melalophos	γ	.4	C	M 1-2	E
Pygathrix nemaeus	γ	.4	C	M 1-2	E
Presbytis obscurus	γ	.4	C	M 1-2	E
Prebytis rubicundus	γ	.4	C	M 1-2	E
Presbytis senex	γ	.4	C	M 1-2	E
Nasalis larvatus	γ	.4	C	M 1-2	E
HYLOBATIDAE					

Hylobates agilis	β	.0	B	M 1-3	I
Hylobates concolor	β	.0	B	M 1-3	I
Hylobates hoolock	β	.0	B	M 1-3	I
Hylobates klossii	β	.0	B	M 1-3	I
Hylobates lar	β	.0	B	M 1-3	I
Hylobates moloch	β	.0	B	M 1-3	I
Symphalangus syndactylus	β	.0	B	M 1-3	I
PONGIDAE					
Pongo pygmeus	α	.0	A	M 1-5(7)	J
Pan troglodytes	γ	.4	C	M 1-5	J
Gorilla gorilla	γ	.4	C	M 1-5	J
HOMINIDAE					
Homo sapiens sapiens	γ	(7)(8)(9)	B-D	M 1-x	N-O

leyenda:

T.R.S. - Tipo de Relación Social
T.I.S. - Tipo de Interacción Social
T.E.S. - Tipo de Estrategia Sexual
T.D. - Tiempo de Desarrollo

APENDICE A. TABLA 2

LISTA DE ESPECIES	D/N	T/A	Dieta	P.M.	P.H	D.Sex	T.G.	M/H	J.M.	P.m.
TUPAYIDAE										
Tupaya gracilis	N	A	IN	_	_	1:1.1	_	_	_	_
tupaya javanica	N	A	IN	_	_	1:1.1	_	_	_	_
Urogale everetti	N	A	IN	_	_	1:1.1	_	_	_	_
LEMURIDAE										
LEMURIDOS										
Lemur catta	D	T	FR	2.9	2.5	1.16	12	1:1.1	VM	24
Lemur fulvus	D	A	FO	2.1	2.1	_	9.4	1:1.2	VM	15
Lemur macaco	D	A	FR	_	_	_	_	_	_	_
Lemur mongoz	N	A	FR	_	_	_	2.6	1:1.1	MS	_
Lemur rubriventer	D	A	FR	_	_	_	_	_	_	_
Lemur variegatus	D	A	FR	_	_	_	_	_	_	_
Hapalemur griseus	D	A	FO	2.0	2.0	1.00	_	_	_	5,6
Lepilemur mustelinus	N	A	FO	0.60	0.60	_	_	_	_	0.60
Cheirogaleus spp.	N	A	FR	_	_	_	_	_	_	_
Microcebus murinus	N	A	FR	0.06	0.06	1.00	_	_	_	0.06
Phaner furcifer	N	A	FR	_	_	_	_	_	_	_
INDRIDOS										
Indri indri	D	A	FO	12.5	12.5	1.00	3	1:1.1	MS	38
Avahi laniger	N	A	FR	_	_	_	_	_	_	_
Propithecus diadema	D	A	FO	7.5	7.5	1.00	_	_	_	_
Propithecus verreauxi	D	A	FO	3.7	3.5	1.06	6.5	1:1.7	VM	17
DAUBENTONIDOS										
Daubentonia madagascariensis	N	A	IN	_	_	_	_	_	_	_
LORISIDAE										
Loris tardigradus	N	A	IN	0.22	O.18	1.22	1	_	_	0.2
Nycticebus coucang	N	A	IN	1.3	1.2	1.08	1	_	_	1.3
Arctocebus calabarensis	N	A	IN	0.20	0.20	_	1	_	_	0.20
Perodicticus potto	N	A	FR	1.2	1.1	1.09	1	_	_	1.15
Galago alleni	N	A	FR	0.26	0.26	_	1	_	_	0.26
Galago crassicaudatus	N	A	FR	1.2	1.0	1.20	1	_	_	1.10
Galago demidovii	N	A	IN	0.06	0.06	1.00	1	_	_	0.06

APENDICE A. TABLA 2

Galago elegantulus	N	A	FR	0.30	0.30	_	1	_	_	0.30
CALLITHRICIDAE										
Callithrix jacchus	D	A	FR	0.27	0.25	1.08	_	1:1.1	MS	_
Leontidens rosalia	D	A	FR	0.55	0.48	1.15	_	_	_	1.80
Saguinus geoffroyi	D	A	FR	0.43	0.45	0.96	_	1:1.1	MS	1.5
Saguinus midas	D	A	FR	0.31	0.32	0.97	_	_	_	1.10
CEBIDAE										
Cebus apella	D	A	FR	2.5	2.5	_	_	_	_	_
Cebus capucinus	D	A	FR	2.9	2.9	1.29	10	1:3.7	VM	22
Cebus migrivittatus	D	A	FR	2.9	2.3	_	33	1:2.1	VM	63
Saimiri oerstedi	D	A	FR	0.75	0.58	1.29	25	1:2.6	VM	12
Saimiri sciurcus	D	A	FR	0.75	0.58	1.29	_	_	VM	_
Alouatta caraya	D	A	FO	8.1	6.4	_	7	1:1.1	_	38
Alouatta palliata villosa	D	A	FO	7.4	5.7	1.30	17	1:2.5	VM	80
Alouatta seniculus	D	A	FO	8.1	6.4	1.27	8.5	1:1.16	VM	45
Aotus trivirgatus	N	A	FR	0.92	1.0	0.92	1.5	1:1.1	MS	1.4
Callicebus moloch	D	A	FR	0.68	0.68	_	3	1:1.1	MS	2.0
Ateles belzebuth	D	A	FR	6.2	5.8	_	20	1:2.9	VM	21
Ateles geoffroyi	D	A	FR	6.2	5.8	1.07	20	_	VM	_
Ateles paniscus	D	A	FR	6.2	5.8	_	20	1:1.6	VM	_
Lagothrix lagothricha	D	A	FR	6.8	5.8	1.17	_	_	_	_
Pithecia pithecia	D	A	FR	1.6	1.4	_	_	_	_	_
CERCOPITHECIDAE										
Cercopithecus aethiops	D	T	FR	4.5	3.6	_	15	1:1.4	VM	45
Cercopithecus ascanius	D	A	FR	4.2	2.9	1.45	_	_	_	_
Cercopithecus campbelli	D	A	FR	3.6	3.6	_	9	1:4.1	MS	24
Cercopithecus cephus	D	A	FR	4.1	2.9	1.41	_	_	_	13
Cercopithecus l´hoesti	D	A	FR	4.0	4.0	_	_	_	_	_
Cercopithecus mitis	D	A	FR	4.5	4.5	_	14	1:3.7	_	47
Cercopithecus mona	D	A	FR	4.5	4.5	_	_	_	_	_
Cercopithecus neglectis	D	A	FR	5.5	3.2	1.72	_	_	_	_
Cercopithecus nictitans	D	A	FR	6.0	3.9	1.54	_	_	_	_
Cercopithecus pogonias	D	A	FR	2.9	2.5	1.16	_	_	_	_
Miopithecus talapoin	D	A	FR	1.4	1.1	1.27	70	1:1.5	VM	65
Erythrocebus patas	D	T	FR	10.0	5.6	1.79	20	1:7.1	MS	101

APENDICE A. TABLA 2

Cercocebus albigena	D	A	FR	10.0	6.0	1.67	17	1:2.0	VM	96
Cercocebus galeritus	D	T	FR	8.8	4.0	_	26	1:2.5	VM	106
Cercocebus torquatus	D	A	FR	8.0	4.0	_	_	_	_	_
Cynopithecus niger	D	T	FR	10.4	6.6	1.58	_	_	_	_
Macaca fascicularis	D	T	FR	5.9	4.1	1.44	_	_	_	_
Macaca fascata	D	T	FR	14.6	12.3	1.19	_	_	VM	_
Macaca maurus	D	T	FR	9.5	5.1	1.86	_	_	_	_
Macaca mulatta	D	T	FR	8.2	7.5	1.09	21.5	1:3.1	VM	125
Macaca nemestrina	D	T	FR	10.4	7.8	1.33	27	1:3.0	VM	175
Macaca radiata	D	T	FR	7.3	3.7	1.97	30	1:1.4	VM	119
Macaca sinica	D	T	FR	6.4	3.9	1.64	_	_	_	_
Macaca sylvanus	D	T	FR	11.2	10.0	_	18	1:1.9	VM	141
Papio anubis	D	T	FR	26	13	2.00	34	1:2.0	VM	460
Papio cynocephalus	D	T	FR	20	15	_	43	1:1.3	VM	557
Papio hamadryas	D	T	FR	18.3	9.4	1.95	_	1:1.9	MS	49
Papio papio	D	T	FR	26	13	_	50	1:2.0	VM	677
Papio ursinus	D	T	FR	20.4	16.8	1.21	41	1:2.0	VM	560
Mandrillus leucophaeus	D	T	FR	19.5	12.0	_	_	_	_	_
Theropithecus gelada	D	T	FO	20.5	13.6	1.51	113	1:3.7	MS	3774
COLOBINAE										
Colobus angolensis	D	A	FO	10.7	9.0	_	_	1:2.0	_	36
Colobus badius	D	A	FO	10.5	5,8	1.81	50	1:2.5	VM	280
Colobus guereza	D	A	FO	10.7	9.0	_	8	1:3.0	MS	57
Colobus verus	D	A	FO	3.8	3.6	1.06	_	_	_	_
Presbytis aygula	D	A	FO	6.3	6.2	1.02	_	_	_	_
Presbytis cristatus	D	A	FO	8.6	8.1	1.06	28	1:13.5	MS	172
Presbytis entellus	D	T	FO	15.2	10.4	1.46	19	1:3.0	VM	171
Presbytis geei	D	A	FP	8.6	8.1	_	11.5	1:3.8	MS	71
Presbytis johnii	D	A	FO	8.5	7.8	_	9	1:1.2	MS	55
Presbytis melalophos	D	A	FO	6.3	6.3	_	_	_	_	_
Pygathrix nemaeus	D	A	FO	_	_	2	_	_	_	_
Presbytis obscurus	D	A	FO	8.6	8.1	_	_	_	_	_
Prebytis rubicundus	D	A	FO	6.3	6.3	_	_	_	_	_
Presbytis senex	D	A	FO	8.5	7.8	1.09	8	1:4.0	MS	48
Nasalis larvatus	D	A	FO	17.7	10.0	1.77	20	1:3.4	VM	187

HYLOBATIDAE										
Hylobates agilis	D	A	FR	5.9	5.9	_	3.5	1:1.0	MS	21
Hylobates concolor	D	A	FR	5.7	5.7	_	3.5	1:1.0	MS	20
Hylobates hoolock	D	A	FR	6.7	6.7	_	3.5	1:1.0	MS	23
Hylobates klossii	D	A	FR	5.8	5.8	_	3.5	1:1.0	MS	20
Hylobates lar	D	A	FR	6.1	5.5	1.11	3.5	1:1.0	MS	20
Hylobates moloch	D	A	FR	6.1	6.1	_	3.5	1:1.0	MS	21
Symphalangus syndactylus	D	A	FO	10.7	10.7	_	3.8	1:1.0	MS	41
PONGIDAE										
Pongo pygmeus	D	A	FR	69	37	1.86	_	_	_	95
Pan troglodytes	D	T	FR	49	41	1.20	27	1:1.0	VM	135
Gorilla gorilla	D	T	FO	160	93	1.72	17	1:2.0	VM	1518

leyenda:

D/N	-	Diario / Nocturno
T/A	-	Terrestre / Arbóreo
P.M.	-	Peso medio de los machos
P.H.	-	Peso medio de las hembras
D. Sex.	-	Dimorfismo Sexual
T.G.	-	Tamaño del Grupo
M./H.	-	Proporción entre machos y hembras
J.M.	-	Tipo de Jerarquía de los machos
		VM - Varios machos
		MS - Un macho solo
P.m.	-	Peso medio del grupo

APENDICE A. TABLA 3

	HABITAT	T/A	Territorio	Rec. /día	P./km2
TUPAYIDAE					
Tupaya gracilis	C	A	_	_	_
Tupaya javanica	C	A	_	_	_
Urogale everetti	C	A	_	_	_
Ptilocercus lowii	C	A	_	_	_
LEMURIDAE					
LEMURIDOS					
Lemur catta	C	T	0.06	0.75	153
Lemur fulvus	C	A	0.01	_	1061
Lemur macaco	C	A	_	_	_
Lemur mongoz	C	A	0.01	0.61	_
Lemur rubriventer	C	A	_	_	_
Lemur variegatus	C	A	_	_	_
Hapalemur griseus	C	A	_	_	_
Lepilemur mustelinus	C	A	0.002	_	362
Cheirogaleus spp.	C	A	_	_	_
Microcebus murinus	C	A	0.002	_	_
Phaner furcifer	C	A	_	_	_
INDRIDOS					
Indri indri	C	A	0.23	_	12.5
Avahi laniger	C	A	_	_	_
Propithecus diadema	C	A	0.25	_	_
Propithecus verreauxi	C	A	0.05	0.85	103
DAUBENTONIDOS					
Daubentonia madagascariensis	C	A	_	_	_
LORISIDAE					
Loris tardigradus	C	A	_	_	_
Nycticebus coucang	C	A	_	_	_
Arctocebus calabarensis	C	A	_	_	2
Perodicticus potto	C	A	0.10	_	8
Galago alleni	C	A	_	_	15
Galago crassicaudatus	C	A	0.07	_	110
Galago demidovii	C	A	0.01	_	_
Galago elegantulus	C	A	_	_	15

APENDICE A. TABLA 3

CALLITHRICIDAE					
Callithrix jacchus	C	A	_	_	_
Leontidens rosalia	C	A	_	_	_
Saguinus geoffroyi	C	A	_	_	_
Saguinus midas	C	A	_	_	_
CEBIDAE					
Cebus apella	C	A	_	_	_
Cebus capucinus	C	A	0.86	1.6	17
Cebus migrivittatus	C	A	_	_	_
Saimiri oerstedi	C	A	0.18	3.4	_
Saimiri sciurcus	C	A	_	_	_
Alouatta caraya	C	A	_	_	25
Alouatta palliata villosa	C	A	0.18	0.30	67
Alouatta seniculus	C	A	0.05	0.58	108
Aotus trivirgatus	C	A	_	_	_
Callicebus moloch	C	A	0.004	0.086	412
Ateles belzebuth	C	A	_	_	_
Ateles geoffroyi	C	A	_	_	_
Ateles paniscus	C	A	3.3	_	_
Lagothrix lagothricha	C	A	_	_	_
Pithecia pithecia	C	A	_	_	_
CERCOPITHECIDAE					
Cercopithecus aethiops	C	T	0.27	1.3	87
Cercopithecus ascanius	C	A	_	_	_
Cercopithecus campbelli	C	A	0.03	_	495
Cercopithecus cephus	C	A	_	_	_
Cercopithecus l´hoesti	C	A	_	_	_
Cercopithecus mitis	C	A	0.14	_	42
Cercopithecus mona	C	A	_	_	_
Cercopithecus neglectis	C	A	_	_	_
Cercopithecus nictitans	C	A	_	_	58
Cercopithecus pogonias	C	A	_	_	_
Miopithecus talapoin	C	A	1.2	2.3	36
Erythrocebus patas	C	T	52	2.5	0.3
Cercocebus albigena	C	A	2.1	1.1	43

Cercocebus galeritus	CC	T	0.55	1.25	100
Cercocebus torquatus	C	A	_	_	_
Cynopithecus niger	C	T	_	_	_
Macaca fascicularis	C	T	_	_	9
Macaca fascata	C	T	_	_	_
Macaca maurus	C	T	_	_	_
Macaca mulatta	C	T	2.3	1.4	44
Macaca nemestrina	C	T	_	_	10
Macaca radiata	C	T	2.3	0.88	_
Macaca sinica	C	T	_	_	_
Macaca sylvanus	C	T	_	_	_
Papio anubis	A	T	24.3	3.6	4
Papio cynocephalus	A	T	16.7	4.5	4
Papio hamadryas	A	T	_	13.2	1.8
Papio papio	A	T	_	_	_
Papio ursinus	A	T	14.7	4.8	2.3
Mandrillus leucophaeus	C	T	_	_	_
Theropithecus gelada	C	T	_	4.8	46
COLOBINAE					
Colobus angolensis	C	A	_	_	_
Colobus badius	C	A	0.75	0.66	298
Colobus guereza	C	A	0.10	0.26	100
Colobus verus	C	A	_	_	_
Presbytis aygula	C	A	_	_	20
Presbytis cristatus	C	A	0.20	0.35	150
Presbytis entellus	C	T	3.4	1.0	39
Presbytis geei	C	A	_	_	_
Presbytis johnii	C	A	0.60	_	107
Presbytis melalophos	C	A	_	_	98
Pygathrix nemaeus	C	A	_	_	_
Presbytis obscurus	C	A	_	_	86
Prebytis rubicundus	C	A	_	_	_
Presbytis senex	C	A	0.12	_	154
Nasalis larvatus	C	A	1.3	_	_
HYLOBATIDAE					

Hylobates agilis	C	A	_	_	5.1
Hylobates concolor	C	A	_	_	_
Hylobates hoolock	C	A	_	_	_
Hylobates klossii	C	A	0.07	_	30
Hylobates lar	C	A	0.40	1.6	3.3
Hylobates moloch	C	A	_	_	_
Symphalangus syndactylus	C	A	0.23	1.00	4.2
PONGIDAE					
Pongo pygmeus	C	A	3.0	0.40	2.5
Pan troglodytes	C-A	T	12	3.9	1.2
Gorilla gorilla	C	T	8	0.470	1.4

leyenda:

C - Cerrado A - Abierto
T/A - Terrestre / Arbóreo
Rec. / día - Recorrido diario
P. / Km^2 - Población por Km^2

APENDICE B

APENDICE B. TABLA 1.

N.C.	LISTA DE ESPECIES	T.R.S.	T.I.S.	T.E.S.	Indice K	T.D.
BOVIDOS						
Ñu	Connochaetes taurinus	γ	2	C	M 1-1	B
Ñu	Connochaetes gnu	γ	2	C	M 1-1	B
Búfalo	Syncerus caffer caffer	γ	2	C	M 1-2	C
Búfalo	Syncerus caffer manus	γ	2	C	M 1-2	C
Damalisco	Damaliscus lunatus	γ	2	C	M 1-1	B
Alcelafos	Alcelaphus buselaphus	γ	2	C	M 1-1	B
Gacela	Gazella thompsonii	γ	2	C	M 1-1	A
Gacela	Gazella granti	γ	2	C	M 1-1	A
Impala	Aepyceros melampus	γ	1	C	M 1-1	A
Gerenuk	Lithocranius walleri	γ	2	C	M 1-1	A
Kudú	Tragelaphus strepceros	γ	4	C	M 1-1	A
Dik-dik	Rhynchotragus guentheri	β	0	A	M 1-1	A
Dik-dik	Madoqua Phillipsi	β	0	A	M 1-1	A
Hipotrago	Hippotragus equinus	γ	4	C	M 1-1	B
Hipotrago	Hippotragus niger	γ	1	C	M 1-1	B
Eland	Taurotragus oryx	γ	4	C	M 1-1	C
Eland	Taurotragus derbianus	γ	4	C	M 1-1	C
Oribí	Ourebia ourebi	β	0	A	M 1-1	B
Dibatag	Ammodorcas clarkei	γ	2	C	M 1-1	B
Ant. Beira	Dorcatragus megalotis	γ	2	C	M 1-1	B
Oryx	Oryx gazella	γ	2	C	M 1-1	B
Springbok	Antidorcas marsupialis	γ	2	C	M 1-1	A
Kob	Adenota kob	γ	2	C	M 1-1	A
Kob	Adenota vardoni	γ	2	C	M 1-1	A
Kob	Kobus ellkipsipymnus	γ	2	C	M 1-1	B
Lechwe de Nilo	Onotragus megaceros	γ	2	C	M 1-1	B
Bongo	Taurotragus euryceros	α	0	C	M 1-1	A
Duiker	Cephalophus sylvicultor	α	0	C	M 1-1	B
Redunca	Redunca arundium	α	0	C	M 1-1	B
EQUIDOS						

APENDICE B. TABLA 1.

Cebra	Equus quagga	γ	2	C	M 1-1	B
Cebra	Equus grevyi	γ	2	C	M 1-1	B
Cebra	Equus zebra	γ	2	C	M 1-1	B
RINOCEROT.						
Rino blanco	Ceratotherium simun	α	0	C	M 1-2	D
Rino negro	Diceros bicornis	α	0	C	M 1-2	D
ELEFANTID.						
Elefante	Loxodonta afric. africana	γ	2	C	M 1-3	K
Elefante	Loxodonta afric. cyclotis	γ	2	C	M 1-3	K
JIRAFIDOS						
Jirafa	Giraffa camelopardalis	γ	2	C	M 1-3	C
Jirafa	Okapia johnstoni	α	0	C	M 1-2	B
SUIDOS						
Facócero	Phacochoerus aethiops	α	0	C	M 4-1	B
HIPOPOTAM.						
Hipopótamo	Hippopotamus amphibius	γ	2	C	M 1-2	G
FELIDOS						
León	Panthera leo	γ	5	C	M 4-1	B
Leopardo	Panthera pardus	α	0	C	M 3-2	B
Guepardo	Acinonyx juvatus	α	0	C	M 3-1	A
CANIDOS						
Licaón	Lycaon pictus	γ	5	C	M 8-1	.______
Chacal negro	Canis mesomelas	β	0	A	M 6-1	A
Chacal dorado	Canis aureus	α	0	C	M 5-1	A
HIENIDOS						
Hiena manch.	Crocuta crocuta	γ	5	C	M 3-1	B
Hiena parda	Hyena brunnea	β	0	A	M 3-1	B
Hiena rayada	Hyaenna hyaenna	β	0	A	M 2-1	B

APENDICE B. TABLA 2.

N.C.	LISTA DE ESPECIES	ALTURA	PESO	MEDIO
		CM.	KG.	
BOVIDOS				
Ñu	Connochaetes taurinus	132	250	sabana abierta
Ñu	Connochaetes gnu	115	180	sabana abierta
Búfalo	Syncerus caffer caffer	168	700	sabana abierta
Búfalo	Syncerus caffer manus	100	200	bosque tropical
Damalisco	Damaliscus lunatus	120	150	estepa seca
Alcelafos	Alcelaphus buselaphus	120	145	estepa abierta
Gacela	Gazella thompsonii	70	30	sabana abierta
Gacela	Gazella granti	90	70	estepa
Impala	Aepyceros melampus	90	70	estepa arbustiva
Gerenuk	Lithocranius walleri	90	50	estepa arbustiva
Kudú	Tragelaphus strepceros	150	300	estepa arbustiva
Dik-dik	Rhynchotragus guentheri	40	5	estepa arbustiva
Dik-dik	Madoqua Phillipsi	30	4	estepa cerrada
Hipotrago	Hippotragus equinus	160	270	bosque aluvial
Hipotrago	Hippotragus niger	150	250	bosque aluvial
Eland	Taurotragus oryx	190	900	estepa arbustiva
Eland	Taurotragus derbianus	200	1000	estepa arbustiva
Oribí	Ourebia ourebi	60	18	estepa arbustiva
Dibatag	Ammodorcas clarkei	80	35	estepa subdesértica
Ant. Beira	Dorcatragus megalotis	60	30	estepa subdesértica
Oryx	Oryx gazella	120	200	estepa subdesértica
Springbok	Antidorcas marsupialis	90	30	estepa subdesértica
Kob	Adenota kob	100	80	estepa subdesértica
Kob	Adenota vardoni	90	80	estepa subdesértica
Kob	Kobus ellkipsipymnus	95	80	estepa subdesértica
Lechwe de Nilo	Onotragus megaceros	100	115	sabana arbustiva
Bongo	Taurotragus euryceros	125	220	bosque tropical
Duiker	Cephalophus sylvicultor	70	60	bosque tropical
Redunca	Redunca arundium	70	60	bosque tropical
EQUIDOS				

APENDICE B. TABLA 2.

Cebra	Equus quagga	230	300	sabana
Cebra	Equus grevyi	250	325	estepa subdesértica
Cebra	Equus zebra	125	225	bosque montano
RINOCEROT.				
Rino blanco	Ceratotherium simun	170	2000	sabana cerrada
Rino negro	Diceros bicornis	195	3500	sabana abierta
ELEFANTID.				
Elefante	Loxodonta afric. africana	360	4-6000	sabana abierta
Elefante	Loxodonta afric. cyclotis	240	3-4000	bosque tropical
JIRAFIDOS				
Jirafa	Giraffa camelopardalis	500	1000	sabana arbustiva
Jirafa	Okapia johnstoni	150	225	bosque tropical
SUIDOS				
Facócero	Phacochoerus aethiops	75	90	sabana arbustiva
HIPOPOTAM.				
Hipopótamo	Hippopotamus amphibius	150	2-3000	bosque/sabana arb.
FELIDOS				
León	Panthera leo	110	225	sabana abierta
Leopardo	Panthera pardus	70	60	sabana arbustiva
Guepardo	Acinonyx juvatus	80	40-65	sabana abierta
CANIDOS				
Licaón	Lycaon pictus	75	25-36	sabana abierta
Chacal negro	Canis mesomelas	45	10	sabana arbustiva
Chacal dorado	Canis aureus	50	10	sabana abierta
HIENIDOS				
Hiena manch.	Crocuta crocuta	67-90	55-85	sabana abierta
Hiena parda	Hyena brunnea	__	__	sabana abierta
Hiena rayada	Hyaenna hyaenna	__	__	estepa subdesértica

APENDICE C

APENDICE C. TABLA 1

ESPECIE	RED SOCIAL	H. en grupo*	M. en grupo*	Relación intra-específica	MEDIO
GORILA	cerrada	raramente	raramente	hostil	
BONOBO	cerrada	raramente	frecuente	hostil	cerrado
CHIMPANCE	cerrada	raramente	frecuente	hostil	
HUMANO	cerrada	raramente	frecuente	hostil	
PAPION	cerrada	frecuente	raramente	hostil	
HAMADRIAS	cerrada	frecuente	raramente	hostil	abierto
GELADA	cerrada	frecuente	raramente	hostil	

ESPECIE	Agres.inter específica	CONDUCTA	Dim. sex.	tamaño grupo	tamaño territorio	MEDIO
GORILA	baja	γ 4 C	SI +	17	8 km.	
BONOBO	baja	γ 4 C	SI -	20	7 km.	cerrado
CHIMPANCE	intermedia	γ 4 C	SI -	27	12 km.	
HUMANO	alta	γ 7,8,9	NO	--	--	
PAPION	alta	γ 5 C	SI +	30-50	15-24 km.	
HAMADRIAS	alta	γ 5 C	SI +	30-50	15-24 km.	abierto
GELADA	alta	γ 5 C	SI +	50-100	15-24 km.	

*H. en grupo= Hembras que crían en el grupo en el que nacieron
M. en grupo= Machos que permanecen en su grupo reproductor

+ muy pronunciado - poco pronunciado

APENDICE C. TABLA 2.

	red social		H. en grupo		M. en grupo		Rel intraespecíf.	
	póngidos	cercopit.	póngidos	cercopit.	póngidos	cercopit.	póngidos	cercopit.
cerrado	cerrada	cerrada	raro	raro	frecuente	frecuente	hostil	hostil
abierto		cerrada		frecuente		raro		hostil

	Agres. interesp.		Conducta		Dim. sexual		tamaño grupo		tamaño territorio	
	póngidos	cercopit.	póngidos	cercopit.	póngidos	cercopit.	póngidos	cercopit.	póngidos	cercopit.
cerrado	baja media	baja	γ 4 C	γ 4 C	si	si	medio	pequeño	medio	pequeño
abierto		alta		γ 5 C		si		grande		grande

APENDICE C. TABLA 3

	AUSTRALOPITHECUS	PARANTHROPUS	HOMO
RED SOCIAL	CERRADA	CERRADA	CERRADA
H. EN GRUPO	------	------	------
M. EN GRUPO	------	------	------
R. INTRAESPEC.	HOSTIL	HOSTIL	HOSTIL
A. INTERESPEC.	alta	alta	alta
CONDUCTA	γ 5 C (γ 6C)	γ 5 C (γ 6C)	γ (7,8,9)
DIMORF. SEX..	si	si	no
TAMAÑO GRUPO	amplio	intermedio	amplio
TAMAÑO TERRITOR.	amplio	intermedio	amplio

APENDICE D

APENDICE D. TABLAS 1 y 2.

P.N. MANYARA	Mañana	%	Tar.-noc	%	Total	%
BOVIDOS	246	72,3	206	72,2	452	72,3
EQUIDOS	22	6,4	18	6,3	40	6,4
SUIDOS	40	11,7	34	11,9	74	11,8
JIRAFIDOS	14	4,2	11	3,8	25	4
HIPOPOTAMIDOS	11	3,2	9	3,15	20	3,2
RINOCEROTIDOS	_	_	_	_	_	_
PROBOSCIDEOS	5	1,5	5	1,7	10	1,6
CARNIVOROS	2	0,5	2	0,7	4	0,6
5 DIAS	**340**	**100**	**285**	**100**	**625**	**100**

P.N. NAKURU	######	######	######	######	######	######
BOVIDOS	217	68	222	74	439	71
EQUIDOS	26	8	9	3	35	5,5
SUIDOS	32	10	39	13	71	11,5
JIRAFIDOS	16	5	12	4	28	4,5
HIPOPOTAMIDOS	23	7	18	6	41	6,5
RINOCEROTIDOS	3	1	_	_	3	0,5
PROBOSCIDEOS	_	_	_	_	_	_
CARNIVOROS	3	1	_	_	3	0,5
6 DIAS	**320**	**100**	**300**	**100**	**620**	**100**

APENDICE D. TABLAS 3 y 4

P.N. MASAI-MARA	**Mañana**	**%**	**Tar.-noc.**	**%**	**Total**	**%**
BOVIDOS	653	68	429	70	1082	69
EQUIDOS	106	11	55	9	161	10
SUIDOS	86	9	49	8	135	8,5
JIRAFIDOS	29	3	30	4,9	59	3,9
HIPOPOTAMIDOS	39	4	25	4	64	4
RINOCEROTIDOS	19	2	6	0,9	25	1,5
PROBOSCIDEOS	9	1	6	0,9	15	1,5
CARNIVOROS	19	2	12	1,9	31	2
12 DIAS	**960**	**100**	**612**	**100**	**1572**	**100**

P.N. SERENGUETI	**######**	**######**	**######**	**######**	**######**	**######**
BOVIDOS	1787	76	939	71	2726	73,5
EQUIDOS	211	9	171	13	382	11
SUIDOS	130	5,5	79	6	209	5,75
JIRAFIDOS	94	4	52	4	146	4
HIPOPOTAMIDOS	70	3	26	2	96	2,5
RINOCEROTIDOS	11	0,5	13	1	24	0,75
PROBOSCIDEOS	23	1	6	0,5	29	0,75
CARNIVOROS	23	1	33	2,5	56	1,5
21 DIAS	**2352**	**100**	**1323**	**100**	**3675**	**100**

APENDICE D. TABLA 5

YACIMIENTO	Bóvidos	%	Equidos	%	Suídos	%	Jiráf.	%
FxJj 1	10	60	___	___	3	18	1	5,5
FxJj 3	9	56,5	___	___	3	19	___	___
FxJj 17	3	100	___	___	___	___	___	___
FxJj 18 IH	5	62,5	___	___	1	12,5	1	12,5
FxJj 20 M	8	50	1	6	2	12,5	1	6
FxJj 20 E	12	65	1	5	2	10	___	___
FxJj 20 S	3	50,5	1	16,5	1	16,5	___	___
FxJj 38 SE	7	64	1	9	1	9	___	___
FxJj 50	10	50	1	5	3	15	3	15
FxJj 64	2	40	___	___	___	___	___	___
GaJi 5	3	30	1	10	3	30	1	10
FLKN 6	10	45	1	5	4	18	1	5
FLK Zinj	20	56	5	14	5	14	1	3
FLKNN 3	18	53	1	3	5	15	___	___
DK 2	19	46	3	7	6	15	3	7
DK 3	17	48	2	5	5	14	3	8
TOTAL	156	60	18	5	44	14,5	15	4,5
MNI /grupo								

APENDICE D. TABLA 6

YACIMIENTO	Hipop.	%	Rinoc.	%	Probos.	%	Carniv.	%
FxJj 1	1	5,5	___	___	1	5,5	1	5,5
FxJj 3	2	12,5	___	___	1	6	1	6
FxJj 17	___	___	___	___	___	___	___	___
FxJj 18 IH	1	12,5	___	___	___	___	___	___
FxJj 20 M	1	6	1	6	1	6	1	6
FxJj 20 E	2	10	1	5	1	5	___	___
FxJj 20 S	1	16,5	___	___	___	___	___	___
FxJj 38 SE	1	9	1	9	___	___	___	___
FxJj 50	3	15	___	___	___	___	___	___
FxJj 64	1	20	___	___	1	20	___	___
GaJi 5	2	20	___	___	___	___	___	___
FLKN 6	1	5	1	5	2	9	2	9
FLK Zinj	___	___	___	___	___	___	2	6
FLKNN 3	___	___	___	___	___	___	7	21
DK 2	1	2	1	2	2	5	2	5
DK 3	2	5	2	5	2	5	2	5
TOTAL	19	7,5	7	2	11	2,5	18	4
MNI/grupo								

APENDICE E

APENDICE E. TABLA 1

YACIMIENTO	Tamaño m/2	Nº Restos	Indice restos	MNI Global	MNI Mamíferos
.01	875	_____	_____	69	9
.02	3825	146	0,03	6	2
.03	29,25	16	0,5	4	_____
.04	700	406	0,58	39	4
.05	500	_____	_____	92	6
.06	1800	624	0,34	68	8
.07	3300	100	0,03	41	9
.08	785	395	0,5	6	4
.09	500	15	0,03	3	_____
10	1575	124	0,07	20	2
20	391	1954	4,9	66	1
23	1400	50	0,03	4	2
105	8400	2800	0,3	54	21

APENDICE E. TABLA 2

YACIMIENTO	Tamaño m/2	Nº Restos	Indice restos	MNI Mmíferos
FxJj 1	65	688	10.6	18
FxJj 3	33	239	7.2	17
FxJj 17	23	326	14.2	6
FxJj 18 IH	11	237	21.5	9
FxJj 20 M	110	4570	41.5	22
FxJj 20 E	140	3124	22.3	24
FxJj 20 S	15	281	18.7	6
FxJj 38 SE	14	247	17.6	12
FxJj 50	200	2100	10.5	22
FxJj 64	40	578	14.5	5
FLKN 6	35	611	17.5	35
FLK 22 Zinj	300	45000	150	48
FLKNN 3	209	2261	13	35
DK 2	345	5422	15.7	41
DK 3	345	2433	7.5	36

APENDICE F

APENDICE F. TABLA 1

NUMERO	CARNIVORO	PRESA	HORA DE CAPTURA
1	LEON	ÑU	5'38
2	LEON	ÑU	6'11
3	LEON	CEBRA	17'12
4	LEOPARDO	GACELA	20'21
5	LEON	CEBRA	23
6	GUEPARDO	GACELA	5'53
7	LEON	ÑU	6'14
8	GUEPARDO	GACELA	10'09
9	GUEPARDO	GACELA	18'04
10	LEOPARDO	FACOCERO	18'32
11	LEON	ÑU	20'32
12	LEON	ÑU	6'26
13	LEON	CEBRA	6'10
14	LEON	ÑU	17'06
15	LEOPARDO	FACOCERO	19'11
16	LEON	ÑU	20'03
17	LEON	ÑU	5'42
18	LEON	ANTILOPE	3'09